第陆辑 2012

中国建筑史论汇刊

王贵祥 主编

贺从容 副主编

清华大学建筑学院主办

中国建筑工业出版社

内 容 简 介

　　《中国建筑史论汇刊》由清华大学建筑学院主办,以荟萃发表国内外中国建筑史研究论文为主旨。本辑收录论文 20 篇,涉及佛教建筑研究、古代建筑制度、古代建筑案例研究、营邑立城与制里割宅、建筑文化以及乡土建筑诸方向。本期论文《东晋及南朝时期南方佛寺建筑概说》基于文献,爬梳出了较为可信的南方地区佛寺 447 座之多;《保国寺大殿复原研究(二)——关于大殿平面、空间形式及厦两头做法的探讨》是保国寺大殿复原研究的第二篇论文,主要探讨宋构大殿原初的平面、空间形式以及厦两头做法;《城阙缮完,闾阎蕃盛——清代淮安府城及其主要建筑空间探析》在历史文献考证和现场调查的基础上对清代淮安府城及其集市、水系、公署、风景园林、坛庙寺观进行分析,并试图总结其主要的城市特色;《明代不同等级儒学孔庙建筑制度探》从建筑史学的角度,对明代建城运动中,各地方建设中曾占有重要地位的儒学与孔庙建筑的等级制度作一个综览性的梳理与分析。《山西陵川崇安寺的建筑遗存与寺院格局》、《唐代佛教寺院之子院浅析——以〈酉阳杂俎〉为例》、《从吴越国治到北宋州治的布局变迁及制度初探》等是几位作者在国家自然科学基金支持下的最新研究成果;《石头磨灭之后——超越了牌坊、祠堂、石碑的纸上建筑》、《试说新见两对流散西方青铜器上的建筑和图像》等文章则给古代建筑文化一栏增添了些许亮点。乡土建筑栏目的几篇论文同样值得一读。

　　书中所选论文,均系各位作者悉心研究之新作,各为一家独到之言,虽或亦有与编者拙见未尽契合之处,但却均为诸位作者积年心血所成,各有独到创新之见,足以引起建筑史学同道探究学术之雅趣。本刊力图以学术水准为尺牍,凡赐稿本刊且具水平者,必将公正以待,以求学术有百家之争鸣、观点有独立主张为宗旨。

Issue Abstract

Journal of Chinese Architecture History, a journal run by the School of Architecture, Tsinghua University, is committed to collecting and publishing research papers written by Chinese and foreign authors on the history of Chinese architecture. This issue consists of 20 papers, concerning such topics as Buddhist architecture, ancient architectural system, case studies of ancient architecture, Chinese ancient city planning and house arrangement, Chinese ancient architectural culture, and vernacular architecture. Among them, *An Overview of Buddhist temples in Southern China constructed during the Period of Eastern Jin Dynasty and Southern Dynasties*, based upon relevant documents, surveys 447 credible Buddhist temples in south China; *Reconversion Research of the Main Hall in Bao-guo Temple——on the plan, spatial form, and XiaLiangTou modus*, as the second paper on the restoration of the Main Hall of Baoguo Temple, mainly investigates the initial plan and spatial form of the Main Hall built in the Song Dynasty and the construction of its side halls; *Study on the City and Main Spaces of Huai'an Prefecture in Qing Dynasty*, on the basis of textual research and field investigation, analyses the seat of Huai'an and its fairs, water system, government office, gardens, altars, temples and monasteries and attempts to summarise its main features. *An Investigation into Confucian Schools & Temples of Different Classes in the Ming Dynasty*, from the perspective of architectural history, provides an overview of the important local Confucian buildings & temples of different classes in the city building movement in the Ming Dynasty. *Study on the Architecture Relics of Chong'an Temple in Lingchuan, Shanxi*, *The Analysis of The Sub-courts(Ziyuan)in Buddhist Temples in Tang Dynasty——In the Case of YouYang Miscellany*, and *From the Palace of the Wu and Yue States to the district government of the Northern Song Dynasty: study of its layout and institution*, represent their authors' latest accomplishments in projects supported by the National Natural Science Foundation; *When the stones effaced—— The fictitious buildings beyond paifang, shrine and stele* and *A Study of the Building Patterns on Two Pairs of Bronze Vessels Kept by Western Collectors* highlight the column Chinese Ancient Architectural Culture'. The papers under Vernacular Architecture' are also worth reading.

The papers collected in the journal sum up the latest findings of the studies conducted by the authors, who voice their insightful personal ideas. Though they may not tally completely with the editors' opinion, they have invariably been conceived by the authors over years of hard work. With their respective original ideas, they will naturally kindle the interest of other researchers on architectural history. This journal strives to assess all contributions with the academic yardstick. Every contributor with a view will be treated fairly so that researchers may have opportunities to express views with our journal as the medium.

谨向对中国古代建筑研究与普及给予热心相助的华润雪花啤酒（中国）有限公司致以诚挚的谢意！

目　录

Contents

佛教建筑研究

东晋及南朝时期南方佛寺建筑概说[❶]

王贵祥

（清华大学建筑学院）

摘要：中国南方地区佛教的发展，既与汉末三国时期的佛教弘传有关，也与晋末十六国时期释道安刻意进行的"分张徒众"有关。自东晋以来，特别是在南朝诸帝的大力弘扬，以及众多高僧的积极推进下，中国南方佛教得以勃兴，佛寺建筑广泛分布于建康、彭城、广陵、钱塘、会稽、豫章、荆襄、巴蜀，甚至广州、交趾地区。本文基于南朝时期的佛教与历史基本文献，以及少量唐代文献，爬梳出了较为可信的南方地区佛寺 448 座之多。并对寺院分布区域，南朝山寺情况，及南朝寺院中的建筑设置情况，作了一个基本的梳理与分析，对于了解东晋及南朝时期南方地区佛寺建筑基本概况，有较大的参考意义。

关键词：东晋及南朝，南方佛寺，寺院分布，山寺，佛寺建筑

Abstract：The development of southern China Buddhism had connected with both the promulgation of the Buddhism in the time of late Han Dynasty and Three Kingdoms period and the influence of the idea and it practice of "distributing the young monks nationwide" bring forward by the famous elder monk Dao An during the Sixteen Kingdoms period. Since the Eastern Jin Dynasty，especially based on the vigorous promotion of the emperors of Southern Dynasties，as well as the promotion of a number of famous monks，China Southern Buddhism was flourished and the Buddhist temple constructions were widely distributed in some cities and areas like the capital city Jian Kang of Southern Dynasty，the local cities and areas of Pengcheng，Guangling，Qiantang，Huiji，Yuzhang，Jinxiang，Bashu，as well as Guangzhou and Jiaozhi. Based on Historic documents of Buddhism and the other historical literatures of Southern Dynasty，as well as a small amount of the historic literature materials of Tang Dynasty，the author has found the names of as much as 448 credible Buddhist temples which were built in the area of Southern China during the time of Southern Dynasties. Based on the research of the essential distribution area of Buddhist temples and on the research of especial situation of Mountain temples in Southern Dynasties，the paper has analyzed the basic situation of building arrangement of the Buddhist temples of Southern Dynasties. The paper has a great significance for learning and understanding the architecture of Buddhist temple built in Southern China during the period of Eastern Jin Dynasty and Southern Dynasties.

Key Words：Eastern Jin Dynasty and Southern Dynasties，Buddhist Temples of Southern China，The Distribution Areas of Buddhist Temples，Buddhist Temples in Mountain Areas，The Buildings of Buddhist Temples

---

❶本文属国家自然科学基金支持项目，项目名称："5—15 世纪古代汉地佛教寺院内的殿阁配置、空间格局与发展演变"，项目批准号为：51078220。

唐释法琳在《辩正论》,卷三,"十代奉佛上篇"中为我们列出了关于西晋与东晋所建寺院的两组数据,这里择其要者引之:晋惠帝(仍于洛下造兴圣寺。供养百僧)晋敏帝(仍于长安造通灵、白马二寺)

右西晋二京。合寺一百八十所。译经一十三人七十三部。僧尼三千七百余人。

晋中宗元皇帝(造瓦官、龙宫二寺。度丹阳建业千僧)晋肃宗明皇帝(造皇兴、道场二寺)晋显宗成皇帝(造中兴、鹿野二寺)晋太宗简文皇帝(造像建斋,度僧立寺于长干故塔,起木浮图,壮丽殊伟)晋烈宗孝武皇帝(造皇泰寺,仍舍旧第为本起寺)晋安皇帝(于育王塔立大石寺)

右东晋一百四载。合寺一千七百六十八所。译经二十七人二百六十三部。僧尼二万四千人。❶

❶摘引自[唐]法琳.辩正论.卷三.十代奉佛上篇.第三

数据一:西晋两京(洛阳、长安)共建有佛寺 180 所,译经者 13 人,僧尼总数 3700 余人。但如拙文《佛教初传时期的北方佛寺建筑概说》所论,至永嘉之末的公元 313 年时,洛阳仅有寺 42 所。故这 180 所寺院应是包括了十六国时期长安、洛阳两地的寺院总数。

数据二:在东晋的 104 年时间(317—420 年)中,共建有寺院 1768 所。译经者 27 人,僧尼总数 2.4 万人。上文中提到了东晋历代皇帝在都城建业(建康)建造的一些寺院,如:瓦官寺、龙宫寺、皇兴寺、道场寺、中兴寺、鹿野寺、长干寺、皇泰寺、本起寺、大石寺等。

由本文后续行文中的引文中可知,南朝宋时有寺 1913 所,有僧尼 3.6 万人;南朝齐时有寺 2015 所,有僧尼 3.25 万人;南朝梁时有寺 2846 所,有僧尼 8.27 万人;后梁二帝在江陵 35 年间,建寺 108 所,有僧尼 3200 人;南朝陈时有寺 1232 所,其中由皇家新建寺院 17 所,百官新建寺院 68 所,其都城郭内有大寺 300 余所。而在梁世侯景之乱前,京城建康有寺 700 余所,都已被焚烧荡尽。故南朝陈时的 300 余寺当是在这 700 余寺的废墟上重新建造起来的。

从法琳《辩正论》中对南朝数百年寺院兴衰的统计中,我们已经大略了解了东晋至南朝数百年间中国南方地区的佛寺建造情况。而与南朝同时且并行不悖的北朝佛寺建设,也同样表现得轰轰烈烈,而现存南北朝佛教遗迹中,又尤以北朝石窟寺为多,而南朝的佛寺,却早已灰飞烟灭,这说明这一时期的南朝与北朝,在佛教的弘传与佛寺的建造上,走了两条不同的道路。

一　六朝佛寺建造综述

如果撇开北朝不论,东晋与南朝时期的南方地区,也可以称为"六朝"时期。从佛教史的角度观察,六朝时期的建康,乃至整个南方地区,应该是中国佛教发展的一个相对比较连续而完整的时期。

南方建业有佛寺,始自三国时期的吴国。最初,曾经居住在交趾的康居人康僧会，于吴赤乌 10 年（247 年）来到了吴地：

> 时吴地初染大法。风化未全。僧会欲使道振江左，兴立图寺。乃杖锡东游。以吴赤乌十年，初达建邺营立茅茨设像行道。时吴国以初见沙门。睹形未及其道。疑为矫异。有司奏曰。有胡人入境。自称沙门。容服非恒。事应检察。权曰。昔汉明帝梦神号称为佛。彼之所事岂非其遗风耶。❶

赤乌十年，去三国笮融大起浮屠寺（约 3 世纪初）的时间相去不甚久。而笮融活动的范围恰在彭城、下邳、广陵一线，处在佛教初传之东线，即由彭城至丹阳的南北线路上。且广陵距离孙吴首都建业已近在咫尺。最初，吴主孙权虽然对佛教略有所闻，但并不崇仰，是在康僧会通过祈现佛舍利的灵验现象，感化了孙权，"权大叹服。即为建塔。以始有佛寺故号建初寺。因名其地为佛陀里。由是江左大法遂兴。"❷这座建初寺应是建业（建康）城中最早的佛寺。

建业城第二座寺院似为吴末帝孙皓时所建之建安寺，事见《法苑珠林》的记载：

> 吴时于建业后园平地，获金像一躯……孙皓得之，素未有信，不甚尊重，置于厕处，令执屏筹。至四月八日，皓如戏曰：今是八日浴佛日，遂尿头上。寻即通肿，阴处尤剧，痛楚号叫，忍不可禁。太史占曰：犯大神圣所致。便边祀神祇，并无效应。宫内伎女素有信佛者曰：佛为大神，陛下前秽之，今急可请耶！皓信之，伏枕归依，忏谢尤恳，有顷便愈。遂以车马迎沙门僧会入宫，以香汤洗像，忏悔殷重。广修功德于建安寺，隐痛渐愈也。❸

这座仅见于《法苑珠林》之记载的建安寺，从时间上看，如果曾存在，则应与建造建初寺的康僧会有关。据后来的文献，康僧会所住寺院中曾经建有佛塔。东晋成帝咸和（327—334 年）中，"苏峻作乱，焚会所建塔。司空何充复更修造。平西将军赵诱，世不奉法，傲慢三宝，入此寺，谓诸道人曰：'久闻此塔，屡放光明，虚诞不经，所未能信，必自睹所不论耳。'言竟塔即出五色光，照耀堂刹。诱肃然毛竖，由此敬信，于寺东更立小塔。"❹

东晋南迁建康后不久，就开始了佛寺的营造活动，如晋元帝于大兴二年在建康中黄里建造了白马寺。❺这显然是参照了汉晋洛阳白马寺而建的。此外，按照唐释法琳《辩正论》的说法，晋元帝还建造了瓦官寺与龙宫寺。继元帝之后的晋明帝建造了中兴寺、鹿野寺。晋简文帝则在长干寺中起木浮图，但法琳没有说明长干寺的建造时间与建造者。继简文帝之后的晋孝武帝也是一位笃信佛教的人。孝武帝太元六年（381 年），"帝初奉佛法，立精舍于殿内，引诸沙门以居之。"❻而据法琳，孝武帝曾建造了皇泰寺，并舍其旧宅，改建为本起寺。晋安帝建造了大石寺。

为了清晰起见，我们可以把在建康（业）建都的诸代，即三国孙吴，至东晋、南朝宋、齐、梁、陈六朝在建康城及附近的扬州城建造寺院的情况列出一些简表。为了一目了然，故几个列表采用了连续的序号（表 1）。

❶［南朝梁］慧皎.高僧传.卷一.康僧会六

❷［南朝梁］慧皎.高僧传.卷一.康僧会六

❸［唐］道世.法苑珠林.卷十三.敬佛灾第六.感应缘

❹［南朝梁］慧皎.高僧传.卷一.康僧会六
❺钦定四库全书.子部.释家类.［唐］道世.法苑珠林.卷五十二.伽蓝篇第三十六.致敬部

❻晋书.卷九.帝纪第九.孝武帝

表 1　三国至东晋寺院建造简况

序号	朝代	建造者	寺院名称	史 料 记 载	资料出处
1	三国吴	吴大帝孙权（222—252 年）	建初寺	权大叹服。即为建塔。以始有佛寺故号建初寺。因名其地为佛陀里。由是江左大法遂兴	高僧传（卷一）
2		吴末帝孙皓（?）（264—265 年）	建安寺	皓信之，伏枕归依，忏谢尤恳，有顷便愈。遂以车马迎沙门僧会入宫，以香汤洗像，惭悔殷重。广修功德于建安寺，隐痛渐愈也	法苑珠林（卷十三）
3	东晋	晋元帝（317—323 年）	白马寺	晋白马寺在建康中黄里，太兴二年晋中宗元皇帝起造	法苑珠林（卷三十九）
				释僧饶，建康人，出家，止白马寺……寺有般若台，饶常绕台梵转，以拟供养	高僧传（卷十三）
4			龙宫寺	晋中宗元皇帝（造瓦官、龙宫二寺。度丹阳建业千僧）	辩正论（卷三）
5			瓦官寺	［兴宁二年（364 年）］是岁诏移陶官于淮水北，遂以南岸窑处之地施僧慧力造瓦官寺	建康实录（卷八）
				自汉世始有佛像，形制未工，颙特善其事，宋世子铸丈六铜像于瓦官寺，既成，时议面恨瘦，工人不能改，颙曰非面瘦，臂胛肥耳，及减臂胛，患即除，无不叹服	建康实录（卷十四）
6		晋明帝（323—326 年）	皇兴寺	晋肃宗明皇帝（造皇兴、道场二寺）	辩正论（卷三）
7			道场寺		
8		晋成帝（326—342 年）	中兴寺	晋显宗成皇帝（造中兴、鹿野二寺）	辩正论（卷三）
9			鹿野寺	刘骏于丹阳中兴寺设斋，有一沙门，容止独秀，举众王目，皆莫识焉	魏书（卷一百一十四）
				孝建元年，文帝讳日，群臣并于中兴寺八关斋，中食竟，怒孙别与黄门郎张淹更进鱼肉食	南史（卷二十六）
10		晋简文帝（371—372 年）	长干寺	晋太宗简文皇帝（造像建斋，度僧立寺于长干故塔，起木浮图，壮丽殊伟）	辩正论（卷三）
				先是，简文皇帝于长干寺造三层塔，塔成之后，每夕放光	高僧传（卷十二）
				是岁旱，米一斗五千文，人多饿死，立长干寺。（原案寺记，寺在秣陵县东，长干里内，有阿育王舍利塔。梁朝改为阿育王寺）	建康实录（卷十七）

序号	朝代	建造者	寺院名称	史料记载	资料出处
11	东晋	晋孝武帝（373—396年）	殿内精舍	帝初奉佛法,立精舍于殿内,引诸沙门以居之	晋书（卷九）
12			皇泰寺	晋烈宗孝武皇帝（造皇泰寺,仍舍旧第为本起寺）	辩正论（卷三）
			本起寺		
13			江州寺	晋孝武帝太元十一年八月乙酉,白鸟集江州寺亭,群乌翔卫	宋书（卷二十九）
14		晋安帝（397—418年）	大石寺	晋安皇帝（于育王塔立大石寺）	辩正论（卷三）

东晋104年总有寺1768所,僧尼2.4万人

据上表,三国至东晋时期,有据可查的寺院有14所。

《辩正论》中继续描述了南朝地区佛寺的建造情况,如刘宋统治的南朝时期,始自宋武帝永初元年（420年）,终至宋顺帝升明三年（479年）,前后历60年。《辩正论》中所载这一时期的重要佛寺有:

宋高祖武皇帝（造灵根、法王二寺）宋太宗明皇帝（造丈八金像四躯。造弘普、中寺,以召名僧）宋太祖文皇帝（造禅云寺）

右宋世合寺一千九百一十三所。译经二十三人二百一十部。名僧智士郁。若稻麻。宝刹金轮,森如竹苇。释教隆盛,笃信倍多。僧尼三万六千人。

据《辩正论》,南朝宋60年间总有寺1913座,僧尼3.6万人。现结合其他史料将南朝宋时的寺院情况做一列表如表2:

表2 南朝宋寺院建造简况

序号	朝代	建造者	寺院名称	史料记载	资料出处
15	南朝宋	宋武帝（420—423年）	灵根寺	释慧豫,黄龙人。来游京师,止灵根寺	高僧传（卷十二）
16			法王寺	宋高祖武皇帝（造灵根、法王二寺）	辩正论（卷三）
				交州进鹦鹉能歌,不纳,置法王寺,北去县二十里	建康实录（卷十七）
17		宋文帝（424—453年）	禅云寺	宋太祖文皇帝（造禅云寺）	辩正论（卷三）
18		宋明帝（465—472年）	弘普寺	宋太宗明皇帝（造丈八金像四躯。造弘普、中寺,以召名僧）	辩正论（卷三）
19			中寺		
20		《宋书》中记载的寺院	庄严寺	[元徽二年（474年）]丙申,张敬儿等破贼于宣阳门、庄严寺、小市,进平东府城,枭擒群贼	宋书（卷九）
				丙申,张敬儿等破贼于宣阳门庄严寺小市,进平东府城,枭擒群贼	建康实录（卷十四）

序号	朝代	建造者	寺院名称	史 料 记 载	资料出处
21			青园尼寺	［元徽五年(477年)］七月七日,(刘)昱乘露车,从二百许人,无复卤簿羽仪,往青园尼寺,晚至新安寺,就昙度道人饮酒	宋书(卷九)
22			新安寺	世祖宠妃殷贵妃薨,为之立寺,贵妃子子鸾封新安王,故以新安为寺号。 宋新安孝敬王子鸾,为亡所生母殷贵妃造新安寺,敕选三州招延英哲	高僧传(卷八)
				(释宝唱)天监四年便还都下。乃敕为新安寺主。 因乘露车,从者二十余人,无复卤簿羽仪,往青园尼寺、新安寺偷狗,就昙度道人煮之饮酒,夕还	续高僧传
23			新亭寺	文帝元嘉中,谣言钱唐当出天子,乃于钱唐置戍军以防之,其后,孝武帝即大位于新亭寺之禅堂	宋书(卷二十七)
24	南朝宋	《宋书》中记载的寺院	襄城无量寺	元嘉二十四年(447年)七月,甘露降襄城治下无量寺,雍州刺史武陵王骏以闻	宋书(卷二十八)
25			钟山延贤寺	元嘉二十八年二月戊辰,甘露降钟山延贤寺,扬州刺史庐陵王绍以闻	宋书(卷二十八)
				释法意,江左人。好营福业,起五十三寺。晋义熙中,钟山祭酒朱应子……与意为寺,号曰延贤寺	高僧传(卷十二)
26			建康灵耀寺	大明六年二月戊午,甘露降建康灵耀寺及诸苑园,及秣陵龙山,至于娄湖。 (释智秀)幼而颖悟,早有出家之心,二亲爱而不许,密为求婚,将克娶日,秀乃间行避走,投蒋山灵耀寺剃发出家	高僧传(卷八)
27			阳泉寺	［元嘉九年(432年)］(赵)广惧,乃将三千人及羽仪,诈其从云迎(司马)飞龙。至阳泉寺中,谓道人程道养曰:"但自言是飞龙,则坐享富贵;若不从,即日便斩头。"道养惶怖许诺	宋书(卷四十五)
28			东阿寺	遵子闿,元嘉中,为员外散骑侍郎。母墓为东阿寺道人昙洛等所发,闿与弟殿中将军阇共杀昙洛等五人,诣官归罪,见原	宋书(卷五十)
29			彭城佛寺	仲德三临徐州,威德著于彭城,立佛寺作白狼、童子像于塔中,以河北所遇也	宋书(卷四十六)

序号	朝代	建造者	寺院名称	史料记载	资料出处
30	南朝宋	《宋书》中记载的寺院	何后寺	先是,兴宗纳何后寺尼智妃为妾,姿貌甚美,有名京师,迎车已去,而师伯密遣人诱之,潜往载取,兴宗迎入不觉	宋书(卷五十六)
				何皇后寺在县东一里,南临大道	建康实录(卷八)
31			南涧寺	(何)尚之宅在南涧寺侧,故书云"南濑",《毛诗》所谓"于以采苹,南涧之濒"也	宋书(卷五十六)
				(释道冏)达都,止南涧寺,常以《般舟》为业	高僧传(卷十二)
				梁大僧正南涧寺沙门释慧超传一	续高僧传
32			王国寺	又有王国寺法静尼亦出入义康家内,皆感激旧恩,规相拯拔,并与熙先往来	宋书(卷六十九)
33			西台寺	吴郡西台寺所富沙门,僧达求须不称意,乃遣主簿顾旷率门义劫寺内沙门竺法瑶,得数百万	宋书(卷七十五)
34			禅冈寺	丁父艰,居丧有孝性,家素佛事,凡为父起四寺。南岸南冈下,名曰禅冈寺;曲阿旧乡宅,名曰禅乡寺;京口墓亭,名曰禅亭寺;所封邑封阳县,名曰禅封寺	宋书(卷八十七)
35			禅乡寺		
36			禅亭寺		
37			禅封寺	凡为父造四寺,南冈下,名曰禅冈寺;于曲阿旧乡宅,名曰禅乡寺;于京口墓亭,名曰禅亭寺;所封邑封阳县,名曰禅封寺	建康实录(卷十四)
38			中兴寺	孝建元年(454年),世祖率群臣并于中兴寺八关斋,中食竟,愍孙别与黄门郎张淹更进鱼肉食。尚书令何尚之奉法素谨,密以白世祖,世祖使御史中丞王谦之纠奏,并免官	宋书(卷八十九)
39			天安寺	世祖大明四年(460年),于中兴寺设斋,有一异僧,众莫之识,问其名,答言名明慧,从天安寺来,忽然不见。天下无此寺名,乃改中兴曰天安寺	宋书(卷九十七)
				释智藏……年十六代宋明帝出家。以泰始六年(270年)敕住兴皇寺,事师上定林寺僧远僧祐天安寺弘宗。此诸名德传如前述	续高僧传(卷五)
40			天宝寺	前废帝杀子鸾,乃毁新安寺,驱斥僧徒,寻又毁中兴。天宝诸寺。太宗定乱,下令曰:"先帝建中兴及新安诸寺……可招集旧僧,普各还本,并使材官,随宜修复。"	宋书(卷九十七)

序号	朝代	建造者	寺院名称	史料记载	资料出处
41	南朝宋	《宋书》中记载的寺院	安乐寺	高祖之北讨,世子居守,迎续之官于安乐寺,延入讲礼,月余,复还山	宋书(卷九十三)
				(王)坦之即舍园为寺,以受本乡为名,号曰安乐寺。东有丹阳尹王雅宅,西有东燕太守刘斗宅,南有豫章太守范宁宅,并施以成寺	高僧传(卷十二)
				十四年。敕安乐寺僧绍。撰华林佛殿经目	续高僧传
42			冶城寺	慧琳者,秦郡秦县人,姓刘氏。少出家,住冶城寺,有才章,兼外内之学,为庐陵王义真所知	宋书(卷九十七)
				辩性廉直戒品冰严。好仁履信精进勇励。常讲十诵。询后住冶城寺	续高僧传(卷六)
43			东安寺	又有慧严、慧议道人,并住东安寺,学行精整,为道俗所推。时斗场寺多禅僧。京师为之语曰:"斗场禅师窟,东安谈义林。"	宋书(卷九十七)
44			斗场寺		

南朝宋 60 年总有寺 1913 座,僧尼 3.6 万人

据表 2,见于史料的南朝宋所建寺院有 30 所。

继宋而起的南朝萧齐时期,始自齐高帝建元元年(479 年),终至齐和帝中兴二年(502 年),前后历 24 年。《辩正论》中所载这一时期的重要佛寺有:

齐太祖高皇帝(立陟岵、正观二寺)齐世祖武皇帝(造招贤、游玄二寺)齐高宗明皇帝(造千金像)。右齐世合寺二千一十五所。译经一十六人七十二部。僧尼三万二千五百人。

南朝齐享国祚较短,据《辩正论》,齐 24 年总建有寺 2015 所,僧尼 3.25 万人。这 2015 所寺院中,应该包括了前朝宋时所建的寺院。现结合其他史料将南朝齐时的寺院情况做一列表如表 3:

表 3 南朝齐建康地区寺院情况

序号	朝代	建造者	寺院名称	史料记载	资料出处
45	南朝齐	齐高帝(479—482 年)	陟岵寺	齐太祖高皇帝(立陟岵、正观二寺)	辩正论(卷三)
			正观寺	今上甚加礼遇,敕于正观寺及寿光殿占云馆中,译出《大阿育王经》、《解脱道论》等凡十部三十三卷,使沙门释宝唱、袁昙允等笔受,现行于世	高僧传(卷三)
				僧伽婆罗,梁言僧养……闻齐国弘法,随舶至都,住正观寺	续高僧传(卷一)
				以天监五年,被敕征召于扬都寿光殿、华林园、正观寺、占云馆、扶南馆等五处传译讫十七年	

序号	朝代	建造者	寺院名称	史料记载	资料出处
46	南朝齐	齐武帝 (483—493年)	招贤寺	齐世祖武皇帝(造招贤、游玄二寺)	辩正论 (卷三)
47			游玄寺		
48		齐明帝 (483—493年)	归依寺	齐高宗明皇帝(写一切经,造千金像。口诵般若常转法花经造归依寺召习禅僧,身持六斋,务修十善)	辩正论 (卷三)

南朝齐 24 年总有寺 2015 所,僧尼 3.25 万人

表 3 中见于史料的南朝齐时寺院仅 4 所。

萧梁时期是南朝佛教发展的一个高潮时期,始自梁武帝天监元年(502年),终至梁敬帝太平二年(557年),前后历 56 年。《辩正论》中所载这一时期的重要佛寺有:

> 梁高祖武皇帝(造光宅、同泰等五寺。集重云殿,讲众千僧)梁太宗简文皇帝(造资敬、报恩二寺)梁中宗孝元皇帝(造天居、天宫二寺)。

> 右梁世合寺二千八百四十六所。译经四十二人二百三十八部。僧尼八万二千七百余人。梁孝明皇帝(于荆州造天皇、陟屺、大明、宝光、四望等寺)。

> 右后梁二帝治在江陵三十五年。寺有一百八所。山寺有青溪、鹿溪、覆船、龙山、韭山等。并佛事严丽,堂宇雕奇。僧尼三千二百人。

据《辩正论》,南朝梁 56 年共建寺 2846 所,译经 42 人,238 部,僧尼 8.27 万余人。另后梁二帝(梁宣帝、梁明帝)据有江陵 35 年,有寺 108 所。现结合其他史料将南朝梁时的寺院情况做一列表如表 4:

表 4 南朝梁寺院建造简况

序号	朝代	建造者	寺院名称	史 料 记 载	资料出处
49	南朝梁	梁武帝 (502—548年) 先后造 5寺	光宅寺	高祖以三桥旧宅为光宅寺,敕兴嗣与陆倕各制寺碑	梁书 (卷四十九)
				(天监六年)置光宅寺,西去县十里,武帝舍宅造,寺未成,于小庄严寺造无量寺像,长一丈八尺,及铸铜不足,帝又给功德铜三千斤	建康实录 (卷十七)
50			同泰寺	梁高祖武皇帝(造光宅、同泰等五寺)。集重云殿,讲众千僧	辩正论 (卷三)
				初,帝创同泰寺,至是开大通门以对寺之南门,取反语以协同泰。自是晨夕讲义,多由此门	南史 (卷七)
				又以大通元年。于台城北。开大通门。立同泰寺。楼阁台殿拟则宸宫。九级浮图回张云表。山树园池沃荡烦积	续高僧传 (卷一)
				帝创同泰寺,在宫后别开一门,名大通门,对寺之南门。取反语以协同泰为名……寺在县东六里	建康实录 (卷十七)

序号	朝代	建造者	寺院名称	史料记载	资料出处
51	南朝梁	梁武帝 （502—548年） 先后造 5寺	阿育王寺	大同四年（538年）："辛卯，舆驾幸阿育王寺"	梁书 （卷三）
				"先是，三年八月，高祖改造阿育王寺，出旧塔下舍利及佛爪发。"	梁书 （卷五十七）
52			大爱敬寺	时高祖于钟山造大爱敬寺，骞旧墅在寺侧，有良田八十余顷，即晋丞相王导赐田也	梁书 （卷七）
				为太祖文皇。于钟山北涧。建大爱敬寺 置大爱敬寺，西南去县十八里，武帝为太祖文皇帝造	续高僧传
53			智度寺	高祖生知淳孝……及居帝位，即于钟山造大爱敬寺，青溪边造智度寺，又于台内立至敬等殿	梁书 （卷三）
				又为献太后。于青溪西岸建阳城门路东。起大智度寺。京师甲里爽垲通博	续高僧传 （卷一）
54		梁简文帝 （550—551年）	资敬寺	梁太宗简文皇帝（造资敬、报恩二寺）	辩正论 （卷三）
55			报恩寺		
56		梁元帝 （552—555年）	天宫寺	梁中宗孝元皇帝（造天居、天宫二寺）	辩正论 （卷三）
57			天居寺	于荆州起天居寺，以武帝游梁馆也	南史 （卷五十二）
				僧辩旋于江陵，因被诏会众军西讨，督舟师二万，舆驾出天居寺饯行	梁书 （卷四十五）
58	此时已为南陈朝之时	梁明帝 〔卒于陈至德二年 （584年）〕	荆州天皇寺	梁孝明皇帝（文明在政。中兴大宝。后梁社稷，光被生民。于荆州造天皇、陟岯、大明、宝光、四望等寺	辩正论 （卷三）
59			荆州陟岯寺		
60			荆州宝光寺		
61			荆州四望寺		
62			荆州大明寺	显以昨日申时自能起止神彩了亮。踞禅床盥浴剃发。就床跏坐俨然便绝。其月十七日葬于大明寺之北原。未终之前。门人见室西壁大开白光遍满。夜有白云亘屋南北。二道堂中佛事并摇动	续高僧传 （卷二十五）
63		梁宣帝 梁明帝 （江陵地区所建山寺）	青溪寺	后梁二帝治在江陵三十五年。寺有一百八所。山寺有青溪、鹿溪、覆船、龙山、韭山等。并佛事严丽堂宇雕奇。睹即发心见便忘返。僧尼三千二百人	辩正论 （卷三）
64			鹿溪寺		
65			覆船寺		
66			龙山寺		
67			韭山寺		

续表

序号	朝代	建造者	寺院名称	史料记载	资料出处
68	此时已为南陈朝之时	《梁书》中记载的佛寺	宣武寺	前割西边施宣武寺，既失西厢，不复方幅，意亦谓此逆旅舍耳，何事须华？	梁书（卷二十五）
				以天嘉之初出都。讲于宣武寺	续高僧传
69			开善寺	奉敕制《开善寺宝志大师碑文》，词甚丽逸	梁书（卷三十三）
70			显灵寺	（太清）三年三月，宫城失守，东奔晋陵，馁卒于显灵寺僧房，年六十三	梁书（卷三十五）
71			何敬容舍宅建寺	至敬容又舍宅东为伽蓝，趋势者因助财造构，敬容并不拒，故此寺堂宇校饰，颇为宏丽。时轻薄者因呼为“众造寺”焉	梁书（卷三十七）
				琅琊王僧达才贵当世，藉甚（释僧）远风素，延止众造寺。远赒贫济乏，身无留财	高僧传（卷八）
				（普通四年）置众造寺，西南去县五十里，后閤舍人吴庆之造	建康实录（卷十七）
72			庄严寺	（太清二年）克等让之，涕泣而止，贼复拳送庄严寺迋治之	梁书（卷三十八）
				释宝唱。姓岑氏。吴郡人。即有吴建国之旧壤也。少怀恢敏清贞自蓄。顾惟只立勤田为业。资养所费终于十亩……唱既始陶津。经律咨禀。承风建德有声宗嗣。住庄严寺	续高僧传（卷一）
73			蒋山延贤寺	蒋山有延贤寺者，（司马到）溉家世创立，故生平公俸，咸以供焉，略无所取	梁书（卷四十）
74			钟山宗熙寺	（大通二年，王）规辞疾不拜，于钟山宗熙寺筑室居焉	梁书（卷四十一）
75			禅灵寺	（侯）景登禅灵寺门阁，望（韦）粲营未立，便率锐卒来攻	梁书（卷四十一）
				先是武帝立禅灵寺于都下，当世以为壮观，天意若曰：“禅”者禅也，“灵”者神明之目也，武帝晏驾则鼎业倾移也	南史（卷五）
				帝起禅灵寺，敕瀹为碑文	建康实录（卷十六）
76			北寺	（侯）景帅战船并集北寺，又分入港中，登岸治道，广设毡屋，耀军城东陇上……	梁书（卷四十五）
77			药王寺	（刘昙净）母丧，权瘗于药王寺 （江）紑第三叔禄与草堂寺智者法师善，往访之。	梁书（卷四十七）
78			草堂寺	（慧胜尼）后从草堂寺思隐、灵根寺法颖，备修观行，奇相妙证，独得怀抱	比丘尼传（卷四）
				梁国师草堂寺智者释慧约传二	续高僧传

序号	朝代	建造者	寺院名称	史 料 记 载	资料出处
79	此时已为南陈朝之时	《梁书》中记载的佛寺	钟山定林寺	今定林寺经藏,(刘)勰所定也。然勰为文长于佛理,京师寺塔及名僧碑志,必请勰制文。有敕与慧震沙门于定林寺撰经,证功毕,遂启求出家……	梁书(卷五十)
				(何胤)又入钟山定林寺听内典,其业皆通	梁书(卷五十一)
				天监七年。帝以法海浩汗浅识难寻。敕庄严僧旻。于定林上寺。缵众经要抄八十八卷	续高僧传(卷一)
80			大心寺	(伏)挺后遂出仕,寻除南台治书,因事纳贿,当被推勘。挺惧罪,遂变服为道人,久之藏匿,后遇赦,乃出大心寺	梁书(卷五十)
81			建陵寺	敕遣道(任孝恭)制《建陵寺刹下铭》,又启撰高祖集《序文》,并富丽,自是专掌公家笔翰	梁书(卷五十)
82			萧寺	(任)孝恭少从萧寺云法师读经论,明佛理,至是,蔬食持戒,信受甚笃	梁书(卷五十)
83			法轮寺	(何)点时在法轮寺,子良乃往请,点角巾登席,子良欣悦无已……	梁书(卷五十一)
				何尚之钦德致礼,请居所造法轮寺	高僧传(卷十一)
84			吴中石佛寺	(何)点少时尝患渴痢,积岁不愈。后在吴中石佛寺建讲,于讲所昼寝,梦一道人形貌非常,授丸一抔,梦中服之,自此而差,时人以为淳德所感	梁书(卷五十一)
85			若邪山（山阴）云门寺	(何)胤以为稽山多灵异,往游焉,居若邪山云门寺	梁书(卷五十一)
				(释弘明)少出家,贞苦有戒节,止山阴云门寺	高僧传(卷十二)
86			虎丘西寺	(何)胤年登祖寿,乃移还吴,作《别山诗》一首。言甚凄怆。至吴,居虎丘西寺讲经学,学徒复随之,东境守宰经途者,莫不毕至	梁书(卷五十一)
87			般若寺	初,开善寺僧藏法师与胤遇于秦望,后还都,卒于钟山。其死日,胤在般若寺,见一僧授胤香奁并函书,云"呈何居士",言讫失所在	梁书(卷五十一)
88			钟山宋熙寺	(刘)讦善玄言,尤精释典,曾与族兄刘歊听讲于钟山诸寺,因共卜筑宋熙寺东涧,有终焉之志	梁书(卷五十一)
				道俗四众,仍葬于钟山宋熙寺前	高僧传(卷三)
89			兴皇寺	歊既长,精心学佛。有道人释宝志者,时人莫测也。遇歊于兴皇寺,惊起曰:"隐居学者,清静登佛。"	梁书(卷五十一)
90			市寺	及大同中,出旧塔舍利,敕市寺侧数百家宅地,以广寺域,造诸堂殿并瑞像周回阁等,穷于轮奂焉。其图诸经变,并吴人张繇运手	梁书(卷五十四)

序号	朝代	建造者	寺院名称	史料记载	资料出处
91	此时已为南陈朝之时	《梁书》中记载的佛寺	益州九层佛寺	天监十三年,遣使献金装马脑钟二口,又表于益州立九层佛寺。诏许焉	梁书(卷五十四)
92			石樟寺	(鲍)泉军于石樟寺,(王)誉率众逆击之,不利而还	梁书(卷五十五)
93			禅灵寺	次新亭,贼列阵于中兴寺,相持至晚,各解归……(侯)景登禅灵寺门阁,望(韦)粲营未立,便率锐卒来攻	梁书(卷四十三)
94			小庄严寺	是月,百济使至,见城邑丘墟,于端门外号泣,行路见者莫不洒泪。(侯)景闻之大怒,送小庄严寺禁止,不听出入	梁书(卷五十六)
				未成,于小庄严寺造无量寺像,长一丈八尺,及铸铜不足,帝又给功德铜三千斤	建康实录(卷十七)
95			祥灵寺	僧辩焚(侯)景水栅,入淮,至祥灵寺渚。景大惊,乃缘淮立栅,自石头至朱雀航。僧辩及诸将遂于石头城西步上连营立栅,至于落星墩。景大恐……使王伟、索超世、吕季略守台城,宋长贵守延祚寺	梁书(卷五十六)
96			延祚寺		

南朝梁总 56 年,共建寺 2846 所,译经 42 人,238 部,僧尼 8.27 万余人。

另南朝梁二帝(梁宣帝、梁明帝)据江陵 35 年,寺有 108 所

表 4 中爬梳自史料的南朝梁时所建寺院有 48 所。

南陈王朝始自陈武帝永定元年(557 年),终至陈后主祯明三年(589 年),前后历 33 年。《辩正论》中所载这一时期的重要佛寺有:

> 陈高祖武皇帝,永定二年于扬州造东安寺。于扬都治下造兴皇、天居等四寺。皆绣棋雕楹文㮰粉壁。三阶肃而宛转。千柱赫以玲珑。长表列于康衢。高门临于驰道。美音精舍未或可俦。造金铜等身像一百万躯。度僧尼七千人。修治故寺三十二所。陈世祖文皇帝绍隆三宝,修治故寺六十所。度僧尼三千人。陈高宗孝宣皇帝,于扬州禁中里造太皇寺。于太皇寺造七级木浮图。金盘将曜灵比色,珠轮与合璧争晖。式树福田造崇皇寺。太建二年重为始兴昭烈王孝太妃,奚逮苍生,奉建灵刹高一十五丈,下安佛爪,长二寸,阔一寸。造金铜像等二万躯。修理故像一百三十万躯。修补故寺五十所。度僧尼万人。

> 右陈世五主,合三十四年。寺有一千二百三十二所。国家新寺一十七所。百官造者六十八所。郭内大寺三百余所。舆地图云。都下旧有七百余寺。属侯景作乱。焚烧荡尽。❶

据《辩正论》,南朝陈 34 年,共有寺 1232 所,其中国家新寺 17 所,百官所造寺院 68 所。建康城内外总有(都下旧有)寺院 700 余所,建康城内有大寺(郭内大寺)300 余所。现结合其他史料将南朝陈时的寺院情况做一列表(表 5):

❶摘引自[唐]法琳.辩正论.卷三.十代奉佛上篇第三

表 5　南朝陈寺院建造简况

序号	朝代	建造者	寺院名称	史 料 记 载	资料出处
97		陈武帝 （557—559 年）	扬州东安寺	陈高祖武皇帝，永定二年于扬州造东安寺。于扬都治下造兴皇、天居等四寺	辩正论 （卷三）
98			扬州兴皇寺		
99			扬州天居寺		
不列 序号		陈文帝 （560—566 年）	寺名不详	修治故寺六十所。度僧尼三千人	辩正论 （卷三）
100		陈宣帝 （569—582 年）	太皇寺	陈高宗孝宣皇帝，于扬州禁中里造太皇寺。于太皇寺造七级木浮图。金盘将曜灵比色，珠轮与合璧争晖。	辩正论 （卷三）
101			崇皇寺	式树福田造崇皇寺。太建二年重为始兴昭烈王孝太妃。奚逮苍生。奉建灵刹高一十五丈。下安佛爪。长二寸。阔一寸。饰莹珍龛藏诸宝箧	
102	南 朝 陈	《陈书》中记载的佛寺	长乐寺	尔日，天子总羽林禁兵，顿于长乐寺	陈书 （卷一）
				时蜀江阳寺释普明、长乐寺释道辈，并戒德高。 时谢寺又有僧宝、僧智、长乐寺法珍、僧向、僧猛、法宝、慧调，并一代英哲，为时论所宗。 释道房，姓张，广汉五城人。道行清贞，少善律学，止广汉长乐寺	高僧传 （卷七、 卷八、 卷十一）
103			摄山庆云寺	庚辰，诏出佛牙于杜姥宅……梁天监末，为摄山庆云寺沙门慧兴保藏，慧兴将终，以属弟慧志，承圣末，慧志密送于高祖，至是乃出	陈书 （卷二）
104			罗浮山寺	仙人见于罗浮山寺小石楼，长三丈所，通身洁白，衣服楚丽	陈书 （卷二）
				侯景之乱，乃游岭南，居罗浮山寺，专精习业	陈书 （卷三十）
105			慧日寺	己丑，震慧日寺刹及瓦官寺重门，一女子于门下震死	陈书 （卷五）
106			大皇寺	六月丁卯，大雨，震大皇寺刹、庄严寺露盘、重阳阁东楼、千秋门内槐树、鸿胪府门	陈书 （卷五）
107			宝田寺	后主遣骠骑大将军、司徒豫章王叔英屯朝堂，萧摩诃屯乐游苑，樊毅屯耆阇寺，鲁广达屯白土冈，忠武将军孔范屯宝田寺	陈书 （卷六）
108			耆阇寺	陈钟山耆阇寺释安廪传六	续高僧传 （卷七）
109			香岩寺	及世祖为彪所袭，文育时顿城北香岩寺，世祖夜往赴之，因共立栅。 文帝之讨张彪也，沈泰等先降，文帝据有州城，周文育镇北郭香岩寺	陈书 （卷八、 卷二十）

序号	朝代	建造者	寺院名称	史料记载	资料出处
110	南朝陈	《陈书》中记载的佛寺	东山寺	(虞)寄知宝应不可谏,虑祸及己,乃为居士服以拒绝之,常居东山寺,伪称脚疾,不复起,宝应以为假托,使烧寄所卧屋,寄安卧不动	陈书(卷十九)
				(释僧导)后立寺于寿春,即东山寺也。常讲说经论,受业千有余人	高僧传(卷七)
111			孤园寺	广州刺史欧阳纥举兵反,高宗令(徐)俭持节喻旨……纥默然不答,惧俭沮其众,不许入城,置俭于孤园寺,遣人守卫,累旬不得还	陈书(卷二十六)
112			会稽龙华寺	(江总《修心赋》)太清四年(550年)秋七月,避地于会稽龙华寺。此伽蓝者,余六世祖宋尚书右仆射州陵侯元嘉二十四年(447年)之所构也	陈书(卷二十七)
113			灵曜寺	(江总)弱岁归心释教,年二十余,入钟山就灵曜寺则法师受菩萨戒	陈书(卷二十七)
114			明庆寺	(姚)察幼年尝就钟山明庆寺尚禅师受菩萨戒,及官陈,禄俸皆舍寺起造,并追为禅师树碑,文甚道丽	陈书(卷二十七)
				(天监六年)置明庆寺,后闇舍人王昙明造,去县十八里。寺内有泉水清激,陈梁已前尝取供御愈疾	建康实录(卷十七)
115			华严寺	初,父葡居母阮氏忧,不食泣血而卒,家人宾客俱(谢)贞复然,从父洽、族兄暠乃共往华严寺,请长爪禅师为贞说法	陈书(卷三十二)
				华严寺妙智尼传五 禅堂初建,齐武皇帝敕请妙智讲《胜鬘》、《净名》开题	比丘尼传(卷三)
116			宣明寺	太清之乱,亲属散亡,(谢)贞于江陵陷没,暠逃难番禺,贞母出家于宣明寺	陈书(卷三十二)
117			一乘寺	吴郡陆元朗、朱孟博、一乘寺沙门法才、法云寺沙门慧休,至真观道士姚绥,皆传其业	陈书(卷三十三)
118			法云寺	遂听法云寺礭法师成论,一遍未周已究深隐	续高僧传

陈世五主,合34年。寺有1232所。国家新寺17所。百官造者68所。郭内大寺300余所

表5中见于《辩正论》与《陈书》的史料中所知南陈时所建寺院有22所。

唐代人李延寿所撰《南史》中记载的寺院建造情况,一些与《宋书》、《南齐书》、《梁书》、《陈书》,及《辩正论》中的不相重复,特录于下表(表6):

表 6 　《南史》中记载的南朝寺院情况

序号	朝代	建造者	寺院名称	史料记载	资料出处
119			京口竹林寺	(宋武帝)尝游京口竹林寺,独卧讲堂前,上有五色龙章,众僧见之,惊以白帝,帝独喜曰:"上人无妄言。"	南史(卷一)
				壬戌,追赠后父袁湛为侍中左光禄大夫开府仪同三司,是岁大旱,置竹林寺……衡阳王义季镇京口,常与颙会竹林寺,野服鼓琴,谈宴终日	建康实录(卷十二)
120			蒋山定林寺	(帝)喜游猎,不避危险。至蒋山定林寺,一沙门病不能去,藏于草间,为军人所得,应时杀之	南史(卷五)
				元嘉元年外国僧毗舍阇造又置下定林寺,东去县城一十五里,僧监造,在蒋山陵里也	建康实录(卷十二)
121			外国寺	庄严寺有玉九子铃,外国寺佛面有光相,禅灵寺诸塔宝珥,皆剥取以施潘妃殿饰	南史(卷五)
122			皇基寺	(大同十年)壬寅,于皇基寺设法会,诏赐兰陵老少各一阶,并加颁赉	南史(卷七)
				(大同十年)又于皇基寺,设法会,赐兰陵老少位各一阶	建康实录(卷十七)
123			瑶光寺	元帝徐妃……与荆州后堂瑶光寺智远道人私通……帝左右暨季江有姿容,又与淫通。季江每叹曰:"柏直狗虽老犹能猎,萧溧阳马虽老犹骏,徐娘虽老犹尚多情。"时	
124			普贤尼寺	有贺徽者美色,妃要之于普贤尼寺,书白角枕为诗相赠答	南史(卷十二)
125			毗陵天静寺	(陈后主沈皇后)及后主薨,后自为哀辞,文甚酸切。隋炀帝每巡幸,恒令从驾。及炀帝被杀,后自广陵过江,于毗陵天静寺为尼,名观音。贞观初卒	南史(卷十二)
126			崇圣寺	又坐与亡弟母杨别居,杨死不殡葬,崇圣寺尼慧首剃头为尼,以五百钱为买棺,以泥洹舆送葬,为有司奏,事寝不出	南史(卷十二)
127			牛牧佛寺	夺马以授(刘)毅,从大城东门出奔牛牧佛寺自缢	南史(卷十六)
128			蒋山延贤寺	家门雍睦,兄弟特相友爱,初与弟洽共居一斋,洽卒后,便舍为寺。蒋山有延贤寺,溉家世所立。溉得禄俸,皆充二寺	南史(卷二十五)
129			曾口寺	时南郡江陵县人苟蒋之弟胡之妇,为曾口寺沙门所淫,夜入苟家,蒋之杀沙门,为官司所检	南史(卷二十六)
130			招提寺	彦回薨,澄以钱一万一千就招提寺赎高帝所赐彦回白貂坐褥……	南史(卷二十八)
				(释慧绍)后随(僧)要止临川招提寺,乃密有烧身之意	高僧传(卷十二)
131			波若寺	(何求)仍往吴,隐居波若寺,足不逾户,人莫见其面。宋明帝崩,出奔国哀,除永嘉太守。求时寄住南涧寺,不肯诣台,乞于野外拜受,见许	南史(卷三十)

序号	朝代	建造者	寺院名称	史料记载	资料出处
132			若邪山云门寺	胤以会稽山多灵异,往游焉,居若邪山云门寺。初,胤二兄求、点并栖遁,求先卒,至是胤又隐,世号点为"大山",胤为"小山",亦曰"东山"……世谓何氏三高	南史(卷三十)
133			慧眼寺	蒨乃因智者启舍同夏县界牛屯里舍为寺,乞赐嘉名。敕答云:"纯臣孝子,往往感应。晋世颜含,遂见冥中送药。近见智者,知卿第二息感梦,云饮慧眼水。慧眼则是五眼之一号,若欲造寺,可以慧眼为名。"	南史(卷三十六)
134			雍州平等寺	敕令制雍州《平等寺金像碑文》,甚宏丽	南史(卷三十九)
135			湘宫寺	帝以故宅起湘宫寺,费极奢侈。以孝武庄严刹七层,帝欲起十层,不可立,分为两刹,各五层	南史(卷七十)
				(萧坦之)假节督众军讨遥光,屯湘宫寺,事平迁尚书左仆射	建康实录(卷十六)
				(宋)明帝以所居故第,起湘宫寺,制置宏壮	广弘明集(卷六)
136			长沙寺	颖胄有器局,既唱大事,众情归之。长沙寺僧铸黄金为龙,数千两埋土中,历相传讨,称为下方黄铁,颖胄因取此龙,以充军实	南史(卷四十一)
137			集善寺	(王)巘薨后,第库无见钱,武帝敕货杂物服饰得数百万,起集善寺,月给第见钱数百万,至上崩乃省	南史(卷四十二)
138			显云寺	太清元年,复为侍中、国子祭酒。二年,侯景寇逼,子云逃人间。三年,宫城失守,奔晋陵,馁卒于显云寺僧房,年六十三	南史(卷四十二)
139			栖霞寺	齐建元元年(479年)冬,征为正员郎,称疾不就……既而遁还摄山,建栖霞寺而居之,高帝甚以为恨	南史(卷五十)
				陈摄山栖霞寺释慧布传七	续高僧传(卷七)
140			襄阳寺	天监元年(502年),封建安王。初,武帝军东下,用度不足,(南平元襄王)伟取襄阳寺铜佛,毁以为钱	南史(卷五十二)
141			丈八寺	延明闻之,乃令革作《丈八寺碑》并《祭彭祖文》,革辞以囚执既久,无复心思。延明将加箠扑,革厉色曰:"江革行年六十,不能杀身报主,今日得死为幸,誓不为人执笔。"延明知不可屈,乃止	南史(卷六十)
142			光道寺	大同初,魏军复围南郑,性宝命第三子巘帅二百人,与魏前锋战于光道寺,流矢中其目,失马,敌人交槊将至,巘斩其一骑而上,驰以归	南史(卷六十四)
143			项王寺	后杜军降文帝,(杜)龛尚醉不觉,文帝遣人负出项王寺前斩之。王氏因截发出家,杜氏一门覆矣	南史(卷六十四)

序号	朝代	建造者	寺院名称	史料记载	资料出处
144			麓山寺	欧阳頠,字靖世,长沙临湘人也。为郡豪族。少质直,有思理,以言行著于岭表。父聂,哀毁甚至。家产累积,悉让诸兄。庐于麓山寺傍,专精习业,博通经史	南史(卷六十六)
				(释慧球)年十六出家,住荆州竹林寺,事道磬为师,禀承戒训,履行清洁。后入湘州麓山寺,专业禅道	高僧传(卷八)
145			建陵寺	敕遣制《建陵寺刹下铭》,又启撰武帝集序文,并富丽。自是专掌公家笔翰	南史(卷七十二)
146			永业寺	顷之,测送弟丧还西,仍留旧宅永业寺,绝宾友,唯与同志庾易、刘虯、宗人尚之等往来讲说	南史(卷七十五)
147			灵味寺	灵味寺沙门释宝亮欲以纳被遗之,未及有言,宝志忽来牵被而去	南史(卷七十六)
148			西林寺	远既为道安所留。永乃欲先逾五岭。行经浔阳。郡人陶范苦相要留。于是且停庐山之西林寺。既门徒稍盛。又慧远同筑遂有意终焉	高僧传(卷六)
149			东林寺	时有沙门慧永。居在西林与远同门……桓乃为远复于山东更立房殿。即东林是也	高僧传(卷六)
				刘慧斐,……因不仕,居东林寺,又于山北构园一所,号离垢园,时人仍谓为离垢先生	南史(卷七十六)
150			正觉寺	爱子希秀,甚有学解,亦闲篆隶,正觉、禅灵二寺,即希秀书也	南史(卷七十七)
				释法悦者,戒素沙门也。齐末敕为僧主,止京师正觉寺	高僧传(卷十三)
151			天文寺	天文寺常以上将星占文度。文度尤见委信……文度既见委用,大纳财贿,广开宅宇,盛起土山,奇禽怪树,皆聚其中,后房罗绮,王侯不能及	南史(卷七十七)
152			白塔寺	与中领军鲁广达顿于白塔寺,后主多出金帛,募人立功,范素与武士不接,莫有至者,唯负贩轻薄多从之	南史(卷七十七)
				今陶后渚白塔寺,即其处也	高僧传(卷三)
153			太平寺	(侯景)又言于(高)欢曰:"恨不得泰。请兵三万,横行天下;要须济江缚取萧衍老公,以作太平寺主。"欢壮其言,使拥兵十万,专制河南,专任若己之半体	南史(卷八十)建康实录(卷十七)

《南史·卷七十》:"都下佛寺五百余所,穷极宏丽,资产丰沃。所在郡县,不可胜言。"

表6中经爬梳所得《南史》中未包括于其他史料记载的寺院数为35所。

《南史》中卷七十有云:"都下佛寺五百余所,穷极宏丽,资产丰沃。所在郡县,不可胜言。"说明南朝建康城内外有寺500余所。这一情况与唐人杜牧诗《江南春》中所谓"南朝四百八十寺，多少楼台烟雨中"[1]的说法大略接近。但与《辩正论》所说"都下旧有七百余寺"之间，似有较大差别。但《辩正论》中说的是南陈时期，且用了"旧有"一语，似有南朝建康先后"总共建造"了700余寺的意思，且在这一记载之后还有："属侯景作乱。焚烧荡尽"之语，而侯景之乱，发生在南梁时期，所以，《南史》中的"都下旧有七百余寺"当是指南朝建康城内外曾经建造的寺院总数。由此，我们还是可以理解为南朝时建康城内外有寺院约500余所，其中城内有寺300余所。

此外，一些佛教史传著作，包括《辩正论》中所载非皇家建造的寺院，及《梁京寺记》、《出三藏记集》和《弘明集》中记录的一些寺院，也列在下表之中（表7）：

❶钦定四库全书.集部.总集类.[宋]洪迈编.万首唐人绝句.卷二十五.七言.杜牧.江南春

表7　《辩正论》、《梁京寺记》与《出三藏记集》、《弘明集》中记载的南朝寺院情况

序号	朝代	建造者	寺院名称	史料记载	资料出处
154			招隐寺	晋常侍戴安道（学艺优达造招隐寺。手自刺五夹纻像。并相好无比。恒放身光）	辩正论（卷三）
155			石涧寺	晋太仆卿王珣（克意令终造石涧寺）	辩正论（卷三）
				（卑摩罗叉）逗于寿春止石涧寺	高僧传（卷二）
156			栖禅寺	晋豫章太守范宁（檀舍不倦结志慧持于鹄岭山造栖禅寺）	辩正论（卷三）
157			弘普中寺	宋高祖武皇帝（至治克昌。口诵般若。造丈八金像四躯铸不成改为丈四。立即圆满。庄严成就。还高丈八。旦食解斋。爰感舍利。造弘普中寺以召名僧）	辩正论（卷三）
158			东掖寺	晋司徒公王谧。谧见东掖寺门辄有金光烛地。因往掘之得一金像。合光七尺。别起精舍终身供养。又感瑞呈真造东安寺	辩正论（卷三）
159			通玄寺	晋太常卿朱鹰。鹰在松江沪渎口。感二石像水上浮来憩帝奉迎于通玄寺供养。鹰遂委命法桥。以为自任	辩正论（卷三）
				遥见二人浮江而至，乃是石像，背有铭志，一名惟卫，一名迦叶，即接还安置通玄寺	高僧传（卷十二）
160			灵应寺	晋丹阳尹高悝（奉福感灵造灵应寺）	辩正论（卷三）
161			双林寺	梁东阳郡乌阳县双林寺傅大士。常转法轮。绍隆尊位。分身世界济度群生。或胸臆之间。乍表金色	辩正论（卷三）
162			枳园寺	晋辅国大将军何无忌（崇信克终造枳园寺）忌以安帝西还皇运凯泰。道俗同庆	辩正论（卷三）
				仍以所得利养，起枳园寺塔。是岁齐永明七年（489年）也	高僧传（卷十）
163			金像寺	晋雍州刺史史都恢（弥陀出游造金像寺）	辩正论（卷三）

序号	朝代	建造者	寺院名称	史料记载	资料出处
164			寒溪寺	晋武昌太守陶侃。侃临广州日。有渔人于海中见神光经旬弥盛。恢以白侃。侃就看乃是阿育王像。接归武昌送寒溪寺。感动功德远近发心侃之力也	辩正论（卷三）
165			栖灵寺	晋豫章太守雷次宗（精心慕法造栖灵寺）	辩正论（卷三）
166			升元寺（瓦棺寺）	升元寺即瓦棺寺也。在城西隅瞰江面。后踞崇冈最为古迹。累经兵火。略无仿佛。李王时升元阁犹在。乃梁朝故物	梁京寺记（一卷）
167			法宝寺	法宝寺。梁同泰寺基之半也。建康刹录。梁武帝大通元年。创同泰寺。寺处宫后。别开一门。名大通门。帝晨夕讲议。多游此门	梁京寺记
168			法光寺（萧帝寺）	法光寺。即梁之萧帝寺。旧传。天监十三年造。元绛寺记云。不知从昔之名。故后人以帝氏目之	梁京寺记
169			元绛寺		
170			会稽宝林寺	宝林寺。梁天监中。武帝与宝公。同游此山。见林峦殊胜。命建精蓝	梁京寺记
				《会稽宝林寺禅房闲居颂》	出三藏记集（卷十二）
171			会稽嘉祥寺	顷之郡守琅珥王荟。于邑西起嘉祥寺。以（竺道）壹之风德高远。请居僧首。壹乃抽六物遗于寺。造金牒千像。壹既博通内外。又律行清严	高僧传（卷五）
				梁会稽嘉祥寺释慧皎传五	续高僧传（卷六）
172			东亭寺	《中阿含经》六十卷（晋隆安元年十一月十日于东亭寺译出。）	出三藏记集（卷二）
173			六合山寺	《新无量寿经》二卷（宋永初二年于道场寺出。一录云，于六合山寺出。）	出三藏记集（卷二）
174			京都龙光寺（青园寺？）	右三部（《弥沙塞律》等），反三十六卷。宋荥阳王时，沙门竺道生、释慧严，请罽宾律师驮什于京都龙光寺译出	出三藏记集（卷二）
				以其年（宋景平元年）冬十一月集于龙光寺，译为三十四卷，称为《五分律》	高僧传（卷三）
				释宝渊……齐建武元年下都住龙光寺	续高僧传（卷六）
175			秣陵平乐寺	《摩得勒伽经》十卷（宋元嘉十二年乙亥岁正月于秣陵平乐寺译出，至九月二十二日讫）	出三藏记集（卷二）
176			祇洹寺	右四部（《观普贤菩萨行法经》等），凡六卷。宋文帝时，罽宾禅师昙，昙摩蜜多，以元嘉中于祇洹寺译出	出三藏记集（卷二）
				宋永初元年（420年），车骑范泰立祇洹寺，以义德为物宗，固请经始	高僧传（卷七）

序号	朝代	建造者	寺院名称	史料记载	资料出处
177			普弘寺	《抄成实论》九卷(齐武帝永明七年十二月,竟陵文宣王请定林上寺释僧柔、小庄严寺释慧次等于普弘寺共抄出。)	出三藏记集(卷二)
178			青园寺(龙光寺)	(齐末太学博士江泌处女尼子)然笃信正法,少修梵行,父母欲嫁之,誓而弗许。后遂出家,名僧法,住青园寺	出三藏记集(卷二)
				(竺道生)后还都止青园寺。寺是晋恭思皇后褚氏所立,本种青处,因以为名……其年夏,雷震青园佛殿,龙升于天,光影西壁,因改寺名号曰龙光	高僧传(卷七)
179			丹阳宣业寺	唯故宋丹阳尹颜竣女宣业寺尼法弘,交州刺史张牧女弘光寺尼普明等信受其教,以为真实	出三藏记集(卷五)
180			弘光寺		
181			谢寺	齐永明七年(489年)十月,文宣王集京师硕学名僧五百余人,请定林僧柔法师、谢寺慧次法师,于弘寺迭讲,欲使研核幽微,学通疑执	出三藏记集(卷十一)
				(释慧次)大明中(457—464年)出都,止于谢寺	高僧传(卷八)
				镇西将军谢尚造谢寺,今改名兴岩寺,即延兴寺	建康实录(卷八)
182			禅林寺(惠日寺)	《禅林寺净秀尼造织成千佛记》第七	出三藏记集(卷十二)
				禅林寺净秀尼传一	比丘尼传(卷四)
				泰始三年(467年),明帝敕以寺从其所集,宜名"禅林"。(天监十八年)七月甲申,老人星见,置惠日寺(……此惠日寺是宋之禅林寺,王修仪为尼净秀立精舍。新蔡公主为佛殿。泰始三年明帝助修,号曰禅林。)	建康实录(卷十七)
183			天保寺	《天保寺集优婆塞讲记》第四	出三藏记集(卷十二)
				(释道盛)后憩天保寺,齐高帝敕代昙度为僧主	高僧传(卷八)
184			景福寺(影福寺)	时景福寺尼慧果、净音等,共请跋摩云:"去六年,有师子国八尼至京,云宋地先未有尼,那得二众受戒,恐戒品不全。"	高僧传(卷三)
				初,三藏法师深明戒品,将为影福寺尼慧果等重受具戒	出三藏记集(卷十四)
185			京师简靖寺	后止洛阳大市寺,手自细书黄缣,写《大品经》一部,合为一卷……此经今在京师简靖寺首尼处	高僧传(卷十)
186			始兴寺	晋义熙十二年(416年),宋武帝西伐长安……还都,即住始兴寺。严性虚静,志避嚣尘,乃于东郊之际更起精舍,即枳园寺也	出三藏记集(卷十五)

序号	朝代	建造者	寺院名称	史料记载	资料出处
187			平陆寺	初,景平元年(423年),平陆令许桑舍宅建刹,因名平陆寺。后道场慧观以跋摩道行纯备,请住此寺,崇其供养,以表厥德。跋摩共观加塔三层,行道讽诵,日夜不辍。僧众归集,道化流布	出三藏记集(卷十四)
188			吴郡北寺	吴郡有石佛,浮身海水,道士巫师人从百数,符章鼓舞一不能动。黑衣五六,朱张数四,薄尔奉接,递相胜举。即今见在吴郡北寺,淳诚至到者莫不有感	弘明集(卷十一)

上表中所列《辩正论》中记录的非皇家建造的寺院,及见于《梁京寺记》、《出三藏记集》和《弘明集》中,且不与前表所列《宋书》、《南齐书》、《梁书》、《陈书》中所载寺院相重复者有 35 所。南朝梁释慧皎所撰《高僧传》是一本史料价值极高的佛教史传著作,其中涉及了相当多南朝时所建寺院情况,前表中与正史记载关联较为密切的少量寺院,偶有列出,这里将《高僧传》中所涉南朝寺院情况再作一个梳理,前面已列者,不再重复(表8):

表 8　南朝梁释慧皎所撰《高僧传》中记载南朝寺院情况

序号	朝代	建造者	寺院名称	史料记载	资料出处
189			鄮县山寺	会稽太守平昌孟顗。深信正法。以三宝为己任。素好禅味敬心殷重。及临浙右请与同游。乃于鄮县之山建立塔寺。东境旧俗多趣巫祝。及妙化所移比屋归正	高僧传(卷三)
190			秣陵凤皇楼西之佛寺	后于秣陵界凤皇楼西起寺。每至夜半辄有推户而唤。视之无人。众屡厌梦。跋陀烧香咒愿曰。汝宿缘在此我今起寺。行道礼忏常为汝等。若住者为护寺善神。若不能住各随所安	高僧传(卷三)
191			毗耶离寺	求那毗地。此言安进……齐建元初来至京师止毗耶离寺。执锡从徒威仪端肃。王公贵胜迭相供请	高僧传(卷三)
192			豫章山寺	康僧渊……后于豫章山立寺。去邑数十里带江傍岭林竹郁茂。名僧胜达响附成群	高僧传(卷四)
193			剡县城南法台寺	竺潜字法深……年二十四。便能讲说。后立剡县城南法台寺焉	高僧传(卷四)
194			支山寺	支遁字道林……于是退而注逍遥篇。群儒旧学莫不叹服。后还吴立支山寺。晚欲入剡	高僧传(卷四)
195			灵嘉寺	后遁既还剡经由于郡。王故诣遁观其风力。既至。王谓遁曰。逍遥篇可得闻乎。遁乃作数千言。标揭新理才藻惊绝。王遂披衿解带。流连不能已。仍请住灵嘉寺。意存相近。俄又投迹剡山	高僧传(卷四)
196			沃州小岭寺	(支遁)俄又投迹剡山,于沃洲小岭立寺行道,僧众百余,常随禀学	高僧传(卷四)

序号	朝代	建造者	寺院名称	史料记载	资料出处
197			栖光寺	遁乃作释蒙论。晚移石城山。又立栖光寺。宴坐山门游心禅苑。木餐涧饮浪志无生	高僧传（卷四）
198			元华寺	于法兰……后闻江东山水剡县称奇。乃徐步东瓯远瞩崤嵘。居于石城山足。今之元华寺是也。时人以其风力比庾元规	高僧传（卷四）
199			白山灵鹫寺	于法开……俄而帝崩。获免还剡石城。续修元华寺。后移白山灵鹫寺。每与支道林争即色空义	高僧传（卷四）
				（释僧柔）后东游禹穴，值慧基法师招停城傍，一夏讲论。后入剡白山灵鹫寺	高僧传（卷八）
200			新亭精舍（中兴寺）	帝以钱十万，买新亭岗为墓，起塔三级，（竺法）义弟子昙爽于墓所立寺，因名新亭精舍。后宋武南下伐凶，銮旆至此，式宫此寺。及登禅，复幸禅堂，因为开拓，改曰中兴	高僧传（卷四）
201			荆州上明寺	竺僧辅，邺人也……后息荆州上明寺，单蔬自节，礼忏翘勤，誓生兜率，仰瞻慈氏	高僧传（卷五）
202			昌原寺	竺法旷……遂游行村里，拯救危急，乃出邑止昌原寺，百姓疾者，多祈之致效	高僧传（卷五）
203			山阴北寺	山阴北寺有净严尼，宿德有戒行，夜梦见观世音从西郭门入。清辉妙状，光映日月，幢幡华盖，皆以七宝庄严	高僧传（卷五）
204			陴县中寺	（释慧）持避难憩陴县中寺……后境内清帖，还止龙渊寺，讲说斋忏，老而愈笃，以晋义熙八年（412年）卒于寺中，春秋七十有六	高僧传（卷六）
205			龙渊寺	（释昙凭）诵《三本起经》，尤善其声。后还蜀，止龙渊寺	高僧传（卷十三）
				梁蜀郡龙渊寺释慧韶传四	续高僧传（卷六）
206			荆州竹林寺 江陵竹林寺	释昙邕……后往荆州，卒于竹林寺。南蛮校尉刘遵，于江陵立竹林寺，请经始。（释僧）慧少出家，止荆州竹林寺，事昙顺为师	高僧传（卷六、卷八）
207			台寺	释道祖，吴国人也，少出家，为台寺支法齐弟子……及玄辅正，欲使沙门敬者王，祖乃辞还吴之台寺	高僧传（卷六）
208			乌衣寺	释慧叡……后适京师，止乌衣寺。讲说众经，皆思彻言表，理契环中	高僧传（卷七）
209			高悝寺	什亡后，乃南适荆州。州将司马休之甚相敬重，于彼立高悝寺，使夫荆楚之民回邪归正者，十有其半	高僧传（卷七）
210			南林寺	（释慧观）蔬食节己，故晋陵公主为起南林寺，后遂居焉	高僧传（卷七）
				置南林寺建康[阙]三里，元嘉四年司马梁王妃舍宅为晋陵公主造，在中兴里，陈亡废	建康实录（卷十二）

序号	朝代	建造者	寺院名称	史料记载	资料出处
211			彭城寺	(释道渊)后移止彭城寺。宋文帝以渊行为物轨,敕居寺任。后卒于所住,春秋七十有八 (释僧弼)后下都止彭城寺。文皇器重,每延讲说	高僧传 (卷七)
				及梁运荡覆避世顺时。虽属雕荒学功靡弃。彭城寺内引化如流。陈氏御历重阐玄踪	续高僧传 (卷十二)
				彭城敬王造彭城寺,在今县东南三里西,大门临古御街	建康实录 (卷八)
212			姑苏 闲居寺	乃请还姑苏,为造闲居寺。地势清旷,环带长川	高僧传 (卷十一)
213			虎丘东寺	(释僧诠)后过江止京师,铺筵大讲,化洽江南。吴郡张恭请还吴讲说,姑苏之士,并慕德之心。初止闲居寺,晚憩虎丘山。诠先于黄龙国造丈六金像,入吴又造人中金像,置于虎丘山之东寺。诠性好檀施,周赡贫乏,清确自守,居无兼币。后平昌孟抃,于余杭立方显寺	高僧传 (卷七)
214			方显寺		
215			江陵辛寺	(释昙鉴)后游方宣化,达自荆州,止江陵辛寺	高僧传 (卷七)
216			庐山 陵云寺	(释慧安)止庐山陵云寺,学徒云聚,千里从风,常捉一杖,云是西域僧所施……安以宋元嘉中(424—453年)卒于山寺	高僧传 (卷七)
217			淮南中寺	(释昙无成)姚祚将亡,观众危扰,成乃憩于淮南中寺。《涅槃》《大品》常更互讲说,受业二百余人	高僧传 (卷七)
218			灵味寺	元嘉七年(430年),新兴太守陶仲祖,立灵味寺。钦(释僧)含风轨,请以居之	高僧传 (卷七)
219			江陵 五层寺 (荆州 五层寺)	远亡后,(释僧彻)南游荆州,止江陵城内五层寺,晚移琵琶寺……宋元嘉二十九年(452年)卒,春秋七十	高僧传 (卷七)
				又宋臣谢晦,身临荆州,城内有五层寺,寺有舍利塔	广弘明集 (卷十二)
				(释法愍)后憩江夏郡五层寺,时沙门僧昌,于江陵城内立塔	高僧传 (卷十)
220			江陵 琵琶寺	(释慧安)年十八,听出家,止江陵琵琶寺	高僧传 (卷十)
221			虎丘寺	(释昙谛)晚入吴虎丘寺,讲《礼》《易》《春秋》各七遍,《法华》《大品》《维摩》各十五遍	高僧传 (卷七)
222			成都 祇洹寺	(释道汪)中路值吐谷浑之难,遂不果行,于是旋于成都。征士费文渊初从受业,乃立寺于州城西北,名曰祇洹。化行巴蜀,誉洽朝野	高僧传 (卷七)
223			武担寺	后王景茂请居武担寺为僧主,勖众清谨,白黑归依。以宋泰始元年卒于所住,顾命令阇维之。刘思考为起塔于武担寺之右	高僧传 (卷七)
				到大明三年(459年)二月八日,于蜀城武担寺西,对其所造净名像前,焚身供养	高僧传 (卷十二)

序号	朝代	建造者	寺院名称	史料记载	资料出处
224			江阳寺	时蜀江阳寺释普明、长乐寺释道罤,并戒德高	高僧传(卷七)
225			治城寺	(释慧静)初止治城寺,颜延之、何尚之并钦慕风德,颜延之每叹曰:"荆山之玉,唯静是焉。"及子竣出镇东州,携与同游,因栖于天柱山寺	高僧传(卷七)
226			天柱山寺		
227			灵化寺	时始兴郡灵化寺有比丘僧宗,亦博涉经论。著《法性》、《觉性》二论云	高僧传(卷七)
228			北多宝寺	释道亮,不知何许人,住京师北多宝寺。神悟超绝,容止可观,而性刚忤物,遂显于众	高僧传(卷七)
228			北多宝寺	释慧忍,姓蒉,建康人。少出家,住北多宝寺	高僧传(卷十三)
229			襄阳檀溪寺	(释道温)元嘉中还止襄阳檀溪寺。善大乘经,兼明数论,樊邓学徒并师之。 (释昙)翼尝随安在檀溪寺,晋长沙太守滕含,于江陵舍宅为寺	高僧传(卷七)
230			何园寺	(释慧亮)后过江止何园寺,颜延、张绪眷德留连……太始之初,庄严寺大集,简阅义士上千人,敕亮与斌递为法主,当时宗匠无与竞焉	高僧传(卷七)
231			吴县华山寺	(释僧镜)服毕出家,住吴县华山寺。后入关陇,寻师受法,累载方还	高僧传(卷七)
232			灵根寺	起灵根、灵基二寺。 时灵根寺又有法常、智兴,并博通经论,数当讲说。(释智林)自宋明之初,敕在所资给,发遣下京,止灵基寺。	高僧传(卷八)
233			灵基寺	时有灵基寺敬遗、光赞、慧韬,瓦官寺道宗,亦皆当时名流,为学者所慕	高僧传(卷八)
234			吴兴武康小山寺	(释法珍)元嘉中过江。吴兴沈演之特深器重,请还吴兴武康小山寺,首尾十有九年	高僧传(卷七)
235			徐州白塔寺	(释僧渊)初游徐州,止白塔寺,从僧嵩受《成实论》、《毗昙》……隐士刘因之,舍所住山,给为精舍	高僧传(卷八)
236			庐山西寺	(释道慧)至年十四,肘庐山《慧远集》,乃慨然叹息,恨有生之年,遂与友人智顺沂流千里,观远遗迹,于是憩庐山西寺	高僧传(卷八)
237			天保寺	(释道盛)始住湘州,宋明承风,敕令下京,止彭城寺……后憩天保寺,齐高帝敕代昙度为僧主	高僧传(卷八)
238			成都大石寺	(释玄畅)迄宋之季年,乃飞舟远举,西适成都。初止大石寺,乃手画作金刚密迹等十六神像。至升明三年。又游西界,观瞩岷岭,乃于岷山郡北部广阳县界,见齐后山,遂有终焉之志。仍倚岩傍谷,结草为庵……以齐建元元年(479年)四月二十三日建刹立寺,名曰齐兴	高僧传(卷八)
239			齐兴寺		
240			龙渊精舍	(释僧远)宋大明中渡江,住彭城寺。升明中,于小丹阳牛落山立精舍,名曰龙渊	高僧传(卷八)

序号	朝代	建造者	寺院名称	史 料 记 载	资料出处
241			青州孙泰寺	(释僧)远年三十一,始于青州孙泰寺南面讲说。言论清畅,风容秀整,坐者四百余人,莫不悦服	高僧传(卷八)
242			栖玄寺	后宋建平王景素,谓栖玄寺是先王经始,既寺是人外,欲请(释僧)远居之。殷勤再三,遂不下山	高僧传(卷八)
				以十四年至于建业。所寻不值。乃遇栖玄寺晓禅师。赐予昙林解涅槃疏释经后分。文兼论意而不整足。便还故寺	续高僧传(卷一)
243			钱塘显明寺	(释慧)基法应获半,悉舍以为福,唯取粗故衣钵,携以东归,还止钱塘显明寺。项之,进适会稽,仍止山阴法华寺	高僧传(卷八)
244			山阴法华寺		
245			宝林精舍	元微中,复被征诏。始行过浙水,复动疾而还,乃于会邑龟山立宝林精舍。手叠砖石,躬自指麾,架悬乘险,制极山状。初立三层,匠人小拙,后天震破坏,更加修饰,遂穷其丽美	高僧传(卷八)
246			城傍寺	(释慧)基既德被三吴,声驰海内,乃敕为僧主,掌任十城,盖东土僧正之始也……以齐建武三年冬十一月卒于城傍寺,春秋八十有五	高僧传(卷八)
				(释超辩)项之东适吴越,观瞻山水,停山阴城傍寺少时。后还都,止定林上寺,闲居素养,毕命山门	高僧传(卷十二)
247			太昌寺	(释僧宗)以从来信施造太昌寺以居之。建武三年(496年)卒于所住,春秋五十有九	高僧传(卷八)
248			天竺寺	时有安乐寺慧令、法仙、法最,中兴寺僧敬、道文,天竺寺僧贤,并善数论,振名上国云	高僧传(卷八)
249			建元寺	时有宋熙寺法欣,延贤寺智敞、法同,建元寺僧护、僧韶,皆比德同誉	高僧传(卷八)
				至文帝天嘉四年。扬都建元寺沙门僧宗法准僧忍律师等。并建业标领。钦闻新教	续高僧传(卷一)
250			高座寺	时高座寺僧成、旷野寺僧宝,亦并齐代法匠	高僧传(卷八)
251			旷野寺	(释慧进)年四十忽悟心自启,遂尔离俗,止京师高座寺。蔬食素衣,誓诵《法华》	高僧传(卷十二)
				释道咺……负笈金陵。居高座寺听阿毗昙心妙达关键	续高僧传(卷二十五)
252			法华台寺	(释昙斐)居于乡邑法华台寺,讲说相仍,学徒成列	高僧传(卷八)
253			南岩寺	(释昙)斐同县南岩寺有沙门法藏,亦以戒素见称,喜放救生命,兴立图像	高僧传(卷八)
254			襄阳羊叔子寺	(竺法慧)晋康帝建元元年(343年)至襄阳,止羊叔子寺。不受别请,每乞食,辄赍绳床自随,于闲旷之路,则施之而坐	高僧传(卷十)
255			岷山通云寺	(邵硕)以宋元微元年(473年)九月一日卒岷山通云寺	高僧传(卷十)

序号	朝代	建造者	寺院名称	史料记载	资料出处
256			江陵三层寺	行数里,便别去,谓僧归曰:"我有姊在江陵作尼,名惠续,住三层寺,君可为我相闻,道寻欲往。"	高僧传(卷十)
				(慧绪尼)十八出家,住荆州三层寺,戒业具足,道俗所美	比丘尼传(卷三)
257			京师道林寺	释保志,本姓朱,金城人。少出家,止京师道林寺,师事沙门僧俭为和上,修习禅业	高僧传(卷十)
258			罽宾寺	时僧正法献,欲以一衣遗(保志),遣使于龙光、罽宾二寺求之,并云:"昨宿旦去。"	高僧传(卷十)
259			净名寺	(释保)志多去来兴皇、净名两寺。及今上龙兴,甚见崇礼	高僧传(卷十)
260			华林寺	后法云于华林寺讲《法华》,至假使黑风,(释保)志忽问风之有无,答云:"世谛故有,第一义则无也。"	高僧传(卷十)
261			隐岳寺	尔后薪采通流,道俗宗事。乐禅来学者,起茅茨于室侧,渐成寺舍,因名隐岳	高僧传(卷十一)
262			广汉阎兴寺	释贤护,姓孙,凉州人。来止广汉阎兴寺,习禅定为业,又善于律行,纤毫无犯。以晋隆安五年卒,临亡口出五色光明,照满寺内	高僧传(卷十一)法苑珠林(卷五)
263			蜀郡左军寺	河南吐谷浑慕延世子琼等,敬览德问,遣使并资财,令于蜀立左军寺,(释慧)览即居之。后移罗天宫寺。宋文请下都止钟山定林寺孝武起中兴寺,复敕令移住。京邑禅僧皆随踵受业	高僧传(卷十一)
264			罗天宫寺(成都)		续高僧传(卷六)
265			灵期寺	释法起,姓向,蜀都陴人。早丧二亲,事兄如父。十四出家,从智猛谘受禅业,与灵期寺法林共习禅观	高僧传(卷十一)
266			蜀郡龙华寺	时蜀龙华寺又有释道果者,亦以禅业显焉	高僧传(卷十一)
267			兴乐寺	(释道法)后游成都,王休之、费铿之,请为兴乐、香积二寺主。训众有法,常行分卫,不受别请及僧食	高僧传(卷十一)
268			香积寺		
269			头陀寺	(释法晤)以齐永明七年(489年)卒于山中,春秋七十有九。后有沙门道济,踵其高业。今武昌谓其所住,为头陀寺焉	高僧传(卷十一)
				大统元年置头陀寺,东北去县二十二里(原案寺记舍人石与造。其寺在蒋山顶第一峰,殿后有泉井。)	建康实录(卷十七)
270			上都龙华寺	(释昙超)初止上都龙华寺。元嘉末,南游始兴,遍观山水,独宿树下,虎兕不伤。大明中还都,至齐太祖即位,被敕往辽东,弘赞禅道,停彼二年,大行法化。建元末还京,俄又适钱塘之灵隐山。每一入禅,累日不起	高僧传(卷十一)
271			灵隐山寺		
272			临泉寺	(释昙)超明旦即住临泉寺,遣人告县令,办船于江中,转《海龙王经》。县令即请僧浮船石首,转经裁竟,遂降大雨。高下皆足,岁以获收	高僧传(卷十一)

序号	朝代	建造者	寺院名称	史料记载	资料出处
273			章安东寺	释慧明,姓康,康居人。祖世避地于东吴。明少出家,止章安东寺	高僧传(卷十一)
274			闲心寺	永后于京师娄胡苑立闲心寺,复请(释道营)还居。讲席频仍,学徒甚盛。升明二年(478年)卒,春秋八十有二	高僧传(卷十一)
275			引水寺	(释志道)洛秦雍淮豫五州道士,会于引水寺。讲律明戒,更申受法	高僧传(卷十一)
276			上虞龙山大寺	史宗者,不知何许人。常著麻衣,或重之为纳,故世号麻衣道士……后憩上虞龙山大寺。善谈《庄》、《老》,究明《论》、《孝》,而韬光隐迹,世莫之知	高僧传(卷十)
277			蜀郡裴寺	释法琳,姓乐,晋原临邛人。少出家,止蜀郡裴寺……后还蜀,止灵建寺。益部僧尼,无不宗奉。常祈心安养。	高僧传(卷十一)
278			蜀郡灵建寺	每诵《无量寿》及《观音经》,辄见一沙门形甚妹大,常在琳前	
279			宝安寺	后余杭宝安寺释僧志请称还乡,开讲《十诵》。云栖寺复屈为寺主,称乃受任	高僧传(卷十一)
280			云栖寺		
281			廷尉寺	(释道)安亡后,(释僧富)还魏郡廷尉寺,下帷潜思,绝事人间	高僧传(卷十一)
282			药王寺	(释慧益)烧身之处,谓药王寺,以拟本事也	高僧传(卷十二)
283			义兴寺	释僧庆,姓陈,巴西安汉人。家世事五斗米道。庆生而独悟,止义兴寺	高僧传(卷十二)
284			始丰县佛寺法存灰塔	(释法光)至齐永明五年(487年)十月二十日,于陇西记城寺内,集薪烧身,以满先志……时永明末,始丰县有比丘法存,亦烧身供养。郡守萧缅,遣沙门慧深,为起灰塔	高僧传(卷十二)
285			番禺台寺	释昙弘,黄龙人。少修戒行,专精律部。宋永初中,南游番禺,止台寺。晚又适交趾之仙山寺。诵《无量经》及《观音经》,誓心安养	高僧传(卷十二)
286			交阯仙山寺		
287			河阴白马寺	释昙邃,未详何许人。少出家,止河阴白马寺。蔬食布衣,诵《正法华经》,常一日一遍	高僧传(卷十二)
288			越城寺	(释法相)后度江南止越城寺。忽游纵放荡,优俳滑稽,或时裸袒,干冒朝贵。晋镇北将军司马恬,恶其不节,招而鸩之。频频三钟,神气清夷,淡然无扰,恬大异之……法亦善神咒,晋丞相会稽王司马道子为起冶城寺焉	高僧传(卷十二)
289			山阴显义寺	竺法纯,未详何许人。少出家,止山阴显义寺	高僧传(卷十二)
290			三贤寺	释僧生,姓袁,蜀郡郫人。少出家,以苦行致称。成都宋丰等,请为三贤寺主。诵《法华》,习禅定	高僧传(卷十二)
291			庐山寺	释慧庆,广陵人,出家止庐山寺……宋元嘉末(453年)卒,春秋六十有二	高僧传(卷十二)

序号	朝代	建造者	寺院名称	史料记载	资料出处
292			江陵安养寺	释法恭,姓关,雍州人。初出家,止江陵安养寺。后出京师,住东安寺	高僧传(卷十二)
293			京师龙华寺	(释慧进)至齐永明三年(485年)无病而卒,春秋八十有五。时京师龙华寺复有释僧念,诵《法华》、《金光明》,蔬食避世	高僧传(卷十二)
294			道树精舍	元嘉中,郡守平昌孟顗重其真素,要出安止道树精舍。	
295			昭玄寺	后济阳江氏,于永兴邑立昭玄寺,复请(释弘)明往住。大明末,陶里董氏又为(释弘)明于村立柏林寺,要明还止……以齐永明四年(486年)卒于柏林寺	高僧传(卷十二)
296			柏林寺		
297			泉林寺	(释道琳)后居富阳县泉林寺……至梁初,琳出居齐熙寺。天监十八年(519年)卒,春秋七十有三	高僧传(卷十二)
298			齐熙寺		
299			东云寺	乃洁斋共东云寺帛尼及信者数人,到沪渎口。稽首尽虔,歌呗至德,即风潮调静	高僧传(卷十二)
300			武陵平山所立寺院	(释慧元)晋太元初,于武陵平山立寺,有二十余僧。飧蔬幽遁,永绝人途	高僧传(卷十二)
301			崇明寺	(释僧慧)晋义熙中,共长安人行长生,立寺于京师破坞村中……以灯移表瑞,因号崇明寺焉	高僧传(卷十二)
302			法华精舍	释昙翼……乃结草成庵,称曰法华精舍	高僧传(卷十三)
303			南海云峰寺	释慧敬,南海人。少游学荆楚,亦博通经论……后还乡,复修理云峰、永安诸寺。	高僧传(卷十三、卷十四)
304			南海永安寺	齐南海云峰寺释慧敬	
305			广州北寺(延祥寺)	释法献,广州人。始居北寺,寺岁久凋衰,献率化有缘,更加葺治,改曰延祥寺	高僧传(卷十三)
306			藏薇山寺	(释法献)后入藏薇山创寺,寺成后,有两童子携手来歌云:"藏薇有道德,欢乐方未央。"言终,忽然不见	高僧传(卷十三)
307			隐岳寺	释僧护,本会稽剡人……后居石城山隐岳寺。寺北有青壁,直上数十余丈,当中央有如佛焰光之形	高僧传(卷十三)
308			彭城宋王寺	(释法)悦尝闻彭城宋王寺有丈八金像,乃宋车骑徐州刺史王仲德所造,光相之工,江左最称	高僧传(卷十三)
309			常山寺	释慧芬,姓李,豫州人。幼有殊操,十二出家,住偲熟县常山寺	高僧传(卷十三)
310			兴福寺	(释慧芬)以齐永明三年(485年)卒于兴福寺,年七十九。临终有《训诫遗文》云云	高僧传(卷十三)
311			齐福寺	长沙王请为戒师,庐承相、伯仲孙等共买张敬儿故庙,为(释道)儒立寺,今齐福寺是也。儒以齐永明八年(490年)卒,年八十一	高僧传(卷十三)
312			正胜寺	太始六年(470年),佼长生舍宅为寺,名曰正胜,请(释法)愿居之	高僧传(卷十三)

序号	朝代	建造者	寺院名称	史料记载	资料出处
313			齐隆寺（宣武寺）济隆寺	（释法镜）建武初，以其信施立齐隆寺以居之……今上为长沙宣武王治镜所住寺，因改曰宣武也。齐济隆寺释法镜	高僧传（卷十三、卷十四）
314			京师奉诚寺	宋京师奉诚寺僧伽跋摩	高僧传（卷十四）
				释僧询。年十二敕令出家。为奉诚寺僧辩律师弟子	续高僧传
315			齐坚寺	梁富阳齐坚寺释道琳	高僧传（卷十四）
316			庐山禅阁寺	此传是会稽嘉祥寺慧皎法师所撰。法师学通内外，善讲经律……又著此《高僧传》十三卷。……甲戌年二月舍化，时年五十有八。江州僧正慧恭经始，葬庐山禅阁寺墓	高僧传（卷十四）
317			钟山道林精舍	（礓良耶舍）初止钟山道林精舍，沙门宝志崇其禅法，沙门僧含请译《药王乐上观》及《无量寿观》，含即笔受	高僧传（卷三）
318			钟山山茨精舍	时钟山山茨精舍，又有僧拔、慧熙，皆弱年英迈，幼著高名。并美业未就，而相继早卒	高僧传（卷八）

《高僧传》中所见且未列于前面所列南朝各代佛寺建造情况表中的寺院总数有 130 所。这些应该是南朝宋、齐、梁、陈各代未见于各朝正史，或非皇家所建寺院，但在当时应属较为重要的寺院例证。

此外，南北朝时由比丘尼参与的佛寺建造情况，也多见于这一时期的文献，其中尤以南朝梁释宝唱所撰《比丘尼传》中记载的更为接近当时的真实情况，现列入表9：

表9　南朝梁释宝唱所撰《比丘尼传》中记载南朝寺院情况

序号	朝代	建造者	寺院名称	史料记载	资料出处
319	东晋	司空何充	建福寺	晋永和四年（348年）春，（明感尼）与慧湛等十人，济江诣司空公何充。充一见甚敬重。于时京师未有尼寺，充以别宅，为之立寺。问感曰："当何名之？"答曰："大晋四部，今日始备，檀越所建，皆造福业，可名曰建福寺。"公从之矣	比丘尼传（卷一）
320		晋穆帝之后	永安寺（何后寺）	到永和十年（354年），（章皇）后为（昙备尼）立寺于定阴里，名永安（今之何后寺也）	比丘尼传（卷一）
321		晋康帝之后	延兴寺	康皇帝雅相崇礼，建元二年（344年），皇后褚氏为（僧基尼）立寺于都亭里，通恭巷内，名曰延兴	比丘尼传（卷一）
322		晋武帝	乌江寺	道容，本历阳人，住乌江寺……帝深信重，即为立寺，资给所须，因林为名，名曰"新林"	比丘尼传（卷一）
323			新林寺		

序号	朝代	建造者	寺院名称	史 料 记 载	资料出处
此寺前表已列不计序号		晋武帝时太傅	简静寺	妙音,未详何许人也。幼而志道,居处京华,博学内外,善为文章……太傅以太元十年(385年),为立简静寺,以音为寺主,徒众百余人	比丘尼传(卷一)
324			景福寺	宋青州刺史北地传弘仁……以永初三年(422年),割宅东面,为立精舍,名曰景福	比丘尼传(卷二)
325			江陵牛牧寺	慧玉,长安人也……南至荆楚,仍住江陵牛牧精舍……初,玉在长安,于薛尚书寺见红白色光,烛曜左右,十日小歇。后六重寺沙门,四月八日于光处得金弥勒像,高一尺云	比丘尼传(卷二)
326			薛尚书寺		
327			六重寺	毅单骑而走,去江陵北二十里,自缢于牛牧寺	建康实录(卷十)
328			南建兴寺	以元嘉八年,大造形像,处处安置。彭城寺金像二躯,帐座完具;瓦官寺弥勒行像一躯,宝盖璎珞;南建兴寺金像二躯,杂事幡盖;于建福寺造卧像并堂。又制普贤行像,供养之具,靡不精丽	比丘尼传(卷二)
329			瘴洹寺	道寿,未详何许人也……因尔发愿,愿疾愈得出家,立誓之后,渐得平复。如愿出俗,住瘴洹寺	比丘尼传(卷二)
330	南朝	宋青州刺史	太玄台寺	吴太玄台寺释玄藻尼传六 藻年十余,身婴重疾,良药必进,日增无损。时玄台寺释法济,语(藻父)安苟曰:"恐此疾由业,非药所消……"安苟然之,即于宅上,设观世音斋……既灵验在躬,遂求出家,住太玄台寺	比丘尼传(卷二)
331			玄台寺		
332			广陵南安寺	慧琼者,本姓钟,广州人也……本经住广陵南安寺。元嘉十八年(441年),宋江夏王世子母王氏以地施琼,琼修立为寺。号曰南外永安寺。至二十二年,兰陵萧承之起外国塔。琼以元嘉十五年,又造菩提寺。堂殿坊宇,皆悉严丽,因移住之	比丘尼传(卷二)
333			南外永安寺		
334			菩提寺		
335			南皮张国寺	普照,本性董,名悲,渤海安陵人也。少秉节概,十七出家,住南皮张国寺。后从师游学广陵建熙精舍,率心奉法,阖众嘉之	比丘尼传(卷二)
336			广陵建熙精舍		
337			梁郡筑戈村寺	慧木,本姓傅,北地人。十一出家,师事慧超,受持小戒,居梁郡筑戈村寺	比丘尼传(卷二)
338			吴县南寺(东寺)	法胜少出家,住吴县南寺;或云东寺	比丘尼传(卷二)
339			永安寺	元嘉十年(433年),南游上国,住永安寺	比丘尼传(卷二)
340			广陵中寺	光静本姓胡,名道婢,吴兴东迁人也。幼出家,随师住广陵中寺	比丘尼传(卷二)

序号	朝代	建造者	寺院名称	史料记载	资料出处
341			南林寺	到（元嘉）十年，舶主难提，复将师子国铁萨罗等十一尼至。先达诸尼已通宋语，请僧伽跋摩于南林寺坛界，次第重受三百余人	比丘尼传（卷二）
342			山阳东乡竹林寺	山阳东乡竹林寺静称尼传十五 寺傍山林，无诸嚣杂，永绝尘劳	比丘尼传（卷二）
343			东青园寺	东青园寺业首尼传十七 元嘉二年（425年），王景深母范氏，以王坦之故祠堂地施首，起立寺舍，名曰青园……以元嘉十五年（438年），为首更广寺西，创立佛殿，复拓寺北，造立僧房……（释宝）英建塔五层，阅理有勤，蔬食精进，泰始六年卒	比丘尼传（卷二）
				思既广大，阅理为难，泰始三年（467年），众议欲分为二寺，时宝婴尼求于东面起立禅房，更构灵塔，于是始分为东青园寺	比丘尼传（卷三）
344	南朝	宋青州刺史	竹园寺	竹园寺慧濬尼传二十	比丘尼传（卷二）
				冬十二月，扶南诃罗单国遣使贡献，置竹园寺，西北去县一里，在今建康东村蒋陵里檀桥。（案寺记，宋元嘉十一年，县城东一里，宋临川公主造。）	建康实录（卷十二）
345			普贤寺	普贤寺宝贤尼传二十一 以泰始元年（465年），敕为普贤寺主。二年又敕为都邑僧正	比丘尼传（卷二）
346			晋兴寺	元徽二年（474年），法律颖师，于晋兴寺开十诵律	比丘尼传（卷二）
347			永福寺	法净，江北人也，年二十……净少出家，住永福寺……宋明皇帝异之，泰始元年，敕住普贤寺，宫内接遇，礼兼师友	比丘尼传（卷二）
348			蜀郡永康寺	蜀郡永康寺慧耀尼传二十三 有赵处思妻王氏觉塔，耀请塔上烧身，王氏许诺……（刺史）刘亮道信语诸尼云："若耀尼果烧身者，永康一寺并与重罪。"	比丘尼传（卷二）
349			南永安寺	昙彻尼，未详何许人也。少为普要尼弟子，随要住南永安寺	比丘尼传（卷二）
350			齐明寺	僧猛，本姓岑，南阳人也，迁居盐官县，至猛五世矣……齐建元四年，母病，乃舍东宅为寺，名曰"齐明"。缔构殿宇，列植竹树，内外清靖，状若仙居	比丘尼传（卷三）
351			摄山寺	文惠帝特加供奉，日月充盈，缔构房宇，阆寺崇华。（智）胜舍衣钵，为宋齐七帝，造摄山寺石像	比丘尼传（卷三）

序号	朝代	建造者	寺院名称	史 料 记 载	资料出处
352			禅基寺	禅基寺僧盖尼传七	
353			彭城华林寺	盖幼出家，为僧志尼弟子，住彭城华林寺……永徽元年，索虏侵州，与同学法进，南游京室，住妙相尼寺……齐永明中，移止禅基寺	比丘尼传（卷三）
354			妙相尼寺		
355			法音寺	法音寺昙简尼传十 以齐建元四年（482年），立法音精舍，禅思静默，通达三昧。（净皂尼）为法净尼弟子，住法音寺	比丘尼传（卷三）
356			福田寺	（萧绪尼）意志高远，都不以生业关怀。萧王要共还都，为起精舍，在第东田之东，名曰福田寺……武帝以东郊迫，更起集善寺，悉移诸尼还集善。而以福田寺别安外国道人阿梨	比丘尼传（卷三）
357	南朝	宋青州刺史	钱塘齐明寺	钱塘齐明寺超明尼传十三 （超明尼）因遂出家，住崇隐寺。神理明彻，道识清悟。闻吴县北张寺有昙整法师，道行精苦，从受具足。后往涂山听慧基法师讲说众经……寻还钱塘，移憩齐明寺	比丘尼传（卷三）
358			崇隐寺		
359			吴县北张寺		
360			剡山齐兴寺	剡齐兴寺德乐尼传十五 （德乐尼）具足以后，并游学京师，住南永安寺……元嘉七年，外国沙门求那跋摩，宋大将军立王园寺（在祇园寺路北也），请移住焉……及文帝崩，东游会稽，止于剡之白山照明精舍……齐永明五年，陈留阮俭，笃信士也，舍所居宅，立齐兴精舍	比丘尼传（卷三）
361			王园寺		
362			剡山照明精舍	刺史又遣使人，伺卫防遏，躬自稽颡致留三日。方纡本情，因尔迎还止于王园寺……今见译诠，止是数甲之文，并在广州制旨、王园两寺。是知法宝弘博，定在中天	续高僧传（卷一）
363			太后寺	（僧）念即招提寺昙睿法师之姑也。皂章早秀，才鉴明达，立德幼年，十岁出家。为法护尼弟子，从师住太后寺	比丘尼传（卷四）
364			成都长乐寺	成都长乐寺昙晖尼传三	比丘尼传（卷四）
				时蜀江阳寺释普明、长乐寺释道罪，并戒德高	高僧传（卷七）
365			南晋陵寺	南晋陵寺释令玉尼传九 宋邵陵王大相钦敬，请为南晋陵寺主。固当不让，王不能屈	比丘尼传（卷四）
366			西青园寺	西青园寺妙祎尼传十一 （妙祎）幼出家，住西青园寺	比丘尼传（卷四）

序号	朝代	建造者	寺院名称	史 料 记 载	资料出处
367			乐安寺	长安寺释慧晖尼传十二 (惠晖)十八出家,住乐安寺。从斌、济、柔、次四法师,听《成实论》及《涅槃诸经》	比丘尼传 (卷四)
368	南朝	宋青州刺史	邸山寺 (顶山寺)	邸山寺释道贵尼传十三 齐竟陵文宣王萧子良善相推敬,为造顶山寺,以聚禅众	比丘尼传 (卷四)
369			山阴昭明寺	山阴昭明寺释法宣尼传十四 及齐永明中,又从惠熙法师谘受十诵,所踞日优,所见月赜。于是移住山阴昭明寺……修饰寺宇,造构精华,状若神工。写经铸像,靡不必备	比丘尼传 (卷四)

表9中所列南朝自东晋至萧梁时的比丘尼寺有51座。这应该不是南朝时所建比丘尼寺的全部。其中无疑未包括萧梁后期,及南陈时期的比丘尼寺院。但仅由此已经可以看出南朝时比丘尼寺的建造活动十分活跃,且数量也很可观。

另唐代僧人道宣所撰《续高僧传》中也记录了一些南朝寺院情况,除了部分与《高僧传》等文献中记录重复者列见前表外,下面亦列出部分补遗(表10):

表 10 　《续高僧传》、《建康实录》等资料中所见南朝寺院补遗

序号	朝代	建造者	寺院名称	史 料 记 载	资料出处
370			制旨寺	至(天保)三年(552年)九月。发自梁安泛舶西引。业风赋命飘还广州。十二月中上南海岸。刺史欧阳穆公颁,延住制旨寺,请翻新文。 (释法)泰遂与宗恺等。不惮艰辛。远寻三藏。于广州制旨寺。笔受文义	续高僧传 (卷一)
371			北仓寺	释法开,姓俞,吴兴余杭人。稚年出家住北仓寺,为昙贞弟子	续高僧传 (卷六)
372			余杭西寺	永嘉太守吴兴丘墀。皆揖敬推赏愿永勖诚。后还余杭止于西寺	续高僧传 (卷六)
373	南朝		江陵四层寺	年八十二矣释法显。姓丁氏。南郡江陵人。十二出家。四层寺宝冥法师服勤累戴咨询经旨。有颙禅师者。荆楚禅宗。可往师学。会颙隋炀征下回返上流。于四层寺大开禅府	续高僧传 (卷二十五)
374			江州兴业寺	属侯景作乱。未暇翻传。携负东西谄持供养。至陈天嘉乙酉之岁。始于江州兴业寺译之。沙门智恺笔受陈文	续高僧传 (卷一)
375			至敬寺	时又有扶南国僧须菩提。陈言善吉。于扬都城内至敬寺。为陈主译大乘宝云经八卷	续高僧传 (卷一)
376			扬都大寺	释法泰。不知何人。学达释宗跨轹淮海。住扬都大寺。与慧恺僧宗法忍等。知名梁代。并义声高邈宗匠当时	续高僧传 (卷一)

序号	朝代	建造者	寺院名称	史 料 记 载	资料出处
377	南朝		扬都寺	智恺。俗姓曹氏。住扬都寺。初与法泰等前后异发。同往岭表奉祈真谛	续高僧传（卷一）
378			广州显明寺	恺后延谛。还广州显明寺。住本房中。请谛重讲俱舍。才得一遍。至陈光大中。僧宗法准慧忍等。度岭就谛求学。以未闻摄论。更为讲之	续高僧传（卷一）
379			智慧寺	至陈光大中。僧宗法准慧忍等。度岭就谛求学。以未闻摄论。更为讲之。起四月初。至腊月八日方讫一遍。明年宗等又请恺。于智慧寺讲俱舍论。成名学士七十余人。同钦咨谒	续高僧传（卷一）
380			广州西阴寺	因放笔。与诸名德握手语别。端坐俨思奄然而卒。春秋五十有一。即光大二年(568年)也。葬于广州西阴寺南岗	续高僧传（卷一）
381			建兴寺	太建三年(571年)。毗请建兴寺僧正明勇法师。续讲摄论。成学名僧五十余人。晚住江都综习前业。常于白塔等寺开演诸论。冠屦裙襦服同贤士。登座谈吐每发深致。席端学士并是名宾	续高僧传（卷一）
382			白塔寺（江都）		
383			循州平等寺	时有循州平等寺沙门智敫者。弱年听延祚寺道缘二师成实。并往北土沙门法明。听金刚般若论。又往希坚二德。听婆沙中论。皆洞涉精至研核宗旨	续高僧传（卷一）
384			南海随喜寺	释慧澄。姓兰氏。番禺高要人。十四出家。依和上道达住随喜寺。而在性贞苦立素斋戒	续高僧传（卷五）
385			扬都龙光寺	梁扬都龙光寺释僧乔传十一	续高僧传（卷六）
386			扬都建初寺	梁扬都建初寺释明彻传十三	续高僧传（卷六）
387			扬都瓦官寺	梁扬都瓦官寺释道宗传十五	续高僧传（卷六）
388			扬都不禅众寺	陈扬都不禅众寺释慧勇传三	续高僧传（卷七）
389			扬都白马寺	陈扬都白马寺释警韶传五	续高僧传（卷七）
390			钟山开善精舍	因厚加殡送，葬于钟山独龙之阜，仍于墓所立开善精舍	高僧传（卷十）
391			吴北寺	吴北寺终祚道人卧斋中，鼠从坎地出，言终祚后，后数日当死	幽明录（南朝宋）
392			山阴祇洹寺	遂舍永兴、山阴二宅为寺，家财珍异悉皆是给，既成，启奏孝宗诏曰：山阴旧宅为祇洹寺，永兴新居为崇化寺。	建康实录（卷八）
393			崇化寺	询乃于崇化寺造四层塔	

序号	朝代	建造者	寺院名称	史料记载	资料出处
394			清园寺	故以兴宗为名。兴宗为之字也,置清园寺,东北去县二里。(案原塔寺记,驸马王景琛为母范氏宋元嘉二年,以王坦之祠堂地与比丘尼业首为精舍,十五年潘淑仪施以足之,起殿,又有七佛殿二间,泥素精绝,后到稀有及者。	建康实录(卷十二)
395			严林寺	置严林寺西北,去县四十五里,元嘉二年僧招贤二法师造。)	
396			永丰寺(长乐寺)	寻阳翟法赐四代隐居,皆有高德,法赐亲亡后,不食五谷,结草为衣,不衣衣帛,置永丰寺,去县七十里。(原注案塔寺记,元嘉四年谢方明造,本名长乐寺。)	建康实录(卷十二)
397	南朝		上定林寺	武都、河内、林邑并遣使贡献,置上定林寺。西南去县十八里。(原案寺记,元嘉十六年,禅师竺法秀造,在下定林寺之后。法秀初止祇洹寺,移居于此也。)	建康实录(卷十二)
398			延寿寺(延熙寺)	是冬浚淮起湖熟田四千余顷,置延寿寺,西北去县八十里。(原案寺记元嘉二年义阳王昶母谢太妃造,隋末废,上元二年重置,又名延熙寺。)	建康实录(卷十二)
399			东台寺	寻出为吴郡太守使主簿劫东台寺富沙门,得财数万	建康实录(卷十四)
400			永建寺	(天监二年)置永建寺,北去县六十里,李师建造。置佛窟寺,北去县三十里,僧明庆造。其寺拓山岩,殊称形胜,遂因佛窟而名	建康实录(卷十七)
401			佛窟寺		
402			敬业寺	(天监四年)置敬业寺,礼部侍郎卢法振造	建康实录(卷十七)
403			净居寺	(天监五年)置净居寺,北去县六十二里,颍州刺史刘威造	建康实录(卷十七)
404			涅槃寺	(天监七年)置涅槃寺,在县北二十里。沙门僧宠造。峰顶又有翠微寺,天晴日暖,望见广陵城	建康实录(卷十七)
405			翠微寺		
406			本业寺	(天监八年)是岁置本业寺,西去县五十里,比丘净洁造,在蒋山里	建康实录(卷十七)
407			解脱寺	(天监十年)是岁初作宫城门三重,开二道。置解脱寺,在县西南六百里,武帝为德皇后造,大清里内	建康实录(卷十七)
408			劝善寺	(天监十三年)时都下讹言有魃鬼,取人肝肺以祠天狗,百姓大惧。置劝善寺,去县西北十八里,帝为贤志造	建康实录(卷十七)
409			永明寺	(普通元年)置永明寺,西北去县五十里。(原案寺记南平襄王造,大唐武德六年废,上元二年五月奉敕重造。)置果愿尼寺,西南去县五十里。东阳太守王均造须陀寺,去县十七里	建康实录(卷十七)
410			果愿尼寺		
411			须陀寺		
412			猛信尼寺	(普通二年)十一月造猛信尼寺,西北去县五十里,后阁主书高僧造,在铺山西北。梁绍泰二年废,上元二年勒令重造。福静寺,西北去县六里,尼修义造	建康实录(卷十七)
413			福静寺		

序号	朝代	建造者	寺院名称	史料记载	资料出处
414			善觉尼寺	（普通四年）置善觉尼寺，在县东七里。穆贵妃造。其殿宇房廊，刹置奇绝，元帝绎为寺碑	建康实录（卷十七）
415			园居尼寺	是岁林邑、师子、高丽等国，各遣使贡献。置园居尼寺。北去县四十三里。大通四年舍人袁颢造	建康实录（卷十七）
416			禅岩寺	十一月，盘盘、蠕蠕国并遣使朝贡，置禅岩寺。西北去县三十五里。大通元年，严祛之造。贞观六年废，上元二年敕重造	建康实录（卷十七）
417			法苑寺（广化寺）	（大通五年）波斯、盘盘遣使朝贡，置法苑寺，北去县五十里。（案寺记大通五年张文阙造，一名广化寺。贞观六年废，上元二年奉敕重造。）	建康实录（卷十七）
418			万福尼寺	万福尼寺，北去县十八里，吴僧畅造。本愿尼寺，湘州刺史萧环造	建康实录（卷十七）
419			本愿尼寺		
420	南朝		慈恩寺		
421			普光寺	（大同二年）置慈恩寺，东南去县二十五里。邵陵王纶造。普光寺，东南去县八十里，安丰县令张延造。化成寺，东北去县七十里，江宁县令陶道宗造。兴福寺，东北去县一百里，袁平造。善业尼寺，东北去县五十里，萧恪造。寒林寺，西北去县三十五里，常侍陈景造	建康实录（卷十七）
422			化成寺		
423			兴福寺		
424			善业尼寺		
425			寒林寺		
426			一乘寺（凹凸寺）	一乘寺梁邵陵王纶造，寺门遍画凹凸花，代称张僧繇手迹，其花乃天竺迁法朱及青绿所成，远望眼晕，如凹凸，就视即平，世称异之，乃名凹凸寺	建康实录（卷十七）
427			履道寺	（大同）十一年正月，震华林园光岩殿，帝自贬拜谢上天，累刻乃止，置履道寺，西北去县二十五里。……置渴寒寺，西北去县二十五里	建康实录（卷十七）
428			渴寒寺		
429			幽岩寺	（大同二年）置幽岩寺，北去县四十里，永康公主造。（原案释法论集牛头山佛窟寺大昍昙师传云，承圣二年，法师入秣陵，香山始创舍，名曰幽岩，与佛窟寺相去十里。）立仪香尼寺，西北去县五十里，宫获造。（大同二年）置灵隐寺，西北去县五十里，吴待公造	建康实录（卷十七）
430			牛头山佛窟寺		
431			仪香尼寺		
432			灵隐寺		
433			大庄严寺	（永定二年）五月辛酉，帝幸大庄严寺，舍身。壬戌，王公已下奉表请还宫	建康实录（卷十九）
434			大皇寺	（太建十年）夏六月大雨，震大皇寺刹，庄严寺露盘，重阳阁东楼，千秋门内槐树，鸿胪寺府门。又于郭内大皇寺造七层塔，未毕功而火从中起，飞向石头城，烧人家无数	建康实录（卷二十）
435			兴皇寺	（傅）缲笃信佛教，从兴皇寺惠朗法师受三论，尽通其学。初有大心寺昍法师著无净论，以诋之，缲乃为明道论，用释其难	建康实录（卷二十）
436			大心寺		

序号	朝代	建造者	寺院名称	史 料 记 载	资料出处
437	南朝		阇黎寺	(祯明三年)樊毅屯阇黎寺,鲁达屯白土冈,忠武将军孔范屯宝田寺。镇东将军任忠自吴兴入戍,仍屯孔雀门	建康实录(卷二十)
438			宝田寺		
439			庐陵发蒙寺	《感应传》云:"庐陵发蒙寺育王像记云,像身出庐陵,三曲瑞光趺出,湘州昭潭,并放光明,照曜崖岸。武昌檀溪寺瑞像,身出檀溪,光映水上。")	广弘明集(卷十三)
440			扬州长干寺	扬州长干寺阿育王像者,东晋咸和中,丹阳尹高悝见张侯浦有光,使人寻之,得一金像,无光趺,载顺至长干巷口,牛不复行,因纵之,乃径趣长干寺	广弘明集(卷十五)
441			乐林寺	维齐永明四年岁次丙寅秋八月己未朔二日庚申,第三皇孙所生陈夫人……敬因乐林寺主比丘尼释宝愿,造绣无量寿尊像一躯。乃为赞曰:……	广弘明集(卷十六)
442			安浦尼寺	梁蜀都龙渊寺沙门慧韶,姓陈,本颍川太丘人……又当终夕,有安浦寺尼,久病闷绝,醒云:送韶法师及五百僧登七宝梯,到天宫殿讲堂中	法苑珠林(卷五)
443			灵相寺	齐文宣皇帝时有先师统上……于乌缠国取此佛牙,甚为艰难……唯密呈灵相寺法颖律师顶戴,苦勤出示……	法苑珠林(卷十二)
444			山阴灵宝寺	东晋会稽山阴灵宝寺木像者,徵士谯国戴逵所制。逵以中古制像,略皆朴拙,至于开敬,不足动心,素有洁信,又甚巧思,方欲改斫成容,庶参真极	法苑珠林(卷十二)
445			广州朝亭寺	以齐建元三年(481年),复访奇搜密,远至岭南。于广州朝亭寺遇中天竺沙门昙摩伽陀耶舍……	出三藏记集(卷九)
446			扬州谢镇西寺	晋泰元二十一年,岁在丙申,六月,沙门竺昙无兰在扬州谢镇西寺撰	出三藏记集(卷十)
				晋泰元六年,岁在辛巳,六月二十五日,比丘竺昙无兰在扬州丹阳郡建康县界谢镇西寺合此三戒……	出三藏记集(卷十一)
447			会稽西方寺	齐竟陵王世子抚军巴陵王法集序	出三藏记集(卷十二)
				《为会稽西方寺作禅图九相咏》十首	

(卷十二)以上诸表所列为主要从南朝文献及少量北朝及隋唐文献中爬梳所得南朝寺院447所

　　以上补遗《续高僧传》、《高僧传》、《建康实录》、《出三藏记集》等中的记录,且前表中未提的南朝寺院78座,将我们可以确知的南朝寺院总数增加至447所。需要说明的一点是,上表中所列诸寺,基本没有包括较晚时代文献中提到的南朝寺院,如果加上那些零星见著于后世文献中的南朝寺院,则可以梳理出更多南朝寺院。上表中所取寺院资料,除了距南北朝尚近之唐人道宣所撰《辩正论》、《续高僧传》中所见资料外,几乎全是出自南北朝时期人物笔下的文献,因此,可信性极高。

　　另外,在上表中也有个别是同一座寺院但在文献中以异名出现的情况,如钟山某寺,与蒋山某寺等,寺名相同者,可能应为一寺而二名,故其中或有个别重复。为了保持文献梳理之内容,故不剔除,以做参考。因而,表中所列总数,是文献中出现的寺院名称总数,与真实数量之间,或有一二差别。

综合前面所列各表,我们大约可以肯定地说,上列各表中所列448座寺院,是自东晋建武元年(317年)至南陈祯明三年(589年)间,即历史上所谓六朝时期的273年间,见诸于正史与南朝时期记录的南方地区的寺院,或与南朝时代比较接近的隋唐时人所撰佛教史传著作中明确提到是南朝时所建南方寺院,因而应该是比较可信的。

二 东晋与南朝时期佛寺的分布范围

拙论《佛教初传至西晋末十六国时期佛寺建筑概说》中,提出了在西晋末与十六国时期,出现了一次中国佛教大传播与大弘扬的过程,其中尤其值得注意的是佛图澄的影响与释道安的"分张徒众"。在佛图澄的影响下,北方燕赵地区的佛教得以勃兴,除邺都、襄国等城市之外,太行山、王屋山、女休山、飞龙山,以及后来由其弟子僧朗所开拓的泰山,都成为佛教活动与佛寺的分布之地。而释道安颇具战略眼光的分张徒众,则使其僧团骨干分布到了巴蜀、荆楚、江左、豫章一带。这既是将沿长江的东西一线向西延伸,也是将洛阳、长安的影响力向南延伸的一种努力。

在这篇拙论中也提到,东晋都城建康,早在三国吴时已有佛寺的建立。东晋南迁,最初是将建康变成了可以与洛阳、长安、邺都鼎足而立的江南地区佛教中心。但是,最初时的江南佛教,多与士族玄谈文化结合,着意于义理,而不十分关注寺院建造与佛法弘扬问题。道安分遣的法汰入江左,昙翼入荆楚,法和入巴蜀,慧远入豫章,其主要的分张路线,恰是沿长江传播的荆州、庐山、建康一线展开的,这在一定程度上,是对东晋佛教力量的一次加强,也是对南方佛教寺院建造的一次推动。

东晋旧有的佛教影响和释道安"分张徒众"形成的战略性布点,以及南朝统治者的推波助澜,不仅加强了东晋都城建康作为南方地区佛教中心的地位,也使巴蜀、江陵、豫章等中部地区,以及那些原本就处在初期佛教传播路线上的东部一些地区,如彭城、广陵、会稽,或受到建康辐射力影响的钱塘、扬州等地,也都见证了这一时期佛寺建造在南方地区的大发展。

从上面所列诸表中,我们可以大致看出,六朝南方地区的佛寺分布情况:

1. 一般分析

(1)建康地区

这里是南方佛教的中心,也是佛寺荟萃之地。从《辩正论》所说,"右陈世五主,合三十四年。寺有一千二百三十二所。国家新寺一十七所。百官造者六十八所。郭内大寺三百余所。舆地图云。都下旧有七百余寺。属侯景作乱。焚烧荡尽。"可知,陈末整个南方地区有寺1232所,而以建康城内外似乎曾经有过的寺院700余所计,占到了整个南方地区寺院总数的56.8%,这显然是一个过高的比例。但若以我们前面所分析的,陈末时建康寺院,仍以500余所计,则约占南朝地区寺院总数的40.6%。这仍然是一个令人生疑的比例。

通观六朝寺院建造情况,则可以从历代文献中得出下列一些数据:

① 东晋104年,有寺1768所;

② 南朝宋60年,总有寺1913座;

③ 南朝齐24年,总有寺2015所;

④ 南朝梁总56年,总有寺2846所;

⑤ 陈世33年,有寺1232所。

从东晋到南朝末,南方地区寺院总数,从东晋到南梁呈上升趋势,而从南梁向南陈则呈下降趋势。其中,从东晋初(317年)到南齐末(502年)的前后185年中,大致保持在2000所上下。南梁时期达到了巅峰,总数接近了3000所,而梁末侯景之乱,又造成了寺院数量的大规模下滑,仅有1200余所。从南梁初(502年)到南陈末(589年)的87年中,完成了从巅峰向谷底的下滑过程。

《南史》卷七十中所载:"都下佛寺五百余所,穷极宏丽,资产丰沃。所在郡县,不可胜言。"时间所指,恰也是在南梁时期。那么,以那时南方佛寺总数2846所计,建康城内外500余所寺院,占到了南方地区寺院总数的17.6%。

而《辩正论》中的两个数据,一个"都下旧有七百余寺"应是一个历史数据,其意应是"曾经建有七百余座寺院"。但遭到梁末侯景之乱打击的建康佛教,在南陈短短30余年的统治中,能够达到比南梁盛时的500余寺还要多200寺的盛况,应该是不太可能的。另外一个数据是"郭内大寺三百余所",倒更可能是陈末建康城内寺院的真实数字,则以陈末南方总有寺1232所,而建康地区有寺300余所计,大约占到南方地区总数的24.4%。这应该是一个比较接近历史真实的比例。换句话说,南陈末建康地区寺院数,大约接近江南地区寺院总数的1/4。

(2)建康以外地区

按照如上数据推算,将建康地区的佛寺总数500余所,看做是南朝正常时期的一个常量的话,自东晋至南朝时期的南方地区,除了建康之外,在东晋时,大约有寺1268所;在南朝宋时,大约有寺1423所;南朝梁时大约有寺2346所。梁末侯景之乱对于佛寺破坏最大的应该也是建康地区,将这时建康寺院按300余所计,则在南陈时,则建康之外的南方地区寺院约有932所。其数量比东晋时期略少,但不足南梁时的1/2。

2．大致分布范围（图 1）

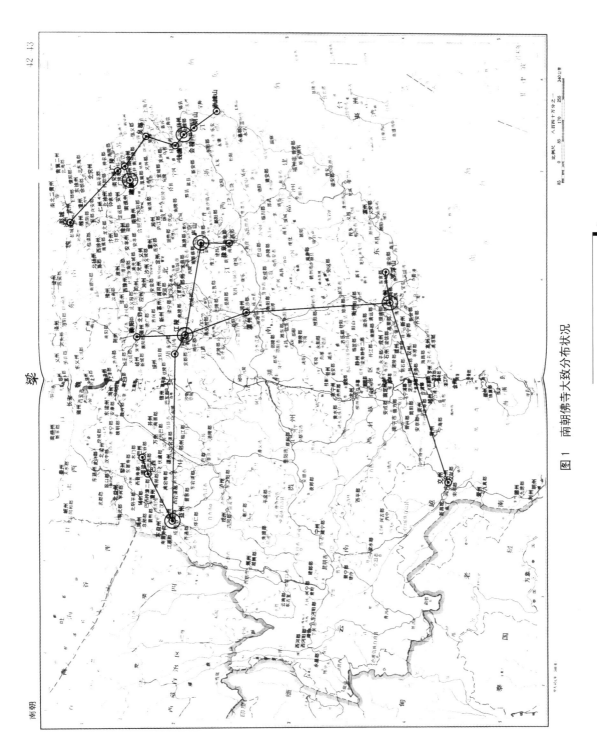

图 1　南朝佛寺大致分布状况

自彭城至广陵、会稽南北一线,是东汉末年佛教初传的主要线路,而六朝时期的建康更成为南方佛教中心,这里形成了南方佛教寺院最为集中的地区:

（1）建康及周围地区

① 建康地区:如同泰寺、瓦官寺、长干寺、白马寺、皇兴寺、道场寺、高座寺等;

② 建康周围地区:如钟山大爱敬寺、延贤寺、京口竹林寺、蒋山灵耀寺、定林寺等。

（2）彭城、广陵、扬州一线

① 彭城地区:彭城寺、彭城宋王寺、彭城华林寺等;

② 广陵地区:广陵南安寺、广陵中寺,丹阳灵应寺、丹阳安乐寺、丹阳宣业寺等;

③ 扬州地区:扬州太皇寺、东安寺、兴皇寺、天居寺等。

（3）吴中、钱塘、会稽一线

① 吴中地区:吴郭西台寺、吴中石佛寺、虎丘西寺、虎丘东寺、虎丘寺等;

② 钱塘地区:钱塘显明寺、钱塘灵隐山寺、钱塘齐明寺等;

③ 会稽地区:会稽龙华寺、若邪山云门寺、会稽宝林寺、会稽嘉祥寺、山阴法华寺等。

西晋末十六国时期释道安分张徒众的中心,即在襄阳,从这里出发,向南则至江陵、庐山,直至建康,向西则至巴蜀、成都,由此既形成了荆襄一线,又贯通了自建康至益州东西一线,使中国佛教传播与分布的大框架基本形成:

（4）襄阳、江陵一线

自襄阳,至江陵是西晋末年佛教传播的重要路线,同时,是释道安分张徒众的重要布设点位。这一位于中部的南北向线路,也成为六朝佛寺建设较为集中的地区,如:

① 襄阳地区:襄阳寺、襄阳檀溪寺、襄阳羊叔子寺等;

② 江陵地区:荆州天居寺、天皇寺、陟屺寺、大明寺、宝光寺、四望寺、长沙寺,以及江陵天居寺、江陵竹林寺、江陵辛寺、江陵辛寺、江陵琵琶寺等。

（5）庐山、豫章地区

由江陵沿长江东至豫章、柴桑,是西晋末的一条传播路线,而在释道安分张徒众过程中到达庐山的东晋名僧慧远,更使庐山地区成为重要的佛教中心:

① 庐山地区:庐山西林寺、庐山东林寺、庐山陵云寺、庐山西寺等;

② 豫章地区:豫章山寺、鹄岭山栖禅寺、安乐寺、栖灵寺等。

中国建筑史论汇刊·第陆辑

（6）罗浮山、广州、交趾地区

早在东汉末西域僧人安清（世高）的足迹，就已经经庐山而达广州，而交趾的佛教活动更可以追溯到佛教初传中国时期。而东晋时释慧远原本要去的地方就是罗浮山，说明庐山、罗浮山、广州、交趾也是早期南方地区重要的佛教活动区域：

① 广州地区：广州白沙寺、孤园寺、广州北寺（延祥寺）、番禺宣明寺、番禺台寺等；

② 罗浮山地区：罗浮山寺；

③ 交趾地区：交趾仙山寺。

（7）巴蜀地区

释道安分张徒众，遣佛图澄弟子法和率徒入蜀，包括东晋名僧慧远之弟慧持［隆安三年（399 年）入蜀］，慧远弟子道汪，及刘宋僧人玄畅，曾先后入蜀，开辟了巴蜀地区佛教弘扬的先河。后来的蜀地，佛寺尤多。蜀地自六朝时期已经成为中国西部重要的佛教中心，相比较之下，巴地的寺院数量似乎较少。文献中蜀郡、成都、益州，所指多可能是今成都地区，但又不尽然，如益州的范围就要大一些，蜀郡或也比成都概念稍加宽泛，故这里按文献中出现的名称排列：

① 成都地区：成都祇洹寺、成都大石寺、齐兴寺、兴乐寺、香积寺、成都长乐寺、蜀城武担寺等；

② 益州地区：益州九层佛寺、蜀江阳寺、龙渊寺、蜀郡左军寺、蜀郡灵建寺、蜀郡龙华寺、蜀郡裴寺、蜀郡灵建寺、岷山通云寺等；

③ 巴西地区：义兴寺。

尽管上列 7 个区域，不包括前表中所列文献中出现的东晋及南朝江南地区寺院分布的全部，但也大致覆盖了这一时期寺院的主要分布范围。值得注意的是，这一分布范围，大约与东汉末年佛教流传的路线，及西晋末十六国时期释道安分张徒众时的徒众散布路线相吻合。而且仍然大致遵守了东线自彭城至广陵、建康、吴中、钱塘、会稽南北一线；西线自襄阳、江陵一线；东西方向自庐山东接扬州、建康，西至益州、成都的长江一线；以及庐山向南至广州、罗浮山、交趾一线的旧有分布路线。

在其后的发展中，特别是隋代，位于荆襄一线与长江一线交接处的峡州（夷陵，即今宜昌），以及沿襄阳至江陵一线向南延伸的潭州（今长沙）也纳入到了上述分布路线的延长线上。这样，就大致形成了中国南方地区佛教流布与发展的基本地理框架。后世南方地区佛教的发展，应该是在这样一个基本地理分布框架下，进一步向周围辐射的结果。

三 东晋与南朝时期的山寺建造

自西晋末十六国时期的中国佛教,出现了一个有趣的趋势,就是僧徒们为了躲避战乱,往往会逃往一些偏僻的山林之中,于是一些山中寺院开始形成,如在石赵时期的北方燕赵地区,释道安在避乱过程中曾到过的太行山、王屋山、女休山与飞龙山,可能就是北方山寺的较早雏形,而由佛图澄的弟子僧朗在山东泰山开辟的寺院,则是北方地区主动开展山寺建设的一个典型例子。

东晋与南朝时期的中国南方,山寺的建造变得更为常见。在南方地区的秀美山林中,出现了一批重要的山地寺院聚集区,其中一些山寺也成为后世颇有影响的名山大寺的所在地。然而,值得注意的一点是,南方山寺的产生原因,似乎并非是为了躲避战乱,而是佛教僧徒的一种主动选择。

首先,西晋以来的中国文人士大夫阶层,出现了一种隐身思想,无论是西晋时的"竹林七贤",还是衣冠南渡之后一批隐遁山林的士者,都将逃避世俗、隐身山林作为了一种生活态度与价值取向。如南朝宋时出任永嘉太守的谢灵运:"郡有名山水,灵运素所爱好,出守既不得志,遂肆意游遨,遍历诸县,动逾旬朔……所至辄为诗咏,以致其意焉。在郡一周,称疾去职。[1]去职之后的谢灵运,"遂移籍会稽,修营别业,傍山带江,尽幽居之美。"[2]并且写下了著名的《山居赋》。

南朝僧人的一个特点是,与文人士大夫交往颇深,且着意于佛教义理。因而,一些僧人也渐渐浸染了隐身山林的想法,且南方地区多奇山异水,南朝时期的山间佛寺也就渐渐发展了起来。从南朝寺院的分布状况中,我们或也可以一瞥这一时期山寺发展的大致情况(图2):

1. 钟山(蒋山)

位于建康东北方向的钟山,又称蒋山,是离京师建康最近便的风景秀美的山林,南朝时就集中了一些重要的山寺,见于文献中的有:钟山延贤寺、钟山大爱敬寺、钟山宋熙寺、钟山宗熙寺、钟山灵耀寺、钟山定林寺、钟山定林上寺、钟山道林精舍、钟山明庆寺、蒋山灵耀寺、蒋山延贤寺、蒋山定林寺等。如其中的钟山延贤寺、钟山定林寺与钟山灵耀寺,和蒋山延贤寺、蒋山定林寺与蒋山灵耀寺,应为相同三座寺院的异名。

❶[南朝梁]沈约.宋书.卷六十七.列传第二十七.谢灵运

❷[南朝梁]沈约.宋书.卷六十七.列传第二十七.谢灵运

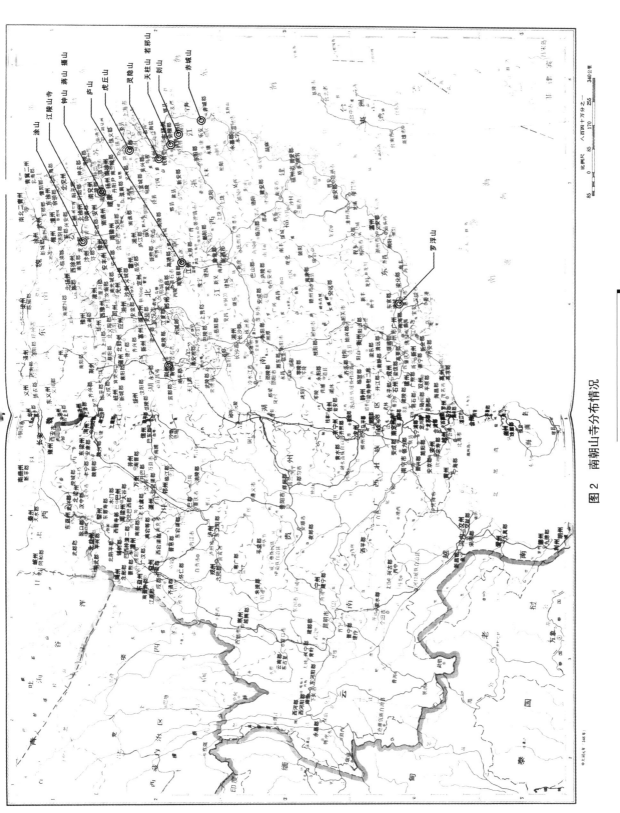

图 2 南朝山寺分布情况

2. 栖霞山（摄山）

栖霞精舍、摄山庆云寺、栖霞寺、摄山寺。栖霞山，又称摄山，位于建康东北。据《高僧传》，释法度，"宋末游于京师，高士齐郡明僧绍，抗迹人外，隐居琅玡之翔山。挹度清真，待以师友之敬。及亡，舍所居山为栖霞精舍，请度居之。"[1] 栖霞山名，或由此来。另据《高僧传》，南朝齐释僧祐，"祐为性巧思，能自准心计，及匠人依标，尺寸无爽。故光宅、摄山大像，剡县石佛，并请祐经始，准画仪则。"[2] 说明此时摄山有寺。据《陈书》，南朝齐僧统法献于乌缠国所得佛牙，"常在定林上寺，梁天监末，为摄山庆云寺沙门慧兴保藏。"[3]《南史》载，齐建元元年（479 年）明僧绍"既而遁还摄山，建栖霞寺而居之。"[4]疑栖霞寺，即栖霞精舍。

3. 剡山

浙江嵊县在六朝时当是古会稽所领之地，会稽佛教起源甚早，汉末时安清就到过这里，东晋及南朝著名僧人竺潜（字法深）、支遁（字道林）、于法兰、竺法崇都曾隐剡山，因而，风景秀美的剡山也成为一个佛寺荟萃之地，南朝时曾建有：剡山沃州小岭寺、剡山齐兴寺、剡之法华台（《高僧传》卷七）、剡山照明精舍。

4. 会稽天柱山与若邪山

天柱山在会稽东南，据《高僧传》，南朝时有"天柱山寺"，释慧静、释法慧曾栖于该寺。若邪山位于会稽之南，据《梁书》，时有"若邪山云门寺"。

5. 江陵山寺

江陵，即今荆州。据《辩正论》："后梁二帝治在江陵三十五年。寺有一百八所。山寺有青溪、鹿溪、覆船、龙山、韭山等。并佛事严丽，堂宇雕奇。僧尼三千二百人。"其中提到了"青溪、鹿溪、覆船、龙山、韭山"等山寺。

6. 钱塘灵隐山

灵隐山寺。据《高僧传》卷十一，释昙超于南齐建元末（482 年）曾"适钱塘之灵隐山，每一入禅，累日不起"[5]，说明此时灵隐已有山寺。《比丘尼传》卷四亦载山阴昭明寺释法宣尼自山阴出，"或登灵隐，或往姑苏"。[6]

吴虎丘山　虎丘寺、虎丘西寺、虎丘东寺、虎丘东山寺。据《高僧传》卷

[1] ［南朝梁］慧皎.高僧传.卷八.义解五.释法度十九
[2] ［南朝梁］慧皎.高僧传.卷十一.明律第五.释僧祐十三
[3] ［唐］姚思廉.陈书.卷二.本纪第二.高祖下
[4] ［唐］李延寿.南史.卷五十.列传第四十.明僧绍传

[5] ［南朝梁］慧皎.高僧传.卷十一.习禅.释昙超二十
[6] ［南朝梁］宝唱.比丘尼传.山阴昭明寺释法宣尼传十四

五,竺道壹在晋简文帝(371—372年)崩后,"壹乃还东,止虎丘山。"❶卷十四列有"晋吴虎丘东山寺竺道壹"条。另卷七载,竺道生"初投吴之虎丘山,旬日之中,学徒数百。其年夏,雷震青园佛殿,龙升于天,光影西壁,因改寺名号曰龙光。"❷卷七亦载,释僧诠造金像,置于虎丘山之东寺。释昙谛,"晚入吴虎丘寺,讲《礼》、《易》、《春秋》各七遍,《法华》、《大品》、《维摩》各十五遍。"❸疑实有二寺,即虎丘东寺与虎丘西寺。

7. 庐山

庐山西林寺、庐山东林寺、龙泉精舍、庐山寺、庐山陵云寺、庐山西寺、庐山禅阁寺。东汉末年安息僧人安清(世高),"值灵帝之末,关雒扰乱,乃振锡江南。云:'我当过庐山,度昔同学。'"❹疑东汉末庐山似已有佛教活动。东晋时,庐山原有西林寺,道安弟子释慧远至,又立东林。南朝宋时,释道慧,"寻阳柴桑人,年二十四出家,止庐山寺。"❺

8. 涂山

古涂山,是大禹大会诸侯之地,地处淮扬之地的北部,即今安徽蚌埠西之涂山。据《比丘尼传》,钱塘齐明寺超明尼,"道行精苦,从受具足。后往涂山听慧基法师讲说众经,便究义旨;一经于耳,退无不记。"❻说明南朝齐时涂山已有佛寺。

9. 赤城山(天台山)

后世一些江南佛教名山,如天台、四明,在南朝恐已有佛教活动,与天台相连属的赤城山为其中最早。《高僧传》载,竺昙猷曾住始丰赤城山石室坐禅。赤城山在浙江天台县北部:

> 赤城山,山有孤岩独立,秀出千云。猷抟石作梯,升岩宴坐,接竹传水,以供常用,禅学造者十有余人。王羲之闻而故往,仰峰高挹,致敬而反。赤城岩与天台瀑布、灵溪四明并相连属。而天台悬崖峻峙。峰岭切天,古老相传云:上有佳精舍,得道者居之。❼

10. 罗浮山

东晋时慧远初辞释道安,"远于是与弟子数十人,南适荆州,住上明寺。后欲往罗浮山,及届浔阳,见庐峰清静,足以息心,始住龙泉精舍。"❽慧远同门释慧永,"素与远共期,欲结宇罗浮之岫,远既为道安所留,永乃欲先逾五岭。行经浔阳,郡人陶范苦相要留,于是且停庐山之西林寺。"❾说明罗浮山

❶[南朝梁]慧皎.高僧传.卷五.义解二.竺道壹十四
❷[南朝梁]慧皎.高僧传.卷七.义解四.竺道生一
❸[南朝梁]慧皎.高僧传.卷七.义解四.释昙谛十六

❹[南朝梁]慧皎.高僧传.卷一.译经上.安清三
❺[南朝梁]慧皎.高僧传.卷十三.经师第九.释道慧五

❻[南朝梁]宝唱.比丘尼传.钱塘齐明寺超明尼传十三

❼[南朝梁]慧皎.高僧传.卷十一.习禅.竺昙猷三

❽[南朝梁]慧皎.高僧传.卷六.义解三.释慧远一
❾[南朝梁]慧皎.高僧传.卷六.义解三.释慧永三

❶[南朝梁]慧皎.高僧传.
卷九.神异上.单道开二

❷[唐]姚思廉.陈书.卷三
十.列传第二十四.章华
传

在东晋时,就是僧人心仪的建立山寺之地。十六国时敦煌人僧单道开,"至晋升平三年(359年)来之建业,俄而至南海,后入罗浮山。独处茅茨,萧然物外。"❶这应该是罗浮山最早的佛教遗迹。

《陈书》载,吴兴章华,值"侯景之乱,乃游岭南,居罗浮山寺,专精习业"❷,说明南朝陈时,罗浮山上已有山寺。

四　东晋与南朝时期佛寺建筑初探

佛教初传中国,寺院型制并无一定之规。三国时期的笮融"乃大起浮图祠,以铜为人,黄金涂身,衣以锦采,垂铜盘九重,下为重楼阁道,可容三千余人……"❸说明,这时的佛寺中已经有了后世佛寺的几个基本要素:

❸[晋]陈寿.三国志.卷四
十九.吴书四.刘繇传

① 以黄金涂身且着衣的佛像;

② 有铜盘与重楼的浮图祠——佛塔;

③ 有由建筑围合可容众人的庭院。

南朝时期的佛寺,大约还是在延续包括有佛像、佛塔等基本寺院要素的基础上,进一步增加了一些建筑元素:

1. 精舍

"精舍"一语或随佛教传入而出现,如汉末三国魏康僧铠所译《无量寿经》,提到无量寿国,"其讲堂、精舍、宫殿、楼观,皆七宝庄严,自然化成。"❹但在这时人的观念中,精舍未必专属于佛教。如南朝宋人范晔撰《后汉书》多次提到了"精舍":

❹[三国魏]康僧铠译.无
量寿经.卷上

❺[南朝宋]范晔.后汉书.
卷六十七.党锢列传第五
十七

❻[南朝宋]范晔.后汉书.
卷六十七.党锢列传第五
十七

❼[南朝宋]范晔.后汉
书.卷七十九下.儒林列
传第六十

❽[南朝宋]范晔.后汉书.
卷八十一.独行列传第七
十一

① 东汉末河间人刘淑:"淑少学明《五经》,遂隐居,立精舍讲授,诸生常数百人。"❺

② 东汉末山阳人檀敷:"立精舍教授,远方至者常数百人。"❻

③ 东汉初会稽人包咸:"因住东海,立精舍讲授。"❼

④ 东汉陈留人李充:"充后遭母丧,行服墓次……服阕,立精舍讲授。"❽

当然,《后汉书》出自南朝人范晔之手,其谓"精舍",当是在佛教传入之后,这一概念或是借自佛教。但范晔这里所说的"精舍",无一是与佛教有关的,反而指的是儒生讲学之塾馆类的建筑。显然,在南北朝时,"精舍"一词,并非仅指佛教寺院中的修炼之所:

① 东晋太元"六年(381年)春正月,帝初奉佛法,立精舍于殿内,引诸沙门以居之。"❾

❾[唐]房玄龄 等.晋书.
卷九.帝纪第九.孝武帝

② 东晋学道之人许迈,知"余杭悬霤山近延陵之茅山,是洞庭西门,潜通五岳,陈安世、茅季伟常所游处,于是立精舍于悬霤,而往来茅岭之洞室,

放绝世务,以寻仙馆……"❶

③ 十六国石赵时,石韬曾"宿于佛精舍。"❷

④ 南朝宋时范泰:"暮年事佛甚精,于宅西立祇洹精舍。"❸

⑤ 南朝宋元嘉十二年(435年)丹阳尹有奏曰:"请自今以后,有欲铸铜像者,悉诣台自闻;兴造塔寺精舍,皆先诣在所二千石通辞,郡依事列言本州,须许报,然后就功。"❹

⑥ 南朝齐永明十一年(493年)齐武帝有诏:"自今公私皆不得出家为道,及起立塔寺,以宅为精舍,并严断之。"❺

⑦ 北朝的情况也是一样,如北魏孝文帝时人冯熙:"信佛法,自出家财,在诸州镇建佛图精舍,合七十二处,写一十六部一切经。"❻

在东晋及十六国与南北朝时,"精舍"一词,已经主要用来指佛教僧徒的修炼之所。但是,偶然也会用来指道教修炼者的居所。但从唐代人徐坚所撰《初学记》与宋代人李昉所撰《太平御览》中,"精舍"一词仍然包含有儒学塾馆、道家洞府与佛徒修炼之所的意思。但无论如何,"精舍"一词有修习之馆、修炼之舍的意思。而早期佛教精舍,也主要是佛徒用来修炼,及弘传佛教之处。我们可以将之理解为佛教僧徒的修行之所。

东晋及南朝佛寺中的"精舍"应是寺院中的重要组成部分,甚至有的佛寺,本身主要就是由提供僧徒修行之精舍所组成的。

2. 佛塔

最初佛寺的主要建筑是佛塔。东汉时佛与浮图(浮屠)几乎是同义语。所以,最初的浮图,或指佛塔,或指佛造像。如《后汉书》谈到汉桓帝"设华盖以祠浮图、老子,斯将所谓'听于神'乎!"❼这里的浮图,因其设于华盖之下,可能是指"佛像"。三国时笮融所起"负图祠",应该是指佛塔,塔中有佛像。《晋书》中提到东晋义熙九年(413年):"白马寺浮图刹柱折坏。"❽《晋书》载十六国时姚兴:"起浮图于永贵里,立波若台于中宫。沙门坐禅者恒有千数。"❾这里提到的浮图,应该指的是佛塔。

到了南北朝时,"塔寺"一词已经十分常见,如《晋书》中多次提到修营"塔庙",并提到赫连勃勃自诩其所建宫殿:"虽如来、须弥之宝塔,帝释、忉利之神宫,尚未足以喻其丽,方其饰矣。"❿已经用"宝塔"一词来指代佛塔。至南朝宋时,"佛塔"、"塔寺"的数量已经相当多,如谢灵运的《山居赋》中提到了"谢丽塔于郊郭,殊世间于城傍。"⓫说明这时的佛塔,已经成为城乡中的一种景观元素。而宋元嘉十二年(435年)丹阳尹萧摩之所说:"佛化被于中国,已历四代,形像塔寺,所在千数……"⓬这里的塔寺,应该既是泛指寺院,也特指有佛塔的寺院。以《辩正论》中所说,南朝宋总建有寺院1913座,则这里所说有"千数"的塔寺,大约占到了南朝宋所建全部寺院的50%左右。

❶[唐]房玄龄 等.晋书.卷八十.列传第五十.许迈传

❷[唐]房玄龄 等.晋书.卷一百七.载记第七.石季龙下

❸[南朝梁]沈约.宋书.卷六十.列传第二十.范泰传

❹[南朝梁]沈约.宋书.卷九十七.列传第五十七.夷蛮

❺[南朝梁]萧子显.南齐书.卷三.本纪第三.武帝

❻[北齐]魏收.魏书.卷八十三上.列传外戚第七十一上

❼[南朝宋]范晔.后汉书.卷七.孝桓帝纪第七

❽[唐]房玄龄 等.晋书.卷二十九.志第十九.五行下.庶征恒风

❾[唐]房玄龄 等.晋书.卷一百十七.载记第十七.姚兴上

❿[唐]房玄龄 等.晋书.卷一百三十.载记第三十.赫连勃勃

⓫[南朝宋]沈约.宋书.卷六十七.列传第二十七.谢灵运传

⓬[南朝梁]沈约.宋书.卷九十七.列传第五十七.夷蛮

❶ [唐]姚思廉.梁书.卷五十四.列传第四十八.诸夷

❷ [唐]释道宣.广弘明集.卷十二

❸ [南朝梁]萧子显.南齐书.卷五十三.列传第三十四.良政

❹ [唐]李延寿.南史.卷七十八.列传第六十八.夷貊上

❺ [南朝梁]慧皎.高僧传.卷十三.兴福第八.释慧受四

❻ [唐]房玄龄等.晋书.卷七十七.列传第四十七.蔡谟传

❼ [唐]房玄龄等.晋书.卷三十二.列传第二.后妃下.康献褚皇后

❽ [南朝梁]慧皎.高僧传.卷十三.经师第九.释僧辩九

❾ [南朝梁]萧子显.南齐书.卷十八.志第十.祥瑞

南朝梁时,梁武帝曾"改造阿育王寺塔,出旧塔下舍利及佛爪牙。"❶而这一时期的阿育王塔尤其多,如《梁书》卷五十一提到"鄮县阿育王塔",卷五十四提到,"洛下、齐城、丹阳、会稽并有阿育王塔。"

此外,自晋末十六国及南北朝以来,南北方的佛寺中,常有"X重寺"或"X层寺"的名称,如《高僧传》卷五提到的"长安五重寺",卷七中提到的"江陵城内五层寺"、"江夏郡五层寺",卷十中提到的江陵"三层寺";《比丘尼传》卷二中提到的江陵"六重寺"及"江陵三层寺",卷三中提到的"荆州三层寺";以及《广弘明集》中提到的荆州"城内有五层寺,寺有舍利塔。"❷此外,《法苑珠林》中提到东晋时,荆州城内还有"四层寺"。我们或可推测,这些"X层寺"或"X重寺",很可能是指寺中主要建筑——佛塔为"X层"。

《南齐书》中还记载了一则有趣的故事:"帝以故宅起湘宫寺,费极奢侈。以孝武庄严刹七层,帝欲起十层,不可立,分为两刹,各五层。"❸这恐怕是所记在一座寺院中建造两座佛塔的最早例子。后世在寺中对称布置双塔的做法,很可能即始于兹。而其意却在两塔相加的层数之和。在佛教概念中,建塔越高,或层数越多,则功德越大。这很可能也暗示了后世对称布置两座佛塔的做法,也是出于建塔者希望建造的层数越多越好的结果。

至少,我们从上面的记载中,知道了在南朝时,佛塔的形式有三层、四层、五层、六层、七层,以及由两座五层塔所代表的"十层"的概念。此外,从《南史》中所载:"即迁舍利近北,对简文所造塔西,造一层塔。十六年又使沙门僧尚加为三层,即是武帝所开者也。"❹《高僧传》也提到了:释慧受常常梦见一条青龙从南方来,化为刹柱。就派沙弥试去江边寻觅,见一长木随流下来,"于是雇人牵上,竖立为刹,架以一层。"❺说明在南朝时,造单层塔也是一种选择。

3. 佛堂与佛殿

东晋时宫廷中已有专门用于礼佛拜佛的空间。如晋成帝咸和七年(332年)彭城王上书谈到宫中的"乐贤堂有先帝手画佛像,经历寇乱,而此堂犹存……"❻这座有皇帝手绘佛像的"乐贤堂"很可能是一处帝王礼佛空间。而晋废帝海西公(366—371年)时,太后临朝称制,"桓温之废海西公也,太后方在佛屋烧香……"❼这座"佛屋"则是正史中提到最早专门用于礼佛的建筑物。

"佛堂"一词最早出现于《高僧传》中所记:南朝齐"永明七年(489年)二月十九日,司徒竟陵文宣王梦于佛前咏《维摩》一契。因声发而觉,即起至佛堂中,还如梦中法,更咏古《维摩》一契。"❽《南齐书》中也提到:永明九年(491年)八月,"甘露降上定林寺佛堂庭……"❾这两座佛堂的情形可能不太一样,前者可能是竟陵文宣王私宅中的佛堂,有如东晋太后的"佛屋",而后者则是佛寺中的礼佛空间。

至少，在南朝齐时，佛寺中已经有了佛堂。而佛寺中的佛殿建筑似乎出现得更早，如《高僧传》所载晋兴宁中（363—365年），"时沙门竺道邻，造无量寿像，（竺法）旷乃率其有缘，起立大殿。"❶ 这是一座供奉无量寿佛的大殿。另据《高僧传》，南朝宋元嘉元年（424年）宋文帝迎请西域僧人求那跋摩入中土，跋摩途经今广东北部始兴时，经过虎市山（跋摩改其名为灵鹫山）山寺，这座"寺有宝月殿，跋摩于殿北壁，手自画作罗云像，及定光儒童布发之形，像成之后，每夕放光，久之乃歇。"❷ 罗云为佛陀的弟子、定光是佛教传说中的古佛，二者都是佛教信仰中的重要人物，这座宝月殿，与佛堂是什么关系，我们还不十分清楚，但由此可以知道，在东晋时的佛寺中，可能已经有了类似后世的佛殿建筑。

更直接提到"佛殿"这一概念的是《高僧传》卷七所载，晋恭思皇后褚氏所立建康青园寺，在宋文帝时（424—453年），"其年夏，雷震青园佛殿，龙升于天，光影四壁，因改寺名号曰龙光。"❸ 东晋至南朝时，寺院中已经有了佛殿建筑。

另宋孝武帝（454—464年）时，释法愿因事触怒孝武帝，"帝大怒，敕罢道。作广武将军，直华林佛殿。愿虽形同俗人，而栖心禅戒，未尝亏节。"❹ 华林应指都城中的华林寺，寺中有"佛殿"。释法愿因触怒帝王，被罢去僧人身份，贬作佛殿中的守护人。说明这时的佛殿中，还有俗人看护。

梁释宝唱撰《比丘尼传》中提到南朝宋文帝时，住青园寺的业首尼，其得帝后敬重，"以元嘉十五年（438年），为首更广寺西，创立佛殿，复拓思北，造立僧房……众二百人，法事不绝。"❺ 南朝宋孝武帝大明中（457—464年），"时庄严寺昙斌法师弟子僧宗、玄趣，共直佛殿，慢藏致盗。乃失菩萨璎珞、及七宝澡罐。"❻ 说明南朝时的寺院中是有佛殿的，殿中既有菩萨的造像，也应该有佛造像，及相应的礼佛器物。

但是，我们还不能够肯定南朝寺院中的"佛堂"或"佛殿"，就相当于后世佛寺中的"大雄宝殿"，也不清楚佛殿中的佛及菩萨造像的供设情况。

4．大殿与七佛殿

后世佛寺建筑群中的主要建筑一般称"大雄宝殿"，亦时常简称"大殿"。但南朝寺院中未有"大雄宝殿"之设，应该是可以肯定的，但是否在一座寺院中，应该有一座带有主殿性质的"大殿"呢？对此，我们还很难作出一个肯定的答复，但从《建康实录》可知，南朝时人似已经有了"大殿"之称：

> 置大爱敬寺，西南去县十八里，武帝为太祖文皇帝造。大通四年又造一丈六尺旃檀像。量之剩二尺，成丈八形，依次文及手足更重，量又升一尺五分，至大通五年，寺主僧冶重量，又剩七寸，即是长二丈矣。大通四年移入大殿。❼

另外，在《建康实录》附注中还注意到了后世佛寺中的一种重要建筑类

❶[南朝梁]慧皎.高僧传.卷五.义解二.竺法旷十三

❷[南朝梁]慧皎.高僧传.卷三.译经下.求那跋摩七

❸[南朝梁]慧皎.高僧传.卷七.义解四.竺道生一

❹[南朝梁]慧皎.高僧传.卷十三.唱导第十.释法愿九

❺[南朝梁]宝唱.比丘尼传.东青园寺业首尼传十七

❻[南朝梁]宝唱.比丘尼传.建福寺智胜尼传六

❼[唐]许嵩撰.建康实录.卷十七.梁

型：七佛殿，如卷十二青园寺注疏中有：

> 故以兴宗为名。兴宗为之字也，置清园寺，东北去县二里（案原塔寺记，驸马王景琛为母范氏宋元嘉二年（425年），以王坦之祠堂地与比丘尼业首为精舍，十五年（438年）潘淑仪施以足之，起殿，又有七佛殿二间，泥素精绝，后到稀有及者。置严林寺西北，去县四十五里，元嘉二年僧招贤二法师造）。

这里说的南朝宋人所建清园寺中，有七佛殿二间，其中的泥塑（原文为泥素）精绝。从佛经的角度观察，鸠摩罗什所译《妙法莲花经》中最早提到了"七佛"概念："诸比丘，富楼那，亦于七佛说法人中，而得第一，今于我所说法人中亦为第一。"[❶]而南朝宋时，距《妙法莲花经》译出时间不长。

另南朝人撰《比丘尼传》也反映了这种"七佛信仰"在南朝的影响："永和十年（354年），后为立寺于定阴里，名永安（今何后寺也）……泰元二十一年（396年）卒。弟子昙罗，博览经律，机才瞻密，敕续师任，更立四层塔、讲堂房宇，又造卧像及七佛龛堂云。"[❷]鸠摩罗什殒于413年。他所译《妙法莲花经》问世时间应该在此之前，故无论是昙罗尼立七佛龛堂（396年之后），还是王景琛（425年）或潘淑仪（438年）所立"七佛殿"，距离《妙法莲花经》问世时间都不长，说明佛经的译介，对中国佛寺建置的影响之大。

5. 讲堂

原始佛教时期的僧人聚居地就有了讲堂，如《长阿含经》中提到："佛告阿难，汝敕罗阅祗左右诸比丘尽集讲堂。对曰：唯然。即诣罗阅祗城，集众比丘，尽会讲堂。"[❸]《妙法莲华经》中也有："若于房中，若经行处，若在讲堂中，不共住止，或时来者，随宜说法，无所希求。"[❹]随着佛经的传入，中国佛寺中出现讲堂，也应该是很早的。如《高僧传》所载：前秦建元二十一年（385年），"正月二十七日，忽有异僧，形甚庸陋，来寺寄宿。寺房既迮，处之讲堂。"[❺]《弘明集》亦提到："以有若之貌，最似夫子，坐之讲堂之上，令其讲演，门徒谘仰，与往日不殊。"[❻]说明南北朝时寺院中已有讲堂之设。南朝宋谢灵运在他的《山居赋》中也特别提到了寺院中的讲堂：

> 四山周回，双流逶迤。面南岭，建经台；倚北阜，筑讲堂。傍危峰，立禅室；临浚流，列僧房。对百年之高木，纳万代之芬芳。抱终古之泉源，美膏液之清长，谢丽塔于郊郭，殊世间于城傍。[❼]

谢灵运在这里描绘了一座南朝寺院中所应包含的最基本建筑类型：经台、讲堂、禅室、僧房。其中经台应属佛经收藏与阅读之地，与后世的藏经楼相近；禅室是僧人修禅打坐的地方；僧房则是僧人生活起居之所；讲堂是僧徒聚集听讲佛经之处。显然，这四种建筑类型，包含了生活起居、讲经弘法、收藏佛经、禅修打坐等基本的寺院生活，似乎是比佛殿更为基本的寺院组成部分。关于这几种建筑类型，后面还会提及。

❶[后秦]鸠摩罗什译.妙法莲花经.卷四

❷[南朝梁]宝唱.比丘尼传.卷一.北永安寺昙备尼传六

❸[后秦]竺佛念颐.长阿含经.卷二
❹[后秦]鸠摩罗什译.妙法莲华经.卷五.安乐行品第十四
❺[南朝梁]慧皎.高僧传.卷五.义解二.释道安一
❻[南朝梁]僧祐 编.弘明集.卷八

❼[南朝梁]沈约.宋书.卷六十七.列传第二十七.谢灵运传

6. 法堂

法堂也是来源于佛经中的概念。如《妙法莲华经》有："如是等天香和合所出之香，无不闻知……若在妙法堂上，为忉利诸天说法时香，若于诸园游戏时香，及余天等男女身香，亦皆闻之。"[1]东晋法显著《佛国记》中，在谈及佛曾坐禅的耆阇崛山戳片时提到："调达于山北岭巇间，横掷其石伤佛足指处，石犹在。佛说法堂已毁坏，止有砖壁基在。"[2]同一书中说到师子国中的情形："其城中多居士、长者、萨薄商人。屋宇严丽，巷陌平整。四衢道头皆作说法堂，月八日、十四日、十五日，铺施高座，道俗四众皆集听法。"[3]这里说的是天竺与师子国的情况，可知说法堂在佛教传播中必不可少的重要作用。

南朝梁人所撰《高僧传》中亦提到了法堂："脊命整衿法堂，等施一心，亭怀幽极。"[4]同是南朝人所撰《弘明集》中亦有："论成后，有退居之宾，步朗月而宵游，相与共集法堂。"[5]说明南北朝时的寺院中应该已经有了"法堂"之设。后世寺院中，法堂成为必不可少的一种建筑类型，其滥觞或始于南朝时的寺院中。

7. 禅堂

禅堂应是佛教僧徒修禅打坐之所，佛经中出现"禅堂"这个名词，是在唐代时天竺僧人般刺密帝所译《楞严经》中，佛对阿难讲说："若诸末世愚钝众生，未识禅那，不知说法，乐修三昧，汝恐同邪，一心劝令，持我佛顶陀罗尼咒，若未能诵，写于禅堂，或带身上，一切诸魔所不能动。"[6]而在比汉译《楞严经》出现更早的文献中，如南朝梁人撰《高僧传》中已经有了禅堂的概念：

> 帝以钱十万，买新亭岗为墓，起塔三级，（竺法）义弟子昙爽于墓所立寺，因名新亭精舍。后宋孝武南下伐凶，銮旆至止，戎宫此寺。及登禅，复幸禅堂，因为开拓，改曰中兴。故元嘉末童谣云：'钱唐出天子。'乃禅堂之谓。故中兴禅房，犹有龙飞殿焉，今之天安是也。[7]

《宋书》中也提到了这件事情："文帝元嘉中，谣言钱唐当出天子，乃于钱唐置戍军以防之，其后，孝武帝即大位于新亭寺之禅堂。'禅'之与'钱'，音相近也。"[8]同是南朝人所撰《比丘尼传》中也提到尼寺中的禅堂："禅堂初建，齐武皇帝敕请妙智讲《胜鬘》、《静名》开题。"[9]这些记载至少说明在南朝寺院中，是有禅堂之设的。

8. 禅阁与佛牙阁

南朝寺院中还有禅阁之设。《高僧传》卷三中记载："以宋元嘉元年（424年）展转至蜀，俄而出峡，止荆州，于长沙寺造立禅阁，翘诚恳恻，祈请舍

[1] [后秦]鸠摩罗什译.妙法莲华经.卷六.法师功德品第十九
[2] [东晋]法显.佛国记
[3] [东晋]法显.佛国记
[4] [南朝梁]慧皎.高僧传.卷六.义解三.释慧远一
[5] [南朝梁]僧祐 编.弘明集.卷五.沙门不敬王者论.形尽神不灭第五
[6] [唐]般刺密帝译.楞严经.卷十
[7] [南朝梁]慧皎.高僧传.卷四.义解一.竺法义十三
[8] [南朝梁]沈约.宋书.卷二十七.志第十七.符瑞上
[9] [南朝梁]宝唱.比丘尼传.华严寺妙智尼传五

❶[南朝梁]慧皎.高僧传.
卷三.译经下.昙摩密多
九

❷[南朝梁]慧皎.高僧传.
卷十三.兴福第八.释法
献十二

❸[南朝梁]慧皎.高僧传.
卷十四.

❹[南朝梁]慧皎.高僧传.
卷九.神异上.单道开二

❺[南朝梁]慧皎.高僧传.
卷一.译经上.摄摩腾一
❻[东汉]班固.汉书.卷十
九上.百官公卿表第七上
❼[东汉]班固.汉书.卷九
十九上.王莽传第六十九
上

❽[南朝梁]宝唱.比丘尼
传.卷四.禅林寺净秀尼
传一

利."❶ 但是,这种禅阁与禅堂在功能上有什么区别,尚不可知。值得注意的是,禅阁中可能会藏有舍利。反映出这种禅阁,当是早期"上累铜盘,下为重楼"式样浮图祠与祠内禅堂空间的一种结合。如《高僧传》卷十三,"释法献十二"中提到的定林寺中有"佛牙阁",其中藏有法献与西域所得佛牙及像:"牙以普通三年正月,忽有数人并指仗,初夜扣门,称临川殿下奴叛,有人告云在佛牙阁上,请开阁检视,寺司即随语开阁。主师至佛牙座前,开函取牙,作礼三拜,以锦手巾盛牙,绕山东而去。"❷ 这种佛牙阁与上文中提到的藏有舍利的禅阁,很可能有相似之处。

另在《高僧传》的结尾部分,还特别提到《高僧传》的作者会稽嘉祥寺慧皎法师,于"甲戌年二月舍化,时年五十有八。江州僧正慧恭经始,葬庐山禅阁寺墓。龙光寺僧国同避难在山,遇见时事,聊记之云尔。"❸ 说明在南朝时,禅阁是寺院中常见的一种建筑类型,当时的庐山甚至有以"禅阁"命名的寺院。

在《高僧传》中还透露了另外一条资料,涉及了阁与禅室之间的关联:"(单道开)初止邺城西法綝祠中,后徙临漳昭德寺。于房内造重阁,高八九尺许。于上编菅为禅室,如十斛箩大,常座其中。"❹ 这种设置在室内的禅阁,可能是真实禅阁的一个缩影,从其特点看,阁上有供修禅的空间。这很可能是借用了古代中国"仙人好楼居"的思想,使修禅者在半空高阁中修禅,更可能达到神异的禅修效果。

9. 经台与转轮藏

佛教作为一种宗教文化现象,其典籍的传布与收藏是其弘扬过程中最重要的环节之一。传入中国最早并由天竺僧人摄摩腾译成汉语的佛经《四十二章经》,在汉代时就有了专门的收藏之所:"有记云:腾译《四十二章经》一卷,初缄在兰台石室第十四间中。"❺ 关于兰台,《汉书》中有:"一曰中丞,在殿中兰台,掌图籍秘书,外督部刺史,内领侍御史员十五人,受公卿奏事,举劾按章。"❻"案其本事,甘忠可、夏贺良谶书藏兰台。臣莽以为元将元年者,大将居摄改元之文也。于今信矣。"❼ 由此可知,所谓"兰台"当是指汉代宫廷内的藏书之处。佛经《四十二章经》初传中国,就藏了东汉宫内兰台中的第十四间石室中。这里可以说是中国佛教最早的藏经室。

前文中提到,南朝宋时的谢灵运在《山居赋》中提到了寺院中的"经台",这应该是早期寺院中所设的藏经之所。南朝人撰《比丘尼传》中也提到:"泰始三年(467年),明帝敕以寺从其所集,宜名'禅林'。秀手写众经,别立经台,置在于堂内。"❽ 如果说,谢灵运所说"面南岭,建经台"之经台,还可看做是一座建筑物,《比丘尼传》中的"经台",似设置于一座殿堂之内的藏经之所。唐时人所撰《法苑珠林》中提到《舍利弗问经》所云:"王自加害,定力所持,初无伤损。次烧经台,火始就然,衔焰及经。弥勒菩萨以神通力,接我经律,上兜率天。"❶说明至迟到唐代时,还曾称藏经之处为"经台"。

一种说法认为,后世藏经楼中使用的转轮藏,始于南朝梁时的双林大士善慧禅师,据《神僧传》卷四:

> 初大士在日,常以经目繁多,人或不能遍阅,乃就山中建大层龛,一柱八面,实以诸经运行不碍,谓之轮藏……从劝世人有发于菩提心者,能推轮藏,是人即与持诵诸经功德无异。今天下所建轮藏皆设大士像,实始于此。❷

但《神僧传》传为明成祖所撰,《明史》中有载。❸而明代人所撰《西湖游览志余》中则较为详细地提到了这件事情:

> 高丽寺轮藏甚伟,宋时高丽国进金字藏经一部贮其中,到今犹有存者。原起于傅大士,以经目繁多,人或不能遍阅,乃就山中建大层龛,一柱八面,实以诸经,运行不碍,谓之轮藏。人有发菩提心者,推转是轮,即与持诵诸经无异。故今天下轮藏皆设大士像。❹

两个资料都认为转轮藏首出梁僧傅翕,但有关傅翕事在梁人撰《高僧传》中无传,初见于宋人所撰《禅林僧宝传》、《大宋高僧传》、《景德传灯录》、《古尊宿语录》等书。据《大宋高僧传》:"忠献王钱氏造龙华寺,迎取金华梁傅翕大士灵骨道具,置于此寺树塔,命照住持焉。"❺说明五代时傅翕已经备受重视。宋人笔记《云麓漫钞》还提到,宋宣和元年宋徽宗崇道抑佛,改佛寺为宫观的闹剧中,曾将释傅翕封为"应化大士",位与文殊(封文静大士)、普贤(封安乐妙静大士)、达摩(封元一大士)同,说明在宋代佛教中,释傅翕已声名大噪。同是宋人所撰《五灯会元》卷二中有"双林善慧禅师"一节,说到释傅翕事迹时,引傅翕语:"大士乃曰:'我得首楞严顶。天嘉二年,感七佛相随,释迦引前,维摩接后,唯释尊数顾共语,为我补处也'。"❻由此也足见傅翕在宋代佛教中的地位。但所有这些资料均出自宋以后的文献,我们尚难以确认转轮藏的做法始于南朝梁时。但从宋《营造法式》卷二十三中已经有"转轮经藏"节,说明宋时转轮藏做法已经很普及。是否是宋时人将转轮藏的创造权比附在当时声名大噪的释傅翕身上,亦未可知。

尽管如此,在佛寺中设立藏经用的建筑或处所,其时代不会晚于南北朝时,《梁书》卷五十载:"今定林寺经藏,(刘)勰所定也。"❼既有经藏,也必有藏经之所。《高僧传》记载了南朝齐竟陵文宣王萧子良信佛:

> 凡获信施,悉以治定林、建初,及修缮诸寺,并建无遮大集舍身齐等,及造立经藏,搜校卷轴。使夫寺庙开广,法言无坠,咸其力也。祐为性巧思,能自准心计,及匠人依标,尺寸无爽。❽

这里提到的萧子良所造立之经藏,无疑应该是指藏经之所。由此或也可以证明,在南朝时的寺院中,已经有了专门用于藏经的建筑,但是否如后人所言,南朝时已经有了转轮经藏的做法,尚无法确证。

❶[唐]释道世.法苑珠林.卷九十八.法灭灾第九十八.损法部第九

❷[明]朱棣.御制神僧传.卷四

❸[清]张廷玉 等.明史.卷九十八.志第七十四.艺文三:"成祖《御制诸佛名称歌》一卷、《普法界之曲》四卷、《神僧传》九卷。"

❹钦定四库全书.史部.地理类.山水之属.[明]田汝成.西湖游览志——西湖游览志余.卷十四

❺[宋]赞宁.大宋高僧传.卷十三.习禅篇第三之六.普永兴永安院善静传(灵照)

❻[宋]普济.五灯会元.卷二.西天东土应化圣贤.双林善慧禅师

❼[唐]姚思廉.梁书.卷五十.列传第四十四.文学下.刘勰传

❽[南朝梁]慧皎.高僧传.卷十一.明律第五.释僧祐十三

10. 与四天王信仰有关的建筑

中国佛教中的天王信仰也是随佛经的译介而传入的。最早出现"天王"概念的汉译佛典是东汉西域僧人安清所译《七处三观经》，但其中是将"天王鬼神沙门婆罗门"并列提到的，却并未提及护法"四天王"的概念。最早提到"四天王"概念的汉译佛典是三国曹魏时僧人康僧铠所译《无量寿经》："尔时，阿难白佛言：'世尊！若彼国土无须弥山，其四天王及忉利天依何住？'"**❶**后秦弘始年(399—416年)僧人竺佛念译《长阿含经》对四天王的护法功能作了比较详细的论说：

❶[三国魏]康僧铠 译.无量寿经.卷上

❷[后秦]佛陀耶舍共竺佛念译.长阿含经.卷五.(三)第一分典尊经第三

❸[后秦]鸠摩罗什 译.妙法莲华经.卷一.序品第一
❹[后秦]鸠摩罗什 译.妙法莲华经.卷四.见宝塔品第十一
❺[南朝梁]慧皎.高僧传.卷三.译经下.释智严五

❻[东晋]法显.佛国记

> 一时，忉利诸天集法讲堂，有所讲论。时，四天王随其方面，各当位坐。提帝赖吒天王在东方坐，其面西向，帝释在前；毗楼勒天王在南方坐，其面北向，帝释在前；毗楼博叉天王在西方坐，其面东向，帝释在前；毗沙门天王在北方坐，其面南向，帝释在前。时四天王皆先坐已，然后我坐。复有余大神天，皆先于佛所，净修梵行。**❷**

同是后秦时的高僧鸠摩罗什所译《妙法莲华经》中也提到了"四天王"："尔时诸梵王，及诸天帝释，护世四天王，及大自在天，并余诸天众，眷属千百万，恭敬合掌礼，请我转法轮。"**❸**"尔时佛前有七宝塔……其诸幡盖，以金银琉璃，砗磲玛瑙，真珠玫瑰，七宝合成，高至四天王宫。"**❹**而据《高僧传》，有关四天王的专经是元嘉四年(427年)译出的："(释智)严前于西域所得梵本众经，未及译写，到元嘉四年乃共沙门宝云译出《普曜》、《广博严净》、《四天王》等。"**❺**

东晋人法显撰《佛国记》，在谈到迦罗卫城的情形时，也提到了"四天王"："佛为诸天说法，四天王守四门，父王不得入处。"**❻**但是，在南朝佛寺中，是否有后世所谓"天王殿"的设置，我们还不得而知。据南朝梁时梁武帝萧衍《断酒肉文》中提到："又僧尼寺，有事四天王迦毗罗神，犹设鹿头及羊肉等，是事不可，急宜禁断。若不禁断，寺官任咎，亦同前科，别宣意。"**❼**萧衍这里主张禁断的不是对四天王的信仰，而是用鹿头与羊肉供祀四天王的做法。由此推知，南朝梁时的僧尼寺庙中，很可能已经有了"四天王迦毗罗神"的形象，其意义抑或与后世护法"四天王"同，其建筑空间功能抑或亦起到佛教护法神的作用，但是否已有如后世"天王殿"之式的建筑设置，却未可知。

❼[清]严可均 辑.全梁文.卷七.武帝(七).断酒肉文

综上所述，四天王信仰在南北朝时期很可能已经基本形成，除了前面提到南朝寺院中的一些与四天王信仰有关的情况外，在北朝的长安城中，还曾建有"四天王寺"，或可以说明南北朝时期佛教四天王信仰在寺院中逐渐生成与发展的一个过程：

> 建武帝天和年。有摩勒国沙门达摩流支。周言法希。奉敕为大蒙宰晋阳公宇文护。译婆罗门天文二十卷。又令摩伽陀国禅师阇那耶舍。周言藏称。共弟子阇那崛多等。于长安故域四天王寺。译定意天

子问经六部。沙门圆明道辩。及城阳公萧吉等笔受。❶

　　然而，在南朝寺院中并为见"四天王寺"的设置，在唐宋以后寺院中，似也未见专门以四天王信仰为主题的寺院设置。然而，在辽宋寺院中，以设置四天王像的"天王殿"为主的寺院建筑，反而变成寺院中几乎必不可少的一个组成部分，这或者也是早期佛教天王信仰在中国佛寺建筑中最终演化的一个结果。

11. 僧房

　　僧房建筑是寺院中佛教僧团的生活起居之所，因此，也构成寺院中必不可少的建筑组成部分。《长阿含经》中就有偈曰："五当起塔庙，六立僧房舍。"❷另有，"佛言：若以三祭祀及十六祀具供养众僧使不断者，不如为招提僧起僧房堂阁……及为招提僧起僧房堂阁，为此福最胜。"❸《杂阿含经》中也特别提到："长者白佛，但使世尊来舍卫国，我当造作精舍僧房，令诸比丘往来止住。尔时，世尊默然受请。"❹这些都反映了初期佛教对寺院中僧舍建筑的重视，而佛经的译入，无疑也会影响中国佛寺的建造。

　　南朝宋谢灵运在他的《山居赋》中也特别提到了寺院中的僧房，已如前述。《高僧传》中屡屡提到僧房建筑，如卷十中提到西域人揵陀勒言洛阳东南槃鸱山有古寺庙："众未之信。试逐检视。入山到一处。四面平坦。勒示云。此即寺基也。即掘之果得寺下石基。后示讲堂、僧房处。如言皆验。众咸惊叹。因共修立。以勒为寺主。"❺说明，讲堂、僧房是寺院中最为基本的组成部分。

　　另《比丘尼传》中。提到东青园寺业首尼，时南朝宋武帝潘贵妃，"以元嘉十五年，为首更广寺西，创立佛殿；复拓寺北，造立僧房；赈给所须，寺业兴显。"❻

12. 寺门与门阁（门楼）

　　以院落为特征的中国古代建筑，一般都有门屋的设置，佛教寺院也不例外。南朝时的佛寺中已经有了寺门建筑，应该是可以推定的。《高僧传》中反复提到了"寺门"一词：如记载慧远法师殒后，"浔阳太守阮侃，于山西岭凿圹开隧，谢灵运为造碑文，铭其遗德，南阳宗炳又立碑寺门。"❼慧远之弟慧持，避难郫县中寺，面对带兵讨戮的凶徒道福，"淡然自若，福愧悔流汗，出寺门谓左右曰：'大人故与众异。'"❽蜀僧道汪于宋泰始元年（465 年）卒于蜀武担寺，蜀人"刘思考为起塔于武担寺门之右。"❾南朝异僧释保志于天监五年（506 年）殒后，葬于钟山独龙之阜，并在墓所立开善精舍，梁武帝"敕陆倕制铭辞于冢内，王筠勒碑文于寺门。传其遗像，处处存焉。"❿这些都说明，南朝时的佛寺中，有寺门建筑，在寺门内，有可能立碑，寺门之右有可能起塔。

❶[唐]释道宣.续高僧传.卷一

❷[后秦]竺佛念.长阿含经.卷十一.佛说长阿含第二分善生经第十二
❸[后秦]竺佛念.长阿含经.卷十五.佛说长阿含第三分究罗檀头经第四
❹[南朝宋]求那跋陀罗.杂阿含经.卷二十二

❺[南朝梁]慧皎.高僧传.卷十.神异下.揵陀勒一

❻[南朝梁]宝唱.比丘尼传.卷二.东青园寺业首尼传十七

❼[南朝梁]慧皎.高僧传.卷六.义解三.释慧远一
❽[南朝梁]慧皎.高僧传.卷六.义解三.释慧持二

❾[南朝梁]慧皎.高僧传.卷七.义解四.释道汪十八

❿[南朝梁]慧皎.高僧传.卷十.神异下.释保志十六

寺门的形式有可能一座楼阁,或门阁。如《梁书》中载,南朝梁太清年间(547—549年)侯景之乱时,韦粲于青塘立栅,阻挡贼兵,"垒栅至晓未合。景登禅灵寺门阁,望粲营未立,便率锐卒来攻。"❶《梁书》"侯景传"中也提到了这件事:"及晓,景方觉,乃登禅灵寺门楼望之,见韦粲营垒未合,先渡兵击之。"❷这里用的词是"门楼"。说明寺门建筑,可能为高大的楼阁,而且人还可以登临寺之门楼(门阁)的上层。

13. 东间、西间及东阁

东晋及南朝寺院中,还可能有设置于主要殿堂两侧的"东间"与"西间"。如《高僧传》提到,慧远之弟释慧持,于晋义熙八年(412年)卒于龙渊寺:"临终遗命,务勤律仪,谓弟子曰:'经言,戒如平地,众善由生。汝行住坐卧,宜其谨哉。'以东间经籍,付弟子道泓;在西间法典,嘱弟子昙兰。"❸

值得注意的是,自秦汉时代,中国古代建筑组群中,已经有了"东厢"、"西厢"的概念,如《史记》载,汉景帝与晁错议事时,召袁盎问事,袁盎要求屏去左右,"乃屏错。错趋避东厢,恨甚。"❹《汉书》中则载,西汉末王莽时,改未央宫前殿名曰"王路堂",时"见王路堂者,张于西厢及后阁更衣中,又以皇后被疾,临且去本就舍,妃妾在东永巷。壬午,烈风毁王路西厢及后阁更衣中室。昭宁堂池东南榆树大十围,东僵,击东阁,阁即东永巷之西垣也。皆破折瓦坏,发屋拔木,予甚惊焉。"❺这里的"张"作"帐"讲,意思是说,如果要进王路堂,先要在西厢及后阁设帐更衣。

西汉未央宫前殿前有西厢及后阁,后阁中还有更义室(如更衣中室)。我们或可推测,与西厢对应处,有"东厢"。另昭宁堂池东南有"东阁"。说明"阁",可设在一座建筑物之后,称"后阁",或建筑庭院内之东侧,称"东阁"。而既有东阁,亦可能有西阁。如《后汉书》中提到,东汉桓帝延熹八年(165年),"十一月壬子,德阳前殿西阁及黄门北寺火,杀人。"❻由汉代宫殿中的建筑配置,我们或可以推测,东晋佛教寺院中的"东间"、"西间",可能与"东厢"、"西厢"有所关联。

另外,早期寺院中可能也有"东阁"之设。如十六国时期石赵高僧佛图澄,在后赵石虎建武十四年(348年),石虎之子石宣、石韬将图相杀,"至八月澄使弟子十人斋于别室,澄时暂入东阁。虎与后杜氏问讯澄,澄曰:'胁下有贼,不出十日自佛图以西,此殿之东,当有流血,慎勿东行也。'……后二日,宣果遣人害韬于佛寺中。"❼这里不仅提到了佛寺中的"别室"、"东阁",也提到在佛图(塔)之西,佛殿之东,说明佛塔设置在佛殿之东。但佛殿之东的佛塔,并非东阁。则可知寺院中不仅有门阁(楼)之设,而且,在主要殿堂两侧可能会有楼阁之设,如"东阁"。参照汉代宫殿建筑中,有东阁、西阁之设,则若寺中有"东阁",亦可能有"西阁"。

❶[唐]姚思廉.梁书.卷四十三.列传第三十七.韦粲传

❷[唐]姚思廉.梁书.卷五十六.列传第五十.侯景传

❸[南朝梁]慧皎.高僧传.卷六.义解三.释慧持二

❹[西汉]司马迁.史记.卷一百六.吴王濞列传第四十六

❺[东汉]班固.汉书.卷九十九下.王莽传第六十九下

❻[南朝宋]范晔.后汉书.志第十四.五行二

❼[南朝梁]慧皎.高僧传.卷九.神异上.竺佛图澄一

14．般若台

南朝建康白马寺中有般若台，可以提供僧人绕台而转，其形式未详，其意义或与"佛图"相通，可供礼拜旋转，见《高僧传》卷十三：

> 释僧饶，建康人。出家，止白马寺。善尺牍及杂技，而偏以音声著称，擅名于宋武文之世。响调优游，和雅哀亮，与道综齐肩……寺有般若台，饶常绕台梵转，以拟供养。行路闻者，莫不息驾踟蹰，弹指称佛。❶

❶[南朝梁]慧皎.高僧传.卷十三.经师第九.释僧饶四

15．华严堂

随佛教《华严经》的翻译，与华严信仰有关的建筑与空间，亦渐成为两晋南北朝时期寺院中空间构成的一个组成部分，据《高僧传》卷二中的记载，东晋建康道场寺中，已有华严堂建筑的设置：

> 先是，沙门支法领于于阗得《华严》前分三万六千偈，未有宣译。至义熙十四年吴郡内史孟𫖮、右卫将军褚叔度，即请贤为译匠。乃手执梵文，共沙门法业、慧严等百有余人，于道场译出。诠定文旨，会通华梵，妙得经意，故道场寺犹有华严堂焉。❷

❷[南朝梁]慧皎.高僧传.卷二.译经中.佛驮跋陀罗六

晋安帝义熙十四年为公元 418 年。这一时期，仍处于佛教初传时期，这时的《华严经》的译介刚刚开始，就已经在中国佛教寺院中建立了华严堂，由此也可以看出佛经翻译对中国佛教寺院中建筑的配置所产生的直接与间接的影响。

五 结 语

东晋及南朝时期，或称六朝时期，是中国南方佛教发展的重要奠基期。关于这一时期的佛教文献，除了见于南朝诸代之正史外，主要见于南朝僧人如南朝梁会稽嘉祥寺慧皎法师所撰《高僧传》，南朝梁京师正观寺僧人释宝唱所撰《比丘尼传》，南朝梁京师建初寺僧人释僧祐所撰《弘明集》与《出三藏记集》。此外，去南北朝尚近的唐代僧人释法琳撰《辩正论》，及释道宣撰《续高僧传》中，也记载了部分与南朝寺院有关的事迹。

从这些与南朝史实较为接近，故较为可信的文献中，笔者爬梳出了 448 座寺院，分析了这些寺院大致的分布范围，也对基于两晋以来士人中兴起的"隐身"思想，对佛教僧徒造成的影响，而渐次形成的南方山寺的大致情况，作了一些探析性的梳理。同时，结合这些文献，对南朝佛教寺院中的建筑设置情况，作了一些基础性的探讨，初步厘清了，在南朝时期，佛教寺院当有寺门、佛堂、佛殿、大殿、佛塔、讲堂、法堂、禅堂的设置；此外，还会配置有经台（可能有转轮藏）、与四天王信仰有关的建筑，如四天王寺，以及僧徒生活起居的僧房等建筑。此外，受到宫殿建筑影响，在南朝寺院中，已经有了一些构成建筑组群的附属性建筑，如东间（东厢）、西间（西厢）、东阁（及西阁）、般若台、华严堂等建筑。

此外这时的寺院中，建筑空间已开始趋于复杂，如《高僧传》载："（求那）毗地为人弘厚，故万里归集，南海商人咸宗事之，供献皆受，悉为营法。于建邺淮侧，造正观寺居之，重阁层门，殿堂整饰。"[1] 由此可知，南朝时的佛寺，已经有了不止一道寺门的设置，且在寺院中设置重阁的做法也已经开始。

值得注意的一点是，在南朝寺院中，已经出现了一些可能是多层楼阁的高大且具有标志性的建筑物，如门阁、门楼，或东阁、禅阁、佛牙阁、七佛龛堂或七佛殿等建筑。而南朝寺院中佛塔建筑也比较多见，塔有三层、四层、五层、六层、七层，甚至为造十层之塔，而同时建造两座五层塔的例证，或为佛寺中双塔布局的原因，提供了一种早期的解释。而同时代的北朝已经有了九层木塔（北魏洛阳永宁寺塔），说明南朝（及北朝）时的佛塔建筑，已经在建造技术上达到了相当高的水平，在寺院空间布局上，也几乎成为不可或缺的重要空间元素。

由以上的研究中可以观察到，南朝佛教寺院，在与北朝佛教寺塔与石窟建造的彼此呼应与互动中，为后来的隋唐佛教寺院建筑的大发展，打下了一个坚实的基础。

2012 年 3 月 8 日
於清华园荷清苑寓中

说明：本文插图由张弦在笔者所绘草图基础上绘制完成，所用底图引自《中国历史地图集》第四册，南朝梁图，特此说明，并致谢意。

❶［南朝梁］慧皎.高僧传.卷三.译经下.求那毗地十三

唐代佛教寺院之子院浅析
——以《酉阳杂俎》为例[●]

李德华

(北京清华城市规划设计研究院)

摘要：本文对唐代文献《酉阳杂俎》所记载的唐代寺院相关资料进行梳理，并结合《历代名画记》、《续高僧传》、《宋高僧传》、《全唐文》等重要史料，将唐代寺院中的几种典型子院，如文殊院、观音院、禅院、三阶院、净土院、圣容院、行香院、翻经院与库院等进行分类，并对这些子院的发展渊源、使用功能以及空间格局进行比较分析。

关键词：唐代寺院，子院，酉阳杂俎

Abstract：This paper tries to analyse the related materials of Buddhist Temples in Tang dynasty in YouYang Miscellany, as well as *Lidai Minghua Ji* (*Famous Paintings through History*), *Xu Gaoseng Zhuan* (*Continuation Eminent Monk Biography*), *Song Gaoseng Zhuan* (*Eminent Monk Biography in Song Dynasty*), *Quan Tang Wen* (*Full Tang Texts*) and other historical books. The author thinks that the sub-courts in Buddhist temples in Tang dynasty including Wenshu Monastery, Kwan-yin Monastery, The Zen Monastery, Three Stages Monastery, Pure Land Monastery can be categorized into three groups. In addition, this paper compares these sub-courts in their histories of developments, functions and space compositions.

Key Words：Buddhist Temples in Tang Dynasty, Sub-courts (ziyuan), *YouYang Miscellany*

一　概　述

从史料记载来看，唐代的重要寺院通常采用这样的平面格局，寺院的中央位置是以佛殿或佛塔为中心的核心庭院、核心庭院的周围设置一系列具有辅助功能的小型庭院。

寺院的核心庭院，又称为中院或大院。核心庭院承担寺院的主要功能，如僧侣礼佛与讲经等日常佛教礼仪，以及信众奉佛、举办斋忌等大型佛教活动等。其平面格局一般是由中门、大佛殿、佛塔、钟楼、经楼、讲堂等重要殿堂，形成一组较为规整的回廊院。

寺院核心庭院周围的小型庭院，又称为子院（下文均称为子院）或别院。唐代寺院的子院，通常具有较为单一的礼佛或修行功能，如文殊院供奉文殊菩萨，观音院供奉观音菩萨，诸如此类。从

[●]本文属于清华大学建筑学院王贵祥教授主持的国家自然科学基金资助项目"5 - 15 世纪古代汉地佛教寺院内的殿阁配置、空间格局与发展演变"的子项目(编号：51078220)。

平面格局来看,子院的主殿堂通常是以所奉之佛来命名的佛堂,如文殊堂、观音堂等,主殿堂前为子院的院门,主殿堂与院门之间采用回廊连接,形成一组小型的回廊院(图1)。

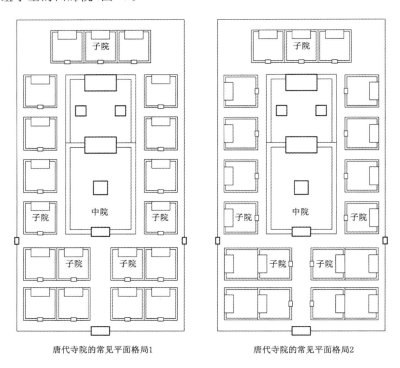

唐代寺院的常见平面格局1　　　　　　唐代寺院的常见平面格局2

图 1　唐代寺院的两种常见平面格局示意图

唐代寺院的常见子院有文殊院、观音院、禅院、三阶院、圣容院、库院、净土院、律院、戒坛院、法华院、涅槃院、般若院、翻经院等。本文主要以段成式《酉阳杂俎》所记载的唐代寺院子院为研究对象,结合《历代名画记》、《续高僧传》、《宋高僧传》、《全唐文》等史料,对唐代寺院各类子院的产生与发展,以及这些子院的平面格局进行分析探讨,并对这些子院进行分类总结。

唐代段成式《酉阳杂俎》中的"寺塔记"上下两卷,记录了武宗会昌三年(843 年),段成式携同友人游览西京长安诸寺的见闻。时值会昌法难(845—846 年)之前,多数寺院还未受到破坏,故该文较为真实地反映了盛唐至中唐时期,西京寺院的平面格局与建筑形制。从《酉阳杂俎》的记载来看,段成式所游览的寺院一共十七座,而且都分布在长安朱雀大街以东(图 2),而且其中较为重要的寺院有大兴善寺、大慈恩寺、安国寺、资圣寺、招福寺、赵景公寺等。该文所记载的寺院主要涉及有文殊院、观音院、禅院、三阶院、净土院、圣容院、行香院、库院等。对于以上这些子院,可以整理成下表,见于表 1。

01. 光宅寺
02. 保寿寺
03. 大安国寺
04. 资圣寺
05. 菩提寺
06. 宝应寺
07. 招福寺
08. 净域寺
09. 奉慈寺
10. 赵景公寺
11. 灵花寺
12. 玄法寺
13. 永寿寺
14. 大兴善寺
15. 崇济寺
16. 楚国寺
17. 大慈恩寺

图 2 《酉阳杂俎》所记载的唐代长安寺院分布图

表 1 段成式《酉阳杂俎》所载长安寺院的子院列表

主要子院	所属寺院
文殊院（堂）	靖善坊大兴善寺、安邑坊玄法寺、光宅坊光宅寺、昭国坊崇济寺
观音院（堂）	大同坊灵华寺❶、安邑坊玄法寺、崇仁坊资圣寺
禅院	长乐坊安国寺、宣阳坊静域寺
三阶院	常乐坊赵景公寺、宣阳坊静域寺
圣容院	长乐坊安国寺、崇义坊招福寺
库院	崇义坊招福寺
净土院	崇仁坊资圣寺
行香院	靖善坊大兴善寺
普贤堂	光宅坊光宅寺
华严院	常乐坊赵景公寺

❶据宋敏求《长安志》，唐长安并无"大同坊"条。大同坊灵华寺，应即"常乐坊"条之灵花寺。

从表 1 可以看出，《酉阳杂俎》所记载的唐代西京寺院，设置文殊院的情况较为普遍，设置观音院者次之，禅院、三阶院与圣容院又次之，净土院、普贤堂、库院、行香院与华严院等则较少。此外，《酉阳杂俎》还记载到的子院有山庭院、素和尚院、上座璘公院、团塔院等。

按照子院的功能对《酉阳杂俎》所记载的这些子院进行分类，大体可以分为三类：一是与唐代佛教不同信仰内容有关的子院，如文殊院、观音院、禅院、三阶院与净土院等；二是与唐代帝王崇佛有关的子院，如圣容院、行香院与翻经院等；三是与唐代寺院特殊使用功能有关的子院，如库院、山庭院、素和尚院、上座璘公院等。

二　与不同信仰内容有关的子院

与不同信仰内容有关的子院，也就是由唐代佛教信仰的具体内容不同而出现的不同类型子院。隋唐以来，由于中国佛教理论体系自身的发展与演变，加上对于新近传入的佛教教义的不同诠释，出现了三论宗、天台宗、华严宗、禅宗、唯识宗、净土宗、律宗、三阶教等新的佛教宗派。这些新的佛教宗派包含的信仰内容亦有所不同，如华严宗侧重华严信仰、文殊信仰与普贤信仰；净土宗侧重弥勒信仰、观音信仰；三阶教侧重地藏信仰。正是这些不同佛教信仰的出现，直接导致了唐代寺院出现了华严院、文殊院、普贤院、观音院、净土院、禅院、三阶院等子院。

《酉阳杂俎》所记载的信仰型子院主要有文殊院、观音院、禅院、净土院与三阶院。值得注意的是，这些子院一般设置在中院的东西两侧，离佛殿较近，以方便僧众的修行与信众的礼佛。

1. 文殊院

文殊菩萨，又称文殊师利或曼殊室利，与毗卢遮那佛、普贤菩萨，合称为"华严三圣"。文殊院，即文殊菩萨院，《酉阳杂俎》多称之为曼殊院。唐代寺院设置文殊院，较早见于道宣律师的《祇洹寺图经序》："西畔一院，名文殊师利菩萨之院，其门向南巷开。此大菩萨，时处其此中。内有佛堂，具足庄严。"[1] 此外，道宣《戒坛图经》所载的寺院，亦设有文殊师利院。在道宣想象的这两座律宗寺院，均设有文殊院，且文殊院中设有佛堂。

唐代文殊信仰盛行，缘于密宗高僧不空的大力弘传。代宗大历四年（769年），不空请于天下寺院食堂中，安置文殊菩萨像为上座[2]，极大提高了文殊菩萨的地位。大历五年（770年），不空请求在太原至德寺设置文殊院[3]，可视为唐代寺院创建文殊院的肇始。大历七年（772年），代宗敕令天下寺院置文殊院，敕文有载："敕京城及天下僧尼寺内，各简一胜处，置大圣文殊师利菩萨院。"[4] 因此，代宗朝以后，天下寺院多设有文殊院，《酉阳杂俎》所载的寺院文殊院，很可能始设于代宗朝。

❶[唐]道宣.中天竺舍卫国祇洹寺图经

❷[唐]不空 等.代宗朝赠司空大辨正广智三藏和上表制集.卷第二.天下寺食堂中置文殊上座制一首大正新修大藏经本

❸[唐]不空 等.代宗朝赠司空大辨正广智三藏和上表制集.卷第二.请太原至德寺置文殊院制书一首大正新修大藏经本

❹[唐]不空 等.代宗朝赠司空大辨正广智三藏和上表制集.卷第三.敕置天下文殊师利菩萨院制一首大正新修大藏经本

一般情况下，文殊院设置佛堂，称为文殊堂。代宗敕令寺院所设的文殊院，其功能是为国祈福，见于不空的上书："令天下大寺七僧、小寺三僧，于新置文殊院，长时为国讲宣读诵，有阙续填，务使法音传灯不绝。[1]"故文殊堂除了供奉文殊菩萨，还可供诵经，而对于文殊堂的规模，大寺设七僧，小寺设三僧，可见，文殊堂规模不大。

值得注意的是，文殊院在律宗高僧与密宗高僧主持的寺院均有设置。可见，唐代的文殊信仰非常广泛，而不仅限于华严宗。这还体现了唐代佛教寺院兼容并蓄的特点，某个宗派的寺院并不排斥其他宗派的信仰存在。

根据《酉阳杂俎》的记载，唐代长安建有文殊院的寺院有：靖善坊大兴善寺、光宅坊光宅寺、安邑坊玄法寺与招国坊崇济寺。这四座寺院的文殊院的建筑形制，各有不同的特点。

大兴善寺文殊院，"曼殊堂，工塑极精妙，外壁有泥金帧，不空自西域赍来者。[2]"大兴善寺文殊堂既有精妙的塑像，又有不空自西域带回的金像，是大兴善寺的镇寺之宝。大兴善寺文殊院，可能是由翻经院改造而来。开皇初年，隋文帝创建大兴善寺，开皇二年就有高僧入住译经，《续高僧传·那连提黎耶舍》记载："（开皇）二年七月，弟子道密等，侍送入京，住大兴善寺。其年季冬草创翻译，敕昭玄统沙门昙延等三十余人，令对翻传。[3]"隋文帝对译经颇为重视，翻经院可能创建于此时，供耶舍等人译经。

入唐以来，玄宗开元十五年以后，不空居大兴善寺，译出《仁王经》，《宋高僧传·不空》记载："（开元）十五载，诏还京，住大兴善寺……代宗即位，恩渥弥厚，译密严、仁王二经毕。[4]"然而，不空卒后，未见大兴善寺再有译经的记载。大历八年，代宗敕令在大兴善寺翻经院内创建文殊阁，敕文："敕于大兴善寺翻经院，起首修造大圣文殊镇国之阁。[5]"敕文中的"起首"一词有"开始、起先"之意。代宗敕令寺院设置文殊院乃是大历七年，大历八年，又敕令大兴善寺建造文殊阁，可见，大兴善寺对于代宗敕令的贯彻执行起到了表率作用。

[1][唐]不空 等.代宗朝赠司空大辨正广智三藏和上表制集.卷第三.请京城两街各置一寺讲制一首大正新修大藏经本

[2][唐]段成式.酉阳杂俎.续集卷五.寺塔记上.北京：中华书局，1981 年点校本

[3][唐]道宣.续高僧传.卷第二.隋西京大兴善寺北天竺沙门那连耶舍传一.大正新修大藏经本

[4][唐]赞宁.宋高僧传.卷第一.唐京兆大兴善寺不空传.大正新修大藏经本

[5][唐]不空 等.代宗朝赠司空大辨正广智三藏和上表制集.卷第三.请京城两街各置一寺讲制一首.大正新修大藏经本

图 3　大兴善寺文殊院平面示意图　　图 4　光宅寺文殊院平面示意图

❶[唐]不空 等.代宗朝赠司空大辨正广智三藏和上表制集.卷第三.三藏和上遗书一首.大正新修大藏经本

❷[唐]段成式.酉阳杂俎.续集卷六.寺塔记下.北京：中华书局,1981年点校本
❸[宋]赞宁.宋高僧传.卷第二十七.唐京师光宅寺僧竭传.大正新修大藏经本

❹[唐]段成式.酉阳杂俎.续集卷五.寺塔记上.北京：中华书局,1981年点校本
❺[唐]段成式.酉阳杂俎.续集卷六.寺塔记下.北京：中华书局,1981年点校本

此外，据大历九年（774年）不空的遗书所载："阁则大改已成，作家欠钱装饰未了，轩廊、门屋、僧房亦未成立。"❶可知，在大兴善寺文殊阁周围还应建有轩廊、门屋、僧房等附属建筑，从而形成以文殊阁为中心的庭院。那么是否可以假设，在不空卒后，翻经院内陆续建成文殊阁、曼殊堂、回廊、门屋等，形成回廊院格局的文殊院（图3）？

光宅寺文殊院，"今曼殊院尝转经，每赐香。宝台甚显，登之，四极眼界。其上层窗下尉迟画，下层窗下吴道玄画，皆非其得意也。丞相韦处厚，自居内廷至相位，每归辄至此塔焚香瞻礼。"❷可见，光宅寺文殊院可供举行转经与行香等活动，而且院内建有宝台与佛塔。据《宋高僧传·僧竭传》："乃于建中（780—783年）中，造曼殊堂。拟摹五台之圣相，议筑台至于水际。"❸可知，光宅寺文殊院的主殿堂为文殊堂，建于唐德宗建中年间。既然文殊堂是主殿堂，那么宝台与佛塔可能分别位于文殊堂前的东西两侧。此外，由《酉阳杂俎》记载的文殊院宝台"其上层窗下尉迟画，下层窗下吴道玄画"可判断，宝台是两层楼阁，与佛塔相呼应，而且该宝台可"登之，四极眼界"。由此可见，光宅寺文殊院的平面格局与法隆寺核心庭院较为接近（图4）。

玄法寺文殊院，"曼殊院东廊，大历中，画人陈子昂画廷下象马人物，一时之妙也；及檐前额上有相观法，法似韩混同；西廊壁有刘整画双松，亦不循常辙。"❹玄法寺文殊院在文殊堂左右设有东西廊，构成一座完整的回廊院。而且，东西廊中绘有壁画，可见，玄法寺文殊院在其寺院中的地位颇高。

崇济寺文殊堂，"曼殊堂，有松数株，甚奇。"❺该文殊堂前植有数株姿态甚奇的松树，可见，文殊堂前的庭院规模可能很大，并由此推测，文殊堂设置在文殊院内。

在《酉阳杂俎》的记载中，同属于华严宗，与文殊院相类似的子院还有华严院与普贤院，如常乐坊赵景公寺华严院与光宅坊光宅寺普贤堂。其中光宅寺既设有文殊堂，又设有普贤堂，这两座殿堂可能都位于子院中，形成文殊院与普贤院相对称的空间格局。

2. 观音院

❻[梁]慧皎.高僧传.卷第三.释法显一
❼[梁]慧皎.高僧传.卷第三.求那跋陀罗十二
❽[唐]慧立本 译，彦悰笺.大唐大慈恩寺三藏法师传.卷第一

观音院，是唐代寺院供奉观音菩萨之所。在净土信仰体系中，观音菩萨与阿弥陀佛、大势至菩萨合称"西方三圣"。观音信仰传入我国颇早，早期观音菩萨以救苦救难的形象出现。据《高僧传》记载，东晋时，法显西行求法，归国途中遇到风暴，"显恐弃其经像，唯一心念观世音。"❻南朝刘宋时的高僧求那跋陀罗东行来华，遇到困难，亦靠念观音而得救。❼

至唐代，观音信仰更加普遍流行。高僧玄奘西游天竺，路途险恶，亦常念观音。《大唐大慈恩寺三藏法师传》中有多处相关记载："是时，顾影唯一，但念观音菩萨及般若心经……于是旋辔专念观音西北而进……遂卧沙中默念观音。虽困不舍。"❽华严宗法藏，也曾创建观音道场，以助军队讨伐契

丹，事见于《唐大荐福寺故寺主翻经大德法藏和尚传》："法师盥浴更衣，建立十一面道场，置光音像行道。"[1] 值得注意的是，法藏所行的十一面道场，置观音像行道，可能是受到了高宗以来译出的数部有关观音的佛经，如《千手千眼观世音菩萨广大圆满无碍大悲心陀罗尼经》《清净观世音菩萨陀罗尼》均为密教经典的影响。可见，如文殊信仰一样，唐代的观音信仰也具有很强的普遍性，其信仰范围并不限于净土教或密教，甚至在民间信仰体系中，亦有一席之地。

唐高宗时，开始出现以观音为名的寺院，据《宋高僧传·法朗传》："龙朔二年（662 年），城阳公主有疾沉笃，尚药供治，无所不至。……朗能持秘咒，理病多瘳。及召朗至，设坛持诵，信宿而安。赏赉丰渥，其钱帛珍宝，朗回为对面施。公主奏请，改寺额曰观音寺，以居之。"[2] 至唐僖宗时，有创建观音院的记载。《全唐文》的侯圭《东山观音院记》记载："创观音像，堂三间，南边佛舍五间，山头大阁三层七间，房廊厨库门庑十五间。"[3] 但东山观音院的前身是唐高宗仪凤元年（676 年）创建的真观寺，武宗会昌年间遭毁，后重建完成于唐僖宗广明年间（880—881 年）。故东山观音院并不是隶属于某座寺院的子院，而是一座独立的寺院。

根据《酉阳杂俎》的记载，唐代长安的大同坊灵华寺、安邑坊玄法寺与崇仁坊资圣寺建有观音院。

灵华寺观音堂，"在寺西北隅。"[4] 其观音堂的创建，是因为德宗建中年间（780—783 年），有信徒将观音画像从圣画堂移出，另建观音堂以供奉。灵华寺观音堂建于寺西北隅，可能是一座独立的庭院。

资圣寺观音院，"观音院两廊四十二贤圣，韩干画，元中书载赞。"[5] 该观音院设有两廊，院中主殿也可能是观音堂，从而形成一座完整的回廊院。

玄法寺观音院的描述较为简略，"东廊南观音院。"[6] 由引文仅能判断出玄法寺观音院位于中院东廊外，较为靠南的位置。而前文所述的灵华寺观音堂，位于寺院的西北隅，可见，观音院在寺院的分布位置，并无一定的规律。

3. 禅院

唐代寺院设置禅院，作为寺院的禅师居所或者僧侣修禅之所。早在东汉末年，禅学已传入中土。汉末，译经高僧安世高译出《安般守意》等经典，传播小乘禅数之学。后秦时，鸠摩罗什译出《坐禅三昧经》《禅法要解》等，传播大乘禅法。南北朝时期，随着天竺与西域禅师陆续来华，大小乘禅法俱得以广泛传播。其中，以达摩所创禅法，被认为是中土禅宗，而达摩也被尊为禅宗祖师。

至唐代，禅宗六祖慧能创立南宗[7]，神秀创立北宗。神秀得到武则天的礼遇，《宋高僧传·神秀传》记载："则天太后闻之，召赴都。肩舆上殿，亲加

❶[新罗]崔致远.唐大荐福寺故寺主翻经大德法藏和尚传

❷[宋]赞宁.宋高僧传.卷第二十四.唐上都青龙寺法朗传.大正新修大藏经本

❸[清]董诰 等 编.全唐文.卷八零六.东山观音院记

❹[唐]段成式.酉阳杂俎.续集卷五.寺塔记上.北京：中华书局，1981 年点校本

❺[唐]段成式.酉阳杂俎.续集卷六.寺塔记下.北京：中华书局，1981 年点校本

❻[唐]段成式.酉阳杂俎.续集卷五.寺塔记上.北京：中华书局，1981 年点校本

❼[宋]赞宁.宋高僧传.卷第七.唐蕲州东山弘忍传.大正新修大藏经本.原文："(弘忍)乃以法服付慧能，受衣化于韶阳。神秀传法荆门、洛下。南北之宗自兹始矣。"

❶［宋］赞宁.宋高僧传.卷第七.唐荆州当阳山度门寺神秀传.大正新修大藏经本

❷［宋］赞宁.宋高僧传.卷第七.唐洛京荷泽寺神会传.大正新修大藏经本

❸［梁］慧皎.高僧传.卷第三.求那跋摩七

❹［梁］慧皎.高僧传.卷第三.昙摩密多九

❺［梁］慧皎.高僧传.卷第三.求那跋陀罗十二

❻［梁］慧皎.高僧传.卷第四.竺法义十三

❼［宋］赞宁.宋高僧传.卷第十.唐新吴百丈山怀海传.大正新修大藏经本
❽［宋］赞宁.宋高僧传.卷第十.唐新吴百丈山怀海传.大正新修大藏经本

❾［唐］段成式.酉阳杂俎.续集卷五.寺塔记上.北京:中华书局,1981年点校本

跪礼。内道场,丰其供施,时时问道。敕于昔住山置度门寺,以旌其德。"❶北宗先得到朝廷的认可。而后,慧能弟子神会得到肃宗礼遇,南宗势力遂压倒北宗。《宋高僧传·神会传》记载:"代宗、郭子仪收复两京,会之济用,颇有力焉。肃宗皇帝诏入内供养。敕将作大匠,并功齐力,为造禅宇于荷泽寺中是也。会之敷演,显发能祖之宗风,使秀之门寂寞矣。"❷此后,南宗逐渐发展出临济、沩仰、曹洞、云门与法眼等五宗,临济宗又分化出黄龙派与杨岐派,合称为"五家七派"。

自汉末禅学传入以来,就有寺院设立禅房或禅室的记载,至南朝刘宋时期,多有西域僧人创建禅房之事。南朝宋文帝时,西域高僧求那跋摩、昙摩密多来华弘教,均曾创有禅室,见于《高僧传·求那跋摩传》的记载:"始兴有虎市山,仪形耸孤,峰岭高绝。跋摩谓其仿□耆阇,乃改名灵鹫,于山寺之外,别立禅室。"❸以及《高僧传·昙摩密多传》的记载:"以元嘉十二年(435年)斩石刊木营建(定林)上寺,士庶钦风,献奉稠叠,禅房殿宇,郁尔层构。"❹

南朝时,禅房还成了寺院的别称,见于《高僧传·求那跋陀罗传》的记载:"以宋孝建中来止京师瓦官禅房,恒于寺中树下坐禅。"❺以及《高僧传·竺法义传》的记载:"后宋孝武南下伐凶,銮旆至止式,宫此寺。及登禅,复幸禅堂,因为开拓,改曰中兴。故元嘉末童谣云,钱唐出天子,乃禅堂之谓。故中兴禅房犹有龙飞殿焉,今之天安是也。"❻瓦官禅房是京师瓦官寺的别称,而京师中兴寺由于建有禅堂,又称为中兴禅房。

至唐代,达摩所创的中华禅广为传播,禅学其他学派逐渐式微。在达摩体系之下,僧团主要研习《楞伽经》,师门传承具有严格的法脉体系,禅宗逐渐形成了独立的佛学宗派。然而,在六祖慧能的再传弟子百丈怀海禅师制定《丛林清规》以前,禅师所居的禅院,往往以子院的形式,附设于律宗寺院。《宋高僧传·怀海传》记载:"自达磨传法至六祖已来,得道眼者号长老。同西域道高腊长者,呼须菩提也。然多居律寺中,唯别院异耳。"❼怀海创清规,"创意不循律制,别立禅居"❽此后,禅院脱离了律宗寺院,成为独立的寺院。

百丈怀海创《丛林清规》于宪宗元和年间(806—820年),然而从历史资料来看,至少到武宗会昌法难(845—846年)以前,还有多座禅院附设于律宗寺院或者其他寺院。根据《酉阳杂俎》的记载,唐代长安的长乐坊安国寺与宣阳坊静域寺建有禅院。

长乐坊安国寺禅院,"东禅院,亦曰木塔院,院门北西廊五壁,吴道玄弟子释思道画释梵八部,不施彩色,尚有典刑。禅师法空影堂,世号吉州空者,久养一骡,将终,鸣走而死。有弟子允嵩患风,常于空室埋一柱锁之,僧难辄愈。"❾引文描述安国寺禅院为"东禅院",可见,该禅院位于安国寺的中院以东。该禅院设有院门,院内建有木塔与禅师法空的影堂。法空影堂,很可能是禅院的主殿堂,而木塔位于庭院中央,院门朝南,回廊位于庭院东西两侧,

形成以木塔为中心的回廊院(图5)。

宣阳坊静域寺禅院,"禅院门内外,《游目记》云王昭隐画。门西里面,和修吉龙王,有灵。门内之西,火目药叉及北方天王,甚奇猛。门东里面,贤门也,野叉部落,鬼首上蟠蛇,汗烟可惧。"[1]引文仅述及院门的壁画,未记述其他建筑,但从院门壁画数量之多可以推想,该禅院的规模较大,且设有禅堂为主要殿堂,并通过两侧回廊与院门相连接(图6)。

❶[唐]段成式.酉阳杂俎.续集卷六.寺塔记下.北京:中华书局,1981年点校本

图5 安国寺禅院平面示意图

图6 静域寺禅院平面示意图

以上这两座寺院均非禅宗寺院。安国寺是重要的律宗寺院,代宗朝曾在安国寺聚众僧裁定新旧律疏,安国寺一时成为律宗中心;静域寺,又称净域寺,则是唐代长安的三阶教重要寺院。

除了安国寺与静域寺,唐代长安设有禅院的寺院还有慈恩寺、资圣寺、大兴善寺、镇国寺、纪国寺与褒义寺等。由《全唐诗》卷333的杨巨源《和郑少师相公题慈恩寺禅院》[2],可见慈恩寺设有禅院。由《宋高僧传·惠秀传》:"长安中,往资圣寺。唱道化人,翕然归向。忽诫禅院弟子,令灭灯烛。"[3]可知,资圣寺建有禅院。

而根据日僧圆仁《入唐求法巡礼行记》的记载,大兴善寺、镇国寺亦设有西禅院。[4]此外,参考张彦远的《历代名画记》,可知长安纪国寺与褒义寺设有禅院。[5]值得注意的是,大兴善寺、镇国寺、纪国寺与褒义寺的禅院均名为"西禅院",即禅院位于大殿以西,不同于安国寺的禅院位于大殿以东。

除了西京长安的数座寺院建有禅院,东都洛阳也有数座寺院建有禅院。据《历代名画记》的记载,东都大敬爱寺、龙兴寺、圣慈寺与甘露寺均建有禅院。其中,唐中宗为武后所建的大敬爱寺,设有西禅院与东禅院两座禅院,"西禅院殿内佛并山(并窦弘果塑),东禅院般若台内佛。"[6]此外,龙兴寺设有西禅院,圣慈寺设有西北禅院,甘露寺设有禅院。

根据上文分析,唐代寺院设有禅院是较为普遍的现象。尽管盛唐以后,

❷[清]曹寅,彭定求 等.全唐诗.卷三百三十三.和郑少师相公题慈恩寺禅院

❸[宋]赞宁.宋高僧传.卷第十九.唐洛京天宫寺惠秀传.大正新修大藏经本

❹[日]圆仁.入唐求法巡礼行记.卷第三.桂林:广西师范大学出版社,2007

❺[唐]张彦远.历代名画记.卷三.西京寺观等画壁.原文:"纪国寺,西禅院小堂,郑法轮画,甚粹。褒义寺……西禅院殿内,杜景祥、王允之画。"

❻[唐]张彦远.历代名画记.卷三.东都寺观等画壁

禅学已逐渐发展成独立的佛学宗派,但是以禅宗与禅师为主体的禅寺还未形成,禅师通常散居于其他宗派寺院的禅院。到了宋代,其他宗派衰落,禅宗势力壮大,才逐渐出现真正意义上的禅寺。

4. 三阶院

三阶院,通常又被称为无尽藏院,是唐代佛教三阶教寺院常设的子院。南北朝,佛教先后经历了北魏太武帝灭佛与北周武帝灭佛两次劫难,佛教界也随之出现了"末法思想"。以末法思想为基础,隋代初年,信行创立三阶佛法。三阶佛法的核心内容是"普法"与"普行"。"普法",主要是指"普信一切法"与"普敬一切人",以及"认恶",认识自己所犯的过错;"普行"的核心思想即"无尽藏行",主要是财物的施舍与收藏。信行认为,通过无尽藏财物的施舍,可以激发信众的向善之心。无尽藏的建立,使三阶教寺院的经济获得快速发展。

开皇初年,信行应诏入京,居于真寂寺(即化度寺),在长安推行三阶佛法,并创立数座三阶教寺院。《续高僧传·信行传》记载:"又于京师置寺五所,即化度、光明、慈门、慧日、弘善等是也。"[1] 既然信行推行"无尽藏行",可以推测这五座寺院均建有无尽藏院。然而,由于三阶佛法在某些观念上比较怪异,如反对弥陀净土信仰,主张念地藏菩萨等,而且三阶教寺院设立无尽藏,寺院财力大增,有借佛敛财之嫌。故入唐以来,三阶教既受到佛教内部的排挤,又难以获得朝廷的支持。唐玄宗时,遂有分散化度寺无尽藏之事[2],而三阶佛法亦随之衰落。

唐玄宗以后,三阶教佛法虽已式微,但其"无尽藏院"确实有助于寺院的经济,故中、晚唐的寺院设有三阶院者,仍在少数。《酉阳杂俎》记载,唐代长安的赵景公寺与静域寺建有三阶院。

赵景公寺三阶院,"三阶院西廊下,范长寿画西方变及十六对事,宝池尤妙绝,谛视之,觉水入浮壁。院门上白画树石,颇似阎立德。"[3] 三阶院既设有西廊,又有院门,由此推想,还应设有东廊与佛堂,形成一座完整的回廊院。而根据《酉阳杂俎》的记载:"常乐坊赵景公寺,隋开皇三年置。本曰弘善寺,十八年改焉。"[4] 可见,赵景公寺即信行所创建的弘善寺,本来就是三阶教寺院,其三阶院应该是无尽藏院的别称。

静域寺三阶院,"三阶院门外,是神尧皇帝射孔雀处。"[5]《酉阳杂俎》对静域寺三阶院的记载较为简略,参考张彦远《历代名画记》:"净域寺,三阶院东壁,张孝师画地狱,杜怀亮书榜子。院门内外神鬼,王韶应画,王什书榜子。"[6]《酉阳杂俎》所载的静域寺,与《历代名画记》所载的净域寺当为一寺。静域寺三阶院可能也是与赵景公寺三阶院相类似的一座完整庭院,院中设有佛堂、东西廊与院门。

此外,据《历代名画记》的记载,唐代长安设有三阶院的寺院还有西明

中国建筑史论汇刊·第陆辑

❶[唐]道宣.续高僧传.卷第十六.隋京师真寂寺释信行传二十二.大正新修大藏经本

❷[唐]董诰 等 编.全唐文.卷二十八.分散化度寺无尽藏财物诏

❸[唐]段成式.酉阳杂俎.续集卷六.寺塔记下.北京:中华书局,1981 年点校本

❹[唐]段成式.酉阳杂俎.续集卷六.寺塔记下.北京:中华书局,1981 年点校本

❺[唐]段成式.酉阳杂俎.续集卷六.寺塔记下.北京:中华书局,1981 年点校本

❻[唐]张彦远.历代名画记.卷三.西京寺观等画壁

寺、崇福寺与大云寺;东都则有福先寺。

武宗灭佛以后,佛教发展受到严重打击,除了禅宗与净土宗得以残存,佛教其他各宗派均受到彻底破坏。在这次灭佛运动中,三阶教与寺院中的三阶院亦遭受灭顶之灾。

5. 净土院

净土信仰由来已久,早在东晋时,道安曾与弟子共期往生弥勒净土。❶道安的弟子慧远,在无量寿佛像前,建斋立誓,共期西方❷,慧远也被认为是最早的西方极乐世界净土信仰者。南北朝以来,弥勒造像现象广为出现,弥陀信仰在义理方面,昙鸾大师提出了称名念佛的修行法门。

入唐后,弥勒净土信仰与弥陀净土信仰均得以发展。对于弥勒信仰,高僧玄奘、义净等皆诚心向往,如《续高僧传·玄奘传》记载:"奘生常以来,愿生弥勒。及游西域,又闻无著兄弟皆生彼天。又频祈请,咸有显证。"❸而且,武则天、中宗、睿宗与玄宗,对于弥勒信仰的发展均有所推动。在弥陀信仰方面,稍晚于玄奘的善导大师,从佛教理论方面,将昙鸾的称名念佛法门进行了系统论述。此后,弥陀信仰日渐广泛传播,并获得知识分子与普通民众的支持。至少在唐武宗会昌灭佛之前,可以说,这两种净土信仰属于并行发展的状态,因此唐代寺院的净土院,既有弥勒净土院,也有弥陀净土院。

东晋道安在襄阳创建檀溪寺,前秦苻坚赠送弥勒像❹,檀溪寺可视为弥勒净土寺院之始。此后,慧远创建庐山东林寺,可视为弥陀净土寺院之始。北朝北齐时,僧统法上所建的修定寺建有弥勒堂。❺隋开皇时,东都洛阳建有净土寺。❻初唐时,庐山东林寺设有净土观堂。❼而净土院一词,较早见于《全唐文》的清昼《唐杭州灵隐山天竺寺故大和尚塔铭》:"至(大历)五年(770年)三月,寓于龙兴净土院。"❽可见,至少在代宗大历年间,已有寺院建有净土院。

《酉阳杂俎》记载,唐代长安资圣寺建有净土院,"资圣寺,净土院门外,相传吴生一夕秉烛醉画,就中戟手,视之恶骇。院门里,卢楞伽画。卢常学吴势,吴亦授以手诀。"❾由引文可见,资圣寺净土院设有院门,而净土院内的主殿堂,很可能是净土堂(图7)。此外,据《长安志》,"本太尉赵国公长孙无忌宅。龙朔三年(663年),为文德皇后追福,立为尼寺。咸亨四年(673年),改为僧寺。长安三年(703年)七月,火焚之,灰中得经数部,不损一字,百姓施舍,数日之间,所获巨万,遂营造如故。"❿可见,资圣寺属于帝王敕建寺院。

除了《酉阳杂俎》记载的资圣寺净土院,参考张彦远《历代名画记》,可知,唐代长安建有净土院的寺院还有大荐福寺、温国寺、大云寺。⓫对于唐代寺院净土院的格局,可以参考柳宗元的《永州龙兴寺修净土院记》:"永州龙兴寺,前刺史李承□至及僧法林,置净土堂于寺之东偏,常奉斯

❶[梁]慧皎.高僧传.卷第五.释道安一.原文:"安每与弟子法遇等,于弥勒前立誓愿生兜率。"

❷[梁]慧皎.高僧传.卷第六.释慧远一.原文:"远乃于精舍无量寿像前,建斋立誓,共期西方。"

❸[唐]道宣.续高僧传.卷第四.京大慈恩寺释玄奘传一.大正新修大藏经本

❹[梁]慧皎.高僧传.卷第五.释道安一.原文:"符坚遣使送外国金箔倚像,高七尺。又金坐像、结珠弥勒像、金缕绣像、织成像各一张,每讲会法聚。辄罗列尊像。"

❺[唐]道宣.续高僧传.卷第八.齐大统合水寺释法上传六.大正新修大藏经本:"山之极顶造弥勒堂。众所庄严备弹华丽。四事供养百五十僧。"

❻[唐]道宣.续高僧传.卷第十二.隋西京大禅定道场释灵干传七.大正新修大藏经本:"开皇三年,于洛州净土寺,方得落采。"

❼[唐]道宣.续高僧传.卷第二十一.唐衡岳沙门释善伏传十四.大正新修大藏经本:"又往庐山见远公净土观堂。"

❽[清]董诰 等 编.全唐文.卷九百一十八:唐杭州灵隐山天竺寺故大和尚塔铭

❾[唐]段成式.酉阳杂俎.续集卷六.寺塔记下.北京:中华书局,1981年点校本

❿[唐]段成式.酉阳杂俎.续集卷六.寺塔记下.北京:中华书局,1981年点校本

⓫[唐]张彦远.历代名画记.卷三.西京寺观等画壁

❶［清］董诰 等编.全唐文.卷五百八十一.永州龙兴寺修净土院记

事。逮今余二十年，廉隅毁顿，图像崩坠……今刺史冯公作大门以表其位，予遂周延四阿，环以廊庑，绘二大士之像，绘增盖幢幡，以成就之。"❶由此文判断，永州龙兴寺净土院位于寺院的东部，且净土院的主殿堂为净土堂。而且，由大门、廊庑与净土堂，形成一组完整的净土院（图8）。

 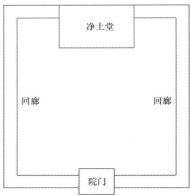

图7 资圣寺净土院平面示意图　　图8 永州龙兴寺净土院平面示意图

净土院的主殿堂净土堂，其主要功能为供奉净土本尊佛像，如弥勒佛或阿弥陀佛。根据弥勒上生信仰，只要礼敬弥勒佛，即可往生兜率净土。弥陀信仰，既可观想念佛，又可称名念佛。此外，净土院还有其他功能，如太原崇福寺净土院设有灌顶道场，见于不空的上书《请太原号令堂安像净土院抽僧制书一首》："太原府大唐兴国太崇福寺中，高祖神尧皇帝起义处，号令堂，请安置普贤菩萨像一铺。净土院灌顶道场处，请简择二七僧，奉为国长诵佛顶尊胜陀罗尼。"❷太原崇福寺净土院内设有灌顶道场，并有十四名僧人，为国祈福诵经。

❷［唐］不空 等.代宗朝赠司空大辨正广智三藏和上表制集.卷第二.请太原号令堂安像净土院抽僧制书一首.大正新修大藏经本

与禅院相似，唐代以后，随着净土宗的发展壮大，净土院逐渐脱离普通寺院，成为独立的净土宗寺院。

6. 其他子院

除了《酉阳杂俎》所记载的以上几种子院，查阅其他史料可知，与不同信仰内容有关的唐代寺院子院，还有律院、戒坛院、法华院、涅槃院、般若院、石楞伽经院等。其中律院与戒坛院对应律宗，法华院对应天台宗，涅槃院对应于竺道生以来的涅槃学，般若院对应鸠摩罗什以来的大乘空宗般若学。

❸［梁］慧皎.高僧传.卷第一.昙柯迦罗五.原文记载："以魏嘉平中，来至洛阳。于时魏境，虽有佛法，而道风讹替。亦有众僧，未禀归戒。……时有诸僧，共请迦罗译出戒律。"

唐代寺院设置律院，为律师的修行与起居之所。早在汉末三国时，戒律之学已传入中土。❸此后，戒律之学陆续传入中土，但未形成完整的学说体系。至唐代，道宣大力弘传《四分律》，创立律宗"南山宗"。道宣曾担任西明寺上座，亦曾参加玄奘的译经道场。道宣本人论著丰富，在律学与僧史方面具有重要著作，对唐代佛教发展影响很大。此外，道宣著有《关中创立戒坛图经》与《中天竺舍卫国祇洹寺图经》，对律宗寺院的平面格局进行理论上的总结。

道宣门下弟子众多，律宗"东塔派"初祖怀素出于道宣门下，东渡日本的鉴真大师亦为道宣再传弟子。道宣门下弟子广布于长安诸寺，对长安诸寺的建筑格局影响至深。根据史料记载，唐代长安的数座重要寺院均设有律院，如大兴善寺、大安国寺、大荐福寺、西明寺与资圣寺等。

据《宋高僧传·圆照传》："宜令临坛大德如净等，于安国寺律院，金定一本流行。"❶可知，大安国寺设有律院。另据《历代名画记》："荐福寺……律院北廊，张璪毕宏画。"❷大荐福寺亦设有律院。《全唐文》的《唐故宝应寺上座内道场临坛大律师多宝塔铭》记载："寻授宝应寺上座，赐律院以居，授瑜伽灌顶密契之法。"❸可见，宝应寺（会昌六年，改为资圣寺❹）建有律院。另外，据《全唐诗》卷555的马戴《题僧禅院（一作题兴善寺英律师院）》与卷884的刘得仁《冬日题兴善寺崔律师院孤松》，可见大兴善寺建有英律师院与崔律师院。而据《宋高僧传·玄畅传》载："西明寺有宣律师旧院，多藏毗尼教迹。"❺可见，西明寺亦设有律院。

此外，日僧圆仁的《入唐求法巡礼行记》记载："竹林寺有六院，律院、库院、华严院、法花院、阁院、佛殿院。"❻五台山大竹林寺亦设有律院，可见，唐代设置律院的寺院，已不限于长安一地。

唐代律宗寺院，多设有戒坛，为传戒与受戒之所。据《宋高僧传》，唐代长安的重要寺院多设有戒坛度僧，"寻诏两街佛寺，各置僧尼受戒坛场"。❼安史之乱后，各地藩镇割据，战乱不断，地方多有借设戒坛、发放度牒以敛财，充为军费之事。❽故至唐中后期，戒坛之设，更为普遍。一般而言，唐代寺院戒坛的设置并无固定场所，但是也有少数寺院，专设有戒坛院。据《全唐文》的《庐山东林寺律大德熙怡大师碑铭》："贞元中，归东林戒坛院。"可知，庐山东林寺设有戒坛院。❾

唐代寺院还有设置法华院者，为法华宗学僧的修行起居之所。自竺法护译出《正法华经》、鸠摩罗什译出《妙法莲华经》以来，历代均有《法华经》研习者。至隋代，高僧智顗创立天台宗，以《法华经》为根本经典，故又称法华宗。至唐代，天台宗发展迅速，势力普及全国。前文引用圆仁《入唐求法巡礼行记》："竹林寺有六院，律院、库院、华严院、法花院（法华院）、阁院、佛殿院。"❿五台山是唐代华严宗的重镇，大竹林寺除了设有华严院，却还设有律院与法华院，供律宗与天台宗学僧修行居住。另据《全唐文》白居易的《苏州重元寺法华院石壁经碑文》："碑在石壁东次，石壁在广德法华院西南隅，院在重元寺西若干步，寺在苏州城北若干里。"⓫可知，苏州重元寺建有法华院。此外，根据《全唐文》，还可知唐代寺院建有法华院者还有长沙潭州安国寺、常州江阴兴建寺等。

❶［宋］赞宁.宋高僧传.卷第十五.唐京师西明寺圆照传.大正新修大藏经本
❷［唐］张彦远.历代名画记.卷三.西京寺观等画壁
❸［清］董诰 等编.全唐文.卷五百一："唐故宝应寺上座内道场临坛大律师多宝塔铭。"
❹［宋］宋敏求.长安志.卷第八.唐京城二.清文渊阁四库全书本.原文："宝应寺改为资圣寺。"
❺［宋］赞宁.宋高僧传.卷第十七.唐京兆福寿寺玄畅传.大正新修大藏经本
❻［日］圆仁.入唐求法巡礼行记.卷第二.桂林：广西师范大学出版社，2007
❼［宋］赞宁.宋高僧传.卷第二十九.唐京师保寿寺法真传.大正新修大藏经本
❽［宋］赞宁.宋高僧传.卷第八.唐洛京荷泽寺神会传.大正新修大藏经本.原文记载："用右仆射裴冕权计，大府各置戒坛度僧，僧税缗谓之香水钱，聚是以助军需。"
❾［清］董诰 等编.全唐文.卷六百三十三.庐山东林寺律大德熙怡大师碑铭
❿［日］圆仁.入唐求法巡礼行记.卷第二.桂林：广西师范大学出版社，2007
⓫［清］董诰 等编.全唐文.卷六百七十八.苏州重元寺法华院石壁经碑文

至于涅槃院与般若院,东晋竺道生的"顿悟成佛"与"众生皆有佛性"等根据《涅槃经》演化出来的佛理,至唐代已被普遍接受;后秦鸠摩罗什的大乘空宗般若学说,则逐渐融入天台宗学说。在唐代,涅槃学说与般若学说虽未能发展成为独立的宗派,却仍有较多研习这两种学说的学僧,故有些寺院设置容纳这些学僧的涅槃院或般若院。圆仁的《入唐求法巡礼行记》记载五台山大华严寺设有涅槃院:"晚座涅槃院,讲止观。"❶止观学说是天台宗智𫖮大师的主要佛学理念,在涅槃院中讲习止观学说,可见涅槃与止观学说已相互融合。《入唐求法巡礼行记》还记载了大华严寺建有般若院:"次入般若院,礼拜文鉴座主。"❷另据《全唐文》的《唐悯忠寺无垢净光塔铭》:"敬於悯忠寺般若院,造无垢净光塔一所"❸,可知幽州悯忠寺建有般若院,且般若院中建有无垢净光塔。此外,据《宋高僧传》,可知荆州开元寺建有般若院❹;据《历代名画记》,可知长安兴唐寺建有般若院。❺

此外,根据《宋高僧传·灵着传》,长安大安国寺设有石楞伽经院。❻安国寺石楞伽经院可能是研究《楞伽经》学僧的修行之所。而《楞伽经》是禅宗的重要经典,故石楞伽经院具有禅院性质。前文已有论述,安国寺设有禅院,又称为木塔院。由此推测安国寺设有两座禅院,可能与东都洛阳大敬爱寺设置东西两座禅院的格局相似。

值得注意的是,尽管这些子院属于不同的佛教宗派,但是它们都是寺院学僧的日常修行起居之所,圆仁《入唐求法巡礼行记》记载了五台山大华严寺阁院与涅槃院的修学活动:"朝座阁院讲法花经,晚座涅槃院讲止观。两院之众,互往来听,从诸院来听者甚多。"❼可见,这些子院经常举行讲经活动,而其他各院僧人可以自由来往听讲,并不受宗派差异的拘束。而这些子院,亦有供前来讲经高僧临时住宿之所,以及招待外来僧人短住之所,见于《入唐求法巡礼行记》的记载:"日晚,却到大华严寺,纳维等引涅槃院,安置阁下一房。此则讲法花经座主玄亮上人房,座主因讲,权居阁院。"❽圆仁拜访大华严寺,夜宿涅槃院,而法华院座主到阁院讲经,暂宿于阁院。

三　与帝王崇佛有关的子院

与帝王崇佛有关的子院,也就是由于唐代帝王对佛教的大力扶持而新出现的子院类型。这类子院有圣容院、行香院与翻经院。有唐一代,以高宗、武后、中宗、睿宗、代宗、宪宗为代表的多位帝王对佛教崇佛甚诚,他们不仅积极参与佛教活动,支持佛教弘传与佛经翻译事业,还大力支持佛寺的建设,甚至有些帝王将旧时藩居改建为寺院,这些改建的寺院具有皇家专用家庙的性质。

❶[日]圆仁.入唐求法巡礼行记.卷第三.桂林:广西师范大学出版社,2007
❷[日]圆仁.入唐求法巡礼行记.卷第三.桂林:广西师范大学出版社,2007
❸[清]董诰 等编.全唐文.卷三百六十三.唐悯忠寺无垢净光塔铭
❹[宋]赞宁.宋高僧传.卷第八.唐洛京荷泽寺神会传.大正新修大藏经本
❺[唐]张彦远.历代名画记.卷三.西京寺观等画壁
❻[宋]赞宁.宋高僧传.卷第九.唐京师大安国寺楞伽院灵着传(法玩).大正新修大藏经本
❼[日]圆仁.入唐求法巡礼行记.卷第三.桂林:广西师范大学出版社,2007
❽[日]圆仁.入唐求法巡礼行记.卷第三.桂林:广西师范大学出版社,2007

1. 圣容院

圣容院,又称御容院。唐代以来,有些寺院开始设置圣容院,供奉帝王画像或塑像。至少从南北朝开始,已有崇佛的帝王将自己的形象反映到佛像上。北魏文成帝,曾令人按其容貌造石像,见于《魏书·释老志》的记载:"是年(452年),诏有司为石像,令如帝身。既成,颜上足下,各有黑石,冥同帝体上下黑子,论者以为纯诚所感。"❶这是按帝王容貌建造佛像之始。三年后,文成帝在京师平城五级大寺,为道武帝以下的五位帝王各创建一尊佛像,《魏书·释老志》记载:"兴光元年(454年)秋,敕有司于五级大寺内,为太祖已下五帝,铸释迦立像五,各长一丈六尺。"❷可以推测,文成帝为道武帝等先祖造佛像,也可能以其先祖们的真实形象为依据。

至唐代,唐高宗敕令西京实际寺善导,督建洛阳龙门石窟奉先寺佛像,据说其卢舍那佛乃是按武则天的容貌而建。沙门怀义与法明等造《大云经》,言武则天是弥勒下生❸,将帝王与神佛相提并论。唐中宗出生时,玄奘法师赐其法号"佛光王"❹,亦有比拟神佛之意。至唐睿宗时,出现了帝王敕建的寺院圣容院。

《酉阳杂俎》记载,招福寺与安国寺建有圣容院,这两座寺院的共同点是,均是由睿宗的藩王旧居改建而成的寺院,而圣容院的设置,均是奉敕令而建。

招福寺,"本日正觉,国初毁之,以其地立第赐诸王,睿宗在藩,居之。"❺招福寺前身是隋代所建的正觉寺❻,曾改为睿宗的藩王旧居,后改建为招福寺。《酉阳杂俎》还有记载:"景龙二年(708年),又赐真容坐像,诏寺中别建圣容院,是玄宗在春宫真容也。先天二年(713年),敕出内库钱二千万,巧匠一千人,重修之。睿宗圣容院,门外鬼神数壁,自内移来,画迹甚异。"❼据引文所言,中宗景龙二年,招福寺建圣容院,安置玄宗画像。但是,玄宗并不是中宗的春宫太子,中宗断无睿宗的儿子创建圣容院之理。由此推断,中宗"景龙二年"当是睿宗"景云二年(711年)"之笔误。值得注意的是,招福寺共设有两座圣容院,一座是景元二年所设的玄宗圣容院,另一座是睿宗圣容院,设置年代不详,很可能设置于先天二年,玄宗敕令重修招福寺期间。

对于安国寺,《宋高僧传·崇业传》记载:"睿宗圣真皇帝操心履道,敕以旧邸造安国寺。"❽可见,安国寺前身亦为睿宗的藩王旧居。而对于安国寺圣容院,《酉阳杂俎》记载:"利涉塑堂,元和(806—820年)中,取其处为圣容院,迁像庑下。"❾安国寺圣容院,创建于宪宗元和年间。根据《宋

---

❶[北齐]魏收.魏书.释老志

❷[北齐]魏收.魏书.释老志

❸[后晋]刘昫.旧唐书.卷一八三.薛怀义传.清乾隆武英殿刻本.原文:"怀义与法明等造《大云经》,陈符命,言则天是弥勒下生,作阎浮提主。唐氏合微,故则天革命称周,其伪《大云经》颁于天下,寺各藏一本,令升高坐讲说。"

❹[清]董诰 等编.全唐文.卷七百四十二.大唐三藏大遍觉法师塔铭.原文:"冬十月,中宫方妊,请法师加祐,既诞,神光满院,则中宗孝和皇帝也。请号为佛光王,受三归,服袈裟,度七人,请法师为王剃发。"

❺[唐]段成式.酉阳杂俎.续集卷六.寺塔记下.北京:中华书局,1981年点校本

❻[宋]宋敏求.长安志.卷第七.唐西城一.清文渊阁四库全书本.原文:"招福寺,乾封二年(667)睿宗在藩立,本隋正觉寺,寺南北门额并睿宗所题。"

❼[唐]段成式.酉阳杂俎.续集卷六.寺塔记下.北京:中华书局,1981年点校本

❽[宋]赞宁.宋高僧传.卷第十四.唐京兆西明寺崇业传.大正新修大藏经本

❾[唐]段成式.酉阳杂俎.续集卷五.寺塔记上.北京:中华书局,1981年点校本

高僧传》的记载,利涉是中宗至玄宗时的高僧,在安国寺讲授华严经。❶据引文分析,利涉卒后,安国寺塑其真像,设堂供奉,即利涉塑堂。至宪宗时,利涉塑堂改为睿宗圣容院。

除了招福寺与安国寺,唐代长安大荐福寺也建有圣容院。据北宋张礼所撰的《游城南记》记载:"圣容院,盖唐荐福寺之院也,今为二寺。"❷张礼与友人于哲宗元祐元年(1086年)游历长安,其记载颇为可信。可见,大荐福寺曾设圣容院,至北宋时,圣容院与荐福寺已各为独立寺院。

除了上述三座寺院设有圣容院,关于唐代帝王在寺院中供奉圣容画像的记载还有以下。

《长安志·卷八》"兴唐寺"条记载:"神龙元年(705年),太平公主为武太后立为罔极寺,穷极华丽,为京都之名寺,开元二十六年(738年),改为兴唐,明皇御容在焉。"❸西京兴唐寺,供有玄宗画像,可能也建有圣容院。

骆天骧《类编长安志·卷五》记载:"宣帝出藏缯帛,建大中报圣寺,奉宪宗圣容,曰介福殿。"❹宣宗敕建大中报圣寺,建有介福殿,供奉宪宗画像。可见,供奉帝王真像,并不一定设有圣容院。

唐代寺院供奉的画像,除了圣容院中供奉帝王画像,还有不少寺院设有影堂或真堂,供奉已卒高僧画像。

禅宗神会在荷泽寺为其师六祖慧能建有慧能真堂,见于《宋高僧传·慧能传》的记载:"(神)会于洛阳荷泽寺,崇树能之真堂,兵部侍郎宋鼎为碑焉。"❺

西京长安还有净土宗的善导影堂,见于《宋高僧传·少康传》的记载:"遂之长安善导影堂内,乞愿见善导真像。"❻

此外,根据《宋高僧传·不空传》的记载:"年十五,师事金刚智三藏……厥后师往洛阳。随侍之际,遇其示灭,即开元二十年矣。影堂既成,追谥已毕。"❼可知,不空为其师金刚智,在东都洛阳广福寺❽建有影堂。

从唐代寺院设置圣容院、高僧影堂不难看出,从东汉发展到唐代,由于佛教信众阶层逐渐多样化,信仰内容与信奉对象也不断丰富,从早期的释迦牟尼佛、阿弥陀佛与药师佛等,扩展到观音菩萨、文殊菩萨与普贤菩萨等,又扩展到禅宗慧能、净土宗善导、密宗金刚智等开宗立派的各宗高僧祖师。

2. 行香院

行香院,即礼佛行香之院。行香之法,始于东晋道安。《高僧传·道安传》记载:"安既德为物宗,学兼三藏。所制僧尼轨范,佛法宪章,条为三例。一曰行香定座上讲经上讲之法。二曰常日六

❶[宋]赞宁.宋高僧传.卷第十七.唐京兆大安国寺利涉传.大正新修大藏经本.原文:"中宗最加钦重,朝廷卿相,感义与游。开元中,于安国寺讲华严经,四众赴堂,迟则无容膝之位矣。"

❷[宋]张礼.游城南记

❸[宋]宋敏求.长安志.卷第八.唐京城二.清文渊阁四库全书本

❹[元]骆天骧.类编长安志.卷五.东观奏记

❺[宋]赞宁.宋高僧传.卷第七.唐韶州今南华寺慧能传.大正新修大藏经本

❻[宋]赞宁.宋高僧传.卷第二十五.唐睦州乌龙山净土道场少康传.大正新修大藏经本

❼[宋]赞宁.宋高僧传.卷第一.唐京兆大兴善寺不空传.大正新修大藏经本

❽[宋]赞宁.宋高僧传.卷第一.唐洛阳广福寺金刚智传.大正新修大藏经本

时行道饮食唱时法。三曰布萨差使悔过等法。天下寺舍遂则而从之。"❶道安创立的行香之法，成为寺院的基本礼佛仪式。对于寺院僧侣而言，行香除了是基本的礼佛仪式，还有帮助凝神禅定的作用。《续高僧传》记载："至如梵之为用，则集众行香，取其静摄专仰也……或倾郭大斋，行香长梵，则秦声为得。"❷行香往往还与"长梵"相结合，成为一种固定的佛教仪式。

北魏时起，行香逐渐演化成国忌日的一种官方活动。南宋赵彦卫所撰的《云麓漫钞》记载："国忌行香，起于后魏，及江左齐梁间，每然香熏手，或以香末散行，谓之行香。"❸至唐代，高宗朝，太子曾设斋行香；中宗朝，曾诏官员行香。德宗朝，为先朝帝后忌日行香成为定式，《唐会要》记载："贞元二年（786年）五月十九日敕，章敬寺是先朝创造，从今以后，每至先朝忌日，常令设斋行香，仍永为恒式。"❹《唐会要》又载："会昌五年（845年）七月，中书门下奏，天下诸州府寺，据令式，上州以上，并合国忌日集官吏行香。"❺至武宗时，国忌行香的范围已扩展到天下诸州寺院。

唐代寺院行香仪式的具体内容，可以参考日僧圆仁的《入唐求法巡礼行记》，行香仪式主要包括焚香、礼拜、诵经、唱梵等环节，国忌行香可能亦包括这些内容。另外，据《唐会要》的记载："国忌日行香，列圣真容。"❻可见，国忌行香时，需列挂先朝帝后画像。由此推测，天下诸州寺院的国忌行香之所，很可能是圣容院，亦可能是供有帝后真像的其他殿堂。

根据《西阳杂俎》的记载，大兴善寺建有行香院，为国忌行香专用之院。隋代创建大兴城之初，大兴善寺即定为国寺。大兴善寺建成以来，多有重要僧人入居译经弘教。入唐以来，肃宗、代宗两朝，密宗高僧不空入居该寺，创灌顶道场，建文殊阁，大兴善寺的地位达到巅峰。德宗朝，国忌日行香既成为定式，以大兴善寺的国寺地位，其行香院当为皇家贵族专用的国忌行香之所。

《西阳杂俎》对大兴善寺行香院有所记载："行香院堂后壁上，元和中，画人梁洽画双松，稍脱俗格。"❼行香院可能是一座完整的回廊院，设有院门与两侧回廊，以及院中的主殿堂。而且，以大兴善寺的国寺地位，其国忌日行香的规格应该很高，而参与行香活动的人员的规模应该也很大，相对应地，其行香院的规模可能也很大。

另外，据《唐会要》的记载："（开成）五年（840年）四月，中书门下奏请，以六月一日为庆阳节，休假二日，着于令式。其天下州府，每年常设降诞斋，行香后，便令以素食宴乐，惟许饮酒及用脯醢等。京城内，宰臣与百官就诣大寺，共设僧一千人斋。"❽文宗朝，在帝王的降诞日设斋行香，百官在京师大寺设千人斋。此处所指的京师大寺，除了设有行香院的大兴善寺，可能还有兴唐寺、慈恩寺等。《旧唐书》记载："章敬太后忌日，百僚于兴唐寺行香，朝恩置斋馔于寺外之车坊，延宰臣百僚就食。"❾前文已论述，兴唐寺供有明皇御容，故百官行香，可能就在供奉明皇御容的圣容院。《唐会要》还有记载："（会昌）二年（842年）五月敕，今年庆阳节，宜准例，中书、门下等，并于慈恩寺设斋，

唐代佛教寺院之子院浅析——以《西阳杂俎》为例

---

❶［梁］慧皎.高僧传.卷第五.释道安一
❷［唐］道宣.续高僧传.卷第三十一.论.大正新修大藏经本
❸［宋］赵彦卫.云麓漫钞.卷三.国忌行香
❹［宋］王溥.唐会要.卷四十九.杂录
❺［宋］王溥.唐会要.卷四十八.议释教下
❻［宋］王溥.唐会要.卷四十九.杂录
❼［唐］段成式.西阳杂俎.续集卷五.寺塔记上.北京：中华书局，1981年点校本
❽［宋］王溥.唐会要.卷四十八.议释教下
❾［后晋］刘昫.旧唐书.卷一八八.鱼朝恩传

行香后，以素食合宴。"❶由这两段引文还可知，国忌行香仪式之后，还包括大规模的食斋，参与食斋的人员包括僧侣与帝王百官。

3. 翻经院

尽管《酉阳杂俎》一书未有记载，然而参考《宋高僧传》等其他史料，除了具有纪念与祭祀性质的圣容院与行香院，与帝王崇佛有关的唐代寺院子院还有翻经院。唐代寺院的翻经院，通常是帝王为译经高僧而敕建的译经之所。

东汉以来，译经大多是僧人的私人行为。至后秦时，姚兴邀请鸠摩罗什入西明阁与逍遥园译经❷，可视为帝王敕令译经之始。其后，鸠摩罗什还入长安大寺译经，辅助译经的僧侣众多，可想长安大寺译场规模之大。北朝北魏、东魏与南朝梁代，均有帝王敕令高僧译经的记载。至隋唐，多位帝王极为重视译经事业，在多座寺院设置翻经院，扶持高僧译经。唐代长安的重要寺院，如大慈恩寺、大荐福寺与大兴善寺均设有翻经院。

从设置时间来看，大慈恩寺翻经院设置最早。唐太宗时，玄奘大师西行求法归来，时为太子的唐高宗李治敕建大慈恩寺，并为玄奘大师创建译经专用的翻经院，事见于《续高僧传·玄奘传》，贞观二十二年（648年）："初于曲池，为文德皇后造慈恩寺，追奘令住，度三百人，有令寺西北造翻经院。"❸玄奘居大慈恩寺翻经院，译出多部重要佛经，大慈恩寺翻经院遂成唐代重要译场。

稍晚于大慈恩寺翻经院的是大荐福寺翻经院。中宗时，密宗高僧义净至长安，大荐福寺创翻经院居之，见于《宋高僧传·义净传》的记载："（神龙）二年（706年），净随驾归雍京，置翻经院于大荐福寺居之。"❹在义净之后，金刚智、实叉难陀等高僧亦曾在大荐福寺译经。《长安志》对大荐福寺亦有所记载："天授元年（690年），改为荐福寺，中宗即位大加营饰，自神龙以后，翻译佛经并于此寺。"❺可见，大荐福寺翻经院亦是唐代长安的重要译场。

前文已有阐述，自隋开皇创建以来，大兴善寺已有敕令译经的记载，见于《续高僧传·那连提黎耶舍传》："开皇之始，梵经遥应，爰降玺书，请来弘译。二年七月，弟子道密等，侍送入京，住大兴善寺。其年季冬草创翻译，敕昭玄统沙门昙延等三十余人，令对翻传。"❻然而大兴善寺创建翻经院的记载，却是首见于唐代宗大历八年（773年），不空请于大兴善寺翻经院创建文殊阁的上书。在此之前，肃宗乾元元年（758年），不空上书，请收集天下梵文佛经并翻译。❼由此推测，大兴善寺翻经院的设置时间，可能在乾元元年至大历八年之间。

除了大慈恩寺、大荐福寺与大兴善寺设置翻经院，西明寺与资圣寺也曾有高僧译经的记载，可

❶［宋］王溥.唐会要.卷四十八.议释教下
❷［梁］慧皎.高僧传.卷第二.鸠摩罗什一.原文记载："兴少达崇三宝锐志讲集。什既至止。仍请入西明阁及逍遥园译出众经。"
❸［唐］道宣.续高僧传.卷第四.唐京师大慈恩寺释玄奘传一.大正新修大藏经本
❹［宋］赞宁.宋高僧传.卷第一.唐京兆大荐福寺义净传.大正新修大藏经本
❺［宋］宋敏求.长安志.卷第七.唐京城一.清文渊阁四库全书本
❻［唐］道宣.续高僧传.卷第二.隋西京大兴善寺北天竺沙门那连耶舍传一.大正新修大藏经本
❼［唐］不空 等.代宗朝赠司空大辨正广智三藏和上表制集.卷第一.请搜捡天下梵夹修葺翻译制书一首.大正新修大藏经本

见这两座寺院可能也设有译经之处。《宋高僧传》记载,善无畏曾居西明寺菩提院译经[1],则菩提院有翻经院的功能。而义净亦曾于西明寺译出《金光明最胜王》等经[2],义净的译经之所也可能是菩提院。此外,金刚智曾居资圣寺,译出《瑜伽念诵法》等经[3],那么,资圣寺可能也设有翻经院。值得注意的是,兴福寺禅院亦曾短暂充当过玄奘大师的译经之所,见于《长安志》的记载:"太宗时,广召天下名僧居之,沙门玄奘于西域回,居此寺西北禅院翻译。"[4]兴福寺禅院同时兼有翻经院的功能。

有唐一代,除了西京长安的数座重要寺院设有翻经院,东都洛阳佛授记寺亦设有翻经院,《开元释教录》有载:"遂于佛授记寺翻经院,为译不空罥索陀罗尼经一部。"[5]据《唐会要》记载:"显庆二年(657年),孝敬在春宫,为高宗武太后立之。以敬爱寺为名,制度与西明寺同。天授二年(691年),改为佛授记寺。其后,又改为敬爱寺。"[6]佛授记寺,乃是高宗朝孝敬太子所创建,其建筑规制参考了西京西明寺,而西明寺正是此前高宗为孝敬太子所建,可见这两座寺院之间的渊源非同一般。西明寺既是长安重要寺院,佛授记寺亦是洛阳重要寺院,唐代高僧实又难陀、义净与法藏均曾在佛授记寺译经。除了佛授记寺,洛阳福先寺、大遍空寺也有高僧译经的记载。

入唐以来,帝王敕令东西二京的重要寺院设置翻经院,为高僧提供译经之所,体现了帝王对佛教义理发展的支持与关注。唐中晚期以后,帝王不再留心佛学的发展,而是转而关注供奉佛牙等功德福田,佛教译经事业迅速衰落,这些寺院的翻经院亦随之荒废。至北宋初年,宋太祖与宋太宗重视佛教的译经事业,敕令在汴京龙兴寺设置译经院,作为官办译经机构。北宋以后,佛教译经事业彻底没落,翻经院或译经院亦随之消亡。

四 与特殊功能有关的子院

与特殊功能有关的子院,即由唐代寺院的新功能而出现的数种子院,这类子院有库院、山庭院等。库院属于寺院的后勤生活空间,山庭院属于寺院的景观休闲空间,尽管它们不同于信仰或纪念类型空间,但也是唐代寺院的重要组成部分。

1. 库院

库院,顾名思义即寺院的仓储库藏之院,又称为僧库院。对唐代寺院而言,库院与佛殿、讲堂、食堂、僧寮等建筑具有类似的地位,是寺院的基本功能空间。而且,唐代寺院的库院通常设有厨房,故库院又多称为厨库。

唐代佛教寺院之子院浅析——以《酉阳杂俎》为例

---

[1][宋]赞宁.宋高僧传.卷第二.唐洛京圣善寺善无畏传.大正新修大藏经本.原文记载:"至(开元)五年丁巳,奉诏于菩提院翻译。畏奏请名僧,同参华梵。开题先译虚空藏求闻持法一卷。"

[2][宋]赞宁.宋高僧传.卷第一.唐京兆大荐福寺义净传.大正新修大藏经本.原文记载:"起庚子岁,至长安癸卯,于福先寺及雍京西明寺,译金光明最胜王、能断金刚般若、弥勒成佛、一字咒王、庄严王陀罗尼、长爪梵志等经。"

[3][宋]赞宁.宋高僧传.卷第一.唐洛阳广福寺金刚智传.大正新修大藏经本.原文记载:"(开元)十一年,奉敕于资圣寺,翻出瑜伽念诵法二卷七俱胝陀罗尼二卷。"

[4][宋]宋敏求.长安志.卷第十.唐京城四.清文渊阁四库全书本

[5][唐]智升.开元释教录.卷第九.总括群经录上之九

[6][宋]王溥.唐会要.卷四十八.议释教下

库藏作为寺院的基本功能空间，可能在汉代寺院初创时期已有设置。但是，南朝梁代慧皎所撰的《高僧传》与北齐魏收所撰的《魏书·释老志》，均未记载寺院设置库藏，可见，至少到南朝梁或北魏时，库藏尚未成为寺院的重要空间，其功能与空间形态可能也较为简单。

北齐时，文宣帝（公元550—559年在位）奉佛甚笃，礼遇数位高僧，并赏赐丰厚，故寺院设立厨库，厨库逐渐成为寺院的重要功能空间。《续高僧传·僧稠传》记载："帝大喜焉，因曰：今以国储分为三分，谓供国、自用，及以三宝……即敕送钱绢被褥，接轸登山，令于寺中置库贮之，以供常费。"❶北齐文宣帝为僧稠创建云门寺，并"置库贮之，以供常费"。此外，《续高僧传·那连提黎耶舍传》记载："文宣礼遇隆重，安置天平寺中，请为翻经。三藏殿内梵本，千有余夹，敕送于寺，处以上房。为建道场，供穷珍妙。别立厨库，以表尊崇。"❷文宣帝将译经高僧那连提黎耶舍安置到京师邺城的天平寺，创建道场，并设立厨库，"以表尊崇"。

隋唐以来，厨库在寺院中的重要性得到进一步加强。首先，厨库是寺院的物资储存之所。《续高僧传·静端传》记载："故今寺宇高广，皆端之余绪焉。所以财事增荣，日悬寺宇。一无所受，并归僧库。"❸寺院住持所收受的财物，藏入僧库，以供寺院使用。《续高僧传·住力传》也有记载："又起四周僧房，廊庑斋厨仓库备足。"❹可见，僧房与廊庑厨库，是隋唐寺院格局完整的象征。

其次，厨库殷实是隋唐寺院经济繁荣的标志。《续高僧传·静琳传》记载："所以京室僧寺五十有余，至于叙接宾礼，僧仪邕穆者，莫高于弘法矣。又寺居古堑，惟一佛堂。僧众创停，仄陋而已。琳薰励法侣，共经始之。今则堂房环合，厨库殷积。"❺静琳所住的弘法寺，原仅建有一座佛堂，经过静琳的营建，至唐太宗贞观时，弘法寺已呈现"堂房环合，厨库殷积"的景象。《续高僧传·慧胄传》记载："后住京邑清禅寺，草创基构，并用相委。四十余年，初不告倦。故使九级浮空，重廊远摄，堂殿院宇，众事圆成。所以竹树森繁，园圃周绕。水陆庄田，仓廪碾硙。库藏盈满，莫匪由焉。京师殷有，无过此寺。"❻清禅寺乃隋开皇三年，文帝为昙崇所立。❼清禅寺除了建有九级佛塔、佛殿以外，还有仓廪与库藏，而清禅寺库藏之殷有，为京师诸寺之冠。

对于唐代寺院厨库的规制与功能，《全唐文》李邕的《嵩岳少林寺新造厨库记》记载："若乃曲突以舒烟，疏窦以流恶，陈其鬲鼎，扃其釜□，释之蒸之，惟精惟洁，俾其潘汁有所注，气焰有所通，香风时来，荡涤烦燠，斯乃厨之制也。深中以虚受，阖扉以制出，陈其橼□，施其缄縢，取之用之，不费不约，必使公供无所耗，岁计惟其明，元关载施，成我密固，此又库之宜也。"❽厨房与库房的功能不同，其建筑规制亦有所不同，厨房设置的要点在于保证做饭烧柴的通风顺畅，库房的要点则在于保证物资储藏的存放安全。

在唐代寺院内，厨库往往与食堂就近设置，《全唐文》李蠙的《请自出律钱收赎善权寺事奏》记载："寺内有洞府三所，号为乾洞者石室。通明处可坐五百余人，稍暗处执炬以入，不知深浅其中

❶ [唐]道宣.续高僧传.卷第十六.齐邺西龙山云门寺释僧稠传八.大正新修大藏经本
❷ [唐]道宣.续高僧传.卷第二.隋西京大兴善寺北天竺沙门那连耶舍传一.大正新修大藏经本
❸ [唐]道宣.续高僧传.卷第十八.隋西京大禅定道场释静端传七.大正新修大藏经本
❹ [唐]道宣.续高僧传.卷第三十.唐扬州长乐寺释住力传五.大正新修大藏经本
❺ [唐]道宣.续高僧传.卷第二十.唐京师弘法寺释静琳传四.大正新修大藏经本
❻ [唐]道宣.续高僧传.卷第三十.唐京师清禅寺释慧胄传九.大正新修大藏经本
❼ [宋]宋敏求.长安志.卷第九.唐京城三.清文渊阁四库全书本
❽ [清]董诰 等编.全唐文.卷五百一十四.嵩岳少林寺新造厨库记

……洞门对斋堂厨库，似非人境。"**❶**此处，斋堂厨库很可能是集中设置的一座庭院。对于寺院食堂的就食情景，《嵩岳少林寺新造厨库记》记载："每至华钟大鸣，旭日三舍，缁徒总集，就食于堂。莫不永叹表诚，肃容膜拜。"**❷**

唐代寺院的厨库又往往采取庭院的形式，称为库院。《酉阳杂俎》记载，唐代长安招福寺设有库院，"库院鬼子母，贞元中李真画，往往得长史规矩，把镜者犹工。"**❸**招福寺库院绘有壁画，可见，库院的建筑规格较高，而且库院的规模可能较大。

此外，日僧圆仁《入唐求法巡礼行记》记载，五台山大竹林寺与大华严寺亦设有库院，且圆仁在巡礼五台山期间，曾夜宿大华严寺库院。**❹**可见，库院还有招待云游僧人短暂居住的功能。

2. 其他子院

除了招福寺设有库院，《酉阳杂俎》中记载的具有特殊功能的子院还有安国寺山庭院、玄法寺西北角院、大兴善寺素和尚院、安国寺上座璘公院等。

安国寺设有山庭院，《酉阳杂俎》记载："山庭院，古木崇阜，幽若山谷，当时辇土营之。"**❺**可见，安国寺山庭院是一座以游赏为功能的景观庭院。唐代长安的重要寺院往往规模较大，寺院内有足够空间来设置景观园林，以改善寺院的景观效果。大兴善寺的寺后曲池，也是一座大型的山水庭院，亦见于《酉阳杂俎》的记载："寺后先有曲池，不空临终时，忽时涸竭。至惟宽禅师止住，因潦通泉，白莲藻自生。"**❻**此外，大慈恩寺、大荐福寺与兴福寺等重要寺院，各有景观上的独到之处。如大慈恩寺前的滨水空间，"寺南临黄渠，水竹森邃，为京都之最。"**❼**大荐福寺东院的放生池，"寺东院有放生池，周二百余步，传云即汉代洪池陂也。"**❽**以及兴福寺后的果园与万华池，"寺北有果园，复有万花池二所。"**❾**

玄法寺设有西北角院，"西北角院内有怀素书，颜鲁公序，张渭侍郎、钱起郎中赞。"**❿**唐代寺院设置角院，可能与道宣的《祇洹图经序》有关，道宣所载的祇洹寺，在大院四角均设有一院，称为角院。**⓫**角院的功能并无详细记载，但根据《酉阳杂俎》的记载，玄法寺西北角院有唐代书法大家怀素与颜真卿的作品，由此判断其角院的地位不低。此外，参考《历代名画记》，胜光寺设有西北院，大荐福寺、宝应寺与海觉寺均建有西南院，从这些庭院均绘有壁画来看，这些角院应当是较为重要的子院。

除了以上两种子院，《酉阳杂俎》还记载了一种专供高僧居住的子院，如大兴善寺素和尚院与

❶［清］董诰 等编．全唐文．卷七百八十八．请自出律钱收赎善权寺事奏
❷［清］董诰 等编．全唐文．卷五百十四．嵩岳少林寺新造厨库记
❸［唐］段成式．酉阳杂俎．续集卷六．寺塔记下．北京：中华书局，1981年点校本
❹［日］圆仁．入唐求法巡礼行记．卷第二．桂林：广西师范大学出版社，2007
❺［唐］段成式．酉阳杂俎．续集卷五．寺塔记上．北京：中华书局，1981年点校本
❻［唐］段成式．酉阳杂俎．续集卷五．寺塔记上．北京：中华书局，1981年点校本
❼［宋］宋敏求．长安志．卷第八．唐京城二．清文渊阁四库全书本
❽［宋］宋敏求．长安志．卷第七．唐京城一．清文渊阁四库全书本
❾［宋］宋敏求．长安志．卷第十．唐京城四．清文渊阁四库全书本
❿［唐］段成式．酉阳杂俎．续集卷五．寺塔记上．北京：中华书局，1981年点校本
⓫［唐］道宣．中天竺舍卫国祇洹寺图经

❶[唐]段成式.酉阳杂俎.续集卷五.寺塔记上.北京:中华书局,1981年点校本

❷[宋]赞宁.宋高僧传.卷第二十五.唐京兆大兴善寺守素传.大正新修大藏经本

❸[唐]段成式.酉阳杂俎.续集卷五.寺塔记上.北京:中华书局,1981年点校本

安国寺上座璘公院。大兴善寺素和尚院,是高僧守素居住修行之院,"东廊之南素和尚院,庭有青桐四株,素之手植。元和中,卿相多游此院。"❶对于守素,《宋高僧传·守素传》有载:"居京兴善寺,恒以诵持为急务。其院幽僻,庭有青桐四株,皆素之手植。元和中,卿相多游此院。"❷此外,对于安国寺上座璘公院,《酉阳杂俎》记载,"上座璘公院,有穗柏一株,衢柯偃覆,下坐十余人。"❸可以发现,大兴善寺素和尚院与安国寺上座璘公院均植有名木古树,成为寺中的著名景观,吸引文人雅士前来观赏。参考《全唐诗》,可知唐代慈恩寺建有起上人院、清上人院与振上人院;大荐福寺建有僧栖白上人院;青龙寺建有故昙上人院,诸如此类。

五　结　语

通过以上分析可以发现,唐代寺院子院的出现与发展,与唐代佛教的自身发展以及唐代的社会背景有着密切的关系。总的来说,唐代寺院出现子院的原因大致有以下三点:

(1)唐代佛教出现新的宗教学派与新的信仰对象,导致新的子院类型的出现,如以菩萨信仰为主导的文殊院与观音院;以不同宗派为主导的禅院、三阶院、净土院与律院;以不同学派为主导的法华院、般若院、涅槃院与菩提院;甚至出现了以宗派高僧为主导的影堂。

(2)唐代帝王与贵族对佛教的发展大力支持,唐代寺院出现了以纪念帝王为功能的圣容院与行香院,以及皇家敕建的翻经院。而圣容院与行香院的出现,不仅体现了帝王对佛教的信奉与支持,还反映了唐代佛教与儒家思想的结合,以及唐代寺院进一步的中国化或本土化。

(3)唐代寺院出现的新的功能,并导致寺院出现了后勤服务功能的库院、景观游赏功能的山庭院,以及高僧专住的上人院。

通过本文的分析,可以发现,唐代寺院的子院建筑具有以下特点:

(1)唐代寺院的子院具有独立的功能与完整的平面形态。前文已有论述的三类子院,各有专门的使用功能,如以不同信仰内容有关的子院,往往是各宗派或学派的修行起居之所;与帝王崇佛有关的子院,往往是皇家在寺院中的纪念或祭祀之所。这些子院通常采取回廊院的形式,子院由院门、主殿堂以及两侧回廊构成。有些子院的庭院中还可能设置佛塔或楼阁,如前文所述的光宅寺文殊院与安国寺禅院。

(2)唐代寺院的子院具有相互包容的特点。从上文可以发现,一座独立的唐代寺院,往往设有多座属于不同宗派或学派的子院。而且,以某宗派为主的寺院,也常有设置其他宗派子院的现象。唐代长安的重要寺院子院设置情况可以整理成表2。

表 2　唐代长安的重要寺院的子院设置表

寺院	律院	禅院	净土院	三阶院	文殊院或华严院	观音院	翻经院	其他子院
大慈恩寺		✓					✓	西塔院
大荐福寺	✓		✓				✓	菩提院
西明寺	✓			✓			✓	菩提院
大安国寺	✓	✓						圣容院
大兴善寺	✓	✓			✓		✓	行香院
资圣寺	✓	✓	✓			✓		团塔院

从表 2 可以看出,唐代长安的这几座重要寺院,多设有律院、禅院、净土院与三阶院,并由此可见律宗、禅宗、净土宗与三阶教在长安的盛行。结合上文分析还可以发现,不同宗派的多座子院共存于一座寺院,而且不同宗派或学派的子院的学僧可以自由讲学与交流。这不仅体现了唐代佛教各宗派相互宽容、百家争鸣的繁荣盛况,而且也体现了唐代社会兼容并蓄、海纳百川的开放精神。

（3）唐代寺院的子院还体现了唐代佛教发展的平民化趋势。隋至唐前期,佛教发展主要依赖于帝王与贵族阶层的支持,唐中期以来,佛教逐渐扩展到平民阶层,甚至平民阶层逐渐成为主要的信众构成。观音院、净土院与三阶院等子院,不仅是各宗派学僧的修行起居之所,而且还有现实解救功能,满足了普通下层民众的信仰需求。对于平民阶层而言,观音信仰、净土信仰与三阶教等,极大地满足了这种精神需求。反过来,以信众捐赠为基础的三阶院或无尽藏院,较大地改变了隋至初唐以来,寺院经济来源主要依靠帝王赏赐或贵族捐助的状况,并促使唐代寺院从经济层面上,逐步摆脱贵族阶层或精英阶层,向平民阶层过渡。

唐代寺院出现的子院建筑,对唐代寺院的建筑规制产生了深远的影响。首先,以中院为核心庭院,子院为辅助庭院的唐代寺院,不仅极大地改变了魏晋南北朝至隋代,以塔为中心的寺院平面格局,还形成了唐代寺院独有的平面格局。其次,唐代寺院设有众多子院,这些子院的组合方式具有多种变化形式,从而丰富了唐代寺院的平面形式。此外,以道宣《戒坛图经》为基础的寺院子院组合方式,可能参考了唐代长安城以及洛阳城的里坊制城市格局,体现了唐代城市与建筑理念之间的某种关联性。

由于唐武宗会昌法难以及唐末的长期战乱,唐代佛教逐渐走向衰落,尤其是以佛学经典研究为主的华严、天台、唯识、律宗等宗派,受到了严重的破坏,而更为偏向平民修行的禅学与净土教,则得以幸存并广泛传播。唐代以后,体现佛教各派相互包容,并受到帝王支持的子院建筑形式,失去了生存的社会条件。随着禅宗与净土宗势力的壮大,禅院与净土院逐渐形成独立的禅宗寺院或者净土宗寺院,从而从根本上改变了以子院为重要组成部分的唐代寺院平面格局。

山西陵川崇安寺的建筑遗存与寺院格局[1]

贺从容

（清华大学建筑学院）

摘要：山西陵川崇安寺是国务院第六批全国重点文物保护单位，保存有多个历史时期的建筑遗存，规模不大但格局较有特色。本文以建筑测绘图和碑铭题记为主要资料，结合县志、诗文、口述调研等，对崇安寺的历史沿革、寺院选址、建筑遗存和寺院格局演变进行梳理。

关键词：山西陵川崇安寺，古陵楼，藏经楼，钟楼，石佛殿

Abstract：Chongan Temple in Lingchuan，Shanxi，included by the State Council in the Sixth Batch of State Priority Protected Sites，preserves the ruins of buildings of different times. Though not large in scale，the site has distinguished itself by its layout. Using maps and stele inscriptions as its main materials，with local histories，poetry and interviews playing a supportive role，this paper studies the history，site selection and building remains of Chongan Temple and the evolution of its layout.

Key Words：Chongan Temple in Lingchuan，Shanxi，Guling Tower，Depository of Buddhist Texts Drum Tower，Clock Tower，Stone Buddha Hall（Shifo Hall）

崇安寺位于今陵川县崇文镇北部的卧龙岗上，为陵川十大佛寺之首。现存有前后三进院落，寺院坐北朝南，随着卧龙岗的地势微偏东北—西南走向，中轴略有偏折。中轴上由南往北排列有山门（又名"古陵楼"）、当央殿（当地今称"过殿"）、大雄宝殿、石佛殿，山门两侧有钟鼓二楼，当央殿西侧保存有藏经楼（当地今称"西插花楼"）。除这些主要建筑外，院落两侧均有厢房。整组建筑群布局严谨，错落有致（图1，图2）。

通过建筑测绘勘察、碑铭题记整理分析以及文献研究，本文对崇安寺的历史沿革、寺院选址、建筑遗存和寺院格局演变梳理如下。

❶本文受国家自然科学基金（项目批准号：51078220）资助。文中所用测绘图皆取自2009年7月清华大学建筑学院建筑历史与理论研究所教师与06级24位本科生对崇安寺为期两周的建筑测绘成果。清华大学建筑学院06级吕晨晨同学协助进行了图纸整理工作，07级李苑、徐谨、缪一新、安程、赵凯波同学协助进行了资料搜集和整理工作。感谢陵川文物局郑林有、赵灵贵先生在调研中的协助，感谢钟晓青先生的指点。

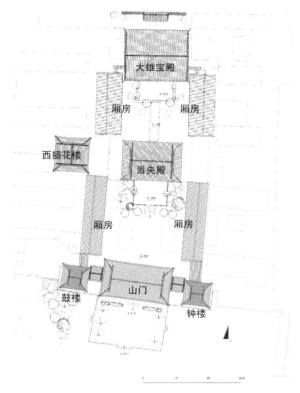

图 1　崇安寺总屋顶平面图❶

（许玉洁 绘，贺从容 修改）

❶本文所用测绘图均为清华大学建筑学院 2009 年崇安寺测绘资料。

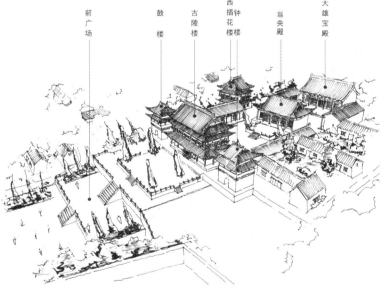

图 2　崇安寺鸟瞰图

（赵凯波 绘）

一 历史沿革

崇安寺的创始年代现无从稽考，相传创寺的起因与十六国后赵皇帝石勒埋葬于此有关。

1. 崇安寺创建

相传东晋十六国后赵石勒葬于此处，崇安寺即因此而建。寺中碑刻和《陵川县志》中有不少邑人留诗咏叹凭吊传闻中的崇安寺石勒古墓，如郝经的《吊石勒塚》中有："夜葬山谷人不见，至今犹有守坟僧。"邑举人曹鸿举《陵川竹枝词》中的"古陵烟寺锁层峰，石勒坟前宿草封"，邑人王魁陵《暮雪望崇安寺怀古》："后赵帝王身卧处，琼宫却为释家修。"杨长达《石勒塚》："荒冢何人传石勒，垒垒古陵崇安侧。"马承周《石勒冢》："世远人云邈，孤坟建寺前。"以及"中原方逐鹿，浩气压群雄。莫道偏安小，应知霸业隆。并驱言磥落，长啸志无穷。凭吊崇安寺，英魂化白虹。"（陵川令韩钧）"古陵烟寺锁层峰，石勒坟前宿草封"（邑举人曹鸿举）等等，大都相信或宁愿相信崇安寺即石勒埋葬之处。❶

文物工作者在崇安寺附近没有找到墓冢和尸骨的实物遗存，但寺中所存明万历年间《佛宝舍利来源录》中引录了金泰和八年（1208 年）碑中提到的寺之西南曾挖开发现古葬的事情，挖开后发现里面有存放舍利的塔，塔为唐咸通八年（867 年）陵川县令所建。

> （泽州判官崔贵）因被差催督，随县官防备虫蝻，到陵川县城外崇安寺上宿时，县宰云：于本年闰四月初八日，本寺获佛宝舍利之详。初寺之西南，屡现光相，城内外俱观见。一日，二小童于隙地见一穴中火光出，惊走告与乃父秦贵。秦贵辄移往，就其中掘之，得其葬。因诣寺告与僧，元日，僧与大众数千人往观之，乃古葬耳。砖莲盆内二层匣置于浮图，门钥已毁。视内物考其文，一碑四字，[舍利之讃]。又刊咸通八年，陵川县令崔琛建塔书冨。内有金椁安葬舍利。开与秦贵县令。依智诰之，果获佛宝真舍利也。亦县令公善政所致欤。昔为县令出之，今复为县令出之，其揆一也。仆亲见之，故录其舍利真像，及获碑文通作一轴，置与佛室中，朝夕焚香敬礼，为人天所归依。

这段话说明寺之西南曾经被挖开过，唐代就已经建造小塔，即便石勒墓在此地，或也已经被挖或被扰动过。因无确凿证据，所以至今充其量也就算作疑冢。

后赵皇帝石勒信奉佛教。《太平广记.卷八十七.异僧二.僧图澄》载，

❶今传石勒墓有四：河北邢台、山西榆社、山西陵川和武乡，其中榆社石勒墓保存最为完好。据《晋书》载："（石勒死后）夜厝山谷，莫知其所，备文物虚葬，号高平陵。"后人分析，因石勒生前杀戮过重，恐死后被人掘墓，所以故布疑冢，实则乘夜葬于山谷。虽然表面上榆社石勒墓保存最为完好，但从地理位置上看，陵川石勒墓的可能性较大。

西晋十六国时期，曾经辅助石勒争霸天下的西域名僧图澄曾劝其弘扬佛法，修建寺院。所以在石勒死后，在其墓上建造佛寺，既可以掩人耳目，又可以为他祈福，这种传闻合情合理。于是《陵川县志》中有记载："南北朝时，石勒建都于邯郸，史称后赵，陵川属后赵管辖。石勒死后，建有多处疑冢，县城西北隅山卧龙岗上，即有石勒冢一处。后又在此兴建寺院，即现在的崇安寺。"

崇安寺中石勒疑冢的位置有二，大雄宝殿内东墙嵌有一块石碑《石勒冢》：

> 冢口腹闻诋石勒，千秋而后传遗愿。或云真冢佛龛下，伪冢疑是寺门侧。沤麻池外土一邱，荒草萋萋殊叵测。来吊古谒崇安羌，贼孤坟照残鬼域。深棨徒自弃生前，仃苦豫为棺不阿。瞒大言妄纷纷□，疑冢□□多依傍。既畏鞭尸暴□矣，当时何事锄人葬。历代寝陵才垦空，可怜□骨卧蒿蓬。新鬼含冤旧鬼哭，如山罪□□真无。

碑文推测，为防后人鞭尸暴骨，故瞒天过海夜葬石勒于荒山。而后再造佛寺，让石勒在地下与佛永远相伴，以慰石勒亡灵安息。第一个位置在崇安寺大雄宝殿佛龛下的石板下，碑文认为是真冢；第二个位置在寺门西侧，碑文认为是石勒疑冢。崇安寺西侧确实曾有过一池作沤麻用，于 20 世纪 80 年代才被填平修作民房。

《县志》大事记载："后赵石勒侄石虎继位（335—348 年）期间，修建崇安寺"，1985 年修鼓楼屋面时，文物工作者发现鼓楼下檐东边围脊处一块琉璃脊筒内写有"刹为石虎所建"的题记。❶鼓楼修建于清乾隆三十四年，在后来的修缮中也多次替换瓦件，琉璃脊筒内的这段题记最早也就是清乾隆三十四年，虽仍为后人的推测或传闻，但可见寺建于石虎在位期间（335—348年）的观点流传已久：认为石勒死后，其侄石虎继位，便在石勒墓上修建崇安寺。❷

2. 寺名演变

崇安寺古称凌烟寺。民间传闻，因石勒曾做过后赵皇帝，当名垂青史，所以有名上凌烟阁之说，取此寺名意指凌烟阁上青史留名。虽然没有直接写石勒的名字，有凌烟寺就会让人想起后赵皇帝石勒。

陵川民间广泛流传着"先有崇安，后有陵川"的说法，在时间上与"刹为石虎所建"的说法吻合。陵川古名"光狼"和"兰花"，隋开皇十六年（596 年）始设陵川县。虽然《元和郡县志》卷十五中说陵川是因境内陵阳水而命名，但也有人推测，因为县城位于石勒墓之前的一块平川之上，所以称陵川县，崇安寺前的一条主要街道至今还名为"古陵路"，崇安寺的山门也称"古陵楼"（图 3）。

❶据负责 1983—1986 年崇安寺修缮的郑林有先生（陵川县前文物局长）口述。有文章记此题记为 1983 年维修古陵楼时发现一琉璃脊筒内所写，此两者略有差别。

❷还有一种说法认为创建崇安寺的是僧人智远。相传智远尚未出家前是石勒的一名亲信，他崇拜石勒，信奉他推崇的放下屠刀立地成佛的顿悟境界。石虎命智远看守卧龙岗的石勒墓，于是他削发为僧，修建了一座寺院，聚众讲经。智远创建了八个字：智、慧、清、净、道、德、圆、明，并把这八个字作为寺院的传代法谱，自己则为第一代。从"智"字开始，希望能传之久远，因此取名"智远"。讲完之后，坐化圆寂。到南北朝时，佛教更加盛行，该寺院规模日大。这种说法与前一种在时间上基本一致，都认为崇安寺的创建源于石勒墓，建于石虎执政期间（335—348 年）。

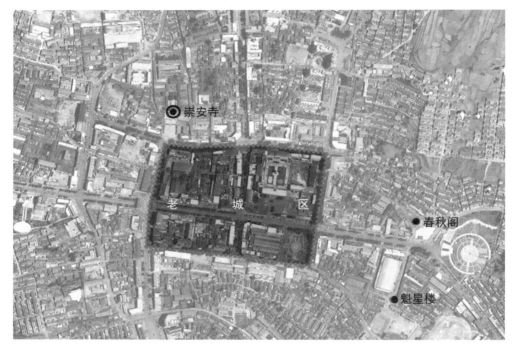

图 3　崇安寺与县城关系示意图

（赵凯波绘 底图源自 google earth）

❶引自《新修崇安寺三门碑》。该石碑勒石于宋庆历六年（1046年），现存于陵川县城中心崇安寺内。

现存最早关于唐代寺名的记载是大宋庆历六年《崇安寺三门碑记》，碑文载："太平兴国三岁姑洗月（三月），改赐敕额，曰之崇安，盖取崇高安宁之义也。仍以郭下居人马通等，率暨乡民，聚拘邑子。斯乃创制乎三门焉"。❶另有道光十一年陵川县令谢照所立之《重修崇安寺碑记》："崇安寺不详其创始。邑志（道光年县志今已不全）载：在县西址隅卧龙岗上，唐初名丈八佛寺，宋太平兴国元年，赐今额。"从两通碑文中可知崇安寺在唐初名为"丈八佛寺"，宋太平兴国元年（976年）赐今额更名为崇安寺，以寄寓"崇高安宁"的期望。宋太平兴国三年（978年）创建三门，赐敕额。

唐初"丈八佛寺"据传是因寺内一丈八尺高的佛像而得名。《大藏经》、《方广大庄严经》等经书中都说佛高一丈六尺，所以常有"丈六金身"之说。但自两晋到唐代，多塑丈八佛像，比如《法苑珠林》引《魏志》曰："天竺国人皆长一丈八尺"；《大唐西域记》："大窣堵波西南百余步，有白石佛像，高一丈八尺"；《释迦方志》："晋太元十九年岁次甲午。比丘道安于襄阳西郭。造丈八金像一驱。"《法苑珠林》："东晋孝武宁康三年四月八日。襄阳檀溪寺沙门释道安。盛德昭彰，播声宇内。于郭西精舍，铸造丈八金铜无量寿佛。"《楞严经疏解蒙抄》："〔高僧传云〕齐相州石窟寺。有坐禅僧。每日至西。东望山巅。有丈八金像现。"《名僧传抄》："僧昌造佛像十五躯，皆高一丈八尺。"《高僧摘要》："为太祖文皇于钟山竹涧建大爱敬寺，经营雕丽，奄若天宫。周宇环绕,千有余僧,四事供给。中院正殿有栴檀像,举高丈八。又于寺中龙渊别殿,造金铜像举高丈八……正殿亦造丈八金像,以申追福。"崇安寺唐时称"丈八佛寺"盖缘于此。

道光十一年《重修崇安寺碑记》中,引述当时的县志"门之左,有后赵石勒墓,尝读郝文忠公'夜葬深山人不见,至今又有守坟僧'诗,并按古陵楼之名,似建于葬后,在隋未设县以前。"认可崇安寺建于石勒葬后,隋代设陵川县之前。且石勒墓位于寺门之左(按方位应山门之东)。

明洪武年间(1368—1398年),在该寺中曾设僧会司(管理佛教僧众的机构)。此外宋到明清寺名皆称"崇安寺"。新中国成立后寺被用作陵川中学,"文革"时更名"东方红",改革开放后仍沿用崇安寺名至今。1984在寺内设陵川县博物馆,2003年设县文物局办公室。2006年,崇安寺作为元至清时期古建筑,被国务院批准列入第六批全国重点文物保护单位名单。

3. 千余年间的寺院修缮活动

崇安寺是陵川最大的佛寺,传闻其鼎盛时大小院落共达13院之多,但时至今日,仅剩有寺院的几个主要院落。寺从创建以来,历经重修扩建,每次修寺都属于乡里大事,历代碑文记载中,都是县令或举人等德高望重之士率领乡民而为。寺中有八块石碑记录了崇安寺历史上几次较大的修缮和重建事件。

第一次是距北宋太平兴国元年(976年)赐寺额有70年之后,官府出面,由马通等组织乡民创建崇安寺三门,立下《新修崇安寺三门碑》。从碑文中,可知寺院风水极好,寺院建筑已经营造了丰富的建筑层次:"太平兴国三岁姑洗月,改赐敕额,曰之崇安,盖取崇高安宁之义也。仍以郭下居人马通等,率暨乡民,聚拘邑子,斯乃创制乎三门焉。然后揆日裁基,功程蒇事。莫不棼撩攒空,栾护峥嵘,丹楹刻桷,因之而鳞次。"而且建造工艺材料比较精致"藻井雕蔼,由是乎翼舒。瓦陶虞帝,码炼蜗皇。"寺院的选址地势高敞,视野开阔:"今则择龙岗之阳,控县城之北。秦城岌岌已临其后,太行巍巍彪镇于前。其西也,三山望以崇崇,其东也,四关交而喂喂。于时之景,彰花木以怡神;度岁之中,睹烟霞而在目。今遇国家恢张象法,开设莲坛。谐诸教以齐兴,迈百纲而必举……时大宋庆历六年丙戌岁……"。碑文落款时间为"宋庆历六年(1046年)",其时陵川应在金的统辖范围之内,仍使用宋朝纪年而不用金的纪年,表明陵川仍认同于大宋王朝。此碑现存于山门古陵楼内一层东侧,碑首不存,仅存长方形碑身和龟座。碑高2.37米、宽1.19米、厚0.26米,碑文全文1565字,楷体竖书,计

28 行，每行 56 字。

第二次是明代万历四十一年（1613 年）邑孝廉韩国宾率众重修崇安寺，后来由邑举人李笨撰写了《重修崇安寺碑记》。碑文中除了大量颂词外，也大致描述了修缮的状况：

> 崇安寺陵古刹也。岁久倾圮，有识者，已心忧焉鸣也，韩公率檀福而重葺之。大雄宝殿五楹，当央殿五楹，有古陵楼，有藏经阁，东西禅院并余僧舍若干。五云幢盖，七宝琉璃，居然一胜场矣。

第三次是一百四十多年后，乾隆三十四年（1769 年）县令王笃祐带领乡民重修崇安寺，立《重修崇安寺碑记》，碑文中多为文学性的感叹赞美，对重修的具体事项少有提及：

> 宋太平兴国中，敕崇安寺……层楼数仞，危阁千寻。雉堞平临，龙岗横卧。俯万家之烟火，拱一邑之峰峦……杨文公参八角之盘，庞居士识五台之路，三生结习，半世累功。胜标化域，迹着伽蓝。复道重檐，轩窗净室。茂草移栽陌树，冷灰再热旃檀。

同年所立另一块由邑举人武敦撰写的《重修崇安寺禁约序》则清楚地表达了崇安寺对于县人文的重要性："崇安寺，邑之大观也。故老亦名古凌烟寺，与邑之八景并传。尝历览唐、宋、金、元间故事，斯寺有兴废，而邑中人文之兴衰视焉，则斯寺之所系诚巨矣哉。"也描述了清乾隆三十四年重修崇安寺的原因："楼阁颓环，殿宇苍凉，所在居人，亦遂不及古昔远甚……斯寺是为地脉结穴之区，邑中兴盛之所由基，讵徒崇饰华美，为一邑巨观已哉。"期间修缮状况大致有："邑贤侯施公多所作兴，而工程浩大从事诸君子惟欲平其楼阁，补葺殿宇，以蔽风雨为事。丙戌夏，余自都旋裹，违众议，而独任其咎。整修当央殿□□东西南楼，又创钟鼓二楼。其余补修外，复增建群房九十余间，寺前大台一座，再南春秋阁一座。邑贤侯王公又相继鼓舞，共成善果。"然后制定了比较详细的寺院管理禁约：

> "——禁寄放破、坏箱柜以及砖瓦木石等物；
> ——禁寄放材板及禾稼、麻草等物；
> ——禁拴系牲口以及畜口致伤树木；
> ——禁做木石物料、油漆家伙坏墙宇砖石；
> ——禁寺后面左右不得寄存棺柩；
> ——禁石台左右堆积粪致污台基；
> ——禁寺内桌椅碗盏裙褥等物私自借用；
> ——禁寺内外不许放枪致瓦脊；
> ——禁容留游食僧道面目可憎之徒。"

此碑立于清乾隆三十四年（1769 年），现存于崇安寺山门古陵楼东墙外廊内。碑身为长方形，高 208 厘米、宽 72 厘米、厚 16 厘米，下有高 48 厘米的石座。从碑文禁约中完全可见崇安寺在县民心目中重要的人文地位，以及对其环境和建筑的爱护有加。除了忌讳"堆积粪"、"寄存棺柩"以及"面目可憎之徒"外，第二条还提到"禁寄放材板及禾稼、麻草等物"，这是因为寺院的木构建筑尤恐失火，但每每又会因放松警惕而造成损失。据说本慧和尚清楚地记得，寺中原有一座珍贵的东插花楼就是在抗战之前失火烧掉的，此后大和尚又再三叮嘱大家，晚上不许点灯，不得堆放柴草木料和麻匹麻秆。

第四次是道光十一年（1831年）县令谢照率众修崇安寺，并立《重修崇安寺碑记》记载修寺经过。这次修缮"始工于道光七年十月"，"迄工于本年十月"，"凡用材八千有奇，工二万二千九百有奇。""捐赀者为绅民德裕堂等一千九百八十四户"。此碑现存于山门东侧碑房内，碑呈长方形，高2.36米、宽0.78米。全文1896字，楷体竖书，计23行，每行88字，保存完好。

第五次是清道光二十一年（1841年），因年久失修，"殿宇剥蚀"，"东楼一角倾圮"，"重修大雄殿五楹，殿后新筑一龛以妥石佛。东西禅房十四楹，规模视前稍异，皆焕然一新，非复向之颓败者比矣。其他勤垣、墉易、栋梁、瓮砖、甓施、黝垩，无不完缮。"最终于清道光二十一年（1841年）立《重修崇安寺小记》碑，由邑举人宁卫卿撰写。此碑立于大清道光二十一年（1841年），现存于崇文镇崇安寺大雄宝殿内，碑呈长方形，长92厘米、宽46厘米。

此后，1960年陵川县人民委员会立《文物古迹保护标志》碑，20世纪80年代又有一次较大的修缮：1983年修插花楼东南翼角（因东南翼角坍塌，仅东南翼角替换构件，其他大木构件未动），1984年修当央殿屋顶（仅换椽翻瓦），1985-1986年修钟鼓楼和山门、大雄宝殿四栋建筑的屋顶（仅换椽翻瓦，大木未动），1987年全部修完，1989年陵川县博物馆立《重修崇安寺功德碑》。这次修缮，由博物馆主持修缮，当地施工队施工。1998年，陵川县人民政府修建寺前广场，主持修建了寺前广场和琉璃九龙壁、石狮等小品，以增添崇安寺的威严，也为日益增长的市民休闲娱乐活动需求提供了场所，并立《修建崇安寺台前广场碑记》。

二 寺院选址与布局分析

1. 寺院选址

崇安寺坐落在陵川县城西北隅的卧龙岗南段上，系城北至高地段。寺居高临下，山门楼阁建造恢弘，有虎踞龙盘，俯瞰全城之势（图4～图6）。

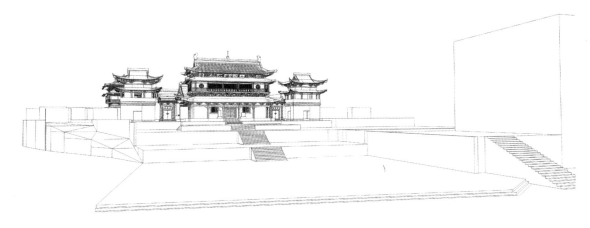

图 4　崇安寺前景模型表现图

（模型制作：李苑、徐谨、缪一新　导图：李苑）

图 5　寺院西南角照片

❶本文所用照片除特别标注外，均为笔者本人拍摄。

图 6　寺院南立面照片❶

在宋庆历六年《修崇安寺三门碑》中有一段关于寺院选址的记载：

> 余则太行自镇于北基，漫泽实彰于东界。境属乎陵川，地连乎晋野。卜吉地于卧龙岗上，纤尘四绝，特建福庆之院焉。由是盍石迴镇于金方，烟霞互映；陵阜互耸于火位，郭郭俄临……今则择龙岗之阳，控县城之北。秦城发发已临其后，太行巍巍彪镇于前。其西也，三山望以崇崇，其东也，四关交而嵘嵘于时之景，彰花木以怡神；度岁之中，睹烟霞而在目。

可知当时选择在城北卧龙岗南坡修建崇安寺，已经考虑到吉利、地势、朝向、景观等方面的因素。"纤尘四绝"说明当时卧龙岗比较荒，有较多空地可以建造寺院。"择龙岗之阳"考虑到了山南向阳，利于寺院采光。前文宋庆历六年碑记中提到："曰之崇安，盖取崇高安宁之义也。"崇安寺之名，取崇高安定之意，"崇"字也点明了寺的选址，即所谓"三山望以崇崇"。"盍石迴镇于金方""陵阜互耸于火位"，其时或曾请人看过地形风水。"控县城之北"说明宋时崇安寺还位于县城之北的高地上居高临下，似不在当时平坦的县城范围内。

明碑《重修崇安寺碑记》中也提到"途开方便，门阖慈悲，直上微妙之台，周环功德之水，层楼数仞。危阁千寻。雉堞平临，龙岗横卧。俯万家之烟火，拱一邑之峰峦。"可知当时崇安寺坐落在卧龙岗南坡，北有山脉拱卫，周有水系环绕，寺内建有高楼，是一个藏风得水、俯瞰万家的宝地，符合中国传统建筑选址所遵循的风水之说。

明万历四十一年碑《佛宝舍利来源录》中有"到陵川县城外崇安寺上宿时……"一段，说明当时崇安寺也应还在陵川县城的外面。清四库全书《山西府志》中泽州境图中有陵川县城的一个示意图，有城墙环绕，城墙内未标崇安寺。

对于崇安寺的地势，清代泽州守刘钟英在《游崇安寺》诗中写道："势连城市北来山，楼高却望陵川下，雨袖天风暮倚阑"，邑人王魁陵《暮雪望崇安寺怀古》中有"独立城外西岭，北望卧龙岗崇安寺古陵楼，巍峨空蒙，隐现浮沉"，前人《登崇安寺古陵楼》诗中也有"危楼百尺俯孤城"之句，都表示寺在城市与北面山之间，登上山门楼，凭栏远望，可以俯瞰陵川城。

据访谈资料判断，"文革"之前县城内还保留有比较完整的老城墙，"文革"中被拆除，老县城的位置应在今棋源宾馆、古陵路、文化路、康复路之间2公里的范围内，四周有城墙环绕。如今城墙均已拆除，陵川县城范围已大大拓展，崇安寺已被纳入县城境内，而且成为了县城北部的一个文化活动中心。

2. 现存寺院总体布局分析

今之崇安寺四周有陆续修建的寺墙环绕，寺墙内的基址现仅约东西50米×南北90米，现存三进院落。在地平高度上看，整个寺院从南向北节节升高；而从屋顶天际线上看，顺着中轴线从前往后，古陵楼、当央殿、大雄宝殿、石佛殿依次降低,呈前高后低之势。

　　全寺基本为南北向轴线布置,但轴线略向西偏,山门古陵楼向西偏移最多,与寺院轴线形成一定偏角。从实际地形来看,寺之建造,或为营造出寺院前导空间的庄严形象,或为顾及风水,山门正面朝向岗前平川,当央殿和大雄宝殿则顺应卧龙岗的地势而偏移了一定的角度,形成现在略有偏角的中轴线(图7)。

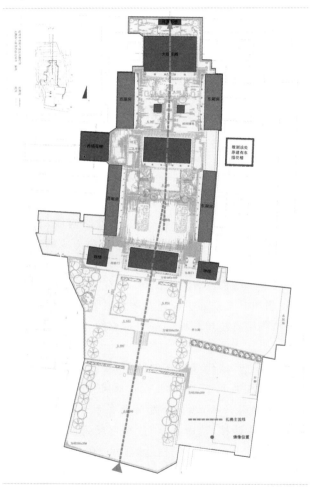

图 7　崇安寺轴线示意图

(自绘)

　　山门古陵楼的台明比寺前广场高出约 7.2 米,楼前有广阔的月台,月台前现修有两层平台。山门为两层楼阁,重檐歇山三滴水,体量宏大。山门两侧有钟、鼓二楼相峙,西面是鼓楼,东面是钟楼。在钟、鼓二楼的烘托下,寺门一线形成了一组层次丰富轮廓优美的构图,气势巍峨,成为寺前广场、寺前街和周边街区的视觉中心。钟、鼓楼与山门之间的寺墙上各开一掖门。山门平时不开,进出寺院往往通过掖门(图8)。

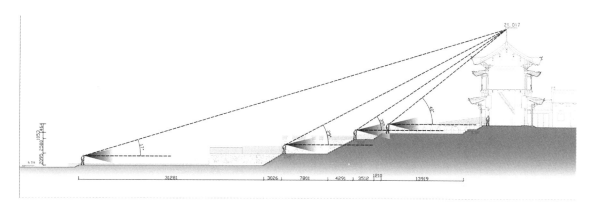

图 8　前广场横剖面图

（赵凯波绘）

穿过西披门进入第一进院（约 25 米见方），院落大而开敞，院子地平比山门前月台高出 1.1 米，院中有两棵高大的古松树（图 9）。院落迎面正中为当央殿（过殿），单檐歇山式屋顶。院内东西厢房各 11 间，为清代翻修之物。当央殿前月台宽敞舒适，修建于 1980 年代。

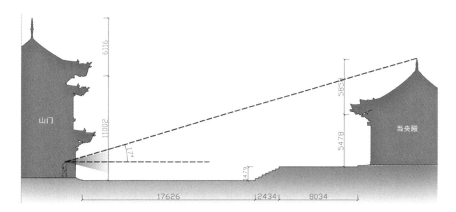

图 9　一进院横剖面图

（赵凯波绘）

当央殿西侧有西藏经阁（即西插花楼），两层重檐三滴水。当央殿东侧（据当地老人和文物部门介绍）抗战前曾有东藏经阁（即东插花楼），与西藏经阁对峙，形制与西藏经阁如出一辙，惜毁于战火。

二进院（约 20 米见方）略小，地平比第一进院落高约 1.1 米（图 10）。院内有两棵大雄宝殿前还有两株三亿两千万年前的古皂角槐硅化木，树干挺拔，纹理分明，两人方能抱合。更有趣的是，此树头在地下根部朝天，为古刹更增添了庄严气氛。院落迎面正中为大雄宝殿，单檐悬山大殿。院内有东西配殿各 7 间。

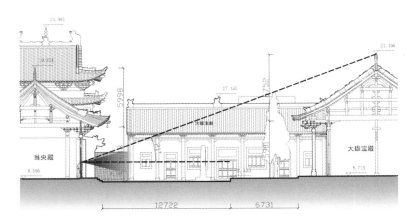

图 10 二进院横剖面图

(赵凯波绘)

从东侧绕过大雄宝殿,后面还有很窄的一进小院(东西 25 米 × 南北 6 米),地面长满杂草,院子最北就是寺的后墙了。寺后墙之外现在为陵川县一中所占,以前也是寺中之地。后墙壁前现有一个佛龛式的影壁,内有一组石雕佛像,据说是隋代石刻。佛龛顶上有比较简单的硬山单坡屋顶覆盖,后墙及硬山单坡屋顶均为清代所建。

以上是我们今天能够看到的场景,此外,古代邑人留下的诗文还告诉我们一些看不到的场景。很多诗中描写寺中古老的松树,如"昔时曾记白头僧,问树知年僧摇手";"烟霏雾霁佛天缘,老松偃盖根蟠屈";"冰雪空山苍鬐踞,长护前王埋骨处"。寺中可以住宿,"当秋度月影婆娑,有客羌来松下宿",应有一些客房。多首诗提到寺中"登高"、"楼高"、"危楼"、"殿阁"等词,说明古陵楼在周围环境中算是很高的建筑了。李开秀《古陵烟寺》诗句"城郭烟霞老,苍苍抱寺门,回廊留月色,斜壁走云痕,静影香台绕,清音石磬存,禅林一夜雨,市井涤心魂"中则依次有"城郭、寺门、回廊、斜壁、香台、石磬"等名词,从大到小,由外而内层次很清晰。最后,从"前人"所作的《九日登崇安寺》诗"萧寺秋烟里,登高一破颜,白杨寒古墓,黄叶响空山。落日风吹帽,斜阳僧叩关,月明新桂树,无复问谁攀"、泽州守刘钟英《游崇安寺》"客里聊偷半日闲,旧时僧去知还还,秋初浑爱桑麻长,雨罢频听殿阁寒。声落烟云南过雁,势连城市北来山,楼高却望陵川下,雨袖天风暮倚阑",以及清代县令雷正《崇安寺》"得暇来探古寺中,清风白日兴何穷,冈峦历落丹崖渺,林木萧肃碧殿崇。四面烟生开晚照,一楼云气出遥空,自嫌不是陶彭泽,为觅微钟问远公"等诗句中似乎还可以看到,当时的寺周边环境比较空旷,还有白杨、黄叶等不少树木。而且去崇安寺拜佛听松,登高题诗,也被历届文官当做一件雅事。

三 建筑单体分析

寺中现存有山门(又名古陵楼),当央殿(当地今称"过殿"),山门两侧钟楼、鼓楼各一座,当央殿西侧西插花楼(藏经阁)一座,大雄宝殿,两侧厢房以及石佛殿。

1. 山门(又名古陵楼)

山门又称"古陵楼",因后赵皇帝石勒的疑冢而得名,"古陵"即指石勒墓。据宋《修崇安寺三门碑》中所记:"太平兴国三岁,姑洗月,改赐敕额,曰之崇安,盖取崇高安宁之义也……斯乃创制乎三门焉。然后揆日裁基,功程藏事。"唐时称寺院正面之大门为"三门",不一定非由三座门组成,虽然确有并列三座门的做法,或以左右两侧的单层门屋挟持着中间一座二层的门楼,但即使仅有一座门殿,也往往被称之"三门",其意当来自佛经中的"三解脱门",如《维摩诘所说经》中就有:"于一解脱门,即是三解脱门者,是为入不二法门。"《佛说法印经》中有:"此法印者,即是三解脱门,是诸佛根本法。"意思是说,入寺院门可得三解脱。后世寺院正门多称"山门",很可能是从"三门"的称谓演变而来,宋时的寺院中"三门"和"山门"两种称谓即已都有使用。

北宋太平兴国三年(978年)所创建山门的形制不详,宋庆历六年(1046年)《新修崇安寺三门碑》中有几句模糊的描写,"然后揆日裁基,功程藏事。莫不芬撩攒空,栾栌峙险。丹楹刻桷,因之而鳞次;藻井雕甍,由是乎翼舒。瓦陶虞帝,码炼娲皇。经始不日,于言口工"❶除了通过栾栌、丹楹刻桷、藻井雕甍、翼、瓦等构件能看出三门采用中国古代传统木构殿宇或楼阁的做法,且工程质量比较讲究外,尚难了解宋代山门的具体样貌。重修过程中,部分宋代的构件被保留了下来,比如古陵楼底层明间前檐大门处,至今还保留有宋代石门框、门砧石一对、石狮一对。石门框上门楣处有石刻铭文,说是北宋嘉祐辛丑(1061年)六月,新建的藏经阁和山门都已建成,第二天县令要来视察:"嘉祐辛丑六月□日,泽州陵川县崇安佛寺,新作经藏山门成具,明日县令河南裴翰俱尉县东唐□来观"。说明此时山门已经建成,从宋庆历六年(1046年)到宋嘉祐辛丑(1061年),经历了15年左右。

此后多年,山门或又经过多次修缮,前文提到的历史上五次大修中,明万历四十一年(1613年)那次修寺中提到了古陵楼,明万历天启年李翠秀《重修崇安寺三门碑》记载,当时寺院"岁久倾圮",举人韩国宾率众重修崇安寺,"韩公率檀福而重葺之:大雄宝殿五楹,当央殿五楹,有古陵楼,有藏经

山西陵川崇安寺的建筑遗存与寺院格局

❶引自《新修崇安寺三门碑》。该石碑刻于宋庆历六年(1046年),现存于陵川县城中心崇安寺内。

阁,东西禅院并余僧舍若干。"山门即有可能在此时整修。现存山门遗构虽有宋式尺度和做法,但其大多构造和风格更接近明代,文物部门倾向认为其为明代遗构。

现存山门(又称古陵楼)是寺院中轴线上第一座建筑,形制宏大,是陵川境内已知规模最大的楼阁式建筑。古陵楼面阔五间,进深三间六架椽,楼高两层,重檐三滴水歇山屋顶(图11,图12)。

图 11　崇安寺山门南面照片

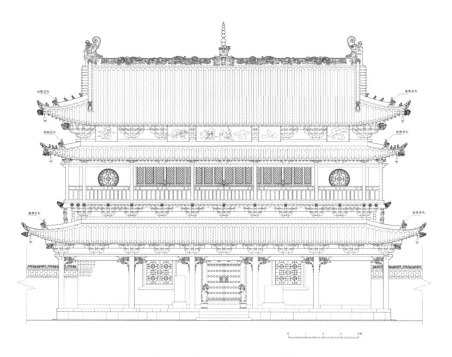

图 12　崇安寺山门南立面图

(贺储储,于尧 绘)

（1）平面

古陵楼底层台基东西长 19 米，南北宽 9.2 米，前檐台明高出前檐地面
0.71 米，后檐台明高出后檐地面 0.395 米，压槛石顺边铺砌，压槛石内平铺
青砖。台基侧面平铺石板，台基底可见石砌金边一圈，金边之外前檐和两侧
有散水，后檐散水不明显。台明外侧于前檐明间设台阶三步、后檐明间设台
阶两步。

该楼底层面阔 5 间共 18.47 米（含周围廊），进深 3 间共 8.65 米（含周
围廊）。四面均有厚约 1 米的承重墙，承重砖墙内未见木柱痕迹。墙外四周
设廊，廊宽约 0.8 米，廊柱 16 棵（图 13，图 14）。

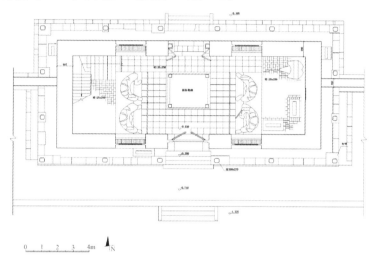

图 13 崇安寺山门一层平面测绘图

（邵园 绘）

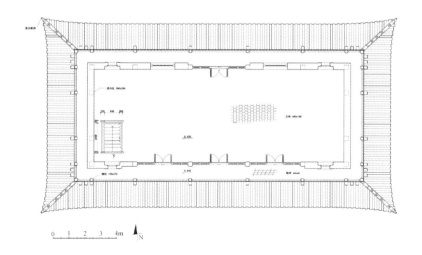

图 14 崇安寺山门二层平面测绘图

（谭颖 绘）

二层面阔 7 间共 16.3 米(含周围廊),进深 5 间共 6.28 米(含周围廊)。四面阁身墙与楼下承重墙的位置大致相对,墙厚不到楼下承重墙的一半,阁身柱共 16 棵置于墙内。墙外四周设廊,廊宽约 0.7 米,廊柱 24 棵,柱脚均比楼下围廊的檐柱向内收 10 厘米左右。

（2）梁架、柱

古陵楼底层四面承重砖墙厚约 1 米,墙表面和强顶部均未见木柱痕迹,前后檐墙上开门窗面积很小。墙上承托普拍枋,枋上置平坐斗栱,斗栱上部托梁,梁间连枋,梁枋上搁置楼板,梁两端和边梁上立有二层柱。

二层阁身梁架露明,七檩六架椽用四柱。二层阁身四面檐墙与楼下承重墙的位置大致相对,墙厚不到楼下承重墙的一半,阁身柱共 16 棵置于墙内,柱底落在底层梁上。阁身四周设廊,廊柱 24 棵,柱底落在平坐出挑梁头上。踩步金檩(或称系头栿)搁在角梁后尾上。平坐和二层主梁的高宽比皆约为 3:2,接近宋《营造法式》的比例,比清代近乎方形的做法更为合理。

该楼柱式接近清式做法。底层廊柱径 0.30 米,柱高 3.06 米;二层廊柱径 0.17 米,高 1.97 米;二层阁身柱径 0.31 米,柱高 3.20 米;柱径和柱高的比例大致都在 1:10 左右。此外,下层廊柱径近乎是上层的两倍,柱截面采用方形削去面宽约为六分之一的四角,而成八角柱,增强外檐的秀丽感。

底层明间、次间、梢间面阔分别约为 3.58 米、3.46 米、4.0 米,与柱高(3.06 米)之比分别为 1.17、1.13、1.31,正面开间高宽比例接近方形,且有扁长倾向,与宋代诸多遗构的比例相似。或因受到宋代山门基础和建筑尺度的影响(图 15～图 17)。

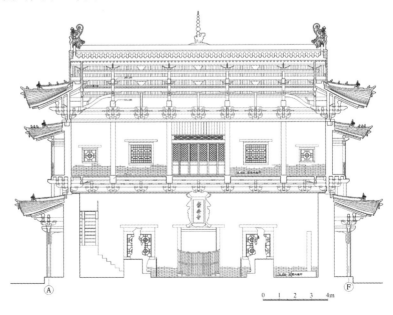

图 15　山门纵剖面图

(孔君涛 绘)

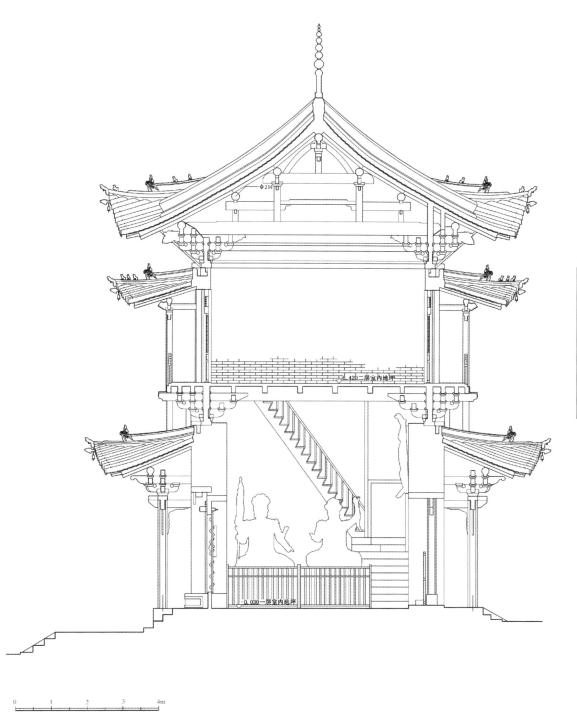

图 16　山门明间剖面图

（顾志琦 绘）

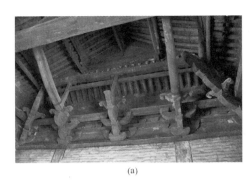

(a)　　　　　　　　　　　　　　　(b)

图 17　山门梁架详图

（3）斗栱

该楼斗栱有四层：一层围廊斗栱、平坐斗栱、二层围廊斗栱以及二层阁身上檐斗栱。除了二层围廊斗栱简单得只有一只大斗外，其余三层斗栱均有柱头斗栱、转角斗栱和补间斗栱。开间较大，仅一朵补间斗栱，显得非常疏朗。二层围廊柱头仅设一斗，从结构上减轻了二层外檐荷载，外观上也主次得当。从整栋楼阁的斗栱尺度和分布距离来看，其结构意义大于装饰意义。

一层檐斗栱用三踩单翘，平坐及阁身上檐斗栱都用五踩重翘。一层围廊柱高 3.03 米，斗栱层高 0.58 米，斗栱层约占檐下高度的 1/5～1/6，接近明清简约做法；二层阁身柱高 3.2 米，斗栱层高 0.82 米，斗栱层约占檐下高度的 1/3～1/4，接近宋金时的华丽风度。

此外，蚂蚱头上多刻有龙头象鼻，是山西明清建筑的特征。每组斗栱均出斜栱，斜栱的栱面皆采取斜切形式朝向正面，斗面多采用菱形，形成斗栱正面丰富的层次，具有明显的山西地方特色。此做法与其柱截面做法相一致，进一步塑造了山门秀丽精美的形象。

（4）门窗、匾额、装修色彩

前后檐承重砖墙上，明间各开一门，两侧次间各开有一方洞花窗。二层前后檐墙上门窗面积明显比底层大很多，室内也敞亮许多，显示出非承重墙开洞采光的优越性。前檐明间和次间均开隔扇门窗，梢间各开一小圆洞花窗；后檐明间开隔扇门窗，次间各开一方洞花窗，梢间各开一小圆洞花窗。门窗式样较新，是新中国成立后修缮时替换。

山门正面二层上檐正中悬挂有"古陵楼"牌匾一块。匾两侧另有牌匾 4 块，比较均匀地设置在拱眼壁之前，分别书有"行山钟秀"四个大字。山门背面二层上檐檐下，也有均匀分布在拱眼壁前的 4 块牌匾，分别书有"留月栖云"四个大字。

山门底层明间大门仍保留着宋代的石门框、门枕石和石狮一对，门框横梁上刻有"嘉祐辛丑六月三日"的题记，当是宋仁宗嘉祐六年（1061 年）所建山门的构件。石门框上还刻有精美的宋式卷草花纹。门框下连着门枕石，门枕石前有一对石狮子,也是宋代遗物。用石门框,或受到流行于河南宋代佛寺做法的影响。

（5）屋顶

最初的山门创制于宋初,但经过明代重修和多次修缮,屋面基本应为明清遗构。

古陵楼的屋顶为二层重檐三滴水歇山屋顶。屋面为灰色筒板瓦铺制,黄绿色琉璃剪边。十一条脊皆采用彩色琉璃脊件,正脊两端彩色龙吻对峙,四条戗脊端头应有走兽,现大部分已残毁,仅一角残存部分走兽。

2. 当央殿

当央殿位于崇安寺中央,是第二进院落的正殿,是一座五开间单檐歇山顶大殿(图18,图19)。因为殿内供奉毗卢遮那佛,亦称毗卢殿。又因是从山门到大雄宝殿需要路过的殿,现被当地人称"过殿"。又明《重修崇安寺碑记》中曾记"当央殿五楹(即面阔五间)",当央殿北墙上有明万历四十一年所刻《佛宝舍利来源录》,清乾隆三十四年《重修崇安寺禁约序》碑中有"整修当央殿□□东西南楼"的字样,从碑记线索看,当央殿在明清时期应有整修。结合大殿的构架特点看,当央殿应为明清遗构。

当央殿台基东西18.4米×南北12.2米,前有月台东西10.7米×南北8.0米。月台三面有石栏板,多为后世所修,三面正中皆有台阶通向院落。殿身面阔五开间(15.2米),进深三间六架椽(9.8米)用四柱,四椽栿前后对乳栿,脊槫下用叉手,无托脚(图20,图21)。

图18　当央殿正面照片

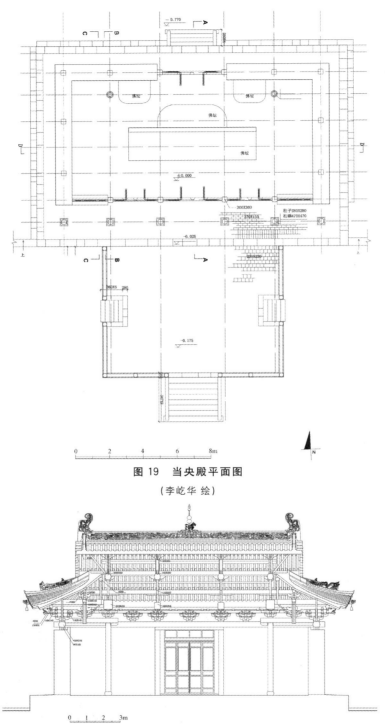

图 19　当央殿平面图

（李屹华 绘）

图 20　当央殿纵剖面图

（符传庆 绘）

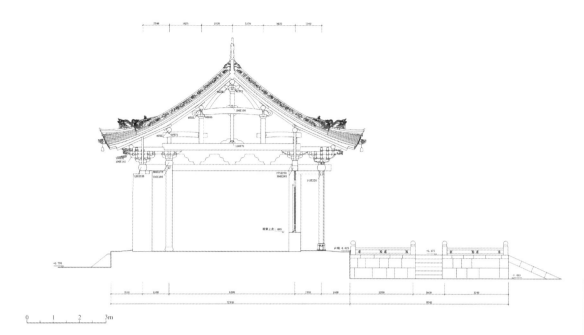

图 21 当央殿横剖面图

（贾崇俊 绘）

当央殿有明显的斗栱层，属殿堂型构架。内柱略高，因此内柱头斗栱少一跳，使得内部空间稍有扩大。内柱仅有前后两排，前排内柱有四棵，后排内柱仅两棵，去掉了中间两棵以放置佛像，其上额枋亦随柱减而断开，应是为扩大殿后部的礼佛空间，使殿后佛坛空间不至狭促。前后内柱置于下平槫下，与山面柱子并不相对，也是为了使礼佛空间足够宽敞。由此可见柱梁构架中，在细部节点构造上，有了几处小的创新和尝试。此外，踩步金槫（系头栿）搁在角栿后尾上，在其角栿下方还设垂莲柱稳定节点。正面和山面的柱头均无生起。

当央殿柱头斗栱各一朵，各间补间斗栱一朵，转角斗栱四朵。正面檐柱柱头斗栱为开花斜栱，无耍头。补间斗栱有耍头，多雕成龙头形状。檐柱柱头斗栱均用五踩重翘，内柱柱头斗栱用三踩单翘，内外斗栱顶部取平。外檐斗栱兜圈，与柱梁枋共同构成密实、完整的框架。内檐斗栱因后排内柱明间减两柱，在殿后部没有兜圈闭合，整体性能应有减损。但内外檐斗栱均为殿身造型和室内空间塑造提供了丰富的装饰。

殿内光线较为充足，正中略偏后设墙，墙前佛坛内塑"华严三圣"像，正中毗卢遮那佛，左为骑狮文殊菩萨，右为坐像普贤菩萨。墙后亦有佛坛，两侧供地藏菩萨和大势至菩萨，后排内柱减柱即为此留出足够的空间。佛像均为后世所塑，至今仍有香火。东西山墙彩绘着观音救八难的大型壁画。

当央殿两山和后檐设厚约 1 米的墙，柱子包在墙内，仅后檐明间用隔扇门 4 扇。正面檐下开敞，前排内柱沿线设门窗，明间和次间各用隔扇门 4 扇，梢间用隔扇窗各 4 扇，窗下为厚约 0.6 米的砖砌槛墙。

当央殿屋顶为单檐歇山顶,屋面为灰色筒板瓦铺制,十一条脊皆采用彩色琉璃脊件,正脊两端彩色龙吻对峙,垂脊和戗脊端头的走兽完好,应为后世修缮之物。

3.钟鼓楼

钟鼓楼分别位于山门的东西两侧,鼓楼在西,钟楼在东,钟鼓楼形制相同,外观和尺度如出一辙。据《重修崇安寺禁约序》记:"又创钟鼓二楼",可知山门两侧对峙的钟鼓楼创建于清乾隆三十四年(1769年)。大约4年后又有一次修建,据鼓楼内保存的《鼓楼施地记》记载,乾隆年间由于"西之鼓楼限于旧趾较隘,于东无以雄并峙之观",当时的痒生曹澜和族人商量主动让出家庙祀田一分五厘而使鼓楼得以扩建,终于让大小一样的钟、鼓楼对称地雄峙于寺前。

据测绘数据,钟楼和鼓楼形制完全相同,都是下为一层砖砌高台,上为重檐歇山殿阁。尺寸也十分接近。以钟楼为例,一层台高4.35米,平面东西6.9米×南北6.2米,四面有厚约1.4米的砖墙,内有方室,室内中部设置木架悬挂着宋代铁钟(鼓楼内清代曾悬挂着一面鼓,可惜已毁)。一层前檐墙外侧砌阶梯,可登至二层;后檐墙正中开门洞,可进入一层室内(图22)。

殿阁平面近方形,面阔、进深各三间。二层台面东西7米×南北6.3米,台边立檐柱,承托二层下檐;檐柱向内半米有砖墙,厚约62厘米,砖墙砌到二层上檐普拍枋下,承托上檐斗栱和屋面荷载。檐柱和砖墙之间为宽约半米的回廊,檐柱之间砌有砖砌漏花栏板。其实,二层的栏板、檐柱、回廊和承重砖墙,均位于一层厚砖墙的顶部。上下层砖墙连为一体,上层砖墙即下层砖墙的内侧继续向上砌筑(图22)。

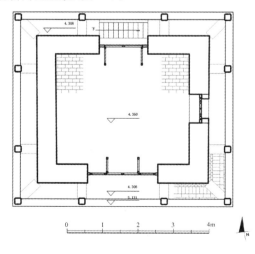

图22 钟楼二层平面

(郑凯竞 绘)

二层下檐屋架只有一步架,抱头梁头搭在檐柱头大斗上,梁尾插在砖墙里。二层上檐屋架进深三间四架,踩步金檩搁在角梁后尾的蜀柱柱头大斗上。上檐斗栱用五踩重翘,下檐很简单,仅置一斗和替木(图23)。钟楼和鼓楼二层上檐檐下正中分别悬挂"晨钟"和"暮鼓"之匾。

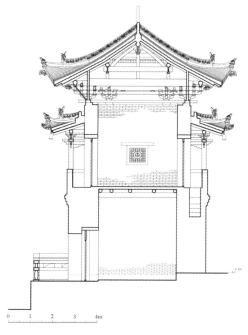

图23 鼓楼横剖面图

(刘芸 绘)

在汉传佛教寺院中,钟鼓楼相对之制的流行大约在明代。而钟楼的建制,则是早在唐代就已有之。寺内置钟鼓,最早应是出于寺内僧人每日修行的需要,所谓朝暮课诵,多是以钟鼓声来规范僧人的作息安排。有些寺院对钟鼓的安置比较随意,不单独建造钟鼓楼,而将钟鼓置于大雄宝殿内。也有的在大殿前左右建亭,亭内置钟鼓,如大同善化寺、华严等寺。陵川地区佛寺中原有钟鼓楼配置的佛寺共7座,占有相当大的比例。但是大部分佛寺的钟鼓楼现已不存,仅能从碑文石刻中获得一些信息,其具体位置已很难考证。钟鼓楼留存至今的佛寺有3座,分别是崇安寺、南吉祥寺、福兴寺,均在山门两侧,多为清代加建。崇安寺的钟鼓楼相对立于山门两侧,相比其他地区常见的钟鼓楼立于山门内院两侧的制形,更加靠前,形成一种独特的寺院前立面形式。

4. 西藏经阁(西插花楼)

西插花楼实为"藏经阁",当地俗称作插花楼,是因为觉得藏经阁屋檐翼角起翘形态与新科状元所戴的插花官帽相似,所以称其为插花楼以喻高中状元吉祥如意。据当地老人和文史工作者介绍,以前当央殿两侧各有一座藏经阁（插花楼），相对而立，可惜东藏经阁（东插花楼）近代已毁，现仅存西插花楼（藏经阁）一座，位于当央殿西侧（图24，图25）。

图24　西插花楼

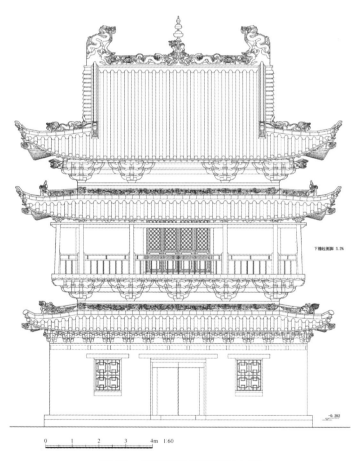

图25　崇安寺西插花楼东立面

（吕晨晨 绘制）

山门古陵楼的宋代石门框上门楣处有石刻铭文,提到寺中有"经藏":"嘉祐辛丑六月□日,泽州陵川县崇安佛寺,新作经藏山门成具,明日县令河南裴翰俱尉县东唐□来观"。说是北宋嘉祐辛丑(1061年)六月,新建的藏经阁和山门都已建成,第二天县令要来视察。明天启年间《重修崇安寺碑记》中亦提到寺中有藏经阁:"崇安寺陵古刹也。岁久倾圮,有识者,已心忧焉鸣也,韩公率檀福而重葺之:大雄宝殿五楹,当央殿五楹;有古陵楼,有藏经阁,东西禅院并余僧舍若干。"说明从宋代到明代,寺中一直就有藏经阁。

据在崇安寺工作了32年专门负责文物工作的陵川文物局局长郑林有先生口述,1983年修西插花楼时,他曾在西插花楼前挖到有唐砖(他非常确认是唐砖的尺寸和感觉,并且在那次修缮后埋到了后院硅化木下面,以备以后研究),那么在宋代所建藏经阁的基础上,唐代或也曾有建筑。

现存西插花楼(藏经阁)大部分为明、清遗构,部分构造仍保留着金、元特征。现存插花楼二层上檐戗脊上,还保留有一块烧有"乾隆年制"题记的脊瓦,确认其屋顶在清代乾隆年间曾有整修。郑林有先生还清楚记得1983年修西插花楼的时候,室内老角梁和子角梁之间的角枨下方有墨笔楷书"大清乾隆三十一年"(1766年)的题记,那么当时可能有落架大修。清乾隆三十四年《重修崇安寺禁约序》中所说"整修当央殿□□东西南楼",东、西楼应即指东、西两座插花楼。

现存西插花楼(藏经阁)是典型的楼阁式建筑。楼高两层,上下层之间设平坐勾栏,两层平面均为方形,面宽、进深均为三间,二层周匝有缠腰。外观二层重檐三滴水,歇山顶,彩色琉璃剪边。

(1)平面

整个楼阁坐落在一个方形台基(10.80米×10.60米)上,台基高0.37米,四边均用石砌。

楼阁一层平面近方形,面阔三间共6.52米,进深三间共6.47米,当心间稍大,宽2.63米,次间宽约1.95米。共用檐柱12棵,没有内柱。外侧包有厚约1.5~1.6米的承重墙。厚墙上,仅前檐当心间开门,次间各开一小窗(图26-a)。

二层平面有一圈阁身柱和一圈缠腰柱,阁身三间共7.09米,当心间稍大,宽3.46米,次间宽1.81~1.82米。进深三间共7.02米。缠腰深0.9米,净宽约0.5米。二层阁身前檐墙当心间开隔扇门四扇,两山墙当心间开较小的圆洞窗(图26-b)。

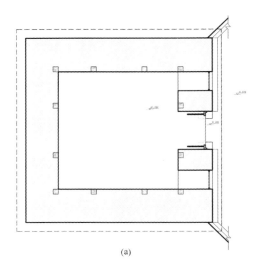
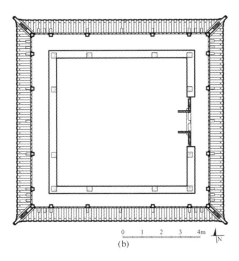

图26　插花楼一层、二层平面图

（张杨 绘制）

（2）屋身、梁架

一层层高5.527米。厚约1.5～1.6米的承重墙仅高一层,墙顶外侧直接搁置一层檐椽,墙顶内侧略高过一层檐博脊,墙顶置一圈普拍枋,枋上承托平坐斗栱。平坐斗栱上托平坐梁,梁间穿有圆形截面的楼板枋,上铺楼板。平坐上立二层柱。上下层柱网并不相对。

二层屋架为彻上露明造。横向看为六架椽屋用两柱,四周有缠腰（图27）。二层缠腰柱高1.9米,阁身柱高3.3米。二层缠腰柱有明显侧脚,约3.2％。阁身柱头有一圈阑额,外檐施双杪计心五铺作斗栱,内檐双杪偷心。斗栱上托六椽栿,六椽栿用天然弯木,栿上两端托橑檐枋。脊槫下有叉手,均无托脚,下平槫下有枋辅助稳定。角栿用天然弯木,角栿后尾搭在六椽栿与丁栿交接处,系头槫下于角栿后尾中部和丁栿上置蜀柱,承托系头槫。丁栿也用天然弯木,端头与六椽栿的咬接比较简单随意（图28）。

据清华大学建筑学院历史所2009年实测数据,脊槫与上平槫之间架深1.29米,架高0.938米,举折近0.73;上平槫与下平槫之间架深1.425米,架高1.043米,举折近0.73;下平槫与橑檐枋之间架深1.4米,架高0.675米,举折近0.48。坡度比较平缓。符合《法式》"椽每架平不过六尺"的规定（图29）。

二层缠腰深一架共0.9米,缠腰柱上置斗,斗上托乳栿,乳栿另一端插在阁身柱上。在屋身立面外观上,底层比较封闭厚实,外表砖墙为近代修缮中砌筑,墙头砖雕斗栱也比较僵化。原有样式已难考。虽歪闪和破损较严重,测量数值已有较大偏差,但仍能看出檐口柱头有生起。

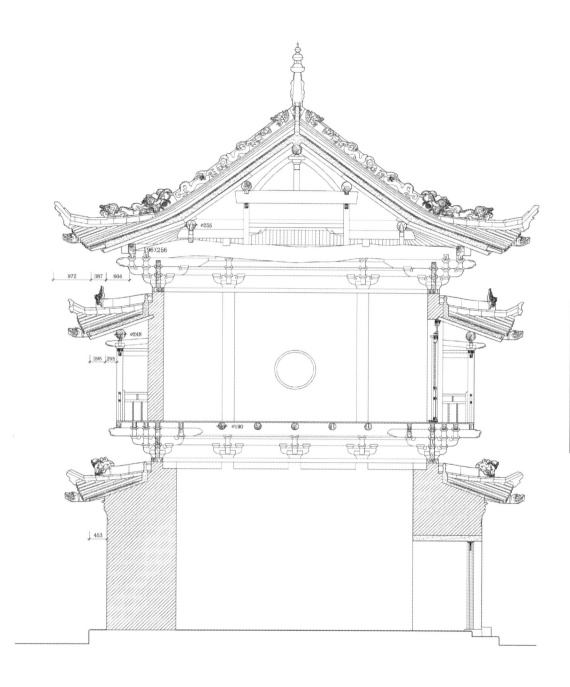

972 387 604

96X256

Ø255

Ø248

395 295

Ø190

453

0 1 2 3 4m

图 27 崇安寺西插花楼横剖面

（韩天辞 绘制）

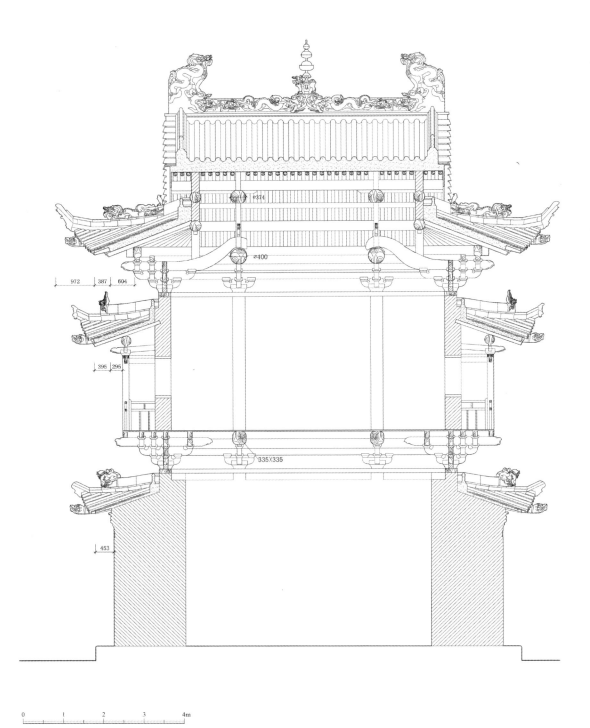

图 28　崇安寺西插花楼纵剖面

（韩天辞　绘制）

(a)　　　　　　　　　　(b)

(c)　　　　　　　　　　(d)

图 29　崇安寺西插花楼二层室内梁架照片

（3）斗栱

除平坐当心间有 1 朵补间铺作外，其余均无补间铺作。二层只有柱头和角部铺作。平坐和二层阁身柱斗栱均用双杪计心造五铺作，里跳用两跳华拱压于梁下，单材平均高度在 17 厘米左右，足材平均高度在 23 厘米左右，相当于宋《法式》中的六～七等材，以宋《法式》的规定仅小殿亭榭厅堂才用，比之宋代佛寺配阁用材（一～四等材）明显偏小。斗栱的要头上套龙头装饰。平坐和二层阁身柱斗栱用材和体积都较大，在立面构图上近柱高之一半。

（4）屋顶及其他

屋顶为歇山样式，屋面曲线平缓。脊橼不陡，檐橼坡度平缓，明显比当地明清歇山屋面的坡度柔和舒缓，有大方古朴之美。

屋面施琉璃筒瓦，屋檐彩色琉璃剪边。屋脊均采用黄绿琉璃脊件，正脊两端彩色琉璃龙吻，正中为象驮宝瓶。在垂脊、戗脊和屋面脊瓦上，还有"乾隆年制"等字样，说明屋顶在乾隆年间有过全面修缮（图 30）。

墙砖尺度较大，超过现代常用砖。平坐补间斗栱大斗下垫砖，可能是修缮时为找平斗底而垫。平坐斗栱间用砖竖铺填补。砖墙外为常见抹灰做法，一层东立面（朝向当央殿）现为红漆涂抹。二层当心间正面隔扇门用四宛菱花鱼鳞纹隔扇，平坐外缘用木质直棱勾栏。

此楼阁的屋架形式、当心间次间的间广与柱高之比、斗栱用材，与《法式》规定相近。在角梁、六橼栿采用天然弯木，梁栿搭接比较自由随意等做法上，表现出元代建筑特点。在国家文物局发布第六批文物保护单位信息中，崇安寺被列为元到明清时期建筑，其中元代建筑即指西插花楼。

(a)   (b)

图30　西插花楼屋脊瓦件字刻

5. 大雄宝殿和两侧厢房

寺院第二进正殿名大雄宝殿，在当央殿之后，是一座五开间单檐悬山顶大殿。明《重修崇安寺碑记》中称"大雄宝殿，五楹（即面阔五间）"❶，说明在明天启年间已有大雄宝殿。清道光二十一年（1841年）《重修崇安寺小记》中又记："重修大雄殿五楹，殿后新筑一龛以妥。"说明大雄宝殿在清道光二十一年（1841年）重修，现存主体应为清代遗构（图31，图32）。

❶参见本文附录。

图31　大雄宝殿

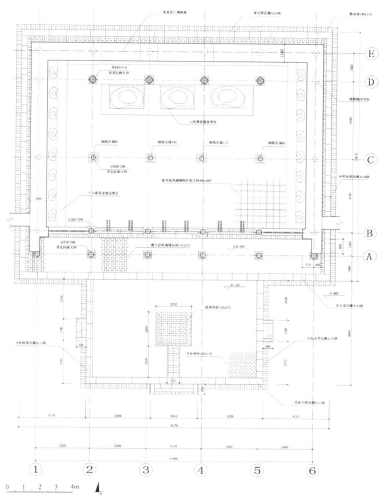

图 32　大雄宝殿平面图

（胡若函 绘）

　　大雄宝殿殿身面阔五间共 16 米，进深四间八架椽，六架梁前后对抱头梁（共 10.4 米）用五柱。正面明间、次间各用隔扇门 4 扇，梢间用隔扇窗 4 扇，其余三面均为厚墙，不设门。斗栱用材和体积明显减小。正面柱头斗栱和补间斗栱皆用五踩重翘，拱身雕成象鼻昂头形，端头雕三幅云（图 33）。殿内光线略显昏暗，殿内供奉着横三世佛，中间佛教教主释迦牟尼佛，左边药师佛，右边阿弥陀佛的金身坐像和迦叶、阿难的立像。东西两侧 16 尊者塑像，神态各异，颇具动感。大雄宝殿门旁的石柱上有两副耐人寻味的楹联：其一：白云缭绕度苍松总是千般幻影；明月婆娑辉宝座传来一盏孤灯。其二：一念自能归正觉，万方谁得见如来。

　　屋顶为单檐悬山顶，屋面灰瓦绿剪边，琉璃脊饰。大雄宝殿外观规模宏大，比之西藏经阁和山门明显呆板。

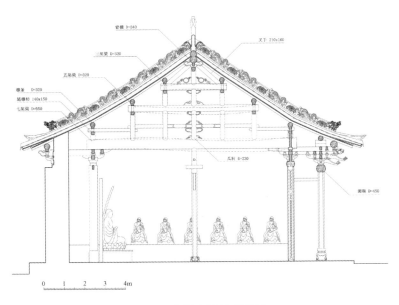

图33　大雄宝殿横剖面图

（王焓　绘）

　　大殿两侧有厢房十四间，与清道光年间《重修崇安寺碑记》提到"东西禅房十四楹，规模视前稍异，皆焕然一新，非复向之颓败者比矣"相符，可知大殿两侧十四间禅房的格局形成于清道光年间。大殿两侧现存东西禅房构造比较简陋，皆高二层，但层高较小，所以总高不及大殿。禅房进深四架加前檐廊。经过多次修缮，现存建筑基本为清以后重修，现用作陵川县文物管理局办公室和储藏室（图34）。

图34　大雄宝殿两侧厢房

院落东侧厢房的南端建有一间碑房,正中砌有一面碑墙,三块清代石碑嵌于其中,墙前还放有一座明代崇祯年间的石碑。碑墙顶上用砖砌出坡屋顶的样式,屋面用砖雕筒瓦,瓦下有砖雕飞椽,檐口用砖雕斗栱。碑房后为锅炉房,所以碑房地面上现在堆满了蜂窝煤。

6. 石佛殿

大雄殿后有一个佛龛,上书"开甘露门",是现存寺院的最后一进院落的建筑,当地叫石佛殿。佛龛内有一块石雕佛像,佛龛顶有比较简单的硬山单坡屋顶覆盖,没有门窗,仅作遮蔽风雨之用。此硬山小屋构造比较简陋,其形式早不过清代。据现存清道光二十一年石碑《重修崇安寺小记》中说:"殿后新筑一龛以妥石佛",说明佛龛建于道光年间以妥善供奉石佛像,石雕佛像之前不一定供奉于此。佛龛建于清代,佛龛上的屋盖应早不过此,或系同时所建,为佛龛的一部分。专门为其建造佛龛和屋盖,也说明石雕佛像比较珍贵(图35)。

图35 石雕佛佛龛

龛内的石雕佛像表面风化严重，但人物姿态生动，体形、比例颇有隋唐风格。石雕上有一佛二弟子二菩萨，是隋唐石窟造像中常见的"一佛四弟子"构图。在同类造像中，中间常为释迦牟尼佛，佛两侧弟子分别为迦叶尊者和阿难尊者，两边菩萨分别为文殊菩萨及普贤菩萨。文物部门认为是隋代石刻，崇安寺现存最早的佛像。

四　寺院格局分析

崇安寺的整体格局中，在保持汉地佛寺常见的如中轴线、两进院落的格局同时，崇安寺还有几处不同于其他常见佛寺的独特之处：在寺后用佛龛作为分隔寺之前后的形式，在当央殿两侧设置钟楼和经藏的形式，以及以楼阁为山门的形式。在此我们对其略作分析探讨。

1. 石佛殿后的空间

崇安寺最后一进院（东西 25 米×南北 6 米）空间非常局促，远不如前两进院落完整，应不是专为寺院序列设计的一进院落。礼佛空间的轴线以石雕佛龛和简陋的屋盖结束，也不是传统佛寺的常见格局。佛龛建于清道光二十一年（1841 年），体量很小，不宜作为建筑群的终点，而更合适作为建筑群内区分内外的隔断。佛龛建于清代，佛龛上的屋盖和佛龛两侧的围墙（今之寺后墙）的用砖尺寸与佛龛相同，应为同时期所建，是佛龛的一部分。佛龛两侧的围墙上还有两个门洞，现在已砌砖堵上洞口，似之前可通后院。因此推测，清代的寺院范围未止于佛龛。佛龛之后的大片用地，以前也曾属于崇安寺的范围。

从大雄宝殿的平面布置来看，其后檐墙不设门窗，只在面朝佛龛的砖墙上做了三个假窗装饰。殿两侧不设东西掖门，只在殿东侧围墙端头开一小门洞通往第三进后院。路线较为曲折隐蔽，似为通向内宅之途。由此不妨假设，在清代修建东西配殿的时候，大雄宝殿或已是寺院核心礼佛空间的终点。而第三进石佛殿院落，有可能是礼佛空间与寺内生活空间之间的过渡。现存佛龛两侧的墙上仍留有门洞的痕迹，说明封洞之前在佛龛之后应当还有其他空间。

从地形上看，寺院所在的地段两侧各有一道断崖，高差 4～7 米，断崖下各有一条顺着卧龙岗山势向上走的坡道。断崖以内的地段是一块比较独立于周边地形的基址，亦有可能是寺院以前的用地基址。现在这块地段上，主体是崇安寺，位于南部正中，崇安寺北被陵川一中所占，寺东西两侧已靠近断崖，没有什么余地建造群房，所以古时的寺院群房应建于寺后。

因为崇安寺曾经是有僧人常住的大寺，得到过宋代赐额，在传说中还曾举行大的法会,除了核心礼佛院落外,还应有居住、食宿、储藏、讲课等功能,应有比现存礼佛院落更大的空间和用地。

明天启年间李笨秀所写《重修崇安寺碑记》中记:"崇安寺陵古刹也。岁久倾圮,有识者,已心忧焉鸣也。韩公率檀福而重葺之:大雄宝殿五楹,当央殿五楹;有古陵楼,有藏经阁,东西禅院并余僧舍若干。"本次修葺之后,崇安寺的格局至少有中轴线上礼佛的两进院落和东西禅院。进入山门古陵楼后,第一进主殿为当央殿,第二进主殿为大雄宝殿。东西两侧有禅院,"僧舍若干"是否在禅院之中未可知,以崇安寺后大面积的用地,亦有可能是在寺后。可以肯定的是,当时寺院的规模应当不止于今日所见之规模。寺院两侧(或还有寺后)还有院落在崇安寺的范围之内。

乾隆三十四年(1769年)《重修崇安寺禁约序》碑中提到"复增建群房九十余间",说明寺院还有诸多群房。清道光二十一年(1841年)《重修崇安寺小记》中又记:"重修大雄殿五楹,殿后新筑一龛以妥。"说明这道"开甘露门"的佛龛始建于道光二十一年(1841年),将佛寺主要的礼佛空间与寺后群房隔离开来。

由此可知,崇安寺曾拥有寺侧和寺后更大的用地,清乾隆三十四年后曾有不下九十间的寺后群房,或主要为僧房僧院等内部活动和生活空间。道光二十一年(1841年)修建大雄宝殿后佛龛分隔出寺后群房。近代战争中,比较简陋的辅助建筑衰败倒塌。新中国成立后,寺后空间被学校占用,房屋全部重建。

2. 宋代的钟楼与经藏

钟楼一层现悬挂有宋徽宗崇宁元年(1102年)铸造的一口大铁钟。钟高约2米,径长1.7米,表面铸有大量铭文、方格纹及八卦图案。钟虽经千年风霜而但洪亮依旧,据说声闻百里,是国内罕见的宋代大铁钟。钟身铸有大量文字,均已模糊难辨,依稀可见"崇宁元年"字样,即北宋徽宗崇宁元年(1102年)。如此大的铁钟,当属佛寺重器,可惜钟铭文字模糊难辨,据当地传闻此钟即为崇安寺所铸,一直存于寺内。今钟楼建于清乾隆三十四年(1769年),而这口大铁钟铸于宋崇宁元年(1102年),那么清乾隆三十四年之前的六百多年间,大铁钟置于何处呢,是否有钟楼存放它呢?

在汉传佛寺中,钟对于僧人的生活有着较大的作用,晨昏作息、讲经、饭僧和法事等都须通过打钟来定时,同时,钟也是寺院对外的一种宣传,甚至影响着这个地区的生活,这从众多诗文中均可体现。❶在中国唐宋时期的汉传佛寺群格局中,钟楼是常见的重要配置,很难想象唐宋佛寺没有钟楼。唐代多见经藏与钟楼相对,位于中轴线两侧,钟楼在东,经藏在西;宋代亦然,也是钟楼经藏东西相对(如杭州灵隐寺),也有经藏或与观音阁相对(如正定

❶在很多唐诗中,都有着"夜半钟声到客船"、"临风听晓钟"、"疏林响昼林"、"昭递晚闻钟"等的意象,可见当时几乎日夜钟声不绝。《增一阿含经》云"洪钟震响觉群生,声遍十方无量土。含识群生普闻之,拔除众生长夜苦……昼夜闻钟开觉悟,怡神静刹得神通",又云"若闻钟声兼说偈赞得除五百亿劫生死重罪"(唐·释道世玄恽《法苑珠林》卷一一八《鸣钟部》引),可见佛教中将钟声作为警醒世人的重要方式,并希望能够主动地通过钟声引导众生,这可能也是后来钟鼓楼前置的原因之一。

隆兴寺）。经藏（或称藏经阁）对于汉传佛寺也非常重要，是庋藏经卷的佳处，故有"束之高阁"一说。

前文提到古陵楼石门楣上有铭文，提到北宋嘉祐辛丑（1061年）六月，寺中"新作经藏山门成具"，新建的藏经阁和山门都已建成。明天启年间《重修崇安寺碑记》中亦提到寺中"有古陵楼，有藏经阁，东西禅院并余僧舍若干。"说明从宋代到明代，寺中一直就有藏经阁。陵川文物局郑林有先生1980年代整修崇安寺时曾在西插花楼前挖到有唐砖，那么在宋代所建藏经阁的基础上，唐代或也曾有建筑。

明天启年间李笨秀所写《重修崇安寺碑记》中记："崇安寺陵古刹也。岁久倾圮，有识者，已心忧焉鸣也，韩公率檀福而重葺之：大雄宝殿五楹，当央殿五楹；有古陵楼，有藏经阁"可知韩国宾在明天启年间带领乡人重修了崇安寺的主要殿宇，而且比较诸多碑文和文献记载，这是有文字记录的最大规模的一次修建。

"大雄宝殿五楹，当央殿五楹"，特意具体指出修了大雄宝殿五间和当央殿五间，而其他建筑则说是"有古陵楼，有藏经阁，东西禅院并余僧舍若干"，二者的修建程度应有区别。指出具体间数的殿宇大抵为重建，强调间数以表功绩。而说"有"的殿宇屋舍（山门古陵楼、藏经阁和东西禅院等）大抵以在原有建筑上进行修葺为主，不必强调间数。

以唐宋代汉传佛寺的格局，藏经阁应该就在今天西插花楼的位置。现在当地老人和文史工作者都介绍说抗战前寺中有两座藏经阁（插花楼）相对而立，东藏经阁（插花楼）与西藏经阁（插花楼）长得一模一样。陵川文物局的郑林有先生十几年前曾经走访过七十多岁的本慧和尚，听本慧和尚说起以前当央殿两侧有一对插花楼，东西各一座相对而立，可惜东插花楼在抗战之前失火烧掉了。本慧和尚依稀记得当年自己大约十几岁，东插花楼外曾堆放有一些纺麻用的麻秆。有云游僧人在寺中挂单，晚上用火不善使得麻秆着火，殃及东插花楼木构烧毁，烧完后墙体还留存了很久。

从整体格局上看，当央殿前庭、后庭两侧都不太可能再重复建造其他阁楼式建筑，否则空间会过于拥堵。所以，西插花楼很可能即是碑文中所说的藏经阁，与其相对的东插花楼即为钟楼。从宋代到明代，崇安寺中保持着钟楼和藏经阁东西相对的格局。现存西插花楼（即藏经阁）的木构有金元之风，或为后世修整之故。

以今藏经阁（插花楼）的尺度，放此宋代大铁钟正好合适，而且楼高两层，中间空旷，非常符合钟楼标准，可使钟下悬空较多，敲击时以产生"声闻百里"效果。老人们所说抗战前仍存的东插花楼与西插花楼外观一模一样，有可能是清以前的钟楼。

汉地佛寺到明代普遍出现钟鼓楼在山门两侧或门内两侧相对之制。陵川地处偏僻，或许到清乾隆年间才循此制创建山门两侧的钟鼓楼，此后原来的钟楼便也改为藏经阁，于是有两座藏经阁对峙的说法流传下来。

为什么后来民间普遍称之为"插花楼"呢，据说意思是新科状元所戴的插花官帽，因藏经阁屋檐翼角起翘形态与插花官帽相似而得名。"插花楼"的名字比较女性化，不属于佛寺伽蓝殿宇的名称类别，倒更接近于民俗和民间信仰之类。距崇安寺不远的西溪二仙庙中也有在大殿两侧对峙的楼阁，称"梳妆楼"，是为"二仙娘娘"设立的梳妆楼，其位置和形制与崇安寺西插花楼十分相似。

3. 以楼阁为山门

崇安寺的山门采用了楼阁的形式，这在汉地佛寺中非常少见。作为寺院礼佛序列的开端，山门是营造寺院空间感受的重要手段，为了避免山门对寺院内的大殿造成压迫感，汉地佛寺尤其是江南佛寺采用牌楼和一层殿堂为山门的形式居多。以殿堂为山门的多兼作金刚殿，有些寺院甚至直接在围墙上设山门。

但是在晋东南地区，列入文保单位的 63 座佛寺中，以楼阁为山门的寺院有 13 座，其中陵川地区 4 座。因部分寺院损毁严重，山门不存，无法考证，实际情况可能还不止此数。同时我们也注意到，这种现象并不仅仅存在于晋东南地区的佛寺布局中，在该地区的很多其他信仰的庙宇中，以楼阁为山门的情况更为普遍，比如离崇安寺较近的崔府君庙和西溪二仙庙的山门，楼阁式的山门比寺内大殿还高，像城楼一样保护着寺院内部。

从现存实例看，以楼阁为山门的形式在宋代和金代早期形成的寺院格局中居多，以戏台为山门的形式在后来形成的寺院格局中逐渐增多。

4. 小结：寺院格局之演变

综上所述，将崇安寺历史重要事件和格局演变总结如下：

① 建寺于隋以前，后赵到南北朝之间，或为石虎统治期间。寺制不详，古名"凌烟寺"。

② 唐初名"丈八佛寺"。唐咸通八年（867 年）陵川县令建塔以存放金椁和舍利，埋于寺之西南。

③ 北宋太平兴国元年（976 年）赐寺额；北宋太平兴国三年（978 年）赐敕额；宋庆历六年（1046 年）创建三门古陵楼。北宋嘉祐辛丑（1061 年）六月，新建的藏经阁和山门都已建成；宋徽宗崇宁元年（1102 年）铸造大铁钟一口，此时东西对峙于殿侧的藏经楼与钟楼应已完整。

④ 金贞元二年（1154 年），"东岗居士"留诗；金泰和八年（1208）挖掘寺西南古葬，发现佛舍利宝匣并取出供奉。

⑤ 明代万历四十一年(1613 年)邑孝廉韩国宾率众重修崇安寺之后,崇安寺的格局至少有中轴线上礼佛的两进院落和东西禅院。进入山门古陵楼后,第一进主殿为当央殿,第二进主殿为大雄宝殿。当央殿两侧有藏经楼与钟楼相对,寺院中轴礼佛院落的东西两侧有禅院,还有"僧舍若干"。

⑥ 乾隆三十四年(1769 年)县令王笃祜带领乡民重修崇安寺,"整修当央殿□□东西南楼,又创锺鼓二楼。其余补修外,复增建群房九十余间,寺前大台一座,再南春秋阁一座。"

⑦ 清道光时修大雄宝殿两侧禅房十四间。清道光二十一年(1841 年),"东楼(即钟楼)一角倾圮",重修大雄殿,殿后新筑一龛以妥石佛。东西禅房十四楹,规模视前稍异,皆焕然一新,非复向之颓败者比矣。其他勤垣、墉易、栋梁、甃砖、觷施、黝垩,无不完缮。"

⑧ 抗战期间,东插花楼被毁。寺北僧房和用地逐渐被其他用途所占,到新中国成立以后,仅存南北向三进(主要是前两进)院落的礼佛空间。

⑨ 1983 至 1987 年,全寺大修屋顶,除西插花楼东南翼角替换构件外,其他大木构件均未动。1989 年陵川县博物馆立《重修崇安寺功德碑》。1998 年,陵川县人民政府修建寺前广场,增加琉璃九龙壁、石狮等小品,并立《修建崇安寺台前广场碑记》(图 36)。

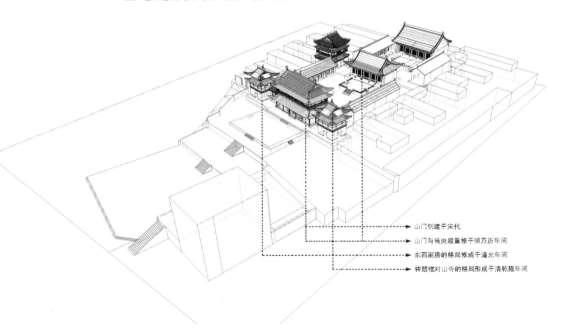

→ 山门创建于宋代
→ 山门与当央殿重修于明万历年间
→ 东西厢房的格局修成于道光年间
→ 钟鼓楼对山寺的格局形成于清乾隆年间

图 36　崇安寺建筑年代分析图

(模型制作:李苑、徐谨、缪一新)

附录　陵川崇安寺现存石碑碑铭❶

❶崇安寺现有古代碑铭十一通,是寺院历史见证和寺院建筑考证的重要依据。今将其重新整理点校如右。

1. 崇安寺诗碑(唐德宗贞元十年 794 年 东岗居士)

按:此碑立于贞元甲戌岁,现嵌于崇安寺西廊房最北一间之东墙。碑呈长方形,长 58,宽 47 厘米。碑文记录了唐德宗贞元十年东岗居士所写的一首诗。全文 111 字,行体竖书,计 12 行。碑面文字已有部分损毁。从文字看,这是一首曾寄居在寺中的东岗居士答谢智原、智远两位法师的赞谢诗。唐代和金代皆有年号为"贞元",以碑文中记"贞元甲戌岁"查,仅唐德宗贞元十年(794 年)为甲戌岁。若为唐代立碑,此碑文中已出现"崇安寺"之名,唐德宗贞元十年(794 年)即已称"崇安寺"。今人以宋庆历六年"新修崇安寺三门碑"中有"太平兴国三岁姑洗月,改赐敕额,曰之崇安,盖取崇高安宁之义也"而认为崇安寺名始于宋代或有误,赐敕额并非赐寺名。

　　每向蓝宫谒□□,肯开青眼须□□。始知深晓空门者,穷达相看无一如。

　　自时□攘略无定居,□来寄食精舍。蒙智原智远二大师勤意,殊不少襄,聊题鄙句以□壁,未知何日碧纱幨也。时己酉仲秋晦前三月东岗居士书。

　　贞元甲戌岁中秋日前住持崇安寺僧清演立石禅林僧书仝者刊

2. 新修崇安寺三门碑 (宋庆历六年 1046 年)

按:此碑现存于山门古陵楼内一层东侧,碑首不存,仅存长方形碑身和龟座。碑高 2.37 宽 1.19 厚 0.26 米,碑坐于大石龟座上,座高 0.4、宽 1.19、长 1.5 米。碑文全文 1565 字,楷体竖书,计 28 行,每行 56 字。碑文用骈体文。从碑文中,可知此碑立于宋庆历六年(1046 年),为创建崇安寺三门而立。由北宋陵川乡贡进士马骧撰写并篆额,学究马世昌书。

　　奉宁军节度推官丞奉郎试大理评事知县事江
　　将仕郎守潞州潞城县主簿权县事郝世昌
　　将仕郎守县尉权主簿王可久
　　乡贡进士马骧撰并篆额
　　学究马世昌书

　　原夫三十二天,比如来之半寿;九百万岁,当元始之初年。视诸国于指掌之中,统群生于毫毛之内。渊崇济苦,咸彰般若之船;义复斯奖,具藏智慧之网。行千善以无亏,化三归而有则。垂义于胎卵湿化,我则尚腆乎洪休;发象于动植存亡,我则懿彰乎景福。足以见导化无方,体象经纬，究天地始终，三品之劫者，其惟大觉世尊乎！由是万类咸归，众生是托。或肖像以庄严，或精蓝而是建。良因为住世之原，善果作往生之式。来祥叶庆，何莫由斯。今我佛抚御天官，薄临月殿。三车之教爰兴，九道之生是毓。运以无穷，生而勿有。炫为郭之玉树，明助日之金莲。阐化乎如掌之地，设教乎通身之天。斯则觉苦断尽，行道解空。星宿为之乎我室，道法体之乎国经。翅乃依拉而行，不失其土者，盖法身之沸焉。是以教化无外，身居有中。体千变无极之形，统万殊不同之象。享国章于奈苑，诱披浮生；执仪律于花宫，劝其流俗。无垢无净，不灭不生。妙相之容是奉，正觉之法不逾。忽签刍于宝净之园，咸敷异教；执惠炬于招提之室，尚馨殊文。曷若我用戒之心是藏，以法之道爰求。式彰不宰之功，我乃牢笼乎九有；具阐大乘之教，我乃度脱乎三途。生则有常，变而无极。当化流于中厦，普洽隆平，乃西方多宝之佛焉。是以状若于三界之中，洗心于五静之内。道法自然，视焉且无。向真俄同于入定，修静犹显于戒珠。尔乃福不唐捐，断言有则。金绳分界道之规，宝树露庄严之饰。乘大象于四天，化其品类；发妙言于十善，戒之殊心。苦空贪着，无德而逾。状愚蒙有漏之身，超清净无量之劫。盂中生七寸之粒，我乃化育于众生；桑门杜四过之缄，我乃护持于禁戒。于以见律仪受奉，定惠方持。端正之心尚炫，状邪之义咸修。施则无党无偏，化则有伦有要。设百法于鸡园之会，良由乎感而遂通；屏六尘于鹿苑之宫，是之乎昭其度也。由是救脱众，诱说群迷。珂玻袖衣分，体化自然，琉璃地道分，于时有则。若乃五蕴皆空，四分是务。牢度乎四维上下，诱化乎南北西东。不行而至，宣正法于十方；用晦而明，何徽昧于诸土。为万物混成之宗，作三才立极之本。不有而有，自然而然。化之则背伪向真，行之则从无入有。斯则八鸿戡定，十地大同。三世之缘茂立，七宝之地爰陈。鳏寡茕孤，允钦于释教；幽阴侧陋，悉负于明恩。斯乃肇启元化，遐敷宝阴。化之于太极之前，教之于先天之上。斯所谓荫济新灵，阐扬圣德。施之于有象之中，导之于无名之域。开阐乎一乘之法，广度乎万类之生。亦犹天秉纪纲，尚显无私之复；君垂睿化，咸彰不紊之条。大去荡荡，无幽弗达。十宝之山是尚，七珍之宅爰分。黄金白银，为我乎日月；琉璃水精，作我乎城郭。美矣哉！惟陵迁谷变，我则彰法教以惟新；任日往月来，我则谅明灵而不泯。所谓斯言晋旬，盖净土之依凭也。由是国家致钦于仁祠，偏祭于龙宫者哉！乃捍患谢灾，为黎元致祷之地也。汉明梦睹于金人，义传异域；楚后谅英于宝室，道假微言。由是稽诸典教，不可殚论。余则太行自镇于北基，漫泽实彰于东界。境属乎陵川，地连乎晋野。卜吉地于卧龙岗上，纤尘四绝，特建福庆之院焉。由是盉石回镇于金方，烟霞互映；陵阜互耸于火位，郭郭俄临。初已宋圣，尊临宝位，宣教莲宫。皇驭回布于人寰，睿泽咸敷于释教。足以见我后洞启圣心于兹是周已。太平兴国三岁姑洗月，改赐敕额,曰之崇安,盖取崇高安宁之义也。仍以郭下居人马通等,率暨乡民,聚拘邑子,斯乃创制乎三门焉。然后捺日裁基,功程藏事。莫不梦撩攒空,栾栌峥嵘,丹楹刻桷,因之而鳞次;藻井雕甍,由是乎翼舒。瓦陶虞帝,码炼蜗皇。经始不日,于言潺□工。今我佛体天行道,御下垂休。无远弗届兮,荡荡之名;有功必报兮,明明之德。同流广运,体受化以无穷;普洽妙音,度含灵而有格。福降时万,恩垂且千。体之天也,行乎广复;体之地也,法乎厚载。肃降阴灵,民于仁寿。尔以标记群经,着乎芳策。今则择龙岗之阳,控县城之北。秦城岌岌已临其后,太行巍巍彪镇于前。其西也,三山望以崇崇,其东也,四关交而喂喂。于时之景,彰花木以怡神;度岁之中,睹烟霞而在目。今遇国家恢张象法,开设莲坛。谐诸教以齐兴,迈百纲而必举。于政之余,惟斯是念。骧自冠岁,取仕东堂,退耕南亩。才无宿构之称,享有道闻之义。强构荒词,聊书实事。盖真记月,敢曲炫于文华。载捺庸虚,伏增悚惕。后之览者,罔致谓焉。

> 时大宋庆历六年丙戌岁
> 都维那马化隆院主僧悟能
> 供养主僧悟诚
> 典座僧悟安
> 尚座僧法正

3. 山门青石门框石刻[宋嘉祐辛丑(1061年)]

东侧:

> 嘉祐辛丑六月□日,泽州陵川县崇安佛寺,新作经藏山门成具,明日县令河南裴翰具尉县东唐□来观。

西侧:

> 下壁村施主李楚奉,为先君讳,宪先妣勒氏,减清资造此门□,愿合家长幼康宁孝悌。

> 功德主法正 供养主悟安 崇安寺主僧悟能。

4. 佛宝舍利来源录(明万历四十一年碑 邑举人韩国宾刻)

按:此碑嵌于当央殿后檐墙西外侧。从碑文可知,此碑立于明万历四十一年(1613年),为明代万历年间邑举人韩国宾刻。讲述的是崇安寺中的佛宝舍利的来源,唐咸通八年(867)至金泰和八年(1208年)三百余年,佛宝舍利屡现祥光,乃崇安寺镇寺之宝。碑文记录有唐咸通年间陵川县令崔琛建舍利塔,内有金椁安葬舍利。舍利是修行人得道圆寂火化后,其骨灰中玛瑙状晶莹发光的颗粒。是谁的舍利不得而知。今其塔与金椁下落不明。

碑文中提到的郝经(1223—1275年)是元初名儒,字伯常,祖籍泽州陵川(今山西陵川),生于许州临颍城皋镇(今河南许昌)。1256年受诏于忽必烈,1260年,赴南宋议和,被权臣贾似道秘密囚禁16年,即著名的郝经南囚,时人称之为南国苏武。1274年宋崩溃之际,郝经被救,北归后的第二年七月便去世。作为政治家,郝经反对"华夷之辨",推崇四海一家,主张天下一统;作为思想家,郝经推崇理学,希望在蒙古人汉化过程中,以儒家思想来影响他们,使国家逐步走向大治;作为学者文人,通字画,著述颇丰,收于《陵川集》中。

佛宝舍利未应世间,屡有异光现于寺西南隅,人莫能识。迨泰和八年四月八日,光复大于常时。僧俗大众寻其迹而探之,得古葬。藏佛宝,一石铭二,其文斑斑可考。迨唐咸通间县令所作,考其历数,自咸通八年至泰和(金)八年,盖三百四十有二年也。所谓间世之奇瑞也。造金坛护持。闻于县宰,县宰骇异,敬焚礼拜,其间舍利涌出,观者如堵。后有光环于本寺者屡矣。状难其还,命工图之,以记其详。

进士郝天佑撰,都纲沙门洪德书丹。

写碑文之人乃郝经之叔祖也。碑文之跋曰:"因被差催督,随县官防备虫蛹,到陵川县城外崇安寺上宿时,县宰云:于本年闰四月初八日,本寺获佛宝舍利之详。初寺之西南,屡现光相,城内外俱观见。一日,二小童于陈地见一穴中火光出,惊走告与乃父秦贵。秦贵辄移往,就其中掘之,得其葬。因诣寺告与僧,元日,僧与大众数千人往观之,乃古葬耳。砖莲盆内二层匣置于浮图,门钥已毁。视内物考其文,一碑四字,[舍利之讃]。又刊咸通八年,陵川县令崔琛建塔书區。内有金椁安葬舍利。开与秦贵县令。依智诰之,果获佛宝真舍利也。亦县令公善政所致欤。昔为县令出之,今复为县令出之,其揆一也。仆亲见之,故录其舍利真像,及获碑文通作一轴,置与佛室中,朝夕焚香敬礼,为人天所归依。

昔泰和八年中澣日泽州判官崔贵跋

泽州管内都纲讲堂沙门洪源赞曰

佛宝舍利 愿力犹在 咸通重葬 三百余载 隐而未现

意其有待 应现与今 愈现光彩 大众瞻依 作功德海

佛宝舍利,屡现于世,旧有碑记,年深风雨剥落。明万历四十一年,余率里人修寺,因录其旧文重梓之后。勿令埋灭此石砾耳。

大明万历四十一年艾月之邑举人韩国宾重刊石

5. 重修崇安寺碑记(明代万历天启年 邑人李笨秀)

按:碑文引自《陵川县志》艺文四。从碑文中看,明代《重修崇安寺碑记》为明代万历天启年间邑人李笨秀所记,据清道光十一年县令谢照碑文所记,李笨秀为明天启四年(1624年)孝廉,距离"拟赐进士"应还有一段时间,故此碑应立于天启年间。碑中有段记载对于研究寺院格局的演变非常重要。

天地间万物有成坏,惟佛理为无成坏。宁直万物,即天地一大劫。劫坏时火灾将起,天久不雨,所种不生,依水泉源四大驮河悉竭。后有大黑气暴起沙□□水雨披取日宫,置须弥山半安日道中,七日轮次第现出,殆七日出焉。大地须弥山崩坏,洞然诸宝爆裂,焰震动至梵天,尽成灰墨,此名成坏,后名空劫。经无量久劫,欲成时,火自灭起大黑云,注大洪雨,滴如车轴,复经无量时雨止,水聚从下水轮,从沸水上腾漂浸决,遍满梵天四风轮所住持,水渐退下尔。时四大风起,飘然飘击,吹彼水聚,混乱石停,水中生大沫,聚大风,吹沫置空中,从上造梵天宫,七宝间成,水更退,已吹沫,复造须弥山,又吹沫造四大洲,八万小洲,尔时大闇有黑气吹,大水聚底,漂出日月,置须弥山,半安日道中,绕须弥山,洞照四方,灸退火湿,又大风吹掘大地,为四大海,是故风界吹起,火界蒸炼,地界坚实,当天地劫尽,人物毁灭时,佛氏何从而知见,盖佛氏修空尽除一切,诸妄妄尽真存,故能超浩劫之外。而有以陶铸阴阳,天地有坏,而佛理无坏故也。众生迷真殉妄,二六时中颠倒妄想,万劫万灭,刹那而几席之间,刹那而万里之外,刹那而天人香花,刹那而地狱枷锁,黏滞缚结,比如沙土沏于衡波,鸿毛燎于巨炉,有速受变灭已耳,惟佛真常不灭,有真谛以彰一性本实之理,所谓实际地理,不受一尘有俗地以显一性缘起之事。所谓佛氏门中,不舍一法,是以寂然无为,炽然用起,寂然无为,山河国土其建立也,器物世界,其炉锤也,天地神圣,其应化也,人王宰官其再来也,脱璎珞之衣,披华宸之服,登治于三五,而人不测本菩萨之心,行豪杰之事,致君于尧舜,而世莫窥雨大法雨,吹大法螺,击大法鼓,演大法义,横出竖出,总是真如,顺行逆行,无非方便。于是有皈依三宝,而忽然开悟者,有顶礼忏悔,而顿称善良者,此所以玉毫光相,满华夷而绛宇丹宫,遍天地也舆。崇安寺陵古刹也,岁久倾圮,有识者,已心忧焉鸣也,韩公率檀福而重葺之。大雄宝殿五楹,当央殿五楹,有古陵楼,有藏经阁,东西禅院并余僧舍若干。五云幢盖,七宝琉璃,居然一胜场矣。呜呼!忆昔予与公逃禅鹿范也。蒲团坐上共证无生,称极乐已。何未几而公化耶,电光耶,泡影耶,劫终则坏,即天地亦犹然矣,独是香刹庄严,使夫淫巧者,见象水销狡凶者,瞻容霽化于以醒真祛妄,则是举也。真照暗之慧炬,度迷之宝筏也哉。讵云有漏之果也,惟时默启其成者,则先大人宪川公协济则诸檀越也。前后现宰官身而护法者,始则许侯讳自严,段侯讳实继,则郑侯讳悦民也。韩公为谁,癸卯举人,韩国宾也,记之者谁,壬子举人,拟赐进士,李笨秀也。勒石者谁,公子生员,韩万物韩万春也。

6. 重修崇安寺碑记(乾隆三十四年 邑令:王笃祜)

按:碑文引自《陵川县志》艺文四,笔者重新点校如下。据道光十一年(1831年)十月陵川县令谢照《重修崇安寺碑记》中记,王笃祜为乾隆三十四年(1769年)县令。

盖闻:万劫长存,一灯不灭。释迦入灭,慈氏当来。天日齐高,河沙比数。妙义宏宣于支许,宗风提唱于慧庐。禀拂建椎,闻堂领众,皆以庄严色。千叶之花灯,放九枝之蕊。金容丈六,宝界三千。色其色而形其形,闻所闻而见所见。取精用物,求道舍生,金布祇园,玉妆讲座。肇开白马之寺,飞来灵鹫之峰。集复天人,同增智慧,山陬海澨,棓刻楹丹。焉有梵域化城,任之吹风炙日。宋太平兴国中,敕崇安寺。香雨时流,慧轮示照。途开方便,门辟慈悲。直上微妙之台,周环功德之水。层楼数仞,危阁千寻。雉堞平临,龙岗横卧。俯万家之烟火,拱一邑之峰峦。清夜琼钟,声飘花外。紫虚鹿苑,影落云中。屡阅居诸,几经兴替。钱塘施令,大德根器。吴山秀灵,缘法会佛。万法皆空,因乘条经,一乘便了。来兹初地,顿悟夙愿。刹竿倒放门前,灰劫消沉水下。留之待我,继彼前贤。玉带堪施,金绳有路,龙宫暂饰,雁塔失奇。孝廉武公,绣佛逃禅,福田种善。醉白应归兜率,髯苏默契了元。杨文公参八角之盘,庞居士识五台之路。三生结习,半世累功。胜标化域,迹着伽蓝。复道重檐,轩窗净室。茂草移栽陌树,冷灰再热旃檀。彼岸同登,慈航共度。兹率多士,大证菩提。出宰百里,间演三车。玉宇琼楼,月□□□,□幡影动,铃铎宵鸣。极目登高,萦山带水。徘徊不去,徒倚忘归。念扰扰之群生,拂茫茫之大地。间阎满目,疾苦萦怀。宝香胡以同闻,甘露云何遍洒。绕身璎珞,宁如七斤之衫;弹指楼台,焉似万间之厦。宰官身现,乐国神游。嗟哉大道难明,竟是无法可说。彼一粒自饱,三途其极,未酬大愿,徒如努力呼船。常耿予心,何自洪波得岸。瞻法王之宝座,拜空寂之慈云。地如三摩,法华常转。妆成七宝,慧日永明。钦哉胜因,念兹哲土。证果成而有漏,感逝者之如斯。点笔药栏,留题松院。天老地荒,石固金坚。永志因缘,不离文字。以垂不朽,用示无边。铭曰:香与风至,月随水流。琳宫梵远,石室钟峦。苔滋径断,云去山留。至道无我,真机满眸。比彼空华,等之幻影。是无虚想,是真实境。麦颗针锋,崇岗峻岭。法雨一天,大云千开。

7. 重修崇安寺禁约序(清乾隆三十四年 武敦)

按:此碑立于清乾隆三十四年(1769年),现存于崇安寺山门古陵楼东墙外廊内。碑为长方形身,长方形座。座高48、宽84、长61厘米,碑身高

208、宽 72、厚 16 厘米。保存较差，碑身破裂。碑文记录了清乾隆年间重修崇安寺及所立禁约的情况。全文 609 字，楷体竖书，计 14 行，行 68 字。举人武敦撰。

崇安寺，邑之大观也。故老亦名古凌烟寺，与邑之八景并传。尝历览唐、宋、金、元间故事，斯寺有兴废，而邑中人文之兴衰视焉，则斯寺之所系诚巨矣哉。明万历间，邑孝廉韩公有感于斯兴修十余年大端仅举，而公已遐逝。然规模壮阔，地灵人杰。延至国初，甲科迭起，而登仕版者，亦踵相接也。继自今百五六十年矣。楼阁颓坏，殿宇苍凉，所在居人，亦遂不及古昔远甚。□来于斯者，□欷觑叹息，谓无复修整日。邑贤侯施公多所作兴，而工程浩大从事诸君子惟欲平其楼阁，补葺殿宇，以蔽风雨为事。丙戌夏，余自都旋裹，违众议，而独任其咎。整修当央殿□□东西南楼，又创锺鼓二楼。其余补修外，复增建群房九十余间，寺前大台一座，再南春秋阁一座。邑贤侯王公又相继鼓舞，共成善果，斯役也，经始乾隆三十□年春，越□□□□□月告竣襄□经理者，马君试麟，曹君澜，张君士洪，韩君方懋，马君纯英等募金，任劳任怨不懈故较之前人，事半而功倍焉。余因之有感矣：陵踞太行之巅，突中一窝，□□月□□□而来，斯寺是为地脉结穴之区，邑中兴盛之所由基，讵徒崇饰华美，为一邑巨观已哉。继起者倘念缔造维艰，而珍□保护，后之视今亦犹今之视昔，则斯寺可以常新，而人文之□□亦历久不衰矣。因胪其禁约而列于左。

邑举人乐天□士武敦敬撰

——禁寄放破、坏箱柜以及砖瓦木石等物；

——禁寄放材板及禾稼、麻草等物；

——禁拴系牲口以及畜口致伤树木；

——禁做木石物料、油漆家伙坏墙宇砖石；

——禁寺后面左右不得寄存棺柩；

——禁石台左右堆积粪致污台基；

——禁社内桌椅碗盏裙褥等物私自借用；

——禁寺内外不许放枪致瓦脊；

——禁容留游食僧道面目可憎之徒。

以上诸条，违者罚银一两，住持狗隐倍罚。

清乾隆三十四年九月望日 总理库务韩方懋、马纯英、张□洪等 住持僧照亮等□□石。

8. 鼓楼施地记(清乾隆三十八年)

按：此碑立于清乾隆三十八年(1773 年)五月，现嵌于崇安寺鼓楼一层室内东墙。

崇安寺邑之大观也,钟鼓二楼左右对笄(笄字待确认)若两翼,然而西之鼓楼限于旧趾较隘,于东无以雄并峙之观。痒生曹公澜等当度地□□时遂同族人议于家庙施祀田一分五厘。而两楼之高敞宏阔规模斯无少□。虽为地无多,而□偏□缺□亿万之瞻仰,快四众之夙怀,又□可以不志也是为□。

乾隆三十八年五月吉旦

□□

住持 □石

9. 重修崇安寺碑记(道光十一年 邑令:谢照)

崇安寺山门东侧有一停碑房,内有石碑四块。

按:此碑现存于崇安寺山门东侧碑房内,最南一块碑。碑呈长方形,高2.36宽0.78米。全文1896字,楷体竖书,计23行,每行88字,保存完好。从碑文落款可知,此碑为道光十一年(1831年)十月陵川县令谢照为重修崇安寺而记。碑文还记录了崇安寺的历史,提到前人石刻三通。

崇安寺不详其创始。邑志载:在县西址隅卧龙岗上,唐初名丈八佛寺,宋太平兴国元年,赐今额。又载:门之左,有后赵石勒墓,尝读郝文忠公"夜葬深山人不见,至今又有守坟僧"诗,并按古陵楼之名,似建于葬后,在隋未设县以前。然《志》既缺之,则缺之可已。又尝征旧碑文,得明天启四年邑孝廉李萃秀记,国朝乾隆三十四年王令笃祜铭,及邑孝廉武敦小记,勒于壁间,仅存三石刻,盖欲保残守缺,留贻后人者,记则标举三乘,铭则规抚六朝。皆勤宣妙义,宏演宗风,以觉世而导迷,是诚现宰官身说法者矣。余不敏,不通禅理,其又奚言,无已则有一焉。愿为陵之人告曰:"事佛求福,昔人所非。今之像设遍天下,琳宫绛宇,庄严相望。馏流焚修,蚩氓礼拜,昕夕无间而求,而获者卒未有闻。即间有一人一事诡异相传,诧为灵应,宏深广大之愿,力止如是,今夫枭之取影也。存乎表之,曲直而响之,应叩也,视乎器之。洪纤佛氏福田利益之说,虽至浅陋,本与作善降祥害盈,福谦修吉悖凶之旨不异,持所以求之者有不同耳。"兹寺历干有余岁,陵之人崇饰而虔奉之,世世勿替,非有祠宫秘祝之为也。而邑则伊古,无兵燹盗贼、旱涝疬疫诸大灾害。今重熙累洽之世,寒暑节,风雨时。境壤数安,风俗淳朴。士业励诗书,农田勤耕耨。耆老击壤而讴歌,童稚含哺以嬉戏,以偕游于浩荡之天,共登乎仁寿之宇者,不必佛之为之也,不必非佛之为之也。且余莅陵三载,日鹜于簿书期会之间,于抚字训故自愧未能。而年谷丰稔,狱讼稀简,陵之人乃能安余之拙,以免余于咎戾,则邑之并受其福者,尤余所受也,夫岂求而获,又岂不求而获也哉! 寺之重修屡矣。今兹继王前令后,已逾周甲。始工于道光七年十月,时强前令上林,以劳民伤财为兢兹,盖谓鲁莽,而种者鲁莽而报,而非谓兹役之可以已也。迄工于本年十月。勿废前规,勿侈后观,邑咸和会,以落缺成。凡用材八千有奇,工二万二千九百有奇。绅士之董事劝捐者,为举人宁卫卿,……。

例得备书,捐赀者为绅民德裕堂等一千九百八十四户。亦例得书于阴,以垂永久。俾勿□创始之无考焉! 是为记。

敕授文林郎前充景山官学教习知陵川县事

加三级记录十次浙江山阴谢照谨撰

郡优廪膳生邑人娄仲选熏沐敬书

清道光十一年十月

10. 过崇安寺石勒墓(道光十一年 张翥)

按:此碑立于清道光十一年(1831 年)五月,现存于陵川县城中心崇安寺大雄宝殿内。碑呈长方形,高 46 厘米,宽 119 厘米。石碑保存完好。碑文记录了韩钧(陵川县令)、吕熊凭吊石勒的两首诗,道光年间重修佛殿,张翥将这两首诗重新书写勒石。全文 199 字,隶体竖书,计 22 行,行 13 字。玉工段建刊。

中原方逐鹿,浩气压群雄。莫道偏安小,应知霸业隆。并驱言碌落,长啸志无穷。凭吊崇安寺,英魂化白虹。(壬申冬陵川令韩钧)

奉和前韵

今日慈玉寺,千秋霸王坟。英雄消宿□,锺磬彻云空。一阁千峰遶,孤城万户分。苍茫□险处,抚剑对余曛。(昆山吕熊)

右诗旧题殿壁,字方五十余,书法遒劲,惜土壁不无剥蚀,道光乙丑重修佛殿,咸□前人名作不忍湮没,因用分书,寿之贞珉,仍嵌于壁,庶古迹可□长留云。

(邑副榜张翥志并书)

皆道光十一季岁次辛卯五月

住持僧会司普习暨心彩勒石

玉工段建

石勒冢 碑(道光十一年 张翥)

此碑嵌于大雄宝殿室内东墙。

"冢□腹闻诋石勒,千秋而后传遗意。或云真冢佛龛下,伪冢疑是寺门侧。沤麻池外土一邱,荒草萋萋殊叵测。来吊古谒崇安羌,贼孤坟照残鬼域。深棺徒自弃生前,仃苦豫为棺不阿。瞒大言妄纷纷□,□□疑冢多依傍。既畏鞭尸暴□矣,当时何事锄人葬。历代寝陵才垦空,可怜□骨卧蒿蓬。新鬼含冤旧鬼哭,如山罪□□真无。曾记洛阳东门地,□儿一啸同儿戏。时来任川别部军,瓜割中原乱名嚣。骋暴衺张肆残刻。"

11. 重修崇安寺小记(道光二十一年 宁卫卿)

按:此碑立于大清道光二十一年(1841年),现存于崇文镇崇安寺大雄宝殿内,碑呈长方形,长92厘米,宽46厘米。碑文记录了大清道光二十一年重修崇安寺大雄宝殿五楹,殿后新筑一龛,新建石佛、东西禅房十四间的情况。楷体竖书,计24行,行15字。宁卫卿撰。保存完好。

寺自乾隆三十四年重修前令全椒王公为之记,距今周甲矣。上雨旁风,殿宇剥蚀,而工程浩大未易猝办也。岁戊子,东楼一角倾圮,僧普习邀请社首课,所以新之者。特前令溧阳 强公,谆谆以劳民伤财为虑,而同事者勉出赀力复,括商民而劝捐焉。工未敢□也用,未敢侈也。阅四载而始告竣。重修大雄殿五楹,殿后新筑一龛以妥石佛。东西禅房十四楹,规模视前稍异,皆焕然一新,非复向之颓败者比矣。其它勤垣、墉易、栋梁、甃砖、篲施、黝垩,无不完缮。邑候□慈为志,其巅求,其□赀之所入□。予之所出,用财若干,役若干,与夫督工,绅耆商民捐输者之姓名例得备书已勒诸贞珉矣。余厖?异自兴工迄卒业,收获丰盈,民物恬熙,俾得输其财,效其力,民底于有或安知非?佛力之庇佑欤,继自今雨赐时,若人寿年丰,祈福受□者遍一邑焉!其功德讵有量耶!爰为小记以镌于壁云。

邑举人宁卫卿敬撰

道光廿一年岁次辛卯菊月望日立石

唐长安大兴善寺文殊阁营建工程复原研究[❶]

李若水

（清华大学建筑学院）

摘要：唐长安城大兴善寺文殊阁位于大兴善寺翻经院中，是唐代宗大历八年(773年)奉旨敕建的。上表请求建造这座"大圣文殊镇国之阁"的是在当时备受代宗礼遇的高僧不空，出资者为代宗及其亲眷。这座文殊阁在当时被赋予特有的"镇国"性质，其营建过程一直备受代宗的重视，无疑能够代表唐代佛寺建筑中的最高规格。虽然今天我们已难寻这座宝阁的风采，但是在《大正藏》中，还保存着文殊阁建造全过程的记录，包括各工程项目财费及用料的详细情况。本文试图结合《营造法式》、现存早期建筑实例、相关考古发现和文献、图像资料对这些表文进行解读，就其所述营建工程的各项内容试做分析。最后结合表文中关于文殊阁工料、壁画配置、功能设置等珍贵信息，对文殊阁试做复原，以完整地展现营造文殊阁的始末。

关键词：文殊阁，大兴善寺，营建工程，不空，大正藏

Abstract：Hall of Manjushri of the Da Xingshan Temple was an important building in Tang Dynasty. It was located in the Sutras Translation Yard of Da Xingshan Temple，Chang An. This building was built under the Emperor，Dai Zong's command in 773 AD，eighth year of Dali of Tang Dynasty. The initiator of this building was Bu Kong- the most respected bonze at that time；and the donors of this building were the Emperor himself and his relatives. This magnificent building was deemed to be protector of the empire，and got lot of concern from the Emperor. Undoubtedly，it can represent the first rank buildings in the Buddhist temples in the Tang Dynasty. Although this magnificent building no longer exist today，some precious records of the overall process of the construction of the building are still kept in the "Dazheng buddhist scriptures"，which contains detail records of the costs and materials used in each part of the construction project. In this paper，the author tries to analyze these records with the "Yin Zao Fa Shi"，the existing ancient buildings，the relevant archaeological finds，and other literature and image materials. Then，on the basis of that precious information about the labor and material cost，the arrangement of the icon frescos and the sectorization of this building，the author try to reconstruction this building with images，to entirely illustrate the construction project of The Hall of Manjushri.

Key Words：Hall of Manjushri，the Da Xingshan Temple，construction project，Bu Kong，"Dazheng buddhist scriptures"

唐长安大兴善寺文殊阁位于大兴善寺翻经院中，敕建于唐代宗大历八年(773年)。这座"大圣文殊镇国之阁"，由当时地位首屈一指的高僧不空倡导、唐代宗及其皇族投资、并被赋予"镇国"

---

❶本论文属于国家自然科学基金支持项目，项目名称："5—15世纪古代汉地佛教寺院内的殿阁配置、空间格局与发展演变"，项目批准号为：51078220。

的特别性质,无疑代表了唐代佛寺建筑中的最高规格,在唐代的宗教和政治活动中地位举足轻重。虽然今天我们已难目睹这座宝阁的风采,但幸而在《大正藏·史传部·代宗朝赠司空大辨正广智三藏和上表制集》(后文中简称《不空表制集》)中,还保存着从不空请造文殊阁,到文殊阁完工的各种表书。这些文献对于了解文殊阁的整个营建工程,进而了解唐代高规格寺庙建筑具有重要意义。本文试图就其所述营建工程内容试做分析,并对营建后的文殊阁试做复原,以完整地展现营建文殊阁的始末。

一　文殊阁的历史地理背景

文殊阁所在的大兴善寺,为隋唐长安城中最重要的佛寺之一。寺位于长安城中轴线的朱雀大街东侧,占靖善坊一坊之地,处于长安城皇城以南部分最中心的地位。大兴善寺宏大的规模和显赫的位置,是由其尊崇的政治地位决定的。寺建于隋开皇二年(582 年),以隋文帝的封号"大兴"二字为名,与整个大兴城统一规划,正昭示了其作为隋代立国之寺的重要性。[1]在大兴城的规划中,总规划师宇文恺特意将大兴善寺安置在象征乾卦九五之数的尊位上。[2]隋文帝的"布衣知友"释灵藏也参与了大兴善寺的选址,将寺址选在了"京都中会、路均近远"的朱雀大街中央[3],从这一点讲,大兴善寺的兴建,在整个大兴城的选址定位中,也起到了重要的作用。

建成后的大兴善寺,在整个隋唐时期,都是长安城中最恢宏庄严的佛寺之一,其中主要殿堂"大兴佛殿"与隋代太庙的规格相同。[4]在唐总章二年(669 年),大兴善寺被火焚,之后的重建中,又向寺前扩大了 20 亩。寺中建筑更是壮丽华美,法琳在《辩正论》中称其"大启灵塔,广置天宫,像设凭虚,梅梁架迥,璧珰曜彩,玉题含晖,画栱承云,丹炉捧日"[5],正是大兴善寺壮丽场景的写照。

大兴善寺在隋代是全国佛教的最高领导机构所在地,也汇集了全国的高僧大德,隋代的高僧如昙迁、慧远、慧藏、僧休、宝镇、洪遵等都曾被隋文帝诏集于大兴善寺。[6]同时这里还是国家级的译经中心。唐代,大兴善寺虽失去了作为"国寺"的地位,但仍旧高僧云集,成为全国最重要的译经场所。尤其由于密宗"开元三大士"中的金刚智和不空二位大德都曾于大兴善寺翻经院中译经,大兴善寺中出经渐以密宗经典为主,成为唐代密宗的发源地。

---

❶[宋]宋敏求.长安志.卷七.清文渊阁四库全书本:"大兴善寺尽一坊之地,初曰遵善寺。隋文承周武之后,大崇释氏以收人望,移都先置此寺,以其本封名焉。"

[隋]费长房.历代三宝纪.卷十二.金刻赵城藏本:"望秋龙首之山,川原秀丽,卉物滋阜,宜建都邑,定鼎之基,永固无穷之业在兹。因即城曰大兴城,殿曰大兴殿,门曰大兴门,县曰大兴县,园曰大兴园,寺曰大兴善寺,三宝慈化自是大兴。"

❷[隋]费长房.历代三宝纪.卷十二.金刻赵城藏本:"以朱雀街南北尽郭有六条高坡,象乾卦。故于九二置宫殿,以当帝王之居。九三立百司,以应君子之数。九五尊位不欲常人居之,故置此观及兴善寺以镇之。"

❸[唐]释道宣.续高僧传.卷二十一.大正新修大藏经本:"藏与高祖,布衣知友,情欵绸狎。及龙飞兹始,弥结深衷,礼让崇敦,光价朝宰。移都南阜,任选形胜而置国寺。藏以朝宰惟重佛法攸凭,乃择京都中会、路均近远,于遵善坊天衢之左而置寺焉,今之大兴善是也。"

❹[宋]宋敏求.长安志.卷七.清文渊阁四库全书本:"寺殿崇广为京城之最,号曰大兴佛殿,制度与太庙同。总章二年火焚之,更营建又广前居十二亩之地。"

❺[唐]释法琳.辩正论.卷三.大正新修大藏经本

❻[唐]释道宣.续高僧传.卷十八.大正新修大藏经本:"洛阳慧远,魏郡慧藏,清河僧休,济阴宝镇,汲郡洪遵,各奉明诏同集帝辇。迁乃率其门人行,途所资皆出天府。与五大德谒帝于大兴殿,特蒙礼接劳以优言,又勅所司并于大兴善寺安置供给。"

大兴善寺的格局,在文献中无直接记载,仅可推测除"大兴佛殿"所在的中心院落之外,尚有行香院、素和尚院、广宣上人竹院❶和翻经院等数院。寺中又有灌顶道场、曼殊堂、隋发塔、旃檀像堂、传法堂、不空三藏舍利塔,以及由春明门内移来的"形大为天下之最"的天王阁等建筑❷,寺后更有曲池,是唐代大型寺院设园池的重要例证。❸其中翻经院即为文殊阁所在的院落。除文殊阁外,此院落中的主要建筑还有翻经堂、不空三藏舍利塔❹,因此可推测翻经院应为大兴善寺中具有相当规模的重要院落。

二 文殊阁兴建的宗教背景

上表请求兴造文殊阁的高僧不空,为创始唐代密宗的"开元三大士"之一,受唐代宗隆厚礼遇,成为当时地位最显赫的高僧。不空的宗教活动,主要围绕着弘扬密宗与推动文殊信仰两方面,而这两方面都对文殊阁的兴建具有决定性的作用。

不空在唐代宗时期,借助代宗倚重,致力于推进密宗的发展,曾上表代宗请求收集天下梵夹以备翻译。❺在不空译出的 111 部佛经中,密宗经典就有 88 部 120 卷。❻乾元三年(760 年),不空请旨在大兴善寺设置灌顶道场❼,此后,又在全国多处重要寺院以及大内设置灌顶道场,完善了密宗的仪轨。

对文殊信仰的大力推崇,是不空弘扬密宗的重要手段。不空通过将文殊化现与国运皇祚联系起来,赋予了文殊信仰以护国的意义,使文殊信仰得到了皇室的认可和推崇。永泰二年(766 年)起,不空先后请旨舍衣钵修建五台山的金阁、玉华二寺❽,作为五台山文殊信仰的基地,之后又陆续请旨在天下僧寺的食堂中置文殊为上座❾、在太原府至德寺设文殊院❿,在天下一切僧尼寺中设文殊院⓫,使得文殊院成为当时佛寺必备的规制。特别值得注意的是五台山金阁寺,其中最核心的建

唐长安大兴善寺文殊阁营建工程复原研究

137

---

❶[宋]李昉.文苑英华.卷二百三十七.明刻本:"春雪题兴善寺广宣上人竹院"

❷[唐]段成式.酉阳杂俎.续集之五.北京:中华书局,1981 年点校本:"行香院堂后壁上,元和中,画人梁洽画双松。";"旃檀像堂中有《时非时经》";"东廊之南素和尚院";"天王阁,长庆中造,本在春明门内,与南内连墙,其形大为天下之最。太和二年,敕移就此寺。"

❸[唐]段成式.酉阳杂俎.续集卷之五.北京:中华书局,1981 年点校本:246:"寺后先有曲池,不空临终时忽然涸竭"

❹[日]释圆仁.入唐求法巡礼行记.卷第三.桂林:广西师范大学出版社,2007:117

❺[唐]不空 等.代宗朝赠司空大辨正广智三藏和上表制集.卷第一.大正新修大藏经本.卷 52:828:请搜访天下梵夹修葺翻译制书一首

❻界明,陈景富 编著.密宗祖庭大兴善寺.西安:三秦出版社,2002:16

❼[唐]不空 等.代宗朝赠司空大辨正广智三藏和上表制集.卷第一.大正新修大藏经本.卷 52:828:请大兴善寺修灌顶道场

❽[唐]不空 等.代宗朝赠司空大辨正广智三藏和上表制集.卷第二.大正新修大藏经本.卷 52:834:请舍衣钵助僧道环修金阁寺制一首、请舍衣钵同修圣玉华寺制书一首

❾[唐]不空 等.代宗朝赠司空大辨正广智三藏和上表制集.卷第二.大正新修大藏经本.卷 52:837:天下寺食堂中置文殊上座制一首

❿[唐]不空 等.代宗朝赠司空大辨正广智三藏和上表制集.卷第二.大正新修大藏经本.卷 52:837:请太原至德寺至文殊院制书一首

⓫[唐]不空 等.代宗朝赠司空大辨正广智三藏和上表制集.卷第三.大正新修大藏经本.卷 52:841:敕置天下文殊师利菩萨院制一首

筑也是一座文殊大阁,这座宏伟瑰丽的大阁九间三层,高百余尺,并以铜为瓦,涂金于其上,光芒照耀山谷。❶不难想见,大兴善寺文殊阁的兴建寄托了不空的宗教宏愿。通过《不空表制集》的相关记录,可以看出文殊阁的空间格局是围绕着不空的宗教活动布置的,兼备了供奉文殊菩萨、储藏梵夹经典和举行密宗仪轨的空间。

三 大兴善寺文殊阁的兴建过程

大兴善寺文殊阁的兴建,始于大历八年(773年)。不空进表请造文殊阁的表书在《不空表制集》中并未收录,然而在不空进献新译的大虚空藏经后,代宗即于当年的二月下敕在大兴善寺翻经院修建"大圣文殊镇国之阁",并任命大德僧秀俨为修造使,沙门慧胜同检校。《宋高僧传》中记载文殊阁的出资人为贵妃、韩王和华阳公主,共出内库钱约三千万。❷根据《新唐书》记载,这位贵妃即为最受唐代宗厚爱的贞懿皇后独孤氏,韩王李迥和华阳公主即为她的子女。❸可见,出资兴建文殊阁的也为代宗亲眷。

文殊阁主体结构在六个月之内即完成了,在大历八年八月上梁日,代宗特意恩赐钱物和饭食款待参加文殊阁上梁仪式的士庶。❹大历九年(774年)五月,在不空圆寂之际,文殊阁已基本完成,但装饰和附属建筑尚未完成。因此,不空在其遗书中还专门念及此事,交代要将文殊阁完成,在其中安排僧人转经念诵为国祈福,并将自己的田庄舍给文殊阁下道场,作为供养费用。❺不空在文殊阁兴建中付出了巨大的心血,以致文殊阁成为了不空的象征,在不空圆寂之际,就有"诸僧梦千仞宝台摧、文殊新阁颓"的征兆。❻不空去世后,其弟子慧朗、慧果等即请旨于文殊阁中设立道场为国持诵。

文殊阁建筑部分正式完工,应在大历十年(775年)。大历十年二月,代宗为文殊阁赐额。四月,负责修建文殊阁的秀俨和慧胜上《进造文殊阁状》,详细汇报了修建文殊阁的财费情况。直到大历十二年(777年)十月,文殊阁的壁画才全部完工。❼

文殊阁全部工程,共历时约四年八个月,其中不空圆寂之后不久,即在翻经院中起造不空舍利塔,这项新工程可能会影响到文殊阁的建造,使文殊阁的工期产生一定程度的延误。但分析整个工程的进程不难发现,建筑部分,尤其是大木结构部分并非整个营建工程中耗时最多的部分,壁画装饰部分反而在整个工期中占据了相当长的一段时间(图1)。

---

❶[五代]刘昫.旧唐书.卷一百一十八.列传第六十八.清乾隆武英殿刻本:"五台山有寺金阁,铸铜为瓦,涂金于上,照耀山谷,计钱巨亿万。"

[日]释圆仁.入唐求法巡礼行记.卷第三.桂林:广西师范大学出版社,2007:101:"阁九间,高百余尺,壁檐橡柱,无处不画,内外庄严,尽世珍异。"

❷[宋]释赞宁.宋高僧传.卷一.唐京兆大兴善寺不空传.大正新修大藏经本:"空进表请造文殊阁,勅允奏,贵妃、韩王、华阳公主同成之、舍内库钱约三千万计。"

❸[宋]欧阳修.新唐书.卷七十七.列传第二.清乾隆武英殿刻本:"代宗贞懿皇后独孤氏……生韩王迥,华阳公主。"

❹[唐]不空 等.代宗朝赠司空大辨正广智三藏和上表制集.卷第三.大正新修大藏经本.卷52:843:恩赐文殊阁上梁蒸饼见钱等物谢表一首

❺[唐]不空 等.代宗朝赠司空大辨正广智三藏和上表制集.卷第三.大正新修大藏经本.卷52:844:三藏和尚遗书一首

❻[宋]释赞宁.宋高僧传.卷一.唐京兆大兴善寺不空传.大正新修大藏经本

❼[唐]不空 等.代宗朝赠司空大辨正广智三藏和上表制集.卷第六.大正新修大藏经本.卷52:857:进兴善寺文殊阁内外功德数表一首

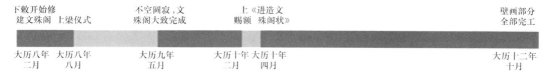

图 1　文殊阁修建工期示意图

四　大兴善寺文殊阁工料分析

大历十年四月,在文殊阁建筑完工后,负责文殊阁修建工程的秀俨和慧胜向唐代宗上《进造文殊阁状》,其中详细交代了文殊阁材料的购买和花费情况。

《进造文殊阁状》现存于《大正新修大藏经》卷五十二《史传部》中的《代宗朝赠司空大辨正广智三藏和上表制集》卷第三。该文献共分三个部分:首先交代了兴造文殊阁的资金来源;其次,交代了建造文殊阁时购买材料和雇工的支出,共包括27项,列出每项的名称和花费钱数;最后,交代了主要建筑材料的来源和使用数量,共分6项,列出每项的名称、材料来源(包括敕赐、外施入和买入三种)、造阁使用数量、剩余材料的处理方式和数量,如"卖出"和"见在"。根据这些珍贵的文献资料我们可以了解在唐代兴建一座大型建筑所需的花费,以及建筑的各作花费比重情况。❶

表文中记载,兴建文殊阁的资金来源主要有两部分:代宗内库所出代绢和现钱共折算一万三千五十二贯文,僧人所出钱物八千三百五十五贯四百四十七文,共计二万二千四百八十七贯九百五十文。工程的各项花费据表文记载,大致分为材料花费和人工运费费用两部分,现列表如下(表1),并根据《营造法式》等文献和唐代建筑遗址、实例,分析其中各项材料和工序的用途。

表1　兴建文殊阁费用表

项　目	总价/文	
方木	4542545	1. 方木:用于大木结构斗栱、梁枋部分。❷ 2. 砖:用于砌筑须弥座台基、踏道、象眼、铺地面等。❸ 3. 栈:应以用新鲜的荆条或木条劈成,铺衬于瓦下,相当于望板。《营造法式》卷十三用瓦之制称:"凡瓦下铺衬柴栈为上,版栈次之。"❹在佛光寺东大殿的勘察研究中,也在屋顶上发现了直径约30毫米,长度400毫米左右的栈条。❺
椽柱槐木	974810	

❶[唐]不空 等.代宗朝赠司空大辨正广智三藏和上表制集.卷第三.大正新修大藏经本.卷52:851;进造文殊阁状一首

❷[宋]李诫.营造法式.卷第二十六."诸作料例一"中"大木作"条共有四种尺寸的方木:大料模方、广厚方、长方、松方,分别用来作不同规格的栿,以及檐额、角梁等结构。由于早期建筑中斗栱和梁栿的结合关系,可以推测方木也作为斗栱的材料。见:梁思成.营造法式注释.梁思成全集(第七卷).北京:中国建筑工业出版社,2001:349

❸[宋]李诫.营造法式.卷第二十八,"诸作等第"条.见:梁思成.营造法式注释.梁思成全集(第七卷).北京:中国建筑工业出版社,2001:366

❹[宋]李诫.营造法式.卷十三."用瓦之制"条.见:梁思成.营造法式注释.梁思成全集(第七卷).北京:中国建筑工业出版社,2001:256

❺清华大学建筑设计研究院,北京清华城市规划设计研究院文化遗产保护研究所.佛光寺东大殿建筑勘察研究报告.北京:文物出版社,2011

项　　目	总价/文
砖瓦鸱兽	1491170
栈	214500
造门窗勾栏柏木	746225
石碇诸杂石并雇车脚手功粮食	764000
麻梼	116425
钉铁	339591
风筝	80000
石灰赤土黑蜡	85288
金铜钉门兽铰具	2478946
赵越簟篨席箔炭花药罐纸笔油等用	162548
胶及麻打绳索诸杂	52510
筑阶、脱墼	694550
扬仙立木手工粮食	2288300
彩色解缘画罗文软作手工粮食	800000

4. 麻梼：用于墙面的石灰泥和壁画下所用沙泥中。❶

5. 风筝：即檐铃❷

6. 石灰：可以用于屋顶泥背、墙面、彩画、砌筑石作等。

   赤土：用于和涂抹墙面的红灰泥。❸

   黑蜡：用于石作雕减地平钑花纹时使用。❹

7. 簟篨席：粗竹席，很可能用于封护的隔断墙内，如栱眼壁和歇山两厦，如《营造法式》中的"隔截编道"❺，或作为营建工程中搭棚使用。

   箔：用于屋面瓦下，相当于望板的作用。❻

8. 胶：在小木作、瓦作、泥作、彩画作和砖作中普遍使用的原料。

9. 筑阶脱墼：应为与台基相关的工程，筑阶可能与《营造法式》中的筑基之制对应，为夯筑台基的工序。

   脱墼可能指《营造法式》石作中以錾打剥、粗搏、细漉等几项工序。也可能为泥作中制作夯土砖"墼"的"脱墼"。❼

10. 扬仙立木：扬仙意义待考，立木应该指整个大木作的装配。

11. 彩色解缘画罗文：建筑彩画的一种，可知文殊阁所画彩画与《营造法式》中的"解绿结华装"相类似。即梁枋斗栱身内刷饰一种颜色，而用彩色叠晕勾勒构件的外棱轮廓。其"画罗文"的配置，也与《营造法式》该种彩画"柱头及脚并刷朱，用雌黄画方胜及团花，或以五彩画四斜或簇六球纹锦"相吻合。

12. 画峻基隔窠：推测应指台基部位的彩画。据敦煌壁画等唐代图像，唐代的建筑台基部分也多有彩画。台基结构常作"隔身版柱"❽，在柱间平面内做团窠等图案。文中"峻基隔窠"可能正是指这种彩画

❶[宋]李诫.营造法式.卷十三."泥作制度"条："凡和石灰泥，每石灰三十斤，用麻梼二斤……凡和沙泥，每白沙二斤，用胶土一斤，麻梼洗择净者七两。"见：梁思成.营造法式注释.梁思成全集(第七卷).北京：中国建筑工业出版社,2001:261

❷[唐]李白.李诗选注.卷十二.明隆庆刻本："风筝，以铁为之，如小木铎状。口悬横铁，作十字形，悬于檐角。遇风触之即鸣。"

❸[宋]李诫.营造法式.卷第十三."泥作制度"："合红灰，每石灰一十五斤用土朱五斤。非殿阁者用石灰一十七斤，土朱三斤，赤土一十一斤八两。"见：梁思成.营造法式注释.梁思成全集(第七卷).北京：中国建筑工业出版社,2001:261

❹[宋]李诫.营造法式.卷第三."石作制度"："如减地平钑磨礲毕先用墨蜡后描华钑造。"见：梁思成.营造法式注释.梁思成全集(第七卷).北京：中国建筑工业出版社,2001:48

❺[宋]李诫.营造法式.卷第十二."竹作制度".见：梁思成.营造法式注释.梁思成全集(第七卷).北京：中国建筑工业出版社,2001:252

❻[宋]李诫.营造法式.卷十三."用瓦之制"条.见：梁思成.营造法式注释.梁思成全集(第七卷).北京：中国建筑工业出版社,2001:256

❼营造法式.卷第十三."泥作制度"："垒墙之制，高广随间……每用坯墼三重，铺襻竹一重。"见：梁思成.营造法式注释.梁思成全集(第七卷).北京：中国建筑工业出版社,2001:260.陈明达先生将墼解释为"用新挖出的潮土入模夯打成的土块，阴干后不入窑烧结即使用。"见：陈明达.《营造法式》辞解.天津：天津大学出版社,2010:419

又[宋]张君房.云笈七签.卷之一百一十七棠八.四部丛刊景明正统道藏本："刘将军者，隶职右神策军，居近东明观。大修第宅，于观内取土筑基脱墼计数千车。"

❽[宋]李诫.营造法式.卷第三："造殿阶基之制……用隔身版柱，柱内平面作起突壶门造。"见：梁思成.营造法式注释.梁思成全集(第七卷).北京：中国建筑工业出版社,2001:59

项 目	总价/文
解木手工粮食	1051296
瓦舍及手工粮食	305000
怗柏门窗勾栏障日手工粮食	1518900
泥垒作手工粮食等用	330000
画峻基隔寠并买彩色手工粮食等用	257000
雇人车船载方木脚钱	595687
砌垒砖作手工粮食等用	357700
僧使行者外使催趁粮食设功匠等用	100982
杂使年月日功人	312790
车四乘牛六头	873250
草豆麸牛药	682087

图 2　敦煌莫高窟 148 窟药师净土变中建筑台基

[资料来源:敦煌文物研究所 编.中国石窟·敦煌莫高窟(第四卷).北京:文物出版社]

图 3　敦煌莫高窟 148 窟守护舍利图中殿基

[资料来源:敦煌文物研究所 编.中国石窟·敦煌莫高窟(第四卷).北京:文物出版社]

　　根据这份文献的记录,修造文殊阁的材料费总计约为 12048558 文,人工费约为 10167542 文,两种费用大体相当。

　　分析材料费中各项目的比例(图 4,图 5),可以发现,作为建筑大木主体的方木费用占最大比重,但仅作为装饰,在建筑结构中作用不大的金铜钉门兽铰具也占据了相当大了比重,超过了大木结构中椽柱部分和小木作的材料费用。结合五台山金阁寺"铸铜为瓦,涂金于上,照耀山谷,计钱巨亿万"❶的记载,使我们认识到在唐代大型建筑中,金属装饰是非常重要的组成部分。建筑的投资者,不惜在这些金属装饰上花费巨资,借此彰显建筑的华丽。此外,同样具有装饰作用的砖瓦鸱兽一项也在建筑费用中占有较大的比例。

---

❶[五代]刘昫.旧唐书·王缙传.卷一百一十八.列传第六十八.清乾隆武英殿刻本

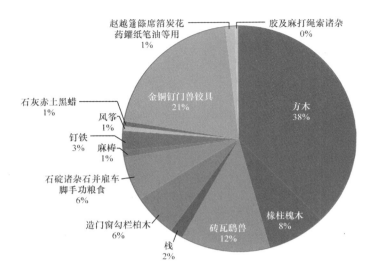

图 4　修造文殊阁各项材料费比例

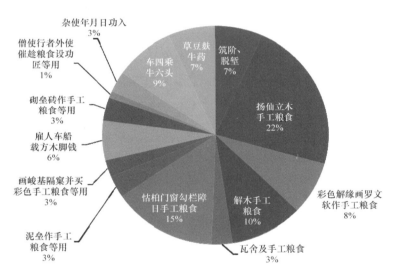

图 5　修造文殊阁各项人工费比例

　　分析人工费中各项目的比例,占最大比重的是扬仙立木部分,这一部分显然是对整个建筑结构起决定作用的,应该包含较高的技术要求,很可能还包括了对整个建筑进行设计,如定举折、点草架的内容。这一部分费用与解木部分的费用分别计算,也可以看出负责建筑结构设计装配的高级匠师和负责构件加工的低级工匠是有明确的分工的。正如柳宗元《梓人传》中记载的,高级匠师只负责结构设计和工程指挥,并不亲自动手制作构件。其次,在人工费中占有相当大比重的小木作和彩画作两项,材料花费却很小。以"门窗勾栏障日"代表的小木作一项分析,其花费的人工费是材料费的两倍。这应当也是因为小木作和彩画作同样属于技术性较强的工作。最后,交通运输费用在人工费中占相当大的比重,包括"雇人车船载方木脚钱""车四乘牛六头""草豆麸牛药",这三项的总费用相当于扬仙立木部分,占人工费中最大比重。交通运输费用在最终建成的建筑中是无法体现出来的,因此在研究古代建筑营建工程的时候,这部分费用常常被忽略。但从这份文献中可以看到,交通运输费用在古代建筑营建工程中是不容忽视的一部分。

为了解整座建筑中各个部分的费用比重,将文献中各项目的主要内容分析明确之后,参照《营造法式》中对于营建工程的分类方法,可以文殊阁营建的花费分为如下九类(表 2),并明确各作在整个营建中的费用比例(图 6):

表 2　营建文殊阁各作费用表

类　别	总价/文	项　　目
台基	1715550	石碇诸杂石并雇车脚手功粮食
		筑阶、脱墼
		画峻基隔窠并买彩色手工粮食等用
大木作	8856951	方木
		椽柱槐木
		扬仙立木手工粮食
		解木手工粮食
小木作	2265125	造门窗勾栏柏木
		怗柏门窗勾栏障日手工粮食
彩画作	800000	彩色解缘画罗文软作手工粮食
砖瓦作	2153870	买砖瓦鸱兽
		瓦舍及手工粮食
		泥垒作手工粮食等用
泥作	446425	麻梼
		泥垒作手工粮食等用
金属装饰	2558946	风筝
		金铜钉门兽铰具
杂物工具	952727	钉铁
		石灰赤土黑蜡
		赵越籧篨席箔炭花药钁纸笔油
		胶及麻打绳索诸杂
		杂使年月日功人

类　别	总价/文	项　　目
交通运输	2252006	雇人车船载方木脚钱
		僧使行者外使催趁粮食设功匠等用
		车四乘牛六头
		草豆麸牛药

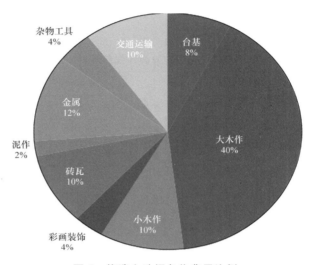

图 6　修造文殊阁各作费用比例

五　文殊阁建筑复原

　　除了工程项目的费用信息，在《进造文殊阁状》中还包括了几种主要材料的来源和使用情况（表 3）。根据这些材料的使用数量，并结合现存唐辽建筑实例，不难估算出文殊阁的建筑规模，将更进一步对文殊阁建成后的形象进行复原。

表 3　营建文殊阁所用材料表

项目	敕入	施入	买入	总入	造阁用	出卖	见在
方木（根）		75	610.5	685.5	487.5	127	71
榑柱（根）		148	96	244	173		71
椽（根）		1570	844	2414	1854		560
栈（束）			700	700	350		350
胶（斤）	600	40	43	683	683		0
蜡（斤）	600		20	620	620		0

1. 层数

根据《进造文殊阁状》中"八十千文。造阁上下两层风筝八枚等用。"可知文殊阁共有两层屋檐,檐角共挂有八枚檐铃。因此可推测该阁每檐四角,平面应为矩形。现存的早期木结构楼阁建筑,如建于辽统和二年(984 年)的蓟县独乐寺观音阁、建于辽清宁二年(1056 年)的山西应县佛宫寺释迦塔,都在两个明层中设置一个平座暗层以承托楼阁上层的建筑结构。唐代楼阁建筑,虽无实例留存,但唐墓和敦煌壁画中的楼阁图像,也都有平座层,这很可能是唐代楼阁建筑常用的结构方式,因此推测文殊阁也采用了这种做法,即两个明层,之间有一个暗层(图 7,图 8)。

图 7 陕西西安唐懿德太子墓壁画中的阙楼

(资料来源:傅熹年 主编.中国古代建筑史·第二卷:三国、两晋、南北朝、隋唐、五代建筑)

图 8　敦煌第 159 窟南壁观无量寿经变中楼阁建筑图像（中唐）

[资料来源：敦煌文物研究所 编．中国石窟・敦煌莫高窟（第四卷）．北京：文物出版社]

2. 地盘形式

《营造法式》中殿阁地盘共有单槽、双槽、分心槽、金箱斗底槽四种。而金箱斗底槽又似乎是唐代高等级的殿阁建筑最常用的形式，山西五台山佛光寺东大殿，日本法隆寺金堂、五重塔、唐招提寺金堂，辽代的大同下华严寺薄伽教藏殿、义县奉国寺大殿，以及西安青龙寺三号和四号遗址、大明宫麟德殿前殿遗址、渤海国上京第一宫殿遗址，都采用了这种地盘形式。尤其是现存的辽代楼阁建筑实例佛宫寺释迦塔木塔和独乐寺观音阁都为金箱斗底槽（图 9，图 10）。在楼阁建筑中，金箱斗底槽的地盘能使内外两槽形成一个类似双套筒的结构，更加利于多层建筑结构上的稳定。推测作为唐代高等级的楼阁建筑，文殊阁的地盘也很可能为金箱斗底槽形式。

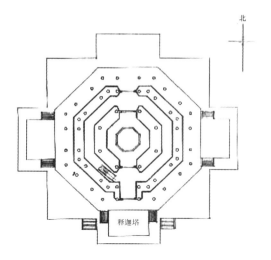

图 9　应县佛宫寺释迦塔平面图

（资料来源：刘敦桢 主编.中国古代建筑史）

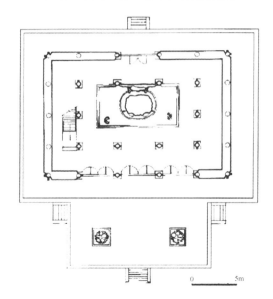

图 10　蓟县独乐寺观音阁平面图

（资料来源：郭黛姮 主编.中国古代建筑史·第三卷：宋、辽、金西夏建筑）

3．开间、进深间数、椽架数和屋顶

关于文殊阁的开间进深数，在这些文献中并无直接的记录，然而根据营造文殊阁所用的槫柱总数、用椽数，根据上文推测出的层数和地盘形式，可以选取几种早期常见的开间、进深数和屋顶形式，计算出文殊阁可能的开间进深数（表 4）。

表 4 文殊阁所用槫柱数计算表

名称	地盘	每层用柱	总用柱数	屋架形式	屋顶用槫	一层檐用槫	总用槫数	槫柱总数
面阔七间 进深四间 八椽		36	108	厦两头造 	65	22	87	195
				四阿顶 	61	22	83	191
面阔五间 进深五间 十椽		32	96	厦两头造❶ 	59	20	79	175
		30	90					169
面阔五间 进深四间 八椽		28	84	厦两头造 	47	18	65	149
				四阿顶 	43	18	61	145

❶地盘面阔进深都为五间时,屋顶难以形成四阿顶,因此只有厦两头造一种形式。

根据表4的计算，可知在面阔进深都为五间时，所用的槫柱总数最为接近文殊阁173的槫柱总数。但是这时在进深方向产生了"1＋3＋1"和"2＋2＋1"两种不同的间数组合形式。第一种梁架对称，但所用的槫柱总数超过了修造文殊阁所用的173根，且内槽六椽栿需要跨越三间进深，根据佛光寺东大殿、独乐寺观音阁、广济寺三大士殿这些规模相似的建筑推测，唐代大型殿阁建筑的进深平均每间都在12尺以上，这样六椽栿的跨度在40尺左右，相对于唐大明宫含元殿内槽也仅有33尺的跨度，40尺的大跨度用在面阔仅为五间的建筑中，似乎有些不相称。因此推测文殊阁可能采用第二种形式，即梁架前后不对称，将内槽进深缩至两间。在现存建筑实例中，建于辽开泰九年（1020年），进深同为五间的义县奉国寺大殿即采用了这样的平面形式（图11，图12）。虽然这种结构形式计算得出的总槫柱数为169根，比文献记载的173根少用4根，但考虑到营建过程中难免出现加工损耗，或采取了其他灵活的细部构造，在总数基本符合的情况下，4根材料的误差也是可以接受的。

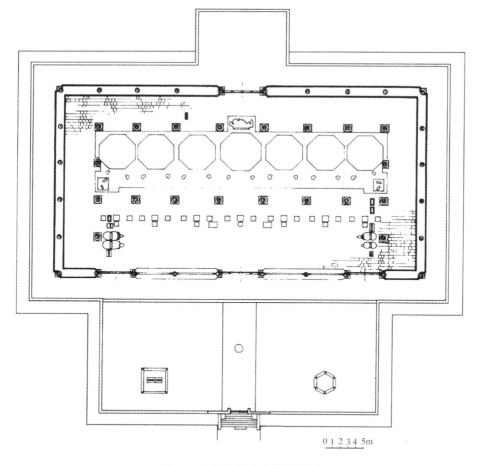

图 11　义县奉国寺大殿平面图

(资料来源：郭黛姮 主编.中国古代建筑史·第三卷：宋、辽、金西夏建筑)

图 12　义县奉国寺大殿剖透视图

(资料来源:郭黛姮 主编.中国古代建筑史·第三卷:宋、辽、金西夏建筑)

在确定文殊阁面阔进深均为五间后,还可以通过总用椽数进行验证。参考仅比文殊阁晚建造 84 年的佛光寺东大殿的椽间距和每间的布椽数,假设文殊阁屋顶两椽中线距离约 1.6 尺,明间、次间每间布椽 15 根,梢间和山面每间布椽 13 根,翼角布椽 8 根,并在檐口每根椽上使用飞椽。则除歇山出际部分外,共需椽 1834 根。如果考虑到出际,整个文殊阁用椽数与文献记载的 1854 根是基本相当的。因此推测文殊阁为面阔进深均为五间、十架椽的结构,屋顶为厦两头造。

4. 基本尺度

在现存文献中,并无相关文殊阁任何尺寸的记录,而文殊阁遗址也未进行过考古发掘,因此文殊阁尺度的确定,就只能参考现存建筑实例和遗址,以及《营造法式》的文献记录。在现存建筑实例中,建于唐大中十一年(857 年),面阔七间、进深四间的佛光寺东大殿和建于辽统和二年(984 年),面阔五间、进深四件的蓟县独乐寺观音阁在时代和规模上都与文殊阁相近,因此最具有参考价值。

(1)材份:参考佛光寺东大殿,在文殊阁复原中取 1.5×1 尺为材的广厚。

(2)平面尺寸:参考佛光寺东大殿,在文殊阁复原中,明次间面阔 17尺、梢间面阔 15 尺,进深方向各间均为 15 尺。

(3)举折:屋顶参考佛光寺东大殿的举高,脊榑举高与前后撩檐榑间距之比为 1:4.9。屋顶曲线的确定采用《营造法式》中的"折屋之法"❶(图13)。

❶[宋]李诫.营造法式.卷第五:"折屋之法:以举高尺丈,每尺折一寸,每架自上递减半为法。……如取平,皆从榑心抨绳令紧为则。如架道不匀,即约度远近,随宜加减。"见:梁思成.营造法式注释.梁思成全集(第七卷).北京:中国建筑工业出版社,2001:158

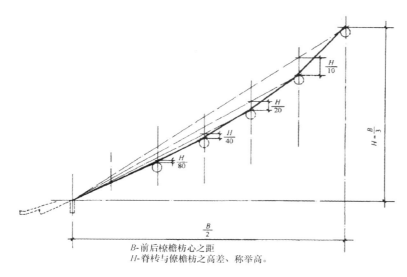

B-前后橑檐枋心之距
H-脊榑与橑檐枋之高差,称举高。

图 13　《营造法式》中的"折屋之法"

（资料来源:傅熹年 主编.中国古代建筑史·第二卷:三国、两晋、南北朝、隋唐、五代建筑）

（4）柱高:根据傅熹年先生的分析,包括佛光寺东大殿、独乐寺观音阁在内早期木构建筑都存在着明间柱高和明间面阔之间基本相等的关系,因此在文殊阁的复原中将底层明间柱高设定为 17 尺。从平柱至角柱按照《营造法式》中规定,做"生起"4 寸,并做侧脚。

5.铺作层

参考佛光寺东大殿、独乐寺观音阁等建筑实例和敦煌莫高窟盛唐时期的壁画,唐代五至七间的殿阁常用的铺作形式为七铺作。分析现存最早的楼阁建筑实例独乐寺观音阁,其上下檐都采用了七铺作,但上下檐铺作形式又有区别:下檐柱头铺作用四跳华栱,补间铺作为隐刻的泥道栱和泥道慢栱;上檐柱头铺作用双杪双下昂,补间铺作出两跳。上檐铺作采用了更为复杂的做法,可能正如梁思成先生所认为的,上檐"在结构上和装饰上皆占最重要的位置"[1]。辽承唐制,观音阁的这种做法,很可能反映了唐代楼阁建筑的普遍情况。因此,在文殊阁的复原中,也采用七铺作,上檐柱头铺作双杪双昂,补间铺作出跳;下檐柱头铺作不用昂,补间铺作不出跳。

补间铺作的做法:参考比佛光寺东大殿时代更早的敦煌莫高窟盛唐时期 172 窟,及中唐时期 360 窟壁画中的补间铺作图像,文殊阁采用铺作下有驼峰承托的补间铺作形式(图 14,图 15)。

❶梁思成.独乐寺观音阁山门考.梁思成全集(第一卷）.北京:中国建筑工业出版社,2001:205

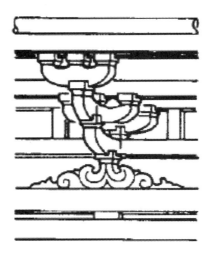

图 14　敦煌 172 窟北壁壁画前殿补间铺作（盛唐）

（资料来源：傅熹年 主编.中国古代建筑史·第二卷：三国、两晋、南北朝、隋唐、五代建筑）

图 15　敦煌莫高窟 360 窟壁画前殿铺作（中唐）

[资料来源：敦煌文物研究所 编·中国石窟·敦煌莫高窟（第四卷）.北京：文物出版社]

6．台基

　　根据上文的分析，可推测文殊阁的台基部分应该类似《营造法式》中"殿阶基"的做法，有隔身版柱，并在柱间彩画团窠图案。由于在《营造法式》中使用到"黑蜡"这一原料仅在石刻采用"减地平钑"法雕造时，因此可以推测台基的石作上除了彩画，应该也有雕刻的花纹装饰。

7．小木作

　　根据人工费中"造怗柏门窗钩栏障日"一项可以推测，文殊阁的小木作部分用柏木制作，包括门窗和勾栏。而根据材料费中"金铜钉门兽铰具"一项可以推测，文殊阁的门为安装门钉的板门，并配有门兽。

8. 墙体

根据人工费中"泥垒作"一项可推测，文殊阁的墙体主要部分应为泥墙。内部作沙泥壁画。

9. 屋顶和地面

根据材料费中"买栈七百束"及"砖瓦鸱兽"项可推知，文殊阁的地面铺砖，屋顶椽上用栈，其上布瓦。

10. 彩画

根据上文"彩色解缘画罗文"条分析可知，文殊阁的彩画类似"解绿结华装"，而以彩色叠晕勾画构件外棱，并有罗文一类的图案装饰。

11. 像设

根据《进兴善寺文殊阁内外功德数表一首》❶，文殊阁中的主像为"素画文殊六字菩萨一铺九身"，其中"文殊六字菩萨"则是根据密宗经典《文殊师利菩萨六字咒功能法经》或《六字神咒经》所画，以"闇婆计陀那摩"六字为真言的文殊形象。❷ 这两经中的画像大致相同：主尊为文殊菩萨，左右分别配置观世音菩萨、普贤菩萨(《六字神咒经》)或普贤菩萨、观自在菩萨(《文殊师利菩萨六字咒功能法经》)。其中文殊菩萨的容姿都为童子形，于莲花座上结跏趺坐，身着天衣，头戴天冠，并配饰璎珞臂钏等，手作说法印。观世音和观自在菩萨都坐于莲花座上，手持拂。两经中菩萨像上方两侧都画手持花鬘的咒仙，画像下画手持香炉跪拜的持咒人。菩萨莲座下则画莲池，画像四周画山峰。而两经中都特别要求这一图像要绘制在不断缕的桢或毡上，同时要求颜料中不得用胶，可能就是《进兴善寺文殊阁内外功德数表一首》中"素画"的含义。而根据两经中描述的图像中共只有三身像，而文殊阁中的六字文殊像共九身，则可能三位菩萨各自还有协侍菩萨之类。

---

❶[唐]不空 等.代宗朝赠司空大辨正广智三藏和上表制集.卷第六.大正新修大藏经本.卷52：857：进造文殊阁状一首。
❷《六字神咒经》："又若欲受持成就者。先须画文殊师利像。其画像法。取好白毡勿令有毛发。亦不得割断缯缕。彩色不得用胶。应以香汁和画。其文殊师利像。莲华座上结跏趺坐。右手作说法手。左手于怀中仰着。其像身作童子形。黄金色。天衣作白色遮脐已下。余身皆露。首戴天冠身佩璎珞臂印钏等。众事庄严。左厢画观世音像。其身白银色。璎珞衣服庄严如常。坐莲华上结跏趺坐。右手执白拂。右厢画普贤菩萨像。其身金色。璎珞庄严如常。亦坐莲华座右手执白拂。于文殊上空中两边。各作一首陀会天。手执华鬘。在空云内唯现半身。手垂华鬘。于文殊像下右边。画受持咒者。右膝着地手执香炉。其文殊师利等所坐华下遍画作池水。其菩萨像两边。各画在山峰。"
《文殊师利菩萨六字咒功能法经》："于后不割断㲲桢上。其画匠人受八戒。不用胶画文殊师利。于莲华上座说法之像。一切庄严具足。作童子形天衣裙左肩。于右应画作圣观自在菩萨。坐莲华座手执拂。左边应画圣普贤菩萨。像上两边虚空。于云中出咒仙手执花鬘作。画像下应画持咒人手执香炉。瞻仰文殊师利菩萨。其像四边皆应作山峰。于菩萨座下。应作花池充满莲华。"

而阁内外壁上，另有"文殊大会圣族菩萨一百四身"图画的具体形式还有待于进一步研究，然而凭借一百零四身的总数，也可联想到这是一副以文殊菩萨为核心，人数众多的大场面图像，可能类似于当时流行的华严经变中文殊菩萨率眷属前往赴会的场景（图16）。

图16　敦煌莫高窟第159窟西壁文殊变（中唐）

[资料来源：敦煌文物研究所 编.中国石窟·敦煌莫高窟（第四卷）.北京：文物出版社]

12．功能

根据不空本人的安排，文殊阁"下置文殊菩萨，上安梵夹之经"❶，则文殊阁上下两层的空间分别为供奉文殊菩萨和藏经之用。同时不空还希望在文殊阁下置一道场"奉为国家置三七僧，转经念诵，永资圣寿"，并在临终之际还发愿将其田庄"舍留当院文殊阁下道场"。因此，在他圆寂之后，他的弟子即上表请愿，选出14人于文殊阁下道场"常为国转读敕赐一切经"❷，可见在文殊阁底层内还有供转经持诵的道场。

❶[唐]不空 等.代宗朝赠司空大辨正广智三藏和上表制集.卷第三.大正新修大藏经本.卷52：844：三藏和尚遗书一首
❷[唐]不空 等.代宗朝赠司空大辨正广智三藏和上表制集.卷第三.大正新修大藏经本.卷52：845：请于兴善当院两道场各置持诵僧制一首

根据前文分析,已经可以明确文殊阁的开间进深数、屋顶形式、椽架数、台基、小木作等基本信息。文献中缺乏尺度信息、用材等级以及铺作数等重要信息,因此考虑参考现存佛光寺东大殿和独乐寺观音阁这两处时代和规模均比较相近的建筑实例,以及敦煌壁画、相关出土文物中的建筑形象,对文殊阁进行复原(图17～图19)。

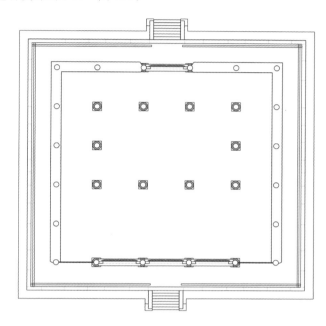

图 17　大兴善寺文殊阁复原平面图

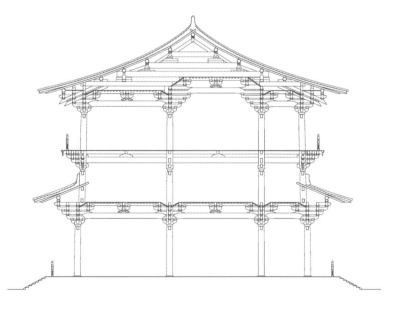

图 18　大兴善寺文殊阁复原剖面图

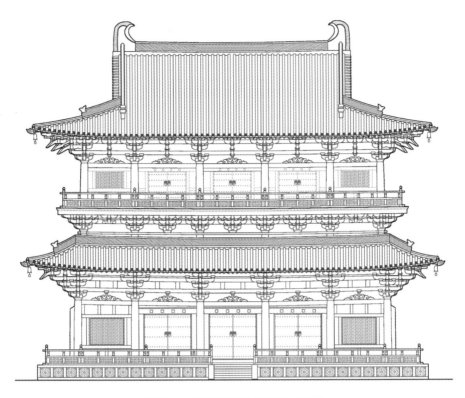

图 19　大兴善寺文殊阁复原立面图

六　余论：文殊阁与密宗殿堂

根据上文的计算，文殊阁可能为面阔进深均为五间、平面近似正方形的殿堂。唐辽时期的佛光寺东大殿、独乐寺观音阁、下华严寺薄伽教藏殿等面阔五间至七间的殿堂建筑，进深大多都为四间，平面呈长方形。文殊阁略为独特的平面形式，可能与其中具有密宗道场的空间性质有关。

唐代密宗道场相关的实例和资料，在国内保存很少，因此研究唐代密宗道场最珍贵的资料来源于日本平安时期的密宗道场。[1] 其中最重要的是日本密宗的创始者空海于弘仁十四年（823 年）于京都东寺所建灌顶堂。空海曾在长安青龙寺跟随惠果求法，因而空海置此灌顶堂时仿照了青龙寺的灌顶道场。京都东寺灌顶堂的平面布置为方形，面阔进深均七间，室内空间区分为前后两堂，前堂开敞，后堂封闭，以满足进行灌顶仪式的需要（图 20）。同样，日本室生寺的灌顶堂也为五间方殿，室内划分与京都东寺灌顶堂相同（图 21）。因此，似乎可以推测日本灌顶堂仿照的原型——长安青龙寺灌顶道场的基本形式也为平面方形，室内划分为前后两堂。

❶纪州高野山金刚峰寺沙门空海传："海建灌顶院，准青龙寺。"

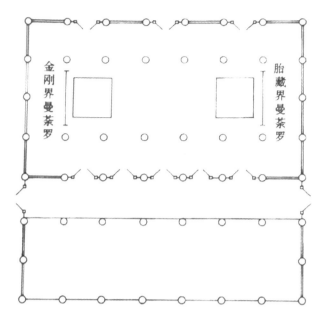

图 20　京都东寺灌顶堂平面图

（资料来源：傅熹年 主编.中国古代建筑史·第二卷：三国、两晋、南北朝、隋唐、五代建筑）

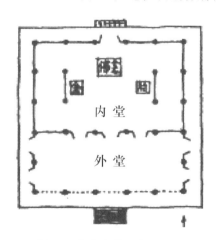

图 21　室生寺灌顶堂平面图

［资料来源：杨鸿勋.唐长安青龙寺密宗殿堂（遗址 4）复原研究.考古学报，1984(3)］

　　青龙寺的灌顶道场，根据《大唐青龙寺三朝供奉大德行状》中记载，可能设于青龙寺东塔院佛塔底层。❶在青龙寺遗址的发掘过程中，平面方形的 4 号遗址引起了关注，傅熹年先生主编的《中国古代建筑史·第二卷》推测这处遗址可能就是设置灌顶道场的东塔院。杨鸿勋先生推测此处遗址为五间方殿，是青龙寺的灌顶道场，并参考日本室生寺的灌顶堂，对其进行了复原研究。❷（图 22 ）

❶大唐青龙寺三朝供奉大德行状.大正新修大藏经本：“别敕賜东塔院一所。置毘卢遮那灌顶道场。”

❷杨鸿勋.唐长安青龙寺密宗殿堂（遗址 4）复原研究.考古学报，1984(3)

中国建筑史论汇刊·第陆辑

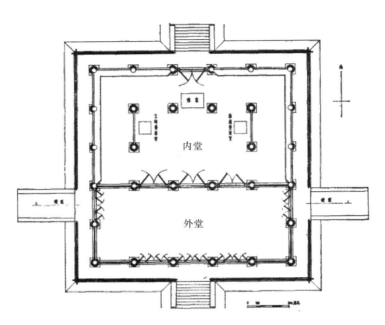

内堂

外堂

图 22　青龙寺 4 号遗址复原平面图

[资料来源:杨鸿勋.唐长安青龙寺密宗殿堂(遗址 4)复原研究.考古学报.1984(3)]

❶[唐]不空 等.代宗朝赠
司空大辨正广智三藏和
上表制集.卷第三.大正
新修大藏经本.卷 52:
844:三藏和尚遗书一首

❷[日]圆仁.入唐求法巡
礼行记.桂林:广西师范
大学出版社,2007:120

　　设置青龙寺灌顶道场的惠果,为不空的重要弟子,不空称其"入坛授法弟子颇多……沦亡相次,唯有六人,其谁得之。则有金阁寒光、新罗慧超、青龙慧果、崇福慧朗、保寿元皎、觉超"❶。且在不空圆寂之后,惠果曾"于大圣文殊阁下常为国转读敕赐一切经",因此惠果与文殊阁也颇有关联。正如空海仿照了青龙寺的灌顶道场,惠果在青龙寺所置的灌顶道场,必然也仿照不空在大兴善寺翻经院中最先创设的灌顶道场,因此极有可能大兴善寺的灌顶道场也设在一个平面方形的建筑中。

　　虽然大兴善寺的灌顶道场置于乾元三年,先于文殊阁设立,显然未设在文殊阁中。且圆仁在其《入唐求法巡礼行记》中称"入灌顶道场随喜,及登大圣文殊阁",可见其为不同建筑。但文殊阁的密宗性质是可以确定的。除了文殊阁为密宗大师不空所建之外,文殊阁的像设更直接反映了其密宗的性质。文殊阁下设置的道场,应该也是密宗道场。除大兴善寺文殊阁外,在五台山金阁寺的文殊阁中也有密宗道场与信仰的结合。如圆仁所见,金阁寺第一层为供奉文殊像的文殊大殿,而第二次为金刚顶瑜伽五佛像,第三层为顶轮王瑜伽会五佛像,粉壁内面,画诸尊曼荼罗。❷文殊阁下设置的,很可能就是类似的密宗道场。假设这种道场也需要像灌顶道场一样的空间形式,就有可能对文殊阁的建筑产生特殊要求,形成近似方形的平面形式。

古代建筑制度

保国寺大殿复原研究(二)
——关于大殿平面、空间形式及厦两头做法的探讨[❶]

张十庆

（东南大学建筑研究所，东南大学城市与建筑遗产保护教育部重点实验室）

摘要：保国寺大殿是我国江南地区现存年代最早的木构建筑，对于探讨南方早期木构技术具有重要的意义。本文以大殿现状构件形制做法的分析为线索，通过相关历史痕迹的解析，分析论证大殿平面、空间形式以及厦两头的原初形式及其变化过程，以此作为保国寺大殿复原研究的一个方面。

关键词：复原研究，平面形式，空间形式，厦两头

Abstract：The Main Hall in Bao-guo Temple，the most ancient wooden building in Jiang-nan region of China，was the precious example which meant much for the revealing research of early technique about wooden structures. Based on the analysis about historic vestiges of the extant component's operandi in the Hall，this article demonstrated the original styles and the late changes of the plan，space form and XiaLiangTou modus operandi. The above-mentioned research was one part of the reconversion research on the Main Hall.

Key Words：reconversion research，plan form，space form，XiaLiangTou（a traditional methods to form a gable-and-hip roof）

本文是保国寺大殿复原研究的第二篇论文，第一篇"关于大殿瓜楞柱样式与构造的探讨"发表于《中国建筑史论汇刊》第伍辑。本篇主要探讨宋构大殿原初的平面、空间形式以及厦两头做法。关于保国寺大殿复原研究的背景、目标及思路和方法等内容，在第一篇文中已有讨论，除了必要之处，本文不再重述。

本文的复原分析，是在东南大学2009年全面勘测调查的基础上，通过大殿历史痕迹的分析与解读，重点探讨大殿的平面、空间形式以及大殿厦两头做法的相关问题。

以下分作平面、空间形式与厦两头做法这两个部分，依次探讨。

壹·大殿平面与空间形式

一　清代的修缮改造

1. 清前期的大殿修缮

本文所称保国寺大殿平面与空间形式，指大殿平面布置与空间围合的形式。

---

❶本文为国家自然科学基金项目（编号：50978051）的相关论文。关于保国寺大殿课题，东南大学建筑研究所历史工作室的研究生参与了勘测与研究工作。

保国寺大殿建于北宋大中祥符六年(1013年),自宋至今已历千年,是我国江南地区现存年代最早的木构建筑。大殿因历代修缮改造,尤其清代前期的几次修缮活动,较大地改变了大殿的平面与空间形式。关于清代以前大殿平面及空间形式是否有较大的变动,现已不可考。根据现有史料分析,清代前期是保国寺大殿修缮改造最频繁的时期,对宋构大殿平面及空间形式的改变亦大。推测在清代前期修缮之前,宋构大殿平面与空间形式,应仍大致保持着宋代的基本形制,而未有大的变动。

清代前期的数次修缮活动中,对大殿形制影响较大的有两次,即康熙二十三年(1684年)与乾隆十年(1745年)的两次修缮改造。其中尤其是清康熙二十三年的修缮活动,显著改变了大殿原初的平面配置与空间围合形式。关于该次修缮活动的内容分析,是大殿平面与空间形式复原的重要线索。

2. 康熙年间的重修分析

清康熙二十三年(1684年),寺僧显斋、景庵重修大殿,据《保国寺志》记载,这次工程的内容为:"前拔游巡两翼,增扩重檐,新装罗汉诸天像等。"❶

文献记载清晰,并与现状十分吻合,即这次重修大殿主要是以原宋构部分为殿身,四面增扩空间,并在南及东西三面作出下檐,整体形成面阔七间、进深六间、重檐歇山的形式和规模。康熙重修改造,不仅改变了大殿平面与空间形式,而且使大殿宋式外观原貌变为清式带副阶佛殿形式。大殿现状面貌基本上就是清康熙年间重修改造的结果(图1～图3)。

❶清嘉庆十一年. 敏庵辑. 保国寺志

❷本文除图4和图34外,余皆为自绘和自摄。

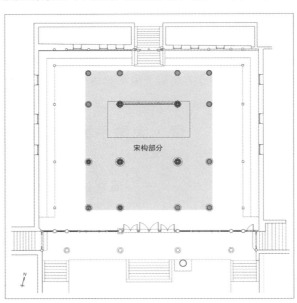

宋构部分

图1 大殿现状平面图❷

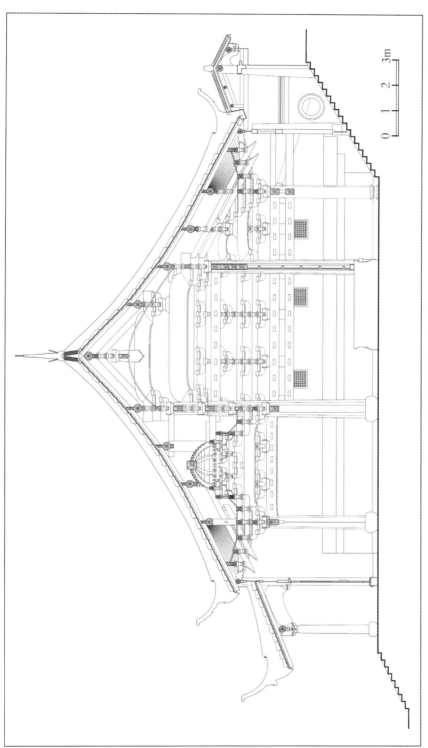

图 2　大殿现状横剖面（当心间西视）

保国寺大殿复原研究（二）——关于大殿平面、空间形式及厦两头做法的探讨

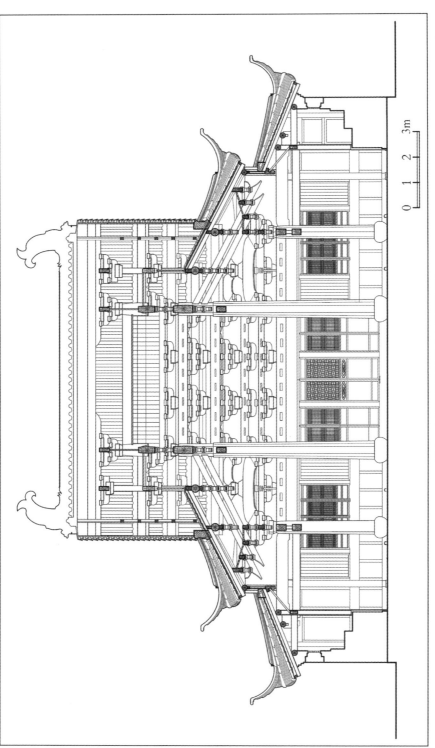

图 3　大殿现状纵剖面（中进间南视）

0　1　2　3m

大殿平面与空间形式,大致以清康熙年间的重修为界,表现为前后两个时期的阶段形态。宋代原构的方三间部分,经此重修改造后,在平面与空间形式上已非原状,改变甚大,原宋构方三间与下檐清构部分融合为一个整体。

大殿的康熙重修,对宋构原初平面与空间的改变,主要表现为如下两点:一是撤除了宋构原初的柱间围合构造;二是改变了宋构原初的空间分隔形式。而这两点,也正是关于大殿平面与空间形式复原的两个方面。本文关于保国寺大殿平面与空间形式的复原探讨,即是以清代康熙重修以前的宋代原初形式为目标的。

二 历史痕迹与复原线索

1. 复原的两个基本问题

如上节分析,现状的保国寺大殿,其平面与空间形式的宋代特征,部分已为后世的改造所掩盖和淹没,尤其是清康熙年间增扩添加副阶下檐时,撤去宋构大殿柱间围合构造,由此改变了宋构原初的空间围合形式。故关于大殿平面与空间形式的复原探讨,首先面对的是两个基本问题:一是宋构大殿的柱墙交接关系,二是宋构大殿的空间围合形式。

关于大殿平面与空间形式的这两个问题,虽然已有前人研究推定大殿平面的复原形式,即大殿空间围合形式为沿檐柱周圈围合的形式,大殿柱墙交接关系为厚墙包砌檐柱的形式[1](图4)。这一复原形式就佛殿的一般特色而言,或是一个可以接受的常规形式,然大殿遗存的历史痕迹及构件特征却与之不符,而表现出另外的形式指向。这些相应的历史痕迹和构件特征,成为宋构大殿平面与空间形式复原的重要线索。

关于大殿空间围合形式的复原分析,尤其是追究前廊开敞与否这一问题时,勘察大殿前内柱及柱础上是否存有曾经的额枋、地栿等历史痕迹,是最直接的线索。然大殿原初内柱及柱础已为后世修缮所更换[2],失去了以内柱相关痕迹线索,判定大殿空间围合形式的可能。因此,需要另寻其他线索,探讨大殿空间围合形式。

2. 复原的线索和依据

历经千年的保国寺大殿,尽管现状大殿较原初宋构有了不少的改造和变化,但瓜楞柱造型的宋式特征,却是始终传承未变的[3]。正是这一独特的

[1] 郭黛姮. 东来第一山保国寺. 研究篇第四节. 北京:文物出版社,2003:78

[2] 关于保国寺大殿内柱已非宋构原柱的分析,见"保国寺大殿复原研究——关于大殿瓜楞柱样式与构造的探讨"的相关考证分析。该文载于:王贵祥,贺从容 主编. 中国建筑史论汇刊(第伍辑),北京:清华大学出版社,2012:81

[3] 关于保国寺大殿现状瓜楞柱造型的宋式特征分析,见后文第三节的相关考证分析。

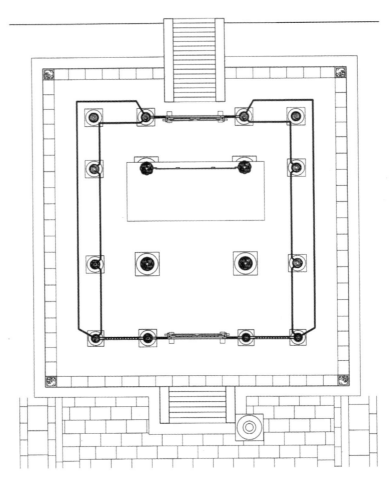

图 4　既有大殿复原平面图

(来源:郭黛姮.东来第一山保国寺.北京:文物出版社,2003:78)

瓜楞柱形式,成为认识大殿空间形态的相关线索和依据。通过分析可见,大殿变化的瓜楞柱形式特征,与大殿空间形态有着显著的指向性和关联性。因此,大殿的复原分析,首先从瓜楞柱的形式特征的分析入手,推定大殿的柱、墙交接关系;而此柱、墙交接关系,又进而成为分析大殿空间围合形式的关键线索。

通过大殿宋构部分的详细勘察,关于大殿平面与空间形式的复原分析,主要根据以下历史痕迹和复原线索进行:

(1)柱、斗瓜楞分瓣形式的关联现象;

(2)瓜楞分瓣形式的位置特征;

(3)其他相关复原线索。

以下依次分析讨论。

三　柱墙交接关系

1. 瓜楞柱线索

瓜楞柱形式,是保国寺宋构大殿最突出和重要的形式特征。

大殿宋构部分面阔、进深各三间,内柱 4 根,檐柱 12 根,共 16 根柱,皆瓜楞柱形式。现状大殿虽部分柱为后世更换,但瓜瓣造型的宋式特征得到延续和保存,这一点可以根据柱上瓜瓣斗的对应关系得以证实。

保国寺大殿的瓜瓣造型,表现为瓜楞柱与瓜瓣斗这两个构件,且二者对应关联。也就是说,在瓜楞分瓣的形式设计上,柱与柱上栌斗是一整体的关联存在(图 5)。根据瓜楞柱与瓜瓣斗的对应关联这一特点,可以证明现存瓜楞柱形式应是宋式特征。

图 5　大殿柱、斗的整体瓜瓣造型(东北角柱)

大殿外檐柱头铺作栌斗皆用分瓣圆斗,瓣数与其对应柱子相合;补间铺作用讹角方斗;四内柱及内额栌斗,亦作讹角方斗,以使内柱间的整面照壁均齐协调。

大殿瓜楞柱与瓜瓣斗的对应关联,具体有两个显著的形式特征:其一、柱、斗分瓣形式的关联特征,即同一位置上,柱与栌斗的分瓣数及分瓣位相同;其二,分瓣形式与柱位的关联特征,即不同柱位的分瓣数及分瓣位各不相同。这两个显著的瓜楞形式特征,成为分析复原大殿平面与空间形式的重要线索。

首先根据瓜楞柱分瓣的形式特征及其历史痕迹,分析宋构大殿柱、墙的交接形式。

大殿瓜楞柱独特的分瓣形式是复原分析的关键。大殿现状瓜楞柱除有拼合做法外,同时还有整木刻瓣做法,再结合对应关联的瓜瓣栌斗特色可知,大殿瓜楞做法的装饰性是显著和首要的因素。因此,在大殿柱、墙交接关系中,其柱面瓜瓣应是外露的,而不可能是厚墙包裹的形式。根据这一推定为线索,可进一步分析大殿柱、墙交接的构造关系,解明宋构原初的柱间围合构造,从而指向对大殿空围合形式的认识。

2．构造节点复原

根据大殿独特的瓜楞分瓣形式以及瓜楞做法的装饰特征,有理由推定大殿柱间围合为薄壁的构造形式。关于这一柱、墙交接构造关系的节点复原,其分析如下:

大殿瓜楞柱的柱面分瓣形式共有三种,即全柱面瓜楞形式、角柱面瓜楞形式和半柱面瓜楞形式这三种。具体而言,全柱面瓜楞设 8 瓣,角柱面瓜楞(3/4 柱面)设 4 瓣,半柱面瓜楞(1/2 柱面)设 2 瓣(图 6),柱上栌斗的分瓣形式也完全与柱对应一致(图 7)。然而,根据全柱面 8 瓣的形式规律,角柱面(3/4 柱面)应设 6 瓣、半柱面(1/2 柱面)应设 4 瓣,才能达到完整的视觉效果。那么当时匠人是如何考虑和设计的呢? 通过分析可知,匠人正是利用了柱与薄壁的交接,使得角柱面(3/4 柱面)的 4 瓣和半柱面(1/2 柱面)的 2 瓣,分别看似 6 瓣和 4 瓣,从而令柱面分瓣形式达到完整的视觉效果(图 8)。

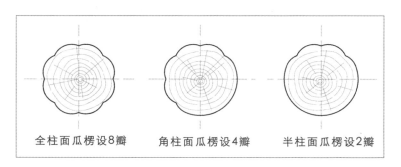

全柱面瓜楞设8瓣　　　角柱面瓜楞设4瓣　　　半柱面瓜楞设2瓣

图 6　大殿瓜楞柱的三种分瓣形式

从瓜楞柱与栌斗分瓣形式的关联特征上,也可证实上述柱、墙构造关系

图 7　大殿柱、斗的分瓣对应形式（东北角柱）

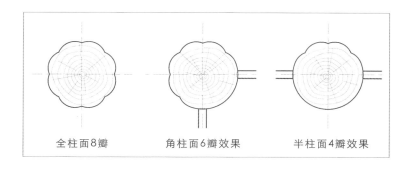

全柱面 8 瓣　　　角柱面 6 瓣效果　　　半柱面 4 瓣效果

图 8　大殿柱墙交接与瓜瓣效果的关系

分析的可靠性。大殿栌斗的分瓣，随柱身作对应分瓣形式，也分作整斗面 8 瓣、角斗面（3/4 斗面）4 瓣和半斗面（1/2 斗面）2 瓣这三种形式。其设瓣方法同样是利用栌斗与栱眼壁的交接，使得原斗面的 4 瓣和 2 瓣这两种分瓣形式，形成看似 6 瓣和 4 瓣的完整视觉效果。

　　在大殿瓜楞柱与瓜瓣斗的分瓣形式设计上，柱面及斗面的实际刻瓣数少于视觉瓣数，当时工匠利用了柱间及斗间薄壁交接特点，既达到看似增瓣的视觉效果，又简略了剜刻瓜瓣的工序。

❶若将柱之瓣面外露,柱中线以内用厚墙包砌柱子,则柱之圆面包于墙内。然此做法有两点不合,一是隔离了瓜楞柱与瓜瓣斗的外瓣内圆形式的对应关系;二是宋代江南建筑以薄壁为普遍形式。所以说大殿瓜楞柱之圆面也应是外露的,保国寺大殿只能是薄壁形式。

❷苏州罗汉院大殿遗存石柱的侧面上,仍留有编竹泥墙的薄壁痕迹。

❸此柱在分瓣形式上,既与东侧柱不对称,又与柱上栌斗不对应,故为后人换柱时的加工错误。

根据大殿残存痕迹,大殿栱眼壁为编竹泥墙的薄壁形式,厚约 6 厘米,因而据此推定:与斗间对应的柱间围合墙体,也必定为编竹泥墙的薄壁形式。因唯有柱间薄壁的构造做法,方可达到柱、斗分瓣形式的上下对应和内外区分这一意图和效果。否则柱与栌斗的瓜瓣上下对应特征,就无法实现❶。柱间若复原成厚墙包裹的形式,当初匠人在柱与斗上的瓜瓣设计匠心就完全被掩盖和抹杀了。保国寺大殿复原分析上,不能无视或忽略大殿柱、斗独特的瓜瓣造型特征。

编竹泥墙的薄壁形式,实际上也正是江南宋代以来木构厅堂典型的构造形式和形象。同为江南北宋时期的保圣寺大殿与罗汉院大殿,都证实了这一点❷。现存江南北宋时期诸多仿木石构,如灵隐寺双塔、闸口白塔以及灵峰探梅塔等,无一例外地均表现为柱间薄壁的形象,证明了江南北宋时期薄壁做法的普遍性。宋构保国寺大殿也不会例外。

如上分析,大殿宋构部分瓜楞柱面分瓣的完整效果,有赖于柱间薄壁的存在。然而清康熙二十三年在宋构四周增扩副阶,并撤去宋构原来的柱间壁墙后,大殿檐柱原初的瓜楞分瓣设计意图,则失去了依托,其独特的分瓣形式反变为一种奇异的柱面形式。乃至后人修缮换柱时,出现了因不理解原初意图,而未延续原初分瓣形式的现象。如大殿宋构部分的西山前柱,根据其柱上栌斗的分瓣形式以及对称东檐柱的分瓣形式,其原初应为角柱面设 4 瓣的形式,然现状为全柱面 8 瓣形式,显然此柱的瓜楞分瓣为后世换柱时的加工之误❸,且此换柱时间,应在清代增扩副阶并撤去宋构檐柱间的壁墙之后。其时工匠对于宋构瓜楞分瓣意图已完全不了解了。

宋构瓜楞柱独特的分瓣形式表现出两个特色,一是上下对应,二是内外区别。"上下对应"指与柱上瓜瓣栌斗分瓣形式的对应;"内外区别"指瓜楞柱面的内圆外瓣的特色。也就是说,大殿瓜楞柱的造型由柱间薄壁而区分内外,其外向为瓜瓣形式,内向为圆面形式,此为其一。瓜楞柱的分瓣形式又因柱位的不同,而有全柱面 8 瓣、角柱面 4 瓣、半柱面 2 瓣之别,此为其二。以宋构瓜楞柱分瓣形式的"内外区别"和"柱位区别"这两个特征为线索,根据其显著的空间指向性,可进一步推证大殿原初的空间围合形式。

四　空间围合形式

1. 空间围合形式分析

根据宋构瓜楞柱分瓣形式的"内外区别"和"柱位区别"这两个特征为线索,分析推证大殿原初的空间围合形式如下。

根据上节柱墙交接关系的分析,大殿瓜楞柱的三种分瓣形式,即全柱面 8 瓣、角柱面(3/4 柱面)4 瓣和半柱面(1/2 柱面)2 瓣这三种形式,相应于薄壁的关系,分别为独立柱、角接柱与平接柱的三种形式,以此现象和规律可推断大殿空间的围合形式。分析比较大殿瓜楞柱的分瓣形式与柱位关系,有如下两点独特之处:

其一,大殿前檐四柱,皆为全瓜楞的独立柱形式。也就是说,前檐四柱既不与壁面交接,也无室内外柱面之区分;

其二,大殿东西两山前柱的瓜楞分瓣形式,与后檐角柱相同。也就是说,东西两山前柱在大殿空间围合的位置上,呈角柱的性质。

上述两点相应于柱位的分瓣特征,在对应栌斗形式上,也都有相同对应的表现。栌斗分瓣形式也佐证了现状瓜楞柱分瓣形式的宋式特征,可作为分析空间围合形式的依据。

根据上述分析,总结归纳大殿 16 根瓜楞柱形式与空间围合形式的关系如下(图 9):

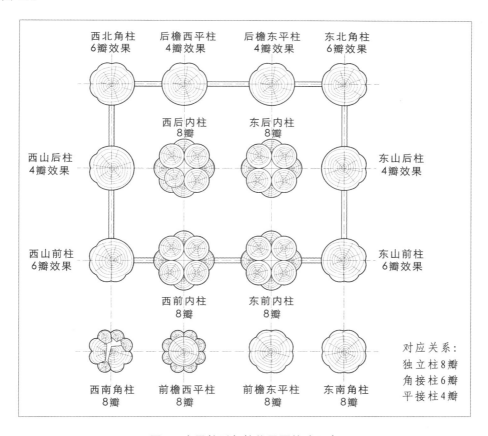

西北角柱 6瓣效果　　后檐西平柱 4瓣效果　　后檐东平柱 4瓣效果　　东北角柱 6瓣效果

西后内柱 8瓣　　东后内柱 8瓣

西山后柱 4瓣效果　　　　　　　　　　东山后柱 4瓣效果

西山前柱 6瓣效果　　　　　　　　　　东山前柱 6瓣效果

西前内柱 8瓣　　东前内柱 8瓣

西南角柱 8瓣　　前檐西平柱 8瓣　　前檐东平柱 8瓣　　东南角柱 8瓣

对应关系:
独立柱8瓣
角接柱6瓣
平接柱4瓣

图 9　大殿柱形与柱位平面缩略示意

独立柱为全瓜瓣形式,包括四前檐柱与四内柱,计 8 柱[1];角接柱为四瓣形式,包括后檐东西角柱与东西两山前柱,计 4 柱;平接柱为两瓣形式,包括后檐两平柱与东西两山后柱,计 4 柱。

保国寺大殿在柱及栌斗的造型上,强调外观面的重要性,统一为装饰性

[1] 两前内柱因仅与小木门窗交接,而未与墙壁交接,且在构成上与两后内柱为一整体,故视为独立柱。

❶保国寺大殿下檐清构前檐心间平柱柱础,内外两面不同,外繁内简,外雕饰,内素面,这反映了当地工匠重视构件外面甚于内面的特色,且自宋以来是一以贯之的。此点也可作为保国寺大殿宋构部分复原和认识的依据。

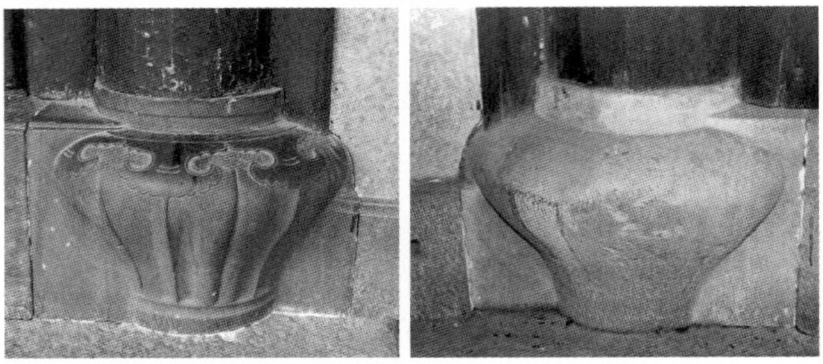

的瓜瓣形式,而柱内面则为平素的圆面形式。因此,与壁面交接的檐柱造型,皆表现为"外瓣内圆"的形式特征,柱上瓜瓣栌斗造型亦对应相同,从而整体造型协调一致。值得注意的是,这一区分内外的造型特征,在大殿清代增扩的副阶柱础上仍见,即表现为外繁内简的形式(图 10),应是北宋以来传承的地域做法❶。

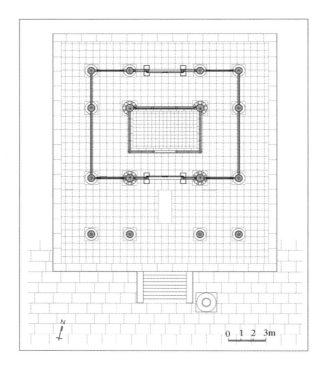

柱础外面－外繁　　　　　　　柱础内面－内简

图 10　大殿副阶前檐心间东平柱柱础

因此,根据上述分析,大殿宋代的空间围合形式,整体上为前部三椽开放为敞廊空间、后部五椽围合成殿内空间的形式,大殿正门入口位于前内柱分位(图 11,图 12)。

图 11　大殿复原平面图

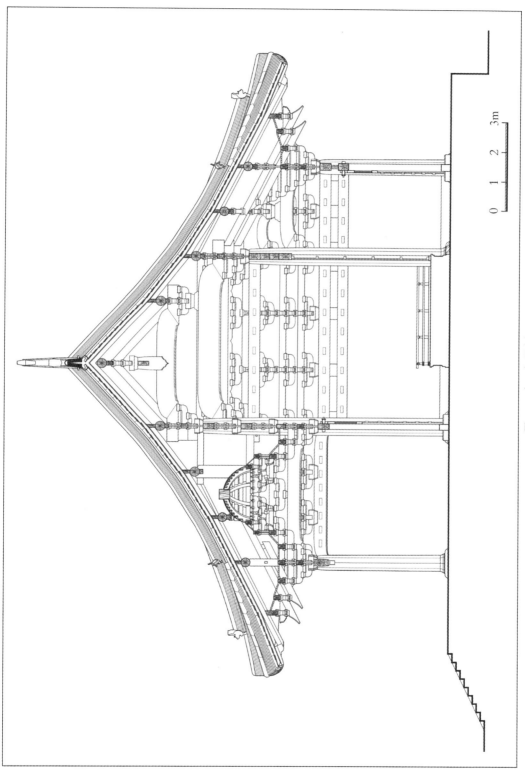

图 12　大殿复原剖面图

保国寺大殿复原研究（二）——关于大殿平面、空间形式及厦两头做法的探讨

0　　1　　2　　3m

2. 前廊开敞的空间形式

关于宋构大殿前廊开敞的辅证还有如下五条：

（1）大殿前内柱分位上的东西两次间扶壁栱的南北两面为异形做法，正面（南面）为"单栱素枋＋单栱素枋"形式，背面（北面）为丁乳栿形式，丁乳栿下抹平作整面重栱眼壁（图13）。这表明原初前内柱分位应是大殿空间围合的内外界面，这亦成为宋构大殿前廊开敞之明证。

南面：单栱素方交叠

北面：丁乳栿下重栱眼壁

图 13　大殿前内柱分位东次间扶壁栱两面异型做法

（2）大殿栱眼壁的设置与柱间薄壁在性质上是相同的，二者对于大殿空间的围合形式也是一致的。大殿宋代原初栱眼壁的设置并非现状扶壁栱全部开敞空透的形式，大殿后五椽空间的四面扶壁栱应皆为栱眼壁封闭形式，其构造为编竹泥墙的薄壁形式。大殿现状扶壁栱处所留存的一些栱眼壁残痕，其位置都在后五椽殿内空间的四面扶壁栱上，尤其是前内柱缝上的栱眼壁残痕更具空间指向的意义（图14），证明了宋构前廊开敞的空间特点。

图 14　大殿前内柱心间扶壁栱栱眼壁

大殿后五椽空间封闭栱眼壁做法，有如下相应残存和痕迹可作证明：其一，大殿现状扶壁栱处的编竹泥墙的栱眼壁残存；其二，扶壁栱处的栱背压痕；其三，前内柱缝以北的三面牛脊槫下替木通枋所刻人字交手栱头，中间留平段，以便于栱眼壁设置（图 15）。这一现象表明，前内柱缝以北的东、西、北三面檐柱缝扶壁栱处，都是封闭栱眼壁形式❶。

❶唯西北转角间替木未刻人字交手栱头，应为后换构件。

图 15　大殿扶壁栱替木交手栱头平段（西山下平槫分位）

（3）大殿两前内柱间所设楣额，正与檐柱重楣之上楣平齐交圈，其功能应为门额。此现象表明原初殿门设于前内柱分位，其前的三椽空间开敞。作为对比，前檐柱间因有月梁式阑额及蝉肚绰幕的设置，反不适于设置门窗。

（4）前进间的三面阑额做法，改统一的重楣形式为特殊的月梁形式，是为前廊作为独立空间的形式特征。而后五椽空间的四面柱头阑额，则以重楣形式周圈围合，显示了后五椽空间作为殿内独立围合空间的形式特点。

（5）前三椽空间与后五椽空间的对比显著。前三椽空间设平棊藻井，空间低矮；后五椽空间彻上露明，空间高敞。二者分属佛殿空间的不同区域，恰如福州华林寺大殿开敞前廊与殿内空间分隔的形式。

前廊开敞是唐宋时期佛殿多见的形式。如北方唐代佛光寺大殿❶、奈良时代唐招提寺金堂，华南则有北宋华林寺大殿及元妙观三清殿等，都是前廊开敞的遗存实例。甚至江南其他宋元方三间遗构，如保圣寺大殿、延福寺大殿，原初或也存在着前廊开敞的可能，而保国寺大殿则是这一传统的早期之例。

3. 空间形态的解读

（1）整体空间形式

大殿三间八椽的整体空间形式，以前内柱缝为分界，前后分作敞廊与殿内两个空间。前内柱分位心间设前门，连接前廊与殿内两个空间的功能。

前廊三椽为开敞的礼佛空间，上设平棊藻井；后部五椽为封闭的殿内空间，彻上露明，空间高敞，是以佛像为中心的空间。殿内空间依间架分隔又可分作两部分，即四内柱的核心空间与三面环绕的行佛空间。位居中心的四内柱方间，进深三椽，设佛坛佛像，为佛的空间。其迎面为高大庄严的前内柱扶壁栱照壁，后倚后内柱佛屏背版；四内柱核心空间的东、西、北三面，环绕稍低的两椽空间。

佛殿的空间形式特征，在于其空间关系与主次秩序。因礼佛仪式而产生的空间领域特色，影响和左右着佛殿的空间形式。前廊开敞可视作早期佛殿空间形式的一个重要特色，保国寺大殿前敞后闭的空间形式，显然还保留着早期将礼佛空间分出和区分在外的特点，且大殿以独特的构架形式对应与满足这种空间秩序的要求。保国寺大殿空间构成上，以四内柱方间为核心的意识，显著而突出。

（2）殿内空间形式

后五椽殿内空间是大殿空间的主体，相对于前廊礼佛空间，表现为封闭的佛域空间，其空间特色与内部庄严，在很大程度上，取决于三点：其一，四内柱核心空间与三面环绕的两椽披厦空间的对比；其二，佛像迎面前内柱扶壁栱照壁的造型处理，这是殿内造型设计的焦点，其无论在尺度还是形式上，皆颇具匠心；其三，周圈栱眼壁的处理与做法，其既是殿内空间的围合，又可能是殿内壁画所在。前内柱分位上的三间扶壁栱，应都设有栱眼壁，以封闭殿内空间，其东西两次间扶壁栱的两面异形做法，不仅显示了作为空间分隔界面的特征，而且也提示了内面栱眼壁上壁画存在的可能。封闭的后

❶北方佛光寺大殿，其原初应为前廊开敞的形式。推测至晚在明代前廊已被包入殿内，板门由前内柱推出至前檐柱位置。北方宋金三间小殿前廊开敞之例也不在少数，如榆次永寿寺雨花宫等。

五椽殿内空间,栱眼壁壁画装饰很可能是一个特色。大殿现状仍残存有诸多彩绘痕迹,虽未必是宋绘,但有可能是宋代彩绘特色的传承。

殿内空间尺度的设计,有可能考虑了视线的因素。如前内柱间扶壁栱的装饰造型及其高大尺度,与佛像之间具有照壁对应的关联;而前内柱分位柱间门额,取单楣而非重楣形式,此应是为了保证由前廊礼佛有足够的视线角度。若作重楣,则遮挡礼佛视线(图 16)。

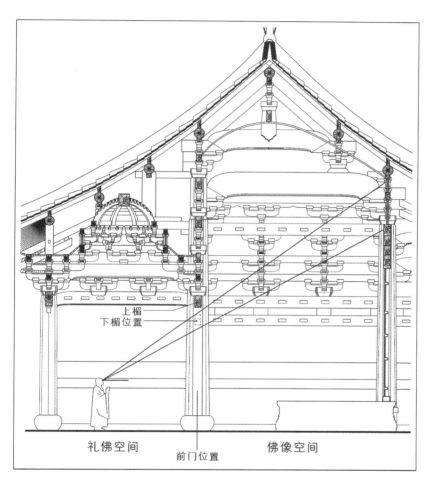

上楣
下楣位置

礼佛空间
前门位置
佛像空间

图 16　大殿前廊位置视线分析

以上通过文献分析,并以历史痕迹为线索,分析复原了大殿宋代初建时的平面与空间形式以及其性质和特点。概括而言,保国寺大殿整体空间的构成表现为前后两部分空间的划分,并基于前后两个空间不同的性质与功能,通过厅堂间架结构的配置,营造出相应的空间形式和意向,即大殿前三架开敞为前廊礼佛空间,后五架封闭为殿内佛像空间。这一空间形式是佛殿的早期形式,而保国寺大殿的特点在于,其以前廊三架的形式以及藻井的装饰,强调前廊礼佛空间的重要性。

保国寺大殿在空间的设置上，不仅通过"3-3-2"间架配置，拓展了前部礼佛空间，同时更以平棊藻井装饰，塑造礼佛空间的形象与氛围。礼佛空间的重要性在保国寺大殿上得到极大的强化，而这种调整间架和藻井装饰的强化方式，应是江南佛殿所独有的形式。

礼佛空间与佛域空间的独立和分离，是早期佛殿空间形式的最大特征。早期佛殿内部是佛的单一空间，礼佛及法事多是在殿外前庭和回廊进行。唐宋以后，礼佛空间逐渐开始移入佛殿，在佛殿整体构架中，与佛域空间形成前后并置的关系。其初始阶段表现为以开敞前廊为礼佛空间的形式，并借前庭与回廊延伸礼佛空间。北方的佛光寺大殿、晋祠圣母殿、日本唐招提寺金堂，以及南方的保国寺大殿、华林寺大殿等，都正处于这一阶段形式。佛殿前廊开敞作为唐宋时期流行的做法，大致在宋代以后逐渐消失，礼佛空间被完全包入殿内。

礼佛空间的形成、拓展和变化，是唐宋佛殿形制发展上重要的动因和主线。而保国寺大殿代表了宋代江南礼佛空间的特点及其与厅堂构架的关联。

贰·大殿厦两头做法

一 厦两头构架现状

保国寺大殿自宋至今已历千年，其间经历代修缮改造，现状较原初形态有不少的改变，甚至影响至宋构主体构架形式的完整性，厦两头构架形式的改变即是其一。

唐宋"厦"指坡屋面、披厦，"厦两头"指两山披厦形式，即清代歇山的唐宋称。厦两头做法是厅堂构架中最复杂多变的部分，包括转角及厦架的做法与形式，且具有显著的时代与地域性特征。

保国寺宋构大殿屋顶为单檐厦两头造的形式。其厦两头构架做法上，于东西次间中部下平槫缝上，别立一缝山面梁架，用以支承两山出际。现状山面两厦由檐柱缝向内深一架椽，至下平槫缝止，并以下平槫承厦椽后尾及山面梁架（图17）。大殿现状厦两头构架做法，大致代表了宋以后厦两头的通常形式。北方明清以后，多数歇山做法中，厦椽后尾及山面梁架，改由踩步金构件承托，由此与南方厦两头做法形成相应的区别。

大殿现状两山构架，虽大致尚存宋式规制，然后世修缮改造亦较明显，如清代于两山出际端头博风处重做山花，改变了宋式山花出际的形象；另外，大殿现状山面梁架、披厦及出际等处，多见构件残损、撤换和改造的现象及痕迹，也就是说，大殿两山构架不仅部分构件已非宋物，而且一些做法也已非宋式原状。

图 17 大殿现状东厦构架

中国古代木构建筑经年历久，不可避免的变形残损和修缮改易，渐渐地改变着原初的形态和面貌，故以千年之后的现状去把握大殿原状，是相当困难的。然历史上历次修缮改易，多少会留下相应的历史痕迹与修缮现象，这成为大殿复原分析的依据和线索。

厦两头作为江南厅堂构架的一个重要组成部分，其构架形式及做法的复原分析，对于保国寺大殿整体构架的认识，具有重要的意义。

二　历史痕迹与复原线索

1. 两山斗栱残件

在勘察大殿两山构架的过程中，发现了如下几处较特殊的构件残痕及修缮改造的历史痕迹。首先是大殿进深中间的东西三椽栿北端头外侧，各有一缝斗栱残件，现状为向南出跳华栱一道，其功能不明，形制奇异，推测应是后世对宋构两厦构架改造后所残留的历史痕迹。此东西两缝斗栱残件，残损程度大致相同,东侧斗栱现状如下图所示(图18,图19);西侧斗栱现状如下图所示(图20,图21)。然而,关于这一斗栱残件和历史痕迹,前人研究皆置之而未作讨论,更不用说深究。

图18　大殿东后三椽栿北端外侧斗栱残件

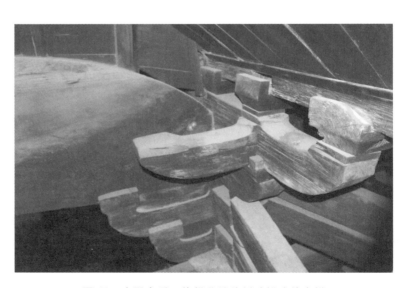

图19　大殿东后三椽栿北端外侧斗栱残件大样

图 20　大殿西后三椽栿北端外侧斗栱残件

图 21　大殿西后三椽栿北端外侧斗栱残件大样

　　那么,这一斗栱残件和历史痕迹,到底与宋构原状是何关系? 对于宋构复原又有何信息与线索的意义? 通过大殿山面构架与构造的分析,并联系江南同时期保圣寺大殿,以及元构天宁寺大殿的厦两头做法,推测这一斗栱残件应是大殿原初两山披厦的深两架椽形式,经后世改造为深一架椽的残存痕迹。

　　两山披厦的深两架椽形式,是早期厦两头做法之古制。其所谓深两架椽的形式,指山面两厦由檐柱缝向内深两架椽,至中平槫缝止;宋以后逐渐演变为深一架椽、止于下平槫缝的形式。南方宋构如华林寺大殿、保圣寺大殿,都表现为厦架深两椽的形式(图 22,图 23)。且江南直至元构天宁和延福二殿,也仍保持着厦架深两椽的形式。

图 22　华林寺大殿厦两架形式

图 23　保圣寺大殿厦两架形式

　　江南厦两架做法的特色在于，心间两缝三椽栿（或四椽栿）外侧另设承椽枋，承山面两厦深两架椽的上架椽尾，以使得椽尾不直接搭于梁栿上。华林寺大殿、保圣寺大殿及天宁寺大殿皆同此做法。正是保圣、天宁诸殿厦架承椽枋做法这一特色，为保国寺大殿厦两头构架的分析复原，提供了思路和线索。据此我们推测，保国寺大殿进深中间的东西三椽栿北端外侧所见功能不明、形制奇异的一缝斗栱残件，应就是上述分析的厦两架做法的相关构件，用以支托承椽枋。

2．厦两架的相关痕迹

基于上述的推测和设想,进一步勘察大殿相应部位的构件特征以及改造痕迹,果然又找到了进一步的相关证据和历史痕迹。具体有以下几点:

(1) 相应于北端斗栱残件,大殿东西三椽栿南端柱外侧,也见相应痕迹,即前内柱分位的外檐柱头铺作昂尾端头的凹曲残痕,其当为抵压曲面栱背的痕迹(图24)。也就是说前内柱的外侧也曾有支托承椽枋的丁头栱存在,且栱背压于昂尾上。

图 24　大殿西前内柱西侧昂尾顶面凹曲痕迹

(2) 在东山下平槫上,找到了被淹没遮盖的双面椽椀遗存,即内外两侧都开有椽口的椽椀。这表明了下平槫内侧的上架椽的曾经存在。也就是说,原初山面厦架并非如现状的止于下平槫,下平槫内侧原初设有上架椽,只不过在后世的山面构架改造时被撤去。双面椽椀这一构件和历史痕迹,是宋构大殿两山厦架深两椽的一个直接证据。

大殿两山下平槫上所置双面椽椀,现尚存有东山下平槫上的两处,一处位于东山中进间下平槫上,此前为后世改造的山花板所遮掩(图25),一处位于东山前进间下平槫上,因在草架中,后世改造时未做遮掩(图26)。

(3) 大殿两山梁架构件的加工特征,也暗示了大殿厦两架做法的存在。

图 25　大殿东山中进间下平槫上残存双面橡椀

图 26　大殿东山前进间下平槫上残存双面橡椀

大殿两山的山面梁架构件,其内外两侧的加工特征不同,即外侧为精细加工做法,内侧为粗略的草作加工做法,如栱头垂直截割不作分瓣等;同样,中进间上的心间两缝横架,外侧一面的上部构件,也只作粗略的草作加工,如平梁上蜀柱下部,里侧做鹰嘴形式,外侧素平截切;蜀柱上栌斗,里侧做讹角形式,外侧平直,甚至不做斗欹等。这意味着两山山面梁架的内侧与心间两缝横架上部的外侧,于殿内是视线所不及的,而山面梁架与心间横架之间的空隙,正是所推测厦两架的上架橡的位置所在。构件细部加工的粗略与精细,决定于构件所处位置及其可见与否。而草作加工的部分,则都是遮蔽不可见的。因此,两山构件在特定位置上的草作加工特征,成为推证大殿两山上架橡存在的一个依据,因为正是上架橡的存在,形成了对其上部构架的遮蔽(图 27)。

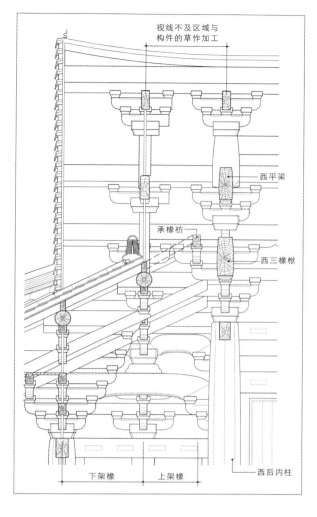

图 27　大殿西厦架构件加工与视线关系分析

　　以上由大殿山面斗栱残件以及改造痕迹，引出关于大殿原初厦两头做法的推测和设想，并最终找到宋构山面厦架深两椽做法的相关证据和历史痕迹。以此为基础，可进一步复原分析大殿原初厦两架的构架形式及相应构造节点。

三　厦两架的复原及其构造节点

1. 厦两架形式

　　根据大殿山面构架的残存构件及历史痕迹，分析复原大殿的厦两架形式，具体有如下几个要点：

（1）承椽枋位置与做法

承托厦两架的上架椽椽尾的通枋为承椽枋，位于贴近三椽栿外侧的柱头第一跳横栱跳头分位，现状西厦架的横栱上，仍存部分截断的承椽枋后尾残件，由此可推断其位置。承椽枋位置，距三椽栿外皮约 30 余厘米。承椽枋与三椽栿间这一小段空隙，其目的是为了避免上架椽后尾直接搭于作为主梁的三椽栿上，以保证月梁的造型完整。

（2）上架椽坡度

根据现状实测数据分析，大殿檐槫至下平槫的坡度为五举，下平槫至中平槫的坡度为六举，故大殿厦两架的下架椽坡度同为五举，上架椽坡度也应为六举，唯架深变小，即山面下平槫至中平槫分位的架深 1520 毫米，减去承椽枋与三椽栿的距离（中到中 540 毫米），上架椽架深约为 980 毫米。

（3）双面椽椀形式

现状残存的双面椽椀如前图 27 所示，此残存的双面开口椽椀，不敢说就一定是宋物，因厦两头椽椀，后世有可能修缮更换；但其无疑是宋式，因为厦两架改造为厦一架的时间，应该并不遥远，推测其应该是民国时期，与佛坛上部增设木板卷棚同时。

2．构造节点复原

（1）承椽枋交接构造

大殿东西三椽栿北端头外侧现存的斗栱残件，其构造节点的复原，是大殿厦两架形式复原分析的关键。

残存的东西两缝斗栱形式基本相同，仅略有差别。二者皆在后内柱缝上，分别骑三椽栿头向外侧出横栱两跳，并在第一跳栱头上，顺梁身出栱一跳，其栱上所承枋木构件已在改造时被撤掉或截去。现状西侧栱上，仍残存有带截痕的枋木；而现状东侧栱上，仍存有撤掉枋木后残存的交接卯口，并在卯口处，填塞上一个齐心斗（与大殿原斗栱材质不同的新料），用以遮挡卯口空洞残痕。如上文复原分析，东西两侧栱上被截去及撤掉的枋木，正是承托两厦上架椽尾的承椽枋（图 28，图 29）。

以上讨论的东西三椽栿北端所存斗栱残件，是承椽枋的北端支点，东西三椽栿南端理应也存有相应痕迹，以作为承椽枋的南端支点。现状南端前内柱上，相应的斗栱残件虽已不存，然也并非毫无痕迹，我们在抵于前内柱外侧的外檐铺作昂尾端头，发现了与栱背交接的曲面痕迹，足以证明原先存在过与北端对应的出栱做法（图 30）。

分析至此，大殿后内柱分位上现状残存的两缝斗栱，原初的功能与形式已基本清晰。前后内柱分位承椽枋的构造节点复原如下图所示（图 31）。

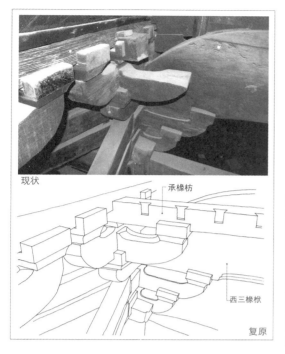

图 28　大殿西厦架的承椽枋位置与做法　　　　图 29　大殿东厦架的承椽枋位置与做法

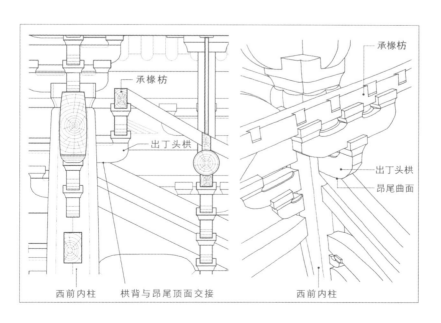

图 30　大殿西前内柱分位承椽枋构造做法复原分析

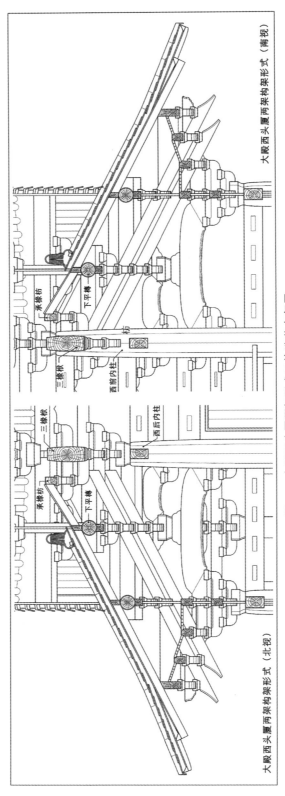

大殿西头两厦两架构架形式（南视）

承椽枋

下平槫

枋

三椽栿

西前内柱

三椽栿

承椽枋

下平槫

西后内柱

大殿西头两厦两架构架形式（北视）

图 31　大殿西头两厦两架形式及构造节点复原

江南宋元厦两头做法,其厦椽后尾一般都不搭在梁栿主构件上,而是在梁栿外侧另添设承椽枋。保国寺大殿厦两头的承椽枋构造做法,正是这一传统的早期实例(图32,图33)。元构则见有金华天宁寺大殿之例,其承上架椽的承椽枋贴附三椽栿主梁,承椽枋两端构造较保国寺大殿简化,其北端直接置于伸出的中平槫上,南端由斗栱承托(图34)。两山承椽枋做法的目的主要是为了避免在月梁上直接凿刻椽椀,以保持月梁造型的完整。

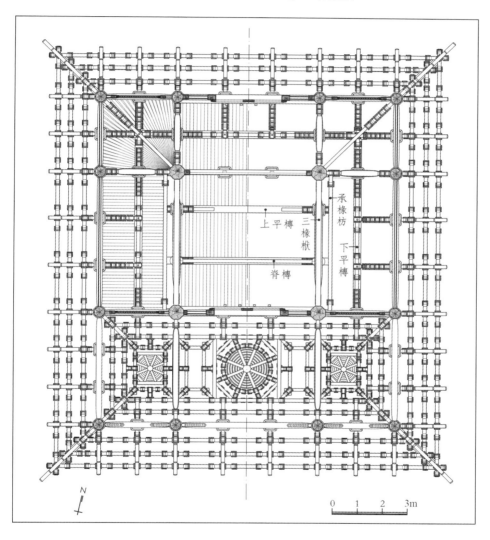

图32　大殿复原仰视平面

　　保国寺大殿厦两头构架上的承椽枋做法,北方宋、辽、金遗构上亦多见,如蓟县独乐寺观音阁、太原晋祠献殿及朔州崇福寺弥陀殿等,都有此承椽枋构造做法。其实质也就是将歇山构架的承架与承椽的功能分作两个构件,在边缝横架主梁外侧,别设承椽枋以承厦椽(图35)。

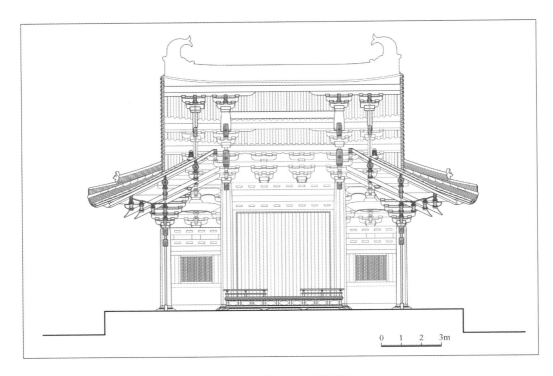

图 33　大殿复原心间纵剖面

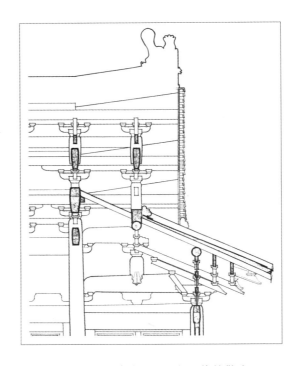

图 34　天宁寺大殿厦两架承椽枋做法

（来源：金华天宁寺大殿修缮工程竣工图．文物保护科技研究所．1981）

图 35　晋祠献殿两厦承椽枋做法

（2）从厦两架到厦一架的改造

如上分析，保国寺大殿的厦两头构架形式，经历了一个从厦两架到厦一架的改造和变化。这是后世对保国寺大殿宋构原状的一个较大改变，即后世撤除了大殿宋构原初厦两架中的上一架，使得原初的厦两架形式消失殆尽。

那么是何时改造的？又是为何改造的呢？通过对大殿现状的勘察分析，我们注意到大殿的中进间上部，现状有后世所张的薄板卷棚，与厦两头构架在空间上有一定的关联和交集。原厦两架的上一架空间，现状为卷棚所占。故大殿厦两头构架的改造，很可能就是因此卷棚之加设而起。

大殿薄板卷棚的做法，应为近代的形式，材料也较新，且在构造上，采用铁钉固定的方式，故推测其加设时间距今不远。至于加设卷棚的原因，民间传说是因为大殿主尊无量寿佛，故以卷棚遮去大殿上部梁架，取"无梁"谐音"无量"之意。

基于以上的推析，大殿厦两架的改造时间并不遥远，应就在卷棚加设之时，推测约为民国时期。

在厦两架的改造上，延福寺大殿与保国寺大殿甚似。延福寺大殿原初两山构架有可能也为厦两架的形式，现代修缮时改作厦一架形式。

3. 关联性与整体性

保国寺大殿的复原厦两架形式，与大殿整体构架之间，具有充分的关联性与整体性。保国寺大殿构架构成上的两架现象应作为一个关联整体看待。也就是说，大殿厦两架做法，与柱头铺作下昂长两架以及角梁转过两架，并非孤立的存在，而是相互关联的整体构成，三者表现了南方早期构架的构成特征。

再从大殿整体构架与空间形式的角度分析厦两架做法，大殿东、西两山构架与后檐构架，在整体构架构成上，是围绕四内柱中心主架的三面辅架，且三面辅架的构成，无论在构架形式上，还是空间形式上，都是相同的构架单元，即以四内柱主架为核心，东、西、北三面围合的两椽构架及相应的空间形式。而大殿两山厦两架形式的复原，正还原了宋构大殿在构架形制与空间形式上的整体性特征。

4. 厦两头做法的时代与地域特色

厦两架做法是江南厅堂宋元以来的传统，自北宋保国寺大殿和保圣寺大殿以来，江南直至元构天宁寺大殿，仍为厦两架形式。然同时厦两头做法也逐渐向厦一架演变，现存真如寺大殿及轩辕宫正殿，皆已是厦一架做法。北方早期遗构中也见厦两架做法。在歇山转角的椽架关系上，无论南北，都是由两椽退至一椽的。

相对于南方宋元时期厅堂厦两架的特色，北方宋代中期以后，歇山通常以厦一架做法为主要形式，两山披厦至下平槫止，与山面梁架处于同一缝上。而保国寺大殿的厦两架做法，山面披厦向内越过位于下平槫缝的山面梁架，直抵内柱横架。在空间形式上，其厦两架实际上是厦一间，即大殿梢间空间是一完整的披厦空间❶。

从厦两架到厦一架，代表了歇山构架的总体演化趋势，且这种演变因受诸多因素的制约而显得错综复杂。以地域的视角来看，南北演化并不同步，南方显著滞后于北方。北方同期宋金遗构，虽也存有少数厦两架做法，然相较于保国寺大殿，北方无论是六架椽屋还是八架椽屋上，皆已不存别立山面梁架与厦两架做法并存的歇山构架做法。因而，厦两架古制的遗存，反成南方厦两头做法的一个地域特色。

概而言之，厅堂厦两头造的厦两架做法，以时代性而言，是厦两头造的早期形式；以地域性而言，则表现为江南遗存古制的地域特色。

歇山做法上的角梁转过两椽与转过一椽之别，以及厦两架与厦一架之分，从一个侧面反映了歇山做法时代与地域的特色。保国寺大殿厦两头做法的性质和特色，只有置于歇山做法发展的南北整体大背景中，才有其比较的意义和相对的定位。

以上关于保国寺大殿厦两头线索的复原分析，对于真实、完整地认识保国寺大殿，具有重要的意义。

❶以整个梢间作为一个完整的披厦空间，即所谓厦一间的做法，应是早期做法。《新唐书·礼乐志》："庙之制，三品以上九架，厦两头。三庙者五间，中为三室，左右厦一间，前后虚之，无重栱藻井。"

古代建筑案例研究

城阙缮完，闾阎蕃盛
——清代淮安府城及其主要建筑空间探析[❶]

贾　珺

（清华大学建筑学院）

摘要：淮安府城是京杭大运河沿岸的一座重要城市，清代中叶尤为鼎盛，其城防设施、街巷和公署、坛庙等重要建筑在继承明代成果的基础上又作重修、改建和增建，城内外分布了大量的繁华集市和优美的园林风景，反映了中国古代地方城市建设的杰出成就。本文在历史文献考证和现场调查的基础上对清代淮安府城及其集市、水系、公署、风景园林、坛庙寺观进行分析，并试图总结其主要的城市特色。

关键词：清代，淮安府城，城防，水系，公署，街巷，坛庙寺观，园林

Abstract：As one of the most important cities along the bank of the Grand Canal, the city of Huai'an Prefecture was more prosperous in Qing dynasty than former and got great achievement in construction. Based on the result of Ming Dynasty, the city walls and gates, streets and lanes, altars and temples, and government offices were repaired, reconstructed and created. Numerous flourishing markets and fine gardens were distributed in and out the city. By textural research and site survey, the author tries to analyze the city and main spaces of Huai'an Prefecture, and makes further exploration of the characteristics of the city.

Key Words：Qing Dynasty, the City of Huai'an Prefecture, city wall, government office, water system, street and lane, altar and temple, garden

一　引　言

淮安古城（今江苏省淮安市淮安区）位于京杭大运河和古淮河的交汇处，建城历史超过 1600 年，历代均以此为东南重镇，屡次重修城池，增建屋宇，整治水系，形成独特的城市形态，在中国古代城市史、漕运史和水利史上占有重要地位，1986 年被国务院公布为国家级历史文化名城。

清代是中国封建社会的最后一个朝代，作为府治所在地的淮安城在这段时期全面继承了前代（特别是明代）的城市建设成果，又不断对城防设施、公署进行重修，疏浚完善内外水系，增建坛庙寺观，构筑大量的园林，在清代中叶达到极盛之境，呈现出城池坚固、水渠纵横、街巷密布、集市繁华、署宇威严、坛庙崇宏、寺观林立、景园秀美的城市面貌，一度跻身于运河沿岸大都市之列，正如

❶本文为王贵祥教授主持的国家自然科学基金项目"明代建城运动与古代城市等级、规制及城市主要建筑类型、规模与布局研究"（项目编号：50778093）的子课题成果。

❶ 文献[8].卷1

❷ 文献[21]:769,777,779,786

❸ 文献[5].卷40."杂记"记载乾隆帝首次南巡巡视淮安府城的经过:"(乾隆)十六年,皇上南巡次山阳,御舟驻北角楼,登岸,奉皇太后安舆,上自乘马入北门,由西门出,登舟,复赋役、广学额、增兵饷、赡耆年,百姓夹道欢呼,各官晋一阶,三月建御诗亭于运河岸上。"

❹ 文献[4].卷16.兵戎:"顺治元年,明福藩称号于金陵,以总兵刘泽清镇守淮安。时闻贼陷京师,烈皇帝殉社稷。五月,奸相马士英迎立福王,改元弘光,分列四镇总兵……刘泽清驻淮安。泽清以八月初抵任,即大河卫之治开府第,晋爵东平伯。……(顺治二年)四月,王师下亳州,至淮安,总兵东平伯刘泽清逃,绅士军民持牛酒迎三十里犒师,三城安堵如故。"

❺[清]毛奇龄.元日登淮阴城楼眺望.见:文献[4]:1485

清末民初《续纂山阳县志·疆域》所称:"闾阎之盛,由明季至国朝不稍替,漕督居城,仓司屯卫星罗棋布,俨然省会。"❶康熙、乾隆二帝巡幸江南途中均从城西经过,且康熙帝曾经4次在府城内驻跸❷,乾隆帝也曾骑马巡行城中。❸

清代晚期至民国时期,淮安府城历经各种天灾人祸,逐渐衰落。近几十年来随着现代化城市建设的开展,古城的历史旧貌发生了很大的改变,但所幸原有的部分水系、街巷和一些历史建筑依然得以留存至今。这些遗迹或为清代所建,或虽创始于前代但经过清代的重修和改造,同时清人所作方志、碑刻、诗文、笔记中也对淮安府城有很多记述,为我们今天研究当时的城市面貌提供了坚实的基础。本文通过历史文献考证和现场探勘,对清代淮安府城的城防设施、街巷集市、衙署规制、坛庙祠宇和风景园林进行分析,并试图总结这一时期的主要城市特色,以期对今天的古城保护和城市建设提供一点有益的参照。

二 城 防 设 施

1. 前代沿革

淮安府旧城始建于东晋义熙年间,初名山阳郡,其后变置不一,唐、五代、北宋时期名为楚州,南宋时期处于宋金交战的前线,守将和知州多次对城池进行修筑、加固,端平元年(1234年)更名淮安州。元代在此设淮安路总管府,辖区颇广。元朝末年张士诚起义军一度占领淮安,其部将史文炳在旧城北侧相距一里处建造了一座新城。明代初年依托新旧二城设淮安府城,兼作山阳县治;嘉靖年间为了防范倭寇,总漕都御史章焕在新、旧二城之间空地的东西两侧加建城墙,将二者连为一体,中间这部分称为"联城",又称"夹城",总体上形成旧、联、新三城南北纵连的独特格局。

明代崇祯十七年(即清代顺治元年,1644年)三月,李自成起义军攻破北京,崇祯帝自缢于煤山,明朝灭亡。随后清军入关,四处征战。五月福王朱由崧在南京建立弘光政权,八月令江北四镇之一的东平伯刘泽清率军驻守淮安。顺治二年(1645年)四月清军南下抵淮,刘泽清遁逃,官民归附。❹淮安府城虽为扼守南北的重镇,却有幸在明清鼎革之际没有发生大的战事,得以免遭破坏。清初名士毛奇龄曾经于康熙初年来淮安避难,登府城门楼俯瞰城市全景,并作诗赞美:

> 淮流千里逝,楚服八州雄。曲磴摇星阁,层台控帝宫。烟花明灭里,形胜去来中。万瓦飞鳞脊,诸圻错绣丛。横栏虚隐雾,高铎响迎风。隔岸烽墩合,前楼戍鼓通。天连平楚白,日射远波红。绕郭回樯橹,翻云翳雁红。❺

明代的城市建设成果在清代得以延续并进一步发扬光大。

2.城防体系

清代初期的淮安府隶属于江南省,顺治十八年(1661年)江南省分拆后属江苏省,辖区沿袭明代版图,含山阳、盐城、清河、桃源、安东、沭阳、赣榆、宿迁、睢宁九县和海州、邳州二州,府城仍同时兼作山阳县治,采用府县同城模式。雍正二年(1724年)升海州、邳州为直隶州,赣榆、沭阳改隶海州,宿迁、睢宁改隶邳州(邳州、宿迁、睢宁后又改属徐州府);雍正九年(1731年)又以庙湾镇为县治并析分山阳县、盐城县之地建立阜宁县。因此清代雍正以后的淮安府只辖山阳、盐城、清河、桃源、安东、阜宁六县之境,范围远逊明代。但有清一代仍以淮安府为漕运管理中心和河务管理中心,同时也是盐务、榷关、仓储重镇,在府城设漕运总督署,在府城30里外的清江浦设江南河道总督署,继续维持重要的区域地位,正如丁晏《石亭记事》所称:"淮安为南北之咽喉,当水陆之辐辏,南接长江,北连黄河,西滨洪湖,东连大海,实畿辅之冲途,江左之重镇也"[1](图1)。

由于南北一统,又无倭寇侵扰,淮安府城的军事意义较之明代明显下降,更是远远不及东晋十六国、南北朝、宋金等南北对峙的朝代,但对城防设施仍相当重视,三城城门、城墙以及城壕基本保持明代的格局,并不断予以重修。对此《乾隆淮安府志·城池》称:

虽国家承平,百年不闻桴鼓,郊关之外,无异城市。然居安思危,有备无患,凡有废坠,无不当及时举行。淮安三城,次第修葺,发帑雇募,民不知扰,而大工立举"[2](图2)。

乾隆时期旧城的规模是周长11里,东西和南北向各长525丈,城墙高3丈,与明代基本一致,唯东西方向多了15丈。四面各建城门,至乾隆十三年(1748年)尚保持明代旧名:东为观风门,南为迎远门,西为望云门,北为朝宗门;至同治年间均已更名:东为瞻岱门,南为迎薰门,西为庆成门,北为承恩门。四门外侧均设子城(瓮城),四门之上各建高大门楼,另设角楼3座,窝铺53座,其中东南角楼名为"瞰虹楼"。北门之西、西门之南和东南角各设一座水门,分别称北水关、西水关和巽关。

新城的规模是周长7里20丈,东西长326丈,南北长334丈,保持明代旧貌。四面共设5座城门,东为望洋门,南为迎薰门,西为览运门,北为拱极门(大北门)和戴辰门(小北门),除戴辰门外的四门均设门楼,同时五门均不设子城。四角各建一座角楼,南北各设一座水门[3],分别称南水关、北水关。

联城夹于旧城的北城墙和新城的南城墙之间,其东城墙长256丈3尺,西城墙长225丈5尺,两墙间共设4座城门,东南为天衢门,东北为阜成门,西北门也叫天衢门,西南门明代天启年间称"成平门",清代乾隆时期已改称"平成门";两面又各设2座水门,维持明代格局。[4]从清末实测地图上看,联城东城墙南端稍向东拐出,将旧城东门子城大半包含在内,与明清方志中的舆图所示有所不同,同时东北、西北二城门和东南水门均已经堵塞,东南城门改称"阜成门"。

[1]文献[14];3-5.重修淮安府旧城记

[2]文献[4];120

[3]文献[4];123

[4]文献[4];123-124

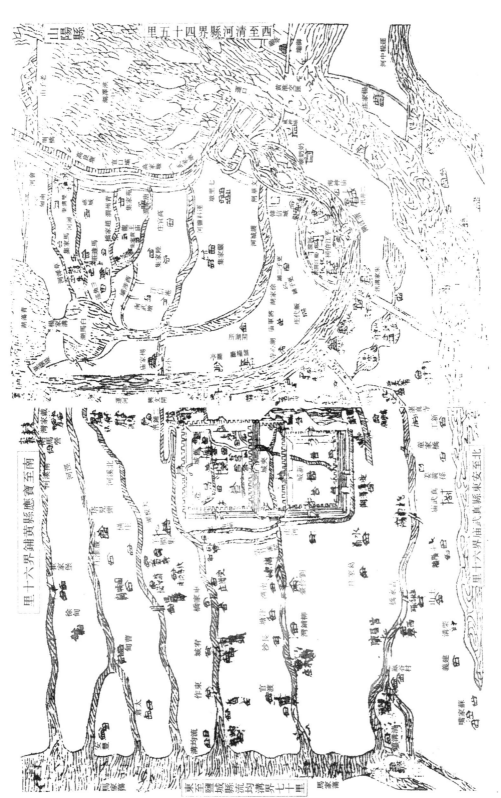

图 1 乾隆时期淮安府城及山阳县全境图
（引自文献[4]）

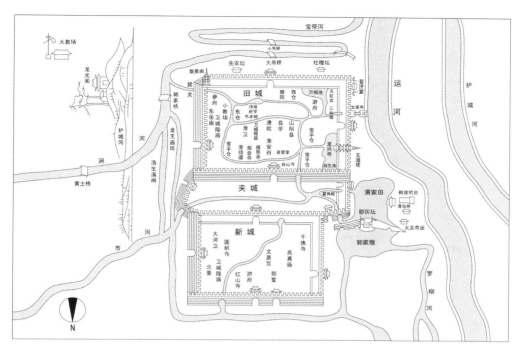

图 2　乾隆时期淮安府城平面图

(资料来源:摹自文献[6])

3. 修缮工程

　　清代不同时期对三城城防的修缮工程各有侧重。康熙年间重点修复了旧城城墙和城门楼;乾隆年间对三城均曾加以大规模重修,补缺缮完,面貌一新;嘉庆二年(1797 年)和道光十五年(1835 年)两次维修旧城;道光二十年(1840 年)鸦片战争爆发,英军入侵长江流域,淮扬地区戒严,城防告急,道光二十二年(1842 年)至二十四年(1844 年)间在漕运总督李湘棻、知府福셔等官员的倡导下,当地富商纷纷捐资,大举重修旧城。❶历次维修使得旧城得以长期保持坚固,但新、联二城较少得到葺治,至清末已呈颓败之象。道光年间漕督李湘棻受明初淮安知府范楷意见的影响,一度还打算拆毁联城,但并未实施。❷咸丰十年(1860 年)淮安地区曾经遭遇捻军攻袭,城外的河下镇和相距 30 里的清江浦均惨遭蹂躏,唯府城依托原有城防设施坚守,得以幸免于难。

　　除了城墙之外,晚清时期还在城外构筑土圩,以加强防御。同治初年,知府顾思尧督促当地绅民在河下镇周围建造了一圈土圩,"为门五,堤上东西两门",县丞胡容本续建。❸从同治《重修山阳县志》所附《山阳城隍圩岵图》(图3)上看,新城东北侧的下关镇也筑有一圈土圩,四面各开一门。光

❶文献[14]:3-5.重修淮安府旧城记

❷丁晏.重修淮安府旧城记.载:"李公从《府志》范楷之议,亟言联城当撤毁,方为固守之计,会有所沮,不果行。"见:文献[14]:4

❸文献[8].卷 2

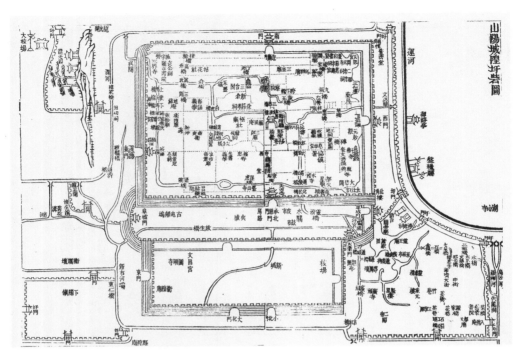

图3　同治年间山阳城隍圩砦图

(资料来源：引自文献[7])

绪二十六年(1900年)爆发庚子之乱,知府许宝书"以新、联城垣失修久,难资保障,拨款筑土圩一道,绵亘八九里,藉为三城外卫,惟土质未能经久,后渐倾圮。"❶

新中国成立以后淮安府城的城墙被陆续拆除,仅存东南部巽关水门附近一段约500米长的遗址以及另外两处遗迹。巽关附近城墙近年得到修复,并重建巽关水门和西角楼(图4)。

图4　重建的巽关与西角楼

三 街巷集市

1. 三城街巷

明代淮安府旧城街巷由南北向的中长街、东长街、西长街和东西向的东门街、西门街组成"三纵两横"的主轴,在5条主干道之间再分布若干次要街道和巷道。清代淮安府旧城依旧保持原有格局,并在此基础上略作调整,拓宽一些街道,又新开辟了一些小巷,城市街巷体系更加稠密(图5)。

旧城中南部地区的道路相对规整,北部和东、西部受水系影响,道路形态较为曲折,东南部还有几块面积较大的菜地。具体而言,中央位置的中长街❶南端始于南城门,共分3段,沿旧城中轴线北至鼓楼❷、漕运总督署一段又称"南门街",转而向西,从漕院前街向北至东门街一段称"府上坂",从东门街直抵北城门一段称"北门街";东长街、西长街分居两侧,南北各抵城墙之下的街巷❸;横向的东门街东端始于东城门,西端直抵西城墙;明代的西门街西端始于西城门,向东至西长街折而向北,再向东延至东长街,东西长街之间的这一段又称"卫前街",后改称"都府前街",清代称"漕院前街",同时清代的西门街东端只到西长街为止;明代山阳县署之前原有一条县前街,西抵西城墙下,东抵中长街,清代进一步向东延至金画士巷口❹,与东侧的东岳庙街连通,成为第三条东西向的通长干道,与漕院前街平行。

这几条主干道形成了旧城的骨架结构,次要街道(如城南的刑部街、南府街,城西的太清观街)和小巷散布其间。清代旧城内的巷道有很多是明代旧巷,如水巷、火巷、夯轮寺巷、二郎庙巷、驸马巷、高皮巷、仓巷、三条营巷等,因此康熙《淮安府志》中所录巷名❺与《天启淮安府志》所录22条巷名❻完全相同,《乾隆淮安府志》❼和同治《重修山阳县志》❽中所载24条巷名与之也有21条基本相同,仅少了一条"打狗巷",多出潘都巷、锅铁巷、倪进士巷3巷。清末民初《续纂山阳县志》中补充记录了饷铺街、蜡烛街、捕卫街3街与范巷、多子巷、麒麟巷、玉器店巷、小牛巷等24巷❾,其中应有相当一部分为清代新辟或改建。

明代府志中没有提及联城内的街巷,《乾隆淮安府志》则录有南北长街和马路街两条街道,但仍无巷道的记述❿;同治《重修山阳县志》仅记载了一条"鎏金巷"。⓫明代以联城为守卫之所,很少民居,清代联城内为大片水面所占,陆地有限,也未见关于民居的记载。

❶文献[7].卷2.建置:"中长街:自南门至北门"。

❷鼓楼:又称谯楼,位于旧城中心位置,始建于宋代,清代后期称镇淮楼,经历重建、改建后,至今尚存。

❸从清末实测地图上看,西长街北段至勺湖南岸,折向东与北门街相接。

❹《乾隆淮安府志·城池》谓县前街"东抵东长街",则其最东一段与东岳庙街西段重合。见:文献[4]:129

❺文献[3].卷2

❻文献[2]:129-130

❼文献[4]:130

❽文献[7].卷2

❾文献[8].卷2

❿文献[4]:130

⓫文献[7].卷2

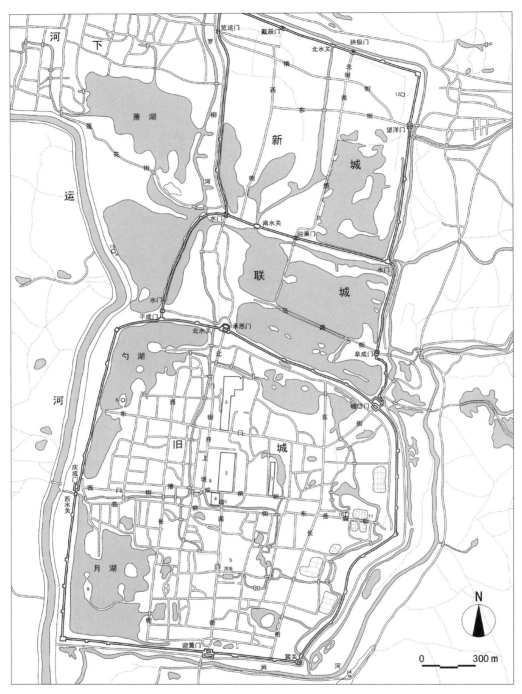

1—鼓楼；2—漕运总督署；3—淮安府署；4—山阳县署；5—淮安府文庙；6—山阳县文庙；7—淮安府城隍庙；
8—文通塔；9—天妃宫；10—淮安卫城隍庙；11—东岳庙；12—大河卫城隍庙；13—漂母祠；14—龙光阁

图 5　清末淮安府城平面图

[资料来源：根据光绪三十四年(1908 年)江北陆军学堂实测图改绘]

《乾隆淮安府志》中关于新城街巷的记载表明城内干道仍保持了明代格局，由南街、东街、西街、北街、横街组成"两纵两横"的骨架，此外还增加了崔官巷、周官巷、莫家巷、东长巷4条小巷。[1] 乾隆《山阳县志》称："新旧二城相为犄角，自河流迁徙，联城增建，而新城人烟寂寥，顿异畴昔。"[2] 道光年间丁晏《重修淮安府旧城记》载："今新城、联城几废，虚无人烟，惟旧城民居稠密。"[3] 同治年间文人黄钧宰《金壶浪墨》称："吾郡有新旧二城，后又筑夹城于其间……今新夹二城皆圮，官民商贾全集于旧城，故邑人竹枝词云：'旧城新了新城旧'。"[4] 同治《重修山阳县志》载："明季（新）城内居民尚有万家，国朝乾隆间犹称蕃盛，后渐寥落，楼堞街圮废略尽。咸丰十年后，皖寇叠扰，乡民颇屯聚其中，并得安全。"[5] 明代新城北侧依临淮河，城外旧设仁、义、礼、智、信五坝，北往船只需在此盘坝过河，帆樯云集停驻，很大程度上促进了新城的繁荣；明末淮河改道后，故道逐渐湮淤，五坝废止，导致新城远比旧城凋敝，从清代早中期开始居民就有逐渐减少的趋势，清代中叶以后进一步走向衰落，至清末动乱时期又有大量乡民涌入，成为贫民区。

清初史学家谈迁对淮安府三城的评价是："新城如野，夹城如薮[6]，旧城尤不失为都会也。"[7] 终清之世，三城的繁荣程度一直保持很大的差异。

2. 关厢地区

新城东西两侧紧邻城墙的关厢地区拥有成片的坊巷，是城市空间的重要拓展，其中尤以新城之西的河下镇最为繁盛。河下镇原名西湖嘴，南依运河，镇内拥有相家湾街、西湖嘴大街、竹巷、罗家桥街、板厂街、中街、倪家街以及钉铁巷、茶巷、花巷、干鱼巷、锡巷、羊肉巷、打铜巷、绳巷等100多条街巷，比明代这一地区的街巷数量明显增多，稠密程度远胜新城和联城，成为旧城之外另一片最重要的居住区，很多盐商在此聚居，富甲四方。《重修山阳县志·疆域》记录了清代中叶河下地区的盛况：

> 城西北关厢之盛，独为一邑之冠。始明季殆乎国朝，纲盐集顿，商贩阗咽，关吏颐指，喧呼叱咤，春夏之交，粮艘牵挽，回空载重，百货山列，市宅竞雕画，被服穷纤绮，歌伶嬉优，靡宵沸旦。[8]

道光年间改革两淮盐法，河下地区失去盐务之利，后又遭捻军焚掠，这才大为衰落。

从方志记载判断，清代新、旧二城内和河下地区依然竖立着很多的牌坊，保持牌坊林立的城市面貌。

3. 商业集市

清代淮安府城的商业繁华程度也远远超过明代，达到有史以来的最高峰，三城内外形成了很多集市。

❶文献[4]：129-130
❷文献[6].卷4
❸文献[14].3.重修淮安府旧城记

❹文献[16].金壶浪墨.卷2

❺文献[7].卷2

❻薮：多草的湖泽。

❼文献[11]：18

❽文献[7].卷1

乾隆时期旧城中的集市数量在明代 4 处的基础上发展到 10 个,包括东门市、西门市、南门市(含大鱼市、小鱼市)、北门市、府前市、县前市、十王堂市、养济院市、刑部市、名臣祠市[1];清末民初《续纂山阳县志》又补充记录了府学市、东岳庙市、土地祠市 3 处[2];新城城内明代仅有一个南门市,东门外和北门外另有下关市和柴市,清代则在东南西北四门附近各设一市,此外还出现一个赶羊市;明代府志中未见联城集市的记载,《乾隆淮安府志》则记录了鼓市和皮市;三城城门外设有好几处米市和柴市;河下地区保持明代已有的西义桥市、罗家桥市、杨家桥市、姜桥市、菜桥市、相家湾市等集市;东郊涧河两岸另有海鲜市、莲藕市和草市。

这些集市具有明显的行业特色,遍布四方,类型十分丰富。

❶文献[4]:131
❷文献[8].卷 2

四 内外水系

明代淮安府城周围河湖密布,北枕淮河,西临运河,西北依罗柳河,东引涧河,运河两岸另有东西二湖。因为黄河夺淮入海,危害甚剧,明代后期致力于开辟分黄入海河道,而淮安府新城之北的古淮河下游河道则渐渐湮塞,运河之西的西湖也在清除淤为陆地;运河水道依旧从城西经过,北上清口;东湖(萧湖)、罗柳河和涧河也基本维持明代原状。

明代万历四十八年(1620 年)知府宋统殷主持在淮安府三城四周挑浚城壕,与运河和古淮河河道接连相通,形成环形壕沟,但到了清代中叶,已渐渐淤塞过半,后又屡次加以疏浚,并与城内水系相通。

三城内部水系由明代开创,规制完备,但具体情形在明代方志中记载较为简略。这套水系在清代多次得到整治疏浚,至清末仍基本保持畅通,成为城市一大特色,清代文献、舆图对此记录详尽,可知端倪(图 6)。河渠之上多设桥闸,清代淮安府城尤其重视修桥、造桥,三城内外的桥梁的数量比明代更多,展现了水乡城市的特色。

运河东岸设水闸,开辟一条市河,引水从旧城西水关入城,过小红桥、草桥、南市桥后分为三支:南支从南市桥东侧折向南流,经桂花闸,转东过童王桥、兴文桥,跨南门街,沿街东侧向南流入府学泮池(兴文桥至泮池一段清末已改为暗沟),再继续向东流过三台阁桥,与中支合流。中支向东流经小八字桥,绕过山阳县署南侧大门,向东过鼓楼(镇淮楼)南侧的三思桥,再往东分为南北二脉:北脉为次脉,向北过青龙桥汇入城隍庙东侧的曲池;南脉为主脉,经白虎桥折向南行,过红桥与南支合流,向东过真武桥、紫竹桥后,再与北支合流。北支南端始于八字桥,一路北行流经红板桥、大圣桥、高公桥、通便桥后,分为两脉,一脉经化民桥向北穿越水关入联城,一脉东转过章马桥、孙虎桥、古台山寺桥、梁皮桥,折而向南,穿东门街砖桥、伏龙桥、依岱桥、牧马桥、下马桥、上马桥(又名文澜桥),与南支、中支合流,从旧城东南隅的巽关水门流出城外,汇入涧河。因为流经府学泮池,旧城内水系的主体部分又名"文渠",有象征"文运畅通"的意思(图 7)。

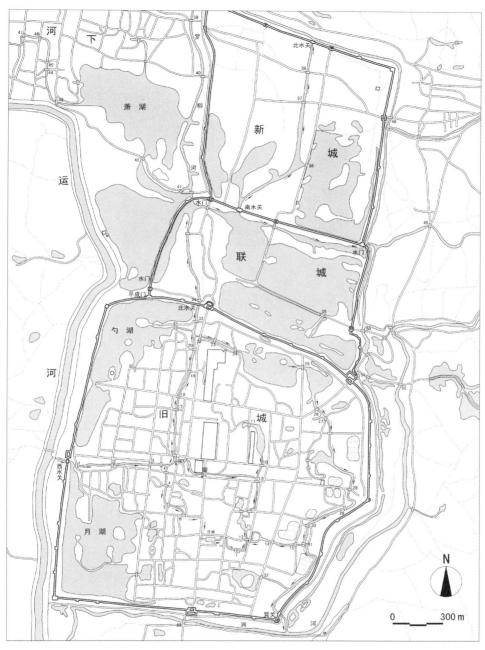

1-小红桥；2-草桥；3-南市桥；4-桂花闸；5-童王桥；6-兴文桥；7-三台阁桥；8-小八字桥；
9-三思桥；10-青龙桥；11-六合桥；12-白虎桥；13-红桥；14-真武桥；15-紫竹桥；16-八字桥；
17-红板桥；18-大圣桥；19-高公桥；20-通便桥；21-寿桥；22-章马桥；23-孙虎桥；
24-古台山寺桥；25-梁皮桥；26-东门砖桥；27-伏龙桥；28-依岱桥；29-牧马桥；30-下马桥；
31-上马桥（文澜桥）；32-高升桥；33-化民桥；34-石成桥；35-放生桥；36-昌明桥；37-清平桥；
38-洪山寺桥；39-广济桥；40-广福桥；41-通惠桥；42-通济桥；43-来风桥；44-新桥；45-升斗桥；
46-邵公桥；47-文焕桥；48-东仁桥；49-红桥；50-联城桥；51-张新桥；52-韩家桥；53-通济桥

图 6 清末淮安府城内外水系示意图

图 7　淮安府旧城内文渠今景

北支另一脉过水关后,经石成桥,在联城西北雷神殿前与罗柳河之水相合,再向东行,分为二脉,东脉一直向东,从联城东北角出城;北脉向北穿过新城南水关,一路向北过清平桥、洪山寺桥,出北水关,汇入城壕,沿着城墙北侧东行,转而沿城墙东侧南行,与东脉合流,向南汇入涧河。

旧城内西北隅的勾湖和西南隅的月湖都拥有较大的湖面,城东北土地祠一带也有一片天然水池。从清末实测地图来看,新城东部有大片水面。联城所在位置原为运河旧道,地势低洼,对此《乾隆淮安府志》有载:"二城之间,旧为运道所经,如陆家池、马路池、纸头房等处,皆粮船屯集之所。"[1] 同治《重修山阳县志》记载康熙九年(1670 年)"三城坝决,水入联城,灌北水关,半城皆水。"[2] 清末实测地图上显示联城内大半地域均为积水区。三城中的这些湖池与萦回的河渠融为一体,形成脉络相连的格局,与衢巷交错,水上可行舟楫,呈现出别致的枕河之景。

淮安府城内的水系虽不像苏州城内的河道那样纵横有序,却别有一番自然灵动的气韵,具有一定的泄洪作用,同时承担城市供水和水上运输的职能,而且在风水上也大有讲究,其中穿越旧城的南、中、北三支水渠均源自运河,一分为三,绕城而过后又合三为一,故而号称"三奇合抱";文渠主脉穿越东南巽关入涧河,北支一脉入联城与亥位的罗柳河相迎,因此又被称为"巽亥合秀"。[3]

光绪十年(1884 年),在官方的主持下最后一次对文渠进行大规模疏浚、维修,同时创建、重建、改造多座桥梁,对此《光绪淮安志》记载:

于(光绪)十年春重砌沟墙,添砌砖券十六道,彩虹、起凤砖桥二座,创建珠联璧合桥一座,重建永丰、青云、孙虎、依岱、白虎、三台阁砖桥六座,文澜、武功、状元、文津、紫竹庵板桥五座,均开宽、升高城河,小船东

❶文献[4]:124

❷文献[7].卷2

❸文献[4]:126

可出巽关,西可达西水关,南至三台阁,中支至范巷,皆曲折可通,生气畅达,人皆便之。❶

❶文献[5].卷3.光绪十年修造文渠桥梁工程附

五 衙署规制

明代淮安府城中公署林立,包含宪司公署、郡邑公署和武署三大类别。清代淮安府城中的公署系统大致延续明代的建制,同样包含以上3个类别。

1. 宪司公署

宪司公署名义上为朝廷中央或省级衙署派驻府县的管理机构。明代以淮安府为漕运管理中心,从景泰年间开始,漕运最高官员总漕巡抚都御使常驻于此,在府城旧城南门内平江伯陈瑄故居设置总漕巡抚都察院,嘉靖年间迁于城东,万历年间再迁于谯楼北侧核心位置,称"总督漕抚部院"。清代淮安府漕运中心的地位得到进一步的加强,在明代总督漕抚部院原址继续设立总督漕运公署,作为漕运事务的最高管理官员漕运总督的驻节之所,同时也是城中最重要的宪司公署,规模宏大(图8)。

图8 漕运总督署遗址

清代总督漕运公署位于旧城核心位置,基本沿用明代总督漕抚部院的原有建筑,并在乾隆年间陆续维修大堂、修建大观楼、改建花园,厅舍数量增多。乾隆十三年(1748年)漕署的基本格局包含大门5间、仪门3间、大堂5间、中厅(二堂)5间、大观楼5间、后厅5间以及其他附属建筑、花园,大门外设大照壁和鼓亭2座、牌坊3座。❷从同治《山阳县志》所附舆图上看,中路大观楼二层悬"淮海节楼"匾额,东路有东林书屋,西路有百禄堂、师竹斋、来鹤轩等建筑(图9)。

❷文献[4]:383

城阙缮完,闾阎蕃盛——清代淮安府城及其主要建筑空间探析

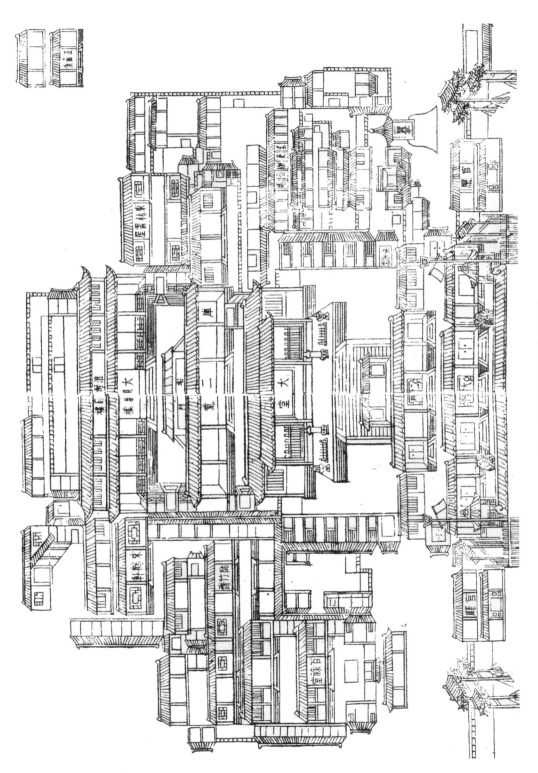

图9 同治年间漕运总督署图
（引自文献[7]）

咸丰十一年(1861年)吴棠(字仲宣)出任江宁布政使,署理漕运总督,同治二年(1863年)实授漕运总督,在任期间重建清江浦的江南河道总督署并改为漕督驻节之所,但仍保留淮安府城内的旧漕督署,还对二堂进行重修,但旧署基本空置,故而《续纂山阳县志·漕运》记载:"漕运总督自移驻清河,旧存漕署已就旷废。"[1] 同治八年(1869年)漕督张之万又主持重修漕督署大堂,作《重修漕署大堂记》述工程概况:

❶文献[8].卷4

> 漕署自明季都御使凌云翼改元总管府为公廨,地居郡城之中,规模宏敞,迄今二百余年,久未修葺。吴仲宣制军督漕时,因二堂将圮,爰檄许大令佐廷,鸠工庀材,尽撤其旧而新之。大堂缘工巨,未举,旋擢川督。去岁余莅任后,专心军务,征兵筹饷,二年有余,疆圉始就敉靖。顾堂皇为出治之地,栋宇欹侧,丹漆剥阘,非所以肃观瞻也。随节厘金之赢,仍属许大令量计楣䲧朽者易之,毁者完之,阅两月而工竣,计用银三千余两(图10)❷。

❷文献[17].卷4.重修漕署大堂记

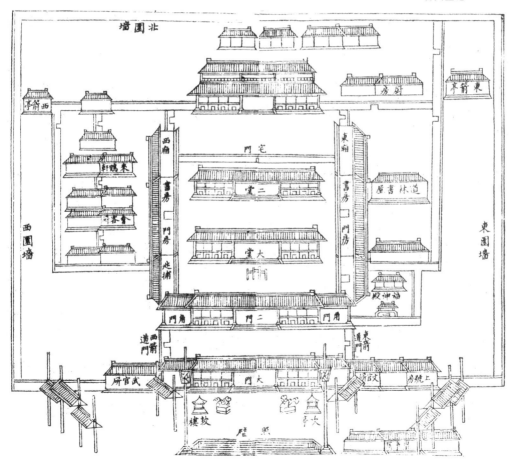

图10　光绪年间漕运总督署图

(资料来源:引自文献[5])

明代崇祯十七年(即清代顺治元年,1644年)南明东平伯刘泽清镇守淮安时,曾占用新城大河卫署大建府邸,清朝顺治年间一度在此设漕运部堂,与漕运总督共同执掌漕运事务,但很快就裁撤了,对此《山阳志遗》有载:

> 新城藩府自泽清遁后,无居者。顺治三年添设漕运部堂,与漕抚同督漕运,遂以藩府为署。初莅是官者为库礼,满洲人……注:库礼至顺治九年始回京,接任者为吴礼,亦满洲人,至十年掣回,裁其缺,漕务仍专归漕抚管理。❶

原署后曾用作大河卫守备署,康熙年间倾圮。

清代承袭明代制度,设置"道"这种较为特殊的行政机构,具体职能有所调整。清代道的最高官员称"道员",直属于省级衙署或由省级衙署派驻地方,协助总督、巡抚、布政使、按察使处理政务,通常专领某项事务或统管若干府州县的各项事务。清代在淮安府旧城府署之东设置淮扬(海)道公署,负责监察、管理淮安府、扬州府、海州等地(辖区多有变动)的地方行政事务,同时协助承担运河漕运和黄河河工的相关事务。其旧址在明代后期曾先后用作漕运总兵府、海运道公署,清初在此设淮海道公署,康熙二年(1663年)将淮徐道并入,康熙九年(1670年)改称淮扬道,雍正九年(1731年)复改淮扬海道。署中有一座七星楼,建于明代,"上应水星,以厌淮城火灾",清初颓废,康熙二十四年(1685年)淮扬道高成美捐俸重建。❷乾隆十二年(1747年)重修公署,其基本格局包含鼓亭2座、大门3间、仪门、大堂3间、穿堂3间、后厅7间、寝堂7间、宝敕堂5间、七星楼7间以及宾馆、案房、皂隶房等附属建筑。❸乾隆五十七年(1792年)此署移驻清河县城(清江浦)。

2. 郡邑公署

郡邑公署以淮安府署和山阳县署为代表。淮安府署沿用明代旧署,位于总督漕运公署北侧后街,康熙十六年(1677年)因为奉令拆取楠木而将正堂镇淮堂拆毁,康熙十八年(1679年)由各方捐资,知府徐㮶主持重建。乾隆年间对后宅部分进行全面维修。乾隆十三年(1748年)府署的基本格局包含大门3间、二门3间、大堂5间、二堂5间、三堂5间以及其他附属建筑,大门外东西两侧设申明、旌善二亭和牌坊2座。❹《乾隆淮安志》中的《淮安府治图》主要表现府署的前半部,与《天启淮安府志》所示格局基本相同(图11)。同治《重修山阳县志》中的《淮安府署图》(图12)绘制最为完整,可见署院最北有一座五开间的后楼;《光绪淮安府志》中的《淮安府署图》(图13)只绘制其主体院落,格局略有变化。

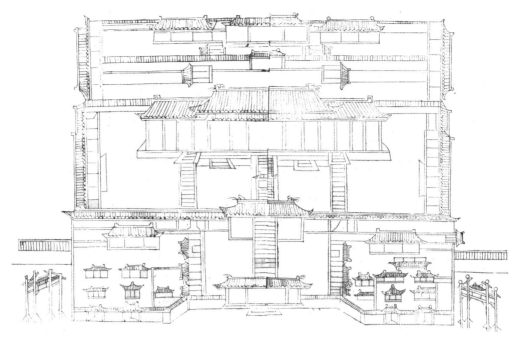

图 11　乾隆年间淮安府署图

（资料来源：引自文献[4]）

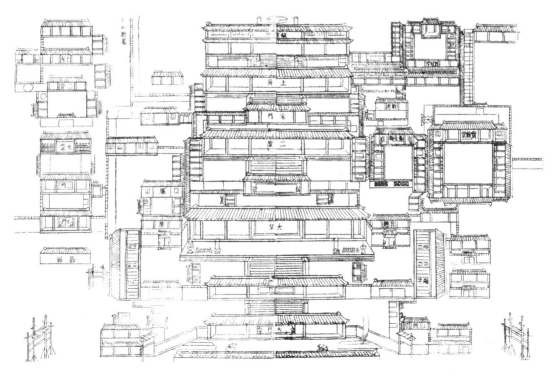

图 12　同治年间淮安府署图

（资料来源：引自文献[7]）

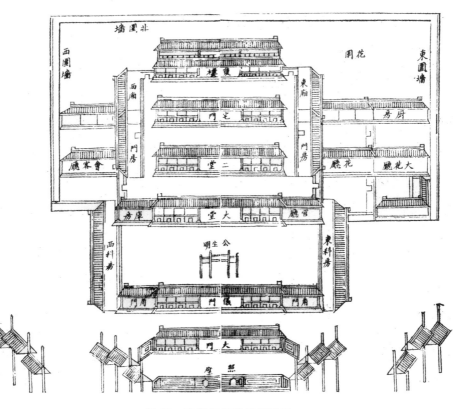

图 13　光绪年间淮安府署图

（资料来源：引自文献[5]）

❶文献[7].卷 2

❷张璞.明清苏北腹地行
政中心,而今大运河畔唯
存府衙——全国重点文
物保护单位淮安府署.
见:文献[23]:243

同治《重修山阳县志》载:"咸丰中,大堂毁于火,复建,较旧制稍狭。"❶
咸丰十一年(1861 年)重建大堂(图 14),其脊檩枋下有题记:"咸丰十一年岁
次辛酉仲春谷日代理江南淮安知府陶金诒重修。"❷府署的大堂、二堂屡经
重修,一直幸存至今,全署中路部分其他建筑现已得到重建,再现恢宏的历
史面貌。

图 14　淮安府署大堂

山阳县署也沿用明代旧署,位于鼓楼西南。康熙十八年(1679 年)曾遭遇火灾,知县薛云奇重建。乾隆十三年(1748 年)县署的基本格局包含大门3 间、仪门 3 间、正堂 3 间、宅门 1 间、后堂 3 间以及典吏厅、书吏房、架阁库、监房等附属建筑,规模明显小于府署[1](图 15)。

❶文献[4]:385

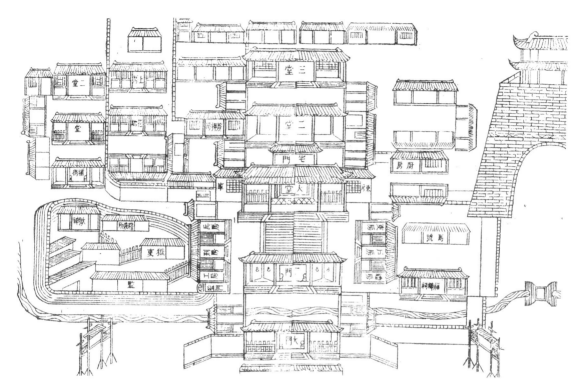

图 15　同治年间山阳县署图

(资料来源:引自文献[7])

郡邑公署下辖的衙署部分沿用明代旧署,部分为清代所建,如税课司大使署、协办县丞署,规模都很有限。

3. 武署

武署数量较多,分散设于旧城和新城中。旧城内有中营署、中军都司署、左营游击署、左营守备署、城守营参将署、城守营守备署、淮安卫守备署,新城中有右营游击署、右营守备署和大河卫守备署。其中中营署由漕标中镇副总兵官监管,格局较为规整,包含大门 3 间、仪门 3 间、大堂 3 间、二堂 3 间、三堂 3 间以及若干附属建筑。明代淮安卫和大河卫两处公署地位非常重要,淮安卫公署曾经长期占据旧城核心位置,万历年间才迁至城隍庙东,规模大大缩小,清代沿用为淮安卫守备署;大河卫公署:"向在部堂地方,因年久倾圮,康熙四十一年动用杂款钱粮买民房住,后仍售卖归还原款。乾隆二

❶文献[4]:387

年,拨给王天一官房居住;乾隆三年,因官房附近县治,新城卫丁相隔窵远,输粮未便,仍照原估官房价,于新城中右所地方另支民房,修葺以作衙署居住。"❶

可见因原署倾圮,康熙四十一年(1702 年)之后只能在新城和旧城中购买民房或分拨官房以充守备署,颇为窘迫。

4. 小结

明代淮安府城身兼漕运中心、地方行政管理和军事镇守三大职能,城内公署数量较多,而且后期有进一步增加的趋势。清代淮安府城仍为漕运中心和府、县行政中心,军事意义大大削弱,城内的公署数量少于明代,大多沿用明代旧署规制,另加重修、扩建,其中武署的地位明显低于明代。

清末改革官制和军制,淮安府城内除府署、县署之外的多数衙署都被陆续废止。光绪三十年(1904 年)二月利用漕督署东侧的二郎庙设立巡警总局,以知府为总办,城守营参将为会办。光绪三十一年(1905 年)裁撤漕运总督,显赫数百年的漕督署彻底退出历史舞台,其旧址改作江北陆军学堂,原建筑群毁于民国时期,现遗址尚存。

六　坛庙寺观

明代的淮安府城设有完备的坛庙制度,同时也有较多的佛寺、道观和民间祀宇,清代府城在此基础有兴有废,坛庙寺观总体上比明代数量更多,而且更受官方重视。

1. 坛壝

明代淮安府城以社稷坛、风云雷雨山川坛和郡厉坛为最重要的三大坛壝,至清代乾隆年间,社稷坛和风云雷雨山川坛均已年久倾圮,仅存旧基,文献中一直未见重修记录;位于城西北萧湖中心的郡厉坛保持明代格局,道光年间曾经重修。❷总体而言,这三大坛的重要性相比明代有所下降。另外,《乾隆淮安府志》记载各里社、乡村设有社厉坛、乡厉坛,淮安卫、大河卫设卫厉坛,不知始于何时。❸

清廷以农业为施政根本,雍正年间下旨令各地建先农坛,地方官员行躬耕耤田之礼。❹淮安府奉敕于雍正五年(1727 年)在旧城南门外偏东位置修建先农坛,成为全府最重要的一座坛壝,每年春季由漕运总督亲自主持祭礼并演耕,对此《乾隆淮安府志·淮郡先农坛图说》称:

> 我朝重意农桑,故令各郡县建造先农坛,又于坛旁各置耤田若干

❷文献[14]:12.重修淮安郡厉坛记

❸文献[4]:1281

❹文献[19].卷 83. 礼志二:"(雍正四年)定议:顺天府尹,直省督抚及所属府、州、县、卫,各立农坛耤田。自五年始,岁仲春亥日,率属祭先农,行九推。"

亩。每岁春月择吉致祭,率属行耕耤九推之礼。淮郡建坛置田亦同他郡,但系漕宪主祭亲耕 ^❶(图16)。

❶文献[4]:56

图 16　乾隆年间淮安府先农坛图

(资料来源:摹自文献[4])

2. 祠庙

清代重视儒家礼教,各地儒学均设文庙,供奉孔子,并以历代儒家学者和贤臣配享。淮安府学和山阳县学均为庙学合一制度,其文庙分别创建于宋代和明代,清代屡次加以重修。^❷乾隆年间府文庙的规制为牌坊2座、影壁1座、戟门3座、棂星门3座、先师殿5间、泮池、两庑各14间,附设崇圣祠、文昌祠、魁星祠、名臣祠、乡贤祠等祠宇^❸(图17)。

❷文献[5].卷21.学校:"国朝顺治九年,康熙十八年、二十四年、二十六年、二十八年、五十一年并捐赀重修。启圣祠毁,五十四年重建。雍正六年修大成殿,十年修明伦堂。乾隆三年、二十三年重修。同治、光绪中,总漕张之万、文彬先后拨款重建大成殿。"

❸文献[4]:361

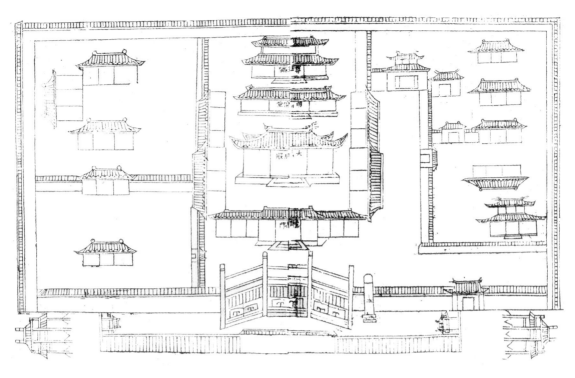

图 17　乾隆年间淮安府文庙图

(资料来源：引自文献[4])

❶文献[5].卷21.学校："国朝顺治中修葺,康熙五十四年移学门与二门相对,棂星门外旧有红栅、坊楼,为漕督蔡士英所毁,邑人呈请修复,今易砖墙。雍正六年,乾隆三年、二十三年重修,咸丰十年邑人重修大成殿。"

❷文献[4]:364

❸文献[4]:1279—1281∥山阳县志.卷5

❹文献[14]:35.重修淮安西门关帝庙碑

县文庙位于旧城内西北部,明末东西垣墙颓坏,顺治十八年(1661年)为避让街道,一度拆毁门前照壁和栅栏,康熙年间修复栅栏和垣墙,雍正至咸丰年间多次修葺文庙建筑。❶乾隆年间其基本格局为影壁1座、戟门3间、棂星门3座、先师殿3间、两庑各5间,附设文昌祠、魁星祠、忠孝祠、文节祠、乡贤祠,原崇圣祠已毁,改祀于尊经阁上❷,之后无大的变化(图18)。

除了坛墙和文庙之外,清代将更多的民间祭祀列入官方祀典,乾隆三年(1738年)十月曾经为此颁布《坛庙典礼》,专门规定了社稷坛、风云雷雨山川坛、厉坛、先农坛、关帝庙和祭奉天后、火帝、八蜡之神、刘猛将军以及福、吴、富、农、龙王之神的祭礼,令各地奉行,对此《乾隆淮安府志》和乾隆《山阳县志》都专门予以载录。❸

明代淮安府城东门外有八蜡庙,清代予以更为隆重的祭祀规格,庙内除了八蜡神之外还附设刘猛将军像;四门均设关帝庙,以西门内的关帝庙最为宏伟,道光年间重修东、南、北门3座关帝庙,道光三十年(1850年)至咸丰元年(1851年)大修西门关帝庙,重建正殿,扩建崇圣殿(殿东祀天后),增建魁星阁❹;城西南隅月湖中心小岛上有始建于唐代的道观紫极宫,宋代改为奉祀天后的灵慈宫,又称天妃宫或天后宫,清代漕督施世纶驻淮期间予以重修;旧城东门外有明代崇祯年间重建的龙王庙。这些都是府城最重要的祠庙,大多享受官方祀礼。

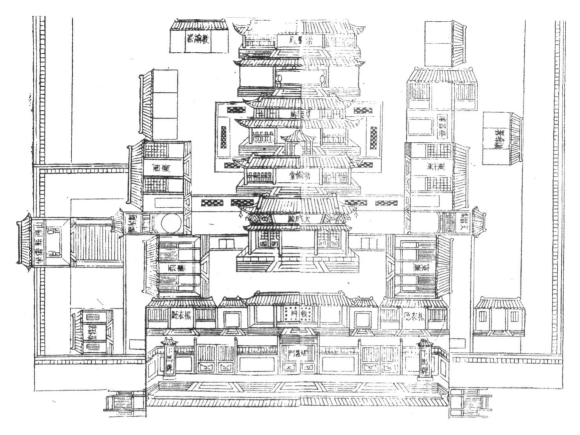

图 18　同治年间山阳县文庙图

（资料来源：引自文献[7]）

　　明代重视城隍庙，但清代《坛庙典礼》却并未将城隍列入。不过清代淮安府城仍保留位于旧城东部的郡城隍庙并屡次重修，另在淮河北岸重建县城隍庙，康熙五十八年（1719 年）在府署东侧新建淮安卫城隍庙，新城内还有一座不知建于何时的大河卫城隍庙。

　　各级衙署内也常附设小庙，如漕督署设水土神祠 3 间，淮扬道署设神祠 1 间，府署和县署各设土神祠 3 间。

　　前代所建祭祀先贤、烈女的祠庙包括淮阴侯庙、漂母祠、节孝祠、督抚名臣祠、双烈祠以及多座纪念明代在淮任职的各级官员的祠堂（如祭知府陈文烛的陈公祠、祭漕储道冯敏功的冯公祠等）依旧留存，部分得到重修。清代另在勺湖书院内建阮顾二公祠，在射阳书院内建丁何二公祠，以纪念乡贤。道光二十六年（1846 年）在旧城内建关忠节公祠，祀奉鸦片战争中壮烈殉国的广东水师提督关天培。也有一些前代所建祠庙在清代废毁，如武成王庙、范张祠等。

3. 寺观杂祀

淮安地区自古佛道皆崇，而且民间杂祀非常兴旺，对此清代道咸时期文人范以煦《淮壖小记》称："淮郡好巫之俗殆不可解"，甚至认为"郡中各仙迹皆明时伪造"[❶]，但清代淮人对于各路神灵崇信依旧，府城内外遍布佛寺、道观和各种祀宇，总数明显超过明代。

❶文献[15].卷 2

府城外的湛真寺、闻思寺、佑济禅寺（湖心寺）均建于前代，分别得到康熙帝所赐御笔题额，地位尊崇。其他名刹包括报恩光孝禅寺、龙兴禅寺、圆明寺等，龙兴禅寺内的文通塔经过清代重修，成为城西北隅的标志性景观（图19）。

图 19　文通塔今景

重要的道观有天兴观（三官殿）、太清观、三仙楼等。此外，还有东岳庙（图20）、都土地祠、火神庙（彤华宫）、二郎庙、马神庙、淮渎庙、金龙四大王庙、柳将军庙、药王庙祭祀各路神灵，大多建于前代，清代重修并加以沿用。清代也新建了若干寺观、庵堂和祠宇，还将旧城内原淮扬道公署改为孚佑帝君庙，将新城文昌宫改为仓圣祠。

旧城外东南方巽位有一条护城冈纵贯南北，明代隆庆年间总漕都御使王宗沐利用这道山冈加筑长堤以护卫城池，另一位都御使朱大典在冈上构建了一座龙光阁，阁内祀奉魁星和文昌帝君，西侧开门，与旧城东北隅乾位的龙兴寺文峰塔遥相呼应，"以迎运河长流，最得形势"。[❷]清代康熙年间的

❷文献[4]：124

图 20　东岳庙今景

漕督屡次重修此阁,成为当地名胜,康熙二十年(1681 年)后倾颓,道光二十三年(1843 年)四月至九月重建,对此丁晏《重建龙光阁记》记载:

> 阁凡八角,象八风。缭垣皆中实,下墙厚三尺六寸,递上而减。瓴甋置里,煮糯米汁灌之,镝以铁揭。阁凡三层,外有周廊,共高七丈有余。上二层开壁窗然灯,凡二十四,象二十四气……祀文昌、魁斗之神。塑像以桂,龛以楠,几以柏,楼板与槛皆用柏,雕画精丽,皆良工也。❶

两年后另在阁前建精舍,并在北厅设朱烈愍公祠,以纪念创建此阁的朱大典。此阁毁于民国时期,有旧照片传世(图 21)。

❶文献[14]:6-7.重建龙光阁记

图 21　龙光阁旧照

(资料来源:引自 www.sd0517.com 楚州网)

❶文献[4]:123

旧城东南角楼以南数十步远的地方另有一座魁星楼,"与城外巽地龙光阁相应,为一郡文峰"❶,清初修建,后来也曾经重修,不知毁于何时。

七 园林风景

清代是淮安地区历史上造园最鼎盛的时期,府城内外名园胜景遍布,计其类型,主要包含公共风景园林、衙署园林、私家园林和祠庙寺观园林4类,蔚为奇观,使得淮安成为名副其实的园林之城。

1. 公共风景区

自唐宋以来,淮安府城内外依托河湖水系逐渐形成几处公共风景区。位于城外运河西侧的西湖原本景致最佳,明人视为淮安第一胜境,可惜明末清初已淤塞为平地,不复旧观。旧城内的勺湖、月湖和新城西侧的萧湖依旧是三大名胜,景致更胜从前。

勺湖位于旧城西北隅,又名放生池、郭家池,湖面形如长勺,旁依城墙雉堞,沿岸寺刹相望,楼阁起伏。《乾隆淮安府志》载:

> 明崇祯间,推官袁彭年四面筑堤,为放生池,禁捕鱼者。久之堤坏。国朝顺治间,漕院蔡士英建大士阁于墩上,修堤造闸,申鱼禁,又建亭临水,长桥卧波,为游赏胜地。❷

❷文献[4]:128

清初文人吴泰《放生池泛舟赠东明上人》诗云:方池带郭碧迢迢,小艇冲波信橹摇。近水楼台香暗霭,远风钟磬韵飘飘。❸

❸[清]吴泰.放生池泛舟赠东明上人.见:文献[4]:1565

湖上亭台屡毁屡修。清末久居淮安的著名作家刘鹗在《老残游记续集》第七回中曾经以写实的笔法描绘勺湖风光:

> ……住在淮安城内勺湖边上。这勺湖不过是城内西北角一个湖,风景倒十分可爱。园中有个大悲阁,四面皆水;南面一道板桥有数十丈长,红栏围护;湖西便是城墙,城外帆樯林立,往来不断,到了薄暮时候,女墙上露出一角风帆,挂着通红的夕阳,煞是入画。❹

❹文献[18]:212

勺湖湖面至今仍保持旧貌,水中芦苇、荷花密布,岸边原有建筑大多不存,20世纪80年代以后在此重建古典风格的勺湖公园(图22)。

月湖位于旧城西南隅,旧名万柳池,湖心小岛上的天妃宫成为核心景观,清代历任漕运总督先后在旁边的水面上建两仪亭、镜静堂、涌月台等景观建筑,以为觞咏之地。清代乾隆年间学者任瑗《游万柳池记》称:

> 万柳池尤胜,西南傍城麓,古刹接峙,群水萦焉,濯缨而乐之。若夫暖水流香,縠纹自远;炎风卷籁,钧奏谐鸣;皓月生而星影倒垂,白云交而寒光相射,此池之四时也。至如小楼佛磬,晚火渔歌,几片风帆,数点寒鸟,晦明变化,气象万千,盖其景无穷,而人之游之者,耳目为之互易,

而情志为之惆怅也。❶

❶[清]任瑗.游万柳池记.
见:[清]王锡祺 编.小方
壶斋舆地丛钞.清代光绪
年间南清河王氏刻本.第
4秩.第14册

图22 勺湖今景

另一位文人撒文勋《万柳池小集》诗云:

 云水清环处,飞舫引兴长。柳塘莺语碎,花陌燕泥香。地拟辋川
胜,人同曼倩狂。醉来归寂路,明月照沧浪。❷

❷[清]撒文勋.见:文献
[4]:1563

萧湖又名东湖、珠湖、萧家田,位于新城之西、运河东侧,与罗柳河相通,
沿岸有韩侯钓台、漂母祠等古迹,乾隆五年(1740年)知府李暲在湖中修建
三层小楼兼葭阁,成为景致中心。清代程锺《萧湖游览记》曾描述萧湖风光:
"自联城东建,运堤西筑,逐渐洼下之地乃悉潴为湖,以成一方之概。湖之南
水田数百亩,中多菰蒲,渔艇往来,与鸦鹭相争逐,滨湖居民多食其利。其西
则韩侯钓台屹然而耸峙,俯临清波,东望无际。台之南有御诗亭,亭后有陈
烈妇墓,台之北有漂母祠,祠侧有蒹葭亭,游人多集于此,流连吊古。"❸出身
盐商世家的著名文人程嗣立有《满江红》词描写萧湖泛舟之景:"野竹桥边尘
外寺,垂杨堤畔花间屋。趁斜阳携客上轻桡,春波绿。"❹(图23)

❸[清]程锺.萧湖游览记.
见:文献[10]:41
❹[清]程嗣立.珠湖春泛.
同周纬苍赋满江红.见:
文献[10]:45

以上3处风景区均以水景见长,湖岸蜿蜒,其间穿插岛、堤、桥梁,点缀
亭台楼阁,富有自然野趣。

2.衙署园林

明代后期的总漕公署有东西二园,清代康熙《淮安府志·公署》❺中尚
有记载,后逐渐荒废,乾隆八年(1743年)漕运总督顾琮利用公署东南部原
用于骑马、射箭的射圃旧地营建万松山房:

❺文献[2].卷2

 度方广十余丈,乃尽徙粪壤其间,凡两阅月竣工,隆然成山,种松千

图23　萧湖今景

林,强名之曰"万松山"。山北故有颓屋五楹,少为葺治,移以面山,即颜为"万松山房"。屋右别为斗室,并构草亭于山巅,又作小亭于山南,亭左右置屋数间,以待阅射时仆役可避风日。❶

这座花园格局疏朗,以土山松林为主景,象征文臣的志向与情操,别有清幽的意境。

明代淮安府署北部有一座偷乐园,后改名为"余乐园",清代同治《重修山阳县志》已经将此园列为"古迹",并记载园中有一座明代所建的三槐台,"台后有双铜柱,后柱间有铁釜,一柱高丈五尺,围三尺,前后四柱皆有铭,明代以镇淮流。"❷《光绪淮安府志》中的《淮安府署图》在东北角标有"花园"二字,但未绘制具体景物格局。

3. 私家园林

清代淮安府城内外涌现出大量的私家园林,分别属于退职官宦、富商和文士所有,亭榭相望,山水清丽。

城西的河下镇和萧湖之滨尤为私家园亭的聚集之地,先后相继,数量至少在100座以上,其中名园包括清朝初期的依绿园、华平园、九狮园,清朝中

❶[清]尹继善.万松山房记.见:文献[4]:1423

❷文献[7].卷19

叶的寓园、荻庄、且园、菰蒲曲、懋敷堂，清代后期的玉诜堂、十笏园等。其中依绿园三面环萧湖，内有曲江楼，与湖光相映照；九狮园属典当富商汪垂裕所有，园中假山传说出自清初大名士李渔之手，玲珑蜿蜒，形如九狮；寓园为退休官宦程易宅园，园中格局宽敞，多建朱楼画阑；且园仿唐代王维辋川别业设 22 景，空间最为复杂；荻庄为大盐商程鉴别业，位于萧湖中间的莲花街，厅堂舫榭俱全，颇显富丽；懋敷堂中建楠木厅、柏木楼，房屋众多，庭院幽深；餐花吟馆设有菊圃，培育 100 多种菊花；十笏园堆叠假山眠云谷，峰峦秀丽。诸园景致或宏整，或曲折，或萧疏，各有特色，变化万千。

乾隆四十九年(1784 年)乾隆帝第六次南巡期间，河下盐商欲效仿扬州，在河下西侧的运河两岸大建园林楼榭，遍植花草，张灯结彩，后来虽然没有全部实现，但仍然点缀了不少亭台花木，盛况空前，对此陈丙《潜天老人笔谈》有载：

> 纯皇帝南巡过淮，盐宪谕诸商人，自伏龙洞至南门外，起造十里园亭，以荻庄建行宫开御宴……其工程需三百万，因盐宪经纪稍后，诸商筹款未充，而为时甚促，遂寝其事。只于运河两岸周鹅黄步障包荒，中间错落点缀亭台殿阁，间以林木花草，时在春末夏初，林花、萱草、牡丹、芍药、绣球一一争妍。❶

旧城内同样修建了许多私家宅园，见载于史料者即有 100 多座，其中包括王氏澄观园、邱氏桐园、阮氏勺湖草堂和杨氏澹园等。新城内也有少量私园，著名者为清初文人阮晋的宅园，阮氏后人阮葵生《茶余客话》称："宅内有水园，南有山园，曰冬青楼、双枣轩、经堂、修竹廊、自吟亭、古香楼、松石斋十余处。"❷

清代联城最为荒落，极少园亭建设。明末清初史学家谈迁于顺治十年(1653 年)北上路过淮安府城，在《北游录·纪程》中记载："(七月)壬戌，晴，自旧城入夹城，有大池，蒹葭苁苁，故陆通判珏物，胡给事据之，今又不知又谁属矣。"❸可见，联城中的一片大水池(即陆家池)为明代陆氏故园风物，清初尚存旧貌。

4. 祠庙寺观园林

萧湖、勺湖、月湖之滨的寺庙祠宇大都依水修建亭榭楼台之类的建筑，既是风景区的重要组成部分，本身也宛如独立的小园，例如雍正年间的知府朱奎扬和乾隆年间知府的李暟先后在萧湖西岸漂母祠之侧建造水榭、画舫；又如咸丰年间丁晏在月湖湖滨的留云道院建五云堂、迟月楼、停云馆、荷亭、西舫、回廊，"俯瞰芰茹，徐引清风，倒映渌水……四时风景之美，甲乎一郡"❹；后来丁晏又于二帝祠内建六间秋水蒹葭之馆，与碧波芙蕖相对。❺

城内外其他一些寺观、祠庙的庭院也大多栽种各种花木，或点缀山石，或构筑轩亭，具有园林化的特点，例如淮安府城隍庙内官厅："之东偏建小斋，开窗洞达，外有柳池，红蕖碧波，擅夏景之胜，游人憩焉。"❻《重修山阳县志》的舆

❶引自文献[9]:222

❷文献[12]:109

❸文献[11]:17-18

❹文献[14]:31.留云道院新建五云堂记
❺文献[14]:44.城西道院新建秋水蒹葭馆记
❻文献[14]:10.重修淮安府城隍庙记

图显示郡城节孝总祠的西北部设有一座花园,其北建贞竹轩,阶下湖石嶙峋,东西两侧游廊环绕,南侧土山上植有多株松树,景致典雅(图24)。

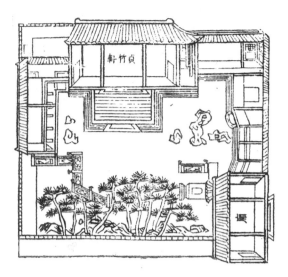

图24 同治年间节孝总祠西花园图

(资料来源:引自文献[7])

5. 小结

总体而言,清代淮安的各类园林风格融合南北之长,建筑、掇山、理水、花木配植的手法丰富多样,拥有深厚的文化内涵,达到很高的艺术成就,可惜无一完整幸存,只能从文献中推想其当年的风采。

八 其 他 建 筑

清代淮安府城其他比较重要的建筑类型包含教育建筑、会馆、仓廒、驿站、军营、清真寺和教堂。

淮安是著名的文教之乡,科举发达,教育建筑众多,除了官方主办的府学和县学之外,还有民间募资、各级官员主持修造的若干书院。明代所建的仰止书院、节孝书院、忠孝书院、文节书院、正学书院、志道书院在清代几乎都已经废毁,清代乾隆年间在旧城内另建淮阴书院、勺湖书院、丽正书院(图25),在联城设惜阴书院(嘉庆年间改为奎文书院,同治年间迁至旧城十王堂),同治年间建节孝书院、明德书院、养蒙书院[1],光绪年间在旧城内新建射阳书院并重建勺湖书院。[2]此外,城内和乡间还保留了明代创设的一些社学,康熙年间又在旧城内设 4 所义学,为民间子弟提供学习的机会。

[1] 文献[7].卷 8

[2] 文献[8].卷 7

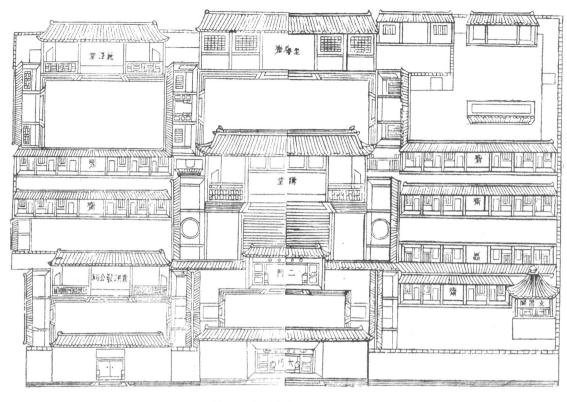

图 25　同治年间丽正书院图

（资料来源：引自文献[7]）

作为运河交通枢纽城市，清代的淮安府城成为盐运中心和商业中心，大量外地客商纷至沓来，从乾隆、嘉庆年间开始，府城外的河下地区陆续兴建了多座同乡会馆，如徽州籍的新安会馆、浙江籍的浙绍会馆、山西籍的定阳会馆、镇江籍的润州会馆（图 26）等，寓居的商户分别从事盐务、丝绸、放债和医药等不同行业。

为了储存漕粮，清代淮安府城内三牌楼和有司水巷口新建常平仓 2 座，并保留元、明所设的大军仓、预备仓。仓廒的建筑形式比较简单，空间宽敞，以利于堆贮粮食。

以上建筑类型文献记载相对简略，沈旸先生、刘捷先生和其他学者已经有论著予以深入探讨，本文不再详述。

淮安扼守南北要冲，是重要的驿传通道。清代在淮安府旧城外西南侧运河岸边设淮阴驿，属于"一等极冲"最高标准，《续纂山阳县志》记录其规制：

> 淮阴驿设运河东岸，南角楼北城墙脚下，旧有牌楼一座，照壁一道，朝南大门三间，朝东大棚十六间（内砖砌板槽十三张），朝西大棚十间（内砖砌板槽七张煮料豆锅二眼），朝南马神殿三间，朝南上房三间，草

图 26　润州会馆正厅

（资料来源：淮安市文化局提供）

亭一间，朝南厨房二间，朝东住房七间，朝南住房三间。❶

这座驿站规模较大，设施也很完善。

　　清代淮安府城的军事地位虽然下降，仍驻有重兵，中营、左营、右营和城守营 4 座大营分驻旧城和新城，由漕运总督统辖，除了地方防务之外，主要负责值守运河漕运和河工事务，具体的营房建筑形制不详，另在旧城东南部设有演武厅和小教场，城外设大教场。

　　城内外的宗教建筑除了前面所述的祠庙、佛寺和道观之外，也有少量的伊斯兰教清真寺和基督教堂，例如顺治年间在河下镇罗家桥南建清真寺，咸丰初年法国传教士在旧城小高皮巷建天主堂，光绪三十一年（1905 年）美国传教士林嘉美在旧城西门街建新教福音堂。❷

九　结　语

　　清代淮安府城总体上延续了明代的城市建设成果，正如同治《重修山阳县志》所称："邑当南北之交，天下有事，常为兵冲，变故屡经，兴废随之……洎明以来，设立镇守总漕，其下百司林立，规制始备，民物浩穰，复修新联二城以居之，故《旧志·建置》所记多托始于明代。迄今数百年变置不一，大抵袭明之旧。"❸相比明代，清代的淮安府城在城防设施、街巷布局、内外水系和衙署规制方面基本保持原貌，不同之处主要在于坊巷密度更高，集市和坛庙寺观数量增多，衙署数量减少，风景园林盛况空前。综合而言，清代的淮

❶文献[8].卷 2

❷文献[8].卷 15

❸文献[7].卷 1

安府城是一座典型的"守成之城",全面继承了前朝的规制,少有开创之功,但颇有增色之举,一度达到历史上最繁华的境地,在淮安城市史上具有重要意义。

晚清时期运河漕运废止,淮安府城不再具有漕运中心的地位,同时也没有得到近代转型的机会,逐渐衰落,失去了往昔的荣光。民国时期屡遭战乱、天灾,更趋残破。建国后城市建设有所发展,可惜城墙被拆,很多古建也相继废毁,但河湖水系、街巷脉络和诸多建筑、遗址一直保存至今,均属于弥足珍贵的文化遗产。

对于今人而言,需要对清代淮安府城的历史展开更为深入的研究,并在现代城市建设中加强对古城文化遗产的保护,借鉴古代城市、建筑和景观创作的智慧,以此作为未来打造运河之都、历史名城的基础。近年来,有关部门对淮安府城的一些历史建筑屡有修复和重建之举,功不可没,但在设计和施工过程中同样需要充分的历史依据和严格的科学论证,以免留下新的遗憾。

（本文在写作过程中得到东南大学建筑学院沈旸博士和淮安市文化局提供的宝贵资料和参考意见,特此致谢。）

参 考 文 献

[1] [明]薛鎣 修.[明]陈艮山 纂.荀德麟,陈凤雏,王朝堂 点校.正德淮安府志.北京:方志出版社,2009

[2] [明]宋祖舜 修.[明]方尚祖 纂.荀德麟,刘功昭,刘怀玉 点校.天启淮安府志.北京:方志出版社,2009

[3] [清]高成美 修.[清]胡从中 等纂.(康熙)淮安府志.清代康熙年间刻本

[4] [清]卫哲治 等修.[清]叶长扬 等纂.荀德麟 等点校.乾隆淮安府志.北京:方志出版社,2008

[5] [清]孙云锦 修.[清]吴昆田 等纂.(光绪)淮安府志.清代光绪十年刊本

[6] [清]金秉祚 修.[清]丁一焘 等纂.(乾隆)山阳县志.清代乾隆十四年刻本

[7] [清]张兆栋 等修.[清]何绍基 等纂.重修山阳县志.清代同治十二年刊本

[8] 邱沅 等修.段朝端 等纂.续纂山阳县志.民国十年(1821年)刊本

[9] [清]李元庚 著.[清]李鸿年 续.汪继先 补.刘怀玉 点校.山阳河下园亭记(附续编、补编).北京:方志出版社,2006

[10] 王光伯 原辑.程景韩 增订.荀德麟 等点校.淮安河下志.北京:方志出版社,2006

[11] [清]谈迁.北游录.北京:中华书局,1960

[12] [清]阮葵生.茶余客话.上海:商务印书馆,1936

[13] [清]吴玉搢.山阳志遗.民国十一年(1922年)刊本

[14] [清]丁晏.石亭记事.清代道光二十八年刻本

[15] [清]范以煦.淮壖小记.清代咸丰元年刊本

[16] [清]黄钧宰.金壶七墨全集.清代同治十二年刊本

[17] [清]张之万.张文达公遗集.清代光绪二十六年(1900年)京师同文馆印本

[18] [清]刘鹗 著.严薇青 校注.老残游记.济南:济南出版社,2004

[19] 赵尔巽 等编.清史稿.上海:上海古籍出版社,1986

[20] 周焰 等编纂.清代中央档案中的淮安.北京:中国书籍出版社,2008

[21] 姜涛,孙连华 编著.《清实录》中的淮安.北京:中国书籍出版社,2008

[22] 荀德麟 等主编.淮阴史事编年.南京:江苏科学技术出版社,1993

[23] 高岱明.淮安园林史话.北京:中国文史出版社,2005

[24] 淮安市政协文史委,淮海晚报社 编.淮安运河文化长廊.哈尔滨:黑龙江人民出版社,2007

[25] 沈旸,王卫清.大运河兴衰与清代淮安的会馆建设.南方建筑,2006(9):71-74

[26] 郭华瑜,李长亮,张金坤.淮安府衙建筑形制研究.南京工业大学学报(社会科学版),2009(9)

[27] 刘捷.元明清京杭大运河沿线若干建筑类型研究.东南大学博士学位论文,2006

[28] 贾珺.三城鼎峙,署宇秩立—明代淮安府城及其主要建筑空间探析.中国建筑史论汇刊(第肆辑).北京:清华大学出版社,2011

[29] 贾珺.明清时期淮安府河下镇私家园林探析.中国建筑史论汇刊(第叁辑).北京:清华大学出版社,2010

附　　录

表 1　清代淮安府城城池营建大事年表

年　　份	公元纪年	城　池	营建内容	备　注
顺治十八年至康熙六年	1661—1667	旧城	漕督林起龙重修城门楼,修补城墙	
康熙二十三年	1684	旧城	漕督邵甘重建西门楼	迎康熙帝南巡
康熙二十八年	1689	旧城	漕督董讷重建南门楼	
康熙三十一年至三十四年	1692—1695	旧城	漕督兴永朝、桑格屡次修理城防	
乾隆元年至六年	1736—1741	旧城	朝廷派员估算,督抚题准,发帑银4116两,知县沈光曾承修城防	
乾隆九年	1744	旧城	知县金秉祚于各门添建兵堡营房三间,耗费公银134两	
		联城	督抚题准,发帑银6862两,知县金秉祚承修城防,楼橹雉堞,焕然一新	

年 份	公元纪年	城 池	营建内容	备 注
乾隆十一年	1746	新城	督抚题准,发帑银25716两,知县金秉祚承按旧制重修城防,里墙戗土加帮宽厚	
乾隆十二年	1747	旧城	重修东南角楼(瞰虹楼)	
嘉庆二年	1797	旧城	修补城防	
道光十五年	1835	旧城	漕督周天爵捐资建西、南城门楼	
道光二十二年	1842	旧城	知府曹联桂、代理县令龚舫甲倡议,钦差李联棻、河督麟庆会奏,淮安绅士韦坦、丁晏等设局,维修旧城西、南二面城阙	鸦片战争爆发后,淮扬地区戒严
道光二十三年至二十四年	1843—1844	旧城	漕督李联棻、知府福楙主持,丁晏总理,集资大修城防,重建东、北城门楼,拆造北城圈,更换门窗,新建炮台2座、重建过街楼4座	
		联城	重修联城城楼	
咸丰至同治年间	1850—1874	旧城	修补城防,于东城建敌楼1所	
同治元年至三年	1862—1864	城外	知府顾思尧督绅民筑河下土圩	抵御捻军袭扰
同治十二年	1873	旧城	漕督文彬重建西门楼	
光绪七年	1881	旧城	漕督谭钧培重修东、南、北3面城门楼	
光绪二十六年	1900	城外	知府许宝书拨款筑土圩,以作三城外围防护	庚子之乱

表2　清代淮安府城重要公署营建大事年表

年 份	公元纪年	公 署	营造事件	备 注
顺治三年	1646	漕运部堂	在新城刘泽清藩府(原大河卫署)设漕运部堂	
顺治十年	1653	漕运部堂	裁撤漕运部堂	
康熙十六年	1677	淮安府署	拆毁大堂镇淮堂	征集楠木
康熙十八年	1679	淮安府署	各方集资,知府徐櫨主持重建镇淮堂	
		山阳县署	内署火灾,知县薛云起复建	
康熙二十四年	1685	淮扬道署	淮扬道高成美捐俸重建七星楼	
康熙四十一年	1702	大河卫守备署	原署倾圮,动用杂款钱粮买民房住	
乾隆三年	1738	大河卫守备署	于新城中右所地方另支民房,修葺以作衙署	

年 份	公元纪年	公 署	营 造 事 件	备 注
乾隆四年	1739	漕督署	总漕托饬县估修大堂,江苏巡抚陈题准动项修理大观楼等处	
乾隆五年	1740	淮安府署	知府胡振组维修内署	
乾隆八年	1743	漕督署	漕督顾琮在公署东南部建万松山房	
乾隆十二年	1747	淮扬道署	重修公署	
乾隆五十七年	1792	淮扬道署	淮扬(海)道署迁清江浦	嘉庆九年于旧址设孚佑帝君庙
咸丰十一年	1861	淮安府署	大堂被焚毁,通判署理知府陶金诒重建	
咸丰十一年至同治五年	1861—1866	漕督署	漕督吴棠重修二堂	漕督已移驻清江浦
同治八年	1869	漕督署	漕督张之万重修大堂	
光绪三十年	1904	巡警总局	漕督陆元鼎在旧城二郎庙设立巡警总局	
光绪三十一年	1905	漕督署	清廷裁撤漕督,江北提督刘永庆以旧署创立江北陆军学堂	

表 3　清代淮安府城内外重要坛庙祠宇营建大事年表

年 份	公元纪年	建 筑	营 建 内 容	备 注
顺治九年	1652	府文庙	漕督沈文奎重修庙学	
顺治十八年	1661	县文庙	漕督蔡士英拆毁门前照壁、栅栏	拓宽道路
顺治十二年至康熙六年	1655—1667	魁星阁龙光阁	漕督蔡士英、林起龙先后修建魁星阁、重修龙光阁	
康熙十八年	1679	府文庙	河督靳辅捐俸重修庙学	
康熙二十三年	1684	漂母祠	知县王命选捐修漂母祠	
康熙二十四年	1685	府文庙	淮扬道高成美捐俸加修庙学	
		县文庙	大门向北迁移数步,与二门相对	
康熙二十六年	1687	府文庙	知府单务孜募修庙学	
康熙二十八年	1689	府文庙	漕督董讷倡议捐资重修庙学	
康熙三十一年	1692	县文庙	修复棂星门外栅栏及门内甬道、东西垣墙	
康熙五十一年	1712	府文庙	署府事金灿等重修庙学	
康熙五十四年	1715	府文庙	重建启圣祠	

年 份	公元纪年	建 筑	营 建 内 容	备 注
康熙五十四至六十一年	1715—1722	天妃宫	漕督施士纶重修万柳池天妃宫	
康熙五十八年	1719	淮安卫城隍庙	淮安卫洪奇建淮安卫城隍庙	
雍正五年	1727	先农坛	在旧城南门外奉敕修建先农坛	
雍正六年	1728	府文庙	知府申成章修大成殿	
		县文庙	教谕王熙载重修庙学	
雍正十一年	1733	漂母祠	知府朱奎扬修漂母祠,增置水榭曲舫	
乾隆三年	1738	府文庙	知府胡振组等大修府文庙及府学	
		县文庙	重修县文庙及县学	
乾隆五年	1740	漂母祠	知府李暲等重修漂母祠,改造船舫,修葺亭台,封树陈节妇墓	
乾隆十年	1745	淮渎庙	徽州籍盐商程梦鼐重修淮渎庙	
乾隆二十三年	1758	府文庙	重修府文庙	
乾隆年间	1736—1795	府城隍庙	正殿火灾,邑人朱我观重建	
嘉庆九年	1804	孚佑帝君庙	以淮扬道公署旧址建孚佑帝君庙	
嘉庆二十二年	1817	府城隍庙	王姓典商重修府城隍庙	
道光二十二年至二十四年	1742—1744	文昌阁	重修文昌阁	与城防大修工程同时进行
		关帝庙	重修东、南、北三城门内的关帝庙	
		府城隍庙	重修城隍庙殿宇门壁,复于二门内建三间官厅,厅东建小斋	
		郡厉坛	重修郡厉坛	
道光二十三年	1843	龙光阁	重建龙光阁	祀文昌、魁星
道光二十五年	1845	龙光阁	在龙光阁前建精舍,于北厅设朱烈愍公祠	
		府城隍庙	重修府城隍庙	
道光二十六年	1846	关忠节公祠	建祠供奉民族英雄关天培	
道光三十年至咸丰元年	1850—1851	关帝庙	重修西城门内关帝庙,重建正殿,增拓崇圣殿,新建魁星阁	崇圣殿东祀天后

年　份	公元纪年	建　筑	营建内容	备　注
咸丰元年至二年	1851—1852	东岳庙	重修东岳庙	
咸丰十年	1860	县文庙	邑人重修大成殿	
同治五年至九年	1866—1870	府文庙	漕督张之万重修大成殿	
同治九年	1870	漂母祠	复修漂母祠,增置缭垣	
同治十一年至光绪五年	1872—1889	府文庙	漕督文彬重修大成殿	
光绪二十四年	1898	文昌阁	邑人重建河下文昌阁	
光绪三十年	1904	东岳庙	邑人周鹏举等重修东岳庙	

从吴越国治到北宋州治的布局变迁及制度初探[*]

袁 琳

（清华大学建筑学院）

摘要： 南宋临安皇宫的格局，可溯源自唐地方官署制度，并且接受了五代地方割据时期制度上的创新。五代吴越时期，吴越王宫的营建兴起了一个高潮，并且基本奠定了南宋皇宫的格局。本文从溯源的角度出发，梳理自唐末州治以来的变迁历史，初步探讨吴越国治可能的格局。

关键词： 镇海军使院，子城，布局，制度

Abstract： The layout of Lin'an Palace in Southern Song Dynasty can be traced to the local government office Regulation（institution?）in Tang Dynasty, and takes up the original changes in Five Dynasties. In Five Dynasties, Wu and Yue States founded its capital in HangZhou city and began the palace constructions which became the rudiment of Lin'an Palace in Southern Song Dynasty. So, To study the possible layout of the WuYue palace in Five Dynasties, researches should begin with the local government office from Tang Dynasty.

Key Words： yard of Zhenhai Army, subcity, layout, institution

一 吴越国治和南宋临安皇宫之关系

经过隋唐时期的城市建设，五代、宋时新兴的都城往往在前朝地方级城市的基础上进行扩建、改建，升级为都城，新城的形制和规模会受到之前旧城的制约和影响，北宋汴梁、南宋临安均如此。随着杭州南宋皇城遗址考古成果的日益丰硕，皇宫布局的复原探讨也成为研究大热。杭州建城可以追溯至隋代，现南宋皇宫遗址上更早的官式建筑群的始建，可追溯到唐时州治："（府治）旧在凤凰山之右，自唐为治所，子城……吴越王钱氏造。国朝至和元年郡守孙沔重建……中兴驻跸，因以为行宫。"[❷]它是从府州级地方行政机构转变为全国行政中心的典型案例，其规模、布局和唐、宋、五代时地方官署的规模、布局关系密切。

从地理因素和考古资料显示的实际情况来看，皇宫本身偏于城市一隅，又地处河网密集、山峦起伏的复杂地形中，在空间布局上势必会"奔着因地制宜原则而修正传统模式"[❸]，从考古资料来看，南宋皇宫在南宋灭亡后，部分宫殿改为寺院，元代均毁，明清其址上又有新建，预计后期干扰较多，皇宫遗址目前地面建筑密集，无法整体挖掘，相关的考古工作始于1988年，目前出土有若干处

---

❶本文得到国家自然科学基金资助项目"合院建筑尺度与古代宅田制度关系对元大都及明清北京城市街坊空间影响研究"（项目编号：50378046）的资助。

❷咸淳临安志. 卷五十二. 志三十七. 府治

❸[日]斯波义信. 宋代江南经济史研究. 方健，何忠礼 译. 南京：江苏人民出版社，2000：372

❶参见:杭州市文物考古所 编著 . 南宋恭圣仁烈皇后宅遗址 . 北京:文物出版社,2008:5. 目前,已探明南宋皇城的四至范围大致是:东起馒头山东麓,西至凤凰山,南临宋城路,北至万松岭路南。

遗址和遗迹,并在不断更新中。最新的考古成果已经确定了南宋皇城的城墙四至❶,并且南、北门和中心区宫殿基址的位置也大致确定,除却山体,可以营建的地块非常有限,如图1所示。皇宫的范围限定在如图1所示的区域内,实际上只有很少的选择余地。

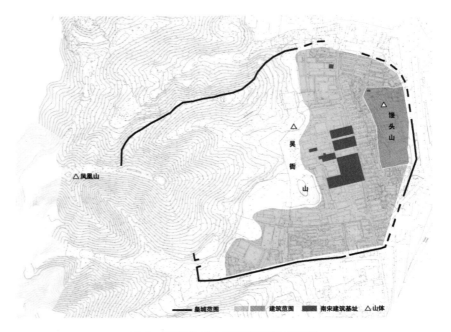

图 1 南宋皇城内可营建范围示意图

(自绘:底图由清华大学建筑设计研究院提供)

从已有的历史和考古资料来看,对南宋临安皇宫布局描述的文献庞杂,线索极多,同时也矛盾重重,许多重要指代不明确,例如子城、牙城、罗城、夹城等称谓模糊不清,对皇宫的描述细节详细而略于整体结构,文献对垂拱、崇政殿两处主要宫殿的位置记载并不清晰,这也成为目前研究的难点。目前对南宋皇宫的复原研究成果空间形态差异很大。

张劲在其博士论文《两宋开封临安皇城宫苑研究》中所做复原为:分别以垂拱殿、大庆殿和坤宁殿为主殿由北向南依次展开三个院子散布在和宁门、丽正门之间(图2);傅伯星在《南宋皇城探秘》中所做复原的布局为两者并列(图3),两殿之前共享南宫门和丽正门。

从历史和制度沿革的角度出发,南宋临安皇宫的格局、布局制度主要受两方面的影响:北宋杭州地方官署原有格局和北宋汴梁皇宫原有制度。而无论是杭州还是汴梁,均经历了由唐地方治所升级为五代地方政权中心的过程,因此南宋临安皇宫的格局,可溯源自唐地方官署制度,并且接受了五代地方割据时期制度上的创新。并且,从营建的几个时间点上来看,五代吴越王时期的营建奠定了南宋皇宫的格局,因此对五代钱王宫的营建制度有重要的研究意义。

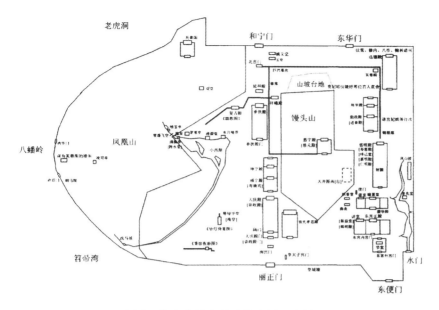

图2　临安皇城内部建筑布局示意图

（张劲. 两宋开封临安皇城宫苑研究. 2004）

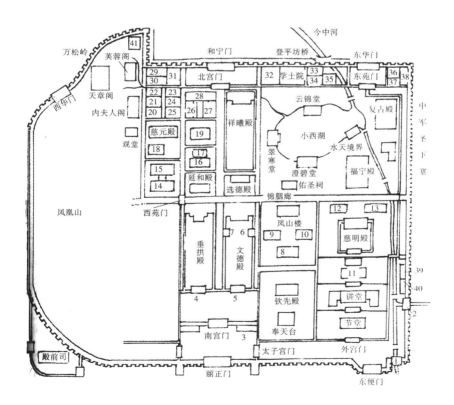

图3　南宋皇城内分布示意图

（傅伯星，胡安森. 南宋皇城探秘. 杭州出版社，2002）

综合上述情况,本文从溯源的角度出发,梳理南宋皇宫从唐末州治开始的变迁历史,重点分析吴越国治营建的空间结构,为探讨南宋皇宫格局做初步的准备。

宋廷南渡之前,杭州州治的营建有两个主要时间点:一是隋唐始建州治,二是吴越国钱氏兴建王宫。北宋州治因袭吴越国治,建设不多,多在北宋中后期。史料中对这一时期的描述不如南宋皇宫详尽,但搜集史料中的零星记载,可以发现个别建筑有跨朝的记录(表 1),如虚白堂、高斋、握发殿基址等。

表 1　宋廷南渡前杭州州治建筑兴废沿革表
（时间轴忽略了部分没有营建事件的年代,灰色空代表已废）

唐-郡治时期	五代-钱宫时期	北宋州治时期							南宋行宫时期
		庆历年间 1041-1049年	至和年间 1054-1056年	治平年间 1064-1067年	熙宁年间 1068-1078年	元丰年间 1078-1086年	元祐年间 1086-1094年	政和年间 1111-1118年	
	高斋								
	东楼/望海楼/望潮楼								
虚白堂	八会亭/都会堂								
唐治内诸亭楼❶									
	握髮殿	未知							射殿亭所
	阅礼堂	未知	中和堂/伟观堂						
	江湖亭	有美堂							
	双门	双门(重建)							
	通越门	(未知)							
	钱王宫诸殿堂❷								
		南园巽亭					云涛观		
		望越亭					巽亭		
		燕思阁				石林轩			
		红梅阁							
		清暑堂							
		曲水亭							
		治内诸景❸							
		清风亭(未知始建时期)							

❶包括:清晖楼/清辉楼、忘筌亭、因岩亭、南亭、西园。

❷包括:功臣堂府门、功臣堂、天宠堂、天册堂戟门、天册堂、思政堂、武功堂、天长楼、叠雪楼、青史楼。

❸包括:介亭、金星洞、月岩、中峰、排衙石、忠实亭。

二 隋唐郡治:初营

隋唐之前杭州早有建城,隋朝开皇十一年(591年)杨素创建,依山筑城,移州治于柳浦西,此为本文研究吴越国治、南宋皇宫之始创之地。然而州治制度史料不详,根据唐代地方衙署营建的一般制度,或为子城之制❶,理由如下:

(1)唐昭宗景福二年(893年)钱镠筑罗城时,罗隐代写《杭州罗城记》称"郡之子城,岁月滋久,基址老烂,狭而且卑,每至点士马不足回转❷",可见此时杭州有子城久矣。

(2)谭其骧认为《太平寰宇记》所言隋城三十六里九十步不足信,隋唐时杭州仅为江南偏远地区三等小郡,无需如此广大的城墙:"依山筑城,足证城区限于凤凰山东、柳浦之西一带❸",这与州治范围基本一致,因此推测《太平寰宇记》所言依山所筑之隋城为子城规模,即州治。

但没有足够的依据说明此时的子城有城墙、城门,其具体形态需要进一步考证。

至于郡治的具体形态,只能说郡圃和州宅是郡治重要组成部分。唐代史籍多有提及历任太守在州治内外修建园林景点和堂斋等,郡圃建筑如虚白堂、忘筌亭,州宅建筑如高斋、南亭等。姚合、白居易等郡守留下许多诗文,描绘的郡治充满山野情趣和人文气息,例如:"更喜仙山近,庭前药自生❹"、"翠巘公门对,朱轩野径连❺","仙山"、"翠巘"指代郡治周围是个山林大环境;"朱轩"指代官舍,"野径连"可见郡治的布局较之于常规的官署建筑,有自由活泼、园林化的特征。可见郡治格局的总体特点是依山而建,布局自由。另外,州宅的制高点是高斋:"据城闉横为屋五间,下瞰虚白堂,不甚高大,而最超出州宅及园圃之中,故为州者多居之,谓之高斋。"❻

有趣的是,郡治的正衙不见诸史籍记载,似乎处于太守们较为喜爱在郡圃内的虚白堂内治事办公,由白居易的两首诗得见:"平旦起视事,亭午卧掩关。除亲簿领外,多在琴书前。况有虚白堂,坐见海门山。潮来一凭槛,宾至一开筵……"❼"虚白堂前衙退后,更无一事到中心。移床就日檐间卧,卧咏闲诗侧枕琴。"❽虚白堂在五代时,沿袭其基址建有都会堂,也是个非常重要的建筑。

---

❶郭湖生.隋唐长安.建筑师(总57),1994;79-82.所谓子城罗城制度即统治机构的衙署、邸宅、仓储寅宾与游息、甲仗、监狱等部分均集中于城垣围绕的子城(内城)内,其外更环建范围宽阔的罗城(外城)以容纳居民坊市以及庙宇、学校等公共部分。控制全城作息生活节奏的报时中心——鼓角楼,即为子城门楼。这种方式及其变体曾是自两晋以后起本世纪初中国州府城市形制的基本模式。

❷[唐]罗隐.罗昭谏集.[清].董诰.全唐文.卷八百九十五.清嘉庆内府刻本

❸谭其骧.杭州都市发展之经过.长水集(卷上).北京:人民出版社,1987;417

❹唐姚合.杭州官舍即事.浙江通志

❺[唐]白居易.忘筌亭.白氏长庆集.白氏文集卷.第二十

❻咸淳临安志.卷五十二

❼白居易.郡亭.咸淳临安志.卷五十二

❽白居易.虚白堂.浙江通志.卷二百七十七

三　唐末五代国治：成形

作为唐末藩镇之一，吴越王国的政治体制有藩镇体制和王国体制混合的特征❶，这种混合特征并非同时表现，在钱镠的创业时期，表现更多的是藩镇体制特质，随后逐渐向王国体制过渡。

吴越史上建国有两次，第一次是唐同光元年钱镠以唐开元后制度建国，"自称吴越国王，命所居曰宫殿，府署曰朝廷，其参佐称臣，僭大朝百僚之号"❷，具备国家朝廷的规制。然而钱镠在建国之路上并非一直得到中原的支持，随着中原政权的更迭，后唐政府对独立的藩国实行强硬政策，钱镠去世时，"以遗命去国仪，用藩镇法"❸，是一种折中的体制，钱镠的儿子钱元瓘也一直没有得到吴越国王的称号，一直到长兴三年(932年)文穆王重新建国，"建国之仪，一如同光故事"。此后的宫室营建虽然低调，但表现出更加完善的王国体制特征。

吴越国的城市和建筑营建，可分为军事性和制度性两方面的营建，在前期以军事性营建较多，后期以制度性营建较多，见表 2。

表 2　吴越国初期营建活动表

时间	军事相关的营建活动	宫室相关的营建活动
唐昭宗大顺元年(890 年)	钱镠筑新夹城五十余里	
唐昭宗景福二年(893 年)	钱镠筑罗城七十余里	
唐光化三年(900 年)		"以唐州治扩而大之"，"名镇海军使院"❹
后梁开平二年(907 年)	唐灭，钱镠被梁太祖封为"吴越王"	
后梁开平四年(910 年)	扩建罗城三十里。大修台馆，筑子城，南曰通越门，北曰双门❺	
后梁乾化三年(913 年)		"诏尊王尚父"，并"广牙城以大公府"❻
后梁龙德三年/后唐同光元年(923 年)	钱镠正式建立吴越国，成为吴越国王	
后唐同光二年(924 年)	开慈云岭，建西关城	
后唐天成二年(927 年)	疏浚西湖，能泊军舰	
长兴三年(932 年)	钱镠去世，钱元瓘继位	
宋建隆四年(936 年)	钱元瓘"大阅艛舻于西湖"	
天福二年(937 年)	钱元瓘(文穆王)被封为吴越国王，重新建国	
宋开宝九年(976 年)	钱元瓘开涌金门，引湖水入城内运河，以便舟楫	
宋太平兴国二年(977 年)	钱弘俶"凡御敌之制悉除之，境内诸城有白露屋及防城物亦令撤去"❼	

❶何勇强.钱氏吴越国史论稿.杭州：浙江大学出版社，2002：144.吴越国存在着两种政治体制，一为藩镇体制，一为王国体制。前者是吴越国最高统治者作为中原王朝的臣属、出任镇海镇东两镇节度而形成的一整套统治机构；后者是吴越国作为中原王朝的藩属之国、模仿汉代王国制度而建立起来的以丞相为首的一套官僚机构。前者带有武人政治的一些特点，后者则有文官政治的倾向。

❷旧五代史.卷一百三十三

❸资治通鉴.卷二百七十七

❹十国春秋.卷七十七

❺十国春秋.卷七十八

❻十国春秋.卷八十二

❼十国春秋.卷八十二

（1）外修罗城，内建子城：五代军阀混战，藩镇势力彼此制衡削弱，出于很强的军事防御需求，城市营建主要表现在多次扩建和新建外城城墙，最终形成了非常富有特色的"腰鼓城"形态，此不赘言。而子城的重建，也源自一次军事暴动。

（2）营国之前，开府置官，其治所的规制介乎郡治和皇宫之间，只称镇海军使院，奉尊中原，不称帝，不立年号[1]，不设明堂，扩建城墙和营建子城名义上还是奉诏而为，并不称皇城。而建国之后，数次大修台馆，营建宫室。

下面我们着重关注吴越国对子城及子城内使院宫室的营建。从表2中可以发现，有史料记载的营建时间集中在唐已灭亡、后梁取而代之成为中原正朔以后的头二十年内，略滞后于罗城的营建。其中，第一次营建是唐光化三年的镇海军使院，第二次是十年后，唐刚刚灭亡，钱镠便在梁太祖的支持下筑子城，三年后并"广之"。这两次营建时间间隔非常近，第二次筑子城未必有大的改动，但由使院到钱王宫，象征意义上却有质的飞跃。因此，我们可以这样认为：镇海军使院是在空间格局上完成了钱王宫的雏形，也是北宋州治、南宋皇宫最早的因袭原型，修建子城进一步提升了使院的等级制度。

1. 镇海军使院和都会堂（900 年）

钱镠在唐昭宗乾宁三年（896 年）被任命为两军（镇海、威胜）节度使，之后唐朝中央同意钱镠关于将镇海军治所迁至杭州的请求，遂于光化三年（900 年）在杭州建镇海军使院，即节度使治所。镇海军使院是按照行台的规制营造的："魏晋而降，则置行台……唐制由行台而置采访使，殆今节制之始也。"[2]关于使院的格局，《浙江通史》总结[3]：使院前和节堂后为使宅，节堂的正衙后设厅做宴席之用。至北宋年间，苏轼《乞赐度牒修廨宇状》中仍提及使院、使宅尚在："臣自熙宁中通判本州……见使宅楼庑，敧仄蠹缝，但用小木横斜撑住……今年六月内使院屋倒……"[4]

吴越文人罗隐的《镇海军使院记》中并没有提到任何建筑的名字，其主要篇幅描述了一个中心建筑："疆场之事，则议之於斯。聘好之礼，则接之於斯。生民之疾痛，则启之於斯。军旅之赏罚，则参之於斯。"无疑是节堂之正衙。又有"庚申年始辟大厅之西南隅，以为宾从晏息之所"，可见制度上应在节堂之后的宴席厅也由此厅兼任。

钱镠起家八都兵，控制八都兵对控制局势有着至关重要的意义，因此，"武肃王建亭于虚白堂之基，曰八会亭，以平吴定越讲武计议凡八会于此，已而更名都会堂[5]"。可见都会堂是使院时期的建筑，并且从功能和重要性上来看，都会堂作为使院的正衙都是合乎情理的。都会堂其前身虚白堂，在唐时郡圃，可是很好的观钱塘潮之处："……坐见海门山。潮来一凭槛，宾至一开筵[6]"，《镇海军使院记》也称"地耸势峻，面约背敞"，"左界飞楼，右劘严城"，结合考古资料，其位置和已发掘的南宋皇城中心区最大的基址位置相

[1]有研究考证钱王亦私设有年号，但史料依据较少。

[2][唐]罗隐.罗昭谏集（卷五）.镇海军使院记.[清]董诰.全唐文.卷八百九十五.清嘉庆内府刻本.本节未注明的引文均出于此文。

[3]浙江通史隋唐五代卷：372.按照唐朝制度，节度使在其驻地的州城之内筑牙（衙）城一重，称作"使院"，作为治所。使院前和节堂，以安置所赐旌节；后设厅，兼设宴席之用。因节度使常兼观察使及本州刺史，一身而带三职，所以又分设节度厅、观察厅与刺史厅，分别治事，相当于后世的合署办公。"使院"的最后为节度使私第，称为使宅。

[4][宋]苏轼.经进东坡文集事略.卷三十六.奏议

[5]西湖志纂.卷六

[6]白氏长庆集.卷八.郡亭

符合：西侧紧临凤凰山，面朝钱塘江，堂前空地紧凑，堂后较为宽敞，而且面朝钱塘江，恰是观潮之处。

在大格局上，"廓开闬闳❶，拔起阶级"，可见使院在格局上有两个特点：有独立的院墙，依山阜有高差。左界之飞楼，可能是"架强弩五百以射潮❷"的叠雪楼；右劘之严城，可能是将凤凰山阜作为城墙。

2. 子城和双门（910年）

使院建成后十年，即开平四年（910年），钱镠再建子城，其原因可溯自八年前的一场吴越内部军事暴动。唐昭宗天复二年（902年），钱镠手下将领徐绾、许再思等人乘钱镠外出，发动叛乱。钱镠的儿子钱传瑛紧闭子城门拒敌，钱镠与胡进思闻变，急忙赶回，但无法进入子城，胡进思与徐绾等人血战，引走主力，钱镠才得以"微服乘小舟，夜抵牙城东北隅，踰城而入"❸。（同一件事，《吴越备史》中的描述是"王遂沿江至内城东北，登城而入"，可见此时"内城"即"牙城"，指代相同。）

此时子城已有南门和北门："（王）命都监使吴璋、三城指挥使马绰守北门，内城指挥使王荣、武安都指挥使杜建徽守南门"❹，也有城墙、壕沟等："颙伺夜复攻西北隅，梯橦毕集，城中矢石如雨，贼坠沟洫者不可胜计"❺，规制基本完整。

徐绾叛变双方斗争的焦点在北门附近。叛乱刚发生时，"北郭城门牙将潘长与徐绾遇，斩首二百余级，（绾）退营于龙兴寺。"守住北门，即稳住了最初形势，钱镠也深知牙城北门在军事上的重要意义：他从内城东北登城而入时，发现"北门直更辛凭鼓而寐，王亲斩之。"❻激战尾声，徐绾企图通过焚烧北门的方式强行攻城，"聚木将焚北门"，被武安都指挥使杜建徽识破，"悉焚之"。

钱镠再建子城实际上是对原有子城的修葺和改造，基本是针对这次叛变的：双门"置框木，锢金铁，用为敌恮❼"，并不建木楼阁，是为了防止被纵火，至北宋因袭为州治北门时，太守孙沔方以"门圮而地狭又非礼制"为由易以木石；另外，按傅熹年先生的总结，双门一般为唐制子城之正门："建在子城内的衙署其正门即为城楼，称谯门……州府级城市谯门下开二门洞，称双门"❽，钱镠以子城北门名之为双门，且子城位于杭城南隅，向南为钱塘江，而北为西湖，钱氏曾建阅兵之亭（碧波亭），大阅艎舻之处，同时，子城鼓角楼在南门❾，可见南门为礼制上的正门，而北门为军事要塞和实际上出入的正门。这两点也是五代吴越子城形制异于一般唐代子城门的地方，此后历代因袭，可见南宋皇宫"倒骑龙"格局❿是在钱镠此次建子城时形成的。

南宋皇宫并非完全因袭吴越子城城墙，而是有一些出入，史料有较明确的记载：

> ……南渡后改为行宫，而万松、八蟠岭、介亭皆列皇城之外，惟州治

❶闬闳：高大的巷门。华夫主编.中国古代名物大典(上).济南：济南出版社,1993：892

❷十国春秋.卷七十八

❸资治通鉴.卷二百六十三

❹吴越备史.卷一

❺吴越备史.卷一

❻吴越备史.卷一

❼[宋]蔡襄.端明集.卷二十八

❽傅熹年.中国古代城市规划、建筑群布局及建筑设计方法研究.北京：中国建筑工业出版社,2001：83

❾宋州治因袭子城，直至北宋苏轼任内，"鼓角楼摧"，见后文。子城北门无木构建筑，可见鼓角楼在南门。

❿因为"前市后朝"，南宋皇宫南门丽正门为仪式上的正门，而北门和宁门面朝御街，成为常用的实际正门，俗称"倒骑龙"。

东南至江干皆属禁籞❶

　　凤凰山在凤山门外……为吴越国治内,附后为州治,迨,南宋建都
兹山,东麓环入禁苑。❷

　　圣果禅寺在凤凰山之右……高宗南渡废为禁苑,明永乐十五年重
建,更名胜果,内有忠实亭。❸

和南宋皇宫相比,吴越子城的东至变化最大:

北至:没有明确的依据,暂且认为和宁门因袭双门;

东至:凤凰山东麓为馒头山,南宋时环入禁苑,可见吴越子城东城墙在
馒头山西侧,范围超过南宋皇宫;

西至:万松、八蟠岭、介亭南宋时列皇城外,可见吴越时在子城内;

南至:没有明确的依据,暂且认为行宫门因袭通越门。

❶西湖志纂·卷六

❷西湖志纂·卷六

❸西湖志纂·卷六

3. 钱王宫和握发殿(923 年)

　　钱王宫、握发殿这两个称呼不见于《吴越备史》等正史,而出自南宋及以
后的史籍,可见当时的史书是有所回避的。《资治通鉴》载:唐庄宗同光元年
(923 年)"镠始建国,仪卫名称多如天子之制,谓所居曰宫殿,府署曰朝
廷……❹"这里所称"宫殿"即钱王宫的官方记载。

❹资治通鉴·卷二七二

　　史籍上也鲜有关于吴越王起居制度的记载,除握发殿,其余出现的建筑
均为堂,多数是其子孙所居之地。握发殿为吴越王钱镠"所居",可以理解为
起居之处,"取周公吐哺握发之意❺",绍兴四年之前的射殿沿用其基址,可
见此殿位置较为重要。整理《吴越备史》中提到的建筑,形成表3。

❺十国春秋·卷七十八

表 3　镇海军使院和钱王宫内宫室情况

武肃王 907—932 年在位	
天祐二年(905 年)十一月	王命建功臣堂于府门之西,树碑纪功,仍列宾僚将校赐功臣名氏于碑阴,凡五百人
天成三年(928 年)	(忠献王)生于功臣堂
文穆王 932—941 年在位	
天福四年(939 年)	建(弘傅、即孝献)世子府于城北。孝献世子之居监抚也,文穆王治其府于城北,将俾居之。一日,孝献会王以采戏于青史楼……初郬氏生孝献世子,后庭咸尊敬,有尼契云掌香火于丽春院之佛堂,颇有知人之鉴,视夫人曰:彼郬氏者遂不能及
天福五年(940 年)	世子弘傅薨……八月,以世子府为瑶台院
天福六年(941 年)秋七月	丽春院火,延于内城,(文穆)王迁居瑶台院……八月辛亥王薨于瑶台院之彩云堂

忠献王 941—947 年在位	
天福六年（941 年）九月	（忠献）王即位于仙居堂……（是月）迁于思政堂
天福八年（943 年）春正月	重建功臣堂……十一月辛巳，王驾迁于功臣堂
开运三年（946 年）八月	重建天宠堂
开运四年（947 年）二月	有雉集于玉华楼。六月乙卯，（忠献）王薨于咸宁院之西堂
忠逊王 947—978 年在位	
开运四年（947 年）六月	（忠逊王）即位于天册堂……是月庚子，有雉升于天册堂之戟门……冬十二月，内衙统军使胡进思、指挥使诸温、钭滔等幽废王于义和后院
忠懿王 947—978 年在位	
乾祐元年（948 年）春正月	王即位于天宠堂……天宠堂，即忠献王重建，逮于废王，不克迁徙，至是而王临位焉
显德二年（955 年）秋七月	有虹入天长楼（楼在内城之东），王避寝于思政堂。九月，王复于天宠堂
	王驾复天宠堂……丞相以下咸称大庆
显德四年（957 年）九月	王避正寝于功臣堂
显德五年（958 年）夏四月	城南火延于内城，王出居都城驿。诘旦，烟焰未息，将焚镇国仓，王亲率左右至瑞石山，命酒以祝之……乃命从官伐林木以绝其势，火遂灭
建隆元年（960 年）三月	大庆堂成，王旧邸也。堂宽高广大，凡一百间，命勒碑文以纪其事。……（十二月）王迁于功臣堂

虽然起居制度无据可查，但从表中可以粗略看出吴越王宫室的主要宫室的情况：五王看似各有所居，武肃王钱镠居于握发殿，文穆王无考，生于忠臣堂，忠献王即位于仙居堂，但随后重建功臣堂和天宠堂，忠逊王即位于天册堂，忠懿王即位于天宠堂（大庆堂）。再稍加注意，不难看出，实际上吴越中后期，天宠堂已经逐渐成为正衙：天福六年（941 年）丽春院着火后，于开运三年（946 年）重建天宠堂，期间忠献王在仙居、思政、功臣堂之间多次迁驾，没有正衙，忠逊王开运四年（947 年）即位时天宠堂可能尚未建好，忠懿王乾祐元年（948 年）即位于天宠堂，后来改名大庆堂，显德五年（958 年）内城再次遭遇火灾之后，建隆元年（960 年）新的大庆堂建成，"堂广宽高大，凡一百间广大，凡一百间"[1]，明确地确立了正衙的地位。因此，除了武肃王钱镠治握发殿，其余四王应该都是以天宠堂为正衙的。另外，主要的避寝之堂有功臣堂和思政堂，丽春院和世子府分别为后庭和王子们居所。

❶吴越备史.卷四

4. 使院、子城、钱王宫的关系

虽然在史籍中，使院、子城、钱王宫、隋唐旧治都通过南宋皇宫成为同一指代，但种种迹象表明，使院是位于子城内的独立建筑群，并不等同于子城：

（1）前文已论述，《镇海军使院记》所描述的是一组建筑群，其界定范围为院墙、府门，而子城的界定范围为城门、城墙。

（2）徐绾之叛时，"城中有锦工二百余人，皆润人也。瑛虑其为变，乃命……遂放出城❶"，光锦工便有二百余人，不太可能都住在使院内。

❶吴越备史·卷一

（3）世子府应在子城北。天福四年（939年）文穆王"建（弘傅，即孝献）世子府于城北❷"，是在使院建成三十九年后，孝献世子去世后，改为瑶台院，内有青史楼、彩云堂等，规模可观，几乎没有可能在使院内腾地改建；另外，还是在徐绾之叛事件中，第一时间出来守卫牙城的正是钱镠的儿子钱传瑛，紧闭城门以拒敌，牙城之于藩镇的意义，正在于可以屯最忠实于自己的兵力。综上，将世子府放在使院和子城北门之间则是非常符合情理的。

❷吴越备史·卷二

我们可以这样理解：钱镠被封为两军节度使（900年）时，以唐郡治基址兴建镇海军使院，二十三年后，钱镠被封为吴越王，置百官，建立起更加独立和完整的集权制度。而宫室建设往往滞后于时事变动，原有使院内的格局不能满足新体制下的政治功能时，空间格局则需要调整和改变，然后具体的营建事件却无文献可循，究其原因，或许钱镠并无精力和兴趣顾及，或许其建宫室广公府的越礼行为在史书中被隐去；继任者其子文穆王钱元瓘亦如是，建世子府表明了他对后嗣的注重，也表明吴越政权进一步地宗室化，钱王宫的范围也从镇海军使院向整个子城扩展，这是一个政权上独立、空间上扩张的过程，最终使院完成其历史使命，隐没在钱王宫中。

使院和子城的关系，可以参考《严州图经》"子城图"中府治和子城的关系，见图4，睦州（严州）城是文穆王在公元938年所筑。

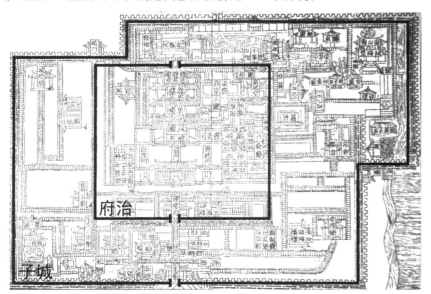

图4　淳熙《严州图经》中"子城图"

（严州图经．商务印书馆，1936：2-3）

5．都会堂、握发殿、天宠堂的位置关系和时代关系

这三个主要的殿堂在史籍记载上，存在着时代和位置关系上无法考证的疑问：都会堂是使院的正衙，握发殿是钱王所居，天宠堂是吴越中后期的正衙。握发殿和天宠堂象征着王国体制下的统治中心，而都会堂象征着藩镇体制下的统治中心。吴越时期在制度上是个藩镇到王国的过渡时期，且握发殿和天宠堂均溯不到始建之源，因而这一殿两堂的位置关系难以找到制度和史料上的依据，这也是本文悬而未决的疑点。从考察中原政府对吴越国态度和政策变化入手，笔者提出两种可能性：

一是"握发殿、天宠堂即使宅"的假设：镇海军使院时期，正衙为都会堂，而使宅即天宠堂。同光元年（923年）钱镠趁中原政权更迭建国，改称天宠堂为握发殿（有可能原址新建）。但随后建立的中原后唐政府并不满意藩镇建国，实施强硬政策，"握发殿"之名便十分尴尬，后来钱镠重新奉中朝正朔，便仍恢复天宠堂之名，而所有关于钱王宫、握发殿的称呼，甚至是建国时可能有的营建活动，同钱王私设的年号一般，悄悄从史书中抹去了。

这种假设很好地解释了为什么钱王宫、握发殿并不见当时正史，为什么钱镠所居曰殿，而其他国王则称堂，为什么《吴越备史》详细介绍了钱镠的孙辈三个国王即位的厅堂，却回避了钱镠（武肃王）、钱元瓘（文穆王）即位的地点。

基于这种假设，我们可以勾勒出钱王宫的基本格局（图5）：钱王宫外为子城，内为宫城（即原使院），前朝为都会堂，后寝为天宠堂，后宫为丽春院，子城北门为正门，门内为世子府。

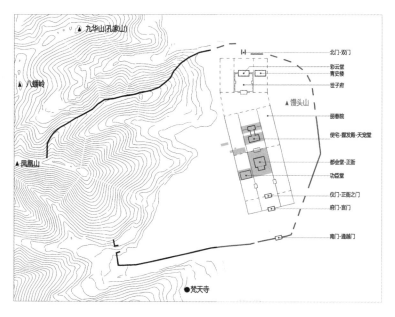

图5　镇海军使院和钱王宫布局推测示意图一

使院宫门和后宫门、通越门的位置也没有史料依据,只能大致示意。使院和世子府是否相连,亦有待深究,除了中轴线和左右两路,是否有更多路建筑也不得而知。建筑形制上,因为缺少形象的史料依据,也不做深究。根据南宋皇城考古的建筑基址大小,暂且假设都会堂前出檐屋,握发殿为工字殿形制。

按照以上思路,另外还有一种可能性,即都会堂、握发殿、天宠堂为同一建筑,是使院和钱王宫的正衙在不同时期的不同称呼,而使宅则是若干楼相连的形式,其名字无法考证(图6)。这种假设的证据是:从已发掘的南宋皇城考古图上来看,位于使宅位置的是两个相距很近的建筑基址,其形制可能是"工字厅"或者"王字厅",甚至很可能是楼阁。这种连楼形制的建筑组合常见于宋代方志地图(图7)[1],苏轼也称:"当钱氏有国日,皆为连楼复阁,以藏衣甲物帛。"[2]

❶图中,1 为《景定建康志》"府廨之图"中"西厅"院落,2 为"芙蓉堂"院落,3 为"清心堂-忠实不欺之堂"院落,4 为《平江府图碑》中"宅堂-小堂"院落,5 为《咸淳临安志》"府治图"中"简乐堂-清平明"院落。
❷[宋]苏轼.经进东坡文集事略.卷三十六.奏议

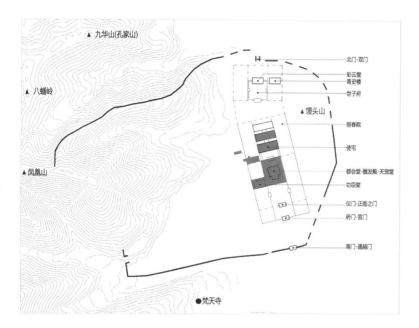

图 6　镇海军使院和钱王宫布局推测示意图二

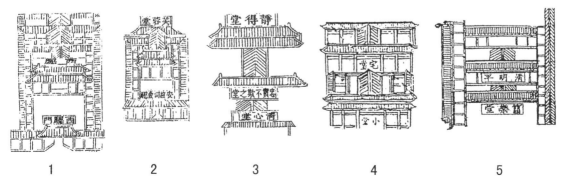

图 7　部分宋代方志地图中的连楼复阁形象

综上，吴越王时期，钱镠完成了罗城-子城的双重城制度，并且强化了子城、罗城的军事化，在藩镇中立稳脚跟，并大胆建立起吴越王国；而其子文穆王钱元瓘则在父业的基础上，建立起完整的较为谦抑的王国体制，扩展使院规模，淡化使院边界，形成了罗城-钱王宫的政治空间格局。

四　北宋州治：因袭

钱俶献地降宋，因此杭州州治并未遭受五代战乱的影响，主要变动是所谓"文轨大同"："凡百御敌之制，悉命除之，境内诸州城有白露屋及城防物，亦令撤去❶。"至北宋至和三年（1056 年）前后，因为木构建筑使用寿命的周期性，出现了局部建筑的重建记录。知州孙沔、梅挚等在钱宫基础上先后重建了双门、中和堂、有美堂、清暑堂等厅堂建筑，此外便是南园巽亭、介亭、清风亭、曲水亭等亭阁散布在凤凰山麓。

总体上说来，北宋州治时期的营建非常少，究其原因，主要来自修缮费用的压力。苏轼治杭州期间曾上书数次乞求拨款修缮官舍，在《乞赐度牒修廨宇状》中陈述了修复廨宇的困难：

元祐四年九月某日，龙图阁学士朝奉郎知杭州苏轼状奏。右臣伏见杭州地气蒸润，当钱氏有国日，皆为连楼复阁，以藏衣甲物帛。及其余官屋，皆珍材巨木，号称雄丽。自后百余年间，官司既无力修换，又不忍拆为小屋，风雨腐坏，日就颓毁。中间虽有心长吏，果于营造，如孙沔作中和堂，梅挚作有美堂，蔡襄作清暑堂之类，皆务创新，不肯修旧。其余率皆因循支撑，以苟岁月。而近年监司急于财用，尤讳修造，自十千以上，不许擅支。以故官舍日坏，使前人遗构，鞠为朽壤，深可叹惜。

臣自熙宁中通判本州，已见在州屋宇，例皆倾邪，日有覆压之惧。今又十五六年，其坏可知。到任之日，见使宅楼庑，欹反蟆缝，但用小木横斜撑住，每过其下，悚然寒心，未尝敢安步徐行。及问得通判职官等，皆云每遇大风雨，不敢安寝正堂之上。至于军资甲仗库，尤为损坏。今年六月内使院屋倒，压伤手分书手二人；八月内鼓角楼摧，压死鼓角匠一家四口，内有孕妇一人。因此之后，不惟官吏家属，日负忧恐，至于吏卒往来，无不狼顾。

臣以此不敢坐观，寻差官检计到官舍城门楼橹仓库二十七处，皆系大段隳坏，须至修完，共计使钱四万余贯，已具状闻奏，乞支赐度牒二百道，及且权依旧数支公使钱五百贯，以了明年一年监修官吏供给，及下诸州划刷兵匠应副去讫。臣非不知破用钱数浩大，朝廷未必信从，深欲减节，以就约省。而上件屋宇，皆钱氏所构，规摹高大，无由裁樽，使为小屋。若顿行毁拆，改造低小，则目前萧然，便成衰陋，非惟军民不悦，亦非太平美事。窃谓仁圣在上，忧爱臣子，存恤远方，必不忍使官吏骨徒，日以躯命，侥幸苟安于腐栋颓墙之下。兼恐弊陋之极，不即修完，三五年间，必遂大坏，至时改作，又非二百道度牒所能办集。伏望圣慈，特出宸断，尽赐允从。如蒙朝廷体访得不合如此修完，臣伏欺罔之罪。❶

以上可见，对于修缮府廨，在财政上朝廷是不赞成的，"尤讳修造，自十千以上，不许擅支"，以杭州州治为例，史籍中所见营缮官府解决方案有两种：

一是冒着被指责"靡费"的风险向中央打报告拨款，如上文所述之苏轼；二是自行筹款，借富人之力助公廨造，有祖无择、孙沔等例子："知杭州郑獬亦上奏曰……请射屋地给卖祠部及酒历，（祖无择）予富民钱出息以助公廨造介亭等事，此皆前后知杭州者常为之。"❷可见这种方式是知州更常用的方法，事实上州治内包括介亭在内的大多数新添建筑都是通过这种方式建成的："……孙沔时人请地至多，或连山林以予之。造中和堂、双门，号为雄特。梅挚造有美堂，蔡襄造恺悌堂，沈遘率民造南塔。"

这两种方法都得不到中央的支持：苏轼三月内两度上书❸乞求修缮官府，即便第二次上书时，题改为《乞降度牒召人入斛左豆右斗出粜济饥等状》，不提修缮廨宇，有意将注意力转移到济饥上，可见苏大学士的无奈和苦心，然而朝廷一如既往反应冷淡，廨宇已经无法住人，苏轼不得不在州治外十三间楼❹治事；而后者的做法有官商勾结的嫌疑，朝廷当然是禁止的，虽然建筑得到资助建成，但祖无择、孙沔在各自政治生涯中遭人攻击时，这些行为都成了被利用的把柄。可见，经历了五代的武人之弊后，矫枉过正的文治制度带来了效率低下、政治道德束缚过多等诸多问题，这也是北宋百余年间杭州州治建筑几乎无所更新的根本原因。

根据对史料的分析和整理，新建建筑主要集中在中轴线东路，北宋州治的整体格局并没有太大的变动。

（1）中和堂和望海楼（东楼）、清风亭形成一组院落，东楼在中和堂北，清风亭在其侧，而中和堂的位置较为模糊，若按东楼的字面理解，可能在中轴线东侧。

中和堂在旧治，又有清风亭在堂之偏，望海楼在堂北❺。

东楼［一名望海楼］在旧治，中和堂之北，太平寰宇记云高十八丈，唐武德七年置……始钱王镠于其宫作堂名曰阅礼，本朝至和中咸敏孙公沔来守此土，更饬治之，易名中和，守居负凤凰山，堂跨山冯高。苏文忠公尝谓：下瞰海门洞……建炎初高宗皇帝南巡登斯堂赋诗八十言……易名曰伟观。❻

（2）清暑堂、高斋形成一组院落，在州治左、州宅之东：

清暑堂［治平三年郡守蔡公襄建，在州治左，撰堂记及书刻石堂上］❼

清暑负州廨之左，直海门之冲，其风远来，飒然薄人。日以决事，佚而忘劳。至者莫不怡之。❽

❶［宋］苏轼.经进东坡文集事略.卷三十六.奏议

❷［明］黄淮.歴代名臣奏议.卷二百八十六

❸［明］黄淮.歴代名臣奏议.卷二百八十六.第一次上书为元祐四年十二月，见：苏轼.苏文忠公全集.东坡后集卷十四.杭州上执政书二首//第二次上书为次年二月，见：苏文忠公全集.东坡奏议卷六.乞降度牒召人入斛□出粜济饥等状

❹乾道临安志.卷二：十三间楼去钱塘门二里许，苏轼治杭日多治事于此。

❺乾道临安志.卷二

❻咸淳临安志.卷五十二

❼淳佑临安志.卷五

❽咸淳临安志.卷五十二

高斋在清暑堂之后：

> （高斋）唐时郡斋名……钱塘州宅之东，清暑堂之后，旧据城闉，横为屋五间，下瞰虚白堂，不甚高大，而最超出州宅及园囿之中。故为州者多居之，谓之高斋。❶

（3）南宋州治之有美堂，其前身在吴山最高处，并不在北宋州治内：

> 钱氏初建江湖亭于此，当在吴山最高处，左江右湖，故为登览之胜。而前贤题咏如此东坡诗言自舟中望见堂上燕集，此必西湖舟中也。旧经言在郡城又可以见古城界，于吴山矣。淳祐六年府尹赵公与获古刻小碑于山巅太岁殿之侧，即仁宗御赐梅公诗也。由是此堂故址益显着云。❷

（说明：本文所引用的没有注明版本和页码的古籍均为四库全书电子版）

营邑立城与制里割宅

明代不同等级儒学孔庙建筑制度探[1]

王贵祥

（清华大学建筑学院）

摘要：中国历代统治者十分重视教育与教化，明代建城运动中，涉及一系列与城市建筑相关的制度重建，作为儒家正统象征并且能够起到教化作用的孔庙与儒学建筑，是各地方城市最为重要的建设项目之一，特别受到了地方官吏的重视。当代人根据历史文献中所记载的资料统计，明代时，全国有府、州、县三级儒学所附之文庙约 1560 所，到清代时这一数字增加到了 1800 多所。[2]现存各种等级的儒学与孔庙建筑遗存，已经在寥寥可数之列（有一说为 30 多处）了。本文的目标是将明代地方城市中的儒学与孔庙作为一种建筑现象，从建筑史学的角度，对明代建城运动中，各地方建设中曾占有重要地位的儒学与孔庙建筑的等级制度做一个综览性的梳理与分析，以期对不同等级的城市建筑制度，收到一种管窥之理解效果。

关键词：明代城市，儒学与孔庙建筑制度，大成殿，两庑，国学与府州县学等级

Abstract：China is a country with a long tradition of education. In the so-called city-built movement in Ming dynasty, there were some new erected rules on every aspect of the country include the rule of Temple of Confucius and its attached school. Both school and Confucius temple were most important building projects of the Ming and Qing dynasties local governments. According to current research there were 1560 local Confucius temples in the whole country in Ming dynasty, and it became 1800 in Qing dynasty. Unfortunately, the number of the existing buildings of local Confucius temples now is only 30 around. The target of this paper is to see the building of Confucius temples in local cities as an architecture history phenomenon and to focus on the rules of the building rank of different ranked cities of Ming dynasty (as well as Qing dynasty). It would be helpful for us to understand the city building rules of Ming dynasty based on city rank.

Key Words：cities of Ming dynasty, Confucius and the rule of the Temple of Confucius, the main hall of Confucius temple, the buildings on two flanks in front of the main hall, state Confucius school and the Confucius schools of the different ranked cities

一　明以前儒学与孔庙建设沿革

为了厘清明代学校与孔庙的制度，需要对历史上的学校与孔庙的设置情况做一个简单的梳理与回顾。

[1]本论文属国家自然科学基金支持项目，项目名称："明代建城运动与古代城市等级、规制及城市主要建筑类型、规模与布局研究"，项目批准号：50778093。

[2]统计数字来自网址：http://www.3ktrip.com/info-detail-250.html

1. 汉代

中国是一个礼仪之邦,历史上一直十分重视教育。有所谓:"建国,君民教学为先,故家有塾,党有庠,州有序,国有学,所以兴礼乐,砺贤能,厚人伦,美风俗也,教化之行,首善自京师始。"[1]在由国家兴办的学校自上古三代的周代就已经开始。《史记》中记录了一段孔子的话中就提到了这种学校——太学:

> 子曰:"……散军而郊射,左射狸首,右射驺虞,而贯革之射息也;裨冕搢笏,而虎贲之士税剑也;祀乎明堂,而民知孝;朝觐,然后诸侯知所以臣;耕籍,然后诸侯知所以敬:五者天下之大教也。食三老五更于太学,天子袒而割牲,执酱而馈,执爵而酳,冕而总干,所以教诸侯之悌也。若此,则周道四达,礼乐交通,则夫武之迟久,不亦宜乎?"[2]

在这里孔子除了谈及一般的礼仪教育之外,还特别提到了天子在太学中以身执教的情况。显然,太学是天子讲学授课之处的概念,至迟自春秋时代就开始了。但周代的太学究竟是怎样的,既没有相关的考古发现,也缺乏文字的进一步记录。汉代是中国典章制度的一次全面确立的朝代,特别是汉武帝实行"罢黜百家,独尊儒术"的政策以来,国家开始了兴办太学:

> 汉承百王之弊,高祖拨乱反正,文、景务在养民,至于稽古礼文之事,犹多阙焉。孝武初立,卓然罢黜百家,表章《六经》。遂畴咨海内,举其俊茂,与之立功。兴太学,修郊祀,改正朔,定历数,协音律,作诗乐,建封禅,礼百神,绍周后,号令文章,焕焉可述。[3]

汉宣帝本始二年(公元前72年),又下诏:"建太学,修郊祀,定正朔,协音律;封泰山,塞宣房……"[4]对太学的建造做了进一步的强调。然而,汉代京师似乎并不仅仅是一座太学,可能还有东学、西学、南学、北学之类的学校,教授的内容可能也不尽相同,如贾谊曾经谈道:

> 《学礼》曰:"帝入东学,上亲而贵仁,则亲疏有序而恩相及矣;帝入南学,上齿而贵信,则长幼有差而民不诬矣;帝入西学,上贤而贵德,则圣智在位而功不遗矣;帝入北学,上贵而尊爵,则贵贱有等而下不逾矣;帝入太学,承师问道,退习而考于太傅,太傅罚其不则而匡其不及,则德智长而治道得矣。此五学者既成于上,则百姓黎民化辑于下矣。"[5]

这里的东西南北之学及太学,似乎都是国家所兴办的学校,而且都是以教授统治者为主要目的。当然,除了对天子的教育之外,更有培养官吏士大夫的功能,所谓:"故养士之大者,莫大乎太学;太学者,贤士之所关也,教化之本原也。"[6]而在汉代时,也已经有了地方性的学校,被称为"庠序":

> 古之王者明于此,是故南面而治天下,莫不以教化为大务。立太学以教于国,设庠序以化于邑,渐民以仁,摩民以谊,节民以礼,故其刑罚甚轻而禁不犯者,教化行而习俗美也。[7]

❶畿辅通志.卷二十八.学校

❷[西汉]司马迁.史记.卷二十四.乐书第二.二十五史.第一册.上海:上海古籍出版社.上海书店,1986:160

❸[东汉]班固.前汉书.卷六.武帝纪第六.二十五史.第一册.上海:上海古籍出版社.上海书店,1986:386

❹[东汉]班固.前汉书.卷八.宣帝纪第八.二十五史.第一册.上海:上海古籍出版社.上海书店,1986:389

❺[东汉]班固.前汉书.卷四十八.贾谊传第十八.二十五史.第一册.上海:上海古籍出版社.上海书店,1986:576

❻[东汉]班固.前汉书.卷五十六.董仲舒传第二十六.二十五史.第一册.上海:上海古籍出版社.上海书店,1986:600

❼[东汉]班固.前汉书.卷五十六.董仲舒传第二十六.二十五史.第一册.上海:上海古籍出版社.上海书店,1986:599

显然,在汉代初立制度的时候,已经将京师的太学与地方性的学校做了区分,"立太学以教于国",太学是为了治理国家而设置的。"设庠序以化于邑,渐民以仁,摩民以谊,节民以礼",地方学校是为了民众的教化而设置的。至迟到了东汉时代,地方学校中已经出现了"郡学",如《后汉书》中提到了上党人鲍永之孙鲍德任南阳太守时:"时郡学久废,德乃修起横舍(横,学也。字又作黉),备俎豆黻冕,行礼奏乐。又尊飨国老,宴会诸儒。百姓观者,莫不劝服。"❶

2. 南北朝与隋

南北朝时,地方郡学的制度似已趋于完备。如北魏南安王王桢之子王英曾向皇帝上奏章曰:"诸州郡学生,三年一校所通经数,因正使列之,然后遣使就郡练考……是以太学之馆久置于下国,四门❷之教方构于京瀍。"❸另外,太和年间(477—499年)人封轨也曾"奏请遣四门博士明经学者,检视诸州学生"❹。这里所说的"诸州郡学生"、"诸州学生",应该是指地方学校的生员。其中似乎已经有了"州学"的设置。

如果说北朝"州学"之设,还不十分清楚,则南朝已经设置了州学,及与州学并至的孔子庙,则是无疑的。这一点见于《南史》的记载,梁元帝萧绎在任荆州刺史时,曾"起州学宣尼庙。尝置儒林参军一人,劝学从事二人,生三十人,加廪饩。帝工书善画,自图宣尼像,为之赞而书之,时人谓之'三绝'"❺。这恐怕是将地方学校与孔庙并列而置的最早实例之一了。而且,这时的孔庙中既非明清时代所供奉的孔子等圣贤的牌位——"木主",也非像唐宋时代在孔庙中供奉孔子及诸先哲的雕像的做法,较大的可能似乎是供奉了孔子的画像。

从史料中看,汉魏南北朝的地方学校中似乎仅有郡学与州学之设,而没有相关县一级学校设立的记述。但这并不是说在隋唐以前没有县学。据《隋书》中的记载,隋仁寿元年(601年)六月曾有诏曰:

"……儒学之道,训教生人,识父子君臣之义,知长幼尊卑之序,升之于朝,任之以职,故能赞理时务,弘益风范。朕抚临天下,思弘德教,延集学徒,崇建庠序,开进仕之路,伫贤隽之人。而国学胄子,垂将千数,州县诸生,咸亦不少……今宜简省,明加奖励。"于是国子学唯留学生七十人,太学、四门及州县学并废……秋七月戊戌,改国子为太学。❻

由这里可知,隋初时应有太学、四门小学及州、县之学。仁寿元年时,仅留下了国子学,后又改为太学。又一说废州县学之举是发生在这之前的一年:"开皇二十年(600年),废国子、四门及州县学,唯置太学博士二人,学生七十二人。"❼这两个史料说的应该是一回事,也就是说,在公元600年前,曾有国子学(太学)、四门学及州县学,而在这一年,则仅留下了国子学(太学),学校中仅有学生70余人。

❶[南朝宋]范晔.卷五十九.申屠鲍郅传第十九.鲍永传(子昱).二十五史.第二册.上海:上海古籍出版社.上海书店:894

❷四门学,应指设置于四门处的小学,见《魏书》卷八,正始四年(507年)六月诏曰:"今天平地宁,方隅无事,可敕有司准访前式,置国子,立太学,树小学于四门。"

❸[北齐]魏收.魏书.卷十九下.列传第七下.景穆十二王.南安王.二十五史.第三册.上海:上海古籍出版社.上海书店:2227

❹[北齐]魏收.魏书.卷三十二.列传第二十.封懿传.二十五史.第三册.上海:上海古籍出版社.上海书店:2257

❺[唐]李延寿.南史.卷八.梁本纪下第八

❻隋书.卷二.帝纪第二.高祖下

❼隋书.卷七十五.列传第四十.儒林.刘炫

到了唐代时,应该又恢复了这些学校的建置,据《旧唐书》:"黑介帻、簪导、深衣、青襟领、革带、乌皮履。未冠则双童髻,空顶黑介帻,去革带,国子、太学、四门学生参见则服之。书算学生、州县学生,则乌纱帽、白裙襦,青领。"^❶说明唐代不仅恢复了国子学、太学与州县学,还恢复了北魏时所始设的四门小学及唐代新设的书算之学。

❶旧唐书.卷四十五.志第二十五.舆服

3. 唐代

唐代尚未立国之时,高祖李渊就明确规定了不同学校的生徒数量:"以(隋恭帝杨侑)义宁三年(618年)五月,初立国子学置生七十二员,取三品已上子孙;太学置生一百四十员,取五品已上子孙;四门学生一百三十员,取七品已上子孙。上郡学置生六十员,中郡五十员,下郡四十员。上县学并四十员,中县三十员,下县二十员。武德元年(618年),诏皇族子孙及功臣子弟,于秘书外省别立小学。"^❷显然,在唐初,国子学是等级最高的,然后是太学,其次是四门学、郡学与县学。这里虽然没有提到州学,但唐代时已经有了州学之设,却是没有疑问的,而且州学是唐代学校中地方学校的主要组成部分:

> 其国子、太学、四门、三馆,各立五经博士,品秩上下,生徒之数,各有差。其旧博士、助教、直讲、经直及律馆、算馆助教,请皆罢省。……其有不率教者,则榎楚扑之。国子不率教者,则申礼部,移为太学。太学之不变者,移之四门。四门之不变者,归本州之学。州学之不变者,复本役,终身不齿。虽率教九年而学不成者,亦归之州学。^❸

这条史料是对唐代学校等级的一种印证。国子学是最高等级的,唐代的国子学,有天子讲学之处的意思。而据《旧唐书》,国子学之设始自晋代:

> 《礼记·王制》曰,天子学曰"辟雍"。又《五经通义》云:"辟雍,养老教学之所也。"……后汉光武立明堂、辟雍、灵台,谓之三雍宫。至明帝,躬行养老于其中。晋武帝亦作明堂、辟雍、灵台,亲临辟雍,行乡饮酒之礼。又别立国子学,以殊士庶。永嘉南迁,唯有国子学,不立辟雍。北齐立国子寺,隋初亦然。至炀帝大业十三年,改为国子监。^❹

其次是太学,再其次是四门学,这三种学校都应该设在京师之地。地方学校中则有郡学、州学与县学之别,是唐代国家教育体制的基本组成部分之一。上面提到的三馆,究竟是指律馆(音乐教育)、算馆(数学教育)之属,还是指京师的三个学校:国子、太学、四门,这里并不清楚。因为上面的这段话或可断作:"其国子、太学、四门三馆,各立五经博士。"唐代学校的这种等级制度,还可以透过学校释奠礼仪中的祭献者的身份来加以判断:"请国学释奠以祭酒、司业、博士为三献,辞称'皇帝谨遣'。州学以刺史、上佐、博士三献;县学以令、丞、主薄若尉三献。"^❺显然,国学释奠礼是代表皇帝去的,而州学与县学中的释奠礼,则是由地方最高长官来出席的。

❷旧唐书.卷一百八十九上.列传第一百三十九.儒学上

❸旧唐书.卷一百四十九.列传第九十九.归崇敬传

❹旧唐书.卷一百四十九.列传第九十九.归崇敬传

❺新唐书.卷十五.志第五.礼乐五

这里所谓的释奠祭献，无疑是不会在学校举行的，这说明唐代的学校中应该是设置了孔子之庙的。而结合学校建立孔子庙，可能始自南北朝时期，但至唐代已渐成制度：

> 武德二年（619年），始诏国子学立周公、孔子庙；七年（624年），高祖释奠焉，以周公为先圣，孔子配。九年（626年）封孔子之后为褒圣侯。贞观二年（628年），左仆射房玄龄、博士朱子奢建言："周公、尼父俱圣人，然释奠于学，以夫子也。大业以前，皆孔丘为先圣，颜回为先师。"乃罢周公，升孔子为先圣，以颜回配。四年（630年），诏州、县学皆作孔子庙。十一年（637年），诏奠孔子为宣父，作庙于兖州，给户二十以奉之。❶

初唐时代作庙于兖州，当是将山东兖州的曲阜阙里之孔庙建设纳入国家性建设的开始。而在国子学、州学、县学中并设孔子庙显然也是始自初唐时代。至盛唐时，这似已经成为惯例，如《旧唐书》所记载的："倪若水，恒州藁城人也。开元初，历迁中书舍人、尚书右丞，出为汴州刺史。政尚清静，人吏安之。又增修孔子庙堂及州县学舍，劝励生徒，儒教甚盛，河、汴间称咏不已。"❷

4. 宋代

据宋范成大《吴郡记》："郑仲熊《重修大成殿记》略云：'郡邑置夫子庙于学，以岁时释奠，盖自唐贞观以来，未知或改。我宋有天下因其制而损益之。'"❸由此可以知道，孔庙与学校并置，作为一种制度性做法，肇始于南朝，规范于唐代，沿用于宋代，元、明、清时则成为定制。

宋代是一个人文鼎盛的时代，地方学校制度有了进一步的完善。如哲宗绍圣元年（1094年）："五月乙巳，命蔡卞详定国子监三学及外州州学制。"❹徽宗崇宁三年（1104年）："丙午，增诸州学未立者。壬子，置书、画、算学。"❺崇宁三年（1104年）九月："壬辰，诏诸路州学别置斋舍，以养材武之士。"❻大观三年（1109年）九月："己未，赐天下州学藏书阁名'稽古'。"❼政和三年（1113年），"颁辟雍大成殿名于诸路州学。"❽南宋宁宗庆元五年（1199年），又曾"诏诸路州学置武士斋，选官按其武艺"❾。

宋代时的学校亦分为太学、州学与县学三等："天下州县并置学，州置教授二员，县亦置小学。县学生选考升诸州学，州学生每三年贡太学。"❿从这一描述中可以推测，在宋代时，大致分为太学、州学与县学三个等级。在州学与太学之间，似无郡学之设。或用郡学泛指地方州学，如："凡在外官同居小功以上亲，及其亲姊妹女之夫，皆得为随行亲，免试如所任邻州郡学。其有官人愿学于本州者，亦免试。"⓫另外，宋代名臣范仲淹守苏州时，"首建郡学，聘胡瑗为师。瑗立学规良密，生徒数百，多不率教，仲淹患之……尽行其规，诸生随之，遂不敢犯，自是苏学为诸郡倡。"⓬

❶新唐书.卷十五.志第五.礼乐五

❷旧唐书.卷一百八十五下.列传第一百三十五.良吏下.倪若水传

❸[宋]范成大.吴郡志.卷四.学校

❹宋史.卷十八.本纪第十八.哲宗二

❺宋史.卷十九.本纪第十九.徽宗一

❻宋史.卷十九.本纪第十九.徽宗一

❼宋史.卷二十.本纪第二十.徽宗二

❽宋史.卷一百五.志第五十八.礼八

❾宋史.卷三十七.本纪第三十七.宁宗一

❿宋史.卷一百五十七.志第一百一十.选举三

⓫宋史.卷一百五十七.志第一百一十.选举三

⓬宋史.卷三百一十四.列传第七十三.范仲淹传

但是,宋代时实际上已经有了比州郡之学高一个等级的"府学"之设。只是宋代府学最初似仅指设置在京师之地的学校,如京兆府学、开封府府学、临安府学。但后来在府城之中,亦专有府学之设,如绍兴府学、江陵府学、建康府学、嘉兴府学、德安府学、成都府学等。据《宋史》:"元丰元年(1078 年),州、府学官共五十三员,诸路惟大郡有之。军、监未尽置。"❶

5.元代

元代建立之初,世祖忽必烈采纳汉臣的意见,对孔庙与学校的设立还是采取了积极的态度的。至元六年(1269 年):"己巳,立诸路蒙古字学。癸酉,立国子学。"❷至元八年(1271 年):"命设国子学,增置司业、博士、助教各一员,选随朝百官近侍蒙古、汉人子孙及俊秀者充生徒。"❸至元二十四年(1287 年):"设国子监,立学监官:祭酒一员,司业二员,监丞一员,学官博士二员,助教四员,生员百二十人,蒙古、汉人各半,官给纸札、饮食,仍隶集贤院。"❹至元二十六年(1289 年):"己亥,设回回国子学。"❺

除了建立国子学、国子监之外,元代也在京师大都城内建造了孔子庙,元成宗大德六年(1302 年)五月:"甲子,建文宣王庙于京师。"❻大德十年(1306 年):"营国子学于文宣王庙西偏。"❼同一年的八月:"丁巳,京师文宣王庙成,行释奠礼,牲用太牢,乐用登歌,制法服三袭。"❽元代大都城中的这两座紧相毗邻的建筑群——国子学与文宣王庙,就是明清北京城内的国子监与孔庙的前身。

元代时大致沿用了宋代的政策,许多地方仍有府学、州学、县学之设。如《新元史》中记载:"儒学提举司,秩从五品。各行省皆置,统诸路、府、州、县学校祭祀教养之事,及考校呈进著述文字。"❾其中提到的路学,与府学是怎样的关系尚不清楚。如至元二十四年(1287 年),"立尚书省,遣詹玉、杨最等十一人分往江淮、荆湘、闽广、两浙等处理算各路赡学田租,专以刻核聚敛迎合桑哥之意,逼吉州路学教授刘梦荐自刭,淮海书院郑山长、杭州路王学录自缢。"❿武宗至大元年(1308 年)时,"近臣奏分国学西序为大都路学,帝已可其奏,野谓国学、府学同署,不合礼制,事遂寝。"⓫由这里或可以看出,元代的路学,可能与宋代的府学是一个等级,有些地方称府学,有些地方称路学。如《新元史》记载,颍州人许有壬曾被授开宁路学正⓬,而世祖至元十六年(1279 年),济南人张炳改任"镇江路总管府达鲁花赤,谢病归。购书八万卷,以万卷送济南府学"⓭。以济南与开宁、吉州相比,城市等级应该不会逊于后两者,而济南称府学,开宁、吉州则被称为了路学。

❶宋史.卷一百六十七.志第一百二十.职官七
❷元史.卷六.本纪第六.世祖三
❸元史.卷七.本纪第七.世祖四
❹元史.卷十四.本纪第十四.世祖十一
❺元史.卷十五.本纪第十五.世祖十二
❻元史.卷二十.本纪第二十.成宗三
❼元史.卷二十一.本纪第二十一.成宗四
❽元史.卷二十一.本纪第二十一.成宗四
❾新元史.卷六十二.志第二十九.百官八
❿新元史.卷六十九.志第三十六.食货二.田制
⓫新元史.卷一百九十一.列传第八十八.尚野传
⓬新元史.卷二百八.列传第一百五.许有壬传
⓭新元史.卷一百七十三.列传第七十.张炳传

二 明代国子学孔庙的建筑制度

1. 洪武诏定国子学与孔庙建筑制度

至迟到了宋代,传统中国社会自国子学,到府学、州学、县学的分等级的学校制度已基本趋于完备。元代基本上沿袭了这一制度。而明代则是在这一制度基础上,对受到元末战争影响的城市、建筑及与之相关的各种社会制度进行重建与完善。先来看一看明代建国之初在孔子祭祀方面的一些具有象征意义的做法:

元末战争中,朱元璋进入镇江(江淮府),拜谒城中的孔子庙,其时为丙申年(1356 年),即元惠宗至正十六年。

洪武二年(1369 年),朱元璋下诏,以太牢祀孔子与国学,并遣使诣曲阜致祭。同年定制,每岁仲春、秋上丁,皇帝降香,遣官祀于国学,从制度上将遭到战争阻滞与破坏的孔庙祭祀礼仪重新确定了下来。

洪武十五年(1382 年),"新建太学成。庙在学东,中大成殿,左右两庑,门左右列戟二十四。门外东为牺牲厨,西为祭器库,又前为灵星门"❶。

❶明史.卷五十.志第二十六.至圣先师孔子庙祀

值得一提的是,明初的太学,或国子学,是在元代集庆路学的基础上建立起来的:明初,即置国子学。"乙巳(1365 年)九月置国子学,以故集庆路学为之。洪武十四年(1381 年),改建国子学于鸡鸣山下……洪武八年(1375 年),又置中都国子学……十五年(1382 年),改为国子监……中都国子监制亦如之。"❷

❷明史.卷七十三.志第四十九.职官二.国子监

洪武十七年(1384 年),敕每月朔望,祭酒以下行释菜礼,郡县长以下诣学行香。

洪武二十六年(1393 年),颁大成乐于天下。

洪武三十年(1397 年),"以国学孔子庙隘,命工部改作,其制皆帝所规画。大成殿门各六楹,灵星门三,东西庑七十六,神厨库皆八楹,宰牲所六楹"❸。可知,明初洪武时就对儒学与孔庙的建筑制度加以了肇划与制定。

❸明史.卷五十.志第二十六.至圣先师孔子庙祀

洪武制度中特别提到了国子学(太学)与京师孔庙的建筑制度,结合后来的北京国子监孔庙(图 1),我们可以推知明洪武所颁国学孔庙的建筑制度(图 2):

庙前有棂星门为 3 间。

大成门 5 间(六楹),崇基石栏,门左右列 24 戟。

大成殿亦为 5 间。

在棂星门与大成门之间,左右分设牺牲库(东)与祭器库(西)。

大成殿前有东、西两庑共 76 间,每侧庑房各有 38 间。

另有神厨库 7 间(八楹),宰牲所 5 间(六楹)。

图 1　北京国子监孔庙大成殿

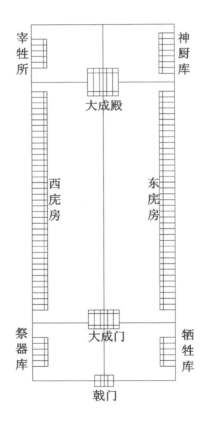

图 2　洪武三十年所颁国子学孔庙平面示意图

如图 2 所示,洪武孔庙建筑制度中有一个基本要素十分令人生疑,即其国子学孔庙大成殿的开间数。由所谓"大成殿门各六楹"来看,则其大成门为 5 间,大成殿亦为 5 间。但从其所设东西庑房为 76 间来看,若以 5 间大殿置于庭院的终点,其大殿前的空间会显得过于狭长。这两者之间似有一些矛盾之处。

2. 永乐至弘治间北京国子学与孔庙建筑制度

永乐定鼎北京后,在京师庙学制度上,很可能既要沿袭洪武制度,又要参照当时尚存的原大都城中的元代国子学及孔庙建筑,故而在建筑制度上会有一些调整。

永乐初,建庙于太学之东。"永乐元年(1403 年),置国子监于北京。"❶ 同年,"又诏天下通祀孔子,并颁释奠仪注。凡府州县学,笾豆以八,器物牲牢,皆杀于国学。三献礼同,十哲两庑一献。其祭,各以正官行之,有布政司则以布政官,分献则以本学儒职及老成儒士充之。每岁春、秋仲月上丁日行事。"❷ 这说明永乐帝也同样十分重视儒学与孔庙的教化作用。

如果假设京师国子学孔庙与孔子家乡的曲阜孔庙,在建筑制度等级上,很可能是处在同一个最高等级的地位上,我们或可从明代曲阜孔庙的一些制度变迁上来反观北京国子学孔庙的建筑制度。

(1)曲阜孔庙在明代的变迁

唯一能够与京师国子学孔庙略可相齐的是曲阜孔庙,而曲阜孔庙也经过了一系列变迁。其正殿大成殿在唐代时仅为 5 开间,宋代天禧五年(1021 年),在进行重修时,对大殿基址曾有所迁移,并改建为 7 开间。而"大成"之名亦始自宋徽宗时代,徽宗赵佶以《孟子》语有:"孔子之谓集大成。集大成也者,金声玉振之也。金声也者,始条理也;玉振之也者,终条理也。"❸ 始而更孔庙正殿之名为"大成"。元代时,仍然沿用了宋代大成殿之 7 开间的制度:

> 元成宗大德六年,修庙殿七间,转角复檐,重址基高一丈有奇,内外皆石柱,外柱二十六,皆刻龙于上,神门五间,转角周围亦皆石柱,基高一丈,悉用琉璃,沿里碾玉装饰,焕然超越前代。明弘治重建大成殿九间,前盘龙石柱,两翼及后檐俱镌花石柱。❹

但是,这里有一个问题,从建筑结构的角度来观察,元代曲阜孔庙大成殿制度中的"庙殿七间,转角复檐……外柱二十六"的制度,从"复檐"一语,可知是"重檐"屋顶,而从"外柱二十六",可知其下檐副阶柱有 26 棵。试想一下,如果是副阶周匝,外檐柱为 26 棵,且有 7 间之多,那么只有两种柱子的排列方式可以达到,一种是面广 7 间、进深 6 间的格局,其柱网简图如图 3 所示。

❶明史.卷七十三.志第四十九.职官二.国子监

❷明史.卷五十.志第二十六.至圣先师孔子庙祀

❸孟子.卷十.万章下

❹钦定四库全书.史部.政书类.仪制之属.幸鲁盛典.卷七

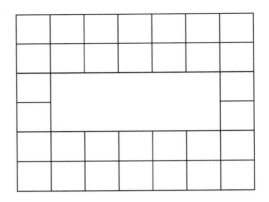

图 3　推测外檐柱为 26 棵的元大德曲阜孔庙大成殿柱网示意图之一

但是,这样一种平面格局,近于方形。而一般中国古代木构建筑中,平面近方形者,多为面广 3 开间、至多 5 开间的建筑,而以面广 7 开间,若再使其接近方形,则建筑的进深会显得过大,这不符合一般中国古代木结构建筑的建造逻辑,因此,我们可以尝试着另外一种排列方式,即面广 9 间、进深 4 间、副阶周匝的格局,其柱网简图如图 4 所示。

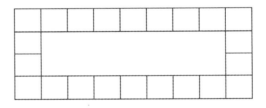

图 4　推测外檐柱为 26 棵的元大德曲阜孔庙大成殿柱网示意图之二

这样一种布置,可以形成殿身 7 间、周匝副阶的平面格局,其殿身内没有内柱,可以用四椽栿或六椽栿的大梁,形成殿身结构,而周匝副阶则以乳栿或丁栿将副阶檐柱与殿身柱联系在一起,在结构上很合乎逻辑,室内空间也比较空敞,适合祭祀性的礼仪空间。这样一种平面格局与元大德曲阜孔庙大成殿"庙殿七间,转角复檐……外柱二十六"的记载恰相吻合。故由此我们或可推测:元代曲阜孔庙大成殿是一座殿身 7 间、副阶 9 间的绿琉璃瓦顶重檐大殿。❶

以此来看,明代弘治年间的"重建大成殿九间"之做法,并非是将元代的 7 开间,提升到了 9 开间,而很大的可能是继续沿用了元代"殿身七间,副阶周匝",即副阶外檐为 9 开间的格局。这也是现在尚存的清雍正二年(1724年)所使用的格局,不同的是,雍正二年曲阜孔庙大成殿虽然也是"殿身七间,副阶周匝"的格局,但其平面为面广 9 间,进深 5 间,似有与所谓"九五之尊"相合的内涵,但其特点是在进深方向上的中间一间的开间特别的大,几乎相当于其柱网中普通柱间距的两倍,就好像在元大德曲阜孔庙大成殿的前后檐各加了一排柱子,形成新的副阶檐柱,再将殿身部分扩展为"面广七

❶钦定四库全书.史部.地理类.都会郡县之属.山东通志.卷十一之四."庙自明弘治十三年始用绿色琉璃瓦,今特改黄瓦,由内厂监造,运赴曲阜。"

间",然后将其两山的殿身与副阶中柱都减去,形成殿身"进深三间"、副阶"进深五间"的格局,其柱网简图如图5所示。

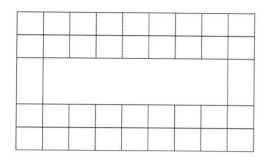

图5　清雍正曲阜孔庙大成殿柱网平面示意图

从这一柱网平面图,也可以看出我们在前面所推测的元大德六年所建的曲阜孔庙大成殿之平面柱网是完全合乎这一结构演进的逻辑进程的。元大德曲阜孔庙大成殿建成之后,很可能遭到了元末兵火的焚毁,入明以来"凡三修焉;明洪武初,奉诏重修。永乐十四年,又撤其旧而新之;成化十九年,始广正殿为九间,规制益宏。弘治十二年灾,奉诏重进(建?)"❶。

❶钦定四库全书.史部.地理类.都会郡县之属.山东通志.卷十一之六

曲阜孔庙的三次大修,有可能经历了三次不同的建筑制度变化。最初,可能因为曲阜孔庙在元末兵火中的毁圮,洪武初,应该是按照洪武诏定的国子学孔庙的制度进行了重修,其大成殿有可能是5间(六楹),但其两庑则可能是76间(每侧38间)。

永乐十四年(1426年),在仅仅过了数十年之后,又"撤其旧而新之"。这说明永乐改建并非因为旧建筑的毁圮重建,而是一次主动的新建过程。其原因很可能正是因为洪武制度中的5间大成殿规制偏低,故撤其旧而新之,这一次新建,其开间等级应该是有所提高的,例如,有可能是7开间。

到了明成化十九年(1483年)"始广正殿为九间",即进一步将永乐曲阜孔庙大成殿的平面扩展为9开间,应该说是恢复到了元大德六年所建大成殿的规制。到了明弘治十二年(1499年),"阙里孔庙毁,敕有司重建。十七年(1504年),庙成,遣大学士李东阳祭告,并立御制碑文"❷。这一记载与前面所引"明弘治重建大成殿九间"的记载相吻合,说明明弘治曲阜孔庙大成殿,进一步延续了成化曲阜孔庙大成殿9开间的制度。只是,在宋元建筑术语中,殿身7间、副阶9间的建筑,被称为"七间殿",而在明清建筑术语中,则不再强调殿身的开间,而以实际的柱网平面来称呼,如果副阶为9间,即称为"九间殿"。故现存清雍正二年所建曲阜孔庙大成殿,其殿身7间、副阶9间的格局,仍被称为"九间殿"。

❷明史.卷五十.志第二十六.至圣先师孔子庙祀

关于现存曲阜孔庙总体布置格局中,除了沿用了元大德六年与明成化十九年及明弘治十二年的"九间殿"格局外,还有一个特别醒目的特点,即其大成殿前东西两庑的总数为80间,每侧有庑房40间。这不禁令我们想起了明初洪武所颁之"东西庑七十六"的制度规定。也就是说,现存曲阜孔庙东西庑房间数,是与洪武制度最为接近的。另外一个比较接近的孔庙大成殿前庑房间数,是明中叶所建的西安府文庙,其大成殿为7开间,而殿前东西两庑为60间,每侧有庑房30间。

这两个例子是否透露出了一个信息,即在明代永乐之后,对位处最高等级的国子学孔庙和曲阜孔庙的建筑制度,有了一个新的调整,一方面要继续遵循太祖朱元璋所制定的规制,在棂星门(3间)、大成门(5间)的前提下,沿袭了大成殿前两庑的开间数量。另一方面,为了使新建的孔庙大成殿与元代制度中的大成殿相匹配,则改变了洪武制度中大成殿仅为5开间的较低的平面格局,而改成了与元代国子学及曲阜孔庙大成殿相当的9开间的平面格局。也就是说,早在明成化与明弘治的两次重修中,曲阜孔庙就已经是大殿9开间,东西两庑各38间,大成门5间,棂星门3间的格局了。而雍正二年的曲阜孔庙重建,不仅沿用了大成殿9开间的格局,而且也沿用了其东西两庑接近76间(每侧接近38间)的格局。其每侧40间的平面格局,很有可能是在明代之38间庑房的旧基上(因为清代时所用木料较为短小),稍稍加密柱间距,增加为40间的结果。

(2)北京永乐国子学孔庙的制度探讨

这里出现了一个新的疑问:明代永乐时初建北京国学孔庙时,是否也沿用了元人的旧基。关于这一问题的回答是肯定的,据《五礼通考》引《明世宗正孔子祀典说》:"亦或当时创制,未暇欸至,我皇祖文皇帝始建北京国学,因元人之旧,塑像犹存,盖不忍毁之也。"❶ 显然,明初永乐定鼎北京后,北京国子监孔庙,侧身明代孔庙中的最高等级之列,而其建筑,甚至雕塑,基本沿用了元代的制度。

那么问题就集中于:元大都城国子学孔庙的制度又是怎样的呢? 据元人吴澄《贾侯修庙学颂》:

> 至元二十四年,设国子监,命立孔子庙……而工部郎中贾侯董其役,庙在东北纬涂之南,北东经涂之东。殿四阿,崇十有七仞。南北五寻,东西十筵者三,左右翼之,广如之,衡达于两庑。两庑自北而南七十步。中门崇九仞有四尺,修半之。广十有一步。门东门西之庑,各广五十有二步。❷

另有一记,见于元人程钜夫《国子学先圣庙碑》:

> 至大元年冬,学成。庙度地,顷之半。殿四阿,崇尺六十有五,广倍之。深视崇之尺加十焉。❸

这两条记录的时间相差20余年,说明了这一建造工程的复杂,大都国子监孔庙的建设,首倡于至元二十四年(1287年),最终建成于至大元年(1308年),其间还有穿插有大德六年(1302年)的曲阜孔庙建设。而大德曲阜孔庙与至大京师国子学孔庙之间,在时间上的距离比较近。而从上述两组数据记录上,至大京师孔庙的数据,也比较接近最终建成的情况:其高65

❶钦定四库全书.经部.礼类.通礼之属.[清]秦蕙田.五礼通考.卷第一百二十.吉礼一百二十.祭先圣先师

❷钦定四库全书.史部.地理类.都会郡县之属.畿辅通志.卷一百十四

❸钦定四库全书.史部.地理类.都会郡县之属.畿辅通志.卷一百七

尺,其广130尺,其深75尺。以1元尺为0.3168米计,其高为20.592米,其
总面广为41.184米,其总进深为23.76米。

我们可以将这一组数据与现存的两组孔庙大成殿木结构加以比较:

其一是,现存清雍正二年(1724年)所建曲阜孔庙大成殿(图6)。据梁
思成先生所引《曲阜县志》,其基本尺寸为:"大成殿九间;高七丈八尺六寸,
阔十有四丈二尺七寸,深七丈九尺五寸。"而其实测的数据为:"其主要尺寸,
高度由殿内砖面至正脊上皮高24.80公尺,合营造尺(按31.35公分计)
7丈7尺7寸,面阔45.78公尺,合营造尺14丈3尺,进深24.89公尺,合营
造尺7丈8尺。这三个尺寸,高度及面阔与《县志》所载相差甚微,可称
符合。"❶

图6 曲阜孔庙大成殿

其二是,西安府学文庙大成殿,这座现已不存的府学文庙大成殿是一座七
开间大殿,建于明成化十一年(1475年),据这一年所撰《重修西安府文庙记》云:

> 扩其旧址,首建大成殿七间,崇四丈有五、深五丈,袤九丈有二。两
> 庑各三十间,崇深视殿半之,袤且数倍。次作戟门,又次棂星门,又次文
> 昌祠,七贤祠、神厨、斋宿房、泮池。❷

也就是说,这是一座明代时所建的7开间孔庙大成殿,其高45尺,其广
92尺,其深50尺。以1营造尺为0.32米计,其高14.4米,其总面广
29.44米,其总进深16米。这样我们就有了3组数据(表1):

表1 9开间与7开间孔庙大成殿主要尺寸比较

序号	大成殿位置	开间	殿高单位:尺(折合米)	总面广单位:尺(折合米)	总进深单位:尺(折合米)
1	清曲阜孔庙	9间	78.6(24.8米)	142.7(45.78米)	79.5(24.89米)
2	元京师孔庙	不详	65(20.592米)	130(41.184米)	75(23.76米)
3	明西安孔庙	7间	45(14.4米)	92(29.44米)	50(16米)

❶梁思成全集(第三卷).
曲阜孔庙之建筑及其修
葺计划:75-76

263

明代不同等级儒学孔庙建筑制度探

❷转引自:西安博物馆网
http://www.xabwy.com

从这三组数据中，我们看得很清楚，元至大元年(1308年)所建的京师国学孔庙大成殿，其尺寸更接近一座9开间的大殿。与这座建筑时间最为接近，尺寸与规制也是最为接近的，就是比之早了6年的元成宗大德六年(1302年)所建之曲阜孔庙大成殿。这是一座殿身7间、副阶9间、有外柱26棵，推测为面广9间、进深4间之平面格局的建筑物。以建造时间及规制尺寸相比较，我们或可推测，至大元年(1308年)所建京师孔庙大成殿与比之略早建造的大德六年(1302年)元代曲阜孔庙大成殿很可能采取了十分接近的建筑制度。

这样一种平面，显然会比雍正曲阜孔庙的面广9间(实际亦为殿身7间，副阶9间)，进深5间的尺度会略小一些。其面广比雍正曲阜孔庙小4.596米，而其进深比之仅小1.13米，其屋脊高度则小4.208米。这样一些微小的尺寸差，不足以使大德曲阜孔庙大成殿或至大京师孔庙大成殿，比雍正曲阜孔庙大成殿在面广尺寸上减少2间，或在高度尺寸上减少一重屋檐。

由此，我们可以尝试着将其总面广130尺分配到9个开间中，若其当心间广20尺，其左右次间15尺，再次间及稍间均为14尺，两尽间为12尺，其总面广就恰好是130尺。而这样一种间广分配，与宋元时期一般建筑的间广柱距还是相当吻合的。这或也从另外一个侧面证明了，元代大都城国子学孔庙大成殿应为9开间的格局。但因至大京师孔庙大成殿的进深与进深5开间的雍正曲阜孔庙大成殿的进深数据十分接近，由此推测，至大京师孔庙很可能也是采用了进深5开间的平面格局，以其总进深为75尺计，在进深方向上，则将前后副阶檐柱间距定为12尺，中间的三间殿身柱定为17尺，亦恰好是75尺。这虽然是一个概念性的大略柱间距分布，但与古代木结构的一般规则与尺寸是完全吻合的(图7)。

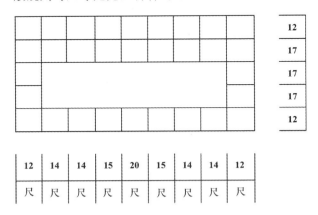

图7　元至大京师孔庙大成殿平面柱网示意图

元至大京师国子学孔庙大成殿在建筑制度上显然高于早其6年建造的大德曲阜孔庙大成殿。其原因似也可以理解，元统治者应该是将其京师大都城国子学孔庙视为最高等级的孔庙，而将曲阜孔庙定在同一个等级上，又略加损折，使其在规制上，略显低于京师国子学的地位，这样才是一种合乎历史逻辑的选择。那么，永乐定鼎北京之后，北京国子学孔庙又发生了一些什么变化呢？

前面已经谈到，据《明世宗正孔子祀典说》："我皇祖文皇帝始建北京国学，因元人之旧，塑像犹存，盖不忍毁之也。"[1]也就是说，永乐北京国学孔庙大成殿等，直接沿用了元代既有的建筑与塑像。那么，由此可以得出一个结论：在永乐帝建立北京国学孔庙时，在大成殿的建造制度上，不是沿用洪武制度之"大成殿门各六楹"，即大成殿与大成门都是 5 开间的制度，而是沿用了元代国学孔庙大成殿之殿身 7 间、副阶 9 间的制度。

如果这一推测得到确认，就比较容易理解明代弘治年间为什么会将曲阜孔庙大成殿的规模定为 9 开间了。因为无论是大德六年的曲阜孔庙大成殿，还是至大元年的大都国学孔庙大成殿，以及明代永乐时所沿用的北京国学孔庙大成殿，原本都是殿身 7 间、副阶 9 间的格局。只是，元代时人们仍然沿用宋时对于殿堂开间的称谓，将殿身 7 间、周匝副阶的殿堂称为 7 间殿。而明代时，已经按照实际的平面开间数来称谓殿堂，即殿身 7 间，周匝副阶，平面实际为 9 间的大殿，就直接被称为 9 间殿了。这里其实也反映了时代变迁对于建筑间架称谓的变化。

基于这样一种观点的分析，我们甚至可以推测，宋代时的孔庙大殿实际亦应为殿身 7 间、副阶 9 间的格局。因为按照宋《营造法式》，殿身 7 间、副阶 9 间的大殿，一般仍称为 7 间殿。同理，唐代 5 开间大成殿，抑或可能也是殿身 5 间、副阶 7 间的格局。除非唐代采用的是单檐大殿的形式。当然，这一问题仍属一个难解的历史悬疑。

由此，我们是否就可以得出一个结论：明永乐北京国学孔庙，实际上是将元代之正殿为 9 开间的制度，与洪武制度中两庑为 76 间（每侧 38 间）的制度结合为一体，重新制定了大明朝从国子学，到府、州、县学等不同等级儒学之孔庙的建筑等级制度。

明代一些重要的府城儒学孔庙大成殿，采用了 7 开间的格局，而其前的两庑建筑，开间数量也特别多，如前面已经提到的西安明代儒学孔庙，其正殿大成殿为 7 开间，而其东西两庑为每侧 30 间，总数为 60 间的格局。若将这一建筑格局，放在洪武制度建筑等级中，就会出现这样一种令人难以理解的局面，即京师的国子学大成殿为 5 开间，两庑为 76 间，而地方府城儒学孔庙的大成殿却为明显高于国子学等级的 7 开间，两庑则为略低于国子学规制的 60 间。

但是，若将之放在我们所推测的永乐制度中，其京师国子学孔庙大成殿为 9 开间，两庑为 76 间，则明显高于西安府学的等级，在当时严格的等级制建造制度中是完全合乎逻辑的。

从记载中看，有明一代，对于曲阜孔庙有过多次重修，第一次是洪武年

[1] 钦定四库全书·经部·礼类·通礼之属·[清]秦蕙田·五礼通考·卷第一百二十·吉礼一百二十·祭先圣先师

间,其正殿可能是按照洪武国子学孔庙之大成殿为 5 间的制度建造的,但永乐以后,制度有变,故以后的修建中,又以永乐制度为准,如成化十九年(1483年),"始广正殿为九间",弘治十二年(1499年),"阙里孔庙毁,敕有司重建。十七年,庙成,遣大学士李东阳祭告,并立御制碑文"❶。又"重建大成殿九间",两次都是沿用了最高等级的大成殿为 9 开间的制度。而从后来的清雍正二年(1724年)重修中,其两庑为 40 间,或也可以反证,其两庑的制度,在有明一代,也一直沿用了洪武制度中国子学东西庑各为 38 间的制度。

现存曲阜孔庙大殿,是清雍正二年(1724年)重建的,为重檐歇山式黄琉璃瓦顶,面广 9 间,进深 5 间。这显然比元代大成殿面广 9 间,进深 4 间的格局又有所提升的结果,在制度上似乎更接近永乐北京国子学孔庙大成殿。其间是否有什么延续性,我们尚不可得知。

(3) 嘉靖九年的制度性厘革

那么,从上面的分析中,是否可以得出结论说,明代北京国子学孔庙一直沿用了永乐制度之大成殿为 9 间、两庑为 76 间的最高等级制度呢?事实显然不是这样的。清代皇太极未入关前,曾在盛京模仿明代建造了一座孔庙,其制度不详,但入关后的顺治帝在北京国子监孔庙所建的大成殿则明确地采用了 7 开间的格局。

> 崇德元年(1636年),建庙盛京,遣大学士范文程致祭。奉颜子、曾子、子思、孟子配。定春秋二仲上丁行释奠礼。世祖定大原,以京师国子监为大学,立文庙。制方,南乡。西持敬门,西乡。前大成门,内列戟二十四,石鼓十,东西舍各十一楹,北向。大成殿七楹,陛三出,两庑各十九楹,东西列舍如门内,南乡。启圣祠正殿五楹,两庑各三楹,燎炉、瘗坎、神库、神厨、宰牲亭、井亭皆如制。❷

顺治皇帝在北京的文庙,其基本的格局是(图 8):

① 前大成门,内列戟 24;

② 大成殿 7 楹(间),陛 3 出;

③ 两庑各 19 楹(间);

④ 启圣祠正殿 5 楹(间),两庑各 3 楹(间);

⑤ 东西舍各 11 楹。

这里的大成殿与东西两庑,似乎比我们前面所提到的明代国子学之大成殿为 9 开间、东西两庑各为 38 间的建筑制度有意识地降低了一等。其正殿为 7 开间,正是降低一等的做法;而其两庑各 19 间(总 38 间),恰好是洪武制度中东西庑各 38 间(总 76 间)的一半,似也恰好低了一等。而其后所设启圣祠,及祠前的两庑,则是洪武制度与永乐制度中所没有的。那么,清初为什么会自降等级呢?这肯定是不符合历史逻辑的一种做法。

如果说曲阜孔庙大成殿自明成化、弘治始,已经明确为 9 开间的制度,而元至大京师国学孔庙可能也是殿身 7 间、副阶 9 间的做法,由此推测的明永乐北京国学孔庙亦为 9 开间。而且,既然明成化、弘治曲阜孔庙大成殿更

❶明史.卷五十.志第二十六.至圣先师孔子庙祀

❷清史稿.卷八十四.志第五十九.礼三(吉礼三)

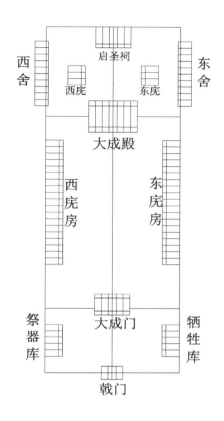

图 8　清顺治京师国子学孔庙平面示意图

加明确为 9 开间,没有理由说明,明成化、弘治间的北京国学孔庙大成殿会采用低于 9 开间的建筑制度。那么为什么,清初建北京国子监大成殿,其制度却为"大成殿七楹,陛三出,两庑各十九楹"❶呢?事实上,清初所沿用的无疑应当是明末北京国子学孔庙的制度。那么,明末制度为什么会比永乐、成化及弘治制度降低了一等呢?

❶清史稿.卷八十四.志第五十九.礼三(吉礼三)

　　较大可能是,明末北京国子监中的孔庙大成殿亦为 7 开间的制度。那么,从弘治时的 9 开间,到明末的 7 开间,期间究竟发生了什么呢?根据笔者的推测,其原因很可能起源于明代嘉靖年间对孔庙及祀孔制度的一次贬抑性的厘革。明代嘉靖年间,对各种祭祀礼仪与制度有过一系列的改革与厘定。而这些改革与厘定有许多恰是与弘治朝的政策相反的。如弘治九年(1496 年)曾将京师国子监的乐舞增为 72 人,如天子之制❷。这说明弘治朝是将国子监孔庙等制度等同于天子的制度的。这时重修的曲阜孔庙大成殿亦恰为 9 开间。

❷钦定四库全书.经部.礼类.通礼之属.[清]秦蕙田.五礼通考.卷第一百二十.吉礼一百二十.祭先圣先师

　　嘉靖九年(1530 年),大学士张璁议:"先师祀典,有当更正者。"嘉靖帝以为然,认为时祭孔礼仪等同祀天仪,亦非正礼。璁亦附和,曰:"祀宇宜称庙,不称殿。祀宜用木主,其塑像宜毁。"并改大成殿为先师庙,大成门为庙

❶明史.卷五十.志第二十六.至圣先师孔子庙祀

❷明史.卷十七.本纪第十七.世宗一

❸明史.卷十七.本纪第十七.世宗一

❹明史.卷十七.本纪第十七.世宗一

门。制木为神主。仍拟大小尺寸,著为定式。其塑像即令屏撤。嘉靖命悉如议行。❶这一年的"冬十一月辛丑,更正孔庙祀典,定孔子谥号曰至圣先师孔子"❷。

这一厘革无疑会殃及作为孔庙祭祀礼仪之载体的孔庙建筑配置,即嘉靖时很可能对孔庙祀典采取了贬抑的态度。如将原来大成殿中供奉的孔子像等加以毁撤,并改为木主。嘉靖九年(1530年),"冬十一月辛丑,更正孔庙祀典,定孔子谥号曰至圣先师孔子。"❸而在同一年,"六月癸亥,立曲阜孔、颜、孟三氏学。"❹同是在这一年,嘉靖帝以孔子王号为僭,"于是礼部会诸臣议:'人以圣人为至,圣人以孔子为至。宋真宗称孔子为至圣,其意已备。今宜于孔子神位题至圣先师,去其王号及大成、文宣之称。改大成殿为先师庙,大成门为庙门。'"这样,首先从名称上降低了孔庙之门、殿的等级。那么,在这样一种情势下,专属于皇家建筑之9开间的大殿平面格局,在被明显贬抑的孔庙中,仍然可以沿用吗? 按照古代建筑逻辑,这一点似乎是不被允许的。

那么,是否有这样一种可能:永乐北京国学与弘治曲阜孔庙采用的大成殿为9开间,及洪武国学孔庙建筑中的东西两庑为76间(每侧各38间),大成门5开间,棂星门3开间等制度,在嘉靖年间的厘正祀殿,将相应的大殿及两庑的制度与规格都降低了一等,从而改成了大成殿7开间,两庑数量也明显减少了呢?

这一祭祀礼仪的厘革,无疑会影响到建筑制度的变化。比如,有可能降低了大成殿的规制,如将国子学大成殿由9开间,降低为7开间;将两庑的数量由76间,降低为38间。更重要的是,在大成殿后面,又增加了对孔子父亲等的祭祀建筑——启圣祠。这一做法与出身于亲王之家,为彰显自己的正统,希望将其父亲之牌位纳入太庙之中,且在一系列朝廷礼仪问题上举动乖张的嘉靖帝,与大臣们之间那纠葛不清的复杂矛盾与缠绵悱恻的晦暗心理是分不开的。经过厘革之后的北京国子学孔庙,被改称为先师庙:

> 先师庙在安定门内太学左,南向。街门西为持敬门,西向。大成门崇基石阑,前后三出陛。门左右列戟二十有四,石鼓十,右石鼓音训碣一。左右各一门,门内东西列舍北向。大成殿崇基石阑,三出陛。两庑东西向,殿东西列舍南向。西庑南燎炉一,西北瘗坎一,甬道左右御碑亭。大成门外东为神厨,宰牲亭、井亭各一,西为神库、致斋所、更衣亭。每科进士题名碑分列左右。凡正殿、正门、碑亭,皆覆黄色琉璃。后为崇圣祠。❺

❺[清]朱彝尊,于敏中.日下旧闻考.卷六十六.官署

这里没有提及大成殿之开间与两庑的间数,但这里所提的崇圣祠,正是这一次孔庙制度厘革以后才出现的建筑配置。其最初的名称为"启圣祠",清代时改称"崇圣祠"。启圣祠位于大成殿后,祠之正堂前两侧还有庑房,加上正堂所占的空间,必然会将其前大成殿及两庑的空间大大地挤压。因此,我们有理由相信,在嘉靖年间的孔庙制度厘革中,在中轴线后

部增加了启圣祠及两庑后,在既有的孔庙用地范围内,在将其前的大成殿降低一等的同时,也不得不将大成殿前的庑房数量大规模减少,如从每侧38间,减少到每侧19间,从而为其后所拟加建的启圣祠正堂及堂前两庑留出足够的空间。

因此,很可能在这一次大规模礼祀制度厘革中,北京国子学孔庙与曲阜孔庙大成殿的等级都被降低了一等,而改建为7开间。而曲阜孔庙的用地比较宽裕,在这次改动中,没有将殿前两庑的数量减下来,而北京国子学孔庙则因在有限的用地范围内,必须增加大成殿后启圣祠及两庑,而将其大成殿和殿前两庑都降低了一个等级。

（4）清初国学孔庙与明代孔庙等级制度

我们注意到,清初北京国学的孔庙制度:大成殿为7开间,东西两庑各19间。如前所述,这一布局,使其正殿比起9开间殿降低了一等,而其东西两庑间数恰好是洪武制度之东西两庑间数(各38间,总76间)的一半,似乎也是按照降低一等的建筑制度配置的。

那么,我们就出现了两种彼此似乎有联系的国学孔庙建筑制度:

第一种是明洪武制度:其正殿大成殿为5开间;但其殿前东西两庑总为76间,每侧分别为38间(图2)。

第二种是明成化、弘治曲阜孔庙制度,其正殿大成殿已经确定为9开间,而其两庑的情况不详,但从后来的雍正曲阜孔庙两庑为各40间推测,成化、弘治曲阜孔庙两庑的数量也不会少,而且很可能与雍正制度中的每侧40间庑房有所关联,比如,可能是最为接近雍正之40间的洪武制度中的38间(图9)。

第三种是清初北京制度:其正殿大成殿为7开间;其殿前东西两庑总为38间,每侧分别为19间,在大殿制度上,低于成化、弘治曲阜孔庙,在两庑制度上,亦低于洪武孔庙制度(图8)。

实际上,从史料的角度进行分析,在明初的制度重建中,建筑制度的等级化是十分严格的,《明史》中提到了这方面的一些规定:

> 明制,皇子封亲王,授金册金宝,岁禄万石。护卫甲士少者三千人,多者至万九千人,隶籍兵部。冕服、车旗、邸第,下天子一等。[1]

> 皇孙车,永乐中,定皇太孙婚礼仗如亲王,降皇太子一等,而用象辂。[2]

> 明制,天下官三年一入朝……天顺三年,令凡方面官入朝,递降京官一等。[3]

从史料中透露出这样一些明确的等级差异,是按照等第,递增与递降的。车辂、舆服、礼仪,莫不如此。而亲王邸第,下天子一等。依序可以到各级品官,应该都有相应的规定。而且,这种等级之间应该存在某种相互的联系。因此,我们也可以想象孔庙建筑,从京师国子学孔庙,到地方府学孔庙,从府学孔庙,到州学孔庙,再从州学孔庙,到县学孔庙,彼此此间应该有明确

❶明史.卷一百十六.列传第四.诸王

❷明史.卷六十五.志第四十一.舆服一

❸明史.卷五十三.志第二十九.礼七.诸司朝觐仪

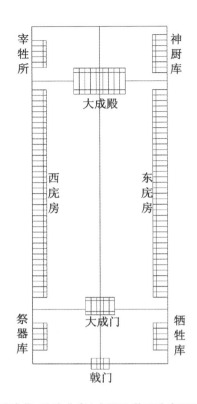

图9　推测明成化、弘治曲阜（或国子学？）孔庙平面示意图

而清晰的等级制度关系。从洪武国子学两庑及成化、弘治曲阜孔庙大成殿等制度性要素，到清初国子监孔庙大殿与两庑制度之间存在的这样一种明显的级差关系，似乎不会是一种偶然的巧合。

可以说，在孔子的崇奉与祭祀上，有明一代经历了一些起起落落的变化。太祖朱元璋时代，国家初立，百事待兴，其孔庙制度似乎是参照了当时南方可以见到的衢州孔子家庙的制度而制定的，因衢州孔庙的制度比较简单，则明初国子学孔庙的建筑制度也比较简约，如其大成殿仅为5开间，但出于对国家性礼仪的重视，其用于祭祀礼仪的两庑多达76间。永乐时代，北京国子学已经可以沿用元代国子学之大成殿为9间的制度，并结合洪武制度，从而使儒学与孔庙制度得以完善。因此，明代地方府、州、县及成化、弘治两次对国子学孔庙的大规模重建，都应该是按照永乐时将元代制度与洪武制度加以综合而形成的这一制度展开的。按照明代文献中的规定，这时的祀孔礼仪等同于祀天，各府、州、县，也都必须要建造制度略低于京师的孔庙与学校，从而形成了由国子学，到府、州、县学孔庙的等级系列。

那么，清初北京国学孔庙之大成殿7开间，两庑各19间，是否会是曾在明代弘治间明确下来的孔庙等级制度中，占有一个等级的孔庙制度呢？以成化、弘治曲阜孔庙为大成殿9间，东西两庑可能亦为总76间，两侧各

38 间计,则若用大成殿为 7 开间,东西两庑总 38 间,两侧各 19 间,则恰好比成化、弘治曲阜孔庙降低了一个等级。而弘治曲阜孔庙,很可能与同一时期的北京国学孔庙是处在同一个等级上的。

我们总不能认为,清初是自降等级吧。唯一的可能是,明代北京国学孔庙,在明代中叶的嘉靖改制过程中,将孔庙等级都刻意地降低了一等。因而,嘉靖之后的京师国子学孔庙,其实应该采用的是洪武制度中下国子学一等的府学孔庙的制度。

由明初洪武年间颁布的国子学孔庙制度中的两庑数量,到清初北京国子监孔庙中的两庑数量,以及明成化、弘治间曲阜孔庙大成殿的开间数与清初北京国学孔庙大成殿开间数,这样两组制度性建筑数据之间,所透露出的很可能是明代孔庙等级制度的一个反映。即明代自永乐以后,京师国学孔庙大成殿已为 9 开间,东西两庑可能仍保持了洪武制度中的各 38 间的做法;如此,则若降其一等,则大成殿为 7 开间(清末改回为 9 开间),东西两庑间数减半,为 19 间(图 10)。

图 10　北京国子监孔庙大成殿及两庑全景

清代北京国学孔庙直到光绪三十二年(1906 年)时,才将大成殿重新恢复到 9 开间的等级上,而且,很可能在清代的大部分时间中,北京国子监孔庙都沿用了清初的制度。只是在雍正二年重修曲阜孔庙时,也许因为当时曲阜孔庙仍然保持了明嘉靖以前旧有制度的殿庑基址,特别是台基,为了表达出一种强烈尊孔姿态的雍正帝,就将其大殿恢复到了 9 开间的格局。而且,由于用地基址充裕,其两庑也就在原来 38 间的基础上,增加到了40 间(图 11)。

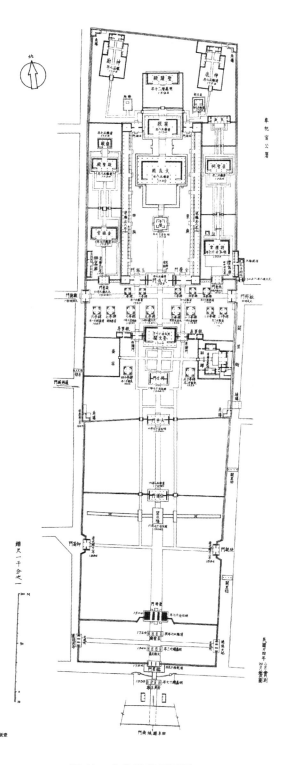

图 11　曲阜孔庙平面图

我们知道,现存9开间的曲阜孔庙大成殿是清雍正二年重建时的遗物。也就是说,如果我们所推测的明嘉靖九年所立曲阜孔庙大成殿,是按照当时的政策而有意对孔庙采取了贬抑的措施,那么,至清雍正二年(1724年)曲阜孔庙大火遭焚并重建时,又恢复到了其旧有的大成殿为9开间、东西两庑各为40间的格局,而这一格局也最为接近永乐及弘治国学孔庙的大成殿制度,及洪武所定国学孔庙的东西两庑间数制度。

现存北京国子监孔庙的大致格局是在保存了清初这一基本空间格局的前提下,于清末光绪年间仅仅将正殿大成殿加以重建与扩建后的结果。其正门为先师门,3开间(相当于洪武制度棂星门3间的制度),门内两侧为东为神厨,西为神库,并致斋所、宰牲所、井亭等建筑。第二道门为大成门,5开间(与洪武国学孔庙大成门制度相同),门内即正殿大成殿,9开间(与明弘治曲阜孔庙大成殿同,可能与明永乐国学大成殿制度亦相同),殿前两翼为东西两庑,各19间。殿后另有一进院落,其内为崇圣祠,5间,两侧厢房各3间,门亦为3间。大成殿后的崇圣祠不在我们这里所论的建筑制度性范畴之中,因此,我们将注意点集中在大成殿与其前的庑房,及庙门、戟门、棂星门等方面。

北京国子监孔庙大成殿的建造时代,于大约相近的时间,由占领了南京的湘军头领们,将旧朝天宫改建为孔庙,其大成殿亦成为了明清历史上唯一一处将地方孔庙大成殿建造为最高等级的9开间之建筑格局的孤例,这两件事恐怕不会是偶然的巧合,正说明处于风雨飘摇中的晚清政府,希望通过抬高尊孔之力度的姿态,来挽救大清国日渐颓败之困境的内心挣扎。

当然,还有一个特例,即现存济南府文庙大成殿,采用了明显较高等级的单檐9开间格局,其中的原因,尚不清楚。有一种说法是,该大殿似重建于明初洪武二年(1369年),其后虽曾经过多次大规模修葺,但保持了明洪武时的建筑规模与布局。假如我们先认定这一说法是真实的,那么,只能得出一个推测:这座大成殿的建造在时间上先于洪武八年(1375年)所颁布的南京国子学孔庙制度,且有就近的元大德六年(1302年)所建之曲阜孔庙重檐9间大殿的先例(即使遭元末战争焚毁,但恐怕也是当时距离曲阜不远的济南人所熟知的事情)为参照,因此,在这样一种时间与地理背景下,将这座府学一级文庙大成殿建造成为最高等级的9开间大殿,是完全可能的。

三 明代地方儒学孔庙建筑制度

由如上的分析可知,嘉靖时的一系列举措,如降低孔庙祀典,毁拆孔子等圣像,改为木主,并增加启圣祠建筑组群等,其结果是将明代国子学孔庙的制度降低为大成殿7开间、东西两庑各19间的格局。如果我们将这一建筑制度推测为永乐时,整合洪武制度与元代制度而重新制定的国子学、府学、州学、县学孔庙建筑制度等级系列中的一个等级,那么,与之最为贴切的就是明代府学孔庙制度。也就是说,从这一被嘉靖帝刻意降低了一个等级的北京国子学制度中,我们反而可以还原明永乐、成化、弘治间地方府学孔庙的建筑制度,从而进一步推测出更为低一级的州、县学孔庙的建筑等级制度,及各等级制度下的相应建筑配置。

其可能的建筑等级序列是:永乐、成化、弘治时的地方府学孔庙建筑,一般应为大成殿 7 开间、东西两庑各为 19 间的格局。州、县以下的儒学孔庙,制度会递减,如大成殿为 5 开间,东西两庑各为 9 开间(如直隶州、大县等);大成殿为 3 开间,东西两庑各为 5 开间(府辖州或县)等。从而有可能还原明代永乐之嘉靖间,从京师国子学,到地方府学、州学、县学的孔庙建筑等级制度。

为了进一步探索这一制度性结构的内在关联,我们对明代地方儒学及孔庙的建筑制度再做一些梳理。

1. 顺天府学文庙

据清代《畿辅通志》:明清北京城内有顺天府学,学在府治东南,教忠坊内。明洪武初,因元大和观旧址建造了大兴县学,并将元国子监改为府学。永乐元年设立顺天府,仍将府学改为国子监,而将大兴县学改为顺天府学。清代沿用了顺天府学,大兴、宛平二县的生员都隶属于府学。

我们先来看一看这座顺天府学的建造始末与基本规制,及在清代修缮重建的情况,由此或可以推测出明清时代顺天府学的基本情况:

永乐九年(1411 年),建明伦堂、东西斋舍。

永乐十二年(1414 年),建大成殿,又建学舍于明伦堂后。由这里的建造内容来看,明代人是将府学与府文庙结合在一起进行建造的。

宣德三年(1428 年)、正统十一年(1446 年)及成化年间(1465—1487 年),先后经历了 4 位知府的相继修建,规制始备。“内建大成殿、两庑、神库、戟门、泮池、棂星门、明伦堂,进德、修业、时习、日新、崇术、立教六斋,尊经阁、敬一亭、文昌祠、魁星楼、庖舍、牲房、射圃、廪庾、会馔堂、左右斋舍,及学官衙署。门外牌坊二,额曰:育贤,东西对峙。(其规制各府州县大略皆同,或庙学有左右前会不同者,则各因地便耳。)”[1]但是,作为木结构的府学建筑,岁久渐颓,清顺治年间,“筑立崇垣,重修大成殿及两庑,泮桥。”康熙四年(1665 年),“补修大成殿、大成门、棂星门,儒学大门、二门、魁星楼、明伦堂,并启圣、名宦、乡贤各祠”[2]。

据《明史》:宣德三年(1428 年),在一些儒生的提议下,追封了孔子的父亲叔梁纥为启圣王,“创祀于大成殿西崇祀”[3]。这应该就是孔庙中启圣祠(及崇圣祠)的建造之始。从其他史料中可以知道,启圣祠作为一种建筑制度加以明确,应是嘉靖十年(1531 年)以后的事情。明代亦开启了由官方统

[1] 畿辅通志.卷二十八.学校

[2] 畿辅通志.卷二十八.学校

[3] 明史.卷五十.志第二十六.至圣先师孔子庙祀

一在各级孔庙中建造名宦祠与乡贤祠的传统。明清畿辅地区府州城市中均设立了名宦祠与乡贤祠。顺天府中的二祠设在在府文庙戟门左右两侧。

以上是明代顺天府学的大致规制，及其在清代被修缮的情况。但是，这里没有记载北京顺天府学大成门与大成殿的开间数量，及两庑的间数等。仅知道府学中有棂星门、大成门、大成殿及两庑的设置。

《日下旧闻考》中收入了商辂所撰《重修顺天府学记》：

> 顺天府学，永乐初改建，至是七十年，虽数加葺治，率因陋就简，未有能侈前规者。成化改元，府尹张君谦相旧斋庑逼近堂庙，辟东西地广之。堂之北创后堂五间，左右房各九间。庙之外，戟门、棂星门皆撤而新之。学之门，树育贤坊二，东西对峙，示壮观也……择前后隙地建号房五十余间，学后拓为射圃。崇墉广厦，焕然一新，尹之功大矣。❶

这里所透露出的信息仍然有一点模糊，如左右房是否就是殿前的两庑。堂之后创后堂五间，那么正堂是否也是五间呢？另外，其前除了戟门与棂星门外，是否还有大成门之设呢？明代的资料虽不易查找，但现存清代府学的基本规模还在，其位置在北京东城区的府学胡同内，最初是在元代太和观的基础上改建而成的，初为大兴县学，后永乐定都北京，将原府学改为国学，则大兴县学亦升格为府学。

现存顺天府学为东西两路，西路为祭祀孔子的文庙，东路为儒学。其中西路前为棂星门3间，门内为泮池及3座石桥。两厢为乡贤与名宦祠，这种将乡贤祠与名宦祠附于地方文庙中的做法，始自于明代，清代亦沿袭了下来。

其北为大成门，3开间。门内即为正殿大成殿5间。然而其东西两庑，亦各5间。这显然与上面所引明代顺天府中堂前"左右房各九间"的情形大不相同了。如果我们可以将明代记载中的顺天府学制度想象为大殿5间，东西两庑各9间，则恰与前面所假设的明代孔庙制度中的第三个等级，即介乎府学与县学之间的州学的制度比较接近。而顺天府学附郭于京师，离京师国子监及孔庙又十分近，比之地方府学降一个等级也是可能的。

另据《日下旧闻考》：

> 永乐元年，升北平府为顺天府，则大兴县儒学例不得设矣，遂以为府学。九年，同知甄仪建明伦堂东西斋舍。十二年府尹张贯建大成殿，又建学舍于明伦堂后。岁久颓毁……遂撤故新之，为大成殿，翼以两庑，前为戟门，以祠先师先贤……为六斋于明伦堂东西，附以栖生之舍，会馔有堂，有厨有库，而蔽之重门焉。❷

从这里可以知道与顺天府学文庙相邻的府学的大致情况：府学在文庙之东，前为大门3间，内有二门3间，二门北为仪门1间，仪门以内为明伦堂5间，两侧即东西六斋。明伦堂后有崇圣祠、尊经阁等建筑。此外，还应有厨库以及生员的屋舍等房间。

❶ [清]朱彝尊，于敏中. 日下旧闻考. 卷六十五. 官署

明代不同等级儒学孔庙建筑制度探

❷ [清]朱彝尊，于敏中. 日下旧闻考. 卷六十五. 官署

2. 河南地方儒学与文庙(自《河南通志》)

对于如上所推测的地方儒学文庙建筑的基本等级规制,只是一种逻辑性判断,实际建造中,情况要复杂而多变得多。我们可以先从地方史料中做一些梳理,以河南为例。在《河南通志》关于学校一节,特别谈到了各个府州县学的规制问题:

> 其规制各府州县学大略皆同,或庙学有左右前后不同者,则各因地便耳。[1]

这里大约给出了一个基本概念,即河南地方庙学的规制是大略相同的。其间似乎没有什么等级的差别。我们可以来看一看:

（1）开封府学

> 开封府儒学旧在府治东南,以宋国子监故址建,为汴梁路学。明洪武改为开封府儒学。三十三年夏圮于水,永乐五年徙于丽景门西北,即今所也。内建大成殿。殿之前列两庑、神库、戟门、泮池、棂星门。东列庖舍、牲房、名贤祠、射圃;西列明伦堂、四斋、尊经阁、廪庾、会馔堂,后列官廨,分置号舍于左右……嘉靖十年建明伦堂于学东,建敬一亭于学北(各府州县同)。[2]

> 皇清顺治九年,知府朱之瑶建大成殿七楹,东西庑各七楹,戟门三楹,棂星门三楹,及泮池、启圣祠。戟门外建名宦、乡贤祠,东西各三楹。东西竖牌楼两座。西建儒学大门、仪门,各三楹;明伦堂五楹,东库、西厨各三楹;东西斋房各五楹。后建尊经阁,东西耳房各九楹。

可以知道,清代时的开封府学,其文庙之大成殿为7间,东西庑各7间。其在大殿前两庑的数量上,与我们前面所推测的制度(东西各19间),相差甚远。

（2）卫辉府学

> 而文庙仍存……以庙之东为府学,西为汲县学,而庙处其中,两学共之……遂大兴作,益治堂,堂迤南为二门,为大门,门皆三楹,翼堂东西各两斋,东曰进德、日新;西曰修业、时习;相向俱十楹。东斋之南为名贤祠,西斋之南为神库、宰牲房。四斋之后,诸生肄业号舍。堂北为后堂,其东西为会馔、储书二堂,又东西为馔库,为吏牍房。而庙及后堂之北,则职教之居列焉。益北为外舍,以居诸生有家室者。又为饎庾、为射圃、观德之亭。凡为屋一百六十余楹,而学之所宜有者,备已为地,东西三十有五丈,南北五十五丈有奇。垣其四周廉隅秩如。[3]

这里比较详细地记录了儒学的情况,特别是其基址的大小规模,但对于其文庙制度几未提及。而从两校共享一座文庙的情况看,一是每所学校必须有一座文庙,以为释奠之所;二是两所学校是可以共享一座文庙的。

[1] 钦定四库全书.史部.地理类.都会郡县之属.河南通志.卷四十二.学校上

[2] 钦定四库全书.史部.地理类.都会郡县之属.河南通志.卷四十二.学校上

[3] 钦定四库全书.史部.地理类.都会郡县之属.河南通志.卷四十二.学校上

（3）辉县儒学

        地东西广十丈许,凿石于山,为柱为础,伐木于林,为栋为楣,新立
棂星门三楹,中戟门三楹,列两庑十八楹。斋号厨库凡四十楹,文庙讲
堂悉如旧制。❶

    上面所引是明弘治时县令车玺所撰《辉县儒学碑记》中的内容,其中所
列两庑,是在由棂星门与中戟门形成的中轴线两侧,应该属于大成殿前的两
庑,而其 18 楹,应当符合前面所推测的大成殿为 5 间、东西两庑每侧 9 间的
州学制度。其前戟门、棂星门皆如制。

（4）河内县学

        出帑藏银六百有奇,市材鸠工,委义官萧钦督之。正殿旧四楹,广
为六楹,两庑旧二十楹,广为二十四楹。戟门、棂星门皆撤而新之。棂
星门三座,皆易以石柱,门内泮池,亦甃以砖石。❷

    此为明正德(1506—1521 年)时人何瑭所撰碑记,所记怀庆府河内县学,初
建于洪武十五年(1382 年),旧制为大成殿 4 楹(3 间)、东西两庑 20 楹(各 9 间)。
已历经 140 余年,此次改建,将大成殿改为 6 楹(5 间),东西两庑 24 楹。这里可
以窥见,洪武时县学大成殿当为 3 开间,但其东西两庑仍各为 9 间。

（5）汝阳县学

        遂相地度基,得之府学之右。顾帑竭赋殚,赀无从出。乃以义倡
之,有国子生陈宁者,馈五十金,继馈者绳属……创大成殿五间,东西庑
各如其数,中外门各三间,殿后创明伦堂暨东西斋,间数皆如殿而规制,
以此成矣。堂后创师生寝舍及庖廪之属总四十一间。四周以垣。❸

    撰此记者为明成化间人,所记为成化七年至八年间(1470—1471 年)
事。这里的叙述方式颇有意趣,如其大成殿为 5 间,而其东西庑"各如其
数",中外门各 3 间,而其明伦堂、东西斋,"间数皆如殿而规制"。由此透露
出来的消息说明,至少在明代初年时,国学与地方府州县学及文庙建筑,确
实存在着某种十分确定的规制。一如其大成殿规制确定,其余如两庑、门殿
及学校堂斋,均应"各如其数","间数皆如殿而规制"。

    由此也可以得出一个推论,自嘉靖九年(1530 年)对孔庙制度采取了一
些贬抑的厘正做法之后,明初洪武帝所制定的孔庙等级制度也就名存实亡。
各地府学、州学、县学也就各因其地而建造之。相应的制度性规则,亦似乎
只能从嘉靖以前的一些历史文献中去窥悉。

（6）伊阳县学

        庀材鸠工,始创圣殿五楹,两庑各七楹,次戟门、棂星门,各三楹。
后明伦堂三楹,东西两斋各五楹。退食有堂,肄业有所。❹

    明代时的伊阳县学孔庙,其大成殿为 5 间,东西两庑各 7 间。戟门、棂
星门各 3 间。

（7）荥阳县学

        为殿五楹,为祠三楹,文昌始营,两庑乃构,然后缭以高墉,阖以重

❶钦定四库全书.史部.地理类.都会郡县之属.河南通志.卷四十二.学校上.明车玺辉县儒学碑记

❷钦定四库全书.史部.地理类.都会郡县之属.河南通志.卷四十二.学校上.明何瑭河内县儒学碑记

❸钦定四库全书.史部.地理类.都会郡县之属.河南通志.卷四十二.学校上.明杨守陈汝阳县儒学碑记

❹钦定四库全书.史部.地理类.都会郡县之属.河南通志.卷四十三.学校下.明车玺伊阳县儒学碑记

扉,轮焉焕焉,诸好备矣。❶

此记为清代人所撰,说明清代重建的荥阳县学文庙大成殿为 5 开间,两庑的情况不详。这里的"为祠三楹"应当是指明代时开始的在文庙前两侧所分别建造的名宦祠与乡贤祠,抑或可能是崇圣祠。

3. 山西地方儒学与文庙(自《山西通志》)

(1) 猗氏县学

相基之旧,以步武计,纵九十五,衡二十五。邑人荆鉴,施东偏地,共得亩三十,构正室二筵,广轮十一宇,庙曲回计二十架。春秋二仲三献,各有其位。丽牲登歌,各有其所。应门居中,皋门居外,大小异制,壮伟宏耀。明洪武三年重修,嘉靖三十三年,知县韩应春复修。❷

这里给出了一座县学的占地规模。而其所谓应门、皋门,只是将孔庙当成古代宫室的一个比喻,实际上应门,当为大成门,皋门为外门,或是棂星门,或是戟门。从其带有文学性的描述中,我们很难判断这座庙学的建筑配置情况,及文庙正殿、庑房的间数设置情况。

(2) 万泉县学

金太和三年,主簿刘从谦修,张邦彦记曰,为屋八十间,正殿在前,讲堂在后,堂之左右翼以两斋,有为两庑,直接贤堂,为库房,为尉室。贤堂二室分设正殿前,又于其南起四贤堂。❸

这里记载了一座金代山西地方县学的情况,庙学建筑总数有 80 间之多,但其孔庙建筑的制度情况,仍然不知其详。

(3) 天宁县学

元大德二年修……记曰:南北四十举武,东西二十五举武。外垣中基立正殿五间。缭楹层檐,前为应门,缩直相望。后徙今址。明洪武八年,知县郁杰更建,天顺四年,知县王溥撤而新之。❹

从这里透露出来的信息,可知,元代时山西省地方县学文庙正殿(大成殿)的规模亦为 5 间。两庑的情况则不详。

此外,从《山西通志》中,我们还可以注意到一些与地方庙性有关的建筑配置情况,即在地方庙学中,除了文庙之大成殿、两庑及其前的门殿,以及学校的明伦堂及斋堂、库房之外,一般常见的建筑还有:崇圣祠、文昌祠(或文昌阁)、名宦祠、乡贤祠、尊经阁、魁星楼以及射圃等。每座建筑的位置,虽然也有一些规律可循,如名宦祠多在戟门左,乡贤祠多在戟门右。文昌阁多在大成殿东(或左),崇圣祠多在正殿(大成殿)后,亦可能在大成殿东,尊经阁也可能在先师殿(大成殿)后,也有将尊经阁与文昌阁合而为一的,魁星楼在儒学的东南隅,射圃则可能在大成殿西。而从城市的整体布局上看,大部分地方儒学,都在地方治所的东、东南或东北,当然,也不排除个别的例外。

❶钦定四库全书.史部.地理类.都会郡县之属.河南通志.卷四十三.学校下.皇清沈荃荥阳县重修儒学碑记

❷钦定四库全书.史部.地理类.都会郡县之属.山西通志.卷三十六.学校

❸钦定四库全书.史部.地理类.都会郡县之属.山西通志.卷三十六.学校

❹钦定四库全书.史部.地理类.都会郡县之属.山西通志.卷三十六.学校

4．陕西地方儒学与文庙

（1）西安府学

学制，大门三间，前有"誉髦斯士"坊，门内为泮池。仪门内当甬道为魁星楼，正中上面为明伦堂五间，两旁为四斋，曰志道、曰据德、曰依仁，曰游艺，各三楹。东西号舍，各三十六间，堂后为尊经阁五间，上贮书籍。阁旁碑亭两座，阁后神器库六间。敬一亭在殿后，射圃在长安县学右。❶

❶钦定四库全书.史部.地理类.都会郡县之属.陕西通志.卷二十七.学校

这里十分清晰地记录了西安府学的基本建筑格局，而与其相毗附的府学文庙：

府学文庙，岁久颓敝，成化戊子（1468年），副都御史马文升巡抚是邦，意图恢拓未果。越壬辰（1472年）秋仲释奠，适大风雨，殿庑倾圮，乃谋诸巡按蘸盛布政朱英，按察宋有文，撤而新之。令西安知府孙仁出公帑美余，扩其旧址，首建大成殿七间，两庑各三十间。次作戟门、棂星门、神厨、斋房、泮池，及殿后唐石刻之属。旧覆亭宇，咸增新之。经始于癸巳（1473年）春正月，至秋八月讫工。❷

❷钦定四库全书.史部.地理类.都会郡县之属.陕西通志.卷二十七.学校

明成化十一年（1475年）《重修西安府学文庙记》亦云："扩其旧址，首建大成殿七间，崇四丈有五、深五丈、袤九丈有二。两庑各三十间，崇深视殿半之，袤且数倍。次作戟门，又次棂星门，又次文昌祠、七贤祠、神厨、斋宿房、泮池……"更进一步印证了《陕西通志》中的这一记载。

我们在这里注意到两点：一是这座府文庙是建造于明嘉靖之前的，其制度上应该更接近洪武时所提出的制度；二是这里的大成殿为7开间，但是两庑为60间，每侧各30间。这一做法显然是在洪武制度之两庑76间的基础上，降低了一些规格，但却与我们所分析的不同。而若洪武制度中，国学孔庙大成殿果为9开间的话，这里将大成殿定为7开间，也是为了降低一等。目前，这座明代建造的府文庙，除了大成殿于20世纪50年代遭雷电而毁外，其余如两庑、戟门、棂星门、泮水桥、太和元气坊、碑亭等建筑尚保存完好。如其面阔3间、进深两间的戟门，为单檐歇山顶，上覆绿琉璃瓦，仍然反映了较高的府学文庙规制。

（2）长武县学

明万历十一年（1583年）割宜禄为长武邑，治既兴，学宫鼎建，左为庙，右为明伦堂，两庑、两斋，各如制。庙北为启圣祠，戟门之旁为名宦、乡贤祠。堂北为尊经阁。迤西为敬一亭。宫墙之外，东为社学，西为射圃，期月告成。❸

❸钦定四库全书.史部.地理类.都会郡县之属.陕西通志.卷二十七.学校

明代陕西地方府、州、县学的情况，除了西安府略有记载之外，其余则需进一步地发掘。但西安府学及文庙，应当是明代地方府学建筑制度的一个重要案例。

5. 江南地方儒学与文庙(江南通志)

(1) 江宁府学

国朝顺治九年(1652年)总督马国柱题,以明国子监改为江宁府学,重修圣殿,旁设两庑,前立棂星门、戟门,后改彝伦堂为明伦堂,旁设志道、据德、依仁、游艺四斋,以官署为启圣祠,以国子监坊为江宁府学坊,其后祠庑渐敝……(康熙)十九年(1680年),知府陈龙岩重修两庑七十二楹。二十一年总督于成龙倡修,同知朱雯署府篆,捐俸修整四碑亭及两庑、门栏。二十二年知府于成龙、教授谢允抡、训导邹延屺开濬泮池,筑屏墙。四十五年,织造使曹寅、五十五年布政使张圣佐,相继修葺。雍正十三年,总督赵弘恩重修。❶

清江宁府学,是由明国学及孔庙改建而成的,因此在改建中既有沿袭,也有鼎革。如其大成殿前两庑仅为72楹,比之明洪武国学孔庙两庑76间的规制降低了一些,但仍然是比较多的。这里没有谈及其大成殿的间数,但以其两庑72间,每侧36间所围合的纵长方形庭院看,其大成殿的规制应该不会少于7开间。

现在保存较好的南京夫子庙,是于清同治八年(1869年)重建的,其大成殿为7开间,而其前大成门清代时仍为5开间,现存晚近重建的为3开间。这说明地方府学用5开间门与7开间殿,仍是明清时比较常见的规制。由此或也可推测,顺治九年重修的江宁府学,其大成殿也应该是7开间,其前两庑为72间,两者都略低于洪武制度之大成殿9开间,两庑76间的规制。

清末同治五年(1866年),因旧府学已毁,将南京保存尚好的道教古建筑群朝天宫改为府学及文庙(东为府学,中为文庙,西为卞壶祠)。其文庙大成殿为9开间重檐歇山顶大殿(殿身为7开间),其外戟门为5开间,东西两庑各12间。其大成殿规制,显然是在清末时,已缺乏统一的制度性规定的结果。朝天宫大成殿后为先贤殿(亦称崇圣祠),先贤殿后有为敬一亭。亭东是飞云阁、飞霞阁和御碑亭。应当是在组群制度上,保存比较完整的清代府学文庙的建筑群。

除了江宁府学之外,南京旧有上元县学与江宁县学。据史料,在清初将明代国学及孔庙改为府学后,遂将原江宁府学改为上元与江宁两县的县学:"国朝顺治六年(1649年),以旧国子监改府学,遂以府学为上、江两县学,其规模制度俱从府学制。"❷从这里知道,明清时代从国学,到府学、州学、县学,确实存在次具体的规模制度。只是由于岁月久远,多有变迁,既无法找到原始的规定性文本,也缺乏足够充分的历史建筑案例加以辨析。

在上元与江宁县学中,曾建有尊经阁与青云楼。其中的青云楼似不见于其他地方的儒学建筑群中。其余大成殿、两庑、明伦堂,及各祠在清代都

❶钦定四库全书.史部.地理类.都会郡县之属.江南通志.卷八十七.学校

❷钦定四库全书.史部.地理类.都会郡县之属.江南通志.卷八十七.学校

有重修,但制度不详。

（2）苏州府学

> 明洪武初知府魏观即旧址建明伦堂,辟地又新之。宣德间,知府况钟重建大成殿,又建至善、毓贤堂于后,附以四斋、两廊。学舍前有范公手植古桧,后有尊经阁。天顺间知府姚堂构道山亭。成化四年,知府贾奭创立游息所。十年,知府邱霁改作先师庙,门庑桥池悉备。正德元年建东西二门,曰耀龙、曰翔凤。嘉靖十年,制增启圣祠。建敬一亭,贮六箴碑。各州县如之。❶

关于苏州府学的详细制度,我们从这里无法厘清,但仍可以从中得出一些信息:

① 孔庙中设启圣祠(或崇圣祠)、敬一亭等,应该是嘉靖十年(1531 年)后新增的制度。

② 苏州府学在一些建筑处理上,有苏州园林的影响,如建造道山亭,及增加东西两门,都使其空间比较灵活而有变化。而在大成殿后建至善、毓贤两堂,也是别处的府学中所未见到的。这说明儒学建筑,在一个基本的规模制度规定下,会有一些变通、灵活的处理。

现存的苏州府学,虽然已不及历史上的规模,但仍然可从其遗存中略窥其建筑制度。如其文庙大成殿为面广 7 间、进深 6 间的规模,重檐庑殿顶,有柱 50 根,据说是楠木柱,似为明代知府况钟重修时所留之物。其前棂星门(亦为大成门)为 5 开间,是为明成化间的遗物。其前有石造棂星门为 6 柱 3 间。另有崇圣祠(启圣祠),当是按嘉靖十年的制度建造的。庙西府学部分的主要建筑明伦堂为 5 开间。

（3）常熟县学

常熟县学有宋淳熙十年(1183 年)《魏了翁重建大成殿记》,其中可以看出宋代时儒学与孔庙的一些建筑做法:

> 庆元三年,县令孙应时以言游里人也,始祠于学……宝庆三年祠迁于学之左……邑士胡洽、胡淳,庇其役,以孔庙居左,庙之南为大门,北为言游之祠。又东北为本朝周子、张子、二程子、朱文公、张宣公祠,以明伦堂居右。东西为斋庐四以馆士,为塾二以储书。凡祭器祭服藏焉。西以居言氏之裔,通为屋一百有二十楹,而为垣以周之。❷

显然,宋代时的儒学与孔庙,并非明清时代那样制度严谨而明确。这一点也使我们对明代儒学与孔庙的建筑制度之探索,显得更具意义。

（4）南汇县学

> 购民地若干亩,于县之东南境,择其址之爽垲者培之,建大成殿五楹,旁列两庑,前设大门。门以外为泮池。施桥于上,桥之前则棂星门树焉。缭以崇垣,百堵皆作,即其后为崇圣之宫,讲堂、斋舍,计日告成丹艧炳焕,阶阰砥平。宫墙之旁,翦其荆榛,易之以桃李松桧,嘉树有阴,壁沼涟漪,互相掩映,山川秀灵之气,于是乎萃。❸

❶钦定四库全书.史部.地理类.都会郡县之属.江南通志.卷八十七.学校

❷钦定四库全书.史部.地理类.都会郡县之属.江南通志.卷八十七.学校

❸钦定四库全书.史部.地理类.都会郡县之属.江南通志.卷八十七.学校

从这里可以知道，江苏县学的大成殿可能以 5 开间为一个定则，比之江宁府学之 7 开间的大成殿，降低了一个等级。其两庑的情况，我们仍然无法得其详。

（5）扬州府学

扬州府儒学在府治后儒林坊，宋建，明洪武中知府周原福因旧规重建，东有成贤坊，西有育才坊，及藏书楼、射圃、观德亭、颐贞堂、玩易亭、祭器库、文昌楼，并官廨。正统间，知府韩宏因藏书，改建崇文阁，即今尊经阁也，又建更衣、采芹而亭……（嘉靖）十年，奉诏建启圣祠及敬一亭，贮六箴碑，各县如之。[1]

扬州府学中的建筑，也有颇多自己的个性，有许多一般儒学建筑群中不见的建筑配置，如玩易亭、颐贞亭之属。但其于嘉靖十年奉诏所建启圣祠与敬一亭，进一步说明了，儒学或孔庙中的这两座建筑是自嘉靖十年之后，才成为儒学与孔庙建筑中的制度性规定的。类似的材料，还见于《江南通志》卷八十八中有关"徐州府学"的记载："嘉靖十年，制增启圣祠，建敬一亭，贮六箴碑，各县如之。"卷八十九中有关"宁国府府学"、"庐州府学"、"凤阳府学"、"颍州府学"等的描述中亦有相同的记载。

（6）滁州州学

滁州儒学在州治东……元吴澄记……经始于癸卯（1363 年）之夏，落成于甲辰（1364 年）之秋。庙四阿，崇六仞有二，南北五筵，东西五筵，两庑崇三仞有五寸，东十有七楹，其修十筵，西亦如之。门之崇如庑，深丈有四尺，广五寻有一尺，东、中、西凡六扉，列二十有四戟。左塾之室三，右塾之室三。外三门之楹六。[2]

这里明确记录了滁州州学之孔庙前两庑，分别为 17 楹（17 间？ 16 间？）其庙四阿顶，规制还是比较高的。大成门似为 3 间（六扉），但其外戟门（外三门），似为 5 间。这是目前我们找到的唯一一座州学的建筑规制。但其大成殿间数并不详，以其前两庑各为 17 间计，其正殿似不会少于 5 开间。但以其接近方形的平面（"南北五筵，东西五筵"），则亦不像是 7 间的格局，故很可能是面广 5 间、进深 5 间的格局。其州学亦于嘉靖十年增启圣祠、敬一亭。

（7）桐城县学

安徽安庆桐城县学，宋元祐初建，明洪武初迁于县治东南。其文庙建筑尚存，为明清时遗物。文庙部分建筑较完备，略可见其规制。大成殿为 5 间重檐歇山顶。其前大成门为 3 间。东西有长庑，其庑间数不详，但似为 9 间。大成门外为泮池、石桥及棂星门（石牌坊），其外为戟门，似亦为 3 间。这里可以看出江南县学文庙的大致规制。泮池两旁另有庑房各 5 间。

[1] 钦定四库全书. 史部. 地理类. 都会郡县之属. 江南通志. 卷八十七. 学校

[2] 钦定四库全书. 史部. 地理类. 都会郡县之属. 江南通志. 卷八十九. 学校

6. 四川地方儒学与文庙(四川通志)

《四川通志》卷五中,记载了四川府、州、县文庙的情况,但对其制度语焉不详。只有一些与建筑等制度相关的一些简单描述。如简州儒学:

> 在州旧城东北,宋开宝初建,明正德八年迁州,移新城,明末毁。国朝知州王孙盛重建。康熙九年知州杨登山复迁旧城东北故址。匾额、碑祠,与府制同。❶

这里的一个有趣的信息是,明清时代府学及孔庙似乎确实存在着府、州、县制度上的规定,而这座简州儒学在制度上与府制采取了相同的做法。在这本通志的记录中,凡成都府下辖的各州、县儒学,如成都县儒学、崇庆州儒学、灌县儒学、金堂县儒学、崇宁县儒学等也都采取了"与府制同"的做法。但这里并没有给出成都府的详细制度。

重庆府的情况也是一样,各州、县儒学"匾额、碑祠,与府制同。"但在昭化县儒学中提到了其大成殿的情况:

> 昭化县儒学,在县西一里,宋时建,明永乐中重修,仅存大成殿三间。国朝增修。匾额、碑祠,与府制同。❷

这是唯一明确提到了县级儒学文庙之大成殿仅为 3 开间的实例。但其后的描述,仍然用了"与府制同"等语,说明上文中的"府制"其实并不包括建筑大小规模等制度,只是包括匾额的题名与祠宇的名称而已。

在《四川通州》中记载的"直隶资州"、"直隶绵州"、"直隶茂州"、"直隶达州"等条目下,在州之下所辖的各县学中,几乎都有其"匾额、碑祠与州制同"的相关描述。但对其"州制"究竟如何,我们也无法确知。

7. 广东地方儒学与文庙(广东通志)

《广东通志》中关于地方儒学的记载同样是语焉不详。但从肇庆府学的记录中,我们略可见到一点建筑物之间的布置关系及其他一些相关信息。

肇庆府学:

> 嘉靖……十年(1531 年),易大成殿曰先师庙,建启圣祠、敬一亭……十二年(1533 年),都御史吴桂芳建尊经阁。隆庆三年(1569年),同知郭文通凿庙之左为明伦堂……(嘉靖)四十四年(1565 年),庙学圮于洪水……(万历)三十一年(1602 年)……周嘉谟重修,庙左为明伦堂,为四斋。东曰居仁、曰立礼,西曰由义、曰广智。前仪门,列号房。又前为儒学门堂,后为讲堂,即教授署。东、西为训导署。四十二年(1614 年),改建尊经阁于明伦堂后,而以庙后旧址为启圣祠。东名宦,西乡贤。敬一亭在后山顶,甃以石,周以墙。❸

这里对肇庆府儒学制度有比较明确的描述。府学位于文庙之左(东)。

❶钦定四库全书.史部.地理类.都会郡县之属.四川通志.卷五中.学校

❷钦定四库全书.史部.地理类.都会郡县之属.四川通志.卷五中.学校

❸钦定四库全书.史部.地理类.都会郡县之属.广东通志.卷十六.学校

学之主要建筑为明伦堂,堂前有四斋。东为居仁、立礼二斋;西为由义、广智二斋。之外为仪门,仪门两侧为号房。再外为学校的门堂。仪门以内似为讲堂,即教授署。其两侧为东、西训导署。明伦堂后是尊经阁。府学之右(西)为文庙,当有棂星门、戟门、泮池、大成门、大成殿,及两庑之属,但制度不详。大成殿后,则按照嘉靖十年后所颁制度,建启圣祠。一般文庙中布置在戟门两侧的名宦、乡贤二祠,在这里似乎是布置在了启圣祠的两侧。启圣祠之后堆山,甃石,上建敬一阁。

这里虽然对各种建筑的开间规模不得其详,但各座建筑物之间的相互关系还是比较清楚的。除了名宦、乡贤二祠的位置与我们所熟知的做法不同,及敬一阁特别放在了庙后堆山上之外,基本的布置方式,应该与各地的府学、州学、县学相差无几。

另外,在雷州府学的记载中特别提到了:"雍正元年,改启圣祠为崇圣祠。"[1]在琼州府学的记载中提到了:"嘉靖十年(1531年),改大成殿为先师庙,建敬一亭,刻箴文七通于石。创启圣祠……万历七年(1579年)……开凿泮池于前,改建大门于左,建尊经阁于明伦堂后。"[2]这里更为详细地记述了嘉靖十年对孔庙建筑制度上加以鼎革的一些具体做法,如在敬一亭中刻制箴文石碑七通,与前《江南通志》中所记,敬一亭中"贮六箴碑"事相合,只是碑之数量略有差异。另外,这里也具体提出了其建造"尊经阁"的具体时间,是在万历初年。从史籍中看,尊经阁之设,虽然早在元代即已出现,但在地方庙学中究竟何时开始成为一种制度性规定,无从可知。这里给出的一个时间点是万历七年,那么是否是从明代中叶以后,各地儒学对应于在大成殿后建"启圣祠",而在儒学之明伦堂后建"尊经阁",渐成一种制度性规定,亦未可知。

另在连州儒学的记载中,再一次出现了"雍正元年,改启圣祠为崇圣祠"的记载,说明这次名称改变,也是一次国家性的行为。故各地文庙大成殿后所设崇圣祠,应当都是于雍正元年(1723年)由启圣祠改名而来,其最初的设立年代应当是明嘉靖十年(1531年)。

四　明代城市中的儒学与孔庙建筑制度

1. 一个推测

透过明代史料,以及清代文献中记录的有关明代儒学与孔庙的记载,加之如上的分析,我们或可以通过建筑制度等级差的方式,初步推测出明代永乐年间对于孔庙建筑的一般性制度的可能性规定:

(1)京师国子学孔庙制度

综合洪武国学制度与成化、弘治曲阜孔庙制度,并结合永乐时所沿用的

[1]钦定四库全书.史部.地理类.都会郡县之属.广东通志.卷十六.学校
[2]钦定四库全书.史部.地理类.都会郡县之属.广东通志.卷十六.学校

元至大京师国子学孔庙大殿制度,可以推知:明代国学孔庙可能的建筑制度应该是:大成殿9间,大成门5间,棂星门3间,大成殿两翼东西两庑总76间,每侧各38间(图9)。

目前,仅曲阜孔庙之9开间的大成殿前有东西两庑各40间,是与这一制度性规定最为接近的实例(图6)。

（2）地方府学文庙

大成殿7间,大成门3间,棂星门3间,大成殿两翼东西两庑共38间,每侧各19间(图12)。

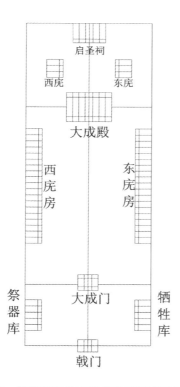

图12　推测明代地方府学孔庙平面示意图

现存实例中,北京清代国学孔庙为大成殿9间(清初为7间),东西两庑各19间的格局与这一制度最为接近。

（3）地方州学文庙(包括直隶州之州学及重要县之县学)

大成殿5间,大成门3间,棂星门3间,大成殿两翼东西两庑共18间,每侧各9间(图13)。

（4）一般地方县学文庙(包括府辖州之州学文庙)

大成殿3间,大成门3间,棂星门1间,大成殿两翼东西两庑总10间,每侧各5间(图14)。

这样一种推测是否有一定的可能性,则需要我们做进一步的分析。

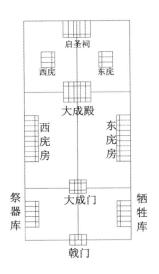

图 13　推测明代地方州学孔庙平面示意图

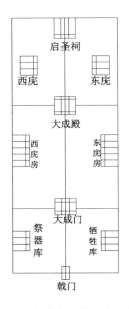

图 14　推测明代地方县学孔庙平面示意图

2. 对明代地方儒学与文庙建筑制度推测的补充

（1）大成殿

1）大成殿为 9 开间

目前,曾经建造过的且保存尚好的最高等级的文庙大成殿只有两座：

① 一座是曲阜孔庙大成殿。这是一座建立在两层丹陛之上的 9 开间

重檐歇山顶大殿。现存曲阜孔庙大成殿的建造年代是清雍正二年（1724年）。

②另外一座是北京国子监孔庙大成殿，是清光绪三十二年（1906年）改建而成的。而清初时的北京国子监孔庙大成殿仅为7开间。明初洪武南京国学孔庙与永乐国学孔庙，应当也取了9开间的建筑形式，而后来北京国学孔庙7开间的制度，可能是明嘉靖十年厘革孔庙建筑制度的结果。

③另有2个例外，即重檐9间殿的南京朝天宫大成殿，及单檐庑殿9开间的山东济南府学文庙（图15）。南京朝天宫大成殿，是清末占领南京的湘军头目在古道教建筑的基础上改建而成，其时的清王朝已是风雨飘摇，或有僭越，也是无可无不可之事。济南府学文庙的建造沿革不是很清楚，很可能亦是清末，甚至更晚时所为之物，似亦不能纳入明代洪武制度的范畴。

图15　九开间的济南府学文庙大成殿

2）大成殿为7开间

如果确认了清初北京国子监孔庙大成殿定为7开间并非明初的制度性规定之延续，则暂将其排除在外，那么，前面所提到的大成殿为7开间的孔庙，均为府一级城市，分别是：开封、苏州、西安。此外，现存实例中大成殿为7开间者，仍然都是历史上的府一级城市，如：开封府、苏州府、西安府。现存实例中，还有浙江杭州府学文庙（其新近复建的制度为7间，当有其原始的依据）、福建福州府文庙（图16）、福建泉州府学文庙、陕西韩城文庙大成殿（图17）、南京夫子庙大成殿（图18）等，亦为7开间。河北保定的地方文献中记载，明代改保定州学为府学时，"先增大成殿七间，两庑原各增九间"，"木主为塑像"，"大加修饰，益恢前度"❶。也从一个侧面证明了当时确实存在着某种制度性规定，这些府一级文庙大成殿的等级与我们所推测的洪武制度是相吻合的。

❶ 转引自：http://www.douban.com/group/topic/9112807/

图 16　福州府学文庙（大成殿七间）

图 17　韩城文庙大成殿（七开间）

图 18　南京夫子庙大成殿（七开间）

开间为 7 间的大成殿中,有一个奇怪的例子是清代畿辅地区安州州学文庙大成殿:

> 安州学,元时在州治东。明洪武八年,知县王思祖移建州治西。正统中,知州陈纶金铎成化中知州王钦、弘治中知州宋经相继重修。正德中知州孙鉴,增广大成殿七间。嘉靖中知州张寅、李应春、曹育贤各有增修。❶

另外,四川德阳县学文庙大成殿(图 19),亦是 7 开间的例子。从这里我们得到一个信息,即使是在既有的制度规定之下,仍有一些超越制度等级的做法,而传统社会对于在入学与孔庙方面上的制度性僭越,似乎采取了比较宽容与默认的态度。另外,从这里也可以看出,在明代城市中,地方儒学与文庙的建设,几乎是历代地方官所特别关注的建设事项。

❶钦定四库全书.史部.地理类.都会郡县之属.畿辅通志.卷二十八.学校

图 19　四川德阳文庙大成殿(七开间)

3) 大成殿为 5 开间

实例中大成殿为 5 开间的例子是比较多的,如明清两代的顺天府学文庙大成殿,清代重建的苏州文庙大成殿(图 20)等。目前,在一般性史料中能够找到的州一级儒学文庙中,只有《江南通志》中记载的滁州州学文庙大成殿为 5 开间。现存实例中还有广东德庆州州学文庙(图 21),洛阳的河南府文庙(图 22),江西上饶府文庙(图 23),其大成殿亦为 5 开间。另外,还有一些县一级儒学文庙的大成殿,亦为 5 间,如前面提到的,河南地区有辉县儒学文庙、河内县学文庙、汝阳县学文庙、伊阳县学文庙;山西地区有天宁县学文庙;江南地区有桐城县学文庙(图 24)。现存实例中,如河北正定县学文庙(据说为明代所立,其建筑实为五代时的遗物,疑是明代地方官将古代建筑遗存加以改建利用的结果)、云南建水县学文庙、天津蓟县儒学文庙大成殿、台北文庙大成殿(图 25)等。

图 20 苏州文庙大成殿（五开间）

图 21 广东德庆州文庙大成殿（五开间）

图 22 洛阳河南府文庙大成殿（五开间）

图 23 江西上饶府文庙大成殿(五开间)

图 24 桐城文庙(大成殿五间)

图 25　台北文庙大成殿

另外，从文献中还可以注意到，5 开间大成殿有浙江象山县学大成殿，其元代时的规制是 5 开间（见《延祐四明志》，卷十三）；清代热河州文庙大成殿，其殿为 5 开间，其前的大成门，及其后的崇圣祠、尊经阁亦为 5 开间。而其大殿前两庑各为 11 间（见《钦定热河志》，卷七十三）；明代的江西万安县学文庙大成殿（殿为 5 间，高 4.5 丈，见《江西通志》，卷一百二十九；并见明·王直撰《抑菴文集》，后集卷四）；明代的福建永春县学文庙大成殿（"*大成殿五间，高深各四十尺，而广倍之。建两庑各五间。视殿制高减十尺，深减十五尺，而广减其四十有一尺。戟门高广与两庑并棂星门高二十尺，而广与戟门并*。"见明·蔡清撰《虚斋集》，卷四）。

由此，我们或可以推测，大成殿为 5 开间，或者并不仅仅限于州学文庙中，那些直接受辖于府的县一级儒学文庙，似也应该仅仅低于府文庙一个等级，即由 7 间降为 5 间。

4）大成殿为 3 开间

开间为 3 开间的例子几乎全是县级儒学文庙大成殿，如重建之前的河南河内县学大成殿，明代所建的四川昭化县儒学文庙大成殿都是 3 开间。

见于文献中的大成殿为 3 开间的例子还有：

① 广西柳州马平县学大成殿（见清《世宗宪皇帝硃批谕旨》，卷二十九上）。

② 元代昌国州（今浙江舟山地区）宋代所建儒学文庙大成殿（见元《昌国州图志》，卷二，并元·《延祐四明志》，卷十三）。

③ 元代浙江奉化州学文庙（"大成殿三间，从祀东西廊各六间"。见元《延祐四明志》，卷十三）。

④ 清代辽宁海城县学文庙大成殿为 3 开间，其棂星门及东、西庑亦各为 3 开间（见清《钦定盛京通志》，卷一百二十七）。

⑤ 清顺治时所建广西天河县学文庙大成殿（清《广西通志》，卷

三十八)。

　　⑥ 浙江嘉定县大场镇义塾文庙（"教事经营,规画市材,命工修大成殿三间,明伦堂五间,两庑各十二间,仪门如堂之数。以正统八年八月兴工,越月而落成。"明·陈暐《吴中金石新编》,卷七;另见明《抑菴文集》,后集卷二)。这种义塾文庙应该是一个值得注意的特殊例子。

　　从现存的实例来看,清代以后在文庙建筑的等级上已经没有了严格的控制,各地根据自己的财力与物力进行建造。随着经济的发展,比较富庶的县城中,往往将代表其地方文化象征的文庙大成殿提高一个等级来建造,故县级文庙中多见 5 开间的大成殿。现存为 3 开间大成殿的文庙建筑实例,反而是寥寥可数,且不一定是县一级的文庙(图 26,图 27)。

图 26　三开间大成殿举例——汀州文庙大成殿

图 27　三开间大成殿举例——衢州孔庙大成殿

（2）东西两庑

在正殿前设东西庑房是中国古代祭祀性建筑所特有的组群做法，其庑房的间数，亦成为一种建筑制度性的标志，如清代规定：

祈谷坛大享殿：其制 12 楹，中四楹饰以金，余饰三采，殿前为东西庑 32 楹。

山川坛：正殿 7 间，东西庑各 15 间。

太庙：正殿 9 间，东西庑各 5 间。

亲王世子郡王家庙：正殿 7 间，东西庑各 3 间。

品官家庙：一品至三品官，庙 5 间，东西庑各 3 间；四品至七品官，庙 3 间，东西庑各 1 间；八、九品官，庙三间，无庑房，等等。

故而可知，孔庙大成殿前东西两庑的开间数量在制度上也可能具有一定的意义，可惜，由于东西庑房的等级较低，建造得也比较简单，历史上的修改也比较频繁，故其最初的制度性规定，现在很难还原出来了。我们再从文献中寻找一些蛛丝马迹：

1）国子学

明代洪武国子学孔庙：

"大成殿门各六楹，灵星门三，东西庑七十六，神厨库皆八楹，宰牲所六楹。"

明代永乐北京国子学孔庙的可能规制：

综合了元至大京师国子学孔庙大成殿与洪武所颁国子学孔庙制度的明永乐北京国子学孔庙应为大成门 5 间，棂星门 3 间，大成殿 9 间，东西庑总 76 间，每侧各 38 间（图 9）。

嘉靖以后的北京国子学孔庙：

大成门 5 间，棂星门 3 间，大成殿 7 间，东西庑各 19 间，大成殿后有启圣祠，其堂 5 间，其两庑各 5 间（图 28）。

清代国子监孔庙：

大成殿："殿凡七楹，高七丈六尺三寸，中广一丈八尺五寸，次二楹各广一丈六尺，又次二楹各广一丈五尺。深八丈。基高七尺，围廊重檐，覆黄琉璃瓦。"

东西庑："东西庑各十九楹，高三丈一尺八寸，各广一丈二尺五寸，深二丈九尺，两庑之南东西列舍各十二楹"（清《钦定国子监志》，卷九）。

2）府学

河南开封府学文庙：

清顺治九年（1652 年）："建大成殿七楹，东西庑各七楹，戟门三楹，棂星门三楹"（《河南通志》，卷四十二）。

江西德安府学：

"两庑旧各七间，今以其隘，各增为一十五间，每间为一坛，塑先贤、先儒像，居其位"（明·王直《抑菴文集》，后集卷四）。

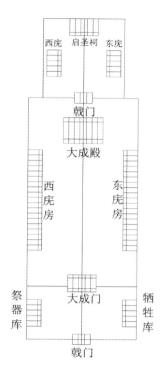

图 28　明嘉靖以后的北京国子学孔庙平面示意图

湖南衡州府学文庙：

顺治十八年（1661年）："建大成殿凡五间，东西庑各三间，前设庙门，后建启圣祠三间。"（《湖广通志》，卷二十三），其建筑等级似相当于直隶州州学文庙的建筑等级。

3）州学

辽宁辽阳州儒学文庙：

原为明代所建之大成殿三楹，康熙四十九年（1710年）增至五楹，康熙五十年（1711年）增建东西庑各三楹，五十一年（1712年），又增两庑至十楹（《钦定盛京通志》，卷四十三）。

这种增建的做法，显然出于与其城市等级相匹配的考虑。其增建后的大成殿制度合乎前面所推测的直隶州州学文庙大成殿之制，但其两庑则低于这一制度，而相当于县文庙大成殿两庑制度。

宁远州儒学文庙：

为大成殿五楹，东西庑各十楹，同辽阳州。与直隶州州学建筑等级相匹配。

广西永宁州学文庙：

清代"建正殿三楹，东西庑、启圣祠、明伦堂各三楹。名宦、乡贤祠各一楹"（《广西通志》，卷一百一十五）。

4）县学

辽宁营口盖平县学文庙：

清制：大成殿三楹，东西庑各三楹（《钦定盛京通志》，卷四十三）。

其余，辽宁开原县学文庙、复州儒学文庙、海城县学文庙、锦州府学文庙、锦县儒学文庙、广宁县学文庙、义州儒学文庙、吉林儒学文庙，其清代所建之制度均为：大成殿三楹，东西庑各三楹（《钦定盛京通志》，卷四十三）。

河北庆都县学：

河北庆都（今望都）县学，明洪武九年（1376 年）重修，其东西庑为十五楹（是每侧 15 楹，还是两侧共 15 楹，并不详。《畿辅通志》，卷二十八）。

河南辉县儒学文庙：

棂星门 3 间，中戟门 3 间，两庑 18 间。由其叙述看，可能是每侧 9 间。

5）卫学

（明）广宁左中屯卫学文庙：

"乃构正殿五楹，作翼道周围石栏，凡二十余丈，东西庑各五楹，戟门一楹，棂星门楼三楹"（《钦定盛京通志》，卷一百一十三）。

6）元代文献中与文庙两庑制度有关的史料

如：《江阴重修学记》，记录了皇庆改元（1312 年）时所建江阴州学："凡东西庑四十有六间，重葺而新之"（元·陆文圭《墙东类稿》，卷七）其庑每侧当为 23 间。

元代江西万载县学文庙，其"两庑十有八间"（元·赵文《青山集》，卷五）其庑每侧为 9 间。

元代广州香山县夫子庙，"东西庑七檩各十一室"（元·吴澄《吴文正集》，卷三十六），其庑每侧似为 11 间。

由此我们似可得出一个结论：元代时，孔庙大成殿前两庑，在间数上似比较多，如江阴州学文庙两庑总 46 间（每侧 23 间），广州香山县学文庙两庑总 22 间（每侧 11 间），江西万载县学文庙两庑总 18 间（每侧 9 间）。这可能是明初洪武初立制度时，特别将国学孔庙大成殿前两庑的数量规定为 76 间（每侧 38 间）的一个原因。

现存北京国子监孔庙大成殿两庑总 38 间（每侧 19 间），恰好是洪武制度庑房间数的一半，尚不及元代江阴州学文庙的规模，亦不及明代西安府学文庙两庑（各 30 间，两庑总 60 间）的规模。故这一两庑规模，很可能是明代嘉靖十年厘革孔庙制度的结果。而嘉靖十年以后，在大成殿后加启圣祠（清改为崇圣祠）、敬一亭及启圣祠前两庑，从而将其前大成殿及两庑的用地大大地缩短。这很可能是造成嘉靖以后，特别是清代国子监孔庙大成殿前两庑仅有 38 间（每侧 19 间）的主要原因。而国子监孔庙两庑的规模与制度的降低，势必带来整个国家各地方城市（府、州、县）儒学与孔庙两庑的间数规模明显地减少。故现在很难真正还原明代洪武年间所确定的国学、府学、州学与县学的两庑间数等级了。

（3）明伦堂与东西斋

在各地方城市中，与孔庙（文庙）相并置的是儒学建筑，儒学建筑也是按照城市等级来确定的。其中与洪武制度联系比较密切的，当属明伦堂与斋舍。

1）府学

顺天府学：

位于庙西，前后大门3间，内有二门3间，再内有仪门1间，仪门内为明伦堂5间，两侧则为东西六斋。

开封府学：

位于庙西，大门、仪门各3间，明伦堂5间，东西四斋，斋房各5间。东库、西厨各3间。

西安府学：

位于庙西，大门3间，仪门不详，仪门内当甬道为魁星楼，正中上面为明伦堂，两旁为四斋，各3间。东西号舍36间。

卫辉府学：

明伦堂间数不详，堂迤南为二门，为大门，门皆3间，翼堂东西为四斋，每侧各两斋，每斋5间，相向俱10间。

苏州府学：

明苏州守况钟重建明伦堂5间，左右四斋及两廊，明伦堂后又建至善（原名止善）、毓贤二堂。

另外，清代热河儒学，为明伦堂5间，东西斋房各7间（《钦定热河志》，卷七十三）。江西德安儒学，明伦堂5间，东西四斋各3间。前凿石甃泮池，周回30丈。（明·王直《抑菴文集》，后集卷四）

低于府学的儒学，也有将明伦堂建为5间的，如息县儒学"旧有明伦堂五间"（清·毛奇龄《西河集》，卷六十二）。而浙江嘉定先大场镇义塾，"修大成殿三间，明伦堂五间，两庑各十二间，仪门如堂之数"（明·陈暐《吴中金石新编》，卷七），即其仪门、明伦堂俱为5间，这应该是一个特例。

2）州学、县学

顺天府大兴县学：

顺天府学在明洪武时为大兴县学，西为学宫，东为文丞相祠。仪门内为明伦堂3间，东北为魁星阁，明伦堂后为崇圣祠，阁后为敬一亭，亭后为尊经阁，阁西为教授署，崇圣祠西为训导署。永乐元年（1403年）改成顺天府学，明伦堂改为5间。

河南伊阳县学：

学在文庙后，有明伦堂3间，东西两斋各5间。

广西永宁州学：

建正（大成）殿3间，东西庑、启圣祠、明伦堂各3间。

广西柳城县学：

中国建筑史论汇刊·第陆辑

（雍正）十年（1732 年）"建明伦堂三间，仪门一座。凡殿庑墙垣复皆休整"（《广西通志》，卷三十八）。

广西（今属广东）怀集县学：

"捐金作明伦堂三间，以为众倡"（《广西通志》，卷八十一）。

（清）盛京学宫：

"（康熙）三十二年（1693 年），重修学宫，增建崇圣祠三间，明伦堂三间，东西斋房各三间，学署六间，库房六间，大门、仪门、东西角门各一间"（《钦定大清会典则例》，卷一百三十九）。

五　结　语

在明代城市重建过程中，不同等级城市中相同类型建筑的等级制度差别，无疑是存在的，这从明代规定亲王邸第制度下天子一等，以及明初规定的亲王王府正殿为 9 开间，而弘治间为了贬抑地方王权势力而重新颁布的亲王王府之正殿仅为 7 开间[1]这一史实中也可以看出，明代统治者是很注意建筑等级制度的差别的。本文对明代城市中从京师国子学，到地方府学、州学、县学孔庙大成殿建筑群及儒学明伦堂建筑群的等级制度探索及还原的研究，从一个侧面反映了这种建筑等级制度的存在。这一研究或可以为明代不同等级城市中其他由政府为主导因素而建造的相同类型建筑，如衙署、城隍庙、其他地方祠祀建筑，以及城门与城楼等建筑之可能存在的建筑等级制度之整体研究做一个探索性的铺路之石。

说明：文中所引部分网上图片主要来源：http://images. google. com. hk/images? gbv；图 7（曲阜孔庙平面图）引自中国建筑工业出版社出版的《梁思成全集》第三卷；其余线图为自绘。

❶王贵祥 等. 中国古代建筑基址规模研究（上编）. 北京：中国建筑工业出版社，2008：95-97

嘉靖《陕西通志》城市建置图三题[1]

谢鸿权

（清华大学建筑学院）

摘要：本文以嘉靖《陕西通志》中一百多幅明代城市建置图为基础，首先，整理图中所见的建筑单体或群体之名称，为后续研究作基础，且简略说明明代城市中行政建筑之配置规律；其次，比较嘉靖《陕西通志》与康熙《陕西通志》二者的城市配图之变化，窥测明清陕西城市之间的延续；第三，分析嘉靖《陕西通志》排版中"以图代志"的独特性。

关键词：嘉靖《陕西通志》，城市配置图，明代城市

Abstract：Researches in three aspects was carried out in this paper basing on more than one hundred pieces of City Layout Paintings in Jiajing's "*Shanxitongzhi*". First of all，the names of all the single buildings and building groups appearing in these paintings were listed as the base of follow-up study. And the configuration of the administrative buildings in cities of Ming Dynasty was briefly described. Secondly，the continuity of cities in Shanxi Province from Ming to Qing Dynasty was studied according to the comparison on the illustrations of Jiajing's "*Shanxitongzhi*" with those of Kangxi's "*Shangxitongzhi*". Thirdly，the specialty of "the illustrations instead of text description" in the typesetting of Jiajing's "*Shanxi Tongzhi*" was analyzed.

Key Words：Jiajing's "*Shanxitongzhi*"，City Layout Paintings，Cities of Ming Dynasty

一 前 言

明朝嘉靖二十一年（1542年），由时任陕西巡抚赵廷瑞主修，陕西三原学者马理、高陵学者吕柟主持编撰的《陕西通志》完成[2]。通志全书以土地、文献、民物、政事为四纲，诸纲下依次有星野、山川、封建、疆域、城郭公署沿革、河套西域、圣神帝王遗迹古迹、圣神、经籍、帝王、纶帛、史子集、名宦、乡贤、流寓、艺文、户口、贡赋、物产、释老、职官、水利、兵防、马政、风俗、灾祥、鉴戒各目，四纲二十八目，凡四十卷。

值得注意者，书中附有179帧与星野、山川、疆域、建制沿革、西域、圣神帝王遗迹、经籍、乡贤璇玑诗、物产、水利、漕运相关的配图，其中有134幅图为表现城郭及相关建筑的建置图，这无疑是了解及研究陕西明代城市的宝贵资料[3]。

---

[1]本论文属国家自然科学基金支持项目，项目名称："明代建城运动与古代城市等级、规制及城市主要建筑类型、规模与布局研究"，项目批准号：50778093。

[2][明]赵廷瑞 主修.陕西通志"前言".陕西地方志办公室总校点本.西安：三秦出版社，2005：2

[3]就目前所知的明清省级通志中，极少有配图数量可比肩嘉靖《陕西通志》者。如清代的《河南通志》以及后文将提到的康熙《陕西通志》，配图数量均不足嘉靖《陕西通志》的四分之一。根据苏品红抽样调查研究，现存地方志中插图最多的是康熙《绍兴府志》和《济南府志》，插图皆为89幅。见：苏品红.浅析中国古代方志中的地图.原载：文献季刊，2003（3）

鉴于此类地方志中所见配图在城市史研究中的独特地位，尤其是在分析城市形态中的重要性❶，本文将就嘉靖《陕西通志》中这批建置图，首先，整理图中所见的建筑单体或群体之名称，为后续研究作基础，且参照前人研究❷，略作申论，揭示明代城市中行政建筑之配置规律；其次，将就嘉靖《陕西通志》与康熙《陕西通志》二者的城市配图之变化，窥测明清陕西城市之间的延续；最后，就嘉靖《陕西通志》城市建置图的排版，针对记录古代城市的地方志史料之解读，以浅陋之思考，作引玉之论。

二 城市建置图所列建筑

有关明代陕西城市的配图主要分布在卷七、八、九的建置沿革上、中、下三章里。建置沿革三章，依次为陕西等处承宣布政使司、西安府、凤翔府、汉中府、平凉府、巩昌府、临洮府、庆阳府、延安府、陕西行都指挥使司各行政单元。从西安府开始，即是文图兼有之格式。上述诸行政单元，都先以文字描述各府历史沿革、统领州县以及附郭名称，随后依次是各府附郭县、各属府所领县、各属府所领州、该州所领县的名称，文字说明谈及府州县的历史沿革及编户里数；随文字说明后，皆有府城图及各州、县的相关配图，姑且称为建置图❸。

典型建置图有两种规格，省城图、7 帧府图、甘肃行都司共 9 帧为大幅跨页，其余为小幅单页❹。大小图幅布局相类，沿边有单道粗线黑框，框内右上角，有双短线与原框角线围成小格，格中有府名或县名竖书，如陕西省城图、咸阳县等。此外，框中上部基本都有倒书"南"字，与下部为"北"字，标示方向，而在两字之间画出城。以三道线及其上密布之雉堞标示城墙，墙上有城门，而在城墙围合区域内，有双道直线标示道路街巷。在道路围合的区域内，是数量较多、类似建筑立面的图形❺，其大小有异，旁标有文字多为建筑名称，当是单体或建筑群之标示。同时也有见直接画

---

❶李德华.明代山东城市平面形态与建筑规制研究.清华大学硕士论文，2008∥包志禹.明代北直隶城市平面形态与建筑规制研究.清华大学博士论文，2009∥葛天任.环列州府，纲维布置——明代陕西城市与建筑规制研究.清华大学硕士论文，2010.在李德华的论文中，所应用以 2008 年地图与地方志中城市图比对的方法值得关注，其中济宁州城与阳谷县城，实际形态都与地方志所见略有差异，此与葛天任论文中所举现代葭州地图与嘉靖《陕西通志》中的葭州，二者形态比例大相径庭的现象类似，或者，地方志所见城市图，其形态多有制图者的抽象或象征处理，或可称为理想化图式，与现代的作为城市空间投影之城市地图不可同日而语。

此外，雕版印刷的排版也可能影响到地方志中城市图与真实形态有异，如宋元时期的南京城市平面形状应为南北稍长东西稍短不十分方正规则的矩形，但是在"府城之图"和"集庆府城之图"中，平面形状却表现为东西长南北短的矩形。见：胡邦波.《景定建康志》和《至正金陵新志》中的地图初探.自然科学史研究，1988(1)

❷参见前注所引论文。如葛天任论文中，就以嘉靖《陕西通志》为基础，对明代陕西的区域空间布局、陕西明代城市的平面形态和等级规模以及城池建筑、衙署建筑、庙学建筑、城隍庙建筑的建筑规制等问题，进行过详细分析。并整理了有关城市等级、城高池深、城门数、城池之外南北东西的设置、城池形状的信息表。皆是本文重要的基础。

❸在排印本中，配图是组合到各行政单元中的。卷七建置沿革提及"故于诸建置各图以尽之而弁于其首，庶览者按图而征说，若视诸掌云"，当是将图放在文字之前。

❹根据排印本说明，排印本的图皆按照原图制作。见排印本后记。

❺图形极为简单，大致分上、下两部分，下部为长边作底之长方形，上部为庑殿正立面形。简繁略有差异，如下部底边或有复线、长方形中部有加拱门或竖线分间，而庑殿部分或将脊线作双线。从咸阳县一图中可见，此表示建筑群的立面，或有等级考量，如咸阳县由两立面图形标出，前为重檐屋顶门楼，后为带台基有分间的带屋脊庑殿，是画面中体量最大者，而城隍庙为无台基、不带分间的长方形戴单线庑殿，草场外观与城隍庙一致，形体更小且没有前三座建筑屋顶的瓦线，或有逐级简化之规划。同样，在临潼县图示中，城墙内建筑形式皆无瓦线，仅布政分司、按察分司两者示出台基线，二者体量又比临潼县小。

方格,格中书写建筑名称者,但数量较少。在城墙之外,有单道细线或双道细线框起的场地,并标有相应名称。此外,图中空白处,多见附有文字说明"城高、池深",有些图上还增加说明与附近巡检司或递运所的距离。整本通志所见县、卫及府城图,表现手法基本一致,未见有变化,当为同一时期之创造(表1)❶。

表1 嘉靖《陕西通志》建置图中所列建筑❷

图	公署	学校	祠祀	其他❸
省城	屯田道、巡按察院、布政分司、长安县、按察司、清军道、都察院、西安府、布政司、汧阳王府、西安后卫、西安右护卫、秦府、税课司、保安王府、永兴王府、太府、总督府、都司、京兆驿、总府、咸宁县、西安左卫、邠阳王府、清军察院、提学道、永寿王府、巡茶察院、杂造局、军器局、西安前卫、宜川王府、官厅、东十里铺、西安递运所、教场、养济院、永丰仓	咸宁县学、府学、长安县学、射圃、贡院	文庙、城隍庙、郡厉坛、董子祠	钟楼、鼓楼
咸阳县	布政分司、咸阳县、察院、渭水驿、草场、养济院、预备仓、阴阳学、医学、府署、递运所、抽分厂	儒学、社学	文庙、城隍庙、社稷坛、邑厉坛、风云雷雨山川坛	
兴平县	养济院、府署、预备仓、医学、阴阳学、僧会司、布政分司、察院、兴平县、白渠驿布政分司、按察分司、临潼县、府署、新丰驿	儒学	文庙、城隍庙、风云雷雨山川坛、社稷坛、邑厉坛	
高陵县		儒学	城隍庙、文庙、社稷坛、邑厉坛、风云雷雨山川坛	
高陵县	养济院、阴阳医学、按察分司、预备仓、高陵县、府署、布政分司、演武亭	社学、儒学、敬一亭	城隍庙、文庙、启圣祠、乡贤祠、社稷坛、邑厉坛、风云雷雨山川坛	北泉精舍、状元坊
鄠县	布政分司、鄠县、按察分司、府署	射圃、儒学	程明道祠、城隍庙、社稷坛、邑厉坛、风云雷雨山川坛、文庙	

❶根据赵廷瑞所写《陕西通志序》,以往的成化旧志,已经"板佚其半"。主要编撰者马理提到"建置沿革"一章,是对以往的错误"悉加正焉",二人皆未提及建置图延续他处。另外,在"陕西通志引用诸书"一节中列有"河套西域图",而马理序中提及"寻考河套西域吾故疆也,具有城郭、物产在其土地;建置沿革见诸图籍。爰收而载焉",可见引用"收"录当被记载。故基本可以认为,嘉靖《陕西通志》"建置沿革"纲所见丰富配图,当为通志编撰时所作之规划。康熙二年,贾汉复编撰《陕西通志》的"凡例"一节,明确"图考皆遵旧志所载",想来古人修志,对转载部分大抵有相关说明。

❷附加表格中所见单体或群体名称,整理顺序大致多为顺时针方向。而分类参见了明代的地方志及清代康熙《陕西通志》。如康熙《陕西通志》将阴阳学、医学列为公署,嘉靖《河间府志》也将阴阳学、医学列入公署。

❸此类城市设施不易归类,各地方志归类亦不统一,如嘉靖《建宁府志》鼓楼、钟楼皆归为公署,而有些则不列为公署。根据巫鸿的研究,"鼓楼既属于官方,又扮演公共角色,因而在维持帝王统治权威及建构大众社区两方面都发挥了作用"(巫鸿.时空中的美术.北京:生活·读书·新知三联书店,2009:109),本文将此类康熙《陕西通志》中不载入公署、学校、祠祀篇章的建筑,单列为"其他"一项。

图	公　署	学校	祠　祀	其他
蓝田县	察院、布政分司、按察分司、蓝田县、府署、僧会司、阴阳医学、演武亭	敬一亭、儒学	城隍庙、启圣祠、文庙、社稷坛、邑厉坛、风云雨雪山川坛	
泾阳县	广盈仓、布政分司、泾阳县、按察分司、府署、水利道	射圃、儒学、文庙	城隍庙、社稷坛、邑厉坛、风云雷雨山川坛	钟楼
盩厔县	布政分司、阴阳医学、盩厔县、察院、府署	儒学	城隍庙、文庙、社稷坛、邑厉坛、风云雷雨山川坛	
三原县	税课司、建忠驿、布政分司、城隍庙、三原县、总铺、府署、按察分司、养济院、演武厅	敬一亭、儒学、弘道书院	文庙、学古书院、社稷坛、邑厉坛、风云雨雪山川坛	卫公祠、忠节祠、彰德祠、嵳峩书院
商州	营房、防守司、布政分司、按察分司、预备仓、官仓、府署、总铺、商州、阴阳学、医学、养济院	儒学	契庙、城隍庙、社稷坛、郡厉坛、风云雷雨山川坛、文庙	原都祠
镇安县	布政分司、镇安县、府署、预备仓、阴阳学、医学	社学、儒学	城隍庙、文庙、邑厉坛、风云雷雨山川坛、社稷坛	
洛南县	按察分司、洛南县、布政分司、府署、预备仓	儒学	文庙、城隍庙、邑厉坛、风云雷雨山川坛、社稷坛	
山阳县	府署、山阳县、按察分司、预备仓、布政分司、养济院、阴阳学、医学、总铺	儒学、射圃、社学	文庙、城隍庙、社稷坛、邑厉坛、风云雷雨山川坛	
商南县	府署、按察分司、布政分司、商南县、养济院	儒学	城隍庙、启圣祠、文庙、社稷坛、邑厉坛、风云雷雨山川坛	
同州	同州、布政分司、察院、按察分司	儒学	城隍庙、文庙、社稷坛、邑厉坛、风云雷雨山川坛	

图	公　署	学校	祠　祀	其他
朝邑县	按察分司、朝邑县、察院、府署、布政分司	儒学	城隍庙、文庙、启圣祠、社稷坛、邑厉坛、风云雷雨山川坛	
郃阳县	郃阳县、府署、社学、布政分司、察院、在城铺、养济院	儒学	文庙、城隍庙、社稷坛、邑厉坛、风云雷雨山川坛	
澄城县	申明亭、澄城县、按察分司、养济院、府署、布政分司、预备仓	社学、儒学	城隍庙、启圣祠、文庙、社稷坛、邑厉坛、风云雷雨山川坛	
白水县	白水县、按察分司养济院、布政分司、府署、在城铺	儒学	文庙、城隍庙、社稷坛、邑厉坛、风云雷雨山川坛	
韩城县	韩城县、税课司、在城铺、察院、布政分司、关内道、养济院	儒学	城隍庙、文庙、社稷坛、邑厉坛、风云雷雨山川坛	
华州	医学、阴阳学、华州、华山驿、税课司、按察分司、布政分司、道正司、僧正司	儒学、射圃	文庙、城隍庙、社稷坛、郡厉坛、风云雷雨山川坛	
华阴县	预备仓、递运所、华阴县、潼津驿、府署、察院、分司、布政分司、官厅、在城铺	儒学	城隍庙、文庙、社稷坛、邑厉坛、风云雷雨山川坛	
渭南县	渭南县、察院、预备仓、丰原驿、布政分司、小馆驿、关内道、府署	儒学	文庙、城隍庙、社稷坛、邑厉坛、风云雷雨山川坛	文昌祠
蒲城县	布政分司、蒲城县、府署、按察分司、总铺	儒学、社学	城隍庙、文庙、社稷坛、邑厉坛、风云雷雨山川坛	
耀州	布政分司、僧会司、预备仓、耀州、察院、养济院、总铺、府署、顺义驿、阴阳医学	儒学、社学	文庙、城隍庙、社稷坛、邑厉坛、风云雷雨山川坛	

图	公　署	学校	祠　祀	其他
同官县	同官县、漆水驿、府署、布政分司、察院	儒学	城隍庙、文庙、社稷坛、邑厉坛、风云雷雨山川坛	
富平县	富平县、文庙、按察分司、布政分司、府署、总铺	儒学	城隍庙、社稷坛、邑厉坛、风云雷雨山川坛	
乾州	演武亭、养济院、威盛驿、递运所、府署、旌善亭、在城铺、申明亭、按察分司、布政分司、预备仓、乾州、官仓	射圃、儒学	城隍庙、文庙、社稷坛、郡厉坛、风云雷雨山川坛	钟楼
醴泉县	官仓、按察分司、醴泉县、关内道、养济院、布政分司、预备仓、教场	儒学	城隍庙、启圣祠、文庙、社稷坛、邑厉坛、风云雷雨山川坛	
武功县	武功县、文庙、察院、邰城驿、布政分司、府署、按察分司、在城铺、养济院	儒学	城隍庙、社稷坛、邑厉坛、风云雷雨山川坛	
永寿县	养济院、永安驿、布政分司、按察分司、永寿县、关内道、预备仓、府署、教场	儒学	城隍庙、文庙、社稷坛、邑厉坛、风云雷雨山川坛	
邠州	递运所、新平驿、布政分司、察院、邠州、医学、阴阳学、府署、税课司、养济院	儒学	范公祠、文庙、城隍庙、社稷坛、邑厉坛、风云雷雨山川坛	
淳化县	府署、按察分司、养济院、惠民局、布政分司、淳化县、僧会司	儒学	文庙、城隍庙、社稷坛、邑厉坛、风云雷雨山川坛	
三水县	阴阳学、布政分司、三水县、按察分司、府署、医学	儒学、社学	城隍庙、文庙、社稷坛、邑厉坛、风云雷雨山川坛	
潼关卫	潼关驿、指挥使司、兵备道、军器库、税课司、察院、杂造局、演武教场、递运所	儒学	文庙、城隍庙、旗纛庙	杨震祠

图	公 署	学 校	祠 祀	其他
凤翔府图	广积仓、凤翔县、预备仓、养济院、王府仓、分守道、守御千户所、关西道、察院、岐阳驿、布政分司、分司、凤翔府、税课司、演武厅	府学、县学	文庙、城隍庙、社稷坛、郡厉坛、风云雷雨山川坛	书院
岐山县	岐周驿、按察分司、布政分司、岐山县、府署、阴阳医学	儒学	城隍庙、文庙、社稷坛、邑厉坛、风云雷雨山川坛、文昌祠	
宝鸡县	养济院、宝鸡县、按察分司、陈仓驿、布政分司、预备仓、府署、虢川巡检司、散关巡检司、演武亭、东河驿	儒学	文庙、城隍庙、社稷坛、邑厉坛、风云雷雨山川坛	
扶风县	关西道、医学、阴阳学、扶风县、凤泉驿、布政分司、按察分司、都察院、演武教场	儒学	文庙、城隍庙、社稷坛、邑厉坛、风云雷雨山川坛	
郿县	郿县、布政分司、按察分司、府署、演武亭	儒学、敬一亭	文庙、张先生祠、城隍庙、社稷坛、邑厉坛、风云雷雨山川坛	圣公祠
麟游县	养济院、按察分司、麟游县、预备仓、布政分司、府署、旌善亭、石窑巡检司	儒学、社学	城隍庙、文庙、社稷坛、邑厉坛、风云雷雨山川坛	
陇州	察院、养济院、陇州、儒学、按察分司、布政分司、社学、演武亭		城隍庙、文庙、社稷坛、郡厉坛、风云雷雨山川坛	
汧阳县	按察分司、养济院、府署、都察院、汧阳县、布政分司、在城铺	社学、儒学	社稷坛、城隍庙、文庙、邑厉坛、风云雷雨山川坛	
汉中府	都察院、公馆、守备厅、养济院、官局、汉阳驿、道纪司、汉中府、察院、布政分司、关南道、阴阳医学、税课司、司狱司、预备仓、广积仓、总铺、南郑县、武学、汉中卫、僧纲司、民教场、武教场	县学、府学	城隍庙、文庙、社稷坛、郡厉坛、风云雷雨山川坛	鸣池

图	公　署	学校	祠　祀	其他
褒城县	褒城县、预备仓、医学、开山驿、布政分司、按察分司	儒学	城隍庙、文庙、社稷坛、邑厉坛、风云雷雨山川坛	
城固县	预备仓、城固县、养济院、布政分司、按察分司、阴阳学、府署	儒学	城隍庙、文庙、社稷坛、邑厉坛、风云雷雨山川坛	
洋县	府署、洋县、县仓、按察分司、布政分司	儒学、射圃	城隍庙、文庙、社稷坛、邑厉坛、风云雷雨山川坛	五云宫
西乡县	西乡县、僧会司、府署、阴阳医学、养济院、布政分司、按察分司、千户所、故县仓	儒学	文庙、城隍庙、社稷坛、邑厉坛、风云雷雨山川坛	
凤县	养济院、阴阳学、府署、凤县、梁山驿、僧会司、按察分司、布政分司、县仓	儒学	城隍庙、文庙、社稷坛、邑厉坛、风云雷雨山川坛	
宁羌县	僧正司、宁羌仓、宁羌卫、宁羌州、布政分司、按察分司、阴阳医学	儒学、射圃	城隍庙、文庙、社稷坛、邑厉坛、风云雷雨山川坛	
沔县	布政分司、按察分司、顺政驿、沔县、僧会司、医学、守御千户所、阴阳学	儒学	城隍庙、文庙、社稷坛、邑厉坛、风云雷雨山川坛	
畧阳县	嘉陵驿、按察分司、畧阳县	儒学、射圃	文庙、城隍庙、社稷坛、邑厉坛、风云雷雨山川坛	
金州	金盈仓、守御千户所、按察分司、布政分司、医学、阴阳学、金州、预备仓、文庙、府署、税课司、教场	儒学	城隍庙、社稷坛、郡厉坛、风云雷雨山川坛	鼓楼
平利县	平利县、按察分司、布政分司、医学、僧会司、阴阳学、府署	儒学	城隍庙、文庙、社稷坛、邑厉坛、风云雷雨山川坛	

图	公　署	学校	祠　祀	其他
石泉县	道会司、察院、医学、石泉县、分司、阴阳学、养济院、僧会司	社学、儒学	城隍庙、文庙、社稷坛、邑厉坛、风云雷雨山川坛	
洵阳县	僧会司、医学、洵阳县、阴阳学、按察分司、察院、布政分司	儒学	文庙、城隍庙、邑厉坛、风云雷雨山川坛、社稷坛	
汉阴县	阴阳学、医学、汉阴县、预备仓、养济院、总铺、分司、府署	儒学	文庙、城隍庙、社稷坛、邑厉坛、风云雷雨山川坛	
白河县	布政分司、按察分司、白河县	儒学	文庙、城隍庙、邑厉坛、风云雷雨山川坛、社稷坛	原都祠
紫阳县	僧会司、布政分司、府署、紫阳县、医学、道会司、按察分司	儒学	城隍庙、社稷坛、邑厉坛、风云雷雨山川坛	文庙基
平凉府图	平凉府、西德王府、布政分司、关西道、雄胆仓、苑马司、按察分司、乐平王府、平凉卫、太仆寺、通渭府、韩王府、襄城府、高平王府、仪卫司、安东中护卫、彰化王府、长史司、汉阴王府、群牧所、僧纲司、道纪司、平凉县、医学、阴阳学、高平驿、递运所、税课司	儒学、县学	文庙、城隍庙、(县)文庙、社稷坛、郡厉坛、风云雷雨山川坛	
崇信县	税课司、阴阳学、崇信县、医学、按察分司、布政分司	儒学	城隍庙、文庙、社稷坛、邑厉坛、风云雷雨山川坛	
华亭县	华亭县、布政分司、按察分司、养济院	儒学	城隍庙、文庙、社稷坛、邑厉坛、风云雷雨山川坛	
镇原县	镇原县、府署、养济院、阴阳医学、察院、布政分司	儒学	文庙、城隍庙、社稷坛、邑厉坛、风云雷雨山川坛	七星殿

图	公　署	学校	祠　祀	其他
固原州	草场、杂造局、神器库、制府、固原卫、长乐监、按察分司、固原州、总府、分司、都司、都察院、批验所、永宁驿、金家凹巡检司	儒学	城隍庙、风云雷雨山川坛、社稷坛、郡厉坛	
泾州	按察分司、安定驿、布政分司、泾州、阴阳学、医学	儒学、射圃	文庙、城隍庙、社稷坛、郡厉坛、风云雷雨山川坛	
灵台县	阴阳学、税课司、灵台县、按察分司、医学、演武亭	儒学	城隍庙、文庙、社稷坛、邑厉坛、风云雷雨山川坛	
静宁县	僧正司、递运所、布政分司、静宁州、预备仓、按察分司、道正司、医学、泾阳驿、阴阳学	儒学、射圃	文庙、启圣祠、城隍庙、社稷坛、邑厉坛、风云雷雨山川坛	
庄浪县	阴阳医学、县仓、庄浪县、按察分司	儒学、射圃	城隍庙、文庙、社稷坛、邑厉坛、风云雷雨山川坛	
隆德县	按察分司、隆德递运所、布政分司、预备仓、隆德县、隆城驿	儒学	城隍庙、文庙、社稷坛、邑厉坛、风云雷雨山川坛	
巩昌府图	养济院、西察院、东察院、通远驿、边备道、分守道、分巡道、僧纲司、医学、司狱司、丰赡仓、阴阳学、陇西县、巩昌卫、军器局、巩昌府、北关递运所、税课司、提学道	儒学、县学	文庙、城隍庙、社稷坛、郡厉坛、风云雷雨山川坛	
安定县	安定县、按察分司、布政分司、府署、预备仓、税课司、养济院、延寿驿、教场、安定递运所	儒学、射圃	城隍庙、文庙、启圣祠、社稷坛、邑厉坛、风云雷雨山川坛	
会宁县	布政分司、会宁县、按察分司、医学、阴阳学、保宁驿、府署、递运所、税课局	儒学	文庙、城隍庙、社稷坛、邑厉坛、风云雷雨山川坛	
通渭县	察院、通渭县、养济院、分司	儒学、射圃	文庙、城隍庙、社稷坛、邑厉坛、风云雷雨山川坛	

图	公　署	学校	祠　祀	其他
漳县	察院、漳县、阴阳学、医学	儒学、射圃	城隍庙、文庙、启圣祠、社稷坛、邑厉坛、风云雷雨山川坛	
宁远县	按察分司、宁远县、府署、阴阳学、医学、预备仓、布政分司、养济院、察院、教场	射圃、儒学	城隍庙、文庙、邑厉坛、风云雷雨山川坛、社稷坛	
伏羌县	按察分司、伏羌县、府署、布政分司、察院、阴阳学、养济院	儒学	城隍庙、文庙、社稷坛、风云雷雨山川坛、教场、邑厉坛	
西和县	布政分司、按察分司、西和县、预备仓	儒学	文庙、城隍庙、社稷坛、邑厉坛、风云雷雨山川坛	
成县	养济院、府署、成县、按察分司、布政分司、察院、教场	儒学	城隍庙、文庙、社稷坛、郡厉坛、风云雷雨山川坛	古城
秦州	养济院、税课司、布政分司、广益仓、按察分司、秦州、镇抚司、秦州卫、左所、军器局、预备仓	儒学、射圃	城隍庙、文庙、社稷坛、郡厉坛、风云雷雨山川坛	
秦安县	秦安县、府署、按察分司、察院、养济院、教场	儒学	城隍庙、文庙、社稷坛、邑厉坛、风云雷雨山川坛	
清水县	按察分司、养济院、清水县、府署、布政分司、分司	儒学、敬一亭	城隍庙、社稷坛、邑厉坛、风云雷雨山川坛、文庙	通泉
礼县	府署、礼县、布政分司、按察分司、养济院	儒学	文庙、城隍庙、社稷坛、邑厉坛、风云雷雨山川坛	
阶县	守备都司、永济仓、千户所、预备仓、阶州、布政分司、府署	射圃、儒学	文庙、城隍庙、社稷坛、郡厉坛、风云雷雨山川坛	

图	公　署	学校	祠　祀	其他
文县	预备仓、文县、按察分司、布政分司、丰膳仓、府署、教场	儒学	邑厉坛、城隍庙、文庙、启圣祠、风云雷雨山川坛、社稷坛	
徽州	公馆、徽州、徽山驿、养济院、察院、布政分司	儒学	城隍庙、文庙、社稷坛、郡厉坛、风云雷雨山川坛	烈女祠
两当县	城池内：察院、两当县、陇右道、黄华驿、阴阳学、养济院	儒学、敬一亭、射圃	城隍庙、启圣祠、文庙、社稷坛、邑厉坛、风云雷雨山川坛	
临洮府图	察院、广储仓、杂造局、狄道县、临洮卫、临洮府、按察分司、洮阳驿、布政分司、府养济院、卫养济院、司狱司、阴阳学、医学、演武厅、税课司	射圃、府学、县学	城隍庙、府文庙、县文庙、社稷坛、郡厉坛、风云雷雨山川坛	
渭源县	养济院、渭源县、府署、按察分司、察院、庆平驿、布政分司	儒学	文庙、社稷坛、邑厉坛、风云雷雨山川坛	
兰州	淳化府、按察分司、铅山府、肃府、仪衙司、长史司、甘州中护卫、军器库、兰州卫、广积仓、守备厅、察院、布政分司、兰州、府署、税课司、递运所、草场、兰泉驿	儒学	城隍庙、文庙、郡厉坛、风云雷雨山川坛、社稷坛	
金县	养济院、布政分司、按察分司、府署、预备仓、金县、教场、漏泽园	儒学	启圣祠、文庙、城隍庙、社稷坛、邑厉坛、风云雷雨山川坛	
河州	按察分司、河州卫、河州、察院、杂造局、河州仓、茶马司、守备厅、凤林驿	儒学、敬一亭	城隍庙、文庙、社稷坛、邑厉坛、风云雷雨山川坛、启圣祠	
庆阳府	分守道、庆阳卫、安化县、县仓、布政分司、弘化驿、按察分司、察院、在城铺、庆阳府、府仓、永盈仓、阴阳学、医学、养济院、弘化递运所、僧纲司、税课司、教场	射圃、儒学、县儒学	城隍庙、乡贤祠、文庙、韩范祠、社稷坛、北坛、县文庙、风云雷雨坛、郡厉坛	

图	公　署	学校	祠　祀	其他
合水县	府署、察院、布政分司、县仓、合水县、阴阳学	儒学	城隍庙、文庙、社稷坛、邑厉坛、风云雷雨山川坛	
环县	府署、察院、布政分司、环县、守备厅、前千户所、灵武驿、灵武递运所、演武亭	射圃亭、敬一亭、儒学	启圣祠、文庙、邑厉坛、风云雷雨山川坛、社稷坛	灵武台
宁州	宁州、按察分司、布政分司、僧正司、阴阳医学、递运所、彭原驿	儒学、射圃亭	文庙、城隍庙、社稷坛、郡厉坛、风云雷雨山川坛	
真宁县	察院、布政分司、真宁县、文庙、府署、医学、阴阳学、漏泽园	儒学、射圃	城隍庙、名宦祠、乡贤祠、邑厉坛、风云雷雨山川坛、社稷坛	
延安府	延丰仓、布政分司、按察分司、总铺、察院、肤施县、延安卫、阴阳学、河西道、延安府、医学、县预备仓、税课司、金明驿、府预备仓、马政房、养济院、教场	县学、府学	城隍庙、文庙、韩范祠、府文庙、社稷坛、郡厉坛、风云雷雨山川坛	
安塞县	府署、总铺、医学、安塞县、阴阳学、预备仓、按察分司、布政分司、养济院	儒学	城隍庙、文庙、社稷坛、邑厉坛、风云雷雨山川坛	
甘泉县	预备仓、甘泉县、抚安驿、府署、按察分司、布政分司、阴阳医学、演武亭、养济院	儒学、社学	城隍庙、文庙、启圣祠、社稷坛、邑厉坛、风云雷雨山川坛	书院
安定县	布政分司、安定县、预备仓、按察分司	儒学	城隍庙、文庙、社稷坛、邑厉坛、风云雷雨山川坛	许公祠
保安县	府署、保安县、按察分司、预备仓、养济院	儒学	城隍庙、文庙、社稷坛、邑厉坛、风云雷雨山川坛	
宜川县	宜川县、按察分司、僧会司、医学、阴阳学、布政分司、预备仓、养济院	儒学	文庙、城隍庙、社稷坛、邑厉坛、风云雷雨山川坛	

图	公 署	学校	祠 祀	其他
延川县	城池内：预备仓、延川县、布政分司、按察分司、河西道、社学、养济院、演武厅	儒学	文庙、城隍庙、社稷坛、邑厉坛、风云雷雨山川坛	
延长县	官仓、延长县、府署、察院、预备仓、布政分司、榜房、养济院、演武厅	儒学	文庙、城隍庙、社稷坛、邑厉坛、风云雷雨山川坛	
清涧县	养济院、按察分司、府署、清涧县、医学、阴阳学、在城铺、布政分司、石嘴岔驿	社学、儒学	城隍庙、文庙、社稷坛、邑厉坛、风云雷雨山川坛	
鄜州	鄜州、按察分司、布政分司、鄜城驿	儒学	城隍庙、社稷坛、郡厉坛、风云雷雨山川坛、文庙	
洛川县	税课司、布政分司、洛川县、按察分司、府署、医学、阴阳学教场、养济院	儒学	文庙、城隍庙、社稷坛、邑厉坛、风云雷雨山川坛	
中部县	医学、翟道驿、官仓、中部县、府署、旧司、察院、养济院	儒学、射圃亭	城隍庙、文昌祠、文庙、社稷坛、邑厉坛、风云雷雨山川坛	坊州碑亭
宜君县	云阳驿、宜君县、布政分司、按察分司、阴阳医学	儒学	城隍庙、文庙、社稷坛、邑厉坛、风云雷雨山川坛	
绥德州	按察分司、察院、绥德卫、都府、道正司、绥德州、阴阳学、青阳驿、军器局、税课司	儒学	文庙、城隍庙、社稷坛、郡厉坛、风云雷雨山川坛	
米脂县	预备仓、按察分司、米脂县、布政分司、银川驿、都察院	儒学	城隍庙、文庙、邑厉坛、风云雷雨山川坛、社稷坛	
葭州	按察分司、葭州、医学、阴阳学、布政分司、养济院、教场、府署	儒学	城隍庙、文庙、郡厉坛、社稷坛、风云雷雨山川坛	

图	公　署	学校	祠　祀	其他
吴堡县	吴堡县、阴阳学、按察分司、布政分司、医学、河西驿、教场	儒学	城隍庙、文庙、社稷坛、邑厉坛、风云雷雨山川坛	
神木县	总铺、医学、神木县、预备仓、府署、僧会司、养济院、千户所、按察分司、参将府、阴阳学	儒学、社学	城隍庙、文庙、社稷坛、邑厉坛、风云雷雨山川坛	
府谷县	府署、按察分司、预备仓、府谷县、阴阳医学、养济院	儒学	城隍庙、文庙、社稷坛、邑厉坛、风云雷雨山川坛	
宁夏等卫	都司、养济院、前卫、察院、中屯卫仓、帅府、公议府、左护卫、真宁王府、巩昌王府、都察院、阴阳学、右卫仓、左卫仓、游击府、按察分司、丰林王府、庆府、草场、右卫、杂造局、寿阳王府、宁夏卫、医学、中屯卫、教场、馆驿	射圃、儒学	城隍庙、文庙、风云雷雨山川坛、社稷坛	
宁夏中卫	草场、守备厅、宁夏中卫、杂造局、河西道、养济院、中卫仓	儒学	文庙、城隍庙	
洮州卫	守备厅、洮州卫、按察分司、杂造局、茶马司、洮州驿、广丰仓、进马厂	儒学	文庙、城隍庙、厉坛	
岷州卫	岷州卫、岷山驿、边备道、丰赡仓、按察分司、布政分司	儒学	文庙、城隍庙、社稷坛、厉坛、风云雷雨山川坛	
榆林卫	广有仓、榆林卫、布政分司、广储仓、总兵府、府署、都察院、税课司、按察分司、榆林驿、都司	儒学	文庙、城隍庙、社稷坛、厉坛、风云雷雨山川坛	
靖虏卫	军器局、靖虏卫、按察分司、广盈仓、守备厅、会州驿	儒学	城隍庙、文庙、厉坛	

图	公　署	学校	祠　祀	其他
甘肃行都司❶	副总兵府、后卫、行太仆寺、右卫、太监府、总制府、左卫、甘泉驿、都察院、布政分司、行都司、察院、西宁道、中卫、前卫、总兵府、帅府、监枪府	儒学	城隍庙、文庙、社稷坛、厉坛、风云雷雨山川坛、旗纛庙	
肃州卫	预备仓、按察分司、永丰仓、都指挥司、杂造局、察院、布政分司	儒学	文庙、城隍庙、社稷坛、厉坛、风云雷雨山川坛	
永昌卫	杂造局、草场、都指挥司、永昌仓、察院、布政分司、游击厅、预备仓	儒学	城隍庙、文庙、社稷坛、厉坛（在城北三十里）、风云雷雨山川坛、旗纛庙	水磨
凉州卫	草场、广储仓、镇守府、协副府、凉州卫、帅府、布政分司、察院、西宁道	儒学	文庙、城隍庙、社稷坛、厉坛、风云雷雨山川坛	
镇番卫	都察院、镇番卫、草场、杂造局、西宁道、参将府、预备仓	儒学	城隍庙、文庙、社稷坛、厉坛、风云雷雨山川坛、旗纛庙	
庄浪卫	布政分司、庄浪卫、察院、西宁道、递运所、庄浪驿、镇守府、都察院、演武厅	儒学	城隍庙、文庙、社稷坛、厉坛、风云雷雨山川坛	
西宁卫	草场、茶马司、西宁卫、察院、在城驿、南察院、按察分司、西宁仓	儒学	城隍庙、文庙、社稷坛、厉坛、风云雷雨山川坛	
镇夷卫	官仓、西宁道、预备仓、杂造局、守御千户所、草场、镇远驿		城隍庙、社稷坛、厉坛、风云雷雨山川坛	
古浪所	布政分司、察院、草场、杂造局、千户所、丰盈仓、预备仓、古浪驿、递运所、演武厅		城隍庙、厉坛	
高台所	草场、守御官厅、千户所、布政分司、察院、富积仓、预备仓、杂造局		城隍庙、厉坛、风云雷雨山川坛、社稷坛	
灵州所	高桥儿驿、灵州仓、草场、千户所、河西道、高桥儿递运所	儒学	城隍庙、文庙、厉坛	

---

❶ [明]赵廷瑞 主修.陕西通志.陕西地方志办公室总校点本.西安：三秦出版社,2005:453:"据明史及本志,应为陕西行都司。"

据表1所见，是陕西嘉靖时期记录下的各城市及卫所，城池之内的公署、学校、庙坛等建筑的设置情况。公署中包含有：分封各地的王府，承宣布政使司所辖府、州、县等的各级行政机构单位，提刑按察使司统辖的监察、司法机构，陕西都指挥使司所领各处二十六卫、守御千户所四、演武厅、军器局所等兵防直到中央的帝国网络中，陕西各级城市，皆纳入"纲维之势"中，而等级体系越高的城市，行政设置越复杂，建置图中所见的建筑单体或群体更多，相应地，城周更长、城墙更高、城池更深❶。军事设施，布政司派出各地的分守道及各级分司，按察司派出各地的分巡道及按察分司，按照专门事务分工组建的提学、粮储、清军等专务道。公署中还有负责具体执行事务之机构，如负责运输的驿站及递运所，以及主管茶政、马政的行太仆寺、苑马司等设施，阴阳学、医学等教育机构，以及丰盈仓、养济院、漏泽园等防灾救济设施。学校主要是儒学教育机构，与科举制度相应。各级城市中，建置图基本都标示出文庙、城隍庙、厉坛、社稷坛、风云雷雨山川坛，以及旗纛庙、先贤祠等举办官方祭祀活动的建筑，是为城市空间构成的重要因素。

包含创建新城、修筑旧城活动在内的明代造城运动，是明王朝重建行政体系的重要构成部分❷。从附表中可知，每一个城市，其行政、教育、祭祀、军事机构，从府到州县，数量由繁至简，都是作为帝国统治体系中的环节而存在。城市中的城池、公署、学校、典祀建筑，共同参与地方城市的运转，城池用于防御、公署用于政本、学校用于育才❸，县、州、府逐级承担相应责任，层层搭建明帝国管理架构。而明代中央通过藩王分封，加强对地方城市的掌控、监督与管理体制，也以驻地王府体现在建置图，在边地、腹地❹。

三　嘉靖《陕西通志》与康熙《陕西通志》所见城市图比较❺

康熙二年，清代官员贾汉复❻组织编撰《陕西通志》，目录之后、卷一之前为"星象图"、"地图"及"城郭"三部。城郭有周都三朝图、秦八徙都咸阳图（阿房宫附）、汉四迁都长安图、隋都城图、唐都城三内图，反映历史变迁，有反映当时状况者：会城图、又府属州县城图、延安府城郭图、府属州县城图、平凉府城廓图、府属州县城图、庆阳府城郭图、府属州县城图、凤翔府城郭图、府属州县城图、巩昌府城郭图、府属州县城图、汉中府城图、府属州县城图、兴安州城图、所属州县城图、延绥镇城图、又所属营堡图、宁夏镇城图、又所属营堡图、固原镇城图、又所属卫所图、甘肃镇城图、又所属卫所图。其中的会城图及各城郭图、城图皆示出城池、公署、学校等建筑（表2）。

❶ 王贵祥. 明代建城运动概说. 中国建筑史论汇刊（第壹辑）. 北京：清华大学出版社，2009：172

❷ 深州志（康熙）

❸ 陕西通志（雍正）. 卷十四. 城池. 影印文渊阁四库全书："由腹建边、大小维系。"

❹ 请见葛天任论文所分析者。葛天任. 环列州府、纲维布置——明代陕西城市与建筑规制研究. 清华大学硕士论文，2010

❺ 本节所用图例，嘉靖时期者皆源于（明）赵廷瑞主修《陕西通志》，陕西地方志办公室总校点本，三秦出版社2005年；康熙时期者，皆源于清初刻本。

❻ 贾汉复于顺治十七年进呈过《河南府志》。贾氏所编两部省通志，对清代通志的编撰颇有影响，据《钦定四库全书 史部十一》收录之雍正《陕西通志》之"凡例"，"旧志成于康熙初年，前抚臣贾汉复之手，贾尝抚豫再抚秦，其所撰两省通志，朝议取为他省程式。"本文所提及的康熙《陕西通志》指的是贾汉复主持，李楷等人所纂辑者。

表 2　嘉靖《陕西通志》建置图与康熙《陕西通志》城郭图之比较

嘉靖陕西通志		康熙陕西通志			明、清二志之配图比较	
图名	城池规模	图名	城池规模	城池沿革	配置之变化	图式之变化❶
《陕西省城图》(图1)	城周四十里高三丈阔四丈池深二丈阔八尺	《会城图》(图2)	周四十里高三丈池深二丈阔八尺	即隋唐京城宋金元皆因之明初都督濮英增修	加题:北安远门、东长乐门、西安定门、南永宁门;消失:东郭新城、东十里铺、屯田道、西安前卫、提学道、都司、总督府、太府、西安递运所、郡厉坛,多处王府消失或标示"今废";增设:废秦府、□□门、满城、会府、西五台、唐西内城址、文昌阁	城墙上示出马面,马面上多有硬楼。方向变为上北下南,四向展开式立面变为接近正南轴测图,明代所注方向取消
《凤翔府图》(图3)	城周一十二里高三丈池深两丈	《凤翔府城廓图》(图4)	城周一十二里三分门四高三丈池深两丈五尺	唐末李茂贞始建明景泰正德万历中屡重修	加题:西保和门、北宁远门、南景明门、东迎恩门;增设:三公祠、窦明府祠、凌虚台、大成观、关王庙、镇抚司、金佛寺、景福寺、普觉寺、二司、都察院、泮宫;消失:税课司、关西道、岐阳驿、布政分司	西北角多画出凤凰池,方向变为上北下南,四向展开式立面变为接近正南轴测图,明代所注方向取消
《汉中府图》(图5)	城周九里三分高三丈池深一丈八尺	《汉中府城图》(图6)	周九里三分四门高三丈五尺池深一丈八尺阔一丈	宋嘉定十二年始建明洪武三年知府费震重修正德五年甃以砖	加题:东朝阳门、西振武门、南望江门、北拱辰门;增加:废瑞府、西察院、固山府、巡道、协镇府;消失:阴阳医学、司狱司、关南道、武学	道路未画,上北下南,城墙表现方式为类似轴测图,东北角画出山,西南角画水道题名汉江,明代所注方向取消
《平凉府图》(图7)	城周十一里三分高五丈阔四丈五尺池深五丈八尺	《平凉府城郭图》(图8)	周九里三十步高四丈池深四丈四门	唐德宗令刘昌增筑元分为南北二城明洪武初复修如旧	加题:北定北门、东和阳门、南万安门、西来远门、暖泉;增加:塔寺、改正学书院、税课司、大平桥、会仁坊、五侯庙、马厂、大马厂、岨谷寺、神霄后宫、崇文书院、旗纛庙、废韩王府、大佛寺、养济院、平凉县、关西道、都察院、局卫;消失:王府七座,安东中护卫,仪卫司、褒城府、通渭府、僧纲司、文庙、平凉卫;改题:原苑马司今题苑马寺	东北画有水道,西侧画水道题泾河,由四向展开式立面转为类似正南轴测图,整体形态变化较大,明代所注方向取消

❶ 嘉靖《陕西通志》所见建置图中,城墙多数示作闭合环线,最外围为雉堞,雉堞底为第一道闭合线,紧挨着为第二道闭合线,稍远些内侧为第三道闭合线,第二道与第三道闭合线之间,画出城门,城门向外多有重檐立面建筑打断雉堞,当表城门上之城楼类建筑。此类图中,城墙无论东西南北墙,皆是示出内墙面,如同墙皆向四面展开后之平面图;有少数图如洋县,则是南墙示出外墙,而其他三面仍是内墙,为三面展开式表达。

嘉靖陕西通志		康熙陕西通志			明、清二志之配图比较	
图名	城池规模	图名	城池规模	城池沿革	配置之变化	图式之变化
《巩昌府图》(图9)	城周九里高三丈池深一丈八尺	《巩昌府城郭图》(图10)	周九里一百二十步高四丈池深三丈七尺门四	汉唐无考宋惟土城元拓甃以石明重修	加题:南来薰门、东引晖门、北镇翔门、西柔远门;消失:医学	由四向展开式立面转为类似正南轴测图,整体形态变化较大,明代所注方向取消
《临洮府图》(图11)	城周九里三分高三丈池深二丈	《临洮府城图》(图12)	周九里三分高三丈涧倍之	宋熙宁五年王韶大破羌人遂城武胜金元因之明洪武三年指挥孙德增筑	加题四门:北镇远门、西永宁门、南建安门、东大通门	西边画出水道,道路取消,由四向展开式立面转为类似正南轴测图,整体形态变化较大,明代所注方向取消
《庆阳府图》(图13)		《庆阳府城图》(图14)	周七里高十余丈引河为池门四	明成化初参政朱英创筑固原为城	加题:南永春门、北德胜门、东安远门、西平定门;增加:普照寺、兴教寺、泰山行祠、申明亭、□□道;消失:在城铺	清代南、东、西三向加画出山水,墙下增加山岭线,由四向展开式立面转为类似正南轴测图,整体形态变化较大,城内道路取消
《延安府图》(图15)	城周九里三分高三丈池深二丈	《延安府城郭图》(图16)	周九里三分高三丈池深二丈	始建未详宋范仲淹□籍继修明洪武初知府崔陞复葺之	加题:北安定门、南显阳门、东胜门	西墙画在一组山上,由四向展开式立面转为类似正南轴测图,明代所注方向取消,河道中水纹取消,城池整体形态比例调整较大
《榆林卫图》(图17)	城周一十三里三百一十步高三丈池深一丈五尺	《延绥镇城图》(图18)	城一十三里有奇高三丈池深一丈五尺	明正统中都督王□始建成化八年巡抚余子俊增筑北城	加题:东门、南门、西门、北门;其余建筑名称、位置保持一致	道路取消,明代所注方向取消,由三向展开式立面转为类似正南轴测图

嘉靖陕西通志		康熙陕西通志			明、清二志之配图比较	
图名	城池规模	图名	城池规模	城池沿革	配置之变化	图式之变化
《宁夏等卫图》(图 19)	城周一十八里高三丈五尺池阔十丈	《宁夏镇城图》(图 20)	周一十八里高三丈六尺池深两丈门六	本赵德明旧址元末寇□难守弃其西半明正统中复筑谓之新城万历三年巡抚罗凤翔重修	加题:南南薰门、北德胜门、北镇武门、东清和门、西镇远门;消失:王府三座;增加:唐渠、□渠	东西加示水道,由三向展开式立面转为类似正南轴测图
《金州》(图 21)	城周六里余高一丈七尺池深一丈	《兴安州城图》(图 22)	周七百一十四丈	旧称金州城洪武四年建万历十二年因水患徙今治外甃以石内封山斜上	加题:东门、北门、西北门、西门、南门;消失:金州;增加:兴安州	道路取消,明代所注方向取消,由四向展开式立面转为类似正南轴测图
《固原州》(图 23)	城周九里三分高三丈池深一丈五尺	《固原镇城郭图》(图 24)	周九里三分高三丈池深一丈五尺	宋咸平中曹玮始建金兴定三年地震城圮四年重筑元末废明景泰元年修复成化三年徙□成县治于此五年巡抚马文升令金事杨冕增筑设楼橹	加题:北门、东门、南门、西门;消失:按察分司;增加:固原改道、广宁监、副府、圪塔寺、行中察院、粮仓、按察司	由四向展开式立面转为类似正南轴测图,城墙形态弧形皆变为折线形

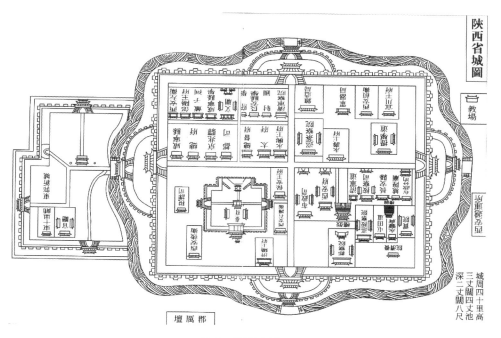

图 1　陕西省城图

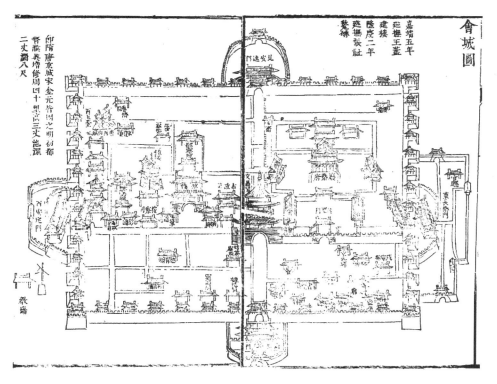

图 2　会城图

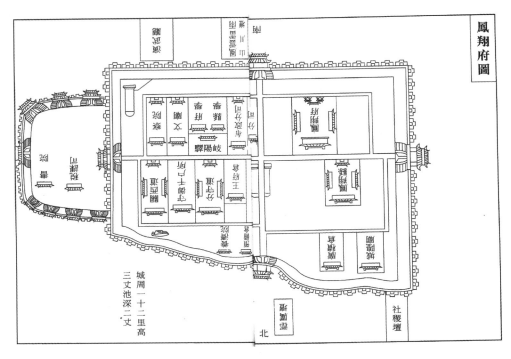

图3　凤翔府图

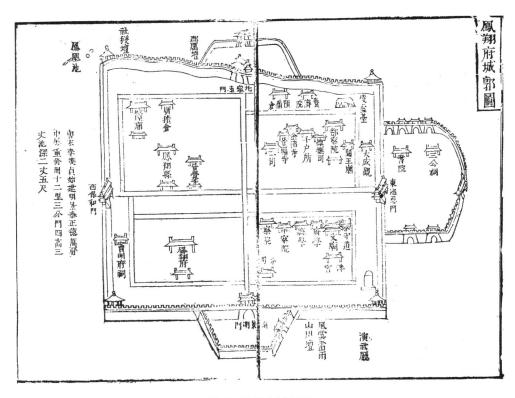

图4　凤翔府城郭图

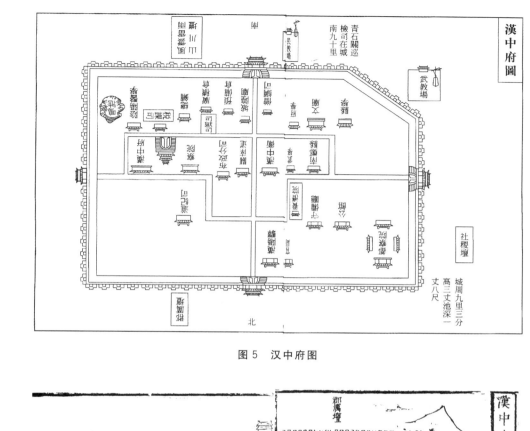

图 5　汉中府图

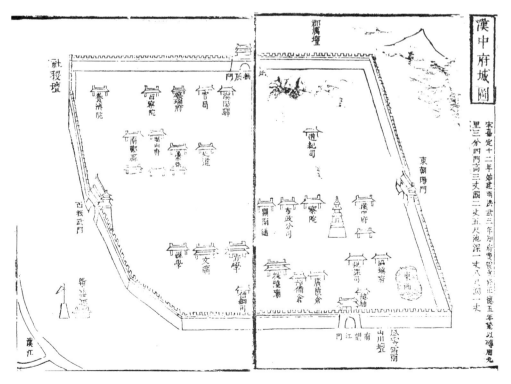

图 6　汉中府城图

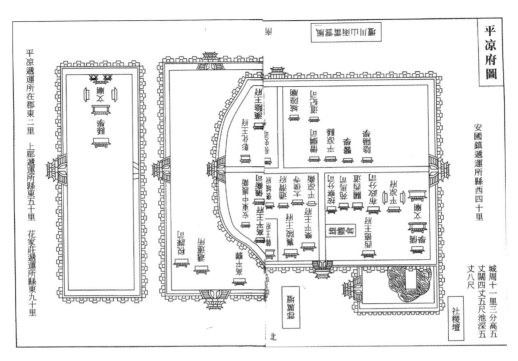

图 7 平凉府图

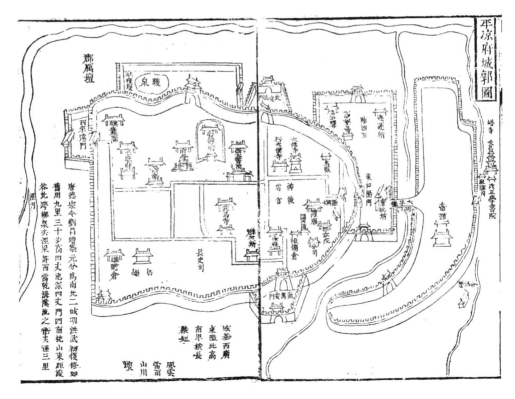

图 8 平凉府城郭图

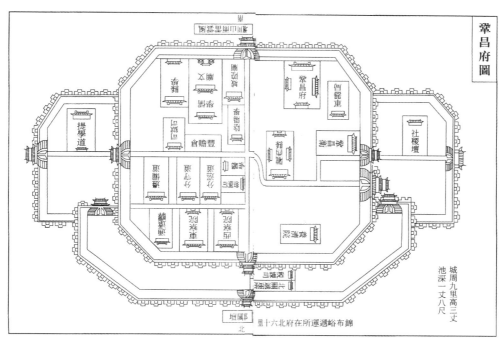

图 9　巩昌府图

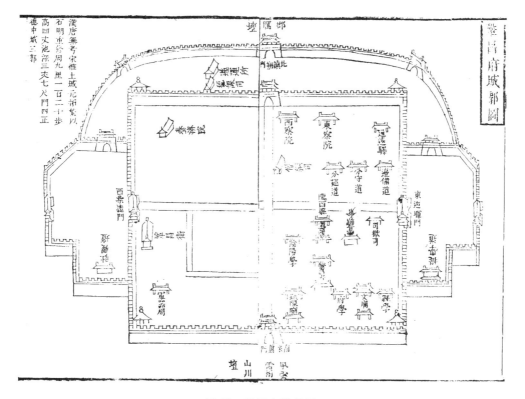

图 10　巩昌府城郭图

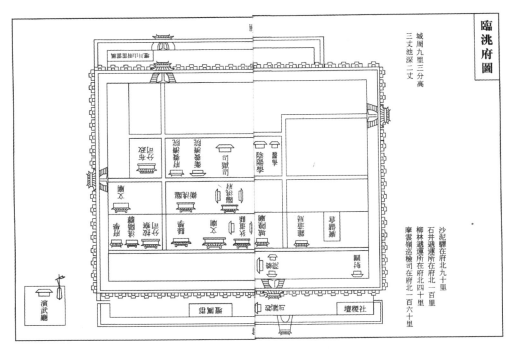

图 11　临洮府图

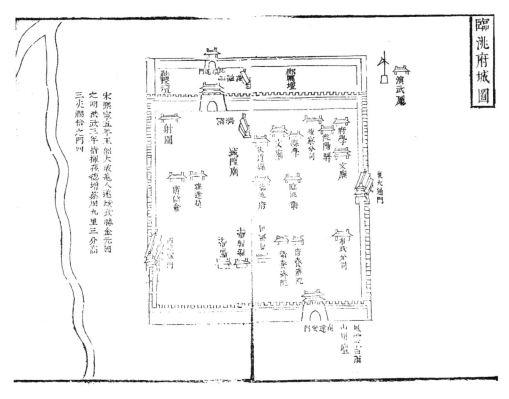

图 12　临洮府城图

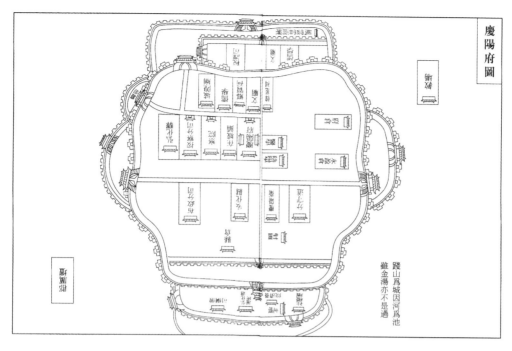

图 13 庆阳府图

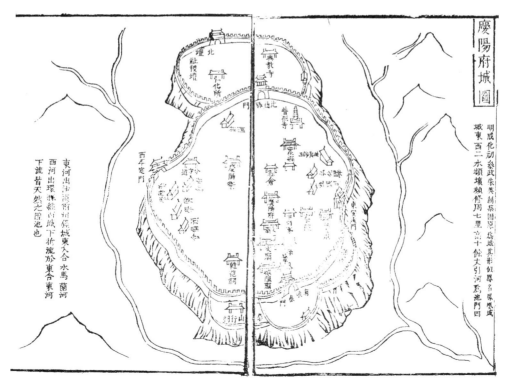

图 14 庆阳府城图

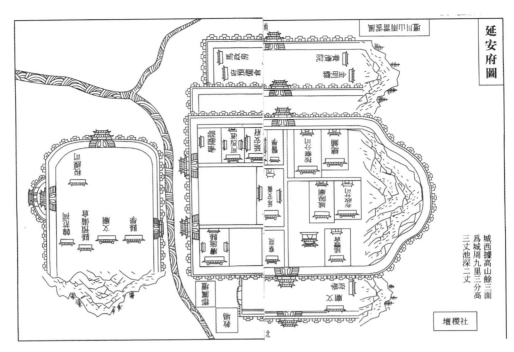

图 15　延安府图

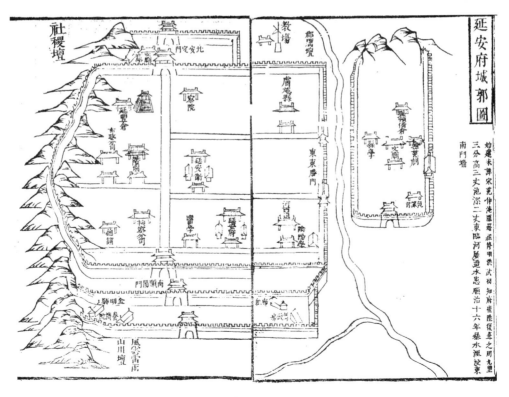

图 16　延安府城郭图

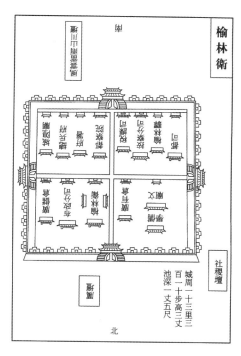

图 17　榆林卫图

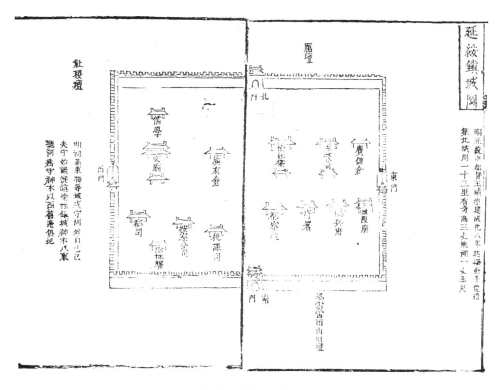

图 18　延绥镇城图

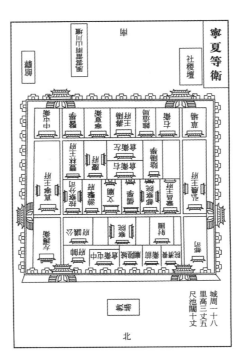

图 19　宁夏等卫图

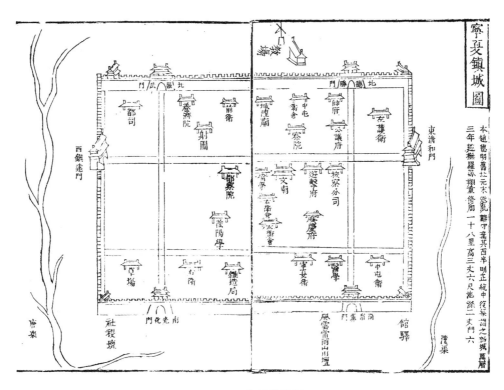

图 20　宁夏镇城图

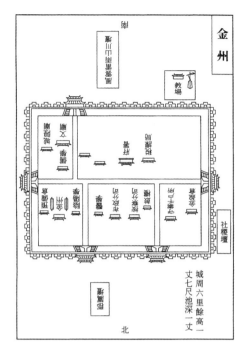

图 21　金州

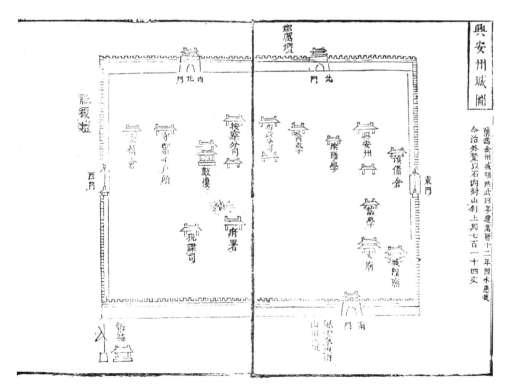

图 22　兴安州城图

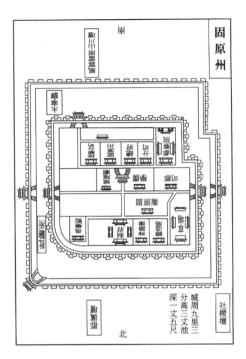

图 23　固原州

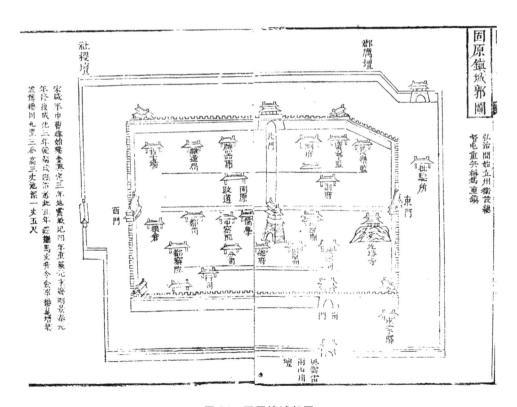

图 24　固原镇城郭图

嘉靖《陕西通志》未见记载城池沿革,通过康熙《陕西通志》城郭图榜文可知,在十二座主要城池中,三座明初创设者外,有九座延续旧有城池❶,但都有明代的修复、增筑记录。从两本通志所记载的城池规模来看,清代城池规模基本接近明代通志所载,有些城池更是数值一致。如此可知,明代城市建设运动,对陕西城市格局的确立,以及作为陕西清代城市发展的前身及基础,殆无疑也❷。城池内部的建筑设置上,除了王府建筑因制度更替多为见弃,其他的行政设置则多有延续,变化较少。康熙《陕西通志》"公署"中所谓"而秦值兵燹之后,坍圮独甚,今之堂阶廨舍,虽时有增缮,率仍明旧,攸跻攸宁,匪云奢巨丽也"。从配置图上也可以看出,主要建筑多数保留,建筑位置多数亦未见变化,而延安府、榆林卫、兴安州则可说是原封摹写。

比较明清两本通志所见城市图示,延续是为重要特征,此与阅读康熙《陕西通志》有关编户等制度的文字时,频频见到的"皇清因之"一语相互呼应,当为斯时历史境况之真实写照。

四 嘉靖《陕西通志》中建置图的体例

在上节明清方志城市图示之比较中,除了清代城郭图方向调整为上北下南、图式语言调整等地图学的变化外,清代通志城郭图上两个变化值得注意:其一是加题城门名❸,其二是增加了佛寺、桥梁等官司❹之外的城市公共空间。在嘉靖陕西通志的建置图中,城门不名❺,公共空间不记载,或与其独特之体例有关。

嘉靖通志的卷七开卷语:

> 若夫我皇明今日之制作:有城郭焉,其所在山川各异,则规模亦殊;有公署焉,有学校焉,有庙社及诸坛宇焉,其所在方所虽异,而制度则同。悉列之,则剧繁且复;总著之,则挂一漏万,亦未宜也。故于诸建置,各图以尽之,而弁于其首,庶览者按图而征说,若视诸掌云。

这段话揭示了建置图是用于城郭、公署、学校、庙社及坛宇的说明,并且替代了如康熙通志中城池、公署、学校、祠祀诸卷。此种"以图代志"的体例是嘉靖《陕西通志》十分独特之处❻,而编撰者也在目录中明确指出:"城郭、公署、学校、庙坛俱见图。"

此种"以图代志"体例,当是建置图中严格限制建筑名称之缘由之一,在附表一之中,只有少数行政体系之外的建筑被记录。而实际上,这类建筑在城市中是大量存在的。在嘉靖通志的古迹卷中,就记录了大量亭、台、楼、阁等游赏类建筑,如洋县著名的为苏东坡吟咏过的涵虚亭、竹坞等,并且不吝篇幅地全文摘录下苏氏的相关诗句。而正是建置图所要表达的内容为编撰者裁定为官司建筑,是故,图中标示的建筑绝大多数是政

❶陕西在宋代是边陲重地,如范仲淹等人曾在此地经营边防,留下一批城池。其中明代府城多继承与修整宋元以来之子遗。

❷王贵祥.明代建城运动概说.中国建筑史论汇刊(第壹辑).北京:清华大学出版社,2009:172

❸顺治年间,贾汉复编撰的《河南府志》中,《河南省城旧图》已将城门题写于城门上。

❹陕西通志(嘉靖).义例.有"城郭公署沿革,载古今建置同异之详也。然皆官司焉"。

❺由下文分析可知,嘉靖通志中未排城池等纲目,故不能确切得知当时城门之名是否已存在,不过根据其他地区的唐宋文献推测,唐宋以来各地城池之城门,当皆有名称。

❻根据地理学学人之研究,六朝后期至唐宋时期,作为方志前身的图经,是以图作为主体部分,经则是对图幅内容的简要说明,而后经图渐渐增大比重,图则由原来的主体渐次成为附属部分了。大约在隋朝,图少记多的地志初步成型。元明以降,方志汗牛充栋,府州县志、通志与一统志基本都是卷首有图的体例。参见邱新立、苏品红、潘晟、李孝聪等前辈之研究。

❶葛兆光.思想史研究课堂讲录:视野、角度与方法.北京:生活·读书·新知三联书店,2005:188.讲录收录的《作为思想史资料的古舆图》谈到,明代的地方志舆图中没有民众的、私人的生活空间。

治权力的象征❶。如果将"以图代志"中,这些有针对性的建置图,与康熙《陕西通志》中放置于卷首的城郭图相比较,后者的目的性不甚明确,其城郭图的寺庙、古迹内容增多,其表达的信息也更为综合多元化。

显然,嘉靖《陕西通志》中建置图所见的官司建筑,仅仅是城市生活、城市空间的组成部分而已,只有结合文字描述而非图示的遗迹、古迹,以及文字也忽略的私人生活空间等,才可能组合还原出斯时城市空间的总体概貌。

五 结 语

明代嘉靖年间编撰的《陕西通志》一书,应用大量的建置图,标示了明代陕西城市的城池、公署、学校以及庙坛等建筑的名称、位置,是研究分析明代城市构成的重要资料。建置图中所标示的建筑,是明朝帝国行政机构脉络之构成,构成了从中央到地方各级城市的统治态势,而每个城市因等级差异,承担行政职责的不同,城池规模与城内建筑数量也有相应的增减。在明清更替之际,由明代城市运动所奠定的城市分布、城池规模、城市空间格局,基本由清代继承,这些在康熙《陕西通志》的城郭图中都得以反映。

由斯时文人编撰的地方方志,成书之际,当先做整体之裁量,体现于纲目谋篇、分卷布局及图文安排中。今人借助这些地方志书研究分析城市时,或有以下两点值得注意:首先,由此产生的不同体例,配图所表达的信息或有差异,实不能一概而论。至少,嘉靖《陕西通志》中大量的建置图,是为替代表述城池、公署等制度的文字而作,当与城郭图、舆图、卷首图考等有所不同。其次,现今研读这些作为城市研究重要文献的地方志书,其表达的整体性不应被割裂开,无论图文所表达的不同内容,抑或各分卷不同对象,都只是城市生活的某个侧面。在嘉靖《陕西通志》中,此般古人记录城市空间与城市生活的整体性,是建置图的严肃刻板,与古迹卷辑录诗文的灵秀悠闲之并存兼有。

明代北边卫所城市的坛壝形制与平面尺度探讨[1]

段智钧，赵娜冬

（清华大学建筑学院）

摘要：坛壝是明代城市的重要建筑设施和空间类型之一，而且坛壝建设受到明代制度规范的较大影响。本文依托有关明代北边卫所城市的地方志和历史文献材料，对当时普遍存在且较多明确记载的社稷坛、风云雷雨山川坛、厉坛这三种主要坛壝的实例重点加以关注，从坛制、周围规模和附属建筑等角度，考察其中的坛壝形制和平面尺度。

关键词：明代，北边，卫所城市，坛壝，形制，平面尺度

Abstract：Altar is one of important architectural facilities and spatial types. And the construction of altars is deeply influenced by norm and institution in Ming Dynasty. Based on related local records and historical documentations about north-border wei-suo cities during Ming Dynasty, the article mainly focuses on cases of three prime altars, she-ji altar, fengyun-leiyu-shanchuan altar and li altar, which generally existed at that time and are recorded relatively much and definitely. From viewpoints of the composition of altars, scale of perimeters and additional buildings, it studies on their system and measure of planes.

Key Words：ming dynasty，north-border，wei-suo city，altar，system，measure of plane

明代按照军队编成，在北部边境地区建置有很多卫（通常辖五个千户所）、独立的（千户）所等军事单位统军屯戍，"天下既定，度要害地，系一郡者设所，连郡者设卫。大率五千六百人为卫，千一百二十人为千户所，百十有二人为百户所。所设总旗二，小旗十，大小联比以成军。"[2] 有关的卫、（千户）所一般或是依托北边既有的一些府、州、县城市设置，或是在边陲要地新建独立的军事城市，以长期大规模屯军。

这些卫、所治署所在的城市，本文称为"北边卫所城市"，均筑成坚固的城池并建有较为完善的城市建筑设施，主要由辽东、大宁、万全、山西、陕西等五都司，以及山西、陕西等二行都司来统辖。根据各卫所的管辖土地、控制人口等情况，已有学者将明代的卫所城市分为非实土卫所城市（设置卫、所治于既有的府、州、县城市）和实土卫所城市（为建置卫、所治而新建的军事城市），这样的分类在北边地区也是适用的。在一定意义上，北边卫所城市是明代北部边境地区城市体系的根本骨架。

坛壝是明代城市的重要建筑设施和空间类型之一，而且坛壝建设受到明代制度规范的较大影响。本文依托有关明代北边卫所城市的地方志和历史文献材料，对当时普遍存在且较多明确记载

---

[1] 本文属国家自然科学基金支持项目，项目名称：《明代建城运动与古代城市等级、规制及城市主要建筑类型规模与布局》，项目批准号：50778093。

[2] 明史.卷九十.志第六十六.兵二卫所班军

的社稷坛、风云雷雨（山川）坛、厉坛这三种主要坛壝的实例重点加以关注，从坛制、周围（垣）规模和附属建筑等角度，考察其中的坛壝形制和平面尺度。

一　基本规制情况

在定鼎天下之初，明太祖曾倾注巨大心力重建了国家祭祀和礼仪制度，还广征宿儒，与礼官重臣共同探讨历代国家礼仪和祀典沿革，以酌定整个国家的坛庙制度，包括社稷、先农、太岁、风云雷雨、岳渎、山川、厉坛等坛壝。

> 洪武六年（1373 年）三月申辰，礼官上所定礼仪。帝谓尚书牛谅曰："元世废弃礼教，因循百年，中国之礼，变易几尽。朕即位以来，夙夜不忘，思有以振举之，以洗污染之习。常命尔礼部定著礼仪。今虽已成，宜更与诸儒参详考议，斟酌先王之典，务合人情，永为定式。" [1]

明代的祭祀制度是非常复杂的政治文化体系的缩影，精心设定的国家祀典容纳了多种门类的神主，"明朝国家规定的祭祀对象是一个自然、祖先、先师、历代名王，英雄豪杰、大学问家、道德典范、有功于国家社稷或者地方社会者、个别民间信仰神、无家野鬼合成的群体。这些真实或者虚幻的对象混合而成的群体构成了一个象征性的权威和价值世界。" [2] 其中的相关规制具体是经由地方各级在任官员对"祭祀"的关注，由上至下扩展到百姓当中的，"国之大事，所以为民祈福。各府州县、每岁春祈秋报、二次祭祀、有社稷、山川、风云、雷雨、城隍诸祠。及境内旧有功德于民，应在祀典之神。郡厉、邑厉等坛。到任之初、必首先报知祭祀诸神日期、坛场几所、坐落地方，周围坛垣、祭器什物，见在有无完缺。如遇损坏、随即修理。务在常川洁净、依时致祭、以尽事神之诚。" [3]

1. 关于社稷坛

社稷坛的本意是祭祀土谷之神的场所，到后来，"社稷"在人们心目中演变成为国家的象征，并且成为了土地祭祀的核心，凡立国者必建立相应规制的社稷坛承祀，同时，这也反映了中国古代农业社会关注土地农耕的特点。实际上，社稷坛祭祀是中国古代最为传统和最广泛开展的祭祀内容之一，"天下通祀唯社稷与夫子，社稷坛而不屋" [4]，也就是说，社稷坛一直以来都是以祭坛为主要祭祀空间，而非建为堂室。而且社稷坛祭祀不晚于宋代便已明确成为举国统一贯彻的重要国家礼制之一，甚至大学问家朱熹也曾为相关坛壝制度的确立作出过重要贡献，"准行下州县社稷、风雨、雷师坛壝制度，熹按其文有制度而无方位，寻考周礼左祖右社，则社稷坛合在城西，而唐开元礼祀风师于城东，祀雨师于城南" [5]

[1] 钦定四库全书.史部.职官类.官制之属.礼部志稿.卷一

[2] 赵轶峰.明代的变迁.上海：上海三联书店，2008：导言

[3] 明会典.卷九.祀神

[4] 四部丛刊.初编.集部.樊川文集.卷第六.景江南图书馆藏明翻宋刊本

[5] 四部丛刊.初编.集部.晦庵先生朱文公文集.卷第二十.景上海涵芬楼藏明刊本

明初定社稷祭祀为中祀，社、稷异坛同墙，即社坛与稷坛分设在同一壝墙之内，例如在国都南京，"明太祖洪武元年建社稷坛于宫城西南，太社在东，太稷在西，坛皆北向，坛高五尺，阔五丈，四出陛五级，二坛同一壝。"❶这种社、稷异坛，东社西稷的模式在宋代已经得到明确❷，明初大约是承宋制。明太祖在洪武元年(1368年)十二月还曾统一颁定了天下社稷坛的规制。

> 己丑颁社稷坛制于天下，郡邑坛俱设于城西北，右社左稷，坛各方二丈五尺，高三尺。四出陛三级，社以石为主，其形如钟，长二尺五寸，方一尺一寸。剡其上，培其下之半在坛之南，方坛周围筑墙，四面各二十五步。❸

这与《明集礼》中所记述的郡县社稷坛制也基本一致。

> 国朝郡县祭社稷，有司俱于本城土西北设坛致祭，坛高三尺，四出陛三级，方二尺五寸(按：据后文推测可能是误为二丈五尺)；从东至西二丈五尺，从南至北二丈五尺，右社左稷，社以石为主，其形如钟长二尺五寸，方一尺一寸，剡其上培其下，半在坛之南方，坛外筑墙周围一百步，四面各二十五步。❹

明太祖后来又将社稷祭祀升为大祀，而且将社、稷改为同坛同墙。

> 府、州、县社稷，洪武元年颁坛制于天下，郡邑俱设于本城西北，右社左稷，十一年定同坛合祭。❺

从上述规制中，我们可以发现，在明代虽然有"社"、"稷"从异坛分祭到同坛合祭的变化，但社稷坛都明确是位于城的西北，与前述宋代布置在城西略有差异(抑或是更为具体化，其实并无本质变化)。而具体坛则应是基本恢复或承袭了宋代制度："宋制州县社坛方二丈五尺，高三尺，四出陛；稷坛如社坛之制，社以石为主，其形如钟，长二尺五寸，方一尺，剡其上，培其下半。四门同，一墙二十五步。"❻两相比较，有明显的前后承继关系，明代社稷坛规制中的坛制细节更为详尽，其主要形态和尺度甚至可追溯至唐代。在宋代(甚至唐代)社稷坛中，除了神主的位置有一定朝向或不设在坛中心以外，坛制本身并没有特别强调方向性❼，而明代的社稷坛则明确规定为北向(大门朝北)。

> 丙申命中书省定王国宗庙及社稷坛壝之制，礼部尚书陶凯等议于，于王国宫垣内，左立宗庙，右为社稷，庙为殿五间，东西为侧阶，后为寝殿五间，前为门三间，社稷之制，古者王爵不以封止有诸侯社稷之制，汉皇子始封为王，得受茅土而社稷之制无闻其他，封公侯者无茅土而社以木，后世因之，以州、县比古诸侯，故其制皆方二丈五尺。唐制州、县社稷坛方二丈五尺，高三尺五寸，四出陛三等，门北、东、西三面各一为屋，各三间，每门二十四戟，其南无屋。宋制州县社稷坛，率如唐制，而高不及者五寸，其社主用石如钟形，长二尺五寸，方一尺，剡其上，培其下半，今定亲王社稷坛方三丈五尺，高三尺五寸，四出陛，两坛相去亦三丈五尺，壝四围广二十丈，坛居墙内，稍南居三分之一，壝墙高五尺，各置灵

❶钦定四库全书.史部.政书类.通制之属.钦定续通典.卷五十

❷"徽宗政和三年议礼局上五礼新仪，太社坛广五丈，高五尺，四出陛，五色土为之。太稷坛在西，如社坛之制。"见：钦定四库全书.史部.政书类.通制之属.文献通考.卷八十二

❸明太祖实录.卷之三十七.洪武元年十二月丁卯朔

❹钦定四库全书.史部.政书类.仪制之属.明集礼.卷十

❺钦定四库全书.经部.礼类.通礼之属.五礼通考.卷四十五

❻钦定四库全书.史部.政书类.仪制之属.明集礼.卷十

❼"盖神位坐南向北，而祭器设于神位之北，故此石主当坛上南陛之上更宜，详考画作图，子便可见，若在坛中央，即无设祭处矣。"见：钦定四库全书.集部.别集类.南宋建炎至德佑.晦庵集.卷六十八

星门，外垣北、东、西门置屋，列十二戟，南门无屋，社主用石长二尺五寸，阔一尺五寸，剡其上埋其半。已上丈尺并用营造尺，上不同于太社，下有异于州县之制，从之。❶明太祖实录.卷之六十.洪武四年春正月乙酉朔

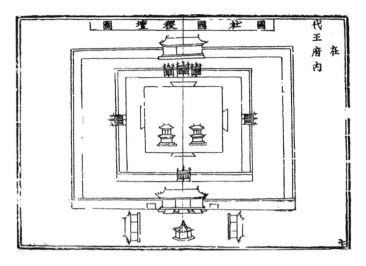

图 1　明代大同府城在代王府内的王国社稷坛图

（资料来源：[正德]大同府志）

明代社稷坛的等级规模关系，从国家级（太社稷坛）、藩王（王国社稷坛）（图 1）至各府州县（同）分为三级，以下各级坛制尺度设定均比照太社稷成比例减小，其中平面尺度比例为 10：7：5，具体方广规定分别为 5 丈、3.5 丈、2.5 丈（图 2，图 3）。

癸丑……社稷坛成……社、稷坛在宫城之西南，皆北向。社东稷西，各广五丈，高五尺，四出陛，每陛五级，坛用五色土，色各随其方，上以黄土覆之，坛相去五丈，坛南各栽松树二，坛同一壝，壝方广三十丈，高五尺，甃以砖，四方有门，各广一丈，东饰以青，西饰以白，南饰以赤，北饰以黑，瘗坎在稷坛西南，用砖砌之，广深各四尺，周围筑墙，开四门，南为灵星门三，北戟门五，东西戟门各三，东西北门皆列二十四戟，神厨三间在墙外西北方，宰牲池在神厨西，社主用石高五尺，阔二尺，上微锐，立于坛上，半在土中，近南，北向，稷不用主。❷明太祖实录.卷之二十四.吴元年六月丙午朔

洪武十年，改坛午门右，社稷共一坛，为二成。上成广五丈，下成广五丈三尺，崇五尺。外墙崇五尺，四面各十九丈有奇。外垣东西六十六丈有奇，南北八十六丈有奇。垣北三门，门外为祭殿，其北为拜殿。外复为三门，垣东、西、南门各一。永乐中，建坛北京，如其制。帝社稷坛在西苑，坛址高六寸，方广二丈五尺，甃细砖，实以净土。坛北树二坊，曰社街。王国社稷坛，高、广杀太社稷十之三。府、州、县社稷坛，广杀十之五，高杀十之四，陛三级。后皆定同坛合祭，如京师。❸《明史》卷四十七，志第二十三，礼一（吉礼一）

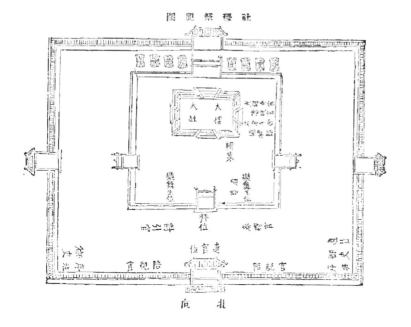

图2 明代太社稷祭祀图

(资料来源：明会典.卷八十五)上南下北

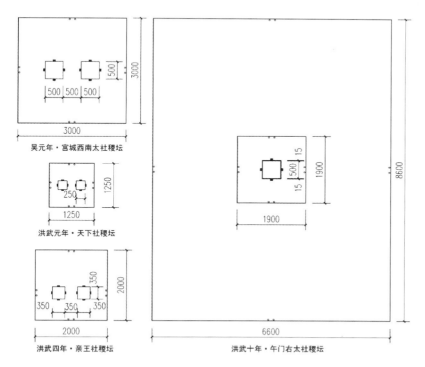

图3 明代社稷坛规制比较示意(尺寸单位：寸)❶

❶本文未注明资料来源者
均为作者自绘。

2. 关于风云雷雨(山川)坛

明初定太岁风云雷雨之祀为中祀,同时,明太祖亲自根据坛祀诸神情况,并参考前代的制式,下令将风、云、雷、雨等合祀一坛,"洪武二年,以太岁风云雷雨及岳镇海渎山川城隍诸神止合祀于城南,诸神享祀之所未有坛墙等,祀非隆敬神祇之道,命礼官考古制以闻。"还规定了风云雷雨(山川)坛的基本形制,"遂定以惊蛰秋分日祀太岁诸神,以清明霜降日祀岳渎诸神,坛据高阜,南向,四面垣围,坛高二尺五寸,方阔二丈五尺,四出陛,南向陛五级,东西北向陛三级,祀天神则太岁风云雷雨五位并南向。"又命天下共祀并明确了坛制,实际上在一般的府、州、县常常将风云雷雨(山川)坛的规制参照社稷坛建置。在北边卫所城市等地方,多见将山川甚至城隍一同合祭,例如蓟州镇永平府的风云雷雨山川城隍坛,就是:"风云雷雨中,山川左,城隍右……坛则定于南郊,是谓神祇之坛而尊于神祇也。"也正因如此,风云雷雨山川坛多俗称为"神祇坛"、"南坛"(实例中,称"风云雷雨山川坛"者居多)。除所祭祀神主有异外,同一地方的风云雷雨山川坛,其大部分坛制细节多与社稷坛相同(图4)。

❶钦定四库全书.子部.杂家类.杂说之属.春明梦余录.卷十五

❷明太祖实录.卷之三十八.洪武二年春正月丙申朔

❸[康熙]永平府志.卷六.祀典

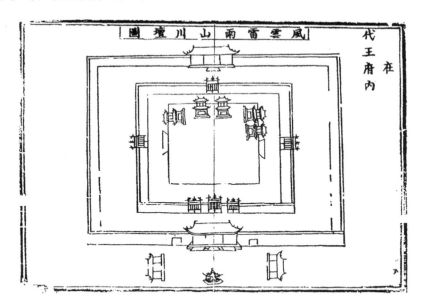

图4　明代大同府风云雷雨山川坛(在王府内)图

(资料来源:[正德]大同府志)

值得我们注意的是,以上规制中的风云雷雨山川坛也具有方向性——南向,正与社稷坛相反,并且为了突出这个方向性,规制中还将风云雷雨山川坛的南向出陛设为5级,以与北、东、西向出陛3级相区别。

3. 关于厉坛

明代对郡县级厉坛并无统一的明文颁布,故各府、州、县建造情况不一,但是由于其在北边卫所城市"祭无祀鬼神"的功能极为重要,因此,不少城市是将厉坛参照社稷坛或风云雷雨山川坛建设的,较为常见的情况是参照简化或另制,多数在规模上是略小的。另外,厉坛祭祀时多请城隍之神主成祀(图5)。

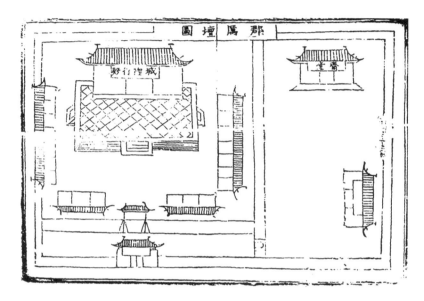

图 5　明代大同府厉坛图

(资料来源:[正德]大同府志)

总体来看,经过数十年的制度建设,至明太祖朱元璋晚年,社稷坛、风云雷雨山川坛、厉坛等城市主要坛墙规制被明令确立下来,"洪武二十六年著令,天下府州县合祭风云雷雨山川、社稷、城隍、孔子及无祀鬼神等,有司务要每岁依期致祭。其坛壝庙宇制度、牲醴祭器体式,具载洪武礼制。"^❶有关的祭祀制度也得以在北边卫所城市通行。

❶明会典.卷九十四.群祀.有司祀典下

关于明代北边设卫所城市的坛墙实际建置,即所谓"边卫设坛",基本上是以下两种情况。

第一,非实土卫所城市,由于基本上都是设置卫、所于既有的府、州、县城市,其坛墙一般是按照天下府、州、县的通行规制建设的;

第二,实土卫所城市,即在要地建置卫、所治而新建的城市,其坛墙很多都是跟随城市逐步建立完善起来的。例如,在宣府镇有这样的记载:

宣德三年四月,总兵官都督谭广奏:天下郡县设风云雷雨山川、社稷坛,春秋祭祀为民祈福,宣府久置军卫,请如郡县立坛致祭。行在礼

部言：宣府边卫似难比例。上曰：奉祀神明为人祈福，军卫独非吾民乎？其准所言，令于农隙之时为之。**❶**

事实上，明代北边的实土卫所城市的很多坛墙都经历了从无到有的过程，并且相当一部分可能是比照府、州、县规制建设的，但往往又受到所在城市规模和经济水平等限制，其实际建设情况也多有差别。

根据一些相关文献对照显示，有卫、所建置的军事城市才会设置参照府、州、县规制的规模较完备的坛墙系统。例如宣府镇西路，元属兴和路，"明初并各郡县皆废，置万全左右二卫、怀安卫，隶万全都司，其余城堡设镇守，参将统之"。**❷**此三卫的建置城市之外，这个地区还有柴沟堡、洗马林堡、西阳河堡、张家口堡等多个重要城堡（军事城市）的驻军员额先后达到千户所的规模，甚至柴沟堡自成化年间以后还长期驻扎着分守西路参将、总辖全地区的军兵，但是，由于这些军事城市均非卫所建置的城市，其坛墙形制普遍较低而且不够完善，"社稷坛、风云雷雨山川城隍坛、厉坛惟左、右、怀安三卫建，其余城堡止有乡厉"。**❸**

二 坛 制 规 模

有关明代北边卫所城市的明清地方志材料中，对明代（或清代沿袭明代）所建坛墙多有提及，但关于各坛墙规模形态的记载详尽不一，较为详细者如以下实例：

遵化县城：社稷坛：在州西北二里。中为坛，北向，东西二丈五尺，南北如之，高三尺，四出陛各三级，缭以短垣，树以门斋房、牲所毕具；风云雷雨坛：在州南二里，坛制子午，高二尺五寸，方阔二丈五尺，周围共一十丈，四出陛，午五级，子卯酉各三级；郡厉坛：在郡北一里。坛制高二尺五寸，阔二丈五尺，南出陛三级，南向立门，额方以墙。**❹**

迁安县城：社稷坛：在城外西北隅。制坛而不屋，四围共二丈五尺，高三尺，三出陛各三级，北向，缭以周垣；风云雷雨山川坛：在县南关外。坛制崇二尺五寸，广二丈五尺，四围各一十五丈，四出陛惟午陛五级，子卯酉皆三级，东南为燎所，出入以南门；郡厉坛：在县北关外，坛制四围五丈五尺，崇二尺五寸，前出陛三级，缭以周垣南为门。**❺**

庆阳府城：风云雷雨山川坛，在府城关南，坛高三尺，陛四出各三级；社稷坛，坛在府北关西，坛高三尺，陛四出各三级。**❻**

根据目前已掌握的文献史料，全面提取有关坛墙坛制规模内容，记载如下：

---

❶ 史部.职官类.官制之属.礼部志稿.卷八十四

❷ [康熙]宣镇西路志.卷一.沿革

❸ [康熙]宣镇西路志.卷二

❹ [康熙]遵化州志.卷三.坛墙

❺ [同治]迁安县志.卷十一.坛庙

❻ [顺治]庆阳府志.卷十九.坛墙

表 1　明代北边卫所城市的坛壝坛制规模比较

城市	卫/所	卫/所隶属	坛壝	坛平面尺度	坛高	南出陛	北出陛	东西出陛
洪武元年颁❶	——	——	社稷坛	2.5×2.5 丈	3 尺	3 级	3 级	3 级
洪武二年颁❷	——	——	风云雷雨坛	2.5×2.5 丈	2.5 尺	5 级	3 级	3 级
遵化县❸	东胜右卫	后军都督府直隶	社稷坛	2.5×2.5 丈	3 尺	3 级	3 级	3 级
			风云雷雨坛	2.5×2.5 丈	2.5 尺	5 级	3 级	3 级
			郡厉坛	2.5×2.5 丈	2.5 尺	3 级	无	无
易州❹	茂山卫	大宁都司	社稷坛	2.5×2.5 丈	3.4 尺	3 级	3 级	3 级
			风云雷雨山川坛	2.5×2.5 丈	3.4 尺	3 级	3 级	3 级
			州厉坛	2.5×2.5 丈	3.4 尺	3 级	3 级	3 级
迁安县❺	兴州右屯卫	后军都督府直隶	社稷坛	四围共 2.5 丈	3 尺	无	3 级	3 级
			风云雷雨山川坛	广 2.5 丈	2.5 尺	5 级	3 级	3 级
			郡厉坛	四围 5.5 丈	2.5 尺	3 级	无	无
宣府镇❻	宣府左、右、前卫	万全都司	社稷坛	2.5×2.5 丈	3 尺	3 级	3 级	3 级
万全右卫❼	万全右卫	万全都司	社稷坛	2×1 丈	2.5 尺	3 级	3 级	3 级
			风云雷雨山川坛	2×1 丈	2.5 尺	3 级	3 级	3 级
延庆州❽	永宁卫后千户所	万全都司	社稷坛	2.5×2.5 丈	3 尺	3 级	3 级	3 级
			风云雷雨山川坛	2.5×2.5 丈	3 尺	3 级	3 级	3 级
应州❾	安东中屯卫	山西行都司	社稷坛	周 1.8 丈	5 尺	未详	未详	未详
			风云雷雨山川坛	周 3 丈	5 尺	未详	未详	未详

❶明太祖实录.卷之三十七.洪武元年十二月丁卯朔
❷明太祖实录.卷之三十八.洪武二年春正月丙申朔
❸[康熙]遵化州志.卷三.坛壝
❹[弘治]易州志.卷三.神祀
❺[同治]迁安县志.卷十一.坛庙
❻[嘉靖]宣府镇志.卷十七.祠祀考
❼[乾隆]万全县志.卷二.坛祠
❽[嘉靖]隆庆志.卷八
❾[万历]应州志.卷二.坛壝

城市	卫/所	卫/所隶属	坛墙	坛平面尺度	坛高	南出陛	北出陛	东西出陛
庆阳府❶	庆阳卫	陕西都司	社稷坛	未详	3尺	3级	3级	3级
			风云雷雨山川坛	未详	3尺	3级	3级	3级
环县❷	环县千户所	陕西都司	社稷坛	1.25×1.25丈	3尺	3级	3级	3级
			风云雷雨山川坛	2.5×2.5丈	3尺	3级	3级	3级
岷州卫❸	岷州卫	陕西都司	社稷坛	2.5×2.5丈	未详	3级	3级	3级
			风云雷雨山川坛	2.5×2.5丈	未详	3级	3级	3级
靖虏卫❹	靖虏卫	陕西都司	风云雷雨坛	2.25×2.25丈	3尺	未详	未详	未详
河州卫❺	河州卫	陕西都司	郡厉坛	2×2丈	3尺	未详	未详	未详

1. 坛平面尺寸

根据表中明代北边卫所城市坛墙实例可知,规制的2.5×2.5丈见方是最普遍采用的坛平面尺寸。也有不少实例的情况是比规制尺寸小一些的,其中,实土卫所城市有万全右卫城(社稷坛和风云雷雨山川坛)、靖虏卫城(风云雷雨坛)、河州卫城(郡厉坛)非实土卫所城市有应州城(社稷坛和风云雷雨山川坛)、环县城(社稷坛)和迁安县城(社稷坛和郡厉坛)。坛平面尺寸较小的原因很可能是地方做法或受到当地经济条件限制。

再参考明代最低一级的"乡社"的情况,"凡城郭坊厢以及乡村,每百家立一社,筑土为坛,树以土所宜木……坛制宜量地广狭,务为方正,广则一丈二尺,狭则六尺,法地数也,高不过三尺,陛各三级,坛前阔不过六丈,或仿州县社稷坛,当北向,缭以周垣,四门红油,由北门入,若地狭则随宜,止为一门木栅,常扃钥之。"❻可见,不少北边卫所城市的社稷坛规模更接近这样的乡社,当然,此类乡社的规制来源,也很可能是从府、州、县坛墙简化而来的。

2. 坛高

按照洪武初年的颁制,社稷坛和风云雷雨坛的坛高分别为3尺和2.5尺,实例中,大部分北边卫所城市有关坛墙(包括一些厉坛)建设都遵循了这样的坛高差异,如遵化县城、迁安县城、宣府镇

---

❶[顺治]庆阳府志.卷十九.坛墙

❷[顺治]庆阳府志.卷十九.坛墙

❸[康熙]岷州志.卷四.坛墙

❹[康熙]重修靖远卫志.卷二.祀典

❺[嘉靖]河州志.卷二.典礼志.祠祀

❻钦定四库全书.经部.礼类.杂礼书之属.泰泉乡礼.卷五

城等。亦有各坛墙统一建为一种高度的情况,如延庆州城、庆阳府城、环县城等统一为 3 尺高。而万全右卫城则将其统一为 2.5 尺高,甚至还有一些地方,如易州城和应州城,坛高分别采用了更高的 3.4 尺和 5 尺,目前尚不能确知这种差异的原因,推测也可能与地方做法有关。

3. 出陛

洪武初年的颁制也分别给社稷坛和风云雷雨坛设定了两种出陛样式,其差别之处在于风云雷雨坛是通过南向 5 级出陛强调其与社稷坛的方向差异(考虑仪式出入等),如遵化县城和迁安县城的风云雷雨山川坛就完全遵照此制,而且这两个城市的厉坛又都是仅设置了南向 3 级出陛,也反映了对坛制方向性的明确。此外,北边卫所城市各坛墙实例中的大多数均一致采取了 3 级出陛。又由于社稷坛均为北向,迁安县城的社稷坛实例是将南向的出陛完全都省却了,这可能是更为务实地依照祭祀仪式采取的革新。

三 周围(垣)规模

我们注意到,几乎所有的北边卫所城市的社稷坛记载都提到有"周垣",即四周围墙边界的描述,而一些地方志的有关记载只提到坛墙"周"或"周围"的尺度,按照一般坛墙空间以垣墙(墙)界定的方式,基本可以确定其"周围"尺度即是周垣尺度。例如,洪武元年颁定的天下社稷坛规制中就包括坛外周围筑墙共 100 步(笔者按:2 步为 1 丈,合 50 丈)的表述,"方坛周围筑墙,四面各二十五步(合 12.5 丈)"。[1]而《明会典》和《明史》作为后出的文献,其中关于府、州、县社稷坛相关规制的记述则有所变化,且这二者的说法完全一致,较洪武元年颁制略有增大。

> 社稷(府、州、县同)坛制:东西二丈五尺,南北二丈五尺,高三尺(俱用营造尺);四出陛各三级,坛下前十二丈或九丈五尺,东、西、南各五丈,缭以周墙;四门红油,北门入。[2][3]

表 2 明代社稷坛规制周围(垣)规模比较

城市	范围	坛墙	坛周围(垣)平面尺度
洪武四年亲王社稷坛[4]	亲王	社稷坛	20×20 丈
洪武元年颁天下[5]	地方	社稷坛	12.5×12.5 丈
《明会典》《明史》载社稷坛[6]	地方	社稷坛	12.5×17(或 19.5)丈

这表明,在洪武定制以后,社稷坛及相关坛墙的实际建设,其周围(垣)规模按照祭祀制度完善的需要而有所扩大,而大多数北边卫所城市的实例

❶明太祖实录.卷之三十七.洪武元年十二月丁卯朔

❷明史.卷四十七.志第二十三.礼一(吉礼一)
❸明会典.卷九十四.群祀.有司祀典下
❹明太祖实录.卷之六十.洪武四年春正月乙酉朔
❺明太祖实录.卷之三十七.洪武元年十二月丁卯朔
❻明会典.卷九十四.群祀.有司祀典下

是将规制方广 12.5×12.5 丈(东西×南北)扩展到《明会典》等所载的两种之一,平面尺度或为 12.5×17 丈(总长 59 丈),或为 12.5×19.5 丈(总长 64 丈)。这种前后变化也强调了对社稷坛仪式空间方向性的关注,尤其南北向略长的平面形态反映了对北门以内仪式空间的需求,实例可见保定府城、延庆州城、宣府镇城、易州城、岷州卫城等有关坛壝(图6)。

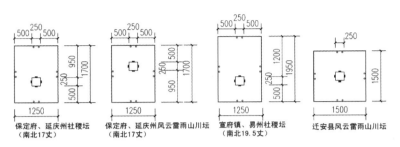

图6　坛壝周围(垣)规模可能基于洪武元年规制扩大的实例示意(尺寸单位:寸)

保定府城(南北 17 丈):(社稷坛)国朝酌古准今并为一坛,以太社五丈而各杀其半,东西二丈五尺,南北如之,高三尺,四出陛各三级,坛下前九丈五尺,东、西、南、北各五丈,以垣缭之,立四红油门,由北门入,石主长二尺五寸方一尺,埋于坛上正中;(风云雷雨山川坛)国朝洪武八年定制为一坛,南向,广袤石主与社稷坛同。❶

延庆(隆庆)州(南北 17 丈):社稷坛:州城西,东西二丈五尺,南北如之,高三尺,四出陛,各三级,坛下前九丈五尺,东西南各五丈,缭以周垣,立门北向;风云雷雨山川坛:在州城南一里,其制与社稷同,南向由南门入。❷

宣府镇城(南北 19.5 丈):洪武二十七年立本镇社稷坛,谷王命所司建,宣德初重修。坛制东西二丈五尺,南北二丈五尺,高三尺,四出陛各三级,坛下前十二丈,东、西、南各五丈,缭以周垣,四门红油,北门入。神厨、神库、宰牲房各三间。❸

在我们所见的明代北边卫所城市坛壝实例中,周围(垣)规模尚未发现与洪武元年颁制的平面尺度——12.5×12.5 丈一致的,仅见迁安县城风云雷雨山川坛的方广为 15×15 丈,有可能与此颁制有关。

上述周围(垣)规模符合规制总长 59 丈(或 64 丈)的坛壝实例大部分都是在非实土卫所城市(岷州卫为军民指挥使司,与一般卫指挥使司略有差异)。我们注意到,还有大量实土卫所城市坛壝的周围(垣)规模同规制相比均小一些,这可能与实土卫所城市特别强调其军事职能而经济条件不佳有关,也就影响到了在其中举行祭祀活动的完善性(图7,图8)。例如:

环县城:风云雷雨山川坛在城南一里,周六十步(笔者按:2 步为 1 丈,合 30 丈),坛高三尺,方二丈五尺,陛四出各三级;社稷坛:在府西一里,周六十步,坛高三尺,方一丈二尺五寸,陛四出,各三级。❹

中国建筑史论汇刊·第陆辑

❶[弘治]重修保定志.卷十九.坛壝

❷[嘉靖]隆庆志.卷八

❸[嘉靖]宣府镇志.卷十七.祠祀考

❹[顺治]庆阳府志.卷十九.坛壝

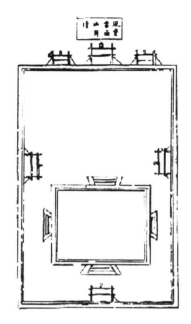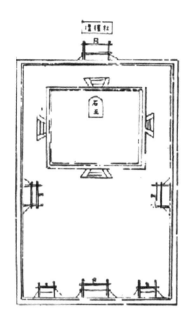

图 7　岷州卫的社稷坛、风云雷雨山川坛

（资料来源：[康熙]岷州志）

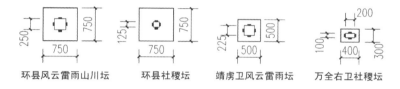

环县风云雷雨山川坛　　环县社稷坛　　靖虏卫风云雷雨坛　　万全右卫社稷坛

图 8　坛壝周围(垣)规模远小于有关规制的实例示意(尺寸单位：寸)

　　靖虏卫城：风云雷雨坛在南关东隅，明隆庆戊申议建，高三尺，方九丈，砖砌坛基，周二十丈，内有斋宿舍、省牲舍、厨库各三楹，外有大门牌坊……山川社稷在城外西南隅，万历十九年……建坛壝，斋舍、厨库、门坊具备。❶

　　万全右卫城：社稷坛在县城北门外，高二尺五寸，东西广二丈，南北袤一丈，四出陛各三级，坛下四周各一丈缭以垣(按：周围合 14 丈)，东、西、南、北红门各一；风云雷雨山川城隍坛：在县城南门外，制与社稷坛同。❷

　　还可以发现，有不少卫所城市的坛壝周围(垣)规模比规制都要大不少，并且达到或超过了亲王社稷坛周围 80 丈的规模，甚至更大(图 9)。例如：

　　洮州卫城：风云雷雨山川坛深十七丈二尺，广二十四丈(笔者按：周围合82.4 丈)，斋房、省牲所在坛之东；社稷坛深十五丈，广二十丈(按：周围合 70丈)，斋房省牲所在坛之西南；邑厉坛南向，深八丈，广七尺(按：疑为七丈，则合 30 丈)。❸

❶[康熙]重修靖远卫志.卷二.祀典

❷[乾隆]万全县志.卷二.坛祠

❸[光绪]洮州厅志.卷三.坛庙

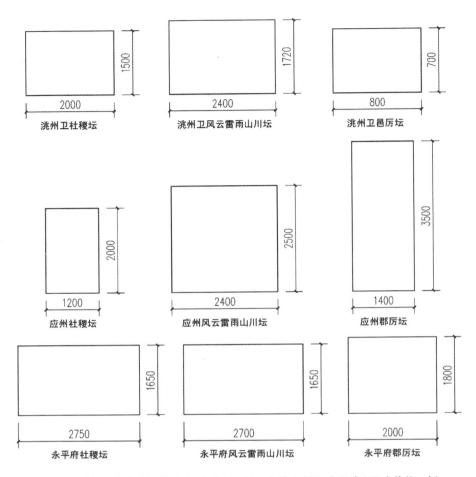

左侧边栏：
中国建筑史论汇刊·第陆辑

图9 坛墙周围(垣)规模比《明会典》规制更大的实例尺度示意(尺寸单位：寸)

　　应州城：社稷坛洪武间创，弘治二年，移筑于西门外，迤南空处，南北长四十步，东西宽二十四步(按：周围合64丈)，建台，修厨，筑垣，设门。坛台一座，高五尺，周一丈八尺；风云雷雨山川坛：在城南关西。南北长五十步，东西宽四十八步(按：周围合98丈)。洪武间创，成化十五年重建，围筑高垣，增补斋室。坛台一座，高五尺，周三丈，神厨三间，斋房三间；郡厉坛：洪武间创，弘治二年改建于城东门外迤北。南北长七十步，东西宽二十八步(按：周围合98丈)，坛台一座，周筑墙垣，修理台厨，建以门额。坛台一座砖砌，斋房六间，厨房三间。❶

❶[万历]应州志.卷二.坛墙

　　永平府城：风云雷雨山川坛：在府城南三里，洪武初建，正统十二年重建，坛基一所，横五十四步，直三十三步(按：周围合87丈)，神库三间，神厨三间，宰牲房三间，洗牲地一所，斋宿房三间；社稷坛：在府城西三里，洪武初建，正统十二年重建，坛基一所，横五十五步，直三十三步(按：周围合88丈)，神厨三间，神库三间，宰牲房三间，洗牲地一所，斋宿房三间；郡厉坛在府城北四里，洪武初建，正统十二年重建，横四十步，直三十六步(按：周围合

76丈),神厨三间、神库三间,宰牲房三间。❶[弘治]永平府志.卷五.坛壝

这些北边卫所城市坛壝周围(垣)为何达到如此规模,其准确原因也尚不明确,而且其平面尺度并无规律可言,有可能是因地制宜的地方做法,也有可能反映了这些卫所城市周边土地旷广,坛壝建设规模不受限制。

此外,我们还注意到蔚州城、怀安卫城等相关坛壝的记载中不仅有"周围"规模,同时还有"计地"规模的表述,而且存在着很大的尺度差异。

蔚州城:厉坛在城东北太平庄南,周围六十二步(按:合31丈),计地一亩(笔者按:1亩周围为240步,合120丈)。❷[顺治]蔚州志.祀典志.坛庙

怀安卫城:(厉坛)在城东门外,万历十五年建,周围三百六十步(笔者按:合180丈),计地三亩(合360丈);又一在城西门外,地基同。❸[乾隆]怀安县志.卷十三.典祀

这很可能表明一些北边卫所城市坛壝周边还附属着一定面积的土地,可事生产以资祭祀活动,或有其他用途。而且,有些坛壝附属土地的面积甚至相当辽广,如易州城等,坛壝占地要比周围(垣)规模大得多(图10)。

易州城:社稷坛在州治西北一里,计地一十二亩(周围合1440丈),坛制东西二丈五尺,南北二丈五尺,高三尺四寸,陛各三级,坛下前十二丈,东西南各五丈缭以周垣,辟四门,由北门入,神厨三间,库房三间,宰牲房三间。风云雷雨山川坛:在州治南一里,计地二十六亩(周围合3120丈),制与社稷坛同,神厨三间,库房三间,宰牲房三间;州厉坛:在州治北五十步,计地五亩(周围合600丈),制同前,神厨三间,库房三间,宰牲房三间。❹[弘治]易州志.卷三.神祀

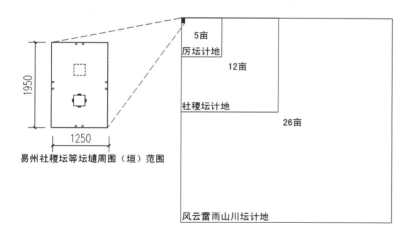

图10　明代易州坛壝附属土地面积(按正方形计)示意(尺寸单位:寸)

四　附属建筑

在《明会典》中有详细的社稷坛附属建筑规制:

房屋神厨三间,用过梁通连(深二丈四尺,中一间,阔一丈五尺九

寸,傍两间,每一间阔一丈二尺五寸);锅五口(每口二尺五寸);库房间架与神厨同(内用壁不通连);宰牲房三间(深二丈二尺五寸,三间通连,中一间阔一丈七尺五寸九分,傍二间各阔一丈。于中一间正中、凿宰牲小池、长七尺、深二尺、阔三尺、砖砌四面、安顿木案于上。宰牲血水、聚于池内。祭毕、担去、仍用盖。房门用锁(宰牲房前旧有小池者、仍旧制、不必更改。无者不必凿池、止于井内取水)❶(图11)。

❶明会典.卷九十四.群祀.有司祀典下

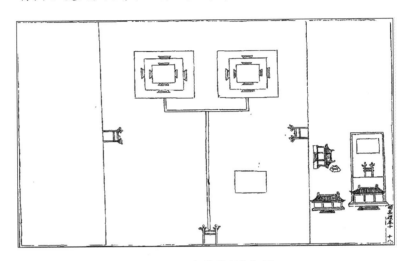

图11 明会典社稷祭祀图

(资料来源:明会典.卷八十五)上南下北

明代北边设卫所城市的坛壝附属建筑的记载大多没有这么清晰,仅有岷州卫坛壝的附属建筑依据规制的记载较为明确,与《明会典》的内容大体上一致。

岷州卫城:社稷坛有斋宿房、宰牲房、厨房各三间;风云雷雨山川坛有神宇、宰牲房、大门各三间;郡厉坛有神宇、斋宿房、宰牲房各三间。按:社稷坛制东西二丈五尺,南北二丈五尺,俱用营造尺,四出陛,各三级。坛下前十二丈或九丈五尺,东西南各五丈,缭以周墙,四门红油。北门入,石主向北,风云雷雨山川坛制同此,但神位向南,从南门入……坛之西,置神厨三间,用过梁通连,深二丈四尺,中一间阔一丈三尺九寸。旁两间,每一间阔一丈二尺五寸。厨下东库房三间,向西,间架与厨同,内用壁不通连,西凿井,缭以周墙。门二,东通神坛。厨之西,置宰牲房三间,深二丈二尺五寸,三间通连。中一间阔一丈七尺五寸九分。旁二间各阔一丈,缭以周墙,东通厨之西门。于宰牲房中,一间凿宰牲小池,长七尺,深二尺,阔三尺,砖砌四面。风云雷雨山川坛神厨宰牲房制同此,但俱向南,库房向东。凡此会典所载,并纂入,以质好古之君之。又按:祀厉之典,惟云设坛于城北郊间,固无诸制可考。❷

❷[康熙]岷州志.卷四.坛壝

就现在已经掌握的材料来看,社稷坛和风云雷雨山川坛中可能的附属建筑有神厨、宰牲房(省牲所)、库房、斋(宿)房等。厉坛一般不设斋宿房,这可能是由于厉坛祀礼不同并且没有斋宿的要求。大同府的厉坛有图可考,对厉坛建置及附属建筑情况反映较为明确,但是与《明会典》规制有较大差异。

　　丰润县城:社稷坛,围以长垣,中设坛台,斋房、神厨原缺;风云雷雨山川坛,围以高垣,中设坛台,斋房、神厨亦缺;邑厉坛,围以高垣,中建房三楹,东西房如数。❶

　　真定府城:社稷坛在本府城西北五里,东为门,中为坛,两侧为库厨,北为斋所;风云雷雨山川坛在本府长乐门(笔者注:南门)外一里许,门南向,中为坛,东为斋所、为厨库;厉坛在本府永安门(笔者注:北门)外二里,设坛门南向,周围有垣墉。❷

　　保德州城:风云雷雨山川坛,建治斋所,宰牲所,缭以周垣;社稷坛,建治斋所、宰牲所,缭以周垣;厉坛,宰牲所三间,门一座,缭以周垣。❸

　　河州卫城:社稷坛,露台一座,神厨三间,库房三间,宰牲房三间,斋宿房十有二间;风云雷雨山川坛,坛制房屋同社稷坛;郡厉坛,坛高三尺,阔二丈,神厨三间,宰牲房三间,大门一座。❹

五　结　语

　　明代的坛壝制度随着相关祭祀制度的完善和推行,在明初已基本明确下来,有关坛壝的建设分布、等级规模内容均在明代北边卫所城市中有所贯彻。其中的主要坛壝除了被定为大祀的社稷坛、风云雷雨山川坛外,在北边卫所城市,考虑到特定的地域及其征战特点,对厉坛的建设也相当重视。总的来说,明代北边卫所城市的主要坛壝实际建置是与府、州、县及周边地区城市的坛壝系统有所对应的,但也按照各自的实际情况会有一定调整并具有自身的特点。

❶[隆庆]丰润县志.卷五.祀典

❷[嘉靖]真定府志.卷十四.祀典

❸[康熙]保德州志.卷二.庙社

❹[嘉靖]河州志.卷二.典礼志.祠祀

建筑文化研究

龟城赣州营建的历史与文化研究[●]

吴庆洲

（华南理工大学）

摘要： 本文论述赣州城的地理位置、历史沿革，特别论述了风水大师杨筠松营建赣州城以龟为意匠的文化内涵，以及赣州城选址的利与弊，赣州城历代水患及城市防洪排涝措施及其城历代的营建和布局。大师选址营城，兼有防卫和抗洪功用的城墙，排涝的福寿沟水系，古老的街巷，众多的文物名胜，中国第一个城市名胜景观的诞生地，灿烂的历史文化，都表明了赣州是中国古城营建的典范和活教材，体现了古人的大智慧。而杨筠松、孔宗翰、刘彝三位大师则为赣州城市营建史上的功臣。

关键词： 风水，大师，龟城，选址，营建，城墙，福寿沟，抗洪排涝，大智慧

Abstract： This paper states the geographic location environment and brief history of Ganzhou City, specially discussing the idea of the Master of Fengshui, Yan-Junsong who planning and building Ganzhou City with a tortoise and its'cultural connotation. It discusses the advantages and disadvantages of it's site-selection ·discussing urban flooding and the measures against the flood disasters, and also expounding the history of urban planning and construction. It commends that Ganzhou City is an example and a book of city planning and construction in ancient China on account of masters selecting site and constructing the city, the city walls with both functions of military defence and flood control, and the urban canal system Fushougou against waterlogging, historical streets and lanes, and cultural relics, landscapes, the place of first urban scenic spots being born here and splendid historical culture. It embodies the great wisdom of ancient Chinese. Three asters, Yan-Junsong、Kong-Zonghan and Liu-Yi are heroes in the history of urban construction of Ganzhou.

Key Words： Fengshui, master, tortoise city, site-selection, planning and construction, city-walls, Fushougou, urban flood control, great wisdom

一 前 言

仿生象物是中国传统建筑意匠的一大特色[●]。在众多仿生象物意匠中，以龟为意匠营建的古城[●]约有30座，其中，赣州、昆明、苏州、成都、梅州、平遥、商丘七座为中国历史文化名城[●]。在这七座名城中，赣州城又以选址独特、营建出奇、文化灿烂而别树一帜。

[●]国家自然科学基金"中国古代城市规划、设计的哲理、学说及历史经验研究"资助项目（项目编号：50678070）暨"十一五"国家科技支撑计划"历史文化村镇保护规划技术研究"资助项目（编号：2008AJO8AB02）。

[❷]吴庆洲.仿生象物——传统中国营造意匠探微.城市与设计学报,2007(9)：155-203

[❸]吴庆洲.龟文化与中国传统建筑.中国建筑史论汇刊(第贰辑).北京：清华大学出版社,2009：445-483

[❹]吴庆洲.中国古代城市规划哲理研究——以龟形城市格局为例.中国名城,2010(8)：37-46

本文旨在研究龟城赣州营建的历史与文化,以供今日之借鉴。

二　地理位置与历史沿革

赣州市位于江西省南部,赣州上游章、贡两水汇合处。赣州四面环山,西北、东南高而向中部倾斜,中为凹陷盆地,地势平坦。市区外围多是 200～300 米的低山丘陵。全市水系呈辐射状从东、南、西三面向盆地汇聚入章、贡二水,二水至市区北部汇合为赣江北流。赣州属亚热带湿润季风气候,四季分明,雨量丰沛,年降水量为 1430 米。

赣州历史悠久。远在新石器时代,就有人类在此活动。西周以前属扬州域。春秋为百越之地。战国时先属越,后属楚。秦属九江郡。汉高祖六年(公元前 201 年)灌婴定江南,置赣县,故城在今赣州市西南,设县至今已有 2200 年的历史。汉元鼎五年(公元前 112 年),赣县为屯兵用兵之要塞,属豫章郡。三国吴嘉乐五年(236 年),分庐陵郡置庐陵南部都尉,治于都,赣县属之。西晋太康末年(289 年)县城迁今赣州水东乡虎岗一带,名葛姥城。西晋太康三年(282 年)罢南部都尉,置南康郡。东晋永和五年(349 年)太守高琰在章、贡二水间筑城,成为南康郡治,即今城所在。东晋义熙七年(411 年)因城毁于兵火,而迁贡水东(今水东乡七里镇一带),南朝宋、齐间又一度将郡治迁回于都。南朝梁承圣元年(552 年)复迁今址,为南康郡治。

隋开皇九年(589 年)改南康郡为虔州,仍治今城,"虔"为"虎"字头,故别称为虎头州、虎头城。隋大业三年(607 年)复改南康郡。唐武德五年(622 年)又为虔州。北宋开宝八年(975 年)为军州、虔州治所。因城居章、贡二水合流处,北宋时曾名合流镇,又名章贡。南宋绍兴二十三年(1153 年)二月,以"虔"有虔刘(刘,杀)之义,非佳名,得旨改虔州为赣州,取章、贡二水合流之义。元至元十四年(1277 年)为赣州路治。元至元十五年(1278 年)驻行中书省事,元至元二十八年(1291 年)驻行枢密院事,曾称赣州行省,管辖福建、广东、江西广大地区。明清为赣州府治,并依次为岭北道、赣南道、吉南赣道、吉南赣宁道治所。

民国建立后,废州府。民国三年(1914 年)为赣南道治。民国二十一年(1923 年)为第十一行政区专署驻地。民国二十二年(1933 年)为赣南专区专员公署驻地。民国二十五年(1936 年)将城区设城东、城西、城南、城北、东郊五镇。民国三十二年(1934 年)五镇合并,名赣州镇。1949 年 8 月析赣县之赣州镇,设赣州市。1954 年升为省辖市。后来,先后为赣州专区、赣西南行政区、赣南行政区、赣州地区行政专员公署驻地。

三　风水大师杨筠松择址营建了赣州龟城

据《古今图书集成・职方典・赣州府》载：

赣州府城池：晋永和五年，郡守高琰建于章、贡二水间。唐刺史卢光稠拓广其南，又东西南三面凿濠。

清道光二十八年（1848 年）《赣州府志》记载："（谢诏）又曰：旧志：赣州为通天龟形，十县为蛇形，号'十蛇聚龟'。"天启元年（1621 年）谢诏纂《赣州府志》二十卷，赣州为"通天龟形"以及"十蛇聚龟"之说均引自旧志，即比天启《赣州府志》更早的府志。

赣州府城，最早是东晋永和五年筑的土城。唐末卢光稠乘乱起兵，割据赣南后，请风水大师杨筠松为其择址建城。杨筠松选赣州城址为上水龟形，即通天龟形（图 1）。龟头筑于南门，龟尾在章贡两江合流处，至今仍名龟尾角。

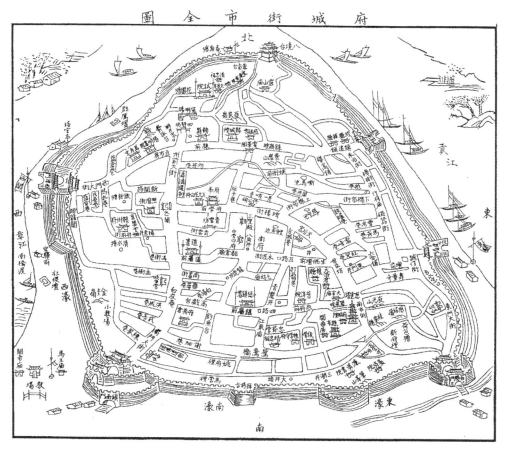

图 1　赣州府城街市全图

（清同治十一年 赣县志）

东门、西门为龟的两足，均临水。从风水学来看，赣州城有两条来龙，一是南方九连山（离方，属火）发脉，从崆峒山起祖，蜿蜒而至城内的贺兰山落穴聚气，结成一处立州设府的大穴位，这支龙还有一个小支落在欧潭。此外，赣州的北龙脉来自武夷山，经宁都、万安、赣县，分成数小支，落穴于储潭、汶潭。这三潭是赣州的三处水口，和赣州外的峰山、马祖岩、杨仙岭、摇篮山等山峰一起形成赣州城山环水抱的局势，赣州城遂成为一座三面临水、易守难攻的铁城。卢光稠得以拥兵一隅，面南称王30余年[1]。

杨筠松为一代风水大师，其建的龟城赣州也不同凡响。

龟是中国古代四灵之一，龟有天、地、人之象，是神圣的宇宙模型。轩辕黄帝族以龟为图腾，龟文化与祖灵崇拜文化合而为一。易卦起源于龟腹甲上的构纹，龟文化成为炎黄子孙哲理智慧《易》的渊源。龟长寿，是古人追求长生不老崇拜的灵物，是生命崇拜的偶像。

推测杨筠松以龟为意匠筑赣州城，有如下理念：

龟城会有龟的灵气，会发展成为该地域的政治中心、经济中心和文化中心。

龟城位于章、贡两水间，为上水龟形。城三面环水，易守难攻。龟有甲可御敌，这是以龟为意匠筑城的重要理念。孔颖达云："龟有甲，能御侮用也。"（《十三经注疏》：1250）选址于易守难攻之地，以龟形筑城，故赣州城在军事防卫上有特别优势，因而有"铁赣"之美称。

龟为水生动物，其形圆曲，以龟形筑城，可以减少洪水冲击，利于防洪抗冲。

龟长寿，以龟为意匠筑城，希冀龟城会像龟一样长寿，千秋万代持续发展。

四　赣州城选址的利与弊（图2）

赣州古城选址于章、贡二水之间，有交通便利、利于军事防御和控制、城市向南有扩展余地共三利。

（1）章、贡二水及其支流终年都有舟楫之利。二水汇合处既是章、贡两条水运路线的汇合点，又是赣江干道在赣南的分歧点。通往广东的大庾岭道和沿贡水通往福建的东西大道汇合于此，此处又是大批货物从陆路改为水路的转换点。赣州城址处于这样一个水陆交通枢纽的位置，对城市的发展是极为有利的[2]。

（2）赣州城址三面环水，以天然江河为池，易守难攻，利于军事防御，历史上有铜韶铁赣及铜汀铁赣之称。

从宏观角度而论，环城四向有险可凭：西恃湘赣边诸广山（入赣城罗霄山脉之通天岩），依闽赣边之武夷山（入赣城狮子岩、马祖岩），南凭粤赣边九

[1] 胡玉春. 杨救贫与赣南客家风水文化的起源和传播. 南方文物，2004（4）：67-70

[2] 高松凡. 赣州城市历史地理试探. 北京大学地理系、赣州市城市建设局编. 赣州城市规划文集. 1982：1-20

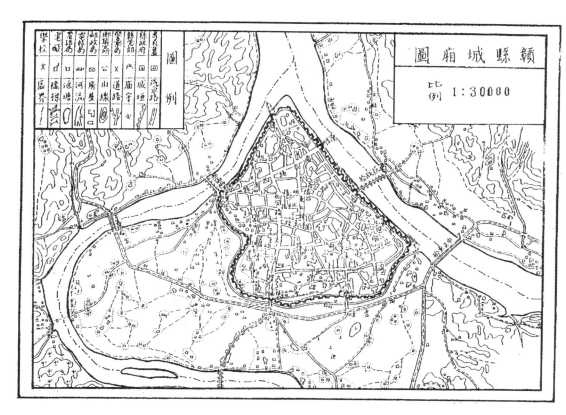

图2 赣县城厢图

(1946年《赣县新志稿》)

连山、大庾岭(入赣城崆峒山),北望云峰、天湖、灵华山之天然屏障。城址所在,"居五岭要会,扼闽粤咽喉",在此建城,不仅利于军事防御,还利于控制章、贡、赣三江流域广阔盆地和丘陵。

(3)古城选址于章、贡两水交汇之处,南边有大片平地可作为城市扩展用地。唐代古城面积约1平方千米。五代主要向南扩展,古城面积达3平方千米以上。以后城市又继续向南发展。1988年建成区已达18平方千米。

赣州城址有以上所述三利,说明了古城选址者对作为地区的政治、军事、经济中心的城市的职能有清醒的认识:交通便利,才利于通商贸易,经济才能发展,城市才有活力;城市有险可凭,才能保住城池和城内军民生命财产,才能进行军事控制和政治上的统治;城址外有平地,城市才便于发展。以上三条,也是中国古城选址的三条重要原则。

赣州选址虽有三利,却有一弊:易受洪水威胁。

其城址处于山间盆地之中,东、西、北三面环水,古城内西北有田螺岭、百家岭等小山和台地,地势较高,而东北、东边和东南边则较低平。近现代城市向南发展,则地势以横贯城内东西的红旗大道的中段为高,海拔120~125米,四周地面较低,一般在海拔100~106米之间,沿江地面有的仅为海拔 97 米,全城呈中间高、四周低的龟背形。

据水文站的资料,赣州章江 28 年中有 26 年最高水位超过洪水警戒水位(99.00 米),贡江 28 年中有 25 年最高水位超过洪水警戒水位(97.50 米)[1]。在洪水季节,江水高出城市地面数米,城市人民生命财产受到严重威胁。因此,防洪和排涝,是赣州城需要面对和解决的重大问题。

五　赣州城历代水患及防洪排涝措施

1. 赣州城历代严重的洪涝

赣州城内东北地势较低,洪水季节,洪水犯城、灌城,史不绝书。现将赣州城历代水患列成下表。

表 1　赣州城历代水患表

序号	朝代	年代	水灾情况	资料来源
1	宋	太宗至道元年(995 年)	五月,虔州江水涨二丈九尺,坏城,流入深八尺,毁城门	宋史·五行志
2		仁宗景祐三年(1036 年)	六月,虔、吉诸州久雨,江溢,坏城庐,人多溺死	宋史·五行志
3		乾道八年(1172 年)	五月,赣州、南安军山水暴出,及隆兴府、吉、筠州、临江军皆大雨水,漂民庐,坏城郭,溃田害稼	宋史·五行志
4		光宗绍熙二年(1191 年)	二月,赣州霖雨,连春夏不止,坏城四百九十丈,圮城楼、敌楼凡十五所	宋史·五行志
5	明	洪武二十二年(1389 年)	赣州府三月雨水坏城	江西省水利厅水利志总编辑室编.江西历代水旱灾害辑录
6		永乐十二年(1414 年)	赣州雨水坏城	江西省水利厅水利志总编辑室编.江西历代水旱灾害辑录
7		永乐二十二年(1424 年)	三月,赣州、振武二卫雨水坏城	明史·五行志
8		正德十年(1515 年)	乙亥春,霖圮一千三百余丈	同治赣县志,卷 10,城池
9		正德十三年(1518 年)	戊寅夏,久雨,圮六百三十八丈	同治赣县志,卷 10,城池

[1]刘继韩 等.赣州市城市气候及其对城市规划布局的影响 // 北京大学地理系、赣州市城市建设局编.赣州城市规划文集.1982:21-33

序号	朝代	年代	水灾情况	资料来源
10	明	正德十四年—十五年 （1519－1520 年）	己卯、庚辰连岁复圮三百余丈	同治赣县志，卷 10，城池
11		嘉靖三十五年 （1556 年）	夏五月，大水灌城，七日而水再至，视前加三尺，漂没溺死无算	同治赣州府志，卷 22，祥异
			赣州、临江、南昌、饶放府及高安、南城等县四月大水。赣州、于都、会昌、石城大水灌城三日	明实录、雍正江西通志
12		嘉靖四十二年 （1563 年）	甲寅遭水，各门俱有倒塌	同治赣县志，卷 10，城池
13		嘉靖四十四年 （1565 年）	丙辰，复遭水圮	同治赣县志，卷 10，城池
14		万历十四年 （1586 年）	赣州府五月初二城外发水，高越女墙数丈，城内没至楼脊	同治赣县志，卷 10，城池
15	清	康熙二十六年 （1687 年）	赣州大水灌城。万安北城倾，人多淹死	江西省水利厅水利志总编辑室编.江西历代水旱灾害辑录
16		康熙四十三年 （1704 年）	甲申，大水，城堞倾百余丈	同治赣县志，卷 10，城池
17		康熙五十二年 （1713 年）	五月，海阳、兴安、鹤庆大水，石城河决，浸入城，田舍漂没殆尽；赣州山水陡发，冲圮城垣	清史稿，卷 40，灾异志
18		康熙五十八年 （1719 年）	己亥，倒塌百余丈	同治赣县志，卷 10，城池
19		乾隆八年 （1743 年）	癸亥，坍塌垛口城身百数十余丈	同治赣县志，卷 10，城池
20		乾隆十八年 （1753 年）	秋七月，大雨江水泛滥，郡城可通舟楫	江西省水利厅水利志总编辑室编.江西历代水旱灾害辑录
21		乾隆二十五年 （1760 年）	后复圮九十余丈	同治赣县志，卷 10，城池
22		嘉庆五年 （1800 年）	秋七月，赣州、建昌府及万安、泰和、新建等县大水。……赣县大水登城	江西省水利厅编.江西省水利志:43
23		嘉庆十九年 （1814 年）	甲戌大水，城塌四十余丈	同治赣县志，卷 10，城池
24		咸丰四年 （1854 年）	夏大水，坍塌西北城垣四十四丈五尺，膨裂百余处	同治赣县志，卷 10，城池

龟城赣州营建的历史与文化研究

序号	朝代	年代	水灾情况	资料来源
25	民国	四年(1915年)	七月大雨,洪水泛滥,城北雉堞尽被淹没	赣县新志稿
			赣州城东水渗口城垣崩决,平地水深数丈,东北隅居民铺户避登楼,迨水上楼继而高踞屋顶,颓垣倒屋之声不绝于耳。城内城外被水之屋倾倒十分之七,近河民居一扫而空	江西省水利厅水利志总编辑室编.江西历代水旱灾害辑录

2. 赣州城防洪防涝减灾措施

为了保护城市的安全,赣州城历代建设了城市防洪体系,以抵御江河洪水的袭击,以及排泄暴雨后城内的雨洪,以免内涝成灾。

（1）城墙防洪抗冲的措施

由于赣州城屡受洪水威胁,城墙防洪的重要性就显得格外突出。为了更有效地防洪,城墙采用了如下措施:

① 城形如龟,可以减小洪水对城墙的冲击力。

② 改土城为砖、石城。

宋以前的城墙都是土筑,宋熙宁间太守孔宗翰"始甃石得不圮"。现赣州城已发现"熙宁二年"的铭文砖,说明为了防洪抗冲,当时已改土城为砖城、石城。

③ 冶铁固基。

孔宗翰因"城滨章、贡两江,岁为水啮",于是"伐石为址,冶铁锢之,由是屹然"。[1] 道光府志则云:"州守孔宗翰因贡水直趋东北隅,城屡冲决,甃石当其啮,冶铁锢基,上峙八境台。"可知其法为:用石甃砌基址,再用熔化的铁水浇在石缝间,使之凝固后,成为坚固的整体。这在古城防洪史上是个创举。

④ 不断加高加固城墙。

如前述,明初城墙高二丈四尺,厚一丈二尺。正德六年,墙高增至三丈。崇祯十三年(1640年),"赣抚王之良易雉堞为平垜,增高三尺(张志)。"[2]

（2）城区排洪排涝的系统——福寿沟

赣州地处亚热带,降水强度大,日降雨最大达200.8米(1961年5月16日)[3]。如城内无完善的排水排洪系统,必致雨潦之灾。熙宁年间(1068—1077年),水利专家刘彝知赣州,作福、寿二沟"阔二、三尺,深五、六尺,砌以砖,覆以石,纵横纡曲,条贯井然,东、西、南、北诸水俱从涌金门出口,注于江。"[4]"作水窗事十二间,视水消长而启闭之,水患顿息。"[5] 水窗即宋《营造法式》之"券輂水窗",即古城墙下之排水口。古城的排水系统福寿沟,其中寿沟早于福沟。福寿沟有如下特点:

[1] 宋史.孔道辅传

[2] 清道光赣州府志.卷三.城池

[3] 刘继韩 等.赣州市城市气候及其对城市规划布局的影响.北京大学地理系、赣州市城市建设局编.赣州城市规划文集.1982;21-33

[4] 天启赣州府志.卷二.舆地志

[5] 天启赣州府志.卷十一.名宦志.刘彝

① 历史逾千年,至今仍为旧城区排水干道。

福寿沟北宋熙宁间已存在,迄今已有千多年历史。历代均有维修,清同治八年至同治九年(1869—1870年)修后依实情绘出图形(图3),总长约12.6公里,其中寿沟约1公里,福沟约11.6公里。1953年起,赣州修下水道,修复了厚德路的原福寿沟,长767.6米。旧城区现有9个排水口,其中福寿沟水窗6个仍在使用。至今福寿沟仍是旧城区的主要排水干道。这在全国众多的古城中是罕见的。

福 寿 溝 圖

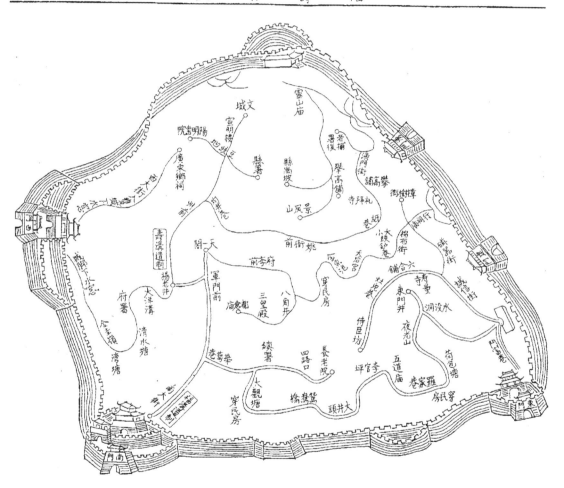

图3 赣州城福寿沟图

(清同治十一年《赣县志》)

② 水窗闸门借水力自动启闭。

水窗闸门做得巧妙,原均为木闸门,门轴装在上游方向。当江水低于下水道水位时,借下水道水力冲开闸门。江水高于下水道水位时,借江中水力关闭闸门，以防江水倒灌。因木门易坏，近年已全部换成铁门。

③ 与城内池塘联为一体，有调蓄、养鱼、溉圃和污水处理利用的综合效益。

赣州市内原有众多的水塘。福寿沟把这些水塘串联起来，形成城内的活的水系，在雨季有调蓄城内径流的作用，可以在章、贡两江洪水临城，城内雨洪无法外排时避免涝灾，并有养鱼、种菜、污水处理利用的综合效益。

赣州福寿沟的以上特点，对研究我国古城的排水系统有重要的价值。

六　历代城市营建与布局（图4）

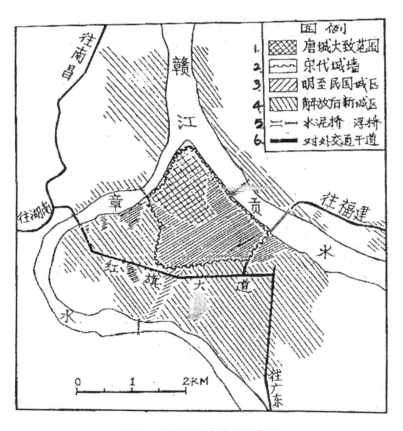

图4　赣州城历史发展示意图

<small>（高松凡.赣州城市历史地理初探.论文插图）</small>

如前所述，赣州城三面环水，在军事防卫上可谓得天独厚。在此基础上历代不断进行城池建设。东晋高琰始筑土城。

1. 唐代的城市营建

唐代以前的赣州城,是一座军事重镇,扼守在赣江交通线上,城区位于宋代赣州城的北部,面积仅为宋城面积的1/3。唐城的北墙及西墙的一部分与宋代城墙相重合。唐城西墙的南段,位于今文清路以西一线。唐城的南墙,在今大公路的北侧的一线,唐城的东墙,大致是沿百家岭、凤凰台、标准钟、和平路一线,这一线以东,地势徒然下降,属贡江冲积河滩,为特大洪水淹没区。

唐城的最北端地势高亢,是历代的衙署所在地,衙署坐北朝南,控制着整个城区。在衙署的前面,是由一条东西向的大道与一条南北向的大道相交所构成的十字街,东西向的大道从陆上连通了章贡两江,而南北向的大道则由衙署直通南门,并将城区分为东西两大部分[1]。

2. 五代的城市营建

五代卢光稠请风水大师杨筠松择址建城,杨筠松于赣州建上水龟城,扩大城区。"其南凿址为隍,三面阻水。"[2]并在南城墙上筑拜将台,进一步加强了防卫能力。

3. 宋代的城市营建

宋代以来,赣州的经济迅速发展,赣州城成了中国东南地区的重要商业都市,兴盛繁华,成为全国名城,进行大规模的城市建设。一是城池建设。北宋熙宁间(1068—1077年)太守孔宗翰为防洪甃石加固城墙,冶铁固基,在东北隅筑八境台,与拜将台南北对峙,实际上也同时大大加强了军事防卫能力。宋绍兴二十四年(1154年)增筑城垛,嘉定十七年(1208年)于东、西、南三面修筑城壕。二是初步建成了城市道路系统。三是根据自然环境和交通条件,划分出了城市的几大功能区。四是开挖下水道、架浮桥、营造八景台、舍利塔等人文景观的一系列的城市基础设施建设。

赣州城宋代的六条大街即阳街、横街、阴街、斜街、长街和剑街所构成道路系统,其位置与走向一直未曾变动,历元、明、清、民国直至今日,都一直是赣州城的交通主干道,并构成了赣州城交通网络的主框架。

宋代赣州城的功能分区由规划而形成。城北是官署和风景区,这里建有州衙、县衙、八境台、郁孤台、花园塘等。城东沿贡江一带,是繁华的商业区,城墙外是港口码头,城墙上开有涌金门、建春门两大城门,城内则是主要的商业街。城东南是宗教文化区,建有光孝寺、夜话亭、廉泉、慈云寺,舍利

[1] 韩振飞. 赣州城的历史变迁. 南方文物, 2001(4):77-79

[2] 永乐大典. 8093卷. 赣州府城

❶韩振飞.赣州城的历史变迁.南方文物,2001(4):77-79

塔、大中祥符宫等。城市的南部因没有大江作为天然屏障,所以是防御的重点,而军事设施多建于城南,这里建有拜将台,带有双重瓮城的镇南门,辟有教场等。城市的中部则主要是居民区,而西部由于西津门濒临章江,则成了盐运及官府专用码头的所在地❶。

4. 明清的城市营建

元末重修城墙。明初大筑城墙,"周围十三里,高二丈四尺,厚一丈二尺。"有 13 座城门。"南有濠,为吊桥,楼橹一百二十间"。❷正德六年(1511年)大修城池,城墙增高至三丈,城壕长 937 丈,宽 13～15 丈,深 5 尺多。13座城门,塞 8 座,开 5 座,上面都建有城楼❸。

❷永乐大典.8093 卷.赣州府城

❸清道光赣州府志.卷三.城池

明清时期的赣州城,是在宋城的基础上发展而来的,其城市功能分区的合理性及科学性得到了继承,城市道路网络得到了完善。到了清末,赣州城的道路系统已是十分的完备,街巷密集,四通八达,共计有三十六条街,七十二条巷,这些街巷的名称,在同治年刊印的《赣州府志》中都有详细的记载而并非虚指。清代赣州城城市功能的分区,仍是沿袭宋代的格局,这在清代的街巷名称中亦可见一斑,城东一带的地名大多与商业有关,如米市街、棉布街、瓷器街、攀高街、六合铺、纸巷、油槽巷、烧饼巷、铁路巷等。城北的州前大街、县岗则与衙署有关,城西的盐官巷则与盐运密不可分。

明清时期,赣州城最具代表性街区,是位于今解放路、阳明路、建国路、章贡路、濂溪路这一闭合的街区之中,在这仅有 0.18 平方千米的街区中,竟有街巷 20 余条❹。

❹韩振飞.赣州城的历史变迁.南方文物,2001(4):77-79

清咸丰四年至九年(1854—1859 年)清守赣官吏在东门、南门、西门、小南门、八境台增筑炮城,抵御太平军。

由于三面阻水的有利形势和历代对城池的建设,赣州城固若金汤,有"铁赣"之称。咸丰五年(1855 年)响应太平军石达开部的当地农民起义军三次攻城,因地势险要和城墙坚固而未能攻克。

5. 民国时期的城市发展

到了民国时期,赣州城的街区开始突破了城墙的限制,发展到了宋代城区以外,共形成了两片街区,一是出镇南门至南河浮桥,形成了东阳山路;二是由百胜门外设立了汽车站及修建了贡江大桥,而形成了由百胜门向外延伸的东郊路街区❺。

❺韩振飞.赣州城的历史变迁.南方文物,2001(4):77-79

七 赣州城——中国城市营建史的典范和活教材（图 5）

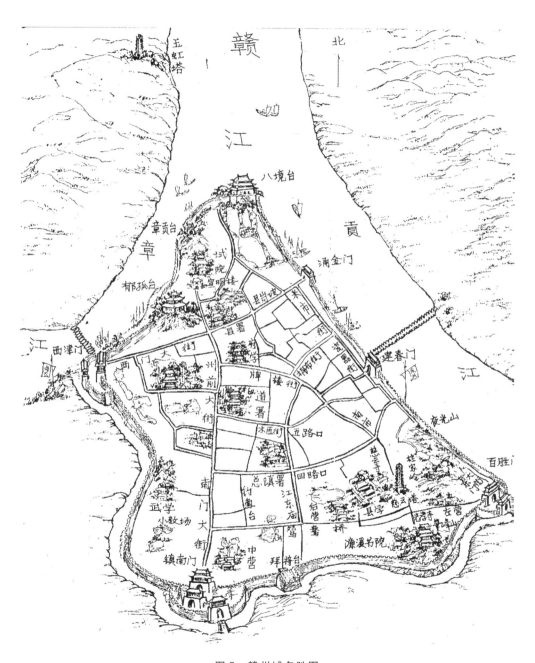

图 5 赣州城名胜图

（摹自谢凝高.赣州古城的景观特点.论文插图）

有理由认为，赣州古城是中国城市营建史上的典范之作，是活的教科书。

1. 与众多名城相似，赣州龟城由风水大师杨筠松营建

在中国众多的历史文化名城中，处处记载着历代大师名人选址建造城市的功绩。著名者如周代周公、召公选址营建成周城；春秋伍子胥"相土尝水"，选址并营建了阖闾大城（今苏州城）；范蠡选址筑山阴小城和大城（今绍兴城前身）；战国张仪、张若营建成都城；晋郭璞选址建温州城；[1]隋宇文恺营建大兴城（唐长安城）和隋唐东都洛阳城；元刘秉忠营建了大都城；明南京城的营建由朱元璋命刘基等人"卜新宫"，营建宫城[2]。而赣州龟城则由风水大师杨筠松营建。

杨筠松，字益，号救贫。据《赣州府志》："窦州杨筠松，唐僖宗朝官至金紫光禄大夫，掌灵台地理事，黄巢破京城，乃断发入昆仑山，过虔州，以地理术授徒，卒于虔州于都药口坝。"

赣州的风水文化史，是从唐末杨筠松避黄巢之乱，携御库秘籍弃职隐居赣州的三僚村授徒传艺开始的。

杨救贫携风水"秘籍"来到赣南，首先结识了割据赣州的卢光稠。卢光稠请杨救贫为其母亲择地建墓。杨筠松先生先后为卢光稠父母择地建墓二处，然后为其选址营造赣州城。

2. 留下了古城墙与城门

赣州古城原有城墙 6900 多米，1958 年拆去南门至东门和西门段的城墙 3236 米，沿江 3664 米城墙因防洪所需未被拆除，由八境台至西津、朝天、建春、涌金四门，除北门（朝天门）保留原貌外，其余三门经过改建。

赣州古城墙作为古城营建的活史料，有如下特点：

（1）至今仍是赣州城的防洪屏障

我国现存保留有完整的或部分古城墙的城市有数十座，而至今仍起防洪作用的有寿州、文安、潮州、荆州、台州、射洪、安康、常德、泾县等十多座，赣州古城为其一，防洪效益突出，是了解我国古城防洪史的活教材。

（2）仍保留了许多军事设施

赣州古城除城墙、城门外，城墙上现存马面、拜将台、炮城等军事设施。炮城现有八境台炮城、西门炮城。八境台炮城平面呈扇形，分上下两层，有藏兵洞 18 个（图 6），为清咸丰五年（1855 年），太平军石达开部自湖北入江西，4、5、6 月三次攻城，巡守汪报闰、赣守杨豫成紧急增建。西门炮城呈外园、内梯形，现存藏兵洞 2 个，城门洞 2 个，警铺 2 个、炮眼 5 个。为清咸丰四年（1854 年）巡道周玉衡为抵御太平军而建。这些都为研究军事防御提

❶吴庆洲.中国古城选址与建设的历史经验与借鉴.城市规划,2002(4)：84-92

❷杨国庆,王志高.南京城墙志.南京：凤凰出版社,2008：156

供了活的史料。

图6　八境台炮城

（3）保留宋代城墙和宋以来一百多种铭文砖

现存赣州古城墙建自宋代，计有宋建石城、砖城，明、清重修的城段，以及历代修城的铭文砖，最早的铭文砖为宋熙宁二年（1069年）。根据李海根、刘芳义1993年以前的研究成果，有铭文砖134种，其中宋43、元2、明35、清44、民国时期3种，未能确定时代的7种[1]。经继续研究，发现铭文砖达521种[2]。国内现存古城墙以明、清为多，宋城极少，而有众多历代铭文砖者更为罕见。因此，赣州古城墙为城墙建设技术史的研究提供了可贵的活的资料库，其价值是重要的。

（4）古城墙一直有维修，继续发挥防洪作用[3]

赣州市的水患多出于贡江，近千年城墙屡次维修，据同治《赣州府志》记载，元后期至清末较大规模的维修就达三十三次，其中水灾坏城占五分之四，东段古城墙维修最为频繁。

1991年，国家文物局专家来赣考察，提出了"关于保护赣州宋代古城的意见"，其中对东段古城墙保护提出了具体意见和做法，即"可在保持城墙夯土夹心不动的情况下，外包钢筋水泥保护层。城砖在拆除后归位（部分不宜再用者可烧仿宋砖），城墙适当加高"。

整体规划要以防护为主，首先要保证赣州市防洪安全；其次为保护文物和与城市规划相协调，做到防洪、古城墙保护、城市建设三结合。防洪工程按水库终期运行标准海拔100米（黄海高程）方案进行工程设计。由于经费问题，近期方案按96米控制线进行施工。

近年来，东段古城墙在汛期多次出现险情，绝大部分未实施防护工程的

[1]李海根，刘芳义．赣州市古城调查简报．文物，1993(3)：46-56

[2]商林艳，易秀娟．重塑历史，再造辉煌——浅谈赣州古城墙的保护与利用．小城镇建设，2010(6)：101-104

[3]胡业雄．赣州古城墙的保护与维修．国家文物局文物保护司 等编．中国古城墙保护研究．北京：文物出版社，2001：238-248

墙段出现大量渗水,墙脚出现泡泉,1997年曾进水至中山路等地段。

赣州市自筹资金800万元,于1988年11月1日动工建设涌金门至东河大桥古城墙加固加高防护工程。

西段 古城墙由于地势较高,历史上水患兵祸影响较少,保留了自宋代以来历代维修的基本风貌,文物价值较高。

西段城墙沿章江而建,除自八境台往南220米范围内地势平缓,海拔高程在102米外,其余均为地势起伏险峻的丘陵地带,海拔高程都在106米以上。城墙高8米左右,最高处达12米,墙顶宽度平均4.5米。城外建有2~5级护坎,以保护城墙地基和土坡。这段城墙历史上基本不受洪水侵袭,事故也少在这段发生,因而历史上维修也较少。

西段城墙自1994年以来先后进行了六次维修:1994年维修了市服装厂处43米、23米两坍塌段及西津门;1995年主修了八景台北门段,长270米;1997年12月至1998年上半年维修了北门至赣五中段,长240米,1998年下半年维修了赣五中至蒋经国旧居段,长210米。

由以上四个特点可知,赣州古城墙乃是国内现存古城中的佼佼者。

3. 晋唐至清民国老街巷犹存,城市发展脉络了然,布局明晰[1]

赣州城至今保留了晋唐五代之六街、明清之三十六街及七十二巷、民国之骑楼商业街,城市发展之脉络清清楚楚,是赣州城市发展的活档案。

（1）晋唐五代之六街

六街指阳、阴、横、长、斜、剑六条街。其中阳街、横街为晋唐城之十字大街,其余四街为五代后梁卢光稠扩城后所建,这些街道位置没变,但已扩宽或延长。阳街自北而南,清代为州前大街至南门大街,通北、南二门。横街即连通西津门和涌金门的东西大街。斜街自府学前、牌楼街口直至南市街。横、阳、斜三街组成一个"大"字。阴街由坛前、灶儿巷、生佛坛前至木匠街。剑街由米市街、樟树街至瓷器街。长街为东门大街。

（2）明清的三十六街、七十二巷

明清的三十六街为东大街、诚信街、大坛前街、小坛前街、六合铺街、瓷器街、南市街、五道庙街、马市街、鸳鸯桥街、江东庙街、南大街、尚书街、道署前街、木匠街、青云街、杂衣街、杨老井街、府前街、瓦市街、州前街、新开路街、西大街、豆市坳街、考棚街、县前街、县冈坡街、米市街、樟树街、攀高铺街、上棉布街、下棉布街、世臣坊街、牌楼街、八角井街、横街。

七十二巷为夜光山巷、油滴巷、东门井巷、古观巷等七十二条巷。

（3）民国的骑楼商业街

赣州的北京路、东北路、阳明路、中山路、赣江路、东效路、建国路、西津路、章贡路、文清路（北段）保留了民国的骑楼商业街。这些骑楼街的建筑多为2至4层,其中不少建筑有西方近代古典复兴形式,颇有岭南风情。赣州

中国建筑史论汇刊·第陆辑

[1] 吴庆洲,李海根.中国城市建设史的活教材——历史文化名城赣州.古建园林技术,1995(2):53-60

民国时广东人吴铁成（1888—1953 年）曾做过赣州市市长，1933 年广东军阀余汉谋部李振球在此修马路，建骑楼商业步行街。当时赣州有"小广州"之称。

由以上历代街巷，可知赣州历代的城市建设和发展，也可研究其布局和功能分区。

由上分析可知，赣州古城现存的文化信息和内涵是何等的丰富，确是研究中国古城营建发展和布局的活档案。

4. 保留了福寿沟，并继续发挥调蓄排洪综合效益[1]

❶李海根，刘芳义.赣州市古城调查简报（油印本），1992

（1）文献中纪录的福寿沟

《同治赣县志》记载："福寿二沟，昔人穿以疏城内之水，不知创自何代，或云郡守刘彝所作。"刘彝于北宋熙宁年间出任赣州知军，曾规划建设了"城中街市"和"十二水窗"。根据城市规模、街道布局、地形特点，建成了福沟和寿沟两个排水系统。"寿沟受城北之水，东南之水则由福沟而出"，"纵横纡曲，条贯井然"。

熙宁以后，由于管理不善，"民居架屋其上，水道寖失其故"。"每大雨，街衢庐舍，溢而为沼，民病丛生"。清同治八年（1869 年），采取民办公助的办法，进行管理修复。即"商贾居民，分段自修"，"凡祠庙公署、空阔无人之处，费出于公"。当年十一月开工，翌年七月竣工，历时 9 个月，公费"计制钱四百八十千有奇"，并绘制了《福寿沟图》[2]，共有 6 个出水口，排入章江 3 个（2 个通过西护城壕排入章江），排入贡江 3 个。

❷同治赣县志.卷 49 之 4.文征，黄德溥.修福寿记∥刘彝.福寿沟图说

（2）现存情况

1953 年修复了最长的一段福寿沟——厚德路下水道，长 767.7 米，砖拱结构，断面尺寸宽为 1.0 米，深 1.5 米～1.6 米，拱顶复土厚 0.8 米～1.2 米。倒塌了的部分进行重建。1954 年后，除修复外，尽可能用钢筋混凝土管，改铺在街道上，清理疏通和维护管理。八境路、中山路、濂溪路、攀高铺、涌金门等处用此法处理，共长约 1.6 公里。至 1957 年，共修复旧福寿沟 7.3 公里，约占总长度的 58%，现仍是旧城区的主要排水干道。旧城区现有 9 个出水口，其中福寿沟出口 6 个仍在使用。

现存沟道断面，最大的为 1.0 米×1.6 米，最小的 0.6 米×0.6 米。出水口最大的为水窗口，1.2 米×2.0 米。有些街巷仍保留了"甃以砖，复以石"的结构形式，如纸巷、诚信街等处。

已废弃的沟道约 5.3 公里，大部分属于集水面积较小的支沟。

赣江路的水窗口，新中国成立后仍有木闸门，保留了"水消长而启闭"的功能。1963 年改建为直径 1.4 米的圆形铸铁闸门，转轴位置由上游方向改在闸门上方。北门等 4 处出口也安装了铁闸门。

5. 有众多的文物名胜,是中国第一个城市八景的创生地

赣州历史悠久,文物众多,名胜景观享有盛誉,中国第一个城市八景就是虔州八境,即赣州八景,故赣州城在中国城市名胜景观营建史上占有一席之地。

赣州文物和名胜之多令人瞩目。如前所述有城墙、福寿沟、历代古街巷等,此外有建于宋代的舍利塔,建于明代的玉虹塔,建于清代的江西省现存规模最大、保存最完整的文庙建筑群,始建于宋的东津桥和南桥两座浮桥(南桥已被移走),闻名遐迩的郁孤台、八境台(图7),市西北郊的通天岩石窟,宋代江西四大名窑之一的赣州古瓷窑遗址,还有城内众多的清代民居建筑,等等。

中国建筑史论汇刊·第陆辑

图7　八境台

❶赣州市城乡建设局、赣州市文化局.千里赣江第一城——赣州.1990

6. 灿烂的历史文化,享誉古今❶

晋以来赣州即佛教、道教胜境,晋葛洪、唐鉴真、马祖道一、韬光、杨救贫、明刘渊然都在此间活动,晋光孝寺、隋唐间宝华寺、天竺寺、慈云寺、紫极宫观、真如寺、五代寿量寺、宋玉虚观、明佛岭、杨仙岭均极一时之胜。白居易的天竺寺诗墨迹淋漓,鉴真开元寺高吟梵音,柳公权为大宝光塔碑书丹,

黄山谷为慈云寺留题。通天岩五百罗汉听经摩崖石刻、观世音立佛和寿量寺五代六米观音铁佛，是佛教文化精心绝构，慈云寺舍利塔、宝华寺玉石塔在古代建筑史上也堪称杰作。

王阳明于正德间在赣州建书院兴社学，后来形成阳明学派。

自北宋周濂溪在赣州玉虚观讲学，授程颐、程颢二高足，程氏弟子杨时又在赣州任职，至王阳明时代，泰和罗钦顺、临川陈九川、安福郭守益均过从甚密，江南学者云集赣州，"致良知"、"知行合一说"在此期间均为重要发挥阶段，因之，学界认为赣州为宋明理学发祥地之一。

近代中国，赣州也是众人关注的焦点之一，许多名人到过赣州，许多历史事件发生在赣州。

1926 年 11 月赣州总工会成立，宋庆龄、鲍罗廷莅临赣州在卫府发表演说。

1930 年 3 月、1932 年 3 月，毛泽东二次莅临赣州城郊，周恩来也曾到这里。

1937 年 8 月陈毅和国民党代表在赣州谈判后，改编红军成新四军。

1939 年起，蒋经国在赣州主政五年多，严禁烟赌娼，"建设新赣南"。

1949 年 9 月 11 日，叶剑英到此召开赣州会议，研究解放广州、广东省战役部署。

龟城赣州在中国历史上有着十分引人注目的篇章。

众多的古迹名胜，承载着丰厚的历史文化，以郁孤台为例，宋苏轼、赵抃、文天祥，明李梦阳、汤显祖，清王士桢、朱彝尊等都留有诗词，为之吟诵赞叹。其中，辛弃疾的《菩萨蛮》最为脍炙人口：

> 郁孤台下清江水，中间多少行人泪。
>
> 西北望长安，可怜无数山。
>
> 青山遮不住，毕竟东流去。
>
> 江晚正愁余，山深闻鹧鸪。

八　对赣州城千年持续发展，功高盖世的三位大师

回顾赣州城千多年的发展，有三个大师功高盖世，那就是杨筠松、孔宗翰和刘彝。

杨筠松择址营建了龟城，使赣州城成为著名的"铁赣"，使赣州军民赖城以为安。前面已论，此不再赘述。

孔宗翰为孔子四十六世孙。

《孔子世家谱》载：[❶]

> 宗翰，字周翰，气貌浑厚，奉亲至孝。始以父任为将作薄，复与兄同登进士，知仙源县，有遗爱，迁太常博士，由通判陵州为夔峡转运判官，

龟城赣州营建的历史与文化研究

❶孔子世家谱.济南：山东友谊书社，1990：85

提点京东刑狱，知虔州，历蕲、密、陕、扬、洪、兖诸州，皆以治闻。

孔宗翰约于宋熙宁六年至九年（1073—1076 年）知虔州，为抵御洪水，"伐石为址"、"冶铁锢基"，使赣州城屹立于洪水中，这是古城防洪上一大创举，受到世人的高度评价。

苏轼认为孔宗翰"伐石为址"、"冶铁锢基"，使赣州城屹立于洪水中，功追李冰父子，作诗云：

> 坐看奔流绕石楼，使君高会百无忧。
>
> 三犀窃鄙秦太守，八咏聊同沈隐侯[1]。

清李调元认为孔宗翰护城有功，应以黄金为之铸像，以表彰其不朽的功绩，作诗云：

> 重上南康八境楼，滩平四望迥无忧。
>
> 画图已逐云烟散，只合黄金铸孔侯[2]。

孔宗翰不仅护城抗洪有功，且创造防洪护城与景观建设相结合的范例，在城上面建八境台，并创造了中国第一个城市八景——虔州八境。赣州在北宋为虔州，古为南康郡治。八境即八景。孔宗翰知虔州军，加强城市建设，建八境台，并作《南康八境图》，请苏轼为之题诗。八境为虔州的石楼、章贡台、白楼、皂盖楼、马祖崖、孤塔、郁孤台、崆峒山八处名胜。

据苏轼"八境图后序"，题八境图诗时"轼为胶西守"（苏轼于1071—1077 年知密州），十七年后写后序（绍圣元年，1094 年），可知八境图诗为熙宁十年（1077 年）所作，略晚于潇湘八景。潇湘八景五代已出现，为我国第一个自然山水景观集称；虔州八境则为我国第一个城市名胜景观集称。其后最早的城市八景为宋羊城八景和金燕京八景[3]。

自虔州八境开城市名胜景观集称之先河，城市八景称谓之风逐渐遍及全国，除八景外，亦有济南三胜、大连四境、渝州六景、金陵四十八景，等等。可见赣州城在中国城市名胜景观营建史上写下了引人注目的一页。

刘彝的功劳是建设了虔州的排水沟渠系统，并设闸拒洪倒灌，保证了城内不出现涝灾。

《宋史·刘彝传》：

> 刘彝字执中，福州人。幼节特，居乡以行义称。从胡瑗学，瑗称其善治水，凡所立纲纪规式，彝力居多。第进士，为邵武尉，调高邮簿，移胊山令。治簿书，恤孤寡，作陂池，教种艺，平赋役，抑奸猾，凡所以惠民者无不至。邑人纪其事，目曰："治范"。
>
> 熙宁初，为制置三司条例官属，以言新法非便罢。神宗择水官，以彝悉东南水利，除都水丞。久雨汴涨，议开长城口，彝请但启杨桥斗门，水即退。为两浙转运判官。知虔州，俗尚巫鬼，不事医药。彝著《正俗方》以训，斥淫巫三千七百家，使以医易业，俗逐变。

由宋史记载，可知刘彝是一位水利专家，而且是一位爱民勤政的好官员。《宋史·刘彝传》记载了神宗任命他为都水丞，他解决了汴水防洪的问

❶苏轼.虔州八境图八首并序.赣州市地名委员会办公室编印.江西省赣州地名志.1988：346

❷[清]李调元.赣州总戎吴梯岭县尹卫松崖招登八境台再用东坡韵.赣州市地名委员会办公室编印.江西省赣州地名志，1988：354

❸吴庆洲.建筑哲理意匠与文化.北京：中国建筑工业出版社，2005：64-75

题。说到他知虔州,赞许他反对迷信,改变尚巫鬼的不良风俗,并著医书《正俗方》,可见他还是一位医学家。同时,他为赣州市的移风易俗也做出了贡献。

《永乐大典》卷 8093"赣州府城"载:

> 唐刺史卢光稠始拓之,其南凿址为隍。三面阻水。水暴至辄灌城。熙宁中,太守刘彝始开水仓(窗),时其启闭,以防水患。

关于福寿沟的详情,上面已述。赣州福寿沟至今发挥排涝作用,造福百姓,刘彝治赣之功,万民称颂,功在不朽。

九 结 语

风水大师杨筠松规划营建了龟城赣州,孔宗翰护城抗洪,又创生了中国第一个城市八景,刘彝建设了排涝御洪的城市水系,使赣州成为千里赣江第一城,成为地灵人杰、名人辈出的历史文化名城。中国的古城是军事防御与防洪工程的统一体,古城的水系是多功能的统一体,为古城的血脉,这是中国古城的重要特色[1]。这一特色在赣州古城上得以充分体现。2010 年夏季,中国许多大中城市在暴雨后街道成河,内涝成灾,而赣州城却安然无恙,其古城墙外御江河洪水,其城内福寿沟排水排洪系统继续发挥着重要作用,赣州百姓得以安居乐业[2]。这一成就,不禁使人们对我们祖先在龟城赣州营建上的创见和智慧肃然起敬。

[1] 吴庆洲. 中国古城防洪研究. 北京:中国建筑工业出版社,2009:563-571

[2] 江西赣州遇洪未涝,宋代排水系统仍发挥作用. 中国青年报,2010,7.14

石头磨灭之后
——超越了牌坊、祠堂、石碑的纸上建筑

郭伟其

（广州美术学院美术史系）

摘要：石头是一种承载了古人不朽愿望的材料，在西方被普遍运用于伟大的建筑物与纪念物，而有些中国文人却对其永恒性持有怀疑态度。沿着羊祜、杜预、欧阳修、文徵明的线索，我们可以管窥到一种变化：同样为了实现不朽，文人如何摆脱陈规，既依靠石头，又超越石头，甚至还建造起图书上的虚构楼阁。他们在石头磨灭、祠堂坍塌、亭阁废弃之前就做好了准备。

关键词：不朽，刻石，醉翁亭，停云馆

Abstract：Stone is a kind of matter bearing people's wish of immortality in ancient world，being used for great architectures and monuments by Occidental，while some Chinese literators were doubtful of it's immutability. We can see some changes from the cases of Yang hu，Du yu，Ouyang xiu and Wen Zhengming. In order to achieve the immortality，some literators got rid of the stereotype，on the one hand they depended on stones，but on the other hand they went beyond stones，some even put up fictitious buildings by writing. Before the stones effaced，the shrines collapsed and the pavilions abandoned，they prepared for their immortal names.

Key Words：Immortality，Carved stone，Zuiweng pavilion，Tingyun studio

一　引　子

随着中西文化交流的日益频繁，中国建筑史上的一个经典问题在 20 世纪到来之际被中外学者提上了议席，那就是相对于西方建筑而言石头在中国古代建筑中的"缺席"（在一些西方人看来，"建筑"理所当然应该是石构的，否则只能称之为"房子"或"棚子"）。自从这个问题被提出之后，各种自成体系的回答竟然多达十余种，如梁思成就指出：

> 从中国传统沿用的"土木之功"这一词句作为一切建造工程的概括名称可以看出，土和木是中国建筑自古以来采用的主要材料。这是由于中国文化的发祥地源于黄河流域，在古代有密茂的森林，有取之不尽的木材，而黄土的本质又是适宜于用多种方法建造房屋。❶

李约瑟则提到了"缺乏集体奴隶制"和"地震的威胁"等原因，更具启发性的是他还认为：

> 从另一个不同的方面看，与古代象征的相互联系哲学可能也有关系，因为如果石料被认为

---

❶梁思成.中国古代建筑史绪论（《中国古代建筑史》第六稿绪论，写于 1964 年 7 月）.见：梁思成.凝动的音乐.天津：百花文艺出版社，2006：262

是属于元素土，那么只有把它用在地面和地下是适当的，而木本身就是一种元素，处于土和天的火"气"之间，所以是适合用于建筑的唯一物质。❶

这些原因都堪称代表。由于争论的难以证实，现在有些学者已经将"中国建筑为何用木构"一类的提问视为"伪问题"❷。

当然，古代中国也并非没有石构建筑，正如李约瑟所言：

> 肯定不能说中国没有合适的石料来建造与欧洲和西亚相类似的伟大建筑物，可是中国只用石料来建造陵墓、石碑及纪念物（其中往往用石头模仿木构造的典型细部）和用在路面、庭园和小路上。❸

这也启发了当代学者对于中国古代建筑材料的意义作进一步的思考。巫鸿教授在研究墓葬艺术时一再提醒我们对材质的注意，而在讨论"纪念碑性"时也顺带提及了"中国人对石头的发现"，他认为：

> 首先，众所周知，木与石在中国古代都被用于丧葬建筑以及其他类型的纪念性建筑。再者，木建筑与石建筑并非自始至终共存；后者在中国历史上的出现要晚得多。第三，木与石不只是纯粹的'自然'材料，它们还被赋予了象征的内涵，而且分别联系着不同的概念。第四，石制建筑从未取代木制建筑，这两类建筑并行发展的结果是二者具有了相互参照、相互补充的意义或纪念碑性；它们的共存体现了中国文化中的一种基本概念上的对立或并列。❹

巫鸿认为石质丧葬纪念性建筑要到东汉时才成为一种普遍现象，不过他也注意到中国人对于玉和（铜）矿石产生兴趣则要追溯到更早得多的时代。这种特殊的石头因为其坚硬的特性也很早就在中国文化中显现出某种永恒的象征作用。然而，若单就"纪念碑"而言，《吕氏春秋·求人篇》提到夏禹就已经"功绩铭于金石"，东汉学者高诱注曰："金，钟鼎也；石，丰碑也。"大禹的《岣嵝碑》踪迹缥缈，但秦始皇刻石记功是有迹可循。若言墓碑，则果然要到西汉末期才开始普遍刻上文字，以致从东汉开始"碑"字有时被训为"悲"，意指对往事的回忆。❺就这样，因为石质与柔弱短暂的人生形成了强烈的对比，它成为了最典型的纪念碑材料，有孟浩然《与诸子登岘山》诗歌为证：

> 人事有代谢，往来成古今。江山留胜迹，我辈复登临。水落鱼梁浅，天寒梦泽深。羊公碑尚在，读罢泪沾襟。❻

不过，追求不朽的中国古代文人却并不会很容易地满足于一种固定的模式，因为这种模式大概很快就落入了俗套：原来，岘山初因羊祜而闻名，因为他曾登临慨叹："自有宇宙，便有此山。由来贤达胜士，登此远望，如我与卿者多矣。皆湮灭无闻，使人悲伤。"羊祜堪称军中君子，其仁政在荆州一带影响甚巨，在他身后，襄阳官民为其建庙立碑。❼继任者杜预完成了羊祜未竟的统一大业，自命功高的他像其他人一样将羊公碑称为"堕泪碑"，并且也想在此处刻石留名，不料却遭受后人如"金石学家"欧阳修的嘲讽：

❶［英］李约瑟 著. 汪受琪等译. 中国科学技术史. 第四卷. 物理学及相关技术. 第三分册. 土木工程与航海技术. 北京：科学出版社，上海：上海古籍出版社，2008：98

❷赵辰. 关于"中国建筑为何用木构"——一个建筑文化的观念与诠释的问题. 见："立面"的误会：建筑·理论·历史. 北京：三联书店，2007：84

❸［英］李约瑟 著. 汪受琪等译. 中国科学技术史. 第四卷. 物理学及相关技术. 第三分册. 土木工程与航海技术. 北京：科学出版社，上海：上海古籍出版社，2008：97

❹巫鸿 著. 李清泉，郑岩等译. 中国古代艺术与建筑中的"纪念碑性". 上海：上海人民出版社，2009：154

❺施蛰存. 金石丛话. 北京：中华书局，1991：5

❻孟浩然. 与诸子登岘山. 见：中国社会科学院文学研究所 编. 唐诗选. 北京：人民文学出版社，1981：62

❼晋书·羊祜传. 见：中国社会科学院文学研究所 编. 唐诗选. 北京：人民文学出版社，1981：63

❶欧阳修.岘山亭记.见：欧阳修 著,洪本健 校笺.欧阳修诗文集校笺.上海：上海古籍出版社,2010：1044

❷[美]宇文所安 著.郑学勤 译.追忆：中国古典文学中的往事再现.北京：生活·读书·新知三联书店,2004：35

❸欧阳修.集古录.卷二页二十九.见：文渊阁四库全书（861 册）.台北：台湾商务印书馆,1986 ：37

传言叔子尝登兹山,慨然语其属,以谓此山常在,而前世之士皆已湮灭于无闻,因自顾而悲伤。然独不知兹山待己而名著也。元凯铭功于二石,一置兹山之上,一投汉水之渊。是知陵谷有变,而不知石有时而磨灭也。岂皆自喜其名之甚而过为无穷之虑欤？将自待者厚而所思者远欤？❶

杜预甚至连山川的寿命也信不过,他将刻有自己功勋的石头分别置于山顶与河底,为未来的天崩地裂做好准备,然而他却过分依赖于石头。欧阳修在文中称：

盖元凯以其功,而叔子以其仁。二子所为虽不同,然皆足以垂于不朽。余颇疑其反自汲汲于后世之名者。

正如宇文所安所言,他对杜预的批评显然更为严厉：

在谈及这些石碑以及把两人进行比较时,更为有名的"堕泪碑"虽然没有提到,但还是出现在字里行间,这座碑不是由羊祜自己,而是由其他人因为记起他的仁政而立的。❷

欧阳修是最早对金石考古感兴趣的学者之一,他广泛收集碑刻,对于不朽名字的经营颇有体会。他常常感慨石碑上名字的磨灭,在《集古录跋》中还特别指出："是故余尝以谓君子之垂乎不朽者。顾其道如何尔。不托于事物而传也。颜子穷卧陋巷。亦何施于事物耶。而名光后世。物莫坚于金石。盖有时而弊也。"❸他在《岘山亭记》的开篇即谓"岘山临汉上,望之隐然,盖诸山之小者。而其名特著于荆州者,岂非以其人哉？其人谓谁？羊祜叔子、杜预元凯是已"。而他本人却也曾令滁州山水因之扬名,并同样参与构亭山间且有《醉翁亭记》名篇传世。此举不可谓与羊祜无关,而这也提供了一个机会,让我们可以从中窥见欧阳修本人是如何经营不朽声名的。他将在自己所批评的羊祜、杜预之外如何另辟蹊径呢？

二　醉　翁　之　意

环滁皆山也。其西南诸峰,林壑尤美,望之蔚然而深秀者,琅琊也。山行六七里,渐闻水声潺潺而泻出于两峰之间者,酿泉也。峰回路转,有亭翼然临于泉上者,醉翁亭也。作亭者谁？山之僧智仙也。名之者谁？太守自谓也。太守与客来饮于此,饮少辄醉,而年又最高,故自号曰醉翁也。醉翁之意不在酒,在乎山水之间也。山水之乐,得之心而寓之酒也。

在名篇的开头,欧阳修交代了自己地方官的身份,并自号"醉翁",兼为亭名,事实上欧阳修的这一新别号也正是由此而闻名遐迩。可见醉翁亭的构建的确"醉翁之意不在酒",他自信地预感到这一片山水从今往后将与他的名字分不开了，就如同羊祜的经历一样。在文章写成之后，欧阳修亲自交付刻石。于是在庆历八年（1048 年）左右，就已经有刻石传世，后人或以为欧公自书，或以为陈知明书丹。原因在于十几年后（1062 年）欧阳修的好友，擅长篆书的苏唐卿重刻了《醉翁亭记》，并且在碑阴附刻了苏氏与友人的相关唱和，顺带着成就了自家的不朽——的确，我们今天知道苏唐卿也正是因为他重刻了名篇——其中有一首云：

> 欧公顷岁守滁阳，题记苍颜入醉乡。贤宰特将刊古篆，旧碑不免弃山梁。（旧碑乃陈知明所作）轩楹别构如安研，笔札难通似面墙。异日智仙来辇去，退蒙从此谢声光。（退蒙乃知明字）❶

值得强调的是，苏唐卿的重刻反复征询了欧阳修的意见，可以说是严格依照其授意而完成的。从今天尚存的重刻拓片看来，欧阳修甚至借用这次重刻对文章的若干用词进行修改。而且还在与苏唐卿的书信往回中特别指出了自己名字的写法：

> 脩启：辱惠仍寄示篆文石样，鄙词何以污巨笔，然遂托字法，以传不朽，岂胜其幸也。时寒，为政外多爱。人还。聊此。脩再拜。
>
> "脩"字望从"月"，虽通用，恐后人疑惑也。十一月七日。❷

尽管欧阳修的回信不免出于客气和谦虚，但却仍然能够透露出他对"不朽"的追求，他显然在规划自己的名声，唯恐后人记错他的名字。在另一封书信中他还写道：

> 脩启，特承枉问，兼惠篆碑。滁阳山泉，诚为胜绝，而率然之作，言鄙意近，乃烦奇笔垂于久远，既喜斯亭之遂传，又惧陋文之难灭，感仰之抱，无以喻云。聊因还人，举此叙谢不宣。欧阳修书白。❸

这进一步表明了他希望传久的意图。的确，正因为有了欧阳修的名篇，"醉翁亭"才能够成为不朽的纪念碑；而在欧阳修看来，碑刻拓片显然也在其中起到关键的作用。实际上，后人对于《醉翁亭记》的摹刻传诵，此时才刚刚开始。对后世影响最大的，是苏轼手笔的加入，他曾为之跋曰：

> 庐陵先生以庆历八年三月己未刻石亭上，字画偏浅，恐不能传远，滁人欲改刻大字久矣。元祐六年轼为颍州，而开封刘君季孙请以滁人之意，求书于轼，轼于先生为门下士，不可以辞。十一月乙未，眉山苏轼书。❹

此书拓本后有赵孟頫、宋广、吴宽、沈周、文彭等九跋，皆以为苏轼真迹，尽管《金石续编》对此抱有怀疑态度，但《醉翁亭记》经苏轼等人多次传播却是可信的。北宋诸贤为了能将醉翁亭与欧阳修的不朽名声流传下去，可谓用心良苦。而事实上，文字与石刻相结合，确实也在当时及后世引起非同一般的反响。朱熹曾经撰《考欧阳文忠公事迹》，提到欧阳修诸子所编文集后附载的"事迹"，并与他鉴定为草本的"李本"相比照，其中关于《醉翁亭记》一条"李本"有云：

❶ 李敬修. 光绪费县志. 卷十四上"金石"页三十四. 见：凤凰出版社 编选. 中国地方志集成·山东府县志辑（57 册）. 南京：凤凰出版社，2004：357. 又见：陆耀遹. 金石续编. 卷十五页三"重刻《醉翁亭记》". 北京：扫叶山房，1921 年石印

❷ 李敬修. 光绪费县志. 卷十四上"金石"页三十三. 见：凤凰出版社 编选. 中国地方志集成·山东府县志辑（57 册）. 南京：凤凰出版社，2004：356

❸ 李敬修. 光绪费县志. 卷十四上"金石"页三十三. 见：凤凰出版社 编选. 中国地方志集成·山东府县志辑（57 册）. 南京：凤凰出版社，2004：356

❹ 陆耀遹. 金石续编. 卷十五页四. 重刻《醉翁亭记》. 扫叶山房 1921 年石印

❶朱熹.考欧阳文忠公事迹.见:朱子全书(第24册).上海:上海古籍出版社,合肥:安徽教育出版社,2002:3430

醉翁亭在琅琊山寺侧,记成刻石,远近争传,疲于模打。山僧云寺库有毡,打碑用尽,至取僧堂卧毡给用。凡商贾来供施者,亦多求其本。僧问作何用,皆云所过关征,以赠监官,可以免税。❶

正是因为有了这样的复制传播,醉翁亭才得以摆脱对建筑本身的依赖而深入人心。今天我们再到滁州去,所见到的仿古建筑与现代山水也许要让我们大失所望。因此,与其说我们心目中的醉翁亭是一座实体建筑,不如说是建筑在图书上的纪念碑。

施康强先生曾经在一篇文章中引用了谢阁兰(Victor Segalen)、西蒙·莱斯(Simon Leys)和 F. W. Mote 等人的观点,重新回答了那个关于中国古代石构建筑的问题,他总结道:

> 西方传统把古代的存在等同于真正古物的存在,中国则不然,它没有堪与罗马的会场相比的古迹,也没有如罗马万神祠、伊斯坦布尔圣索菲亚教堂那样仍在使用的古代建筑。所以如此,并非中国人不掌握石头建筑技术,而是态度不同。他们不以永恒的建筑为念。以苏州北寺塔为例,它始建于三世纪,屡次毁后重建,现存建筑是本世纪的作品,在美国也算不上真正的古迹。中国古建筑的经历莫不如此。中国人不是用石头,而是用文字记载他们的过去。中国宏伟的公共建筑体现另一种构思,它们更多的是安排空间,而不是包容建筑物。当一座古代建筑倒塌或焚毁时,中国文明似乎不以为历史本身受到伤害,因为它尽可修复或重建该建筑。❷

❷施康强.文字比石头更加不朽.读书,1992(5):70

我不敢肯定中国古代的君王、僧侣与文人是否真的不以永恒的建筑为念,很可能他们是想找到更好的办法,就像欧阳修一样欣喜"斯亭之遂传"。然而不可否认这是一种令人兴奋的观点,现在我们回想起来,或许正是生活在这样一种氛围之中,米芾才能在他的《画史》开篇抛出那样"惊世骇俗"的论调:

> 杜甫诗谓薛少保"惜哉功名迕,但见书画传"。甫老儒汲汲于功名,岂不知固有时命,殆是平生寂寥所慕。嗟乎!五王之功业,寻为女子笑。而少保之笔精墨妙,摹印亦广,石泐则重刻,绢破则重补,又假以行者,何可数也?然则才子鉴士,宝钿瑞锦缫袭数十以为珍玩。回视五王之炜炜,皆糟糠埃盏,奚足道哉!虽孺子知其不逮少保远甚明白。❸

❸米芾.画史.台北:台湾商务印书馆,1973:1

三　谢绝陈规

永乐年间,新科状元江西人陈循曾路过滁州,因仰慕《醉翁亭记》而寻访原迹未果,念念不忘之下他在几年后终于经多方打听,与友人杨文达一起得遂所愿。可惜当时他们兴冲冲地载酒而来,却不免失望而归,因为"醉翁亭"

已经"名存实亡"。后来陈循曾有《寻醉翁亭记》专记此事：

> ……载酒肴具鞍马，于余数人以往，自丰山下驰六七里而止。弃马登山，未十数步而获少平。杨曰此即亭遗址也。广仅容亭，瓦砾尚存。四面而观，皆山环欲无路。亭所负山之石壁，刻"醉翁亭"三篆字，其大如斗，傍去丈许，又刻"二贤堂"三隶字，大似篆书半之，皆无书人氏名。草木蒙翳，芟治而后可观。意亭既废，后人刻之以识其处，或非当时书也……❶（图1，图2）

❶熊祖诒.光绪滁州志.卷三之七页二十七.见：江苏古籍出版社 编.中国地方志集成·安徽府县志辑.34 册.南京：江苏古籍出版社,1998:327

图1 "醉翁亭"、"二贤堂"刻石

图2 历经重修的醉翁亭

后人缅怀醉翁亭，多是如陈循一般自幼年期便熟读《醉翁亭记》，对欧阳修道德才学仰慕已久，因而一心向往身临其境以体验醉翁之情，至于亭台本身，其实反倒是可有可无。不过，因为有名篇的存在，醉翁亭还是在明代以后不断得以重修，正如晚清名流薛时雨在一次重建醉翁亭后所记：

> ……醉翁亭已鞠为茂草，大兵之后宇内名胜芜废十七八……（重建）岂徒以山林寂寥中增此流连觞咏之区，付诸丹青发以诗歌云尔，亦愿宰治良吏皆观感欧公之流风善政，而疆域又安，民物殷盛，天下之太平长若醉翁之世……❶

翻开历代滁州地方志，可知此山此水确如岘山之于羊祜一般，尽属欧阳修名下，就连亭边的梅花也世世代代托名为欧公手植。盛名之下，以至于明代中期隐居滁州的名士庄昶在为《滁州志》撰序时不免开篇感慨："环滁江北一画醉翁琅琊……使有其人，则凡山水之可画者当磊磊自胜而不落寞于天地间矣。"❷大约此时，年少的文徵明正跟随任滁州地方官的父亲，开始漫长的读书生涯，在此期间他曾师从庄昶相与问学，自然也曾多次探访醉翁亭遗址。终其一生，他对欧阳修仰慕有加。

中国文人貌似迂腐，其实却往往不能满足于一种固定庸俗的模式。例如，同样一心经营不朽名声的明代书画家文徵明就曾经婉言谢绝了巡按郭宗皋为其建"表节"坊的好意：

> 夫声闻过情，君子所耻。有损无益，贤者不为。今大巡郭公欲为某建立坊表，出于常格。区区浅薄，岂所宜蒙，深有不自安者……❸

尽管后来这座坊表还是如期落成，但却并不意味着文氏只是面对利益惺惺作态。实际上，相比之下可以看出他对于实现"不朽"的目的绝非不择手段，而是有着更加"艺术化"和"趣味化"的追求。

不妨让我们联想到后来发生的一件事情。万历元年，文徵明去世十四年后的一天，当时已为新一代吴门文坛主将的周天球到苏州城西的尧峰山资庆寺游玩。此地在晋时即为免水院，风光秀绝，却因离城较远，平日里难免冷冷清清，有些荒凉。周天球饱览了山水秀色，不觉有些疲惫，忽然见到庑间有一塑像，破败不可辨认。回到寺中，周天球自然向寺僧打听起塑像的由来。原来这竟然是前辈名士吴宽的像，他曾经在此读书，并在高中状元入朝为官之后，将业已败落的寺院修缮一新。因此寺僧为其修建了祠堂，并按照吴宽的相貌塑了像置于其间。而今年久失修，祠堂早已坍塌不存，只剩下吴宽像孤零零地待着不动。周天球听了，不禁慨然："有这样的事！我的老师衡山先生当年曾是吴公的学生，这样说来吴老先生也是我的老师了，应该把祠堂修复如初，以景先哲，报德举义。"于是出资重建了祠堂，将文徵明和吴宽一起供奉其间，买田置地让僧人打点，希望能够世世代代香火不断，并请申时行撰《记》以名其祠。这篇文章至今仍保存在同治《苏州府志》中，不过祠堂本身可早就湮没不闻了，只留下文字供后人凭吊：

> 景贤祠，在尧峰山资庆寺。祀明礼部尚书吴文定公宽。嘉靖间建，

❶ 熊祖诒.光绪滁州志.卷三之七页二十九.见:江苏古籍出版社 编.中国地方志集成·安徽府县志辑.34 册.南京:江苏古籍出版社,1998:328

❷ 熊祖诒.光绪滁州志."旧序"页二.见:江苏古籍出版社 编.中国地方志集成·安徽府县志辑.34 册.南京:江苏古籍出版社,1998:224

❸ 文徵明.与郡守肃斋王公书.见:甫田集.卷二十五.页十二.长春:吉林出版集团有限责任公司,2005:185

寻煅,万历初周天球重建,以翰林院待诏文徵明配。今废。❶

此事与文徵明拒绝地方官员为其树立牌坊的事情可前后对照。据说,文徵明在世时经常当着他的学生的面告诫其子孙,在其死后若是有人想要将其举入乡贤祠,一定要严词拒绝,因为"这是要与孔夫子相见的,我没这副厚脸皮也"。何良俊将此事记录在《四友斋丛说》的"史"部中,并在同一篇中提到:

> 乡贤则须有三不朽之业,谓立功、立德、立言三者是也。若但做文字亦非立言之谓……钱文通则原无此三者,且多物议。故嘉靖初年余新入学时,每一祭丁则众议沸腾。有轻俊好讥议者,临祭时常以文通神主置于供桌之下。而西谷所谓斥去者不知果于何年。❷

这就是文徵明所引以为戒者。尽管事实上文徵明的塑像在后来被不止一次地供奉在祠堂中,又不止一次地化为灰烬,我等四百年后的凡夫俗子还是不由得感叹:"此老得无有先见之明也!"而文氏的先见之明在其身前身后确实多有口碑,例如宁王一事,刚好就在文氏《停云馆帖》第一第二卷摹刻完成之际,同样热衷出版的顾元庆就称赞道:

> 衡山文先生徵明,有《病起遣怀》二律,盖不就宁藩之徵而作也。词婉而峻,足以拒之于千里之外……后宁藩败,凡应辟者崎岖万状,公独晏然,始知公不可及也。❸

作为一位高寿的老人,文徵明经历了太多的人生冷暖,毕竟有太多的文人墨客在他身边生老病死,他知道供奉在先贤祠中的泥像最终只能自取其辱,不可能像孔夫子那样享受世代香火。况且,他仅有的了却生平夙愿的三年仕途,就是在嘉靖新朝参与了前朝实录的修撰,并且还亲眼目睹了"大礼议"的风云变幻。大概在文徵明看来,人生的短暂与世事的无常,应当别有一番深刻的体味吧。

不仅如此,对于石碑的物质性文徵明也持有怀疑态度。正德十年(1515年)秋天,文徵明与吴爟、汤珍以及王守、王宠兄弟到郊外葛氏墓饮酒游赏,手摸冰凉的石头,感叹油然而生:

> 明月照行路,青松起悲风。
>
> 凉秋饶霜露,草木行已空。
>
> 顾影不自得,起行荒寂中。
>
> 道逢双石阙,知为古幽宫。
>
> 古人不可见,丰碑自穹窿。
>
> 上题生前爵,下表没世功。
>
> 辛勤名世图,岁久已尘蒙。
>
> 剔藓三过读,漫灭不可终。
>
> 人生本柔脆,所恃身后公。
>
> 金石且复尔,浮云安足崇?
>
> 步出城西门,言登葛君墓。
>
> 葛君生世时,声光盛流布。

❶ 李铭皖,谭钧培,冯桂芬修纂.同治苏州府志(二).卷三十六.页六十六."坛庙祠宇一".见:江苏古籍出版社 编.中国地方志集成·江苏府县志辑⑧.南京:江苏古籍出版社,1991:131

❷ 何良俊.四友斋丛说.卷十六.页十五.续修四库全书.1125 册.上海:上海古籍出版社,2002:627

❸ 顾元庆.夷白斋诗话一卷.页十六(嘉靖十八年至二十年顾氏大石山房刻顾氏明朝四十家小说本).见:四库全书存目丛书编纂委员会 编.四库全书存目丛书.集 418.济南:齐鲁书社,1997:65

那知百年内，倏忽草头露。

遗骸委空山，风雨谁一顾？

寒月照玄堂，荒蒿断行路。

谁应识君来？惟有青松树。

见树不见人，青松乃坚固。

乃知人易凋，独以婴情故。

鉴此念前人，云胡复悲慕？

惊风西北来，萧然动情愫。

扬杯谢诸公，愿言保迟暮。❶

❶文徵明.月夜葛氏墓饮酒与子重履仁同赋.见：甫田集.卷六.长春：吉林出版集团有限责任公司，2005

他告诉身边的学生，即便是坚硬的石头最后也难免漫灭，正是有了这种认识也才有了后来对官员好意的不屑。

然而，就在文徵明拒绝牌坊的同一时间，他却正带领文家后人及门生展开一项庞大的不朽事业。

四　架上楼阁

司马相如笔下的子虚与乌有先生，一个夸口连云梦泽也不过是楚国王宫的后花园中一角，另一个则不甘示弱地炫耀齐国的巨海名山、珍怪异兽，提醒我们《两都赋》、《二京赋》、《三都赋》和《阿房宫赋》等所描述的建筑，也多是从图书文字上子虚乌有而来。然而，却只有这样的在图书上起造的建筑才真正是不朽的伟业。

明代文人刘士龙曾有《乌有园记》一篇，其开篇即反映了古代文人对建筑与文字间关系的认识：

吾尝观于古今之际，而明乎有无之数矣。金谷繁华，平泉佳丽，以及洛阳诸名园，皆胜甲一时，迄于今，求颓垣断瓦之仿佛而不可得，归于乌有矣。所据以传者，纸上园耳。即令余有园如彼，千百世而后，亦归于乌有矣。夫沧桑变迁，则有终归无。而文字以久其传，则无可为有，何必纸上者非吾园也。景生情中，象悬笔底，不伤财，不劳力，而享用具足，固最便于食贫者矣。况实创则张设有限，虚构则结构无穷，此吾园之所以胜也。

无独有偶，晚明文人谈论起文徵明的书斋时也曾经有过类似的论调：

❷陈弘绪.寒夜录.卷上.见：续修四库全书编委会编.续修四库全书.1134册·子部·杂家类.上海：上海古籍出版社，2002：701

文衡山停云馆，闻者以为清閟。及见，不甚宽敞。衡山笑谓人曰："吾斋馆楼阁，无力营构，皆从图书上起造耳。"大司空刘南坦公麟，晚岁寓长兴万山中。好楼居，贫不能建。衡山为绘《楼居图》(图3)，置公像于其上，名曰神楼，公欣然拜而纳之……尝观吴越巨室，别馆巍楼栉比，精好者何限？卒皆归于销灭。而两公以图书歌咏之。幻常存其迹于天壤，士亦务为其可传者而已。❷

图 3　文徵明《楼居图》●

（转见:柯律格 著.刘宇珍,邱士华,胡隽 译.雅债:文徵明的社交性艺术.台北:石头出版股份有限公司,2009:122）

● 1543 年,轴,纸本设色,95.2 × 45.7cm,纽约大都会美术馆藏。这张画曾经引发了后人关于"图书上造停云馆"的想象。

这位刘麟先生,曾与友人在湖州结"岘山社",尽管此岘山非彼岘山,但想必也常常勾起当时人的联想,毕竟早在欧阳修的年代,即有人造"拟岘台",曾巩为其作记,也成就了新的名胜。停云馆首先是一座私人图书馆,在很大程度上也是一座精神上(想象)的图书馆,里面还包含着玉兰堂、辛夷馆等若干"分馆",在文徵明父子所收藏的大部分珍贵典籍上都带有这一文化标签。❶周道振先生也曾经注意到停云馆"皆从图书上起造"的记载,并引《藏书纪事诗》语:

　　　　所见待诏藏书,引首皆用"江左"二字长方印,或用"竹坞"印,或用"停云"圆印。其余藏印曰"玉兰堂",曰"辛夷馆",曰"翠竹斋",曰"梅花坞",曰"梅溪精舍"。又有"烟条馆"一印,见《天禄琳琅·明刻文选》,又有"悟言室"一印,"惟庚寅吾以降"一印,临池用之,藏书不常见也。
　　(图4)

---

❶于敏中,彭元瑞 等著.徐德明 标点.天禄琳琅书目、天禄琳琅书目后编.上海:上海古籍出版社,2007.根据两书著录,带有停云馆藏书印章的书籍有(未标版本者为宋版):
　　(1)《唐宋名贤历代确论》二函,二十册,有"玉兰堂"白文方印;
　　(2)《容斋三笔》一函,四册,有"辛夷馆"朱文方印;
　　(3)《楚辞》一函,四册,有"衡山"朱文方印,"玉兰堂"白文方印;
　　(4)《新刊诂训唐柳先生文集》六函,六十六册,有"玉兰堂"白文方印,"辛夷馆印"朱文方印;
　　(5)《栾城集》三函,十六册,有"玉兰堂"白文方印,"辛夷馆"朱文方印;
　　(6)《六臣注文选》二函,十六册,有"玉兰堂"方印;
　　(7)《选青赋笺》一函,四册,卷一、卷十有"停云"朱文圆印;
　　(8)《兰亭考》一函,四册,序、卷六有"徵明"朱文方印;
　　(9)《通鉴总类》(元版)四函,四十册,有"玉兰堂"白文方印;
　　(10)《博古图》(元版)六函,三十册,卷一有"停云"圆印;
　　(11)《纂图分门类题注荀子》(元版)一函,十册,有"玉兰堂"白文方印,"辛夷馆印"朱文方印;
　　(12)《北户录》(元版)一函,二册,有"竹坞"朱文方印;
　　(13)《东坡集》(元版)二函,十二册,有"竹坞"朱文方印,"江左"朱文方印,"玉兰堂"方印;
　　(14)《栾城集》(元版)三函,十六册,有"梅谿精舍"、"玉兰堂"朱文方印;
　　(15)《屏山集》(元版)二函,十二册,每册后副页有"停云"朱文方印;
　　(16)《元氏长庆集》(明版)一函,八册,有"江左"朱文方印,"玉兰堂"白文方印;
　　(17)《广韵》一函,五册,卷一、卷五有"晤言室印"朱文方印;
　　(18)《史记索隐》四函,四十册,有"文璧印"白文方印,"文璧徵明"白文方印,"徵明"白文方印,"玉磬山房"白文方印,"衡山"朱文方印,"文印徵明"白文方印,"悟言室印"白文方印;
　　(19)《资治通鉴》十八函,一百十七册,有"玉兰堂"白文方印,"辛夷馆印"朱文方印,"江左"朱文方印,"梅谿精舍"白文方印;
　　(20)《汉隽》一函,五册,有"江左""辛夷馆"朱文方印,"玉兰堂"白文方印,"竹坞"朱文方印,"梅谿精舍"白文方印;
　　(21)《演繁露》一函,八册,卷首有"江左"朱文方印,"梅谿精舍"白文方印,"竹坞"朱文方印;
　　(22)《博物志》一函,一册,册首有"玉兰堂"白文方印;
　　(23)《西京杂记》一函,一册,册首有"停云"朱文方印;
　　(24)《朱文公校昌黎先生集》四函,三十二册,有"玉兰堂"白文方印,"江左"朱文方印,"辛夷馆印"朱文方印;
　　(25)《文选》六函,六十册,有"江左""梅谿精舍"朱文方印,"玉兰堂"白文方印,"辛夷馆印"朱文方印,"竹坞"朱文方印;
　　(26)《冷斋夜话》(元版)一函,二册,有"梅谿精舍"白文方印,"玉兰堂"白文方印,"江左"朱文方印,"竹坞"朱文方印,"辛夷馆"朱文方印;
　　(27)《冷斋夜话》(同上,一版摹印)一函,四册,卷首有"停云"朱文圆印、"玉兰堂图书记"朱文方印,卷一有"玉兰堂印"朱文方印。

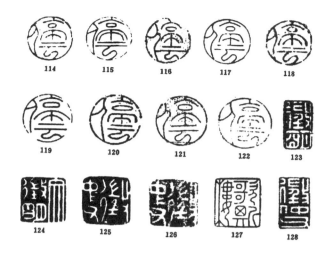

图 4　文徵明的部分印章❶

(影自：上海博物馆 编.中国书画家印鉴款识.北京：文物出版社,1987:178-179)

　　他甚至发现文徵明早在正德年间就已经有"漫识于玉磬山房"的落款，也属于虚构馆阁的情况。❷不过，我对于"图书上起造"的理解，绝不仅仅限于文氏在图书上留下本不存在的书斋名字，而更多地在于彰显文氏对家族"不朽"名声的经营。因而我不厌其烦地强调法帖摹刻的重要性，然而不可否认同书法一样，通过书籍上的藏书印，收藏者可以提升自己的品味，与前人进行交流。正如藏书家所言：

　　　　藏家惜书，多钤朱印。藏园记张绍仁校本《小畜集》，其各卷所钤印凡七十余枚，无复出者，可谓书癖兼印痴者矣。然亦另有深意，越缦主人述其用印云"每念此物流转不常，日后不知落谁手，雪泥鸿爪，少留因缘，亦使后世知我姓名。且寒士得此数卷，大非易事，今日留此记识，不特一时据为己有，即传之他人，亦或不即灭去。"李词堪跋明刻本《十七史百将传》云"癸亥仲冬十日，将以此书易米，因以所用私印遍钤之。后有续《藏书纪事诗》及《书林清话》者，或拓数行地记我。"此皆肺腑心声，真情之言也。❸

　　这虽是后来之事，大概在明代中期也往往不无"深意"。如元版宋徽宗御撰《博古图》，此书根据宣和旧刻缩印，曾经赵孟𫖯、鲜于枢、都穆、吴宽和文氏父子递藏，分别留下了各自藏书印章，其中就包括"停云"朱文圆印。❹如"选学"之代表作，宋版《六臣注文选》三种在元明两季受到众多藏书家的推举，正如后跋的乾隆御题所说：

　　　　此书董其昌所称，与《汉书》、《杜诗》鼎足海内者也。在元赵孟𫖯，在明王世贞、董其昌、王稺登、周天球、张凤翼、汪应娄、王醇、曹子念并东南之秀，俱有题识。又有国初李楷跋。纸润如玉，南唐澄心堂法也；字迹精妙，北宋人笔意。❺

❶其中的一些为文氏后人沿用。

❷周道振，张月尊.文徵明年谱.上海：百家出版社,1998:305

❸范景中.藏书铭印记."自序".杭州：中国美术学院出版社,2002

❹于敏中，彭元瑞 等著.徐德明 标点.天禄琳琅书目、天禄琳琅书目后编.上海：上海古籍出版社,2007:163

❺于敏中，彭元瑞 等著.徐德明 标点.天禄琳琅书目、天禄琳琅书目后编.上海：上海古籍出版社,2007:76

中国建筑史论汇刊·第陆辑

赵孟頫称其"助我清吟之兴不浅",而随后众跋皆推崇备至,并且不约而同地追述到赵氏对此书的收藏,可举王穉登例为代表:

> 宋本《文选》,往往见于藏书及好事之家,欲其精善完好若此本者绝少。此本纸墨锓摹并出良工之手,正与琅琊长公所藏《汉书》绝相类。《汉书》有赵魏公小像,此书有公手书,二书皆公邺架中本也……❶

文氏未在此书上也留下自己的题跋,但他却在同一版书的另一种上留下了"玉兰堂"印证,该书同样密布着前人与后人的收藏印章。从文徵明所珍藏的这一批书籍可以看出他沿袭了吴中崇尚古文辞的传统,《楚辞》、《文选》、《昌黎先生集》、《东坡集》……都反映了这一趣味。

五　不　朽　停　云

停云馆是文徵明从父亲那里所继承的家族产业,据族谱记载大概共分三楹,"前一壁山,大梧一枝。后竹百余竿。晤言室在馆之东。中有玉兰堂、玉磬山房、歌斯楼"。❷今天我们已经无法在物质上完全复原此处建筑,也无法获悉停云馆所包含的各处"分馆"到底哪个是实体建筑,哪个是虚拟建筑。或许就连清代的文氏后人也无法如实记载了。尽管图书上所标示或虚构的名称多是从属于停云馆的斋馆楼阁,"停云"却显然在后世深入人心,如愿地被视为文氏书斋的总称。清代的裴景福是文徵明的众多崇拜者之一,他提起文氏绘画时每每直呼为"停云之画"。例如,有一次他在讨论文徵明与沈周的异同时就谈到:

> 明四家,文、仇最饶雅韵,往往出人意表,为元人所无,而脱尽南宋人刻画之迹。子畏画精能之至,有无韵者,模宋人太过也。宋以后,穷工极巧,仍饶士气书味者,以停云为第一,大小李、右丞犹当避席,慎勿忽视。停云之画,香山之诗,同是仙品,是佛经中《法华》。石田山水如太白、东坡,专显神通,别是一种仙佛,经中《首楞严》也。❸

那么,"停云"如何超越图书上的"玉兰堂"、"悟言室"、"辛夷馆"等等更加常见名称而成为文徵明的代名词呢?这实际上是与文徵明投入最多、影响最大的一项文化事业不可分离的。

就在嘉靖十七年(1538年)的阳春三月,这个安排"一年之计"的季节,文徵明拒绝了巡按为其建造牌坊的好意,但却将大量的精力投入到《停云馆帖》的摹刻之上。一年前他开始将法帖的第一卷"晋唐小字"刻成,并在卷尾刻上隶书"嘉靖十六年春正月,长洲文氏停云馆摹勒上石"。嘉靖十七年第二卷刻成时文徵明69岁,已经到了他的古稀之年。这个年龄的老人,或许应该比起以前更加留心身后的名声了。这种心态很可能就体现在该卷法书的选择上,正是从这里开始文徵明大胆地将自己的题跋刻入法帖。

在第二卷的《万岁通天进帖》后面,文氏甚至将沈周称赞自己钩摹技术

❶于敏中,彭元瑞 等著. 徐德明 标点. 天禄琳琅书目、天禄琳琅书目后编. 上海:上海古籍出版社,2007:77

❷文含 纂修. 文氏族谱续集."历世第宅坊表志·第宅". 清道光十一年沈复燦抄本

❸裴景福. 壮陶阁书画录. 卷九."明沈石田竹堂观梅立轴". 中华书局聚珍仿宋版印,民国二十六年(1937年)

的来信一并刻入，这很难解释为仅仅是为了展示沈周的书法成就。（图5）
除此之外文氏所刻入的自家题跋还与岳珂等前人题跋形成呼应，与古人为
友商榷学问，并自诩为"视建中石本，差为近似尔"，附刻入"徵明"白文方印、
"停云"白文长方印。同卷的另一件法书，李怀琳的《仿嵇康绝交书》也存在
类似的情况。文徵明的跋语与原书迹附带的汤垕题跋遥相呼应，对书法风
格及归属提出个人见解，并且也由此在历史上找到同道之人：

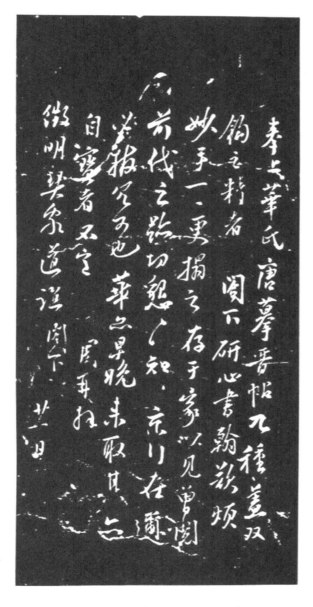

图5　沈周写给文徵明的信拓本❶

（［明］文徵明 撰集.影印明拓停云馆法帖.北京：北京出版社，1997：96）

❶沈周写给文徵明的信，附
刻在《停云馆帖》卷二中以
显示文氏本人的声望。拓
本，27.4cm×13.3cm，首都
图书馆藏。

右唐胄曹参军李怀琳所摹《绝交书》，今监察御史安成张公鳌山所藏。双钩廓填，笔墨精绝，无毫发渗漏，盖唐摹之妙者。按海岳《书史》及《东观余论》并言怀琳好作伪书，世莫能辨，今法帖中七贤、卫夫人等帖皆出其手……

❶文徵明.跋唐李怀琳绝交书.见:甫田集.卷二十二.页九.长春:吉林出版集团有限责任公司,2005:163

这段题跋后来被一字不差地收进《甫田集》三十六卷刻本。❶有必要指出，在《甫田集》最终结集之前，可以视为文徵明有意留给后世的文字和书迹，应以《停云馆帖》为重要代表。

现存《停云馆帖》十二卷各卷的摹勒时间分别为：

（1）晋唐小字卷第一（嘉靖十六年，1537 年）

（2）唐抚晋帖卷第二（嘉靖十七年）

（3）唐人真迹卷第四（嘉靖二十年）

（4）国朝名人书卷第十一（祝允明书，嘉靖二十六年）

（5）宋名人书卷第七（嘉靖三十年）

（6）元名人书卷第八（嘉靖三十四年）

（7）元名人书卷第九（嘉靖三十四年）

（8）国朝名人书卷第十（嘉靖三十五年）

（9）宋名人书卷第六（嘉靖三十七年）

（10）宋名人书卷第五（可能与卷第六同时）

（11）停云馆帖卷第十二（文徵明书，嘉靖三十九年）

（12）唐人真迹卷第三（孙过庭《书谱》，王世贞十跋未涉及，不知刻在何时）

关于《停云馆帖》各卷选本的安排，我已经有专文论述。这里想强调的一点是，十二卷分别的摹勒时间与排列位次存在着很大的差距。实际上在完成"法帖"所必需的经典书迹之后，文氏马上要做的是将同时代的祝允明书法收入，这一卷书法后同样附带彰显文徵明文化地位的跋语。而在此时，他大概也已经构想好一部"完整"的书法史，以及如何以反映本人身份的自家书法收入其中，以为压轴。毕竟在当时，刻帖发行不仅仅是一件风流雅事，还意味着一笔巨大的开销。吴复阳曾为詹景凤讲述一段故事，反映了这种情况：

（汪芝）其家始者有六七千金。以好帖结客金阊，将刻《黄庭》。先结文太史与张（原文如此，误"章"为"张"）简甫，凡二人意旨，靡不求得当焉。盖二君摹刻，尽一代名手。而又供养之笃，即二君虽不为肉，而礼意若此，固宜其为殚精也。一摹一刻，垂十余年始克竣事。乃后又刻释怀素《自叙》、宋仲珩《千文》、祝京兆草书歌行，尽为海内称赏。刻成而金尽，又卖石吴中。迨归，赤然一身，然尚畜一鹤。后数年，以贫死。死而乡曲皆笑。❷

❷詹景凤.詹东图玄览编.附录四"题汪芝黄庭后".中华民国卅六年十二月国立北平故宫博物院印行

尽管要面对开销压力，尽管以文徵明的威望他已经完全可以借华夏、汪芝等人之手浇自己块垒，实现自己的设想，文氏还是按捺不住满腔的热情，在六十八岁古稀将至时开始了这项浩大的工程。毕竟，詹景凤在引述了汪芝的故事之后又忍不住感慨："嗟乎！假令芝当时亦作守财虏，乌有《黄庭》，乃今艺林谈《黄庭》首汪芝，芝为不朽矣！贫何负哉！"❶

❶詹景凤.詹东图玄览编.附录四"题汪芝黄庭后".中华民国卅六年十二月国立北平故宫博物院印行

六　亦碑亦帖

但凡讨论碑帖的入门读物，都会在开篇对碑与帖的概念进行分别辨析，大约无非三点：第一，从形制上看，碑是竖制帖是横制；第二，从材质上看，碑为石质帖为木质；第三，从功能上看，碑用于纪念，帖则用于书法练习。的确，我们在早期的纪念碑和法帖上可以看到这些特点。东汉熹平四年，蔡邕在灵帝的授意下亲书《六经》文字，并使刻工摹勒上石，立于太学门口，实际上体现了文献传播的功能，如《隋书·经籍志》记载：

> 后汉镌刻七经，著于石碑，皆蔡邕书。魏正始中，又立三字石经，相承以为七经正字。后魏之末，齐神武执政，自洛阳徙于邺都。行至河阳，值岸崩，遂没于水。其得至邺者，不盈太半。至隋开皇六年，又自邺京载入长安，置于秘书内省，议欲补辑，立于太学。寻属隋乱，事遂寝废。营造之司，因用为柱础。贞观初，秘书监臣魏徵始收聚之，十不存一。其相承传拓之本，犹在秘府。

现在我们所能见到的最早拓本，如唐太宗的《温泉铭》、欧阳询的《化度寺碑》、柳公权的《金刚经》❷等除具备纪念与文献传播的功能外，也已经很明显地表露出其冀求书迹流芳百世的意图。

❷施安昌.善本碑帖论集.北京：紫禁城出版社，2001：184

从《停云馆帖》的例子可以看到，碑与帖两者之间的差异，最迟从明代中叶开始就已经在上述各个判断标准上发生混淆，以至难以分辨了。一般认为，由于明初君王对于书法的喜爱，有些藩府也产生了强烈的兴趣，纷纷翻刻前人的法帖。这类丛帖中较好的一部，当数晋庄王朱钟铉之子朱奇源于弘治二年主持的《宝贤堂集古法帖》十二卷。该丛帖以《淳化阁帖》、《大观帖》、《绛帖》、《宝晋堂帖》诸刻旧拓翻刻，又增加了府中所藏的宋元明墨迹。尤为显眼的是，该帖第二卷全为晋代以来王侯书迹，其中收入了《明晋恭王朱栩说与帖》、《明晋定王朱济熿赓独芳诗韵》、《明晋宪王朱美圭玉女峰五古》、《明晋王朱钟铉屏风五律》等四帖，显然具有纪念功能。而在私人刻帖中选择当代文人及自家书迹，则由文徵明首开风气。《停云馆帖》中的"模楷"，既是技术层面上的，更是道德层面上的。文徵明以其巨大的影响力进一步混淆了碑与帖的概念。后学在编撰《古今碑帖考》时收编了宋代朱长文的旧著，又增添了新的典范：

> 宋以前碑刻，考朱伯原采录，间多脱误，晨为之订次。宋以后刻，考并法帖，晨窃增入，仅补阙简，敢逞管见，援笔评人也耶。乃摭衡山、南禺二公平日所传，品格不差，寔与天下公论大合，更冀同志高贤入室右军者一考详之。❸

❸朱晨 编.胡文焕 校.古今碑帖考.前言.台北：台湾商务印书馆，1973

开篇以图谱交代了法帖的"谱系"、"流传"与"学书的次第",紧接着在"历代著录"的明代部分,编校者除了介绍几部重要法帖之外,更详细罗列了文徵明及其门生所撰写的碑刻,并对其中的许多进行品第,俨然当作学书的范本。❶文徵明去世后两年,张献翼将所藏文氏诗作书信等摹勒上石并拓印成册,文嘉志其后曰:

> 右诗帖尺牍,皆先君与张君幼于者。幼于与其兄伯起,俱以高才驰誉,先君雅爱重之。故幼于裒集其所得,摹刻斋中;其感今怀昔之意,固将与坚珉共存不朽耳,岂特以词翰之美而已哉?❷

在今天国家图书馆收藏的历代石刻拓本中,我们还可以见到文徵明手书的《辞金记》(高 100 厘米,宽 50 厘米)、《乡饮酒碑》(高 176 厘米,宽 91 厘米)、《严凤墓志》(高 32 厘米,宽 88 厘米)、《顾璘墓志》(高 63 厘米,宽 63 厘米)、《涵村道中诗刻》(高 170 厘米,宽 89 厘米)、《丁之乔墓志》(高 63 厘米,宽 63 厘米)、《苏州府学义田记》(高 180 厘米,宽 92 厘米)、《苏州府学记》(高 186 厘米,宽 110 厘米)。❸其中《乡饮酒碑》与《苏州府学记》无疑显示了文徵明在乡里的地位,而《涵村道中诗刻》(图 6)则完全是文氏诗文书法的展示。事实上,在文徵明身后其包括碑文在内的书法作品经常被收集起来成为新的法帖,如无锡秦氏就曾收集了文氏手书的《吴白楼传》、《吴白楼墓志》、《秦子白墓志》、《毛砺庵墓志》,合成《衡山楷则》四卷,❹"楷则"之名,尤能反映文徵明在后学中的影响。

不管是碑是帖,它们能够在纪念功能之外还起到文献保存或者技法传授的作用,都是根源于其可复制的特性。从蔡邕所书《熹平石经》就可以看出,其在当时可能已经具备了法书的功能,而拓印技术从隋代(或者甚至从六朝)开始就在这方面扮演了重要的角色。对于法书的流传而言更是如此,唐宋以来王羲之父子的书法被确立为一个伟大的传统,正是凭借着高超的钩摹与传拓技术——尽管我们今天所能看到的王羲之存在着不同的版本,或为褚遂良,或为虞世南,或甚至是米芾。《停云馆帖》问世以来,毫无疑问地为提高文徵明的声望而锦上添花。万历四十二年(1614 年)《停云馆帖》的帖石作为嫁妆归太仓赵宧光所有,他将其作为一门生意进行经营,以不同的装帧大量拓印传世,更是扩大了丛帖的社会影响力:

> 余有法书之嗜,染成膏肓之疾,以为人有兰宫、阆宇、二酉、五车,而不藏名帖,未蓄名石,即琳琅珠玉、毕玩奇琛积如丘山,堆垒充栋,都不成佳话。然名帖易存,名石难得。非出于书家手勒,非名帖也;非出于精工手刻,非名石也。余家近藏停云馆法帖贞珉……而今而后,吾知法书至此,止矣!无以加矣!……自昔外家流传他所,皆成和璞,岁之甲寅,乃归寒山,凡翰墨亲知,咸叹希有。遂拾袭珍藏,不轻示人,每一春秋,止拓数帙,以公同好。或有真能冰鉴者,举而赠之,间有以货财相易者,利而与之。饰以缣绸,装以珉玉,定为十种,不二其价,列于下方……❺

❶书法出自文氏手笔的如:《华氏义田记》(妙品)、《重修泰伯庙碑》(仿欧书入妙品)、《吴文端公墓志》、《吴文定公墓志》、《杨南峰生圹志》(隶书入妙品)、《顾东桥墓志》、《罗念庵父墓志》(神品)、《杨白楼传》(神品)、《渔石唐公墓志》、《刑部尚书何公墓志》、《贞顺周宜人墓志》(妙品)、《盛植庵墓志》(神品)、《薛文时甫墓志》(神品)、《独乐园记》(妙品)、《西室记》(隶书妙品)、《封晋州知州沈庸庵墓碣》、《墨赋》、《文赋》(小楷神品)、《异梦记》、《八角石记》(神品)、《拙政园记》(神品)、《守质记》、《圣主得贤臣颂》、《吴兴山水图记》、《双义祠碑》(小楷大碑各一)、《重修兰亭记》(小楷大碑各一)、《停云馆帖》(注曰守此不必更求别帖)、《玉女潭记》(小楷神品)、《篝灯帖》、《二体千文》、《出师表》、《封建论》(妙品)、《春榜开元记》、《文徵明临黄庭经》、《文徵明临洛神赋》、《文徵明临兰亭叙》、《四体千文帖》、《早朝诗十六首》、《赤壁赋》、《道德经》、《瘗鹤铭》、《吴县令阳山宋公去思碑》(妙品)、《常熟县新城记》、《归氏堡记》、《张公神道碑》等。见:朱晨 编 胡文焕 校.古今碑帖考.前言.台北:台湾商务印书馆,1973

❷拓本《张幼于裒刻文太史帖》,见:周道振,张月尊.文徵明年谱.上海:百家出版社,1998:741

❸北京图书馆金石组 编.北京图书馆藏中国历代石刻拓本汇编.郑州:中州古籍出版社,1989:55、53、89、91、114、167、169、56、27、32

❹张伯英.法帖提要.见:张伯英.张伯英碑帖论稿.石家庄:河北教育出版社,2006:143

❺赵宧光.寒山金石林部目.见:丛帖目.第一册.卷三."停云馆帖十二卷".香港:中华书局香港分局,1980:242

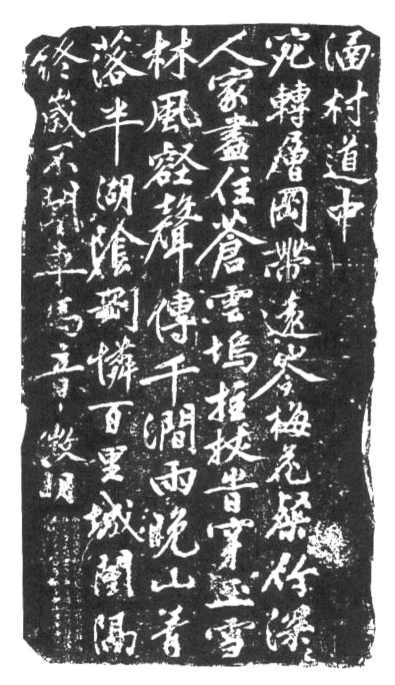

图 6　《涵村道中诗刻》拓本❶

[北京图书馆金石组 编.北京图书馆藏中国历代石刻拓本汇编(第 55 册).郑州:中州古籍出版社,1989:67]

❶ 1552 年 2 月 16 日刻,碑身拓片 170 × 89cm,国家图书馆藏。

❶容庚.丛帖目.第一册.卷三."停云馆帖十二卷".香港:中华书局香港分局,1980:249

❷参见:周道振,张月尊纂.文徵明年谱.上海:百家出版社,1998:736.又见:顾文璧.无锡窦氏珍藏明代《停云馆帖》刻石的重新发现和研究.见:书法艺术,1997(2):35

另据首都图书馆藏本后文元善砵刻题跋,在数十年内《停云馆帖》引起了重大反响,以至于在市场上出现了赝本,迫使其后人作出防伪说明:

> 余家《停云馆帖》,盖出自先祖太史公之所指授,先国博及学正二父之所临摹,而温君恕、章简甫之所手勒,由晋唐小字而下,太半以唐宋胜国诸名流遗墨对刻,无纤微不惬,下真迹一等者也。自顷赝本相仍,市鬻肆售,不免有混珠之惜。夫脱辁贻讥,聚讼取诮,欧阳率更望华岳碑,下马踟躇,十日始知其妙,金石审订,抑自古难之矣。余以苫庐之暇,取家本与赝本校阅,刊其谬妄,正其伪讹,铢黍毫丝,莫敢缺漏,用以俟真赏之士,勿惑鲁人谶鼎耳。万历癸未八月朔日,文元善志。❶

这两则文献很难令人不产生疑惑。从赵家父子的语气看来,帖石在文人圈中并不十分让人珍重,以致"自昔外家流传他所,皆成和璞",似乎只有他本人才是慧眼独具的识货者。这很可能仅仅是一种自我标榜的修辞而已,我们可不必拘泥。更加确切的证据表明,该帖在当时的确有一定影响力,正如文元善所告诉我们的,出现了为数不少的赝本。入清之后,《停云馆帖》又经常熟钱朝鼎、嘉兴冯集梧等人收藏补刻,今天无锡市博物馆、无锡市图书馆以及曾于道光年间收藏帖石的窦氏后人各藏有《停云馆残帖》一部,系民国期间由劫余残石所拓,实际上已经很难分清版本了。❷现在我们在无锡东林书院还可见到镶嵌于壁间的《西苑诗》与《孙过庭书谱》各一石(图7),而在江南一带的园林间也可发现大约自明末以来私人刻帖所留下来的石板,已成为园池壁间九曲十八弯的书法长卷,为名胜增色不少。赵宧光父子和文元善都充分肯定了《停云馆帖》的专业水平,一个将许多拓本流向社会,一个警告好事者留心赝本——总而言之,通过复制的方式文徵明及其《停云馆帖》扩大了影响力,成为后人的"模楷"对象。

图7　无锡东林书院《停云馆帖》刻石

七　铭　刻　在　心

通读《集古录跋尾》，我们会发现欧阳修尽管痴迷于石刻文字的收藏与考证，但却对石头的"不朽"颇不以为然。收集的拓片越多，一种学者的顾虑就越是强烈。嘉祐八年他面对一件碑文，再一次发现石头竟是如此脆弱：

> 右《杨公史传记》，文字讹缺。原作者之意，所以刻之金石者，欲为公不朽计也。碑无年月，不知何时？然其字画之法，乃唐人所书尔。今缠几时，而摩灭若此，然则金石果能传不朽邪？杨公之所以不朽者，果待金石之传邪？凡物有形必有终敝，自古圣贤之传也，非皆托于物，固能无穷也。乃知为善之坚，坚于金石也。❶

实际上，《集古录》中所透露出来的对于石头磨灭的忧虑比比皆是，我在此处不必一一列出。或许正是因为这样，欧阳修绝不会把赌注完全压在石头之上。有学者注意到，欧阳修在《醉翁亭记》刻石之前，就已经有相关诗作寄予友人，而在刻石完成之后，更是频频将《题滁州醉翁亭诗》等作连同拓本一起寄给朋友，寻求唱和。这些朋友的和诗包括梅尧臣的《寄题滁州醉翁亭诗》，此外：

> 张方平亦有《酬欧阳舍人寄题醉翁亭诗》，则张也曾收到欧阳修的诗作与记文。又，宋人陈鹄《耆旧续闻》载富弼亦曾和欧诗……同富弼一样，韩绛、王安石、曾巩皆读过此记并有唱和诗文。除这些见于文献记载的唱和外，当还有一些唱和之作遗落于历史烟尘，无从追寻了。❷

这些唱酬活动显然扩大了醉翁亭在文人中的影响。在《滁州志》中，收录着大量由著名和无名的文人所撰诗文，如《题滁州醉翁亭》、《醉翁吟》、《醉翁操》、《醉翁亭图》、《寻醉翁亭古址》、《醉翁亭纪游》、《醉翁亭》、《陈体乾太仆邀饮醉翁亭》、《游醉翁亭》、《醉翁亭寄李叔则》、《访醉翁亭》、《醉翁亭老梅》、《同南邨看醉翁梅花次壁间韵》、《庚戌访丰乐醉翁二亭》、《春日谒醉翁亭长儿光炅侍》、《探醉翁亭梅》、《游醉翁亭》、《题醉翁亭石壁》、《醉翁亭访欧梅》……这些诗文有很多都刻在壁间，一代又一代的文人墨客流连唱和，延续着醉翁亭的生命，这些诗篇肯定只是无数同名作品中的一部分，它们本身或许难以脍炙人口，但却将醉翁亭铭刻在后人的心中。

特别值得注意的是，"停云"二字本是陶渊明一首古诗的题目，而且，最迟自宋代以来，这就一直是《陶渊明集》中的第一卷第一首（图 8），几乎可视为陶诗的代名词。诗曰：

> 停云，思亲友也。罇湛新醪，园列初荣，愿言不从，叹息弥襟。
> 霭霭停云，濛濛时雨，八表同昏，平路伊阻。
> 静寄东轩，春醪独抚；良朋悠邈，搔首延伫。
> 停云霭霭，时雨濛濛，八表同昏，平陆成江。

❶欧阳修.集古录.卷二页二十九.见：文渊阁四库全书.861 册.台北：台湾商务印书馆：37

❷王兆鹏，王星.醉翁亭记的石刻传播效应.见：长江学术，2009(4)：93

石头磨灭之后——超越了牌坊、祠堂、石碑的纸上建筑

有酒有酒,闲饮东窗;愿言怀人,舟车靡从。

东园之树,枝条载荣,竞用新好,以招余情。

人亦有言,日月于征;安得促席,说彼平生。

翩翩飞鸟,息我庭柯,敛翮闲止,好声相和。

岂无他人,念子实多;愿言不获,抱恨如何![1]

❶北京大学北京师范大学中文系;北京大学中文系文学史研究室 编.陶渊明资料汇编(下册).北京:中华书局,1962:1

中国建筑史论汇刊·第陆辑

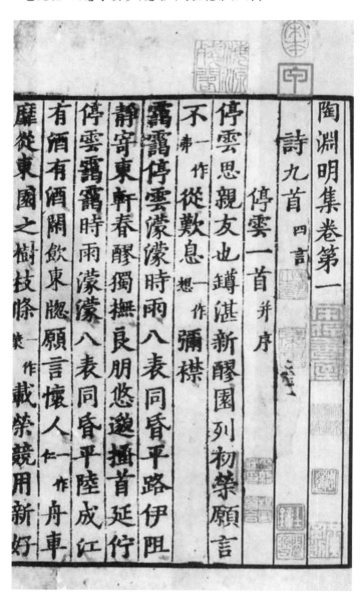

图8 《陶渊明集十卷》[2]

[中国国家图书馆,中国古籍保护中心 编.第一批国家珍贵古籍名录图录(第四册).北京:国家图书馆出版社,2008:230]

❷宋刻递修本,框 20.1cm×13.7cm,国家图书馆藏。开卷第一首即为《停云》。

关于此诗在明代文人间的影响以及其对于文氏三代人的意义，我在其他文章中已经有详细探讨。这里补充一条，与欧阳修前后呼应。据文嘉所撰《行略》所言，文徵明从北京辞职到家后即刻筑玉磬山房，树两桐于庭，并以《玉磬山房》一诗邀好友唱和，[1]以示回归吴门诗文书画的趣味圈子。"霭霭停云，濛濛时雨，八表同昏，平路伊阻"的愁苦过后，终于盼来了喜人的春色，在他的邀请之下，薛蕙有诗曰："殷勤谢良友，何日访停云"，并自注"停云，徵仲书室名。年来屡有命驾之约，因循未果。"[2]

从秦始皇到羊祜杜预，再到欧阳修，然后是文徵明，中国文人对于石刻不朽的观念在延续中也得到重要补充。欧阳修清楚地意识到，杜预汲汲于石碑的做法最终必定是徒劳的，更重要方式在于通过诗文传播将不朽的声名刻在后世文人的心中。文徵明则不屑于祠堂、牌坊，他致力于更加精致的方式，最终的结果是介于碑帖之间的《停云馆帖》在后世仰慕者心中建立了一座虚拟的建筑。

施康强先生强调"文字比石头更加不朽"，他举了这样一个例子：

> 巴黎圣母院是一部用石头写成的巨书，建于十三至十四世纪，当时还没有印刷术。十五世纪谷登堡发明的印刷术引起宗教家的恐惧。雨果在《巴黎圣母院》第五卷里让副主教克洛德惊呼"这个要消灭那个的"。纽伦堡安东尼奥·科布尔格尔一四七四年出版的《圣保罗书札评注》要消灭圣母院大教堂，这本书要消灭那个建筑，印刷术要消灭建筑艺术……[3]

欧阳修与文徵明，既借助石头，又不为石头所限，他们的不朽名声依靠拓片的复制、文字的传播以及诗文的传诵得以延续。铭刻着他们的道德文章的石头，磨灭了文字，时不时地从地底下被挖掘出来。

八　尾　声

明末以后，一种虚构建筑的观念悄然复兴。继陈弘绪笔下的"停云馆"、刘士龙笔下的"乌有园"之后，很快又出现了吴石林笔下的"无是园"、黄周星笔下的"将就园"。这或许已经与"不朽"无关，但却延续了纸上楼阁的传统，实际上是类似于"乌托邦"构想与造园理论的奇妙结合。如涨潮《将就园记小引》所言：

> 唐李贺为帝召作《白玉楼记》，则是穹窿之际，果有楼台宫殿矣？第不知此白玉楼者建于何所。其将虚空无着浮于云气之上耶？抑或竟有所附耶？九烟黄先生著《将就园记》，初亦第游戏笔墨耳，非真有所谓园也。乃文昌闻而乐之，遂命所属如其记而构之昆仑之巅，文章遇合之奇，诚莫有过于此者矣。[4]

[1]《玉磬山房》诗曰：横窗偃曲带修垣，一室都来斗样宽。谁信趣肱能自乐？我知容膝易为安。春风薙草通幽径，夜雨编篱护药栏。笑杀杜陵常寄泊，却思广厦庇人寒。(《文氏五家集》卷六《太史诗集·玉磬山房》)顾璘和诗《寄题文徵仲玉磬山房二诗》：曲房平向广堂分，壁立端如礼器陈。拊瑟便应来凤鸟，折腰那肯揖时人？词华价并金声赋，寿酒欢生玉树春。法象泗滨真不忝，画梁文藻翠光匀。小构山房护竹园，道人行坐自云宽。湘帘散映图书乱，石枕横眚梦寐安。世禄后先三曳绶，诗怀今古一凭栏。堪怜海月经檐白，正照前溪绿水寒。又以《玉磬山房》诗寄蔡羽、薛蕙等索和。实是向良友发出邀请。

[2]薛蕙.考功集.卷五.谢文徵仲写金刚经.见：四库全书.1272册·集部·别集类：68

[3]施康强.文字比石头更加不朽.见：读书，1992(5)：72

[4]黄周星.将就园记.见：涨潮，杨复古等编纂.昭代丛书.甲集卷二十三.页一.上海：上海古籍出版社，1990：81

明代官宅平面形制体系的构造方法探索[1]

乔迅翔

（深圳大学建筑与城规学院）

摘要：根据《明史》所载的住宅制度，选择代表性官宅案例，分析各等级官宅的平面形制特征，揭示明代官宅平面形制体系的建构方法。一方面，对明代官宅平面形制的类型、使用方式等作历史考察；另一方面，以此为线索，对传统建筑平面形制的意义和内在生成机制进行探索。本课题有利于把我国传统建筑的合院式布局特征研究推向深入。

关键词：明代，官方住宅，平面形制体系

Abstract：By choosing representative instance based on residence rule in Ming dynasty, the plane characteristics of various official residences were analyzed and the construction method for plane system was explored. Firstly, different types of plane forms and their usage were analyzed historically. Secondly, the significance and inherent forming mechanism of architecture plane system were discussed. This enhances the study of HeYuan layout characteristics in chinese architecture.

Key Words：Ming dynasty, official residence, plane system

周制"大夫士之门，惟外门、内门而已，诸侯则三，天子则五"[2]，"诸侯内屏"、"天子外屏"、大夫无屏（树）[3]，这些规定似乎并不能简单地理解为以特定构成元素的有无或多少来建立秩序，其本质意图当是通过塑造不同的空间意象形成等级差异，并进而固化为标准规制。这其中，建筑平面所反映出来的建筑空间组织方式具有结构性意义。由此，我们可以抓住平面形制这一住宅建筑核心内容，以系统揭示诸多平面布局及其特定意义，进而探究我国传统建筑等级的建筑学建构理论和方法。

从现存的我国古代住宅制度文献看，尽管连彩绘纹样、色彩等装修装饰细节都已关涉，但对于住宅平面形制，却多语焉不详，仅留存少量零散信息。不过，住宅平面形制的探究有相对的资料优势，除建筑古迹遗存和图像常保留相关信息外，更有丰富的文献记载。其中，明代尤为值得重视。这不仅因为此时期资料丰富，更由于它具有承上启下的文化复兴性质，是住宅史研究上溯宋元、下衍清代的关键支点。

---

[1]本文受国家自然科学基金项目"中国古代合院式住宅流布史研究"（50978168）资助。

[2][宋]李如圭.仪礼释宫.四库全书本

[3][周]荀况.荀子.四库全书本；另，礼记.郊特牲："台门而旅树……大夫之僭礼也。"

一 思路和方法

据《明史》所载的住宅制度,明代官宅分为四等[1]:公侯府第、一二品官宅、三至五品官宅、六至九品官宅,皆呈现出指标递变的体系化特征。明代官宅实有确指,主要有三类:一是皇族宗室住宅。由官方负责或拨付费用,并依据祖训"凡诸王宫室并依已定格式起盖,不许犯分[2]"。二是中央政府官员住宅。明代官民不使杂居,官员住屋由官方安置,统一管理[3],《南京都察院志》就记载了 27 座南京三法司官宅的位置、规模、构成等信息。三是各地方官员住宅。"天下各官廨舍各置于公署旁周垣之内"[4],并据省部所降之式进行新建或改建。地方官宅分布广、数量多,是明代官宅主体,有关记载散见于地方志中。

唐宋住宅制度条文中屡屡使用"不得过"之语,强调该指标是某等级可以采用的最高极限,可看作是标准形制。明代住宅制度中"不得过"措辞删略颇多,实亦为各等级最高标准。由于实际施行中,各等级官宅形制"上可以兼下,下不可僭上[5]",呈现多样化、复杂化特征。在此,对明代官宅的考察,我们自然不必穷尽所有情形,关键是探寻平面形制等级形成的关键点,建构各等级标准平面形制。

由此,选取具有代表性的案例进行分析,归纳平面形制特征,还原标准制度,当是有效方法。我们的思路是:首先,弄清各等级的标准平面形制;其次,通过对比探讨相互间的平面构成要素及其组合方式的差异;最后,在此基础上,进一步探索平面体系建构方法和意义。这里,代表性案例的选择、判定和确认是首要环节。

二 各等级代表性官宅的选定

1. 公侯类代表住宅

"公侯"为异姓和外戚受封的爵位,"亲王"、"郡王"等为皇族宗室受封爵位,皆非品官,但其住宅常以品官的相参照[6]。在此,我们不妨把这些超一品的住宅归为一类,统称为"公侯类"。公侯类官宅的等级排序,或可以年俸作为指标进行判断(表 1),依次为:亲王、公、郡王、侯伯、镇国将军等。

[1] 明史.卷六十八 // 明会典.卷一百四十七等载有亲王府制、郡王府制、公主府第、百官第宅(含庶人庐舍)。

[2] 明会典.卷一百八十一

[3] [明]施沛.南京都察院志.卷二

[4] [明]汪舜民.(弘治)徽州府志.卷五 // [明]王祎.王忠文集.卷九.义乌县兴造记:"今天子既正大统,务以礼制匡饬天下,乃颁法式,命凡郡、县公廨,其前为听政之所如故,自长贰下逮吏胥,即其后及两傍列屋以居,同门以出入,其外圬缭以周垣,使之廉贪相察,勤怠相规,政体于是而立焉。命下郡县,奉承唯谨"。这段话解释了明代衙署把用于听政及各官员居处的空间集中布局的背景和意图。

[5] 田涛.郑秦 点校.大清律例.卷 17.北京:法律出版社,1999:288

[6] 如,公主宅第即参照正一品官员的住宅规制。"洪武五年,礼部言,唐宋公主视正一品,府第并用正一品制度"。见:张廷玉 等.明史.卷六十八

❶朱棣称帝后,对太祖实录重新修订,有研究认为,为遮掩燕王府逾制一事,修订中删除了其他王府的规制记录。见:白颖.燕王府位置考.故宫博物院院刊

❷[明]叶盛.水东日记.卷六.四库全书本

❸另在《南京都察院志》卷二、《方麓集》卷十一、雷礼《国朝列卿记》中均有记载。

❹《南京都察院志》修于明末(天启元年,1621年),参考《明实录》、《明也会典》、《通志》、《郡邑志》等书和南京都察院所存官档而成。见:方骏.现存明朝南京官署志述要.陕西师范大学继续教育学报,2000(3):79-82

❺[明]洪价.思南府志(嘉靖).卷二

表 1　明朝爵位年俸等级排序

	1	2	3	4
宗室爵位	亲王	—	郡王	—
异姓、外戚爵位	—	公	—	侯、伯
年俸(单位:石)	50000	5000～2500	2000	1500～1000

注:1. 宗室爵位还有镇国将军、辅国将军、奉国将军、镇国中尉、辅国中尉、奉国中尉,年俸皆低于一品官,未列出。

2. 在洪武十年规定,伯之禄与侯等。至永乐初规定,伯之阶勋亦与侯等。

亲王府无疑是这一类的最高标准,即我们所说的标准形制。文献记载的亲王府制度有二:一是洪武十二年(1379年)亲王府告成的记录,实为燕王府规制,因沿用元宫而逾制,非通用标准❶;一是弘治八年(1495年)更定的亲王府制,较明初有较大减损,那些具有等级性的元素和组织方式当有保留。因此,我们选定弘治亲王府制作为标准平面形制进行讨论。

2. 一品、二品官代表住宅

明初,朱元璋即提出"大官人必得大宅第",并在洪武十五年(1382年)为刑部尚书开济建造住宅,"令有司以此为式",民间称之为"样房"❷。"样房"的故事流传甚广❸,不过在可信度更高的《南京都察院志》❹则另有所指,认为样房是为御史中丞刘基所建,并把样房的位置、尺寸规模和构成单体情况等收录其中。样房现象展现了明代住宅制度特点和施行方式,即官宅制度以样板为参照、在样板基础上进行减损,这也表明明代各等级官宅形制之间存在紧密关联,是一个完整体系。这里,作为刑部尚书或御史中丞住宅,样房无疑是等级最高官宅,是一二品官宅的标准形制。因此,选定"样房"作为讨论对象,应是再合适不过的了。

3. 三至五品官代表住宅

明代地方志中记载的徽州府知府住宅、思南府知府住宅、苏州府知府住宅、江南兵备道官员住宅等皆属此类。其中,明代新建官宅是我们关注的重点,因为它们较那些改造而来的官宅受现状约束少,易于接近于当时的标准形制。思南府的知府宅,经过弘治三年(1490年)和正德十二年(1517年)两次较大规模修建,制度完备❺。由于处在苗族势力强大、远离中央的边缘地区,显示文化优势、建立中央权威应当是地方长官一直以来的迫切追求。一旦条件允许,往往会充分发挥国家制度赋予的手段包括住宅制度等,展示和传布自身的先进文化。因此,尽管思南府知府宅地处边地,经济并不发达,但较其他同类案例却更具有代表性。我们与其他地方官宅形制加以比较,

也印证了这一判断。因此,选取思南府知府宅作为三品至五品官住宅的代表案例是适宜的。

4. 六至九品官住宅

明代各县县衙除了安排公署,在公署之后和东西两侧皆布置有官吏住宅,这些官宅皆属于六品至九品等级。府衙内的通判推官等宅亦属此等[1]。这类官宅,在地方志中有大量记载,并常配以示意图。在此,我们有条件对更多资料进行分析。由于这些住宅皆具有明显的相似性,我们理当可以通过归纳方法,来探寻这些官宅的平面形制特征。

三　标准平面形制特征分析

1. 公侯类住宅平面形制特征

据弘治亲王府制度[2],主体分为两部分:前殿和后宫,其中"宫"是容纳日常居住活动的地方,更接近于通常意义上的宅第。至于"宫"的布局,记载如下:

> 宫门三间,厢房一十间,前寝宫五间,穿堂七间,后寝宫五间,周围廊房六十间,宫后门三间,盝顶房一间。

据上引,绘制出亲王府"宫"的示意图(图1),其布局为:在中轴线上依次布置前宫门、三重殿堂和后宫门,在前庭两侧布置东西厢房,在建筑四周环绕以廊房,构成严整而疏朗的建筑群体。结合洪武年间的亲王府制度[3],

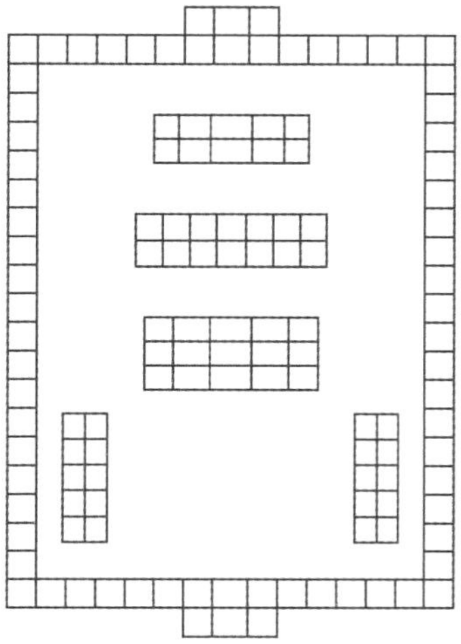

图1　弘治年间亲王府"宫"部分平面示意图

(自绘)

---

[1] 府一级中有通判(正六品)、推官(正七品)、经历司经历(正八品)、知事(正九品)、经历司经历等,县一级中有知县(七品)、县丞(从七品)、主簿(正八品)、典史(正九品)等。

[2] 明会典.卷一百四十七

[3] (洪武)十二年,诸王府告成,其制:中曰承运殿,十一间,后为圆殿,次曰存心殿,各九间。承运殿两庑为左右二殿。自存心、承运,周回两庑,至承运门,为屋百三十八间。殿后为前、中、后三宫,各九间,宫门、两厢等室,九十九间。见:明史.卷六十八

❶对于"穿堂"有两种理解，一是用于连接前后殿堂并与之共同构成"工字殿"建筑的中间部分，一种是位于前后殿堂之间的独立建筑，并与前后殿堂共同构成三堂组群。本文暂取后者。在明代衙署中，类似的正堂、穿堂、后堂做法多见，所谓"正堂则治事，穿堂则延宾，后堂则退食焉"（［明］王恕. 王端毅公文集. 卷一），并一直延续至清。方志中亦有相应图样可资参照。紫禁城亦采用三大殿组合。

可以看出"宫"的构成元素及其空间组织方式有如下特征：

（1）"周围廊房"及其空间围合方式。"周围廊房"即是主体建筑居于中心、外绕廊房形成廊院的布置方式。这在隋唐时期司空见惯，但至明代，仅用于最高等级的王府建筑。

（2）"三厅堂"模式。中心建筑群配置，"殿"、"宫"部分分别由"前殿＋穿堂＋后殿"和"前寝宫＋穿堂＋后寝宫"各三座建筑构成❶。

（3）重门模式。亲王府位于轴线上的门有 7 座（南城门、前门、端礼门、承运门、宫门、宫后门、北城门），其中宫门之前就有 4 座。

2. 一品、二品官住宅平面形制特征

"样房"平面形制在《南京都察院志》中记载其详：

【左右都御史样房一所】在都堂街。相传洪武初特命工部建置，以处中丞刘基者，故制度独宏敞云。

广一十七丈五尺 深二十五丈五尺

东至民房 南至都堂街 西至大理寺正堂私署 北至民房

正厅七间 东西房各三间 厅前东西廊房各三间 川堂三间 后堂七间 东西房各三间 东小房二间 大门三间 中门一间 左右小门各一间

据上引文字，复原"样房"平面示意图（图 2），其布局为：沿中轴线依次布置有大门、中门、正厅、穿堂、后堂，在厅前两侧设置"东西廊房"，在正厅、后堂左右皆设"东西房"。"东小房"不明，暂示意为后堂东厢房。有如下几

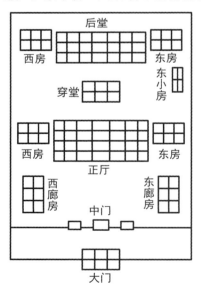

图 2 "样房"平面复原示意图

（自绘）

点值得关注：

（1）"东西廊房"模式。此处"东西廊房"事实上仅是徒有其名的三间而已，实与后世常见的厢房相类。这里我们不难看出住宅制度创立者的两难境地：一方面廊房是标识高等级的重要元素，加以保留和体现；另一方面又必须与王府等更高等级形制尽可能地拉开距离，造成两者空间感和等级的显著差别。两方面平衡的结果，是对样房"廊房"大规模减损，使之更多的仅具名号性质。可以认为，自此以后，"廊房"在事实上已经退出品官住宅的构成，代之而起的是后世一直沿用的"一正两厢"格局。

（2）"三厅堂"模式。中心建筑群配置，以"前厅＋穿堂＋后堂"为组合，与公侯类做法基本相同。

（3）位于轴线上的重门做法。外有大门，内有中门，中门左右有小门，强调中轴对称格局。

3. 三品至五品官住宅平面形制特征

思南府衙署总体上分中、东、西三路，中路是用于听政的公署，东西路分列官吏住宅及办事机构。其中，知府宅独立成区，位于东路北端（图3）。对于知府宅的建设过程和构成情况，《思南府志》记载如下：

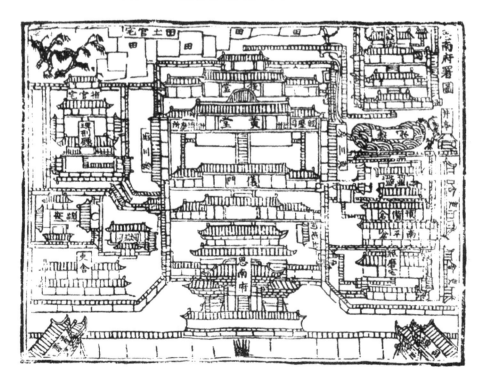

图 3　思南府署图中知府宅

（引自：[明]洪价.思南府志）

❶[明] 洪价. 思南府志
(嘉靖). 卷二

知府宅, 在后堂后东。凡三间, 弘治三年知府金爵建, 正德十二年知府问铠重修。厢房, 左右各三间, 同宅建。后厅, 凡三间, 同宅建。廊房, 左右各三间, 知府问铠建。公厨, 在后厅右, 凡三间。宅门, 凡二所, 六楹, 知府问铠建, 知府周举重修❶。

最后建成的知府宅是一组带有二重门、前后厅、前后皆有左右厢房的规整建筑群(图 4a)。与弘治时期的知府宅(图 4b)相比, 最大变化在于厅前空间: 增设重门, 增添东西厢房。通过这些增建, 知府宅的空间礼仪性得到很大提升。

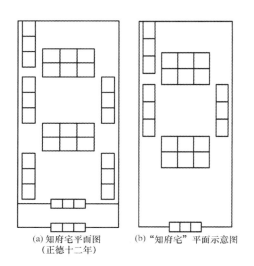

(a) 知府宅平面图　　(b)"知府宅"平面示意图
　　(正德十二年)

图 4　思南府"知府宅"平面示意图

(自绘)

与这一标准形制相比, 同等官宅的实际情形或在此基础上加以减损。如明代徽州知府、同知住宅❷(图 5), 皆仅有外门而未设中门; 山西晋城下元巷张宅❸(图 6), 现状门一重, 位于东南角。

❷[明] 汪舜民. 徽州府志
(弘治). 卷五. 载: "知府
廨舍, 在府厅之后, 前后
堂各三间, 左右耳房各一
间, 左右厢房各三间, 厨
房三间, 外门一座。其紫
翠楼、黄山堂、清心阁故
址原在廨舍之后。同知
廨舍, 在府厅之左, 前后
堂各三间, 左右耳房各四
(一)间, 左右厢房各三
间, 门屋三间, 外门
一座。"
❸潘谷西. 中国古代建筑
史(元明卷). 北京: 中国
建筑工业出版社, 2001:
243-245. 前厅五间, 当为
三至五品官宅, 其门屋为
明代之后重建。

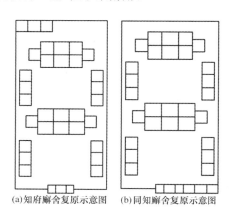

(a) 知府廨舍复原示意图　　(b) 同知廨舍复原示意图

图 5　徽州府"知府廨舍"、"同知廨舍"平面示意图

(自绘)

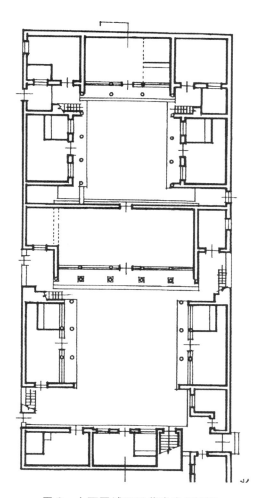

图 6　山西晋城下元巷张宅平面图

[引自:潘谷西.中国古代建筑史(元明卷)]

综上,三品至五品官宅的平面形制基本点推断如下:

(1) 主体建筑组织模式:"前堂＋后堂";

(2) 主体建筑与次要建筑组合模式:"前后堂＋东西厢房";

(3) 门可有两重,即外门和中门,但从现有资料看,多数此等级官宅仅设外门;

(4) 参照方志图示,并从两重门各三间来看,堂、门应当呈现轴线对位关系。

4. 六品至九品官住宅平面形制特征

分析多种明代志书有关文字记载,结合所配的州衙、县衙图,归纳此等级官宅的标准平面形制的特点主要有(表2):

表 2 六品至九品官宅的平面形制举例

	名 称	平面示意图	志书图	文 字 记 载	出 处
1	徽州府通判（推官类同）	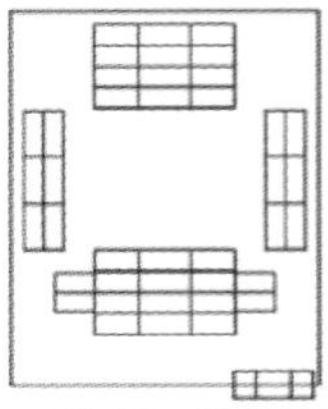	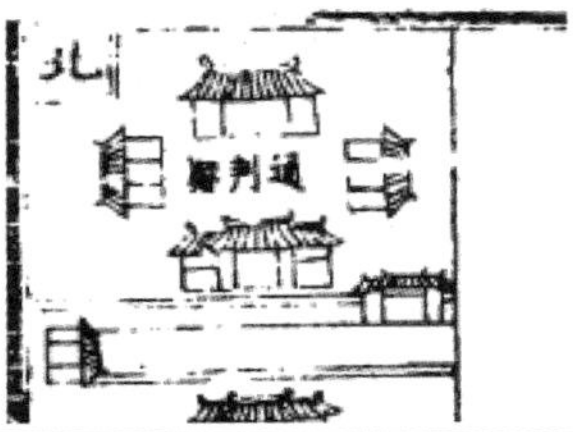	通判廨舍，在同知廨舍之后，前后堂各三间，左右耳房各一间，左右厢房各一间，门三间，外门一座	《（弘治）徽州府志》
2	歙县知县宅	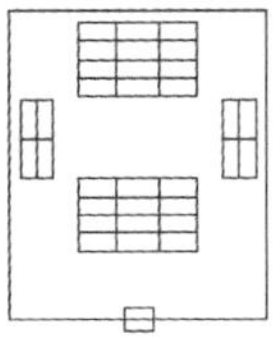	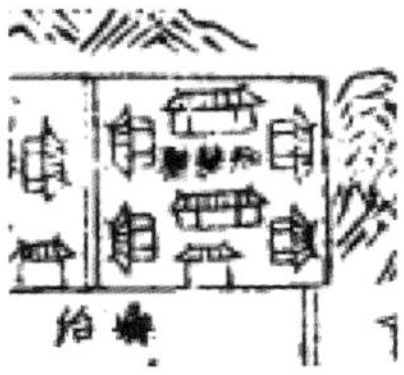	知县廨舍，在县治后，正堂三间，后房屋三间，左右厢屋各二间，门一座	《（弘治）徽州府志》
3	歙县典史宅（县丞、主簿类同）	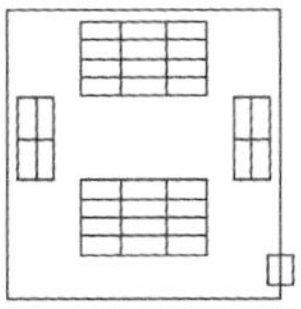	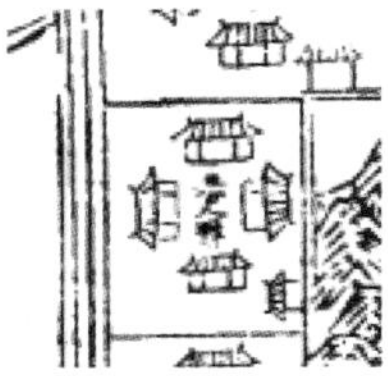	典史廨舍，在主簿廨之前。前后堂房屋各三间，左右厢屋各二间，门一座	《（弘治）徽州府志》
4	思南府经历宅	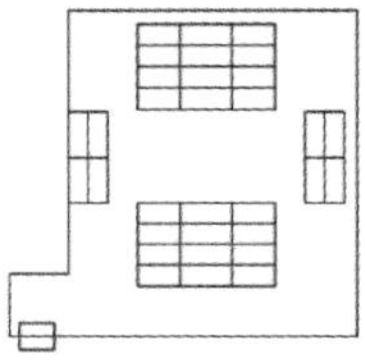	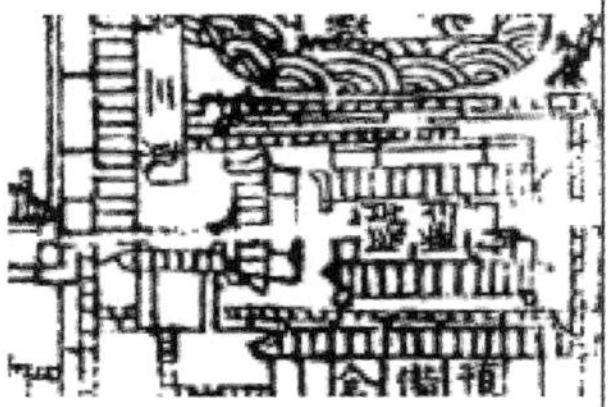	经历宅，在治厅后，凡三间，经历周凤建，李云翔修。后宅，凡三间，经历赖口建。厢房，左右各二间。宅门，凡一楹	《（嘉靖）思南府志》
5	思南府照磨宅	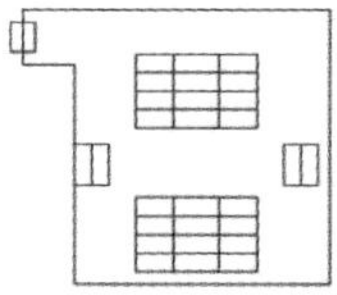	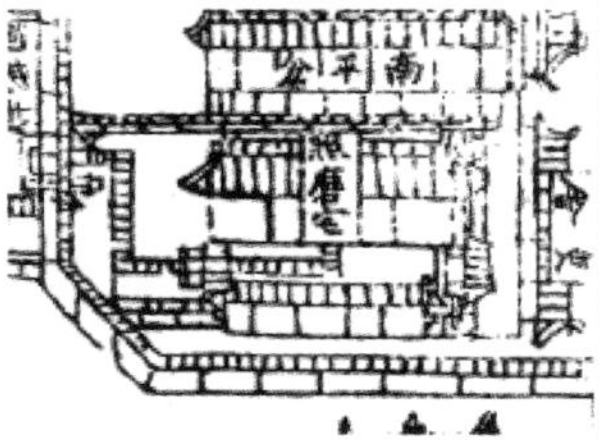	照磨宅，在仪门外左，照磨郑鉴建。嘉靖十一年王锐重修。后宅，凡三间，先无，照磨王锐建。厢房，左右各一间。宅门，凡一楹	《（嘉靖）思南府志》

（1）主体建筑组合模式："前堂＋后堂"；

（2）主体建筑与次要建筑的组合模式："后堂＋东西厢房"，前堂之前则不设厢房，因此前堂及其庭院空间的重要性大大降低；

（3）门一重；

（4）参照各方志图示可推断，门、堂轴线可不对位，门堂朝向亦可不同。

总的来看，六品至九品官住宅由于门的重数、门堂轴线非对位、前堂之前的厢房减损，使得此等官宅的礼仪感大大降低，同时后堂因为厢房配置，重要性增加,似乎更多体现了住宅原本的生活属性。

四 秩序构造方法分析

对于建筑秩序塑造方法,在明人陆深《俨山集》"江南新建兵备道记"中有所显露:

> 江南之兵备设也……外建重门,凡门之楹若干,门内为厅事;凡厅之楹若干,翼厅而南者为两廊;凡廊之楹若干,缀厅而属之,后者为穿堂若干楹,后为寝堂若干楹,旁为两厢又若干楹。又别市民地若干为内宅,其制视前;而为墙门一,杀去两廊,少西建楼几楹,以供眺望,而穿堂又杀焉,又益以屋若干楹,凡庖湢圊圉之类备具,缭以周垣,以丈计者若干❶。

❶[明]陆深.俨山集.卷五十二

上引为了说明公署和内宅制度,采取比较法而非简单罗列的叙述策略,表明明人对于建筑等级序列建构方法相当熟知,且加以特别关注。细究具体内容,恰是官宅制度中未有明确的平面形制方面。比较复原的两者平面图(图7),可直观看出内宅较公署省却(所谓"杀")的构成元素包括外门、厅前两廊、穿堂等,两组建筑的等级关系因此一目了然。由此,我们也不难推断,这里的"重门"、"廊庑"、"穿堂"等构成元素及其组合模式应当具有特定意义。

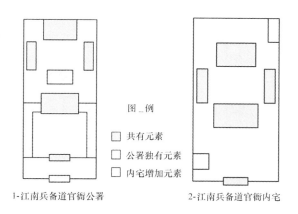

图 例

□ 共有元素
□ 公署独有元素
□ 内宅增加元素

1-江南兵备道官衙公署　　　　2-江南兵备道官衙内宅

图 7　江南兵备道官衙公署、内宅平面示意图

(自绘)

为明确判断住宅构成元素和模式的意义,不妨考察它们在不同等级住宅上的使用情况。如果某些构成元素或组合模式在高等级住宅上有采用,在低等级住宅上却未有出现,则具有相应的较高层级意义。可以想见,与住宅的多个等级相应,其构成元素和模式的意义当也具有一定的层级系统。现结合前文,整理主要构成元素及模式的使用情况如表 3。其中,那些起到区分各等级作用的标志性元素和模式(表 3 中加粗表格中所示内容),值得更多关注。

表 3　构成元素和模式在各等级住宅中的使用情况统计表

	公侯类住宅	一、二品住宅	三至五品住宅	六至九品住宅	备　注
典型案例平面示意图					各平面简图参见前文。此处仅示意平面形制,尺度不作深究
• 主体庭院围合元素及围合方式					—
• 中心建筑的组合					三重厅堂为:前厅、穿堂、后堂,穿堂为特别元素
• 前厅有无厢房					—
• 门的重(层)数					门的样式、开间、尺寸等存在差异,此处不论
• 门堂对位与否					六品至九品官宅的门堂轴线对位与否无定规

注:粗线框内各元素及其构成模式是相邻等级区分的标志点。

综上可知,明代官宅空间模式构建具有以下规制:

(1)"廊房"是具有特定意义的建筑元素,"周围廊房"是最高等级住宅的空间模式。

"廊"的独特表现力自古就已被发现,明人住宅对此亦有明确体现。如,绍兴吕府,所有厅堂的正面七间前檐皆设有外廊,而在背面则外廊仅设于明次三间而已。"周围廊屋"作为一种空间组织模式,渊源久远,夏商即已出现,隋唐时期发扬光大,包括住宅在内的诸多建筑类型多加以采用。至明,此法仍有沿用,但限于宫殿、祠庙、寺院等公共建筑和极少数高等级住宅上,显示了"周围廊房"在明时蕴含的高等级意义。但在实际使用中,"周围廊房"存在其他形式,如,靖王府的周围廊房仅环绕正殿院落,可视为一种变体。在此基础上的进一步简化,则是"东西廊房",尽管更趋"厢房化",但因"廊"的存在,仍顽强地体现着特定等级意义,最为典型的莫过于"样房"那仅三间的"东西廊房"(图8)。

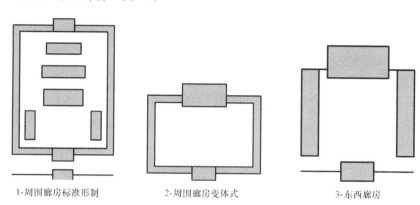

1-周围廊房标准形制   2-周围廊房变体式   3-东西廊房   4-"样房"之东西廊房

图 8　廊房模式图:标准形制及其厢房化

（2）三堂组合模式,是一、二品官宅及其以上等级的专有做法。

"三堂"模式与紫禁城的"前三殿"、"后三宫"同构,不见于其他的制度化的官宅,表明此模式所蕴含的等级意义。三等以下官宅,则采用"前厅后堂"模式。不过饶有趣味的是,此三堂模式在府衙、县衙等公共建筑中广有使用,似乎暗示了古代建筑平面跨类型的更大体系的存在。

（3）"重门"＋"门堂对位"模式,是三品至五品官宅的做法。

重门即外门、中门,且中轴对位布置。多重门模式,自周以来就成为等级标志,所谓"天子五门"、"诸侯三门",即为此意。明代时期,随着等级降低,门的数量和空间关系也有较大不同。其中,六至九品官宅仅外门一重,且或开于院落的东西一侧,并不注重与厅堂轴线的对位关系。

（4）"一正两厢"模式通行于各级官宅,是明代官宅的基本构成单元。

"一正两厢"模式通行的现象表明,合院式住宅已规范化,并或普及,至少在官宅中的制度层面上已经确定如此。这对后世住宅形制的演变自然有着重大影响。不过,六品至九品低等级官宅,前厅并无两厢,显示了厅前东西厢房的做法似也具有某种等级意味。

五　结　语

等级制度是我国古代建筑秩序建立的基本依据,但在明代住宅平面形制上的具体表现一直不明。本文依据明代住宅制度,选定代表性官宅案例,分析了各等级官宅的平面形制特征,揭示了平面形制体系的建构方法和意义。

需要指出的是,对于住宅平面形制体系的重新建构相当困难和具有风险的。与宫殿、坛庙、陵墓等建筑形制的研究不同,住宅形制文献相对较少,实际情形复杂。这里,我们抓住"样房"、边地新建官宅等代表性官宅案例进行分析,找出各等级最高标准的样式特征,建构了等级序列,同时辅以实例、文献记载等进行验证。事实上,官方住宅制度并非一成不变,如,洪武三十五年、正统十二年就对百官宅第、庶人庐舍制度进行了调整❶,对王府等制度也有多次变更;再如,对照洪武二十六年的百官宅第制度取消了洪武十五年样房制度中的"穿堂"并缩减厅堂规模等。考虑到这些变迁在某一时期具有相当延续性和稳定性,不会在根本上妨碍住宅平面形制体系的建立。

官宅平面形制体系建构方法的研究结论,具有普遍意义。明显的事实是,在住宅之外的其他类型建筑中,周围廊房、东西廊房、东西厢房、三堂、前厅后堂、二重门、门堂对位等模式皆有使用,蕴含着相应的社会意义,在我国传统建筑空间秩序建构中亦发挥着类似的作用。这些意义和作用,通过国家法律控制和民间风俗约定而为人们普遍接受,成为我国传统建筑设计的基本思路和依据。对之进行系统全面的探索,不仅有利于充分揭示我国古代建筑平面形制的构成特征,而且对于深入探讨其生成发展的内在社会机制也是非常必要的。

参 考 文 献

[1]［清］张廷玉 等.明史.四库全书本

[2]［明］李东阳 等.明会典.四库全书本

[3]［明］施沛.南京都察院志四十卷.日本内阁文库藏明天启刻本//季羡林.四库全书存目丛书补编.73 册、74 册.济南:齐鲁书社,2001

[4]［明］汪舜民.(弘治)徽州府志.天一阁藏明代地方志选刊

[5]［明］洪价.(嘉靖)思南府志.天一阁藏明代地方志选刊

[6]［明］叶盛.水东日记.四库全书本

[7]［明］陆深.俨山集.四库全书本

[8]［明］王祎.王忠文集.四库全书本

[9]潘谷西.中国古代建筑史(元明卷).北京:中国建筑工业出版社,2001

❶明史.卷六十八

五代宋元时期图绘中的院落[●]

王鲁民，宋鸣笛

（深圳大学建筑与城市规划学院 深圳大学艺术设计学院）

摘要： 本文通过对五代宋元时期图绘中的建筑院落的统计和分析，指出廊院式在当时仍然是高等级建筑乐于选择的院落格式。适应生活需求，廊院在形态上出现了多种变体和相应的等级分层，其使用区间与魏晋前相比出现了扩大并下移；等级上低于廊院的一正两副型建筑格局也获得了广泛使用，并因使用场合和地域的差异，存在多种形态。

关键词： 图绘，院落构成方式，廊院，一正两副

Abstract： Based on the courtyard statistics and analysis in Illustrations of Five Dynasty to Yuan Dynasty, the paper points that the gallery courtyard was still chose for high-grade courtyard style at that time. To meet the life, there are hierarchical levels and several variants within the gallery system. The use of the gallery courtyard was expanded and down. The style of one and two that lower than the gallery courtyard had not only gained wider recognition at that time, but also had several forms.

Key Words： illustration, the organization mode of courtyard, the gallery courtyard, the style of one and two

图绘泛指一切图画和图像资料。在考古发掘和历史文献资料相对缺乏，难以满足我们对于建筑格局与空间形态认识的时候，图绘是建筑史研究的重要依据。宋元时期是中国传统建筑发展过程中的一个重要阶段，总体上看，对这个时期的建筑的研究相对活跃，可是已有的研究多聚焦于建筑单体，而对这个时期院落格局的研究较少。之所以如此，原因可能在于这个时期的相关历史文献和考古发掘资料相对匮乏。这里，我们试图借助现有的图绘资料，对与院落相关的问题进行初步的梳理。

虽然发掘到的有关五代宋元时期的院落遗址甚为稀少，但从仅有的考古发现中我们依然能够看到图绘中所呈现的院落形态与现实之间高度的相关性。20世纪60年代发掘的元代后英房住宅遗址（图1）之东路，以一座工字房为主屋，两侧设置通长辅助房屋的做法，就与宋代王希孟《千里江山图》中某中等住宅的主体部分（图2）和《汾阴后土祠庙貌碑》（图3）主体院落西面的小院的格局一致；而后英房遗址中路，主房正面中间向前大幅度突出，前设直径较小的檐柱的做法应该就是刘松年《四景山水图》之雪景（图4）中的主房和萧照《中兴祯应图》中的王府正房（图5）前设披檐的平面表达。多件图绘和考古发掘之间的相关性可以说明宋元时期的图绘资料在一定程度上反映了当时的实际营造状况，这就为我们的讨论提供了可以接受的条件。

❶本论文属于国家自然科学基金项目，项目名称为："中国古代合院式住宅流布史研究"，项目批准号：50978168。

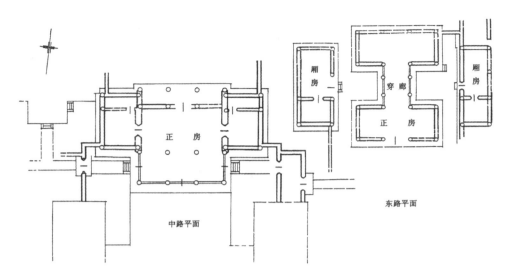

中路平面

东路平面

图1 元代 后英房住宅遗址

（中国科学院考古研究所元大都考古队,北京市文物管理局元大都考古队.北京后营房元代居住遗址.考古,1972(6)）

图2 北宋 王希孟《千里江山图》中某中等住宅

（刘敦桢.中国古代建筑史.北京:中国建筑工业出版社,1984）

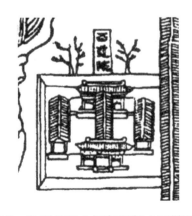

图3 宋《汾阴后土祠庙貌碑》之西侧配院

（萧默.敦煌建筑研究.北京:文物出版社,1989）

图4 南宋 刘松年《四景山水图》之雪景

（刘敦桢.中国古代建筑史.北京:中国建筑工业出版社,1984）

图5　北宋 萧照《中兴祯应图》

(刘敦桢.中国古代建筑史.北京:中国建筑工业出版社,1984)

一　五代宋元时期图绘中院落的统计及分类

　　五代宋元时期的许多图绘中绘有建筑,但其中的很多仅以单体的形式出现,尤其是那些着重在表现山村野居和江畔山巅临风远眺的图绘更是如此。这种情况在某种程度上显示出,在当时的许多情况下,人们不必也不需要制造院落。此外,有些图绘中虽然描画了院落,但是,由于画面模糊或所画仅为院落一角等原因,使我们很难辨别出具体的院落形态,因而这些图绘也难以成为本文的关注对象。即使有些图绘中的院落表达得较为完整、清晰,但从图绘的内容看,其描绘的并非是五代宋元时期的故事或场面,如《文姬归汉图》、《汉苑图》、《明皇避暑图》、《萧翼赚兰亭图》等,这类图绘中的院落既可能是对故事发生时期院落格局的写照,也可能是拿当时的院落格式作为故事发生时的场景进行刻画的。慎重起见,我们也将上述图绘排除在我们的统计范围之外。经过努力,我们找到可以清晰辨识的涉及院落的图绘58件,共计116个院落作为开展五代宋元时期院落格局研究的基础资料。

　　这58件图绘包括纸质图画、壁画和碑刻。就其表达目的而言,可以划分为两大类:图志类和具有一定主题的绘画作品。图志类描绘的往往是有针对性的实际对象,其中的院落描绘完整,对象属性交代清楚,虽然建筑的具体形态表达得较为粗略,却足以满足院落形态的辨识的要求。绘画作品又可以分成界画和山水画。其中的界画从画种的起源以及特点来说应该有十分精确地表达建筑格局的可能。据有关文献,界画大家郭忠恕不仅有资格审校著名建筑工匠喻皓的设计图纸,并且可以发现错误,以致喻皓到郭忠恕处长跪以谢❶。这种情况说明了界画师多对建筑有深入的理解。按照一般的看法,山水画中对建筑的描绘也许并不那么精准,尤其是带有写意倾向的文人画,但考虑到宋代画院对写实的强调❷,许多画作,特别是画院画师的作品中的建筑形象在现实中应该是可以找到对应物的。当然,不排除有些作品是袭自历史上的某种图式,如果我们把主题性绘画中所表现出的建筑及院落视为画家的

❶[宋]文莹.玉壶清话.北京:中华书局,1984:1

❷宋徽宗极强调细节,以精工逼真著称。一次命画师们画一幅荔枝孔雀图给他评赏。他看完画师的作品后说:"……可惜都画错了……孔雀上土堆,往往是先举左脚,而你们却画成了先抬右脚。"一次他看到一幅月季花连连叫好,众画师不解,宋徽宗说,月季花一年四季以及清晨黄昏,它的花瓣、花蕊、花叶的形状和颜色都会发生变化,此画上之花是春季正午时分盛开的月季花。众画师不信,找来画作者一问,确实如此。

主动选择,从而就可以认为这些建筑和院落是当时社会意识的认同之物。我们也注意到许多这类图像因为专注于对意境的表达,其中的院落往往并不完整,因而需要我们通过想象来推测和完善其院落样式,这也就给我们的依据带来了些许不确定性。尽管意识到现有的图绘或多或少都存在某种局限性,可是由于中国建筑史本身所表现出的中国传统建筑形式演变的极强的延续性,仍使我们有理由在研究中有节制地运用这些图绘。

在这些图绘中,图志类图绘计 18 件,共涉及院落 45 个;主题性绘画作品计 40 件,涉及院落 71 个。这些院落可以分为两种:对称型院落和非对称型院落。对称型院落存在两种情况,一是其院落或主导院落表现为较为严格的对称,即完全对称;二是院落或主导院落的主要部分具有对称倾向,即主体对称;非对称型院落指在院落的界限范围内,建筑之间都缺乏基本的对位关系而自由布置的情况。由于画面模糊的原因,不同的研究者可能会对个别院落中建筑单体的具体位置和尺寸存在不同意见,但这并不影响我们对于这些院落格局的分辨。通过认真梳理,我们大致区别出这 116 个院落中对称型院落(含完全对称和主体对称)有 84 个,非对称型院落有 32 个。值得注意的是,图志类图绘中的院落都是对称型院落,这可能是因为其所描绘的对象均为较高等级的与礼仪活动相关的建筑所致。除掉图志中的院落,主题性绘画作品中的对称型院落有 39 个,略多于非对称型院落,在某些图像上我们可以看到即使是处于复杂的地形之中,如赵伯驹《江山秋色图》中的寺院(图 6),建筑单体在组织上也显示了某种对位性。这似乎表明在一般的建筑中,院墙的存在对于明确形式感的诱导是需要注意的事项。非对称型院落都存在于主题性的绘画作品中,既有处于旷野之中的低等住宅,也有山间寺庙和园林中的庭院。考虑到经济、地形对营造的限制,和中国古人一贯有之的"师法自然"的造园思想,图绘中这类院落有以非对称的形式出现的情况是很自然的事。此外,张择端《清明上河图》中也出现了大量的非对称型院落,在我们看来,这或许与繁华街市中的商业建筑在地皮紧张、不断增建过程中的随意安置的选择不无关系。

图 6 南宋 赵伯驹《江山秋色图》中的寺院

(刘敦桢.中国古代建筑史.北京:中国建筑工业出版社,1984)

二　五代宋元时期图绘中对称性院落的分类及统计

　　根据院落的实际情况,我们把中国传统的对称型院落进一步划分为墙院、廊院和一正两副型院落(图7)。所谓墙院,就是基本院落由门房和正房及围墙构成,墙体是院落界面的重要部分。所谓廊院,按照《说文解字》中"廊"为"堂下周屋"的解释,标准的廊院应如图7所示,不过从图绘看,唐代已经出现了多种廊院变体,为了便于叙述,我们把廊院定义为廊子是作为重要界面的院落。所谓一正两副,主要是指在主体建筑前对立安置两个体量相当的建筑,由建筑形成中心院落主导界面的做法。

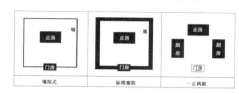

图 7　对称型院落基本型示意图

(作者自绘)

　　按照这种分类,我们把这 84 个院落大致地按照时间先后顺序进行排列(附表),并逐一标出其院落类型。考虑到图绘资料的复杂性,对于一张图绘中有多个相对独立的院落的情况,我们将这些院落逐一排列在该图绘目下;对于包含有多个院落的大型建筑群,则在该图绘目下区分出主导院落和关联院落。当然有些院落并不是非此即彼,而是多个类型的混合体,此时,我们则会把相关类型都标出,并将主导性的东西放在前头。经统计,表中墙院式院落有 14 个,廊院式院落有 36 个,一正两副型院落有 34 个,分别占对称型院落总数的 16.7%、42.8% 和 40.5%。需要说明的是,《千里江山图》中的某大型院落(图8),虽然院落的界面并非廊子而是多个独立的小房子,不过从小房子的小进深以及它们顺次紧贴排列对主体建筑形成的包围之势来看,我们倾向于将之划归为廊院。

　　为了进一步分析,我们通过图绘的绘制背景以及其所表达的内容尽力辨别出这些院落的具体功能,并将之与其所处位置在表中做出标示。通常我们总能识别出院落的功能性质,难以确定其功能的院落主要存在于《宋平江府图》中,以及上述图 8 之院落。不过,由于图志类的平面图所绘制的对象往往是城市中主要的公共建筑或寺院道观,所以平江府图中这些由于等级较低或画面的原因难以辨认功能的院落应该也属于此一类性质。图8院落中的主体建筑形态复杂,具有较强的展示意图,可又没有塔幢出现,也许将之视为离宫别馆比较合理。考虑到我们的研究主旨,即使对其功能判断不准,因其只占一例,应该不会对我们的判断产生深刻的影响。

附表：五代宋元时期图绘中的对称型院落

出处	编号	院落示意	主导院落			关联院落				备注
			类型	位置	功能	个数	类型	功能		
五代 佚名 闸口盘车图	1		完全对称廊院	水畔	官营酒肆	—	—	—		—
五代 敦煌148窟 佛本行集经变饰纳妃品	2		完全对称廊院	—	宫苑	—	—	—		—
五代 敦煌61窟 火宅喻	3		完全对称廊院	不详	中等住宅	—	—	—		—
北宋 宝庆四明志 明州子城图	4		主体对称廊院	城市	府衙	3	完全对称廊院	宅园 办公		—

出处	编号	院落示意	主导院落 类型	位置	功能	关联院落 个数	类型	功能	备注
北宋 孔氏祖庭广记 宋阙里庙制图	5		完全对称 廊院	城市	祭祀建筑	5	完全对称 主体对称 墙院	庙宅等	—
北宋 洪武六年图碑 孟庙图	6		完全对称 廊院	城市	祭祀建筑	3	完全对称 墙院	孟母庙 孟氏家庙 扬雄韩愈祠	—
北宋 汾阴后土祠庙貌碑	7		完全对称 廊院	城市	祭祀建筑	2	完全对称 一正两副	配院	—
北宋 王诜 溪山秋霁图卷	8		完全对称 一正两副	山林	中等住宅				—

续表

出处	编号	院落示意	主导院落			关联院落			备注
			类型	位置	功能	个数	类型	功能	
北宋 王诜 瀛山图卷	9-1		完全对称 墙院	山林	低等住宅	—	—	—	—
	9-2		完全对称 墙院	山林	低等住宅	—	—	—	—
北宋 李成 茂林远岫图卷	10		完全对称 一正两副	山林	中等住宅	—	—	—	—
北宋 王希孟 千里江山图	11-1		完全对称 墙院	山林	低等住宅	—	—	—	—
	11-2		完全对称 一正两副	山林	中等住宅	—	—	—	—
	11-3		主体对称 一正两副	山林	中等住宅	—	—	—	—

出处	编号	院落示意	主导院落			关联院落			备注
			类型	位置	功能	个数	类型	功能	
北宋 王希孟 千里江山图	11-4		主体对称 墙院	山林	中等住宅	—	—	—	—
	11-5		主体对称 廊院	山林	离宫别馆	—	—	—	—
	11-6		主体对称 一正两副	山林	中等住宅	—	—	—	—
	11-7		主体对称 一正两副	山林	中等住宅	—	—	—	—
	11-8		主体对称 墙院	山林	低等住宅	—	—	—	—

中国建筑史论汇刊·第陆辑

出处	编号	院落示意	主导院落			关联院落			备注
			类型	位置	功能	个数	类型	功能	
北宋 张择端 金明池争标图	12		主体对称墙院	郊外	宫苑	—	—	—	—
北宋 乔仲常 后赤壁赋图	13		完全对称廊院	山林	低等住宅	—	—	—	—
辽 佚名 山奕候约图	14		完全对称廊院	山林	中等住宅	—	—	—	—
南宋 咸淳临安志 临安府府衙图	15		完全对称廊院	城市	府衙	4	完全对称 主体对称廊院	办公	—

出处	编号	院落示意	主导院落			关联院落			备注
			类型	位置	功能	个数	类型	功能	
南宋 宋平江府图	16-1		完全对称 一正两副	城市	府衙	3	完全对称 主体对称 墙院	办公	—
	16-2		完全对称 一正两副	城市	公建 寺院	—	—	—	—
	16-3		完全对称 廊院	城市	府学 孔庙	—	—	—	—
	16-4		完全对称 廊院	城市	公建 寺院	—	—	—	—

续表

出处	编号	院落示意	主导院落			关联院落			备注
			类型	位置	功能	个数	类型	功能	
	16-5		完全对称墙院	城市	贡院	——	——	——	——
	16-6		主体对称廊院	城市	公建寺院	——	——	——	——
南宋平江府图	16-7		完全对称一正两副	城市	玄妙观	——	——	——	——
	16-8		主体对称墙院	城市	寺院	——	——	——	——
	16-9		完全对称墙院	城市	公建寺院	——	——	——	——

出处	编号	院落示意	主导院落			关联院落			备注
			类型	位置	功能	个数	类型	功能	
南宋 宋平江府图	16-(10-28)		完全对称 一正两副	城市	公建 寺院	—	—	—	—
南宋 景定建康志 府廨图	17		主体对称 廊院 一正两副	城市	府衙	4	完全对称 廊院	宅园 办公	—
南宋 景定建康志 府学图	18		完全对称 廊院 一正两副	城市	孔庙	1	完全对称 墙院	教授厅	—
南宋 景定建康志 明道书院	19		完全对称 廊院	城市	祭祀建筑 议事之所	—	—	—	—

出处	编号	院落示意	主导院落 类型	主导院落 位置	主导院落 功能	关联院落 个数	关联院落 类型	关联院落 功能	备注
南宋 景定建康志 重建贡院之图	20		完全对称 廊院	城市	贡院	2	完全对称 主体对称 廊院	办公	—
南宋 朱熹《家礼》 祠堂三间图	21		主体对称 墙院	—	祭祀建筑	—	—	—	—
南宋 佚名 曲院莲香图	22		完全对称 廊院	山林	宫苑	—	—	—	—
南宋 佚名 溪山图图卷	23		主体对称 廊院	山林	寺院	—	—	—	—

出处	编号	院落示意	主导院落 类型	位置	功能	关联院落 个数	类型	功能	备注
南宋 刘松年 四景山水图	24		完全对称廊院	山林	中等住宅	—	—	—	—
南宋 赵伯驹 江山秋色图	25-1		主体对称廊院	山林	中等住宅	—	—	—	—
	25-2		主体对称墙院	水畔	低等住宅	—	—	—	—
南宋 陈清波 湖山春晓图	26		完全对称廊院	水畔	高等住宅	—	—	—	—
南宋 李嵩 朝回环佩图	27		完全对称廊院	不详	宫苑	—	—	—	—

出处	编号	院落示意	主导院落			关联院落			备注
			类型	位置	功能	个数	类型	功能	
南宋 佚名 阿阁图图轴	28		完全对称廊院	山林	宫苑	——	——	——	——
南宋 佚名 江浦秋亭图	29		主体对称廊院	水畔	寺院	——	——	——	——
南宋 何筌 草堂客话图	30		完全对称墙院	山林	低等住宅	——	——	——	——
南宋 天童寺图	31		完全对称廊院 一正两副	山林	寺院	2	完全对称廊院	配院	据傅熹年先生绘制的天童山寺复原图所画。

出处	编号	院落示意	主导院落			关联院落			备注
			类型	位置	功能	个数	类型	功能	
金 事林广记 金中都皇 城宫城图	32		完全对称 廊院	城市	宫苑	3	完全对称 主体对称 廊院	宫苑配院 官署	—
金 孔氏祖庭 广记金阙 里庙制图	33		完全对称 廊院	城市	祭祀建筑	9	完全对称 主体对称 一正两副 墙院	土地庙 庙学 庙宅	—
大金承安重修 中岳庙图	34		完全对称 廊院	城市	祭祀建筑	2	完全对称 主体对称 一正两副	配院	

中国建筑史论汇刊·第陆辑

出处	编号	院落示意	主导院落			关联院落			备注
			类型	位置	功能	个数	类型	功能	
金岩山寺壁画	35-1		完全对称廊院	不详	宫苑	—	—	—	—
	35-2		主体对称廊院	水畔	宫苑	—	—	—	—
	35-3		主体对称廊院	不详	宫苑	—	—	—	—
元代 浙江余杭大涤山洞霄宫图	36		完全对称廊院	山林	祭祀空间	1	完全对称廊院	三皇阁	—

出处	编号	院落示意	主导院落			关联院落			备注
			类型	位置	功能	个数	类型	功能	
元代 陋巷志 曲阜颜庙图	37		主体对称 一正两副	城市	祭祀空间	—	—	—	—
元代 金陵新志 集庆路大龙翔集庆寺图	38		完全对称 廊院	城市	寺院	4	完全对称 主体对称 廊院 一正两副	配院	—
元代 金陵新志 集庆路大元兴永寿宫图	39		完全对称 廊院	城市	道观	5	完全对称 主体对称 一正两副 廊院 墙院	东方丈 西方丈 真武殿 仓屋 女真道观	—
元代 黄公望 剡溪访戴图	40		主体对称 墙院	山林	中等住宅	—	—	—	—

中国建筑史论汇刊·第贰辑

续表

出处	编号	院落示意	主导院落			关联院落			备注
			类型	位置	功能	个数	类型	功能	
元代 钱选 山居图	41	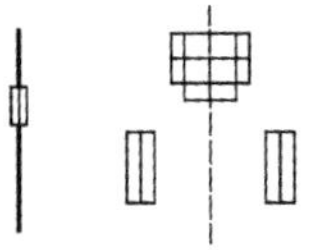	完全对称 一正两副	山林	中等住宅	—	—	—	—
元代 曹知白 群峰雪霁图	42	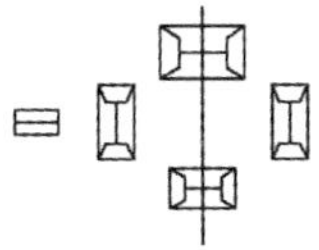	完全对称 一正两副	山林	中等住宅	—	—	—	—
元代 永乐宫壁画	43-1	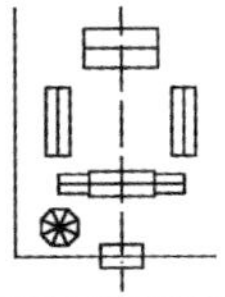	完全对称 一正两副	山林	中等住宅	—	—	—	—
	43-2	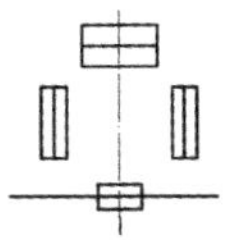	完全对称 一正两副	不详	中等住宅	—	—	—	—
	43-3	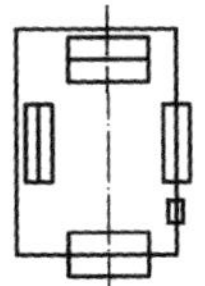	主体对称 一正两副	山林	官署	—	—	—	—
	43-4	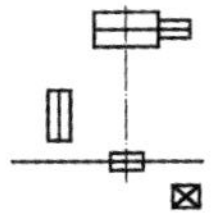	主体对称 墙院	山林	中等住宅	—	—	—	—

注：1. 表中院落示意图均根据原图绘自绘。
2. 根据：①建筑单体和院落的规模；②建筑单体的形式；③构筑材料。我们将图绘中的住宅分为三个等级：①低等住宅；②中等住宅；③高等住宅。

图 8　北宋 王希孟《千里江山图》中某大型院落

（刘敦桢.中国古代建筑史.北京：中国建筑工业出版社，1984）

三　五代宋元时期图绘中的对称性院落的分析

1. 墙院

　　墙院自春秋时期起就是仪礼中所描述的士大夫标准家宅，三间房子加一圈围墙也许是最为简单的对称型院落，在营造实践中，这应该是当时社会中一种常见的东西，不过统计中墙院式院落却仅占对称型院落总数的 16.7%。在我们看来，之所以如此，主要原因当和图绘的对象选择有关，除此之外，我们对于院落类型的统计所采取的方法对此也造成了一定的影响。分析过程中虽然对于大型建筑群的关联院落的类型和功能做了标示，但在院落类型的数据统计中却仅考虑了主导院落，未将关联院落计算在内。如果注意到图绘中很多大型建筑群的关联院落中都有墙院存在的事实，不难判定墙院在五代宋元时期是当时常见的一种格式。在实际营造中，除却标准的对称型墙院以外，也有一些比较灵活的处理，比如中轴上主体建筑缺失但却格局对称的墙院(图 9)等。

图 9　南宋《宋平江府图》中某院落

（王謇.平江城坊考.江苏：江苏古籍出版社，1986）

2.廊院的类型及其使用

　　表中院落中,可以明确为宫苑的有 9 例,除了《金明池争标图》所示之宫苑使用了墙院,其他的都使用了廊院。此外,与国家祭祀有关的大型庙宇,如《汾阴后土祠庙貌碑》和《大金承安重修中岳庙》中的院落、《宋阙里庙制图》和《金阙里庙制图》中的孔庙和孟庙,其主导院落也均为廊院。这种情况表明五代宋元时期依然延续了从夏商开始的在高等级建筑中使用廊院的做法。这里需要特别提示的是,那些未被列入我们统计范围的以宫苑为题材的图绘,如李嵩的《月夜看潮图》(图 10)和马麟的《楼台月夜图页》(图 11),都不约而同地将廊子作为图像的重要部分,说明了廊子在宫苑中是具有标识价值的。

图 10　南宋 李嵩《月夜看潮图》
(上海博物馆 编.千年丹青－细读中日藏唐宋元
绘画珍品.北京:北京大学出版社,2010)

图 11　南宋 马麟《楼台夜月图页》
(上海博物馆 编.千年丹青:细读中日藏唐宋元
绘画珍品.北京:北京大学出版社,2010)

　　廊院是高等级的院落格式,按照常理,其实际使用场合应是有限的,但图绘中廊院式院落占对称型院落总数的比例却高达 42.8%。在我们看来,这也是图绘对象选择所造成的。在以贵为美的背景下,宏丽的建筑群落一直是中国古代画家乐于表达的内容之一,廊院作为高规格的东西自然更容易成为画家们描绘的对象。这种情况的存在,当是造成其在统计中比例略高的原因。

　　从图绘所提供的廊院图形看,在许多场合,廊子已经不再是标准廊院中的"堂下周屋",适应具体要求,廊院出现了各种各样的变体。表中出现的廊院式院落可以分为五种:标准型、维持型、空廊型、后(前)罩型和残留型(图

12）。标准型，即廊院式的原型，是以连续完整的廊子四面环绕主体建筑形成院落的做法，其特征在于强调主体建筑的主导性和其对院落中心的占据感。维持型，是在标准型的基础上，将主体建筑后移至后廊中心的位置，即刘敦桢先生所说的"以周廊连接院门和正房的做法"，也包括图绘中将东西廊的中部扩大成房或门，形成以周廊连接门房、左右房（门）和正房的做法。空廊型，是指将整个后廊扩大进深以作为主体建筑而不再单独设置正房的做法。后（前）罩型，是指在保留廊院的构成要素和组织方式的前提下，将前（后）廊变为墙体的做法，或进一步将保留下来的廊子打散成顺次排列的小房子或房廊相结合从三面包围主体建筑的做法。残留型，指在院落的边界中使用了长廊，但这里的廊子已无"回合"的特征。如果扣除这些变体，前面统计的廊院式院落中属于标准型的院落有 18 个，仅占对称型院落总数的 21.4%，并且这些院落所涉及的功能基本上都是前面述及的宫苑、国家级的祭祀场所和高级别的寺院道观，仅敦煌第 61 窟《火宅喻》和五代《闸口盘车图》描绘的是一座宗教意义上的住宅和官营酒肆。维持型和后（前）罩型院落所涉及的功能多是宫苑、衙署公建、大型住宅和寺院，比如五代敦煌壁画《佛本行集经变常饰纳妃品》中的宫苑，刘松年《四景山水图》之雪景中的院落和辽代佚名《山弈候约图》中的住宅，以及《建康志》和《咸淳临安志》中的衙署。一些规模较小的住宅、公建或大型院落的次要部分有使用空廊型的，如乔仲常《后赤壁赋图》中的住宅、《宋平江府图》中的府学。残留型往往在大型建筑群的前导部分出现，如《金阙里庙制图》中主导院落的前面几进。上述情况似乎表明了五代宋元时期廊院式标准型在院落格式等级中最为高级的地位，维持型和后（前）罩型是廊院变体中较为高级的形式，空廊型和残留型是较为低级的形式。

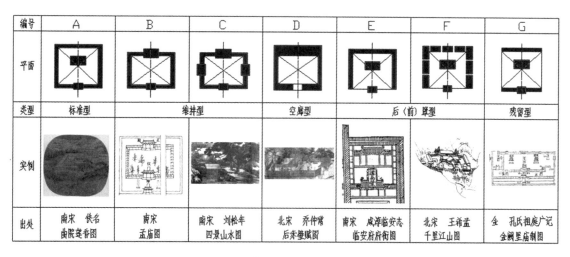

图 12　廊院变体类型示意图

（作者自绘）

❶ 参见:王鲁民.中国传统轴对称院落布局要旨与主要类型——一个研究草案.建筑师,2012(2):44-50.

❷[唐]白居易.白氏长庆集·卷十一.卧小斋

非标准型廊院的等级似乎和其与标准型的关联水平有某种关系,这也许就是与廊院要显示主体建筑占据感❶的设计主旨无关的空廊型仍然能够用于较高等级场合的原因。与魏晋时期廊院主要用于大型宫邸寺院的情况相比,五代宋元时期廊院的使用区间有较大扩张且重心下移,如前已述及的绘于五代的《闸口盘车图》(图13)中出现的官营酒肆,显然也是个颇为严整的廊院。其实廊院使用区间的下移从唐代的许多文献资料中就已经可以看出,当时只是五品官的白居易在描写自己家宅景象时所说的"散步长廊下,卧退小斋中"❷即为佐证。院落的规模当然也是院落等级分层的参照指标,但其规模确实有限时,即使是采用严整的标准型廊院,其也很难构成对于环境秩序的挑战,所以《闸口盘车图》那样的形式在当时也是可以为社会所接受。

图 13　五代 佚名《闸口盘车图》

(上海博物馆 编.千年丹青:细读中日藏唐宋元绘画珍品.北京:北京大学出版社,2010)

❸ 参见:乔迅翔,王鲁民.明清建筑"厢房"、"廊房"采用状况考述.未刊稿

从另一个角度来说,廊院系统内部等级的分层和使用区间的下移也给其他院落类型的使用范围的扩张带来了机会。从后世的情况看,府城衙署使用廊院是常规的措施❸,可从相关图像看,南京(建康)、宁波(明州)和苏州(平江)三座城市在宋代同为府城,但其衙署建筑的主体部分南京和宁波用廊院,而苏州用一正两副。注意到《宋平江府图》描绘的是南宋时期金兵焚毁后约半个世纪重建之城,因而在我们看来,苏州子城衙署采用一正两副型的事实说明至迟在南宋,由于廊院使用范围的扩张,造成了廊子等级显示能力的下降,这当然会使像平江府衙这种等级的建筑群可以不必刻意地去制造廊院,这也就意味着在五代宋元时期,一正两副型在一些高等级建筑中已经获得了取代廊院的机会。

3. 一正两副型的类型及其使用

一正两副型院落的等级无疑是低于廊院标准型的。在《汾阴后土祠庙貌碑》、《大金承安重修中岳庙图》、《金阙里庙制图》中,居中的主体院落均采用廊院式布局,一正两副型院落则偏安于主体廊院的周围的事实很有力地说明了这一点。

考虑到在画作中,画师多将宫苑、庙宇作为绘画对象的情况和一正两副型院落在我们搜集到的对称型院落中占有 40.5％ 比例的情况,似乎可以认为,一正两副型在当时是一种使用非常广泛的院落类型。

一正两副型院落的形式多样。五代宋元时期图绘中这类院落可以分为两副无限定作用院落、两副弱限定作用院落和两副有较强限定作用院落等三种(图 14)。两副无限定作用的院落如图 14 中 A 和 B 所示。这两例中的副房体量非常小,我们很难将其看做是院落的边界,它们应该只是相应院落和建筑的装点物。除了有丰富和点缀空间、建筑,以及强化轴线序列层次的作用以外,这里的副房也在一定程度上减弱了廊子或墙体在院落界面构成上的作用,使廊子或墙体在空间组织和感受上都"退居二线"。当然,这种做法也在一定程度上反映出当时人们对一正两副型院落的认可。图 14C 中的三个房子虽然体量差异不大,不过由于两个副房之间的距离较远,导致在院落的入口位置很难将副房与主房一并纳入到主导视域之内,因此所形成的院落的围合感也很弱,这是两副弱限定作用的情况。为区别于后世所谓的合院,可以把这种院落称为"场"院。图 14 的 D、E、F、G 所示院落属于有较强限定作用的一正两副型,其中 D 图中两副房穿越正房山面的做法使得院落在强调序列的同时,也强调主体建筑的主导性,一定程度上显示出它与廊院的联系,可以视为廊院中廊子被大幅裁撤的结果,将之归入廊院的残留型更为合适;E、F 都是两副房挡住了正房之正面一部分,从空间意向上看,当正房间数较少时(如图 14E),两副房相对靠近,间距有限,所形成的院落狭窄纵长,显示出消解正房主体性、强调轴向序列辨识的意图,我们将之称为序院[1]。图绘中这种院落大多存在于《宋平江府图》之罗城中,比照后世苏州住宅和现存山陕民居之情况,似乎这种狭窄的院落在当地已经成为格式,为一般建筑大量沿用;若正房间数较多时(如图 14F),其副房虽然遮挡了正房端头间之一部分,但因被遮挡部分占总面阔之比例较少,此时形成的院落较阔大,如《宋平江府图》中的府衙。留意到在序院中,高等级建筑往往正房间数较多、所形成的院落多较阔大,低等级的公建往往正房间数较少、所形成的院落多较狭长的事实,似乎可以认为基于等级制度的长期沿用,院落的形态也有条件成为总体环境秩序的可资利用的元素之一。图 14G 所示院落和后世标准的北京合院的主体部分形式接近,其中的副房和正房体量差异不大,且三者之间互不遮挡,距离适中,围合而成的院落表现出院落

[1] 参见:王鲁民. 中国传统轴对称院落布局要旨与主要类型——一个研究草案. 建筑师,2012(2):44-50.

和序列的平衡,这种院落相对开敞阔大,与廊院及《宋平江府图》中之府衙等较高等级的院落在形态上有所呼应,这也许就是其能够成为一些人乐于采用的形式的缘由吧。

编号	A	B	C	D	E	F	G
平面	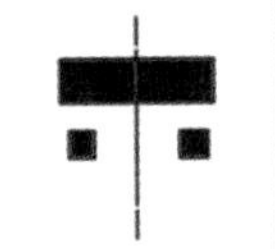	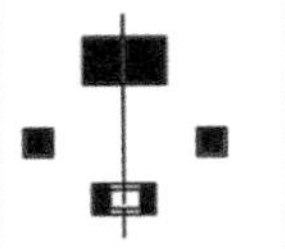	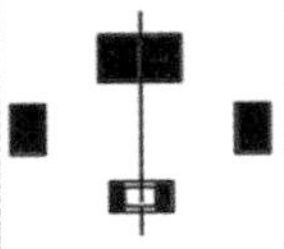	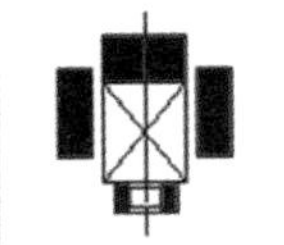	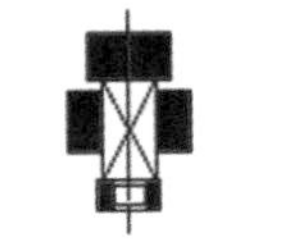	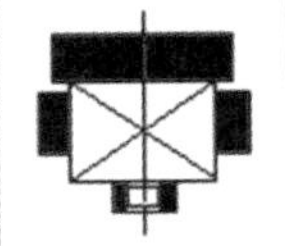	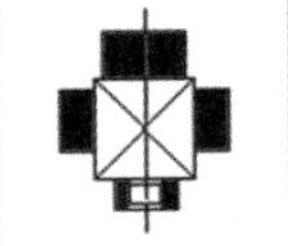
类型	两副无限定作用		两副弱限定作用		两副强限定作用		
实例					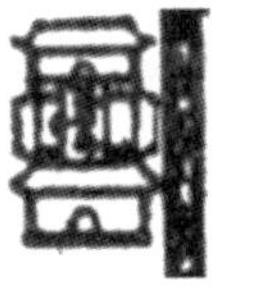	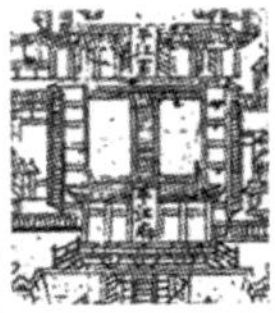	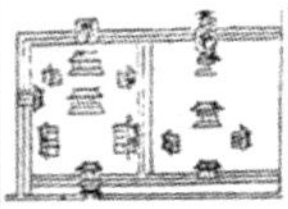
出处	北宋 汾阴后土祠庙貌碑	北宋 王希孟 千里江山图	北宋 王希孟 千里江山图	元 陋巷志 曲阜颜庙图	南宋 宋平江府图	南宋 宋平江府图	全 孔氏祖庭广记 金阙里庙制图

图 14　一正两副型院落示意图

(作者自绘)

试说新见两对流散西方青铜器上的建筑和图像

国庆华

（澳大利亚墨尔本大学建筑学院）

摘要：两对画像青铜方壶通身覆盖图画，它们反映了不少前所未见的信息。本文解读方壶上的建筑图像、解说其他图像，并讨论特点和方法。

关键词：青铜器，建筑图，图像表现，中国

Abstract：This study is about two pairs of pictorial hu kept in the West，the building structures represented are unknown before and several motifs are new to us. The purpose of this paper is to describe and then to interpret the pictorial representation employed.

Key Words：bronze vessels，architectural drawing，pictorial representation，China

本文讨论两对画像青铜方壶，极其相似，可称姊妹壶，为行文方便称 A 对和 B 对。它们的表面装饰有内容丰富的图像，构图复杂、工艺特殊，为很多历史方面的研究提供了信息，特别是建筑、器乐和舟船。两对画像壶一共表现了 7 座建筑物，它们反映的结构类型前所未见（图 1）。A 对分别藏于瑞士苏黎世的里特贝格博物馆（Museum Rietberg）和美国纽约怀古堂；B 对在 2006 年分别首次公开展出（布鲁塞尔古董商 Gisèle Croës 和纽约古董商 J. J. Lally 收藏）。[1]它们的出土地点和时间不明。近代历史告诉我们，欧洲人参与中国建造铁路时期出土了大批的文物，这些文物纷纷流失海外[2]，包括加拿大皇家安大略博物馆藏的一件画像青铜壶。[3]

A 对和 B 对壶分别经过实验室测定，但东京国立博物馆研究所和美国金相分析所（microanalysis MSMAP）对于它们的时代判定不一：A 对和 B1（B 对中由 Lally 收藏的那一件）的年代为战国时代（公元前 475—前 221 年）；B2（B 对中由 Croës 收藏的那一件）的年代为西汉时期（公元前 206—9 年）。中国考古学家指出，汉初的青铜器有一种特殊现象，就是回到战国时期的作风，一些器物的形制、纹饰与战国的不易分别。这是因为当时秦朝刚覆灭，人们力图恢复旧章的缘故。[4]我们知道文物鉴定是一个复杂的工作，不仅取决于对器物本身的观察而且取决于对考古以及历史材料的总体把握，不是单纯的技术问题。

❶ J. J. Lally，中国古代艺术（2006 年三/四月纽约展品录）*Arts of Ancient China*. Gisèle Croës，中国早期艺术中的青铜器（2006 年三/四月纽约展品录）*Inspired Metalwork Part II：Precious Metal Objects in Early Chinese Art*.

❷京汉铁路 1897—1906，比利时贷款. 陇海铁路（连云港至兰州）：1912 向比利時借款、1920 向荷兰借款（1927 年修至灵宝、1931 灵潼段竣工）.

❸方辉. 记皇家安大略博物馆收藏的一件画像青铜壶. 海岱地区青铜时代考古. 济南：山东大学出版社,2007:463-475

❹李学勤. 青铜器入门之十一、十二. 紫禁城, 2009(12)：62-68

图　1

(a) A组壶,里特贝格博物馆；(b) B组壶,J.J. Lally

中国建筑史论汇刊·第陆辑

❶刘敦愿. 关于战国青铜器画像问题的若干思考. 载:纪念山东大学考古专业创建 20 周年文集. 济南:山东大学出版社, 1992:303-315

青铜器上装饰的是画、像、纹还是图？对这些概念学术界没有系统的分类和统一的定名。❶学者们对于单件铜器多根据画像内容定名,如"战国宴乐射猎攻战纹壶"。对于绘画性图像统称"画像",使用范围从画像石、画像砖到画像铜器,沿用借用,约定俗成。在没有秦汉建筑实物存在和文献史料缺乏的情况下,图像材料提供了直观的建筑信息,具有很高的研究价值。本文不打算探讨它们的含义和内容,而是用建筑学的眼光分析和研究建筑图像。首先,本文解读这两对方壶上的建筑图像、阐释结构细节、分析建筑类型；然后,解读其他图像、讨论其特点和表现方法,以深化对图像的分析。关于本文的研究主旨和使用术语有几点说明：第一,借用 12 世纪《营造法式》的专业术语,并依靠它提供结构和类型依据,但没有企图证明和补充《营造法式》；第二,建筑图像中的任何细节给建筑史提供任何新线索都会被注意并讨论,但意不在为建筑史加注脚；第三,与同类考古发掘品上的图像对比,讨论它们的殊同,旨在与同仁们交流,没有由图像推断方壶年代的企图。

一　方壶特点

考古学家从五个方面研究青铜器:形制、纹饰、铭文、功能和工艺,我们根据这个提示来观察方壶。这四件方壶都无铭文,而它们的功能本文不作讨论。因此我们仅关注形制、纹饰和工艺,其中纹饰是重点。

（1）形制：方形,无盖,高足,两肩附耳连环。壶通常有盖,因此推论失盖。壶高：A 对 43 厘米,B 对 44.5 厘米。

（2）纹饰：铜壶通身覆盖两组图画,连续两面相同,边框素面。两组图画的主题分别为：生活礼仪（以建筑为中心，并占据大面积）和戎事攻战。每面竖幅，每幅构图特点为若干水平层，每层之间的分隔线作为地平线出现，没有常见的带状花纹。以建筑为主的画面分六层，以戎事为主的画面分四层。图画内容：屋宇楼阁、车马徒博射猎、水陆攻战、采桑。图画风格：线勾轮廓，线条纤细，白色背景，图与地平齐。因多层画面互相连贯，所以具情节性。人物的突出特点是细腰、大眼，多为侧面，有些是 3/4 侧影。

（3）工艺：两肩附小耳打破画面，说明工艺的次序。即，小耳是后铸在方壶上的（图2）。相邻两面相同图案表明铸模工艺。在方壶的颈部和肩部之间有一道水平缝（图4a），说明合范工艺。即，图像刻在陶模上，分件制模，然后合范浇铸。方壶上的图像是铸出来的，精细的线条略高于壶面。但壶表面是平滑的，因为有一层白色的填充物。壶面上多处填充物剥落，使得壶体和线条部分暴露出来（图3）。怀古堂的鉴定报告说：A 组的填充物是玻璃性质物；Croës 报告称：B 组填充物是白颜色的泥。本文倾向于后一种说法。不少战国和西汉墓用白膏泥作防水层。此白膏泥即高岭土，是一种非常细腻的黏土，呈白色或青白色。

图2　A壶肩上附耳打破画面

（资料来源：里特贝格博物馆）

图3　A壶壶面上多处填充物脱落

（资料来源：里特贝格博物馆）

二　建筑研究

观察建筑图，面临的第一个问题是如何读：从下往上读还是从上往下读——构图问题（图4）。对比是判断的首要方法，我们很自然地把图像青铜器与画像石/砖对比。画像石/砖是汉代墓葬的建筑和装饰材料。画像石/砖上面表现各种建筑，一个注目的例子是来自山东曲阜的画像石（图5）。它表现一个深宅大院，大门在图面的下方，大门两侧有双阙。大门内第一进院子中间有一个四阿顶大殿，大殿坐落在台基上，四面当中各设一个踏道。后面是一栋楼房，有楼梯直登顶楼。侧面有前后两进院落，属另一路宅院。院墙上开门连接各院，门半开，一人探头或探身。考古界称半开门为"启门"题材[1]，我们晚些时候会回到这个话题。与画像石比较显示建筑布局的相似性，好像它们遵守一个类似的构图原则。受画像石的启发，还联想到宋代郭熙总结的"三远"（平远、高远、深远）构图法[2]，我们试着从下往上读。

中国建筑史论汇刊·第陆辑

[1] 梁白泉. 墓饰"妇人启门"含义揣测. 中国文物报，1992,11,8
[2] 郭熙. 林泉高致·山水训. 中国书画全书(第1册). 上海：上海书画出版社,2000

(a)　　　　　　　　　(b)

图4　B组壶上的两组图像

(a) 礼仪主题；(b) 戎事主题

礼仪为主题的画面包括六个场景，从下开始：①大门；②人、马和兽皮；③大殿；④车猎；⑤乐舞；⑥殿阁。第六层画面的高度远大于其他层，其他各层的高度均等。我们可以辨认出建筑的类型和功能，用《营造法式》术语，它们是：门楼屋、殿堂和殿阁。所有的建筑物都左右对称，建筑和建筑之间留有宽阔的空间，秩序关系通过布局表现，这样的构图创造了纵深感，建筑和空间构成一个不可分割的整体——院落图。这里，我们清楚地看到构图是创造空间的手段。从下至上的阅读顺序没有给我们带来任何问题，我们继续。

图5 深宅大院，山东曲阜城隍镇出土画像石（146年）

1. 门楼屋

图6是B壶最下面的一栋建筑：三开间干栏式门楼屋。建筑为梁柱框架，所有柱同高。图上表现的屋顶属四阿顶。建筑的表现手法是立面加剖面，这个特点同时反映内部结构和外部形象。屋子的地面被柱子抬高了，借用《营造法式》称："永定柱"。转角处用双柱，双柱上施大斗一枚。如图6所示永定柱网和屋子梁柱框架是两套系统。屋子的地面梁和永定柱之间的联系梁有空档，其间用瓜柱。由此，这两套结构系统联系起来如一个整体。入口在下，左面有两人，右面一卧虎。屋子地面梁悬挑出柱外，形成钩阑，一佩剑人正凭栏向下观望。屋子以柱分成三间，柱间用"腰串"相连，腰串上挂三副甲。上屋为抬梁屋架，立柱上施斗（或替木）支撑柱头枋，枋上立瓜柱承一替木一素方。素方构成正脊，就是说，屋中一列中柱等分前后空间，据《营造法式》，此构架形式属"分心斗底槽"类型。有趣的是将建筑图像与《营造法式》有关内容相比较，可以看到两者的联系（图7）。至于前者是不

❶巨万仓.岐山流龙咀村发现西周陶窑遗址.文博,1989(2):85-7.陕西周原考古队.陕西岐山凤雏西周建筑基址发掘简报.文物,1979(10):27-37

是后者的雏形,笔者不敢断言。图像中没有屋面材料的信息,考古调查发现了西周和东周使用的仰瓦和盖瓦。❶

图 6　门楼屋(B壶)

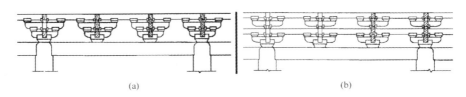

(a)　　　　　　　　　　　　(b)

图 7　纵架
(a)双栱素枋;(b)单栱素枋上又用单栱素枋
(资料来源:《营造法式》)

2. 大门屋

在 A 壶同样的位置上是一栋单层大门屋,一开间,四阿顶,檐出深远,两檐下各有一门卫持戈踞(图8)。门框下部中间有一个突出物,这个现象在汉画像石中的启门图中常见,被解释为门槛。《尔雅·释宫》:"橜谓之阒."❷《营造法式》中不见门槛,记有门限(门槛)。

❷关于阒的考证,见:信立祥.汉代画像石综合研究.北京:文物出版社,2000:298-300

图 8　大门屋(A壶)

大门屋四角施双柱,双柱上置大斗一枚,上承柱头枋。柱头枋上施两道素方,分别作为槫和脊,因此在比例上,此屋架比前面讨论的门楼屋高。A壶和 B 壶上的大门在结构上相似,在尺度比例上不同。B壶,三甲挂在上层;A壶,五甲摆在屋外。我们看到,建筑和内容分开处理了,即建筑和内容之间的问题是通过构图解决的。

3．双间屋

A 壶戎事为主题画面的下方是采桑图，其右下角有一栋建筑（图 9）。建筑由三部分组成：台基、屋身和屋顶。从图面上看，台基的结构和屋顶一样。台基周边设钩阑，近端处置东阶、西阶。两开间建筑，中心有立柱。屋两头各有一组双扇门（或窗）。四阿顶，屋檐出挑深远覆盖台基钩阑。屋内两人跪坐，右侧人戴立冠，左侧人戴平冠，交流对饮，表明屋中无隔墙。

（a）   （b）

图 9　双间屋（A 壶）

4．大殿

A 壶和 B 壶上的大殿除细节之外雷同，均居于画面的构图中心和建筑群的轴线中心。殿身四柱三开间坐落在台基上，设东、西阶进入大殿。大殿比双间屋高，因为屋架和双门之间设檐架；柱高与间广之间的比例大概 1 ：1。柱间施柱头枋形成柱网。柱头枋上施两替木两素方，素方分别作为槫和脊。除当心间外，每间设双门，每门双扇。A 壶上的门都关闭着（图 10a），B 壶上的右侧间打开了，内部活动一目了然：一人依案而踞，后有一人摆扇（图 10b）。除了他们二人，画面中所有人腰中配剑。当心间内，左面人双手捧圆盘形物，右面人双手相接。圆盘中间有大孔，想必是礼器玉璧，因战国至两汉是玉璧的鼎盛时期。

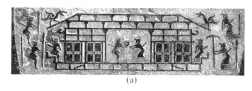 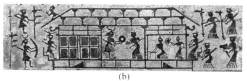

（a）   （b）

图 10　大殿

（a）屋檐落双鸟（A 壶）；（b）屋檐坐一猴（B 壶）

Croës 解释图中描绘的是"完璧归赵"。因为这段历史是西汉司马迁在《史记·廉颇蔺相如列传》中记录的，因此方壶的年代只能定在西汉。本文怀疑这个说法，原因有三：第一，蔺相如的故事关键不在于完璧归赵，而在于与秦王对抗。公元 151 年武梁祠的画像石上再现了蔺相如捧璧于秦的故

❶［清］冯云鹏，冯云鹓辑.金石索.嵫阳:嵫阳县署

事——蔺相如举起和氏璧,面对柱子,欲将自己的头和玉一同撞碎的场面。❶方壶上的图像与武梁祠毫无共同之处。第二,画面表现的是献礼的场面。请注意 B 壶大殿的左侧,一人手捧象牙正起步进屋敬献。第三,献礼一侧的人和受礼一侧的人衣着不同,左侧着短裙,头上饰角。右侧着长裙,头饰亦不同。可以断定他们是两方人,大概是主和宾的关系。这两方衣着不同的人们可以在其他的场面中见到。因此,Croës 对图像的理解不正确,断代有问题。

5. 殿阁

三层高的殿阁占据壶的颈部,整个建筑画面在此达到高潮。底层备酒,楼上宴饮(图 11)。三层是逐层叠落起来的,每层柱同高,上承平坐。底层两开间;二、三层没有分间。依照《营造法式》,其结构类型属殿阁;上下层之间的结构层为平坐。换句话说,每层有自己的"基座"。平坐做法和屋架原则上一致。A 壶平坐层无檐,第二层和第三层同宽。B 壶每层有屋檐,逐层殿广递减;第二、三层平坐两端各设一梯,方向相反——转着上楼。殿阁的台基两端设踏道。

(a)　　　　　　　　　　　　(b)

图 11　三层殿阁

(a) A 壶;(b) B 壶

在图上可以看出梁柱结合处有两种做法:第一、柱上用斗承梁;第二、斗上加替木,或两替木,实拍组合。斗分"平"和"欹"两部分,不知是否有"耳"。

❷ Qinghua Guo, *The mingqi pottery buildings of Han dynasty China, 206 BC-AD 220; Architectural representations and represented architecture.* Brighton: Sussex Academic Press, 2010

考古学家向我们展示的古代高层建筑遗迹,都属土木建筑,非纯木建筑。汉代出土的陶楼显示两种并存的结构类型:平坐和无平坐。❷现存的塔也分为如此两类,应县木塔是平坐类的代表。方壶展示给我们的是全木多层殿阁,我们第一次看到它们的图像时,感叹木构技术如此之高。应县木塔的类型与画像青铜器上的有关,可谓源远流长。

6. 讨论

图像展示了出乎意料的建筑和结构信息，特别是干栏式结构、平坐、纵架、梁柱间用斗和栱（或替木）、版门和四阿顶。方壶上的建筑构架是纵向的，即沿房屋的面阔方向。柱子是由素枋联系起来的，两层素枋之间用瓜柱，它们支撑屋顶。这两对方壶所示七座房子都是这样的结构形式。由此推断，这种建筑结构是当时当地通用的。随之而来的问题是什么时期？什么地方？

一个与我们的案例相关的信息来自河南信阳战国时期的遗址，在那里发现了一个房子形的车架，所用材料是木和竹，还有铜节点。车架尺寸为1.82米长，1.36米宽和0.84米高（图12）。●它的形式和结构都值得建筑研究：四阿顶车盖，四个柱子，四个预制的檐架组装在车架的上方。檐架上有铜钩，可能是挂帘子用的（注意：钩子也出现在方壶上的大殿檐下，图10）。

●河南文物研究所，中国社会科学院考古研究所.信阳楚墓.北京:文物出版社,1986

图12　信阳楚墓一号出土的四阿顶车架，每面设檐架

纵架理论非新理论，它建立在一系列的假设上：彝族建筑用纵架。彝族在解放前处于奴隶社会，他们的建筑必然保留原始特点，因此纵架必然历史悠久。●现在，这个理论得到了方壶上建筑图像的支持。信阳的考古例子说明纵架传统在战国时代的楚地已经建立起来了。纵架在《营造法式》中称为扶壁栱，分心斗底槽是纵架形式。建筑文献和考古证据共同说明纵架是一种独特的结构，并有着由来已久的历史。笔者大胆推测"前堂后室"的建筑格局与纵架结构形式不无关系。

❷陈明达.中国古代木结构建筑技术:战国—北宋.北京:文物出版社,1990:16-17

斗和栱状的替木出现在柱头上。对比方壶上的建筑图像与战国时代中山国的铜方案、藏于南京博物院的青铜丁头栱、众多的汉代明器陶楼，我们发现：第一，战国时代使用斗和栱；第二，图像上的斗和栱远没有陶楼的斗栱复杂；第三，图像上斗、栱仅用于梁柱间；陶楼上斗栱大量用于承挑屋檐。

方壶上所表现的门的形式在考古发现中可以见到。例如，陕西扶风庄白窖藏出土的西周中期青铜方甗（考古界称"刖人守门方形青铜甗"），甗分成上下两截，上截煮饭，甗下是火腔，做成房子形。两侧面有方窗，窗户内有十字窗棂，排烟通风。灶门是两扇可以开启的门扉（图13）。

图 13　房子形青铜方鬲

（西周中期　陕西扶风庄白窖藏出土　通高 17.7 厘米　陕西博物馆）

中国建筑史论汇刊·第陆辑

❶陈芳妹.商周青铜酒器.
台北：国立故宫博物院，
1994（再版）

　　相似的门扉图像在另一个方壶上也能见到。这个壶藏在台北故宫博
物院。❶壶通高 45.3 厘米，年代定在战国时代（图14）。此器三行主花纹，
由下而上依序是采桑、车猎和宫室。宫室上下两层，两层之间为平坐层。下
层三柱，上层无柱，柱头施枓。上下四门相向，门旁和廊下各一人。左上一
门半开，一人身出门外，右门旁人做敬酒之状。图像是铸出来的，略高出背
景，借《营造法式》称谓："压地隐起"，没用任何材料填平凹地。我们知道汉
代墓葬艺术中半开门探身人物是常见的题材，考古界称其为"启门图像"，
但不知汉代之前的情形，更不知启门图像的演变。这个方壶使我们触及了
一些渴望的信息。

图 14　台北故宫博物院战国方壶

三　图像研究

戎事为主的画面分四层，由下而上：采桑、舟战、车马征战和陆战。下面逐一详察，然后讨论几个关键性的问题。

1. 采桑

采桑是战国时代画像青铜壶和豆上的主要题材，经常位于壶颈，笔者见一例在壶盖上和诸例在豆足上。在A壶和B壶上，采桑图均置于壶身的下部。桑树作为一个单元重复三次，在绘画风格上A壶和B壶有明显的差异。A壶上的三棵桑树相同，好像一颗印章盖了三次（图9b）。B壶上的桑树互不相同：左边树上有人采桑叶，树已被采秃了；另两棵枝叶繁茂，右侧的树干弯曲，自然生动，仿佛清风掠过（图15）。

图 15　采桑图（B壶）

《诗经·豳风·七月》记："春日载阳，有鸣仓庚。女执懿筐，遵彼微行，爰求柔桑。"对于桑叶收获的场面有多种解释，比如有人说桑木是弓材，采桑活动包括选取弓材。

2. 舟战

A壶和B壶上的舟船有区别，下面对比观察。A壶：画面上一艘战船，分上、下二层。甲板上立十位武士左手持枪右手握矛，做好了战斗准备——手中的武器已经举了起来。下面十位桨手，直立划桨。船首饰以龙头，上有一人（小尺度）挥剑指挥，船尾设战鼓（图16）。

图 16　双层舟船（A壶）

B壶：画面上两艘龙首战船，左右相对驶来。近得几乎相撞，左船最左边和最右边的桨手正极力避免：船尾桨手掉头划桨，船头桨手努力停船。每船甲板上立五个武士，左方张弓搭箭，四弓箭手姿势各异，分别表示取箭、搭箭、拉弓与射箭的情形。右方三人执短矛欲投。左方战鼓在下，右方战鼓在上，右方一人执桴击鼓。鼓贯于楹，旁一矮柱支钲。孔疏："凡军进退，皆鼓动钲止。"[1] 两方船尾均立旌旗。桨手全部身佩短剑。两船接舷，船首两人厮杀，右军第一人中箭，左军第一人正举剑取命。胜利的左方的船首龙头高于右方的龙头（图 17）。

[1][唐]孔颖达.左传正义.上海：上海古籍出版社，1990.[晋]杜预.春秋左传集解.简称孔疏

中国建筑史论汇刊·第陆辑

图 17　两龙船（B壶）

相似的舟战图见于其他铜壶和铜鉴，例如 1935 年出土于河南山彪镇的铜鉴和 1965 年出土于四川成都百花山的铜壶，它们都是考古发掘品，并均为战国时代青铜器，可作为考古标本。比较它们的构图和画法，几乎相同，但风格不同并且细部有别。请仔细阅读图 18～图 20，注意船头装饰和船尾形状、鼓和钲共存情况。另外，船上的旗帜大概是古书上记载的羽旗。

图 18　舟战，河南山彪镇一号墓鉴

（台北故宫博物院）

图 19　舟战（四川成都百花山壶）

图 20　舟战（北京故宫藏壶）

　　画像青铜器上表现的是舟战。古文献上有舟战的记载，例如《左传·襄公二十四年》记有公元前 549 年"楚子为舟师以伐吴"[1]。画像青铜器上的舟应是"舰"——《释名·释船》："上下重床曰舰"，不是《吴越春秋》记载的楼船。[2] 春秋时期楼船的样子不清，也很难想象，我们只熟悉《金明池龙舟争标图》中的龙首楼船的形象。船首带动物头的船、甲板船和楼船均见于世界上其他文明古国，这里有三个例子：第一，马头船，来自亚述萨尔贡（Sargon）二世时期（图 21）；第二，楼船，来自萨尔贡二世的儿子统治时期（图 22），二者是公元前 7 至 6 世纪宫殿墙壁上的石雕，原来在伊拉克境内，现藏大英博物馆；[3] 第三，甲板船，这个舟战图画在一个公元前六世纪的彩陶上。图中左边的船头有一只（鱼）眼，右边的船上有桅杆。这个陶罐藏在意大利首都博物馆（图 23）。[4]

[1] 左丘明. 左传. 襄公 24 年. 贵阳：贵州人民出版社，1990

[2] [东汉] 赵晔. 吴越春秋. 卷 10. 呼和浩特：内蒙古人民出版社，2003

[3] Richard D. Barnett (et al.), Sculptures from the Southwest Palace of Sennacherib at Nineveh. London: British Museum Press, 1998

[4] Carol Dougherty, The Aristonothos Krater, in The cultures within ancient Greek culture: contact, conflict, collaboration. New York: Cambridge University Press, 2003:35-56

图 21　马头船运木，石雕局部来自亚述萨尔贡二世（公元前 722—705 年在位）的宫殿

图 22　亚述楼船，石雕局部来自萨尔贡二世的儿子在位期间宫殿．
现藏大英博物馆

图 23　舟战，彩画，彩陶罐（公元前 6 世纪）．意大利首都博物馆

3. 四马驾挽

❶蓝永蔚.春秋时期的步
兵.北京：中华书局，
1979

车马征战图位于舟战图的上方。画面中三驾车，每车二轮系四马。御者驾车，车上载甲士备兵器，步卒徒行，手持戈（或矛）与盾（图24）。B壶上的马全部披甲，显示了征战场面，行进在队首的车上有顶。历史记载商代武丁王用四驾马车。根据蓝永蔚的研究，春秋时代战争的主要方式是车战，到战国时代战争方式发生重大变化，是步兵作战时代，车主要用于运输。❶

图 24　车马征战，自左向右行进（B壶）

古代战争与狩猎的关系密切。方壶上描绘的车马征战和车马射猎有别：前者，马披甲；后者，马无甲。在车猎中，车主要用来提供一个射猎的活动平台。在车之间，步卒追杀击中的动物：虎、牛和鹿。B壶记录了一个生动的场面：一只老虎头上中箭，步卒正持剑扑来（图 25）。A壶和B壶上的车马徒博射猎图和车马征战图分别相似，但行进方向不同，A壶向左，B壶向右。

图 25　车马徒博射猎（B 壶）

方壶上的车均四马驾挽，画面上方二马足向上，画面下方二马足向下。这种表现方法是中国固有的还是受外来影响？提这个问题是因为有人持中国青铜器文化外来的观点，包括图画方法。❶为了了解图像让我们来看看古代留下来的车马实物。实物很多仅举一例，洛阳发现的东周王的车马葬坑：战车为六马驾挽，马背朝背（图 26）。这种表现方式在战国时代的画像青铜器上常见，是战国时代风格。当深化讨论时，我们会再提这个话题。

❶ M. A. Littauer, 'Rock Carvings of Chariots in Transcaucasia Central Asia and Outer Mongolia' in *Selected writings on Chariots*, *other early vehicles riding and harness* (Leiden: Brill, 2002), 106-135. Charles D. Weber, 'Chinese Pictorial Bronze Vessels of the Late Chou Period, Part IV.' *Artibus Asiae*, 30, 2/3 (1968): 201

图 26　"天子驾六"，洛阳周王城，2002 年发掘

4. 是坛是门？

方壶上戎事画面中最大的场面是攻战。攻战图分三层,最上层守卫,中层攻击,下层射击和兵阵。虽分三段但内容紧密联系,实为一个场面(图27)。画面的中心有一个小方块,其上方一人跌落(A壶:无头尸)。Croës解释这个方块为祭坛,上方之人是牺牲,因此这是一幅祭祀图(图28)。

图27　攻战(A壶)

图28　画面中的方块被理解成祭坛(B壶)

看来这个方块是理解画面的关键。无疑这是攻战场面,这一点只要仔细观察图像就可以明白:除"坛"上之人,所有的人都手执矛盾。而且画面本身表明了攻战的地点:这个方块代表的是城门,或宫门。就是说,这是守、攻城图。三段为:上段城墙上守城;中段攻城墙:攻手之间的小十字代表渠答(铁疾藜)或擂石擲下;城门上方是跌落下来的攻城者;下段:城门前的攻击。这个画面令人回想到一个藏在旧金山亚洲艺术博物馆的高脚画像方壶,壶身表现一个类似的战争场面,上守城下攻城,城门在中央（图 29）。

图 29　攻战图,高足壶上部,旧金山亚洲艺术博物馆藏

5. 失传的筑?

三层殿阁前是乐舞场面。由于关心方壶的身份所以关注所有的信息,包括乐器。一定的乐器在一定的时期使用,或许它们能提供任何线索。下面观画,并简记联想,以供参考。

B 壶:乐队分成左右两组,每组上下两排（图 30a）。左侧演奏编钟和编磬,上排中设建鼓。五个尺寸大小不同的钟或磬为一组悬于架上,直悬的是钮钟,斜挂的是甬钟。钟和磬是周朝的主要乐器。右侧的舞者同时奏乐,一手握乐器,一手击打。其上有五个做饭的鼎。舞者手中的乐器令人感兴趣。审查历史文献中有关击奏乐器的内容:第一、柷,漆桶,方,画木,方三尺五寸,高尺五寸,中有椎（柄动而击其旁和底）,上用柷止音为节;[1]第二、筑,木制五弦,一手按弦的一端,一手以竹击之。未言左、右手;第三、缶,瓦器。图中的乐器明显地不是缶,说是柷又太小,它们是否就是很早就失传了的筑? 乐器史家认为筑源于楚国,周代后期（战国时期）流行,周筑在商代就可能存在雏形,汉之后逐渐消失,唐之后被遗忘了。根据乐器史家的研究,筑有大、中、小三种规格和不同的形状,[2]文献有关其形制的著录,诸说不一,情况很复杂,或在不同时代渐有发展变化,或有同名异制之器。[3]他们没有解释筑的发展历史,音乐史研究中也没有揭示这个问题。[4]

A 壶:初看起来乐舞场面与 B 壶相似,有几点不同. 队列不同:演奏钟磬和击筑歌舞人分上下两行。下排八个歌舞者,每人手持一筑。筑有别于 B 壶上的筑（图 30b）。难道它们证实了学者们的理论——筑有不同尺寸和形状?

❶[东汉]应劭. 风俗通义. 天津:人民出版社,1980

❷黄翔鹏. 秦汉相和乐器"筑"的首次发现及其意义. 考古,1994(8):722-726

❸李纯一. 中国上古出土乐器综论. 北京:文物出版社,1996

❹ Kin-Woon Tong, "Shang Musical Instruments", *Asian Music*, XIV-2, XV-1, -2, 1983 /4

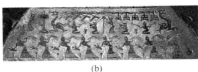

图 30　乐舞

(a) B 壶；(b) A 壶

❶黄翔鹏.均钟考——曾侯乙墓五弦器研究(上,下).黄钟——武汉音乐学院学报,1989(1):38-51;1989(2):83-91

❷宋少华,李鄂权.湖南长沙望城坡西汉渔阳墓发掘简报.文物,2010(4):4-35

❸南波.江苏连云港市海州西汉侍其繇墓.考古,1975(3):169-177

❹战国策·燕策三.北京:中华书局,1990

1978 年考古学家在湖北随县战国曾侯乙墓中发现了筑，虽然有学者认为曾侯乙墓的五弦筑并不是乐器，而是《国语》中提到的"均钟"，作为编钟定律调音的律准。❶汉代的墓中出了几个筑，包括西汉长沙国王后渔阳墓出土的三件五弦乐器实物。❷进一步的证据来自西汉的漆画，出土于江苏连云港（图 31）。❸漆画上的筑比方壶上的长得多。虽然都是击弦演奏，但它们很不相同，最大的不同是手持筑和平放筑之别。学术界认为春秋战国时期是歌、舞、乐三位一体的乐舞时代。乐工既会唱歌，又会奏乐，还会舞蹈。在方壶上，舞者是歌者又是乐工。在漆画上，乐工非舞者，舞者在乐工的一侧。基于考古和文献资料，方壶上的筑可能是战国时代高渐离所用的筑——可击筑而歌。❹以上的资料显示筑是多样的，演奏方式也是多种的。这里研究筑的意义有二：第一，它们展示了公元前四世纪的筑和一世纪的筑的情况，让我们看到战国筑和汉代筑的不同；第二，它们提供了方壶年代的线索。

在 A 壶和 B 壶上，编钟和编磬悬于大梁上，其两端由立鸟支撑。考古发现了青铜编钟/编磬架，也发现了木架。曾侯乙墓出土的青铜编磬架，通高：1.09 米，宽 2.15 米（图 32）。虽然方壶上的立鸟与曾侯乙墓的翼兽形式不同，但立意和主题却是一致的。凤鸟漆木架（鼓座）见于很多楚墓和曾墓：江陵雨台山楚墓、江陵望山沙冢楚墓、淅川下寺春秋楚墓、曾侯乙墓、江陵天星观一号墓、荆州天星观二号墓、包山楚墓、江陵马山一号墓、长沙楚墓。金石之乐在东周失去了周天子独享的地位，战国的王侯将相、豪门贵族拥有它们以炫耀身份和权势。音乐史家观察到：自战国中叶，丝竹之乐逐渐取代了钟磬之乐，❺这个变化的主要原因是青铜时代末期宴享增加和礼乐制度衰退。

❺杨荫浏.中国古代音乐史稿.北京:人民出版社,1981

图 31　乐手和舞者，西汉漆画局部

[资料来源：考古，1975(3)]

图 32　曾侯乙墓出土编磬，青铜错金双层架，下层架用一对长颈有翼兽为柱

6．马身披甲

在建筑为主题的画面中，大门之内有一排兵士，一共四人，均腰中佩剑，手握马缰绳；他们的下面是一排动物皮，一共四只，每只身下置一盆（图33）。方壶上每个图像都不是孤立的，因此分析要连读：狩猎图中有猎虎的画面、战车马身披甲、门楼屋下有卧虎、门楼屋上有挂甲。这些图像相互关联，彼此说明：狩猎图中被俘获的老虎，被杀后皮制成了甲，用作战马甲，其作用大概包括吓唬敌方的人和马。

(a)	(b)

图 33　兽皮和兵士

(a)A 壶；(b) B 壶

关于马甲有多处考古发现，它们对于战国时期甲骑装具的研究提供了重要的实物资料。在曾侯乙墓中考古学家发现了髹漆皮甲。即，动物皮制的甲，上有髹漆装饰。[1]包山楚墓出土的马甲是双层皮质，皮甲胎体腐烂了，仅存表面漆壳，因此辨别不了是什么动物皮。[2]方壶上的图像补充了考古实物。

另一个与戎事有关的例子是武器。绘画中的某些武器与中国南方考古发现的相同。[3]B 壶大殿外左侧可见几个三戈杆顶端安有一矛，它们与湖北随县擂鼓墩一号墓（公元前 433 年）出土的有刺三戈戟几乎一模一样[4]（图 34）。

7．讨论

狩猎是战国壶中最常见的题材，包括弋射——箭上拴缴（丝绳）捕捉飞禽（图 35）。有关东周弋射的重要信息来自《周礼·夏官·司弓矢》："矰矢

[1] 杨泓.中国古代甲胄续论.故宫博物院院刊，2001(6)：10-26

[2] 吴顺青.荆门包山 2 号墓部分遗物的清理与复原.文物，1988(5)：15-24 // 白荣金.包山楚墓马甲复原辨正.文物，1989(3)：71-75 // 白荣金，王振江.试论东周时代皮甲胄的制作技术.考古，1984(12)：1127-1131

[3] 孙机.有刃车軎与多戈戟.文物，1980(12)：83-85

[4] 湖北省博物馆.随县曾侯乙墓发掘简报与论文汇编.武汉：湖北省博物馆，1979

图 34　三戈戟

(a) B 壶；(b) 湖北随县曾侯乙墓出土

❶ 罗明.秦始皇陵园 K0007 陪葬坑弋射场景考.考古,2007(1):87-96 // 焦南峰.左弋外池——秦始皇陵园 K0007 陪葬坑性质蠡测.文物,2005(12):44-51 // 何弩.缴线轴与矰矢.考古与文物,1996(1):46-48 // 宋兆麟.战国弋射图及弋射溯源.文物,1981(6):75-77

莆矢,用诸弋射。"还有考古学家在秦始皇陵区发现的实物。❶弋射很特殊,提供了有趣的线索。A 壶:广阔的原野上车猎,可以辨认出车上的羽旗和缴箭。羽旗便于互相辨认,箭上带缴易于寻找射中的猎物（图 36）。考古和图像资料显示了几种弋射方式。方壶上描绘的车猎弋射是古老的。

图 35　弋射图,捕中的大雁拖着长缴挣扎.故宫博物院战国壶

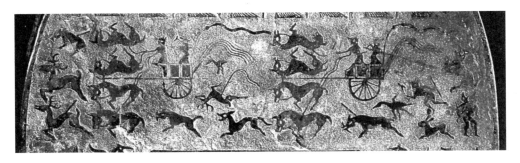

图 36　猎车备有系缴的矰(箭)(A 壶)

驾挽马车的绘画方式提供另一方面信息。战国的漆画和汉代的画像石展示画驾挽马车的方式有区别。战国时代有两种画法：其一、马背对背，加上一个车轮的侧面像；其二、马全部朝同一方向，互相叠压，车仅见一轮（图37）。汉代画法：两个车轮都可见，一个在另一个的后面，好像有"透视"（图38）。方壶上的马车是战国画法。

图37　两马一车，马互相叠压.战国包山二号楚墓漆奁

图38　两马驾车,两轮叠压(徐州汉画像石馆)

方壶的精细线画具有漆画的特色。在素地上做画是战国时代漆画的特点，例如河南信阳楚墓一号内棺：红色平涂图案，黑色勾边绘制在白地上，方壶上的线画兼有镶嵌的效果。铸出来的阳线条和阴线条镶嵌在艺术上属同类，但在技术上是两个不同的平行发展的工艺。方壶给我们一个和谐的感觉，无论是器形、图像和工艺。在题材和风格方面它们与我们已经知道的整体画像青铜器相吻合。

在战国时代，屋宇楼阁、车马徒博射猎、水陆攻战、射礼和采桑是青铜器上的主要题材，但不一定每个青铜器包括所有的主题.主题是可选择的，构图是设计组合的，表现是有风格区别的。图像的流行与铸铜的模范工艺有关.两对方壶显然是同时期制作的，同出一源。本文以上的讨论表明，方壶反映的建筑细致、布局清晰、语言一致。它们可帮助我们窥知早期建筑和图像之一斑。

韩国柱心包建筑扶壁栱形制与开展研究

车周焕

（清华大学建筑学院）

摘要：本文研究韩国柱心包扶壁栱形制与开展，跟中国古建筑形制比较研究。朝鲜半岛柱心包式所具有的特征从高丽时代一直不断延续至朝鲜时代，与其说翼工式结构是独立于柱心包式的斗栱类型，不如说它是高丽柱心包式的结构过渡至朝鲜柱心包式的过程中出现的产物。并且，韩国柱心包式结构采用中国南方地区建筑特征中的丁斗栱等，而凤停寺极乐殿则具有朝鲜半岛古新罗或中国北方地区的特征。

关键词：柱心包式，翼工式，扶壁栱，丁斗栱

Abstract：In this paper，Korea Zhuxinbao Fubigong system form and development. Zhuaxinbao has the features from the Gaoli-era has been extended to Chaoxian-era，so much Yigong structure is independent of the type of Zhuxinbao Dougong structure，Gaoli as it is the Zhuxinbao structure of the transtion to Chaoxian columns appear in the course of the product. Also，Korea Zhuxinbao structure using architectural features of Southern China in Dingdougong，etc. and The Temple of Bliss Hall Bongjeon with Korean peninsula is the ancient Silla-era or the characteristics of Northern China

Key Words：Zhuxinbao pattern，Yigong pattern，Wall support arches，Dingdougong

中国建筑史论汇刊·第陆辑

一 研 究 背 景

由于东北亚洲的历史、地理因素，中国和朝鲜半岛的政治、经济、文化交流已有两千多年。建筑是文化交流框架中的一部分[1]，故二者显然有直接或间接的接触。一般来说，朝鲜半岛接受的中国建筑文化分为三个部分，另有其他研究成果显示朝鲜后期朝鲜半岛也接受了中国建筑文化。[2]韩国木造结构构成系统由柱心包式、多包式、翼工式构成，对此学者之间的意见并未形成统一，但目前为止还没有对此作出具体明确的反驳。并且，柱心包式与翼工式的分类标准模糊，学者之间的不同意见较多[3]，今后需要加大相关研究的力度。通常，柱心包式建筑集中于高丽时代（918—1391

❶李华东.朝鲜半岛古代建筑文化.南京：东南大学出版社，2011：217

❷[韩]田鳳熙. 朝鮮後期 對清認識 의變化 와 中國風建築要素 의流行. 大韓建築學會學術發表論文集，2006

❸柱心包：一种斗拱配置形式，只有柱头铺作而无补间铺作的建筑样式。

多包 ：与柱心包相对的，柱头铺作、补间铺作备有的建筑样式。

[韩]朱南哲. 韓國建築史.首尔：高麗大學校出版部. 2000：186-190,452-454

·高丽时代- 柱心包，多包，花斗牙式

·朝鲜时代- 柱心包，多包，翼工式，

[韩]김왕직.알기쉬운한국건축용어사전(韩国建筑用语词典).동녘. 2007：129-137

·민(min)道里式，包式(柱心包，多包)，翼工式

[韩]金東旭. (改正)韓國建築의 歷史. 技文堂，2007

·柱心包，多包,朝鲜时代以后翼工式出现

年)到朝鲜时代(1392—1910年)的初期、中期,翼工式建筑分布于朝鲜时代的中后期。本研究通过附属于斗栱的部材-扶壁栱与素方,针对柱心包式建筑与翼工式建筑的分类提供一个依据资料的同时,通过相互比较中韩两国的扶壁栱,提供中国南方建筑影响韩国古代建筑的另一根源性资料。

二 研究范围与办法

由于当今朝鲜半岛的政治局势,很难调查朝鲜的建筑物,因此以韩国的柱心包式建筑物为主,作为研究对象。并且,目前从高丽时代末期到朝鲜时代初期的柱心包式建筑大部分分布于韩国,能够在一定程度上避免资料缺乏的问题。此外,在朝鲜半岛留存数量较多的是多包式建筑,而且扶壁栱与素方的构成要素与柱心包式建筑物的结构存在差别,因此不在本研究对象范围内。韩国的多包式建筑物的斗栱与斗栱之间比较稠密,如果没有精确的实测图,在柱心线上分析和把握扶壁栱、素方时,分析存在一定难度。木造建筑的发展过程❶,就其意义上而言,就是架构结构的稳定性持续提高的过程,斗栱同样可以视为这种过程的延续。因此,分析柱心线上的扶壁栱与素方的结构,就是理解建筑样式上的发展变化的另一要素(图1~图4)。

❶张十庆.中国江南禅宗寺院建筑.武汉:湖北教育出版社,2002:104

图1 柱心包建筑(凤停寺极乐殿)

(凤停寺极乐殿修理实测调查报告书.文化财厅,2001)

图 2　多包建筑（凤停寺大雄殿）

（凤停寺大雄宝殿解体修理报告书．文化财厅，2004）

图 3　柱心包建筑（开目寺圆通殿背面）

（开目寺圆通殿精密实测调查报告书．文化财厅，2007）

图 4　翼工式建筑（江陵乌竹轩）

（江陵乌竹轩精密实测调查报告书．文化财厅，2000）

三 韩国柱心包建筑的扶壁栱

1. 中国与韩国的扶壁栱和素方定义

中国的扶壁栱与素方,在用语方面与韩国柱心包式建筑上的扶壁栱与素方存在差异。

首先《营造法式》根据斗栱组合形式分别对其扶壁栱形制做出了如下规定❶:

【全计心】

(1)重栱造–泥道重栱+素方:"如铺作重全计心造则于泥道重上施素方"。

(2)单栱造–泥道单栱+素方:"若口跳及铺作全用单造者只用令栱"。

【华栱偷心】

(1)五铺作:泥道重栱+素方+单栱。

"五铺作一抄一昂若下一抄偷心则泥道重栱上施素方方上又施令上施承椽方"。

(2)六铺作、七铺作:泥道单栱+素方+单栱+素方或泥道重栱+素方。

"单七铺作两抄两昂六铺作一抄两昂或两抄一昂若下一抄偷心则于栌斗之上施两令两素方或只于泥道重上施素方"。

(3)八铺作:泥道单栱+素方+重栱+素方。

"单八铺作两抄三昂若下两抄偷心则泥道上施素方方上又施重素方"。

韩国的扶壁栱出现在泥道重栱中时,由于上部的泥道栱大于下部的泥道栱,因此下部的称为柱心小檐(中国称"泥道栱"),上部的称为柱心大檐(中国称"泥道慢栱")❷,素方称为"浮昌方"或者"浮长舌"。并且,素方上的扶壁栱称为"斗栱大檐",与中国相比在用语上没有准确对应。在建筑物内部,从道里(中国称"槫")及长舌(中国称"替木")的下方,呈向建筑物横方向延伸的部材也称为浮昌方或者浮长舌等。这些在柱心线上和建筑物内部的部材虽然使用相同的用语,但未能确立部材的准确名称。❸为了避免用语上的混淆,本研究将采用转换为中国古建筑中使用的用语的方式进行。但由于两国的建筑体系不同,并且语言习惯等很多方面存在问题,能够准确对应的用语不多,因此,在古建用语无法相互对应的情况下,将参照使用近期由韩国总结的用语研究成果。❹

❶营造法式.卷4.总铺作次序

韩国柱心包建筑扶壁栱形制与开展研究

❷浮石寺無量壽殿精密實測調查報告書(下).文化財廳,2002:218

❸[韩]김왕직.알기쉬운한국건축용어사전(韩国建筑用语词典).동녁,2007:154,159
❹[韩]营建仪轨研究会.營建儀軌.동녁,2010

❶根据朱南哲《韓國建築史》还有各种精密實測調查報告書。

2. 韩国柱心包建筑情况❶

目前韩国柱心包式建筑的现状如表1。从凤停寺极乐殿到罗州乡校大成殿，表现了从高丽时代中后期到朝鲜时代中期的分布。建筑物的性质也不同，从寺院的主要佛殿到客舍的门以及乡校大成殿，其内容非常多样。

表1 韩国柱心包式建筑情况

实例名称	区位	时代公元	王朝	备注
凤停寺极乐殿	庆北安东市	至正二十三年（1363年）屋盖部重修-建屋12C以前	高丽时代（918年—1391年）	上梁文墨书铭
浮石寺无量寿殿	庆北荣州市浮石面	1. 洪武九年（1376年）以前 2. 1252年重营		凤凰山浮石寺改椽记
修德寺大雄殿	忠南礼山郡德山面	至大元年（1308年）		礼山修德寺大雄殿墨书铭
银海寺居祖庵灵山殿	庆北永川郡清通面	1. 洪武八年（1375年） 2. 高丽末		墨书铭
浮石寺祖师堂	庆北荣州市浮石面	宣光七年丁巳（1377年）		祖师堂长舌上端墨书
江陵客舍门	江原道江陵市	高丽末		—
无为寺极乐殿	全南康津郡	成化十二年（1476年）或以前	朝鲜时代（1392年—1910年）	佛画最下端椽起文
开目寺圆通殿	庆北安东市	朝鲜世祖三年（1459年）重修		上梁文
高山寺大雄宝殿	忠南洪城郡	天启六年（1621年）重修-建屋17C以前		屋顶瓦片铭文
道岬寺解脱门	全南灵岩郡郡西面	朝鲜世祖十年（1464年）		朝鲜王朝实录
江陵文庙大成殿	江原道江陵市郊洞	1486年初创		—
观龙寺药师殿	庆南昌宁郡昌宁邑	1507年		昌宁观龙寺药师殿上梁文
长谷寺上大雄殿	忠南青阳郡	高丽末、朝鲜初手法		七甲山长谷寺金堂重修记—1777年重修
松广寺国师殿	全南顺天市松光面	1558年再重创以后从4次重修		国师殿重创上梁铭
淨水寺法堂	仁川市江华郡	朝鲜初、中期		—
凤停寺华严讲堂	庆北安东市	高丽末、朝鲜初手法		—
松广寺下舍堂	全南顺天市松光面	1461年初创 1669年、1899年重修		宗道里墨书铭
羅州鄉校大成殿	全南羅州市校洞	1670年		文庙重修上梁文

3．韩国柱心包建筑的扶壁栱形制

（1）泥道重栱 ＋ 素方 ＋ 扶壁栱：Ⅰ型

在现有的韩国古建筑物中，在柱中心线上出现泥道重栱形式的建筑物只有浮石寺无量寿殿。浮石寺无量寿殿柱中心线上的斗栱构造是在栌斗上面重叠放置泥道栱，再放置上部的素方。素方与内部乳栿（韩国称"退樑"）以交互斗（韩国称"小累"）结合，素方上面由散斗支撑扶壁栱，以及上部的单斗只替（韩国称"短长舌"）与檐槫（韩国称"柱心道里"）。栌斗（韩国称"柱斗"）上面突出具有半出目（橑风槫与檐柱中间跳出）结构的华栱（韩国称"初齐工"），在橑风槫（韩国称"外目道里"）中由交互斗构成第二跳的乳栿头与令栱，通过四个方向的榫卯支撑上部的单斗只替与橑风槫（韩国称"外目道里"）。第一跳偷心与第二跳计心承托向外延伸的乳栿，呈支撑上部的橑风槫的形态。乳栿与素方以交互斗结合。从柱中心线向内部延伸的乳栿有2个，与建筑里内柱结合形成厅堂结构。柱中心线上两道梁中间的纵向的部材，韩国称其为充枋（韩国称），具有枋的概念。斗栱以交互斗的形式结合了建筑物纵向部材与横向部材，浮石寺无量寿殿柱心线上具备5段层，共有4个交互斗（图5，图6）。

图5　浮石寺无量寿殿斗栱

［浮石寺无量寿殿精密实测调查报告书(上)、
(下).文化财厅，2002］

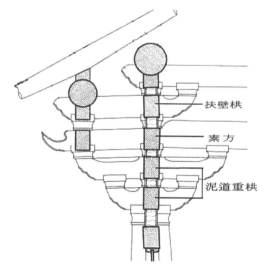

图6　浮石寺无量寿殿斗栱剖面图

［浮石寺无量寿殿精密实测调查报告书(上)、
(下).文化财厅，2002］

（2）泥道单栱＋素方＋扶壁栱 ：Ⅱ型

在建筑物柱中心线上泥道单栱＋素方＋扶壁栱结构的建筑物有风停寺

极乐殿与高山寺大雄宝殿。它是在泥道重栱中去掉上部的泥道栱的结构，在柱心线上横向泥道栱与纵向华栱均以交互斗结合。凤停寺极乐殿的第一跳偷心出跳相当于柱心线与橑风槫之间的一半距离，但高山寺大雄宝殿的第一跳偷心出跳距离更短，承托上部的二齐工（中国称"华栱"）。有这种结构形式的建筑没有内部的内柱，在扶壁栱中以交互斗直接与大梁结合。目前只有在这种结构的建筑中，素枋与梁没有直接相互结合，而是与扶壁拱结合。这种结构使得建筑物规模较小，并且对于向上部增强向心力的托脚或牛尾樑（韩国称），可以增强正面柱心线上与内部结合力（图7～图10）。

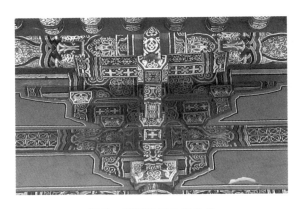

图 7 凤停寺极乐殿斗栱

（凤停寺极乐殿修理实测调查报告书. 文化财厅，2001）

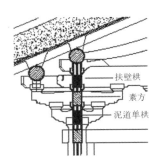

图 8 凤停寺极乐殿斗栱剖面图

（凤停寺极乐殿修理实测调查报告书. 文化财厅，2001）

图 9 高山寺大雄宝殿斗栱

（高山寺大雄宝殿精密实测调查报告书. 文化财厅，2005）

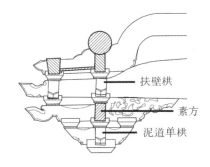

图 10 高山寺大雄宝殿斗栱剖面图

（高山寺大雄宝殿精密实测调查报告书. 文化财厅，2005）

（3）泥道单栱 ＋ 素方 ＋ 扶壁栱 ＋ 素方：Ⅲ型

这种形式通过交互重叠地构成泥道栱与素方来构成斗栱，无为寺极乐宝殿就是其代表性建筑物。无为寺极乐宝殿的第一跳偷心的位置略短于橑风槫，第一跳偷心与橑风槫的间隔没有均等分布，更倾向于橑风槫一方。内部的梁整体上结合了上部的扶壁栱与素方,在柱心线外分成2段并分别以交互斗形式结合。这一结构比较特殊的是没有内部出跳,外部2段的山弥(中国称"华栱")在内部雕刻成波连形态的一个部材,从内部看就是一个部材。扶壁栱的道里(中国称"槫")方向长度相对较长,向两侧设置3个散斗,支撑上部的素方。无为寺极乐宝殿虽是3×3的平面形式,但内部没有内柱(图11,图12)。

图11 无为寺极乐殿斗栱

(无为寺极乐宝殿修理实测调查报告书. 文化财厅,2004)

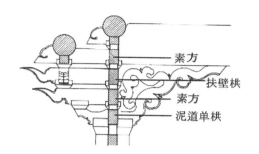

图12 无为寺极乐殿斗栱剖面图

(无为寺极乐宝殿修理实测调查报告书. 文化财厅,2004)

(4)丁斗栱(韩国称"헛첨차")＋泥道单栱 ＋ 素方 ＋ 扶壁栱 : IV型

柱心线上呈现II型的结构,与泥道单栱上面的素方结构的梁呈类似浮石寺无量寿殿的结构。在韩国古建筑中,可能在修德寺大雄殿首次使用的丁斗栱,其位置与作用类似中国福建地区的栱仔部材。[1]檐柱上部的扶壁栱与向外部延伸的充枋结合并支撑橑风槫。充枋构造与浮石寺无量寿殿相似。檐槫与牛尾樑(韩国称)相连,与高山寺大雄宝殿的结构相似。根据是否存在充枋,斗栱上的结构要素的差异,形成了结构各异的造型(图13,图14)。

❶张十庆. 从样式比较看福建地方建筑与朝鲜柱心包建筑的源流关系. 华中建筑,1998(3)

图13 修德寺大雄殿斗栱

(修德寺大雄殿精密实测调查报告书. 文化财厅,2005)

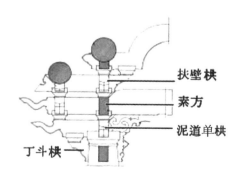

图14 修德寺大雄殿斗栱剖面图

(修德寺大雄殿精密实测调查报告书. 文化财厅,2005)

（5）丁斗栱（韩国称"헛첨차"）＋ 泥道单栱 ＋ 素方 ＋ 素方：Ⅴ－1 型

江陵客舍门与罗州乡校大成殿属于上述情况。江陵客舍门是客舍之门，属于 3×2 的小规模建筑物。栌斗下部设置丁斗栱，上部设置泥道栱 1 段与素方 2 段，构成柱心线上的斗栱。下部的丁斗栱按照"门"的建筑结构特点，结合内部柱子。建筑两侧面的纵向阑额向外部突出构成角柱上栌斗的丁斗栱。2 段素方中下部的素方与内部梁结构，上部的檐樽与牛尾樑（韩国称）结合，呈与修德寺大雄殿相似的形态。第一跳计心处于与橑风槫相同的位置，外部突出长度小于内部，从剖面看，呈不对称状态。罗州乡校大成殿是 17 世纪中期的建筑物，是调查对象中建造年代最晚的。素方由 2 段构成，提高了建筑物的高度，下部设置有丁斗栱。泥道栱与华栱紧密贴合，丁斗栱上面的散斗（纵方向开口）的位置与上部橑风槫处于一条垂直线上。内部没有出目（出跳构造），华栱看似一个部材，以波连形态雕刻形成。建筑于 16～17 世纪的多包式建筑物的栱包特征之一就是华栱由早前的分离状态逐渐表现出整体上合为一的倾向，罗州乡校大成殿也具备这种结构，具有多包式建筑斗栱的特征[1]（图 15～图 17）。

❶金東旭.（改正）韓國建築의歷史.技文堂，2007：243

图 15　江陵客舍门斗栱

（韩国的古建筑 5.江陵客舍门.文化财管理局，1982）

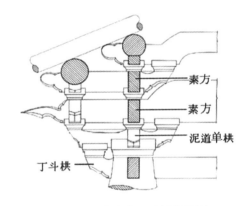

图 16　江陵客舍门斗栱剖面图

（韩国的古建筑 5.江陵客舍门.文化财管理局，1982）

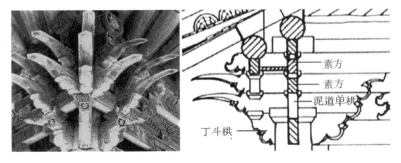

图 17　罗州乡校大成殿转角斗栱与柱头斗栱剖面图

（罗州乡校大成殿实测调查报告书.文化财厅，1999）

（6）丁斗栱（韩国称"헛첨차"）＋ 泥道单栱 ＋ 素方：Ⅴ－2 型

本研究的柱心包建筑调查对象建筑物中，有 10 个建筑物属于这种形式。从高丽末期到朝鲜中后期，表现出多样的时代分布特点。本研究对象建筑物中，从规模最大的银海寺居祖庵灵山殿（7×3）到规模最小的观龙寺药师殿（1×1），从寺院的大雄殿及其附属建筑物的祖师堂、祖师堂、解脱门到乡校大成殿，均采用了这种形式，与建筑物的性质无关。

柱心线上的栌斗下方设置了丁斗栱。特殊的是，银海寺居祖庵灵山殿中丁斗栱由 2 段构成，丁斗栱的整体规模较大。并且，松广寺下舍堂、国师殿的丁斗栱其末端在设计层面与其他丁斗栱不同。丁斗栱通常沿着梁方向在栌斗下端支撑上部的华栱，但浮石寺祖师堂中，在侧面山墙面上沿建筑横方向也有泥道栱突出，支撑上部的素方，这在调查对象中是唯一具有其他侧面结构的建筑物。栌斗上面设置 1 个泥道栱，在第一跳上设置华栱，与泥道栱垂直正交。华栱形式有馒头型、仰舌型、牛舌型（韩国称）等，通常馒头型的年代最久远。基本上，与素枋正交的内部的梁分为包含檐柱底部替木以及不包含檐柱底部替木两种情况，建筑物没有内柱的情况下，梁的截面积相对大，能够到达檐柱底部；建筑物有内柱的情况下，梁的截面积相对小，无法到达檐柱底部（图18～图27）。

图 18　银海寺居祖庵灵山殿斗栱

（银海寺居祖庵灵山殿精密实测调查报告书．文化财厅，2005）

图 19　道岬寺解脱门斗栱

（道岬寺解脱门实测调查报告书．文化财厅，2007）

图 20　浮石寺祖师堂斗栱

（浮石寺祖师堂修理实测调查报告书．文化财厅，2005）

图 21　观龙寺药师殿斗栱

（韩国的古建筑 6．观龙寺药师殿．文化财管理局，1984）

图 22 净水寺法堂背面斗栱

（净水寺法堂修理实测调查报告书．文化财厅，2005）

图 23 松广寺国师殿斗栱

［松广寺精密实测调查报告书(中)．国师殿．文化财厅，2007］

中国建筑史论汇刊·第陆辑

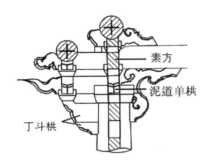

图 24 银海寺居祖庵灵山殿斗栱剖面图

（银海寺居祖庵灵山殿精密实测调查报告书．文化财厅，2005）

图 25 观龙寺药师殿斗栱剖面图

（韩国的古建筑 6．观龙寺药师殿．文化财管理局，1984）

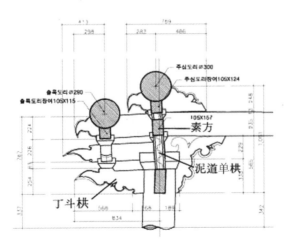

图 26 松广寺下舍堂斗栱剖面图

［松广寺精密实测调查报告书(中)．下舍堂．文化财厅，2007］

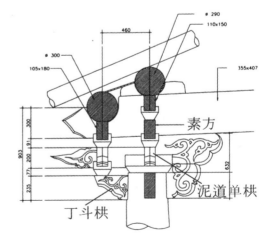

图 27 江陵文庙大成殿斗栱剖面图

（江陵文庙大成殿实测调查报告书．文化财厅，2000）

4. 韩国柱心包建筑的扶壁栱形制分析（表 2）

表 2　韩国柱心包扶壁栱形制

扶壁栱形制		实例名称	总铺作次序（中国形制来看）	檐槫下替木形态	撩檐枋下替木形态❶	屋顶形式	与同期中国建筑形制相似的区域❷
Ⅰ型		浮石寺无量寿殿	双抄 5 铺作第 1 跳偷心，第 2 跳计心	单斗只替	单斗只替	歇山顶	广东、浙江
Ⅱ型		凤停寺极乐殿	双抄 5 铺作第 1 跳偷心，第 2 跳偷心	单斗只替	单斗只替	悬山顶	1. 敦煌壁画、北方一些 2. 福建、浙江
		高山寺大雄宝殿	双抄 5 铺作第 1 跳偷心，第 2 跳计心	替木	替木	歇山顶	
Ⅲ型		无为寺极乐殿	双抄 5 铺作第 1 跳偷心，第 2 跳计心	替木	替木	悬山顶	福建、浙江
Ⅳ型		修德寺大雄殿	双抄 5 铺作第 1 跳偷心，第 2 跳计心（1 抄丁斗栱）	替木	单斗只替	悬山顶	北方❸（但，使用丁斗栱不一样）
Ⅴ型	Ⅴ-1型	江陵客舍门	双抄 5 铺作第 1 跳偷心，第 2 跳计心（1 抄丁斗栱）	替木	单斗只替	悬山顶	
		罗州乡校大成殿	单抄 4 铺作第 1 跳偷心（1 抄丁斗栱）	替木	替木	歇山顶	
	Ⅴ-2型	银海寺居祖庵灵山殿	单抄 4 铺作第 1 跳计心（1 抄丁斗栱）	替木	单斗只替	悬山顶	
		浮石寺祖师堂	单抄 4 铺作第 1 跳偷心（1 抄丁斗栱）	替木	替木	悬山顶	
		开目寺圆通殿（背面）	单抄 4 铺作第 1 跳计心（1 抄丁斗栱）	替木	替木	悬山顶	
		道岬寺解脱门	单抄 4 铺作第 1 跳偷心（1 抄丁斗栱）	替木	替木	悬山顶	
		江陵文庙大成殿	单抄 4 铺作第 1 跳计心（1 抄丁斗栱）	替木	替木	悬山顶	
		观龙寺药师殿	单抄 4 铺作第 1 跳计心（1 抄丁斗栱）	替木	替木	悬山顶	
		长谷寺上大雄殿	单抄 4 铺作第跳计心（没有丁斗栱）	替木	替木	悬山顶	

❶单斗只替（韩国称"단혀短舌"），替木（韩国称"장혀长舌"）
长舌或短舌按槫下跟一块儿承托椽的重量。
[韩]김왕직. 알기쉬운한국건축용어사전(韩国建筑用语词典). 동녘, 2007:158
❷徐怡涛. 公元七至十四世纪中国扶壁栱形制流变研究. 故宫博物院院刊, 2005(05):85-100
❸看徐怡涛分类法跟 B 型差不多。

467

韩国柱心包建筑扶壁栱形制与开展研究

扶壁栱形制		实例名称	总铺作次序（中国形制来看）	檐榑下替木形态	撩檐枋下替木形态	屋顶形式	与同期中国建筑形制相似的区域
Ⅴ型	Ⅴ-2型	松广寺国师殿	单抄4铺作第1跳计心（1抄丁斗栱）	替木	替木	悬山顶	北方（但，使用丁斗栱不一样）
		淨水寺法堂（背面）	单抄4铺作第1跳计心（1抄丁斗栱）	替木	替木	悬山顶	
		凤停寺华严讲堂	单抄4铺作第1跳计心（1抄丁斗栱）	替木	替木	悬山顶	
		松广寺下舍堂	单抄4铺作第1跳计心（1抄丁斗栱）	替木	替木	悬山顶	

Ⅰ型：泥道重栱 ＋ 素方 ＋ 扶壁栱

Ⅱ型：泥道单栱 ＋ 素方 ＋ 扶壁栱

Ⅲ型：泥道单栱 ＋ 素方 ＋ 扶壁栱 ＋ 素方

Ⅳ型：泥道单栱(1抄丁斗栱) ＋ 素方 ＋ 扶壁栱

Ⅴ-1型：泥道单栱(1抄丁斗栱)＋ 素方 ＋ 素方

Ⅴ-2型：泥道单栱(1抄丁斗栱)＋ 素方

❶现在韩国多包式建筑里没有使用单斗只替的例子。

（1）韩国柱心包扶壁栱的特点

① 浮石寺无量寿殿与凤停寺极乐殿是韩国古建筑中最早的建筑物。该建筑物的檐柱底部使用单斗只替(韩国称"短舌")，橑风槫中同样使用单斗只替，其渊源非常久远。之后在柱心线上没有使用单斗只替，仅在橑风槫底部使用，到了朝鲜初期建的无为寺极乐宝殿，柱心线上或第一跳均未使用单斗只替。后来的建筑物仅使用替木(韩国称"长舌")。❶

② 柱心包建筑中不存在下昂构造。下昂构造起将椽进一步向建筑物外侧拔出的作用，使建筑物具有屋檐加深的特征。据《营造法式》中不使用下昂的总铺作次序的形制，韩国的柱心包建筑中最高等级是采用五铺作，这与同时代中国建筑物使用六铺作、七铺作等的情况形成很大对比。铺作数与建筑物的规模以及建筑物的性质或等级高低相关。后来，在朝鲜半岛过渡至朝鲜时期的过程中，通常规模较大的建筑物都呈现出由多包式结构的形态。

③ 在高丽末期，双抄5铺作第1跳偷心、第2跳计心柱心包建筑物成为主流，到了朝鲜初期，大部分变成由单抄4铺作第1跳计心(1抄丁斗栱)的结构。这说明了建筑物规模在逐渐变小。在朝鲜初期过渡至中期的过程中，高丽柱心包形式逐渐由继承柱心包的翼工式建筑所替代。

④ 高丽末期以修德寺大雄殿为始使用丁斗栱，沿着梁方向结构并起加固作用。以修德寺大雄殿为开端，Ⅴ型结构建筑物成为柱心包建筑物的主流。这说明使用丁斗栱从结构层面更加有利。之后到了朝鲜时代中后期，在翼工式建筑物中也使用丁斗栱形式，构成斗栱。但韩国的丁斗栱是以柱

子为中心，内侧像一个部材一样，构成整体的部材一个接一个，呈现出与梁形成一体化的形态。通常在多包式建筑柱心线上不使用丁斗栱。但也有在内部侧面内柱上浮昌枋与内柱之间沿着道里方向（不是梁方向）使用的情况。由于没有沿着梁方向的结构，因此与丁斗栱有所差别，但在柱头结构的位置相同，有必要对该部材进行研究。（开心寺大雄殿—1484 年）

⑤ 调查对象中，仅有 Ⅱ 型式是柱心线上的扶壁栱与内部的梁结合构成。除此之外的建筑物均是素枋与内部梁在十字形式交互斗上面结合构成。扶壁栱与梁之间的结合，由于柱子之间的连续性向心力相对较弱，因此在结构层面不利。因此，Ⅱ型在柱心道里上面使用托脚或牛尾椽而进一步加固柱子与内部结构。

⑥ 朝鲜时代中期的建筑物，松广寺国师殿与净水寺法堂（背面）中，在柱中心线上不存在十字形式交互斗。十字形式交互斗也称厅交互头，用于泥道栱与华栱交叉的地方。由于上部分为十字形态，因此称为十字形式交互斗。交互斗设置于泥道栱与泥道栱、华栱或华栱之间，起到将上部重量传达至下部的作用，上述两个建筑物中，泥道栱与华栱通过十字交叉构成。

比较以上韩国扶壁栱的具体手法，"泥道单栱（重栱）＋ 素方＋ 扶壁栱"手法为首，经过以丁斗栱为第 1 跳偷心的"泥道单栱（1 抄丁斗栱）＋ 素方＋扶壁栱"手法，逐渐演变为上部的扶壁栱变成素方的"泥道单栱（1 抄丁斗栱）＋ 素方＋ 素方"手法，之后最上部的素方由 2 个变成 1 个的"泥道单栱（1 抄丁斗栱）＋素方"形成朝鲜中期的主流。

（2）柱心包建筑与翼工建筑的分类分析

目前，在韩国对翼工的形式与分类存在各种观点。可以说，这是一种从积累基本数据到整理、分类和体系化的产物。但大部分的斗栱研究未能摆脱样式论或形式论的框架，将重点放在样式论层面的推究或系统论。尤其以柱心小檐、柱心大檐（中国称"泥道栱"）的形态为主对柱心包进行分类和整理，以其特征或者以其变迁过程划分形式的研究内容占大部分比重。可以说，这是样式史的局限。[1]因此，在本研究中首先考虑结构性质，讨论了什么是柱心包建筑的斗栱特征，扶壁栱的原理与表现手法，或者是否存在特定理论。

相关的研究中有将出目翼工（跳出翼工式建筑）视为柱心包式影响下的产物并解释为柱心包式翼工的研究[2]、有关柱心包与出目翼工的斗栱在形态及结构方法层面的相似点和差异点的研究[3]、将柱心包形式划分为 3 种类型（A-没有丁斗栱的斗栱、B-有丁斗栱且上、下华栱未连接的情况、C-有丁斗栱且上、下华栱连接设置的情况）并区别于翼工式的情况等。[4]前述两种研究的观点基本上是将柱心包与出目翼工视为相互不同的形式。但出目翼工不仅仅是在柱子上面的布局形式，从结构性作用层面来看，也形成了出目（跳出）并承托上部重量，这显然与柱心包的结构相同。并且，在其他研究中未区分柱心线上是否存在泥道栱与素方以及出目线上的结构，仍然存在讨

❶［韩］최고은. 柱心包式表现原理에關한研究. 韓國建築歷史學會, 2005: 104-105

❷［韩］김영덕. 韓國木造建築의翼工樣式에關한研究. 弘益大碩論, 1983
❸［韩］柳成龍. 出目翼工의起源과變遷過程에關한研究. 高麗大碩論, 1991
❹［韩］최고은. 柱心包式表现原理에關한研究. 韓國建築歷史學會, 2005

论的余地。在柱中心线上是否存在泥道栱与素方是在柱子上面构成斗栱的要素,它是决定建筑物整体高度的重要部材,在整体建筑物规模与结构方式中,这是与翼工式产生明显区分的非常重要的部材。针对高丽末期与朝鲜初期、中期在柱心包建筑物中意见统一的建筑物的柱心线上进行调查的结果,初期建筑物的斗栱形制为双抄5铺作第1跳偷心结构,柱心线上的斗栱结构具有"泥道单栱、重栱 + 素方 + 扶壁栱"的性质,斗栱形制逐渐变成单抄4铺作第1跳计心结构,并且柱心线上的斗栱结构"(1抄丁斗栱)泥道单栱(1抄丁斗栱)+素方"形态。以扶壁栱为基准,针对柱心包建筑能够得出如下结论:

第一,有出目(跳出);

第二,泥道栱上面平整地放有1个以上的素方(除替木外);

第三,过渡至朝鲜时代后,屋顶结构以悬山为主流。

"翼工"一词最早出现于文献《华城城役仪轨》(1801年),实物最早出现于朝鲜初期的牙山孟氏杏坛。❶《华城城役仪轨》中附图说明了翼工。从图中可以看出,呈现出没有出目(跳出)的结构。这是与高丽时代柱心包结构的特征相互不同的形式。但翼工式并不是总有华栱这一构材。这与总是有华栱的柱心包式相互区别,对此无法说明。它并不是严格意义上的斗与栱结合的含义。但考虑到翼工式同样仅在作为柱心包式的大特征-柱心线上构成,可以视为从柱心包式中分离的形式。考虑到朝鲜时代以后各种经济状况与政治局势或者建筑物造型上的变化,可以当做在结构简略化的必要性下应运而生的结构。此外,还可以考虑的是具有出目结构的柱心包式结构。在朝鲜后期,基本上出现了外二出目(中国称"第二跳"),第三跳以上的建筑物大部分由多包式构成。出目数量增加(跳数量越来越多)意味着建筑物的规模增大,这种情况下,按照出目数量由多包构成的情况反而成为主流。位于地方的士林建筑,以儒教理念中的简朴作为主旋律,采用了简略化的结构;而关于寺院,除了主佛殿的大雄殿或极乐殿等的附属建筑物,大部分采用了翼工式。即,按照建筑物的性质与规格,进入朝鲜时代后,划分为简略柱心包式结构的翼工式结构与具有出目(中国称"跳出")的柱心包式结构而进一步发展。在这里,大规模和高级性质的建筑物由多包式构成,与柱心包式结构实现差别化。通过这种原理,可以推论如下栱包形式。

高丽时代:柱心包式、多包式

朝鲜时代:柱心包系统- 无出目的翼工式

出目的柱心包式

多包式系统

将朝鲜时代的柱心包式系统划分为无出目(中国称"没跳出")的翼工式与有出目(中国称"有跳出")的柱心包式的情况下,多少能够缓解目前具有争议的出目翼工相关分类问题。只是作为斗栱的结构要素,"栱"的结构仅通过重叠华栱形式而构成。但"栱"的定义为使用斗栱部材向建筑物的横向

中国建筑史论汇刊·第陆辑

❶[韩]朱南哲.韓國建築史.首尔:高麗大學校出版部,2000:451

或纵向布局,由段层或重叠型构成,支撑着"斗"或"昂"。即便是仅向建筑物的纵向构成的斗栱,不是不包含于斗栱的范畴之内,而是应看似包含在斗栱的范畴之内才符合道理。[1]因此,应将翼工式结构视作柱心包系统。

以栱包(中国称"斗栱")的形式分类建筑类型时,具有一定程度的局限性。今后要综合考察内部架构与表现原理、具体手法、斗栱等进行深入研究。

(3)韩国柱心包扶壁栱形制系统与中国扶壁栱互相比较分析

关于浮石寺无量寿殿的情况,它是采用泥道重栱的唯一建筑物,跟中国的梅庵大殿与延庆寺塔的扶壁栱形制差不多。比较浮石寺无量寿殿的内部架构与手法等方面,东北亚三国学者之间一直存在各种分歧。首先,对于包括浮石寺无量寿殿的江陵客舍门、修德寺大雄殿等,有将其视为受到南宋影响的产物的情况(日本-杉山信三)、将其视为风停寺极乐殿与修德寺大雄殿的中间形式(韩国-金东旭等)的情况,浮石寺无量寿殿、修德寺大殿以及江陵客舍门是最接近福建样式(中国-张十庆)的建筑物,仅仅观察扶壁栱与素方的手法,则明显与中国南方地区、广东、浙江地区具有相关性。并且这种形式也符合《营造法式》的总铺作次序规定。需要注意的一点是,在柱心线上采用了单斗只替,该部材可见于云冈石窟的石刻佛殿檐柱中,可推测在唐、宋时期抵挡官式建筑中所使用,在日本奈良时期法隆寺东院传法堂(761年)中也能够见到这种手法,其渊源非常久远。[2]

关于无为寺极乐宝殿的情况,其也是在朝鲜半岛独一无二的建筑物。它与中国福建、浙江地区的手法一脉相承,与福建泰宁的甘露庵南安阁(1165年)的斗栱结构也相似。无为寺极乐宝殿是朝鲜初期的代表性柱心包建筑物(1476年),位于靠近朝鲜半岛南海岸的位置,如果参考高丽时期海上贸易与佛教传播情况,可见很好地保存了过去的手法。[3]

风停寺极乐殿与高山寺大雄宝殿,其与中国敦煌壁画以及北方部分地区、福建、浙江地区的建筑物中表现出的扶壁栱的结构手法相似。尤其风停寺极乐殿,中国学者认为它具有朝鲜半岛新罗时代的古典手法比较多。[4]这种情况下,针对风停寺极乐殿扶壁栱采用的"泥道单栱+素方+扶壁栱"结构,可以假设两种情况。第一,假设朝鲜半岛固有的结构手法,部分从高山寺大雄宝殿中流传下来该手法,另一方面在修德寺大雄殿中向栌斗底部添加丁斗栱,采取"丁斗栱+泥道单栱+素方+扶壁栱"的形式。可以视为采用称为丁斗栱的梁方向加固部材,在修德寺大雄殿中首次适用。第二,假设受到中国建筑的影响,能够列举中国建筑中出现的与《营造法式》的比较。风停寺极乐殿"泥道单栱+素方+扶壁栱"(没有下昂)的斗栱形制是中国建筑物中北方一些的手法[5],不符合《营造法式》的规定。并且它是在日本古代建筑物中也没有的独特的朝鲜半岛的扶壁栱形制手法。[6]另外,比较斗栱的总铺作次序时,通过在大雁塔门楣线刻佛殿图、懿德太子墓壁画之三重阙、敦煌172窟南壁后殿、南禅寺大殿、大云院大殿等中出现的五铺作双抄

[1] 李剑平 编著. 中国古建筑名词图解辞典. 山西科学技术出版社, 2011:16 // 梁思成. 清式营造则例. "大式建筑斗栱上与建筑物表面平行, 置于翘或昂上略似弓形之木"

[2] 潘谷西, 何建中.《营造法式》解读. 南京: 东南大学出版社, 2005:84

[3] [日]杉山信三. 韩國的中世建築. 相模書房, 1984:337

[4] 张十庆. 从样式比较看福建地方建筑与朝鲜柱心包建筑的源流关系. 华中建筑, 1998(3):111-119

[5] 山西芮城广仁王庙大殿是"泥道单栱+素方+扶壁栱"的形制。

[6] 徐怡涛. 从公元七至十六世纪扶壁栱形制演变看中日建筑渊源. 故宫博物院刊, 2009(01):37

第一跳偷心或偷心造的斗栱形象，能够得出中国北方地区，如陕西、甘肃、山西等北方地区的建筑要素比较突出的结果。

修德寺大雄殿之后，以这种形式为基础的建筑物开始出现，可见，木匠们通过实践总结出了丁斗栱从结构层面有利的现场经验。

四　结　论

仅以韩国柱心包建筑物为对象，分析整体韩国古建筑物的柱心线上的斗栱结构存在局限性。但柱心包所具有的特征从高丽时代一直延续至朝鲜时代，与其说翼工式结构是独立于柱心包的斗栱类型，不如说它是高丽柱心包的结构过渡至朝鲜柱心包的过程中出现的产物。并且，韩国柱心包结构采用中国南方地区建筑特征中的丁斗栱等，而凤停寺极乐殿则具有朝鲜半岛古新罗或中国北方地区的特征。

斗栱变化的背景中规格高、规模大的建筑物使用的斗栱形式的主流从柱心包转变为多包，其原因可以归结为朝鲜中后期经济环境、木材的缺乏以及集约华栱形态的设计效果的韩国特有的倾向。

参 考 文 献

[1] [北宋]李诫.营造法式.北京：人民出版社,2007

[2] 梁思成.梁思成全集(第七卷).北京：中国建筑工业出版社,2001

[3] 张十庆.中国江南禅宗寺院建筑.武汉：湖北教育出版社,2002

[4] 潘谷西,何建中.《营造法式》解读.南京：东南大学出版社,2005

[5] 曹春平.闽南传统建筑.厦门：厦门大学出版社,2006

[6] 李华东.朝鲜半岛古代建筑文化.南京：东南大学出版社,2011

[7] 李剑平 编著.中国古建筑名词图解辞典.山西：山西科学技术出版社,2011

[8] 张十庆.从样式比较看福建地方建筑与朝鲜柱心包建筑的源流关系.华中建筑,1998(3)

[9] 徐怡涛.公元七至十四世纪中国扶壁栱形制流变研究.故宫博物院院刊,2005

[10] 徐怡涛.从公元七至十六世纪扶壁栱形制演变看中日建筑渊源.故宫博物院院刊,2009

[11] [韩]朱南哲.韩国建筑史.首尔：高丽大学校出版部,2000

[12] [韩]金东旭.(改正)韩国建筑의历史.技文堂,2007

[13] [韩]김왕직.알기쉬운한국건축용어사전(韩国建筑用语词典).동녘,2007

[14] [韩]营建仪轨研究会.營建儀軌.동녘,2010

[15] [韩]김영덕.韓國木造建築의翼工樣式에關한研究.弘益大碩論,1983

［16］［韩］柳成龍. 出目翼工 의 起源과 變遷過程에關한研究. 高麗大碩論, 1991

［17］［韩］최고은. 柱心包式 表現原理에關한研究. 韓國建築歷史學會, 2005

［18］［韩］田鳳熙. 朝鮮後期對淸認識 의 變化 와 中國風建築要素 의 流行. 大韓建築學會學術發表論文集, 2006

［19］［韩］凤停寺极乐殿修理实测调查报告书. 文化财厅, 2001

［20］［韩］浮石寺无量寿殿精密实测调查报告书(上)、(下). 文化财厅, 2002

［21］［韩］无为寺极乐宝殿修理实测调查报告书. 文化财厅, 2004

［22］［韩］高山寺大雄宝殿精密实测调查报告书. 文化财厅, 2005

［23］［韩］修德寺大雄殿精密实测调查报告书. 文化财厅, 2005

［24］［韩］浮石寺祖师堂修理实测调查报告书. 文化财厅, 2005

［25］［日］杉山信三. 韩国的中世建筑. 相模書房, 1984

［26］［日］澤村仁 等. 新建築學大系 2 日本建築史. 彰國社, 1999

乡土建筑研究

晋江市青阳镇传统住宅的风格演进
及其历史原因

张力智

（清华大学建筑学院）

摘要：本文基于对福建省晋江市青阳镇梅岭组团 29 个传统建筑的测绘，从形式上将当地住宅分成四类——明代传统大厝、清末传统大厝、早期番仔楼和晚期番仔楼。在对不同时期建筑的风格特征进行简要归纳之后，本文将建筑风格的演进与海上贸易、人口、移民等诸多历史因素相互参证，以求从历史的角度解释闽南传统建筑自明末以来的发展过程。

关键词：闽南，晋江，大厝，建筑历史，风格演进

Abstract：Based on a thorough survey of 29 most typical traditional residences in Qingyang Town（Jinjiang City，Fujian Province），this paper aim to reconstruct the stylistic evolution of MInnan（Southern Fujian Province）residence in regional historical context. In this paper，all the surveyed residences are classified into 4 different styles，each of which corresponds to a specific period. Stylistic evolution and transformation，which can be clarified form the comparison between each two adjacent periods，will be connected to，as well as interpreted by various historical factors，such as maritime trade，trade boycott，war，population growth and immigration. The evolution of these residences，as a typical case of Minnan vernacular architecture，is a mirror of local history.

Key Words：Minnan，Jinjiang，Traditional residence，Architectural history，Style evolution

一 历史背景与分期

2010 年 8 月，清华大学建筑学院乡土组对晋江梅岭街区的 29 座传统建筑进行了测绘。这些建筑集中分布于晋江市青阳镇的梅山村、梅青街道、桂山村、蔡厝村和竹树下村，其中蔡厝村以蔡姓为主，竹树下村以李姓为主，其他村落则以庄姓为主，我们的测绘主要集中在庄氏家族的聚居区内。这里宗族关系相对稳定，测绘建筑时间跨度大，风格流变清晰，是闽南建筑研究的难得样本。（图 1）

闽南地区人多地少，居民以海为田，海上贸易发达。贸易过程中，闽南人也随着商船移民到世界各地，尤其是鸦片战争之后，由于内地农村土地饱和、苛税增多、匪患频仍，向海外移民确实是不得已的选择，清末的晋江侨民大都前往菲律宾从事粮食业和零售业。海洋贸易的冷暖也直接影响着晋江住宅的建造。

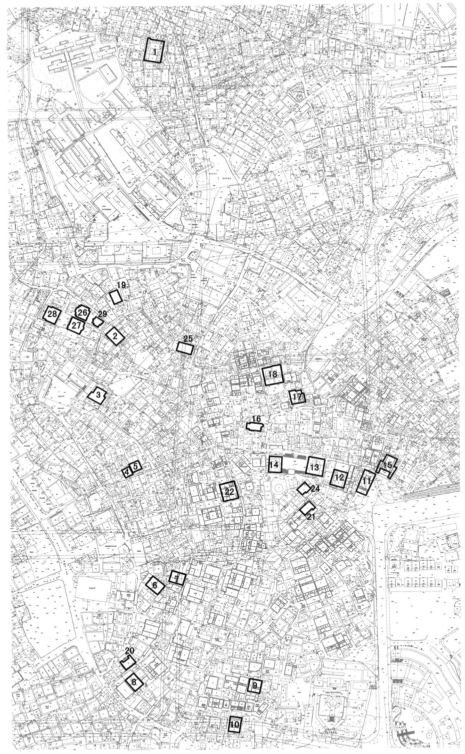

图 1 晋江梅岭组团测绘建筑分布图

(张力智绘)

首先是海禁所带来的波动。闽南地区繁荣的海上贸易有两个"休止符"——明初至隆庆年间,清顺治十八年至康熙二十三年的两次海禁。对应到当地建筑上,我们没有找到隆庆之前的住宅,却能看到明末壮观的布政衙。在梅岭组团中,也没有太多清初和清中期的建筑遗迹,待到清末繁荣再次出现,其风格已与明末迥然不同。影响当地住宅建造的另一个重要因素是海外汇款的波动。有关统计表明,侨眷家庭80％的收入都来自海外华侨的汇款。[1] 有的华侨从小便漂洋过海,一生很少回家,向家中汇钱,在家乡建房是他们表达家族忠诚感或者实现家庭支配力的一种常用方式。建房需要财力支持,侨汇稳定与否也会在建筑中明确表现出来。譬如1929年东南亚金融危机,1937年抗日战争爆发,1960年国内的政治变革,这些事件都使侨汇减少或中断,在相应的时间节点上,青阳镇也几乎没有大的建造活动。

海外移民也带来了异域的建筑风格,侨居国家不同,带回的建筑风格也有差异。1946年,获得独立的菲律宾为阻挡中国难民,开始以多种方式限制华人入境。无奈之中,晋江移民转向香港。从1940年代后半期至1950年代初,晋江移居香港的人数达4至5万人,而流向东南亚国家的人数则不足1万人。[2] 因此1945年之后,青阳镇的建筑风格也发生了明显的变化,从前常见于菲律宾的西班牙砖砌拱券柱廊消失了,代之以香港地区常见的新古典主义立柱和柱廊。

综上所述,由于历史发展的种种原因,晋江青阳镇现存传统建筑可被分为前后四个阶段,相应对应着四种风格。第一阶段,也就是第一种风格是明末传统大厝,这些大厝构件粗壮,装饰较少,多用大额式构架,时间上从明代隆庆年间至清顺治年间,是两次海禁之间的繁荣。第二阶段是清末民国的传统大厝,我们测绘的大部分大厝都在此列,它们装饰较多,且逐渐多用石材,时间上约从光绪年间开始,到抗日战争爆发结束。第三阶段建筑可称为前期番仔楼,主要特征是大量使用罗马风的砖柱和砖砌拱廊,建筑布局多是传统大厝的变体,时间集中在20世纪30年代。第四阶段建筑可称为后期番仔楼,主要特征是大量使用古典柱式和柱廊,装饰多有Art-deco风格,时间集中在20世纪50年代。

四个阶段的建筑被几个重要历史事件明确地划分开来。清初的严酷海禁摧毁了当地的经济,清末大厝也与明末大厝呈现出迥然不同的风格。民国之后晋江人大量移民菲律宾,西洋的建筑风格遂与传统大厝结合起来。1946年后侨民转向香港,使得1950年代的番仔楼又与1930年代不同。晋江地区的建筑,可以说是整个南洋地区海洋贸易、移民和文化交流的见证。

二 明代传统大厝

青阳镇保存最好的明代大厝当属庄用宾故居,为明嘉靖年间所建;在我们的测绘建筑中,布政衙(测绘编号18)为明万历年间所建(分东西两院,顶

[1] 赵文骝. 晋江海外联系的变化与经济社会结构改. 华侨华人历史研究, 1999(01):"据《福建通志》记载,经调查,从1934年10月至1935年9月一年中,福建侨眷的每户平均收入,源于南洋汇款者占81.4％,来自当地收入者占18.6％。由此可见,当时侨汇占侨属生活费来源的绝大部分。新中国成立之后的前30年中,侨属倚重海外接济的状况实际上并无太大改观。"

[2] 吴泰. 晋江华侨志. 上海:上海人民出版社, 1994:229、231

落均已非原构）。基于这两座大厝，再参考大井口 4 号（测绘编号 11，疑为清初所建，其中下落已非原构）和靖海侯府（清康熙年间建造），我们可以大致了解明代传统大厝的建筑风格（图 2）。

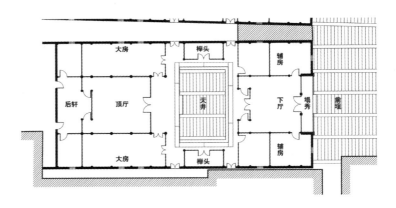

从下落布局来看，明代传统大厝的大门，中间三间做塌秀，且都为孤塌，塌秀全用木柱木板壁，形制上类似北方官式建筑中的金柱大门。入口内部常减柱以增大室内空间，如布政衙减去大门内明间金柱、中柱四根，庄用宾故居则减去大门内后檐柱两根。减柱后明间两缝梁架坐于横跨三间的大内额上，承受屋顶重量。

顶落部分，明代大厝的顶厅更加宽敞，譬如庄用宾故居中顶厅就占三开间，明间减柱后用横向大额承重，一如下落。五开间的住宅，顶厅就占了三开间，因此两侧只有两开间用作卧室，这与清末大厝中顶厅占一开间，两侧卧室占四间的格局不同。顶厅是主要的公共活动空间，因此卧室同时将门开向天井和顶厅。顶厅内部，太师壁也相应地占据三开间，次间板壁通常后退一步架，大厅形状由此变成"凹"字型。这样过门不开在次间，而是开在太师壁后的两个纵向板壁之上。

布政衙东西两厝下落、庄用宾故居中落、大井口 4 号的庄氏祖厝顶落皆是如此，这与清末做法不同。

结构上明代大厝常用减柱法及大额式构架。布政衙东西两厝下落当心间减柱，庄用宾故居下落、中落、后落当心间都有减柱，晋江靖海侯府（俗称施琅府）下落当心间也同样减柱。减柱之后，明间两缝架通常用横跨三间的大额承托，明间也不再用穿斗式，而改为类似于抬梁式的"插梁式"构架，因此也没有中柱，形成巨大的空间（图 3，图 4）。

就小木作而言，明代大厝中装饰朴素，内墙多用编竹夹泥墙，外侧披麻挂灰，这与清末大厝中木板壁隔墙不同。明代大厝中斗栱与官式做法更加相似，开窗兼用直棂窗与方格窗，后者在清末大厝中已很难见到。

图 3　明末传统大厝当心间减柱（庄用宾故居顶落）

（张力智 摄）

图 4　明末传统大厝横向大额抬梁节点（测绘编号 18）

（许琛 摄）

三　清末民国传统大厝

在我们的测绘建筑中，清末民国的传统大厝占据了很大一部分，共计 13 座。故此我们对这一时期的风格流变以及大厝建造过程有着比较详细的了解。13 座建筑除蔡妈贤宅外（测绘编号 17），主体部分均为五间张两落大厝，它们有的前有回龙，有的后有介土，有的单边护厝，有的双边护厝，但建筑的主体部分形制是基本类似的（图 5）。

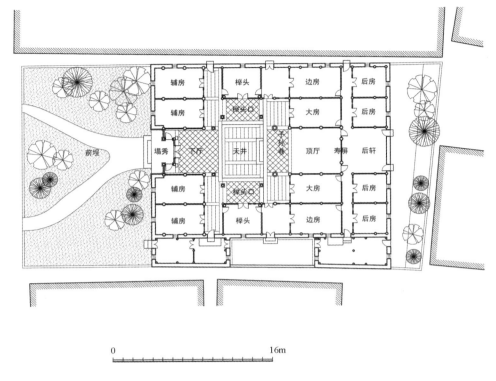

图5　清末传统大厝平面（测绘编号12）

（孙娜 绘）

0 ——————————————— 16m

　　在典型的清末民国五间张两落大厝中，下落当心间为入口，双塌呈"凸"字型平面。塌秀转角处有柱子，其上不对应缝架，只是象征性地将入口分隔成三开间。入大门之后便是下厅，只占当心一间，下厅两侧各有两间辅房，辅房门均开向天井。天井两侧各有榉头一间，后面则是顶落。在顶落中，顶厅占当心一间，两侧为大房、边房共四间卧室。太师壁一般一线拉直，当中有两"壁柱"，柱上没有缝架，只是象征性的将顶厅分成三间。太师壁两侧各有一小门通向后面的小厅，称后轩。后轩两侧另有四间较小的卧室，后墙上则有两扇小门通向下一进院落或建筑外花园。这就是一个清末民国时期五间张两落大厝的典型布局。

　　清末民国大厝与明代大厝相比，有几处明显的不同。首先清末大厝入口、下厅、顶厅都为一开间，但其中会有一些不支撑梁架的柱子，让这"一间"形成"三间"的错觉；想起前面说到的明代大厝，常通过减柱将当中"三间"合并为"一间"。不难发现清末大厝的做法是对明代传统的回忆和简化。为什么要将下厅、顶厅的空间压缩呢？这要看被压缩掉的空间做什么了——通过改造，下落、顶落一共多出了八间卧室，这是清中期之后闽南人口增加的直接结果。为了使梢间的边房容易进入，顶落檐柱与下金柱之间也完全开敞,做成宽阔的子孙巷。卧室收在金柱一线以内,大门多开向子孙巷,渐渐不再朝向顶厅。子孙巷也分担了顶厅公共活动空间的功能,因此这里的装饰也极为繁复(图6,图7)。

图6　清末传统大厝天井(测绘编号6)

(彭奕涛摄)

图7　清末传统大厝入口塌秀(测绘编号1)

(张力智摄)

清末大厝的一些转变与鸦片战争之后混乱的治安形势有关。内地民生越是凋敝,海外移民就越多,地方经济就越是依赖海外汇款。"外财"只能让一个个小家庭富裕起来,却没法"共同富裕",贫富差距加大,温情脉脉的宗族里出现了赤裸裸的阶级矛盾。再者当地一直就有封建械斗的恶习,阶级矛盾与宗族矛盾彼此重叠,暴力事件频繁发生,所以清末以来的闽南建筑特别重视防御。这一时期建造的传统大厝,大部分都会在顶落梢间二层设置角脚楼、梳妆楼,派专人进行瞭望把守,遇到危险时从二层射击。为了防盗,一些大厝不仅在塌秀外和天井上方设置铁栅栏,大门内要设置木质、石质几道门闩,门闩内还要设置机关防止飞贼从内部开门,就连一个小小的高窗,也要做成里外三层——最外层用石条砌筑,中间用铁栅栏强化,最里面用一道木板门保护——以此做到万无一失。

与防御相关的一个转变是石材在建筑中的大量应用。泉州地区本就盛产花岗岩石材,南安石砻石材远近闻名,惠安的青、白石雕也是首屈一指❶——这些地区均距晋江很近。采访中我们也发现青阳镇的石材的确来自南安地区。闽南地区空气潮湿,多台风,石材不怕风雨侵蚀,是较好的建材,只是易于断裂,难以大块开采。因此在明代大厝中,庄用宾故居仅是用条石(未打磨)砌筑镜面墙墙基,布政衙虽用堵石(经打磨过的石板)砌筑墙基,但高度和面积较清末大厝的群堵要小许多,再者两栋建筑都不用石材砌水车堵,足以说明当时石材的难得。但在清末以后,现代机器切割已进入南安的采石业中,石材更易取得,于是不但墙基用大块堵石砌筑(群堵高度也增大了),柱子、墙体都可以完全采用石材砌筑。尤其是塌秀部分,清末大厝塌秀依然用木墙木门——如竹树下李氏住宅(测绘编号 1 号)和孙厝头 56 号庄氏住宅(测绘编号 9 号),这使得木制塌秀成为整个砖房中最为脆弱的部分,易于被盗匪破坏。到了民国时期,大厝塌秀全用大石板砌筑,石墙外侧打磨平整并雕刻装饰,保护并炫耀着家中的财富。入口和天井周围的柱子,也已将下方易于被雨水侵蚀的部分改用石材。总之,那些容易自然损坏和容易人为破坏的木构件大量被石材取代。

石材取代木材的过程,也是华侨取代乡土士绅的过程,侨眷的住宅尤其喜用石材。清末李氏住宅(测绘编号 1 号)的修建者李德顺是当地乡绅,其子李玉芙通过经商发家修建此宅;岩前 32 号蔡氏住宅(测绘编号 17 号),是当地乡绅、粮食官员蔡搬生于 1909 年所建;孙厝头 56 号庄氏住宅(测绘编号 9 号)是 1910 年前后由当地乡绅庄汪伍建造。与这些当地乡绅修建的清末大厝不同,1920 年之后的传统大厝都与庄氏华侨有关。这些建筑见证了庄氏家族通过将家族成员向菲律宾侨居,从而获得经济上巨大优势的那段历史。

房子是华侨建的,建房时间也就与南洋地区的政治经济局势紧密相关。从大厝落成的时间来看,以 1931—1936 年之间居多,民国时期一座大厝需要近两年的时间才可建成。由此可以推知房子起建时间大约是 1929—1934 年——正是国际金融危机、而国内经济形势好转的年代。1938 年建起的后塘 80 号庄氏住宅(测绘编号 4 号)和 1939 年建起的后塘 32 号庄氏住宅(测绘编号 3 号)则是华侨因抗日战争被迫滞留中国大陆后,于家乡建起来自住的房子。下一个建房的高峰在 1945 年抗战胜利,侨汇再次畅通之后,以 1947 年建起的轩内 23 号庄氏住宅(测绘编号 7 号)和 1946 年建起的书斋内 25 号李秀丽宅(测绘编号 19 号)最为典型。青阳地区建房的节奏是

❶蒋钦全.浅谈闽南传统建筑的几种特色工艺.古建园林技术,2008(04)

东南亚地区政治经济形势的准确反映（表1）。

表1　清末大厝统计表

建造年代	编号	位置	房主		建筑形式	
			姓氏	职业	塌秀材质	脚角楼数量
清末	1	竹树下	李氏	商人	木材	2
1909 年	17	岩前 32 号	蔡氏	粮官	石材	1
1910 年前后	9	孙厝头 56 号	庄氏	乡绅	石柱木板壁	0
1910 年	25		庄氏		石材	2
1920 年代	8	轩内 56 号	庄氏	侨眷	石材	0
1923 年	2	后塘 126 号	庄氏	侨眷	石材	2
1931 年	10	孙厝头 35 号	庄氏	侨眷	石材	2
1935 年	12	大井口	庄氏		石材	2
1935 年	15	大井口	庄氏	侨眷	石材	2
1936 年	6	轩内 35 号	庄氏	侨眷	石材	2
1939 年	3	后塘 32 号	庄氏	侨眷	石材	2
1947 年（存疑[1]）	7	轩内 23 号	庄氏	侨眷	石材	2
民国	22		庄氏		石材	2

[1] 此处引用晋江市文物普查登记表数据，未经核实，故而存疑。

四　前期番仔楼

　　与民国大厝在建造时间上有所重叠的，是前期番仔楼。测绘建筑中，前期番仔楼共有三座，它们分别是 1932 年建成的后塘 79 号庄荣远宅（测绘编号 5 号）、1938 年建成的后塘 80 号庄氏住宅（测绘编号 4 号）以及 1946 年建成的书斋内 25 号李秀丽宅（测绘编号 19 号）。测绘数量虽然不多，但类似建筑在青阳镇并不少见，闽南地区的近代建筑中也经常见到（图8）。

　　前期番仔楼的特征是：①建筑布局与传统大厝多有相似之处，平面中有明确的塌秀、天井、顶厅和护厝，立面中则有明确的柜台脚、群堵、身堵和水车堵；②建筑正立面二层常有拱券式外廊，砖砌柱子，柱头用砖叠涩砌出线脚，上砌圆拱或三心拱；③与传统大厝的居住者多为侨眷不同，番仔楼多为归国华侨修建后自住。

　　前期番仔楼可视为传统大厝的"二层变体"。以后塘 80 号庄氏住宅（测绘编号 4 号）为例，其一层立面与三间张两落单边护的大厝没有什么不同，一层平面也十分类似，二层省略下落，平面与三间张单边护欅头止式大厝类似。建筑二层有明确的顶厅，其内檐装修与传统大厝如出一辙；在顶厅后墙

图8　前期番仔楼正立面（测绘编号4）

（许琛 摄）

之上，也仿照传统大厝的"寿屏"开两个小门，但此处位于二层，开了门又无处可去，只在门外又做栏杆，形成了两个极窄的阳台。与此类似，后塘79号庄荣远宅（测绘编号5号）为三间张两落大厝的变体，只是其入口开在建筑左首而已；书斋内25号李秀丽宅（测绘编号19号）为三间张两落单边护大厝的变体，它将顶落之前的部分完全省略，代之以一长列宽敞的外廊。

　　前期番仔楼的另一特点就是外廊用砖砌拱券支撑。从前研究者们往往将外廊作为番仔楼的标志，但较少考虑外廊的风格问题。事实上，前期番仔楼中的砖砌拱券，只用于建筑正立面中，有罗马式（Romanesque）建筑的遗风，外形上与文艺复兴时期意大利建筑中的外廊（Loggia）比较相似，这种形式较多见于南欧地区，也因西班牙的海外殖民而传播至加勒比海和东南亚。相比之下，近代建筑史中通常而言的外廊式建筑（Veranda Style）则较常见于北美、澳大利亚和印度等英国殖民地，外廊（Veranda）一词也源于印度，特指那些布置于建筑入口，用框架承重而非拱券承重的檐廊，与古典建筑的柱廊（Colonnade）类似。两种外廊式建筑因其来源不同，"宗属国"的海外殖民区域不同，而具有不同的影响范围。今天对风格和概念的模糊多是因为19世纪英国殖民地的强势扩展，人们将所有的殖民地外廊都用英文称作Veranda而已。要是了解了两者之间的区别之后，就可发现青阳镇前期番仔楼中的外廊具有明确的南欧风格，它很可能是受了菲律宾这一西班牙殖民地的影响，反映了晋江与菲律宾之间的紧密联系。

　　与侨眷们建造传统大厝不同，前期番仔楼大都是华侨们在打算亲自回乡居住时修建的。我们测绘的三座番仔楼，分别建成于1932年、1938年和1946年，以每幢建筑需一年建成计算，它们分别建于1931年、1937年和

1945 年,这分别是东南亚金融危机、抗日战争爆发和抗日战争胜利的年份,也是华侨回乡(或无法再去菲律宾)的关键节点。

五 后期番仔楼

1946 年菲律宾独立,由于新政府严格限制华人入境,晋江人的移民目的地转向香港,此后番仔楼的风格也与之前发生了一些变化。在我们测绘建筑中,属于这类番仔楼的有:建于 1950 年代的两座庄氏住宅(测绘编号 20 号、21 号)、建于 1950 年代的庄财赐宅(测绘编号 27)、建于 1957 年的后塘 1 号苏千墅宅(测绘编号 16 号)、建于 1977 年的庄清泉宅(测绘编号 26 号),共五座(图 9)。

图 9 后期番仔楼正立面(测绘编号 16)

(张力智 摄)

后期番仔楼的特征有:①外廊用柱子,而非拱券支撑,柱子类似塔斯干柱式;②外廊不再仅仅局限于二层,而是每层都有外廊;③外廊也不再仅仅局限于建筑正立面,而是可以环绕建筑四周;④建筑四周往往有较大的花园,花园周围另有围墙围护;⑤建筑屋顶女儿墙常做装饰派(Art-deco)风格。

后期番仔楼外廊的变化明显受到英式殖民地风格的影响。英国海外殖民与新古典主义运动同步兴起,故而英国殖民地中的外廊式建筑也多用古典柱式。这种风格很可能经由香港影响了青阳镇住宅的建造。具体而言，后期番仔楼一层，尤其是入口位置设置外廊，这种做法与建筑史中通常所说的"外廊式建筑"（Veranda Style）中的门廊（Porch）相同，常见于北美、澳大利亚和印度，门廊之外常常是一个小庭园，人们坐在廊下，面对花园喝茶谈天，这种开放的生活与英国殖民地社区较为类似，而与传统大厝和前期番仔楼中的封闭的生活有较大不同。

生活趣味发生转变，除了香港取代菲律宾成为新的时尚风向标之外，治安条件的好转也是一个重要原因。民国时期闽南地区治安混乱，因此传统大厝在二层设置脚角楼，前期番仔楼在二层设置外廊用于瞭望巡逻，1950年后，局势趋于缓和，因此后期番仔楼将外廊置于一层，用于喝茶聊天，其心态舒缓放松了许多。

后期番仔楼的另外一个特征是装饰派（Art-deco）风格的大量使用。这种风格于1920年代开始于法国，随后在英国和美国流行，第二次世界大战之前即已逐渐衰退，后期常被视为花哨、炫富的象征。作为美国的殖民地，菲律宾首都马尼拉也曾在1920、1930年代建造了大量的装饰派风格的建筑，但这些建筑大量毁于太平洋战争和之后的菲律宾独立运动之中，保存至今的不多。有趣的是，在1940年代后期开始直至1950年代，装饰派风格大量出现在泉州地区民居的山花和女儿墙之上，而这正是装饰派风格在世界范围内全面萧条的时期。之所以出现这种现象，或许是回到家乡的华侨们对海外繁华的一种思念吧。

六 总 结

既往对闽南近代住宅的研究更为关注于那些"典型的"传统大厝与"洋味较浓"的"重要"近代建筑，它们采集自相当大的区域之中，历史背景各不相同，因此研究方法也以形式分析为主。现在用来描述外廊式建筑的"五脚基式"、"出龟式"、"塌秀式"即为这种研究方法的主要成果。只是这种研究涉及范围过广，不易梳理出相对明确的历史线索。与此相比，青阳镇的测绘建筑比较集中，历史相对统一，且有代表性，适宜将风格转变与历史发展结合起来，将既往研究进一步深化。

在这种思路的指导下，我们将这些测绘建筑分为四类：明末大厝、清末民国大厝、前期番仔楼和后期番仔楼，四类建筑分别对应着四个历史时期，相邻历史时期的建筑，风格上既有明显差异，又保持着很大的延续性。重要的历史事件——海禁、移民和战争——影响着建筑的发展；人口的变化，社会治安的变化，建筑技术的革新，移民目的地的转变等原因共同推动了建筑风格的转变。多样的建筑形态背后，是当地历史的复杂，本文只是一个粗浅的尝试。

《纯德汇编》"邑庙图"所示董孝子祠之历 史 考 证

萧红颜

（南京大学建筑与城市规划学院）

摘要：通过对宁波慈溪《纯德汇编》之"邑庙图"与相关史料的解读，考察慈溪董孝子祠作为慈孝文化缩影之滥觞及对城市形态变迁之意义所在。

关键词："邑庙图"，董孝子祠，地望，意蕴

Abstract：By "YI MIAO TU" of "CHUN DE HUI BIAN" and related interpretation of historical materials，research Dong filial son temple as a microcosm of filial culture on the Origin and the significance of changes in Urban form.

Key Words："YI MIAO TU"，Dong filial-son temple，location，meaning

历史地段中除却既存的历史建筑，还有那些已经湮废的、曾经与这些既存的历史建筑互为依存的建筑。解读既存的历史遗产、考释湮废的历史氛围是项有趣却艰难的事情。此文欲以一具体案例，表述可能的技术途径，以供交流和批评。

该文从宁波董孝子祠源流考辨的角度，通过对宁波慈溪《纯德汇编》之"邑庙图"与相关史料的解读，考察慈溪董孝子祠作为慈孝文化缩影之滥觞，分析地望、迁徙、配置、仪礼等相关内容，希冀对其意义回溯提供有力依据，以便更好地理解慈孝文化在城市形态变迁意义上的内涵与影响。

一　董孝子祠之时空定位

1. 时间定位

据南宋地方文献，唐玄宗时始置县治的慈溪是因东汉孝子董黯慈孝之举得名，这是目前所见最早之记载：

《(乾道)四明图经》(卷五)："县曰慈溪者，因邑人董黯孝养其母而得名。"

《(宝庆)四明志》(卷八)："董黯，字叔达，仲舒六世孙也。"虽然史载对其是否为董仲舒第六世孙存疑，倒是董黯确有其人。

有关东汉和帝时期的董黯(董孝子)，最早见于西晋《三国志·吴志·虞翻传》：

虞翻与王太守谈论"会稽人杰"，称会稽"是以忠臣系踵，孝子连闾"、"往者孝子句章董黯，尽心色养，丧致其哀，单身林野，鸟兽归怀，怨亲之辱，白日报雠，海内闻名，昭然光著。"

另作于南宋时期的《(宝庆)四明志》(卷八)有关史料的佐证，详述如下：

（董黯）事母孝。母疾，嗜句章溪水，远不能常致。黯遂筑室溪滨，板舆就养，厥疾乃瘳。比邻王寄之母以风寄，寄忌之，伺黯出，辱其母。黯恨入骨，母死，恸深切，枕戈不言。一日，斩寄首以祭母。自白于官，奏闻，和帝诏释其罪，且旌异行，召拜郎官，不就。由是以慈名溪，以董孝名乡。吴虞翻称之云：尽心色养，丧致其哀，单身林野，鸟兽归，怀怨亲之辱，白日报雠，海内闻名，昭然光著。今子城东南有庙，旧志谓即其故居，则黯本鄞人也。虞翻谓为句章人，据其徙居慈溪言之。

东晋虞预《会稽典录》中亦有"董黯，字孝治，句章人"之述。另有东晋木华《丹山图咏》"一条流水入句章，二仙圣德彰慈养"。按，唐代贺知章注："鲍全有圣德，董黯有孝行，俱出后汉时，传为四明山地仙也。"可知，四明（宁波）董黯之孝行声名赫赫。另外，唐《艺文类聚》（卷三十三）、《太平御览》（卷四百八十二）、清雍正《浙江通志》（卷一百八十四）、清《全唐文》录大历二年唐明州刺史崔殷《纯德真君庙碣铭》皆有引注。

自汉"以孝治天下"以来，官方表彰孝悌、举孝授官已为定制。作为慈溪初置县治时之县令，唐玄宗时房琯乃唐太宗时名相房玄龄之五世孙，后者因色养父母之孝举列为典范（《贞观政要》卷五）。那么，慈溪之名、孝行之举即于建置之初确立下来，也就不难理解了。

2.空间定位

历代慈溪孝子除董黯以外，实在不胜枚举，有代表性的如张无择（雍正《浙江通志》、《延佑四明志》）、孙之翰（"咸淳间令金昌年立位于董孝子庙右祀之"，雍正《浙江通志》、《四明谈助》）、冯履祥（雍正《浙江通志》、《四明谈助》）、城东王孝女（黄宗羲撰《孝女碑》）、钱秉虔（光绪《慈溪县志》卷三十二）、王应麟（雍正《浙江通志》、雍正《慈溪县志》）、向叙（雍正《浙江通志》、光绪《慈溪县志》卷二十八）、冯象临（《明史·孝义传》、雍正《浙江通志》）、王伯化（雍正《浙江通志》、光绪《慈溪县志》卷二十八）、俞贵阳（《溪上遗闻集录》卷三）、姜宸英（《清稗类钞》）、张刘氏（《明史·列女传》）、冯叔吉（光绪《慈溪县志》卷二十八）等，皆被悉心彰表；而与之相应的，更是营建了诸姓孝子祠、孝子坊（慈孝坊）。

可以说，慈溪之慈孝文化源远流长且脉络清晰，曾经在历代营建兴废中发挥了时隐时现、不可或缺的潜在作用。董黯（董孝子）因其特殊地位而受格外关注，逐渐因越来越沾染浓厚的官方色彩而形成独树一帜的孝文化样本。

据南宋楼钥（明州鄞县人）记载，董黯（董孝子）被北宋真宗诏封为纯德征君。而慈溪董孝子庙名改为"纯德"，则始于南宋嘉定时期（时值乾道与宝庆之间）。

楼钥"慈溪县董孝子庙记"："祥符元年冬，真宗皇帝封岱礼毕，诏赐号纯德征君。"

《（光绪）慈谿县志》（卷十四）之"经政三·坛庙上"："嘉定十四年（1221 年），邑令赵崇遂属乡先生杨简题"纯德庙"额，复附唐孝子张无择像于座侧，邑人张虑撰记。遂称董张二孝子庙。"

此"纯德"之谓正是清董华钧订修的《纯德汇编》（民国间四明张氏约园刻本，内附郡庙图、邑庙图等五幅）之命名缘由。据《纯德汇编》卷五"古迹"，可知慈溪县自汉至清所有与董黯（董孝子）有关之遗迹罗列如下：

孝子故宅 在县北郊外阚山右峰，慈湖书院之东。按旧志言灵应庙西，言普济寺西，又言阚湖之涘。旧谱言慈湖北滨，言阚峰南麓，又言浮碧山阴是也。今书院东为谈妙涧，野航桥跨其上。洞东即孝子故宅。宅东数十步为普济寺，寺东则灵应庙云。又有宅在大隐溪滨，盖与母就饮所居者。

慈母墓　在郡城南长春门外二里许。

孝子墓　在镇海县灵绪乡之黄杨奥。

慈　溪　在县北郊外一里阚湖上流，即孝子舍旁所涌之泉也。时人以子之孝著母之慈名其水曰慈溪，又名董溪。

大隐溪　在县西南三十里，黄墓浦之南，谢山之西，传称董孝子黯母思饮大隐溪水即其处也。

汲水潭　其址在大隐溪滨，今永昌潭之旁，尚有汲水沙渚存焉，即董孝子遗迹也。

慈溪巷　在县东南一里，以董孝子黯得名。

孝子井　在慈溪巷内，林家桥西。相传孝子所凿井甃尚存，古篆孝子董黯之井六字。

望母洞　在慈母墓侧至今营窟，隐然相传孝子庐墓时遇迅雷大风雨夜，于此省母焉。

滴泪潭　在慈母墓前，相传孝子每哭则乌翔墓庐以助悲哀，其泪滴久而成潭。

纯孝坊　在府城庙街之右为董孝子建，其建时年月暨所建之人皆莫可考，今毁。

纯德坊　在县治东二十八步，旧名崇孝坊。宋嘉定间令虞说为汉孝子董黯立。至景定中，令金昌年以孝子本号纯德徵君易今名。

慈孝坊　在县治南一百六十步，徐家巷内，旧名祈报坊，元至正二年，邑簿白桂为董孝子并其母易今名。

三孝乡坊　在徐家巷内，巷之庙旧惟董孝子专祠，元延祐元年，邑长乌马儿修庙以张孙二孝子附食，因建此坊于庙门首。今圮。

纯德世家坊　在金川乡去县一舍许。

慈溪桥　在县北郊外慈湖书院之西。其东数武即书院，又数武为孝庙，旧基即孝子故宅也。桥下之水迤逦如带名慈溪，南流入湖。

董孝子庙桥　在郡灵桥门外。

3. 董孝子祠之变迁

有宋以来，文人墨客著书颇丰。如宋杜醇《过董孝君祠》、明姚涞《出北郊过董孝祠遗址》、清王焯《谒南城董孝子庙》等。尤其是《纯德汇编》一书集录史料，使人们得以从零碎残存之史料中找到相对详尽的线索。

由汉至清，董孝子庙虽时有兴废、屡见迁徙，但庙祭之礼甚为讲究。南宋杨简《代朱县令祭董孝子文》有"谨以鸡黍之仪致敬"，元代慈溪县令乌马儿《重新董孝子庙告成祭文》有"特以少牢果蔬之仪致祭"，明代慈溪县令胡琼"谨以柔毛酒醴之礼"致祭。甚至，明清两代将祭祀费用纳入官方财政预算，如明代"钱粮杂办"规定"董孝子庙祭银十六两"，崇祯十五年始而每岁春秋致祭，清代《慈邑赋役全书》规定"董孝子庙春秋二祭，银七两"。

由附祀（城隍庙等）转为专祀，始于南宋建炎时期（故而前述乾道、宝庆所修地方志书才有详载之由）。有关历代迁址状况详述如下（表1）：

表 1　董孝子祠迁址状况示意

时　间	地　点	事　件
汉安帝延光三年（124 年）	A　慈湖以北阚山脚下	**始建**
唐开元二十六年（738 年）		县令房琯将句章县易名为慈溪县
唐代宗大历十二年（777 年）		明州刺史崔殷著《重修董孝子庙碑记》，与徐浩书碑、李阳冰撰碑合称**"三绝碑"**
南宋建炎三年（1129 年）	B　慈溪巷，今慈溪小东门一带	慈溪县令林叔豹**重建董孝子庙**
南宋绍兴三十二年（1162 年）	C　慈湖以北普济寺以西	明州户曹董邻摄慈溪县事，他是董孝子第三十八世孙，看到孝子庙狭窄简陋，于是**将庙迁至慈湖以北普济寺以西**，设前后两殿，增祀董母
南宋庆元二年（1196 年）		慈溪县令朱堂**重修董孝子庙**，定每年三月三日及重阳日，行三献礼。鄞县楼钥为之记
南宋嘉定十四年（1221 年）		慈溪县令赵崇遂请大儒杨简题写**"纯德庙"匾额**，置唐孝子张无择像于董孝子像侧，世称董张二孝子庙
南宋咸淳元年（1265 年）		慈溪县令金昌年于董孝子庙**东侧建张孝子庙，西侧建孙孝子庙**
元世祖至元二十三年（1286 年）	D　附于城隍庙	董孝子庙遭普济寺僧人毁坏，邑人迁董黯像附于城隍庙。另据元代《世德录》记载，董孝子庙毁于民火延烧
元成宗元贞元年（1295 年）	E　县治西南一百六十步徐家巷内	慈溪县主簿刘庆购地**建董孝子庙**，地点在县治西南一百六十步徐家巷内，筹建张孝子庙及孙孝子庙未果，**未久董孝子庙亦毁**
元仁宗延佑元年（1314 年）		邑长乌马儿于徐家巷旧址**重建董孝子庙**，并祀张孝子、孙孝子，世称**三孝祠**
元至元五年（1339 年）		邑长普化暨邑士刘文锷**建后堂**，增祀董母
明洪武二年（1369 年）		**朱元璋敕封"董孝子之神"**，令六月六日孝子诞辰，郡守率僚属致祭。越二年，郡守张琪以方便祭祀为由，**将慈溪董孝子庙迁至郡城宁波**。孙孝子因割肉疗亲毁伤身体，有违儒家孝道，被革去祭祀，迁出孝子庙。自此，**慈溪三孝祠变成张孝子专祠**
明正德十年（1515 年）	F	慈溪县令胡琼认为慈溪因董孝子而得名，不能没有祭祀专祠，于是在孔庙西侧文昌祠旧址**建崇孝祠**，设董孝子神主
明嘉靖二十二年（1543 年）	G	慈溪县令陈衷为扩建学宫，**将董孝子神主暂迁至乡贤祠**，改崇孝祠为敬一亭，打算于别处建董孝子专祠。不久陈衷去职，专祠未成

时　　间	地　　点	事　　件
明嘉靖三十五年 （1556 年）		倭寇侵扰慈溪，学宫及乡贤祠等化为灰烬
明万历四十六年 （1618 年）	H　慈溪南门附近	第五十六世孙董允升请于巡抚高举，于慈溪南门附近建董孝子庙
崇祯十五年 （1642 年）		建启孝祠于董孝子庙西侧

（据志书、《纯德汇编》等整理）

图 1 所示为董孝子祠变迁的内容，是根据历代方志和董姓族谱《纯德汇编》综合整理而成的，意在厘清"南门董孝子祠"之由来与地位。值得注意的是董孝子庙迁至郡城（即宁波府）和迁至南门内两次事件。

《（光绪）慈谿县志》（卷十四）之"经政三·坛庙上"："明洪武二年，令岁祭于郡，遂革其祀。"（据《成化府志》、《纯德汇编》）"洪武二年厘正祀典封为董孝子之神，着令六月六日诞辰，郡守率僚属致祭，越二年，太守张琪以行县非便，迁像立庙郡治南。"

同上："万历四十年，巡抚高举新建祠于南门内，每岁春秋致祭（雍正慈溪县志、纯德汇编），五十六世孙允升请于巡抚高举，复建祠于南门内，邑人杨守勤有记，岁以二月十三日致祭，系讳日也。崇祯十五年，后裔允茂请于巡抚，董象恒复秋季于丁后一日，举行末年允行子又嘉复建启孝祠于孝子庙右。"

（明）杨守勤"南城新建董孝子庙记"："国初高皇帝秩正百神，而孝子特命知府致祭，因移祀郡城。正德间，前令胡琼建崇孝祠于学宫侧，以奉本邑祀事。嘉靖时，寇难学宫毁，祠亦烬。邑之人每嗟瞻仰之无从，而孝裔允升方领乡荐即请诸大巡高公举复其祀。旋皆诸弟庠生允茂等建庙于南城，以肖像其内。规制宏宽，灌献有所。"

简而言之，董孝子祠择址事宜详见上述。"南门董孝子祠"是迁址的最终所在，明洪武二年曾迁建宁波郡城。

另外，值得一提的是遗存至今之张孝子祠。

《（光绪）慈谿县志》（卷十四）之"经政三·坛庙上"："张孝子祠，县治西南，祀唐孝子张无择。宋嘉定十四年，邑人请于县，立祠宇于纯德董君庙侧，春秋配享，著作郎张虑记。元至正二十三年，为普济寺僧所坏。延佑初，附于董孝子之庙。明洪武二年，董孝子祀于郡，岁以重阳日专祀焉。"

自元成宗元贞元年董孝子祠择地建于徐家巷，至元仁宗延佑元年建董孝子祠并祀张、孙孝子祠为止，徐家巷张孝子祠旧址作为董孝子祠于慈溪县城中历经变迁之一处所在，是目前仅存的遗址，意义非同寻常。（按，通过比对现场实物保存状况，可惜现存张孝子祠与祠堂形制不甚相合，故其仅为基址意义上的历史佐证而已。）

前述董孝子祠历史变迁频仍，曾偏安寓居于城隍庙、文庙等处，且因与张孝子庙、普济寺等关联密切，这里将县志图特别示意的、与慈孝有关的诸历史信息，均在此特别标注（图2，图3）。

有清以来，"南门董孝子祠"因其兼具私祠与公祠的双重内涵，对慈溪慈孝文化传承提供了最佳注脚。"南门董孝子祠"与钱孝子祠、武肃王祠共同位居扼要，推进了南门片区的定型与发展，并齐力彰显了慈孝历史文化。

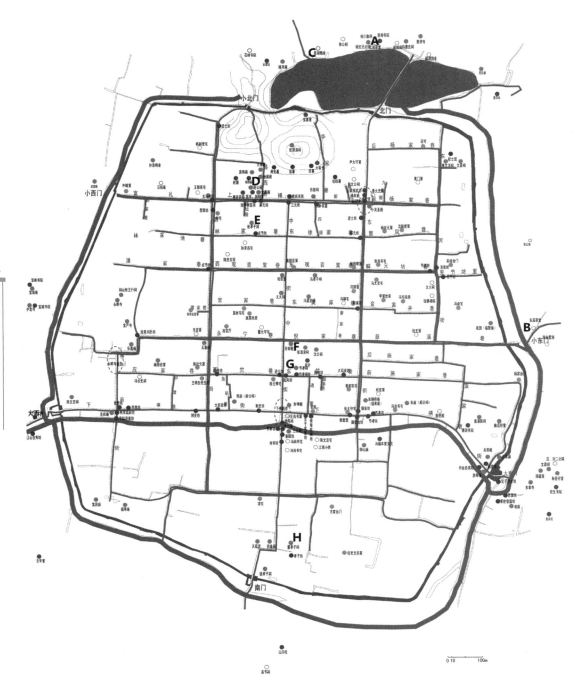

图 1　董孝子祠迁址状况示意

(据志书、《纯德汇编》等整理)

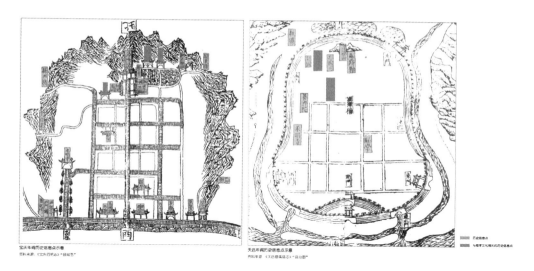

图 2　慈溪历史信息分布示意一

图 3　慈溪历史信息分布示意二

二　《纯德汇编》"邑庙图"所示"南门董孝子祠"之地望

　　笔者对慈溪"南门董孝子祠"片区的历史专项研究❶,是从以下两个层面展开的。其一为钩沉历史湮灭痕迹、辨识南门片区变迁动因;其二为理清慈孝文化构成,推测"南门董孝子祠"形制。

　　❶"宁波慈城古县城南门董孝子祠片区历史考证研究",慈城房地产开发公司委托,2010 年 4 月;该公司曾于 2004 年提供"1937 年慈城孝中镇地界图"给赵辰教授以备研究之需。笔者特致谢忱。

大体说来,主要的研究方式是将文献考释与实地踏勘、访谈求证相结合。除搜集各代方志以外,挖掘地籍房产资料(1937 年)以及族谱(董姓《纯德汇编》等),并核查《古镇慈城》中相关的内容。在整合各类文献或证据(包括相关保留建筑的测绘图纸)的基础上,采取图文互证的方式,尽可能地辨析"南门董孝子祠"所在片区的历史脉络和演变状况。

尤其关键的是,通过 1937 年的相对准确的历史信息状况,呈现出湮没与既存历史环境的情形,有助于更为深入地理解现存环境的来龙去脉。如图 4 所示,即利用"1937 年慈城孝中镇地界图"作为基底进行的区位示意,是将"南门董孝子祠"这一局部地块置于城市整体中去分析。

图 4 "南门董孝子祠"区位概览(自绘)

针对以上研究目标,因研究思路与方法涵盖和整合了城市历史研究的诸多层次,具体从以下两个层面表述:

其一,追溯"南门董孝子祠"的区位变迁,寻求自汉代以来董孝子祠在慈溪整个城市形态变迁过程中所经历的印迹。由此,理解董孝子祠作为慈孝文化的代表,曾对南门片区发展所起的文化建设意义。

具体而言,首先,通过分析《纯德汇编》中的"邑庙图"所表述的信息与线索(图 5),辨识"南门董孝子祠"的区位和构成,如与南城垣、启孝祠、贞节坊等相关内容的关联。

据《光绪慈谿县志》(卷十四)"经政三"之"坛庙上")记载,"南门董孝子祠"片区历史要素分析大致如下:

董孝子祠,县南门内祀汉董黯……万历四十年巡抚高举新建祠于南门内,每岁春秋致祭。

启孝祠,崇祯十五年,后裔允茂请于巡抚,董象恒复秋季于丁后一日,举行末年允行子又嘉复建启孝祠于孝子庙右。

按,自崇祯十五年以来,启孝祠与董孝子祠毗邻,此正与《邑庙图》中所示相合。

天后宫,县治南二里,祀天后神。五代莆田林氏女,元延祐元年封护国庇民广济明著天妃,天历二年加封福惠。国朝康熙二十三年诏封天后,五十九年奉旨春秋致祭编入祀典。县之,乾隆间邑人钱氏建,岁以春秋仲月辛日致祭。

药皇庙,县治南二里,祀炎帝神农氏。国朝乾隆初邑人钱象正暨子秉虔并建,四十八年象正孙继尹重修,咸丰十一年又修。

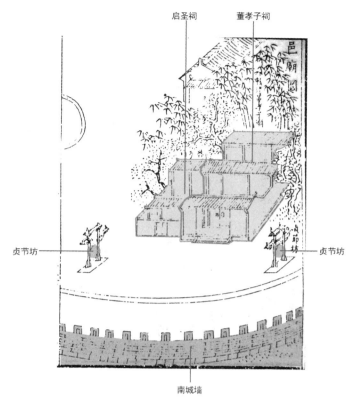

图 5 "邑庙图"历史信息分解

（资料来源：《纯德汇编》）

另，"风云雷雨山川坛"，按社稷坛今谓之北坛，风云雷雨山川坛谓之南坛，坛宇墙垣废圮日久，遂移北坛祭于城隍庙，移南坛于药王庙，后又移于骢马桥南三官殿，其南北郊旧址仅存。

按，另据《光绪慈谿县志》提及"县人以贩药为大宗，川湖等省亦无不至者"，慈溪商人掌控宁波商帮的药材业及成衣业。可以说，药皇庙有药商信仰的社会基础，恐怕不仅是钱氏慈善之私举。

钱孝子祠，县治南二里，国朝乾隆四十八年邑人钱继尹为其父，钦旌孝子钱秉虔建。

孝子坊，南郭门内，国朝乾隆四十八年，为钱秉虔立。（《光绪慈谿县志》（卷三）"建置二"之"坊表"）

钱王庙，县西北二十里，祀钱武肃王。国朝乾隆五十七年重修。

根据 1937 年地界所示"钱武肃王祠"与《光绪慈谿县志》所述钱王庙位置不符，查考钱氏后人钱宗保回忆录，钱氏地界最西为钱孝子祠，中间为钱王庙，再东是药王庙。比照光绪年间"县城图"与"1937 年慈城孝中镇地界图"，可以明确的是南门片区药王庙以东即天后宫；上述《光绪慈谿县志》记载的天后宫、药皇庙相关事宜均乃钱秉虔所为。

因此，大体可以确认的是，乾隆年间此四者的方位关系自东而西依次是天后宫、药王（皇）庙、钱王庙、钱孝子祠。1937 年四者所占地界是"钱武肃王祠"及其以东"农某某某"，此时天后宫应已废弃为农地了。1957 年中国建筑研究院所拍照片仅见钱孝子祠的孝子坊，此孝子坊北侧建筑群于20 世纪 50 年代初被拆毁殆尽（图 6）。

南门片区历史要素分布导引　资料来源：1937年地界图 慈城开发公司提供

1937年南门片区要素分布　资料来源：1937年地界图 慈城开发公司提供

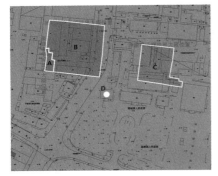

南门片区现存历史要素分布　资料来源：2008地形图 慈城开发公司提供

慈溪南门片区鸟瞰　资料来源：1957年中国建筑研究院拍摄

A 钱孝子祠孝子坊资料照片　资料来源：1957年中国建筑研究院拍摄

D 原宓氏故居现状照片

图 6 "南门董孝子祠"片区历史要素分析

（据"1937 年慈城孝中镇地界图"、1957 年中国建筑研究院拍摄资料整理）

　　总而言之，唐宋以来，东横街作为商贾往来之要地最为繁华，东横街以南的南门片区自元代始建天后宫，一改南门片区闲置荒芜状态。其后明万历四十年巡抚高举迁建董孝子祠，南门片区逐渐成熟，至乾隆初钱氏修建天后宫、药王庙并随后建造钱王庙、钱孝子祠后，南门片区终于达到鼎盛。天后宫毁弃时间不晚于 1937 年，药王庙、钱王庙、钱孝子祠（除孝子坊外）毁于 20 世纪 50 年代初，而董孝子祠于 60 年代才未被革除。迄今为止，兴建于民国期间作为义诊的宓氏故居，是南门片区仅存的、有价值的历史见证物。

　　另外，基于"1937 年慈城孝中镇地界图"中文字标识等相关历史信息，可以大体还原并区分家祠与公祠的分布状况（图 7），如此，则可补充说明董孝子祠作为公祭与钱孝子祠等私祭之间存在着的本质差异。

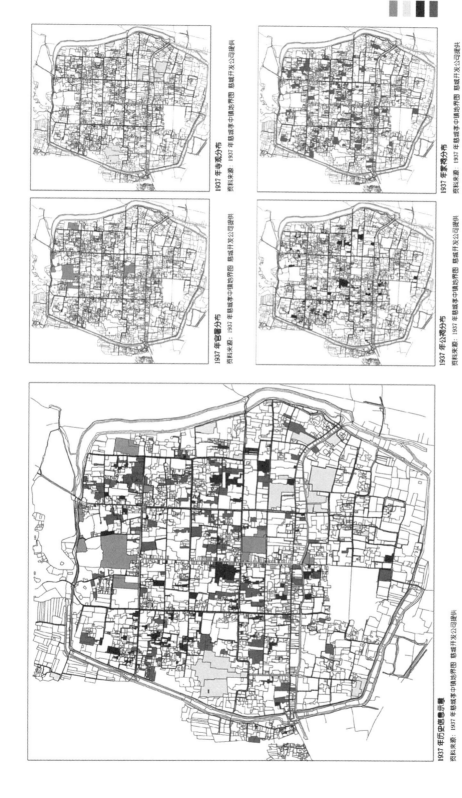

图 7 "1937年慈城孝中镇地界图"所示历史信息示意

《纯德汇编》「邑庙图」所示董孝子祠之历史考证

三 "南门董孝子祠"之意蕴

1. 董孝子祠发展动因

通过追溯城市形态变迁的诸因素,即城垣、水系道路及边界的兴废和变迁,可以有助于理解南门片区在慈溪整个城市形态的发展动因与状况。

有关南门及南城垣的文献记载如下:

《(天启)慈溪县志》(卷一):

> 丙辰冬经始,丁巳秋竣……城垣周延共一千六百四十三丈,约计九里余,高一丈九尺,城基二丈二尺,收顶一丈六尺,砖垛高六尺,共高二丈五尺。城门六处,东曰瞻岳,西曰莘宝,南曰拱寿,北曰拱辰。城楼四处。水门东西凡三处。月城东西南凡三处,马步六处。敌台城内外共三十一座。巡警所五所。垛口共两千三百八十八个。吊桥东西南凡三座。城内外各马路一带(阔狭不等)。沿城外濠河,约九里余,北门外半里,近山无濠。

《(光绪)慈溪县志》(卷二):

> (道光)二十年,知县蒋锡孙、训导诸星杓,以英吉利犯定海,捐资缮修。二十五年,于东西北三城上各建敌楼,独南门未建,防火灾也。咸丰十一年,粤匪陷城。同治元年四月,收复。县丞孙绍芬申报,递贼占据时城俱完固,及其窜退,雉堞窝铺一概残毁。二年,知县赵曾逵筹款修葺。四年,添造南门敌楼一座。

"慈城形态变迁示意(城垣)"一图表明(图8),慈城因明嘉靖倭患城垣始成,南门曰拱寿。据"图8"中的第三幅内容所示,可见图中所绘南门月城。尽管文献记载不详,推测自雍正至道光间南门城楼与月城已有变动毁坏的可能,才导致《光绪慈谿县志》描述道光二十五年添造与否的记载。其后,同治四年添造的南门敌楼当指南门城楼。1938年慈溪城墙及城楼均拆毁。

慈溪筑城大体可以分为以下三个阶段:其一是唐宋至明中叶以前(即未筑城墙阶段),其二是明中叶至1937年(即修筑城墙阶段),其三是1938年至今(即拆毁城墙阶段)。

慈溪地处宁波平原北部多山地带,地势偏高。慈溪县境内的"慈溪江"分大江与小江两段。

《肇域志》(卷十三):"慈溪江……至丈亭县西南五十里乃岐而为二:大江,由车厩县西南四十里,历西渡经府城之北,至大浃口入于海;小江,直至贯县城中,由骢马桥出东郭。"

《清史稿》(志四十七·地理十二):"前江历车厩岭抵大浃江口,会甬江。后江贯城壕,出东郭……南抵西渡,会前江。"

《(光绪)慈溪县志》(卷八):"小江即后江也。"

自唐令建邑之初,到宋《(开庆)四明续志》记载修凿管山江为止,小江逐步从境域江流演化为境内河流,为慈溪物资集结及沿岸商业发展进一步提供了契机。

由《(宝庆)四明志》所载《慈溪县治图》可以明确的是,宋代小江与慈溪县城内水系贯通一气。小江作为唐宋以来慈溪县城范围内相对稳定的南北分水岭,对明清以后的内城格局产生了重大影响(图9)。

由"慈溪形态变迁示意二(水系)"一图可知(图10),与前述筑城阶段划分相对应的是,慈溪县城形态反映的道路水系桥梁演变乃城市从小江以北的核心片区向城墙四至逐步拓展的过程,如左图所示。值得一提的是,自嘉靖筑城始,小江即为县城横亘大东门至大西门的内河。

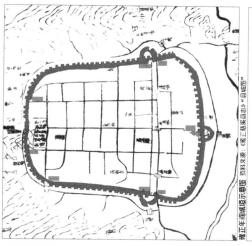

雍正年间城垣旧示意图　资料来源：《雍正慈溪县志》"县城图"

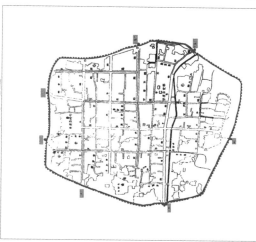

1947年间城垣示意图　资料来源：慈城开发公司提供 "1947年慈城孝中镇地图"

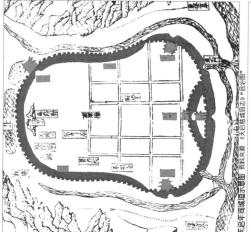

天启年间城垣示意图　资料来源：慈城开发公司提供 "1937年慈城孝中镇地界图"

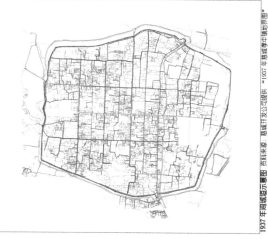

1937年间城垣示意图　资料来源：《天启慈城县志》"县城图"

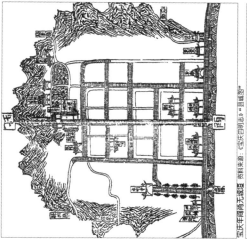

宝庆年间尚无城垣示意图　资料来源：《宝庆四明志》"县城图"

光绪年间城垣示意图　资料来源：《光绪慈溪县志》"县城图"

图 8 慈城形态变迁示意（城垣）

（据相关资料整理）

《纯德汇编》「邑庙图」所示董孝子祠之历史考证

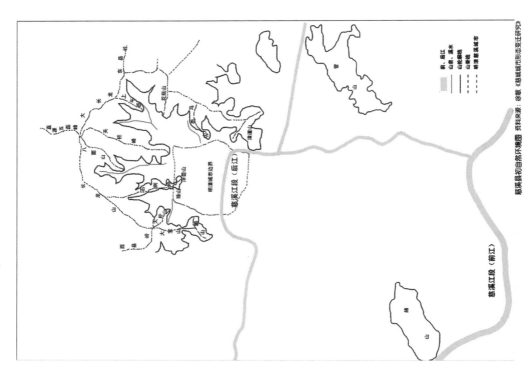

慈溪县初创自然环境图 资料来源：徐敏《慈城城市形态变迁研究》

慈溪江段（后江）

慈溪江段（前江）

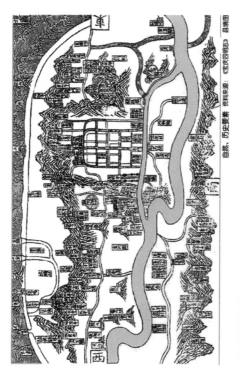

自然、历史要素 资料来源：《宝庆四明志》县境图

自然、历史要素 资料来源：《天启慈溪县志》县境图

图 9　慈溪形态变迁示意一（水系）

（据相关资料整理）

宝庆年间道路水系桥梁示意

资料来源:《宝庆四明志》"县城图"

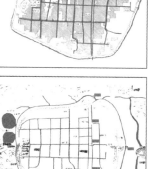

雍正年间道路水系桥梁示意

资料来源:《雍正宁波府志》"县城图"

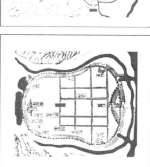

光绪年间道路水系桥梁示意

资料来源:《光绪慈溪县志》"县城图"

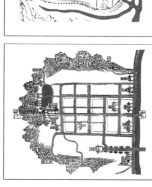

1937年道路水系桥梁示意

资料来源:1937年慈城镇中镇地界图 慈城开发公司

天启年间道路水系桥梁示意

资料来源:《天启慈溪县志》"县治图"

1947年道路水系桥梁示意

资料来源:1947年慈城中镇地籍图 慈城开发公司提供

1982年道路水系桥梁示意

资料来源:1982年慈城地形图 慈城开发公司提供

2001年道路水系桥梁示意

资料来源:2001年地形图 慈城开发公司提供

2004年道路水系桥梁示意

资料来源:2004年地形图 慈城开发公司提供

2008年道路水系桥梁示意

资料来源:2008年慈城镇地界图 慈城开发公司提供

图10 慈溪形态变迁示意二(水系)

(据相关资料整理)

根据《天启慈溪县志》（卷十二）所载"日有小舡鱼叟舡往来货易"，可以认为，明代自筑城墙以后这一内河，对沿河商街的商业贸易状况起到关键的作用，且一直稳定至民国时期。这一决定性的因素直接影响了下横河以南片区的区位特征。下横河以南片区，唐宋以来始终处于闲置状态，随着元延祐年间建天后宫、明万历年间董孝子祠以及清乾隆年间钱氏钱孝子祠并修药王庙等举措，才逐渐确立了片区的自身地位与影响。

大体而言，南门片区水系与道路皆为下横河的分支延伸，这是南门片区最为显著的特征。可以说，从中街跨越小江的骢马桥延至南门的南街由于天后宫等公共空间之故，导致所曲折逶迤，也就可以理解了。

2. 边界变迁

"慈溪形态变迁示意（边界）"一图表明了特殊意义（图11）。考虑到边界变迁是慈溪形态变迁结果的最为直观而有据的因素，因而尝试通过对各时期（特别是"1937年慈城孝中镇地界图"与现状地形图）相关资料比对，加深理解南门片区形态的拓展与变迁的节奏与深度。如下图所示的是各时期整体形态四至边界即建造基址界线与城墙的关联度示意。

在前文追溯董孝子祠形态变迁的前提下，下文所述的形制研究可以说是与之相辅相成的内容。为便于对比分析，以下"其二"乃相对于第一节"其一"而言。

其二，追溯"南门董孝子祠"的形制特征，寻求慈溪董孝子祠作为祠堂形制的专有类型，在慈溪整个城市形态中所具有的特征。由此，理解"南门董孝子祠"作为慈孝文化的代表，曾对南门片区发展所起的标志意义。

具体而言，首先，通过分析慈溪祠堂（尤其是慈孝祠堂）的历史分布（图12）及现存状况（图13）（如张孝子祠等测绘资料），探寻慈溪本土祠堂的形制认识（图14）。若将现状测绘资料（右）与"1937年慈城孝中镇地界图"（左）叠合，可以粗略地将现存实物（中）的历史环境重现或复原，有助于增大历史真实的认知深度。

更为重要的是，尝试如何通过比对宁波董孝子庙等相关内容，从而达到理解"南门董孝子祠"的形制特征的可能（图15，图16）。

据《纯德汇编》所绘《邑庙图》、《郡庙图》，可以大体示意慈溪"南门董孝子祠"和宁波董孝子祠的形制。而且，《纯德汇编》并未记载"南门董孝子祠"自明万历四十六年迁至此地以来的地界变动状况，姑且推测"1937年慈城孝中镇地界图"中所示董孝子祠的区位和尺度，与明万历以来相合。1957年中国建筑研究所拍摄照片中尚可辨识。值得一提的是，慈溪"南门董孝子祠"与宁波董孝子祠地界尺度基本一致，进深方向均为50米左右。宁波董孝子祠尽管数次迁址修复，但现状格局及细部样式若与《纯德汇编》图示相比照，反映出的祠庙形制特征仍可供参鉴。

另外，搜集与慈孝祠堂密不可分的牌坊资料，来理解南北董孝子祠片区在空间营造上的意匠（图17，图18）。此不赘述。

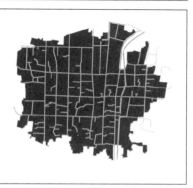

光绪年间边界示意

资料来源:《光绪慈溪县志》"县城图"

1937 年边界示意

资料来源: 1937 年慈城镇中镇地界图 慈城开发公司提供

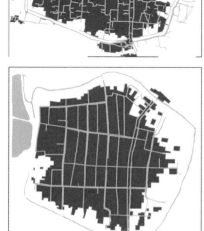

1947 年边界示意

资料来源: 1947 年慈城镇中镇地界图 慈城开发公司提供

1982 年边界示意

资料来源: 1982 年慈城镇地图 慈城开发公司提供

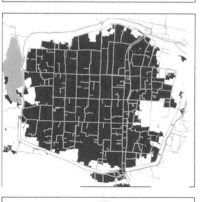

2001 年边界示意

资料来源: 2001 年地形图 慈城开发公司提供

2004 年边界示意

资料来源: 2004 年地形图 慈城开发公司提供

2008 年边界示意

资料来源: 2008 年地形图 慈城开发公司提供

护墙边界

各时期边界叠合示意

图 11 慈溪形态变迁示意(边界)

(据相关资料整理)

《纯德汇编》《邑庙图》所示董孝子祠之历史考证

慈城祠堂明清以来分布示意 资料来源：钱文华《明清以来慈城祠堂目构祠堂地图（部分）》

慈城祠堂1937年分布示意 资料来源：慈城开发公司提供 1937年慈城季中镇地界图

■ 37年地界图中尚存之公祠

■ 37年地界图中尚存之家祠

图12 慈溪祠堂历史分布示意
（据相关资料整理）

③ 应氏承启堂

⑤ 郑氏家祠

⑦ 钱氏祠堂

⑨ 韩姓祠堂

① 张孝子祠

② 陈氏庆余堂

④ 刘氏祠堂

⑥ 冯氏宗堂

⑧ 叟姓祠堂

■ 1937年地界图所示祠堂

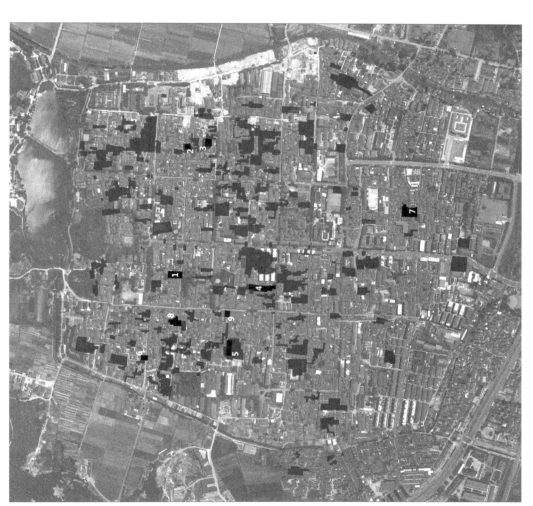

图 13　慈溪现存祠堂分布示意
（据相关资料整理）

《纯德汇编》「邑庙图」所示董孝子祠之历史考证

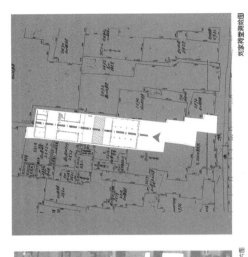

刘家祠堂测绘图

郑家祠堂测绘图

1937年刘家祠堂整地界与航片图叠合 资料来源:2009年航城航片图

1937年郑家祠堂整地界与航片图叠合 资料来源:2009年航城航片图

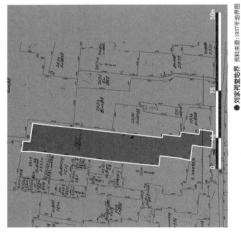

● 刘家祠堂地界 资料来源:1937年地界图

● 郑家祠堂地界 资料来源:1937年地界图

图14 慈溪现存个案祠堂示意
（据相关资料整理）

慈城南门董孝子祠鸟瞰　资料来源：1957年中国建筑研究数据汇编照片

宁波董孝子祠现状照片

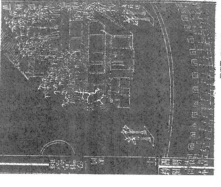

邑庙图　资料来源：《纯德汇编》

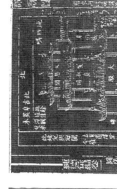

慈城图　资料来源：《纯德汇编》

慈城南门董孝子祠地界　资料来源：1957年地界图

宁波董孝子祠地界　资料来源：2010年航片

图15　慈溪"南门董孝子祠"地界与宁波郡城董孝子祠比较
（据相关资料整理）

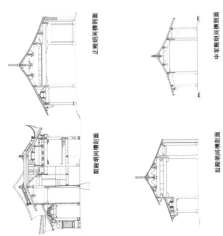

正殿明间横剖面

中军殿明间横剖面

前殿明间横剖面

后殿明间横剖面

测绘底层平面与航片叠合图

董孝子祠地形

董孝子祠测绘图

董孝子祠照片

图 16　宁波郡城董孝子祠实测资料

慈城牌坊历史分布示意

图 17 慈溪牌坊历史分布示意

2 节孝坊 资料来源：1957年中国建筑研究院拍摄
西郭门外，清嘉庆五年知县德博为表杨氏立。
资料来源：《光绪慈溪县志》

1 孝子坊 资料来源：1957年中国建筑研究院拍摄
南郭门内，国朝乾隆四十八年（1783年），为钱泰建立。
资料来源：《光绪慈溪县志》

历史照片中牌坊位置图 资料来源：1937年地界图

3 节孝坊 资料来源：1957年中国建筑研究院拍摄
东镇桥东，国朝雍正九年（1731年），为应日明妻冯氏立。
资料来源：《光绪慈溪县志》

5 节孝坊 资料来源：1957年中国建筑研究院拍摄
东镇桥东，国朝乾隆五十四年（1789年），知县钟溥为应变妻冯氏立。
资料来源：《光绪慈溪县志》

4 节孝桥 资料来源：1957年中国建筑研究院拍摄
德星桥南，国朝乾隆四十二年（1777年），后周耀文妻秦氏立。
资料来源：《光绪慈溪县志》

图 18 慈溪牌坊历史分布示意

四 结 论

研究之余,仍存不少困惑。由于所采用史料有限,相比较形态变迁分析而言,形制分析的深度有一定距离。通过调研,发现不仅史料在此方面涉及极少,历代董孝子祠位于慈溪的遗存或遗迹皆已荡然无存,单单依凭已掌握的证据或线索无法完成变迁史实分析之下的形制研究。尽管,通过《纯德汇编》有关线索(尤其是《邑庙图》)及上述研究思路所进行的形态变迁或形制分析,可在地望与意蕴等层面给予佐证上的些许突破,但并未充分达到复原历史真实的程度,这是相当遗憾而无奈的。期待日后有更为有力的证据(正如"1937年慈城孝中镇地界图"一般)来得以补充和夯实。

由于史料有限,本文的追索远未达到复原历史真实的程度,但这就是历史。历史的真实对于后世之人而言永远是相对的,就如同真理亦有时空的限定,但对于真实或真理的探求依然是学人的倾力所在。

参 考 文 献

[1][宋]罗濬 等 纂修.(宝庆)四明志.宋刻本

[2][明]李逢申 修.(天启)慈城县志.明天启四年(1624年)刻本

[3][清]杨正笋 修.(雍正)慈溪县志.雍正九年(1731年)刻本、乾隆三年(1738年)增刻本

[4][清]杨泰亨 修.(光绪)慈溪县志.光绪二十五年(1899年)刻本

[5][清]董华钧 重订.纯德汇编.民国间四明张氏约园刊本

哈尼族住宅研究
——以云南省红河州元阳县全福庄为例[●]

高 翔，霍晓卫，陆祥宇
(清华大学建筑学院)

摘要：乡土建筑历来是中国广袤农村的重要人文景观，它们记载着中国乡村的历史与变迁，也反映着乡村百姓的智慧。而少数民族地区的乡土建筑，还为我们叙述着该地居民独有的文化和信仰。本文所研究的哈尼族住宅，即是大西南众多少数民族民居中的一个点。

本文主要从建筑的角度分析哈尼住宅的布局与功能、建造过程与材料构造，以及与之相关联的哈尼人的精神信仰。

关键词：哈尼族住宅，乡土建筑，民居建造，传统材料，民居改造

Abstract：Local architecture has always been an important landscape character around the immense countryside of China. It writes the history and the vicissitude of China countryside. And it reflects the wisdom of country people. This article is about dwellings of Hani, which are one particle parts of the large amount national dwellings in south west of China.

This article analyzes the layout and the function of the Hani dwelling from the point of view of architecture, along with building program and building material, and the beliefs of Hani people which are related to the dwelling. From among these, I will summarize the advantage of Hani dwelling. I will also bring forward the problems that Hani dwelling are facing and try to seek answers to the problems.

Key Words：Hani dwelling, Vernacular Architecture, building program of dwelling, local material, rebuild of dwellings

哈尼族住宅俗称蘑菇房，因其外形(尤其是房顶)类似蘑菇而得名。蘑菇房是哈尼族独有的建筑形式，无论从景观上还是从文化上来讲都是整个区域不可分割的一部分，因此是哈尼梯田生态环境中重要的人文景观要素。

关于哈尼梯田的生态农业和哈尼族民族文化方面的研究比较丰富，而建筑方面的研究则较少。本文将对哈尼民居做较为详细的研究，力图说明哈尼民居的布局与功能、建筑材料与构造，以及哈尼民居与哈尼人精神信仰的联系。

---

❶本论文为十一五国家科技支撑计划"村镇小康住宅关键技术研究与示范"项目之"既有村镇住宅改造关键技术研究"课题的子课题"传统村落保护与更新关键技术研究"(编号 2006BAJ04A03-01)的研究成果。

一　地　理　环　境

哈尼族人大多居住于哀牢山之南。哀牢山是云南南部的一条山脉,由西北向东南延伸,其东侧为元江。位于元江南岸的元阳县,受西南季风影响,暖湿气流在其境内高山区的上空形成降雨,并在森林中汇集为无数泉水和溪流。哈尼人将溪流、泉水引至村寨,又在村寨附近开垦出层层梯田,形成壮美的大地景观。

多民族共居是元阳县的一大文化特征。这些民族在居住上有两个特点。一是形成民族聚落,即同一个自然村内的绝大多数居民都属于一个民族,少有民族混居的现象。二是立体分布,即不同民族的聚落分布在不同的海拔范围内。

哈尼族拥有自己独特的文化,尤其表现在特殊的节日和仪式上,如昂玛突(祭寨神)、苦扎扎(六月节)和十月年等大节日。与这些节日和仪式相对应,哈尼族的寨子有寨神林、磨秋场等特殊的空间节点。

全福庄村隶属元阳县新街镇,地处新街镇东边,距镇政府所在地11公里。东与麻栗寨相邻,南与攀枝花相邻,西与大鱼塘相邻,北与土锅寨相邻。全福庄分成4个寨子,8个村民小组,现有居民400余户,2000余人。全村面积7.07平方公里,海拔1840米,年平均气温14摄氏度,年降水量1370毫米。全福庄的梯田位于海拔约1550～1950米之间。[1]

4个寨子分别是大寨、中寨、小寨和上寨。大寨位于西侧,东侧在公路上下分别是上寨和小寨。中寨位于大寨和小寨之间,是全福庄最晚发展起来的寨子。中寨的建筑密度比其他三个寨子要小,寨内尚有部分开放空间。

因为远看酷似蘑菇的缘故,哈尼族的住宅也被称作"蘑菇房"。蘑菇房外形简单,几乎没有任何装饰,但它是哈尼族人适应生存环境的产物,与哈尼族人的生产生活以及精神信仰有着紧密的联系。

全福庄各寨因建寨先后有差异,住宅密度相差很大。我们重点调研的中寨村,由于住户大多分布在两个较为平坦的地块上,人均土地面积较大,因此建筑密度相对较低,绿化率高(图1)。

中寨村住宅的周边一般有一定面积的私人土地,常用简单的篱笆、石头堆、树等来界定。这些界定物也是有所属的,如石头堆常是这户人家存着,将来用作盖新房的,而樱桃、梨等果树也通常是主人家自己种的。住宅占地的大小,与各户迁至中寨的时间先后有关。最先来的6户人家土地较多,如头人(咪谷)家有820平方米(包括住宅及其周边土地)。之后迁来的人家,每户占地大约只相当于第一批人家的1/4。

[1] 取自百度百科。

哈尼族住宅研究——以云南省红河州元阳县全福庄为例

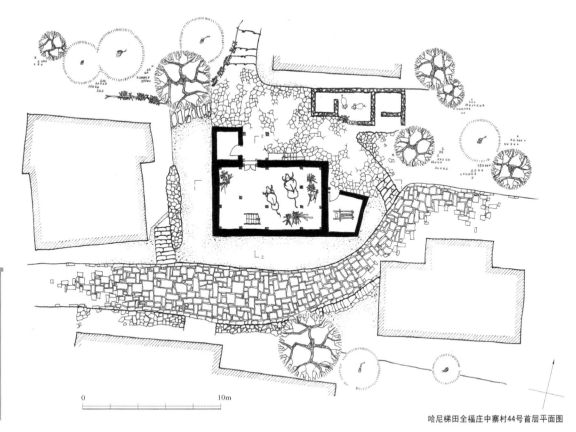

                                      哈尼梯田全福庄中寨村44号首层平面图

图 1　中寨村 44 号首层平面及周围环境

住房附近或紧贴着住房，常有一个 6～10 平方米大小的猪圈，旁边连着一个室外厕所。有的人家在猪圈附近挖有沼气池，这是政府协助修建的。因为沼气原料不多和使用不得当，好些沼气池已经废弃了。有的人家在房屋附近有一个 10～20 平方米的肥塘。肥塘对哈尼村落有重要意义。中寨村的肥塘，有很多是在住房旁边用石头简单围成的小池子（图2）。到春耕季节，靠近村内水系的肥塘便可以冲肥入田（即打开肥塘关口，搅动肥塘，利用溪水使其中的肥料随水流注入梯田）。不靠近水系的肥塘要靠人工挑肥。

房子周边值得注意的还有几乎家家种植的佛手瓜。佛手瓜是藤蔓植物，有的人家会在门廊外搭起与平台一般高的架子，使瓜藤遮盖出一片绿色走廊。佛手瓜结果丰富，果肉饱满，用清水煮熟便可食用，口感糯软清甜。佛手瓜的茎、叶及果实削下的外皮，可剁碎加到猪饲料里当猪食。

图2　石头围成的肥塘

（孙娜摄）

二　住宅基本格局

蘑菇房的面积不大，当一户人家的儿子长大成婚后，通常会选址另建新房，而老宅则由最小的儿子继承。一家人会住得比较近，因为儿子盖房的地是从父辈的土地中分出来的（图3）。村子的人口增加到土地无法承受时，就会有几户人家分出来另寻村址。全福庄中寨即是1963年从大寨分出来的。

❶全福庄传统民居平面尺度具有一定的标准化特征，但又可依据地形进行调整。在民居主体规模基本确定的前提下，蘑菇房体型组合具有多种变体，以满足多种家庭结构、宅基地条件的需要。

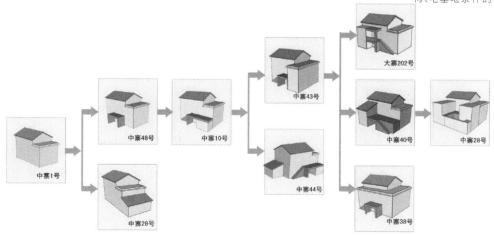

中寨1号　中寨48号　中寨10号　中寨43号　大寨202号　中寨28号　中寨44号　中寨40号　中寨28号　中寨38号

图3　住宅类型图❶

哈尼住宅对朝向没有严格要求,只要朝向开阔处即可。这与世界上很多山地地区的民居是一致的。其实这是一个简单又实用的原则,既可以观察田地的情况,又有比较好的景观视野。另外,全福庄属于亚热带地区,对日照的需求不强。同时,建筑材料的限制使得住宅外墙不能开较大的洞口,因此哈尼住宅的窗子少而且小——两侧及后面开窗,每面一到两个,每个窗宽约0.5米,高约1米。正面墙只在一层和二层各开一个门。因为门窗小而少,哈尼住宅的室内是很暗的。

哈尼住宅是一户一栋独立的,平面为矩形,进深约6米,面宽约9米。多为三层:一层养牲口、存放柴草等;二层住人,有起居室、卧室和厨房;三层的阁楼部分用来存放粮食,平台部分则用作晒台。下面分层介绍(图4)。

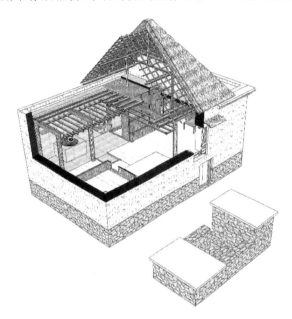

图4　哈尼住宅剖轴测图(下方为猪圈)

1. 首层

哈尼住宅的首层低矮潮湿,不宜住人,主要用来养牛,也用来存放柴草和农具。

首层的柱子一般是均匀的三行五列。每间面宽1.6米~2.5米。在进深方向,前两行柱子间距2.8米~3.2米,后两行柱子间距1.7米左右。层高一般在1.9米~2.1米。正对大门靠后墙处,有内楼梯通往二层。内楼梯有石头堆成的,也有只是搭一个木梯的。石头堆成的楼梯,一般是在面对后墙上三级之后沿墙拐弯,再上五至七级。楼梯每级的高度在20厘米以上。有的人家在楼梯靠着的墙面上,高度距拐弯平台1.3米的地方有一两个小龛，大小 30 厘米见方，用于存放物品，也有做鸡窝用的。距平台 2.2 米高之处，还有一个宽约 40 厘米、高约 25 厘米的龛，这是用来供奉"非正常死亡"的祖先的小神龛（大神龛见后文）。

内楼梯因人家不同，有的在使用，有的基本已经废弃了。房子前面有足够地方的人家，都会设一座外楼梯，直通二层大门前面的平台。外楼梯是用较为整齐的大石头堆成的。外楼梯用得多的人家，首层室内因为少人走动，有可能维护得较差，蛛网灰尘遍布。内楼梯经常使用的住宅里，首层的卫生状况就要好得多。首层地面除了门到楼梯之间铺石板之外，均为裸露的土地。

首层门外常有一个门廊和一间耳房，支撑着二层的平台（图 5）。耳房被称为"女儿房"，只有 2.4 米见方，它是为了方便长大的未婚女儿交朋友而设置的。女儿出嫁后，也可以让其他家庭成员来住，有时也用作储藏间。女儿房内，有的只有一张床，稍大一些的会放一张桌子，还可能有一台缝纫机。

图 5　哈尼住宅的门廊和耳房

首层在主体房子之外，有时也会附设特殊功能的房子，如中寨祭司家就在山墙下盖有一间纺织房，同村的其他人家也可以来使用。

2．二层

二层是人主要活动的场所（图 6～图 8）。其正面开大门。二层大门与首层大门均开在房屋左次间[注]内——正立面不要求对称，是哈尼住宅的一个特征。二层大门外的平台，是哈尼人经常用的室外活动空间。哈尼民居室内较暗，空间也较狭小，因此这个室外平台就被当作室内起居空间的延伸。在天气好的时候，居民们喜欢在这个平台上做些事情。我们经常看到平台上有男人坐在小板凳上抽水烟筒，旁边的女人在准备食材或者用竹条编织一些日常容器或衣物，或者拿着一把铡刀在一个大竹簸箕里剁猪菜。大门外的两侧，常挂满了各种物品，有斗笠、蓑衣之类的日常用品，也有用来祈祷平安或丰收的干枝叶。

[注]全福庄位于红河以南的山坡上，房子大都坐南向北，其左次间即西次间。

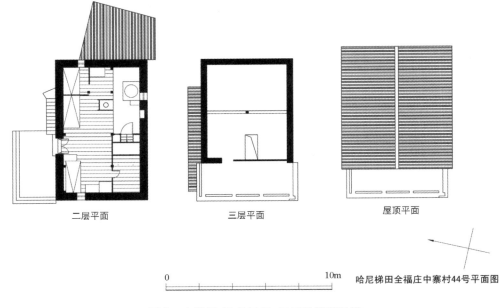

二层平面　　　　三层平面　　　　屋顶平面

0　　　　　　　　　　10m

哈尼梯田全福庄中寨村44号平面图

图 6　中寨村 44 号二层、三层及屋顶平面

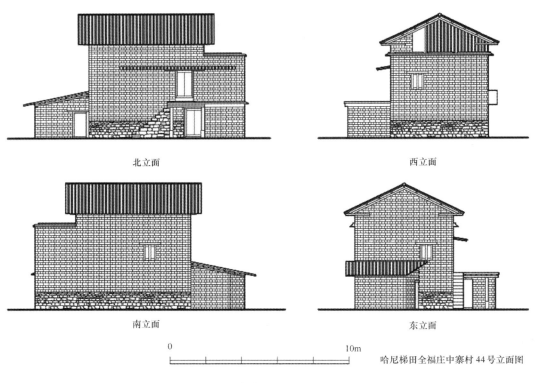

北立面　　　　　　　　　　西立面

南立面　　　　　　　　　　东立面

0　　　　　　　　　　10m

哈尼梯田全福庄中寨村 44 号立面图

图 7　中寨村 44 号立面图

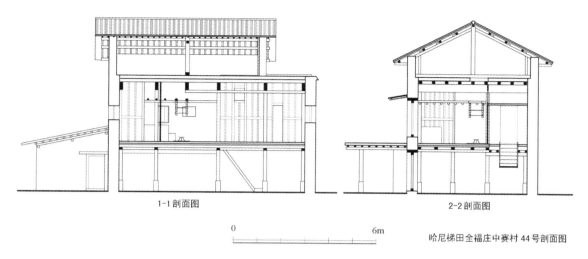

1-1 剖面图

2-2 剖面图

0　　　　　　6m

哈尼梯田全福庄中赛村 44 号剖面图

图 8　中寨村 44 号剖面图

二层室内以中间一排柱子为界,划分为前后两部分。两个角部各有一个卧室:进门左手边的近角是女主人房;进门右手边的远角是儿子和儿媳妇房。卧室的开间与进深都很小,这可能与使用的木材有关,但更重要的原因可能还在于哈尼人的生活观念——他们对家庭公共生活的重视,远远超过了个体成员生活的重视。

进门左手的远角是厨房(无隔墙,有灶台),右手近角没有房间,通常会放一张床,给未婚儿子或临时待客用。在大门和女主人房之间,顺墙也放着一张床,这是专门为男主人准备的。男主人床和厨房之间,有一个火塘,火塘周围是传统的起居空间。正对大门靠近后墙处是谷仓,位于楼梯上方。谷仓由位于其下方的两根附加梁承重。谷仓上方通常是三层的晒台。与谷仓相对的晒台上,常开一个直径约 5 厘米的小洞,便于稻谷晒好后直接倒入谷仓。

存放粮食的防潮是一大难题。哈尼人的解决方式,一是将谷仓悬空设置,以减少受潮机会;二是让火塘的烟气在屋内蔓延,让谷仓经常处于被熏的状态,以保持干燥。

后墙上靠近灶台和墙角的位置,有供奉"正常死亡的祖先"的大神龛,约50 厘米长、20 厘米高、30 厘米深,距二层地面 1.4 米～1.6 米。大神龛前通常悬挂一个竹篾台。灶台紧贴后墙,灶台上方有一个窗子,为烧菜做饭采光。灶台的位置正好是在首层的一根柱子之上,由于防火和使用方便上的考虑,二层这里是没有柱子的。灶台附近的地面是土质的,其他部分则是木地板,这也是出于防火的需要。

位于灶台和大门之间的火塘,在防潮方面作用极大。除了谷仓之外,放置于吊顶和三层楼板之间的木柴、挂在吊顶下的一串串玉米和辣椒以及挂在三层阁楼内的粮食都靠火塘烟熏才得以干燥。火塘本身也是哈尼族一家人生活的中心。哈尼人喜欢在火塘边聊天和商量事情。天气冷的时候，老人常在火塘边烤火。哈尼人习惯在火塘边上设一小方桌子，围坐着吃饭。吃饭时的座位安排很有讲究，反映着家庭成员的尊卑等级。例如，有客人的时候，男主人坐在靠近男主人床的位置，客人坐在男主人左手边或对面，家里其他男性成员坐在男主人的右手边。女人是不能坐在火塘旁边的。

灶台与女主人房之间的一小块场地，可算是厨房空间，放有柜子、木柴等。灶台与火塘之间的一根柱子，是有着神圣意义的中柱。

二层的天花板，除了卧室和通往三层楼面洞口处是一层木板之外，其余都用小木棍交错搭成几层的"吊顶"。这几层"吊顶"之间常放满木柴，下面还常挂满玉米、辣椒等农产品。二层的层高在 2.6 米～2.8 米之间，刨去"吊顶"后的高度只有 1.7 米～1.8 米。

哈尼住宅的室内几乎没有装饰，但木隔板墙以及谷仓向外的一侧都是用宽 20 厘米～25 厘米的木板条，整整齐齐地拼成的，板墙上还有上、中、下三条 5 厘米～10 厘米宽的横串，整体风格相当的统一。这些木板都被火塘的烟熏得乌黑发亮。

3. 三层

哈尼住宅的三层有 2/3 处在草顶之下，这部分属于储藏粮食的空间。另外 1/3 是室外平台，主要作用是晒谷子。

三层的蘑菇顶不但使住宅多了一部分储藏空间，还增强了排雨和防水的功能。蘑菇顶是用茅草或稻草做的四坡顶，坡度较陡（在 45 度以上）。如今全福庄的老房子大都改成了简易的石棉瓦双坡顶，尽管坡度变缓（约 30度）了，但原先不能用的靠近山墙的边角部分也变大了。

三层和二层的连通靠的是谷仓旁边的天花板洞口，工具是一把竹梯（图9，也有个别人家是木梯的）。三层的室内部分就到遮住洞口为止，外墙就紧贴着洞口外侧砌，并在墙上开一个小门通往三层晒台。这个小门有的是连门扇都没有的，即使有门扇，大多时候也是开启的。这个小门在方便住户进出晒台的同时，也有利于增加二层采光。三层晒台的檐口伸出外墙几十厘米。哈尼人常在晒台的檐口顶上种些植物。

4. 精神空间

哈尼住宅中，"男主人床——三块板——火塘——篾筐——蘑菇顶"是一组完整而连贯的精神信仰符号，具有与祖先灵魂相关联的意义。❶

二层大门左手边的男主人床，是家中男性长者专用的。如果父辈的男长者去世，新的一家之主（一般是小儿子，哥哥在成家后另建新房）就继承这张床，成为新的男主人。男主人床与火塘之间，有三块长约 2.1 米～2.3 米

❶郑宇.箐口村哈尼族社会生活中的仪式与交换.云南：云南出版集团公司，云南人民出版社，2009：106

图 9　竹梯
（孙娜摄）

的木板,被称为"三块板"。三块板有特殊意义,它们是不允许女人(以及入赘的女婿)踩跨的。据一些老人说,当一家的男长者去世时,要将其尸体停放在这三块板上,直至出殡;丧礼结束后,要将三块板翘起并翻面,再重新钉好。三块板的翻身,象征着新的男主人开始掌家。

三块板前的火塘,也同样有特殊意义。火塘宽70厘米～80厘米,长约1米。火塘里的三角铁环,是家庭繁荣稳定的象征,不能轻易移动。

火塘上方的置物架"篾筐",也与祭奠死者的仪式相关。篾筐一般有两层,大小与火塘相当,平时放些谷物、餐具和挂些腌肉、辣椒等。篾筐的四个边角各有一串藤编的圆环,起连接上下层的作用。举行葬礼时,死者的灵魂会顺着这些藤环向上升,直至屋顶。关于灵魂的出口,有两种说法。其一是在篾筐的上方楼板上开洞,在蘑菇顶上也开一个洞,使灵魂向上离开。其二是在后墙上某个位置去掉一匹土坯,形成一个小洞口,这个洞口是供死者灵魂出屋的,在葬礼过后要封上(图10)。

灶台边的大神龛和楼梯门边的小神龛,也与祭祀祖先有关,它们是为了迎接老祖先回来过年和过节的(春节、六月节等)。供奉的祭品有八碗和十六碗两种,后者比前者更为隆重。大神龛供奉正常死亡的祖先,小神龛供奉非正常死亡的祖先。这反映出哈尼人对死亡的重视。

图 10　火塘、篾筐与藤环

(孙娜摄)

三　住　宅　建　造

1. 建造材料

哈尼住宅的建筑材料都采自当地。用来砌墙体的土坯,原料是从山上挖来的泥土。其制作过程为:先去掉浮土,然后与沙子混合,再混入稻秆以增加强度,之后填到15厘米见方、厚12厘米～13厘米的模具里,风干成型。首层(有的是首层下部)和垒猪圈用的石头,也是山上采的。当某家有盖房子的打算时,家人(男人或妇女)上山干活时会将石块陆续背回,堆在村寨空地上(多在自家附近)。沙子同样来自山上,哈尼人常用引水渠将沙子"冲"回寨子里(在上游的山上将沙子放入引水渠,在下游的寨子里用沙袋将水渠堵住,水从沙袋上方流走,沙子被沙袋截住,用锄头可将沙子捞起)。

哈尼住宅的墙体有三层土坯厚,隔热蓄热及隔湿防潮的性能均较好,适应于夏季潮湿、冬季寒冷的气候。有的房子在土坯墙外刷了一层黄泥(也有刷石灰的),这有利于防止雨水侵蚀墙体。哈尼人还习惯把牛粪贴在住宅外墙上,以晒干牛粪当燃料或肥料用。这种行为相当普遍,使得贴有牛粪的土坯墙成为哈尼民居的特征之一。有的住宅在前、后墙上会插着一些细木棍,这是哈尼人用来晾晒玉米的。

哈尼住宅一般为木构架承重,其木材多来自村民自己种植的树。以中寨头人(咪谷)卢有开家在十几年前建房为例,他在建房之前向村干部申请,砍了公路上方村集体林里的几棵树,同时又在自家的私有林里砍了几棵树。

卢有开家附近种有几棵树，但此次建房时他并没有砍这些树木，据说是要留待翻修房子时应急用。卢有开从 1963 年搬家到这里之后不久，就开始种树，其种类有五眼果、水冬瓜、棕榈、樱桃、杉树等。

哈尼村寨旁边还有竹林。竹子在哈尼人的生活、生产中有重要作用，竹笋可以做菜（鲜炒或制成笋干），竹竿可以做板凳、桌子、梯子、建房的房梁，竹篾可以用来捆东西、编席子等。

寨子上方的森林是不允许村人为私人目的砍伐的，只可以捡干枝。如果是因为村寨重要的公共利益而不得不砍树（比如中寨刚刚建立之初，为了建房而砍树），也要种回去。现在中寨周围的树，都是属于最开始搬到那里的六户人家的，其他人家要用就需要向这几户人家买。

住宅的木构架使用的木材，大都是五眼果树。这是当地最常见的树种，因为长得比别的树高，容易遭雷击，所以又被称作"雷打树"。为防潮，首层柱子的下端有石质柱础。构架中的梁根据位置的不同，高度从十几厘米至30 厘米不等。全福庄哈尼住宅的木构件会重复利用，旧房拆掉的木料只要不坏，就不会被丢弃。

因为墙体厚重的缘故，哈尼民居的门、窗以及室内的龛的上方大多会有一根木过梁。门窗上方的过梁直接暴露在室外，且两端伸出较长，有的门的过梁长度接近 3 米。少数住宅的门窗上方不用木过梁，而是用土坯发拱券，以分散上方墙体重量。

二层地板（即首层楼板）以中间一排柱为分界，前半部分及楼梯右侧（即靠近儿媳妇房）的地板由上至下，分别是木楼板（每片 20 厘米～25 厘米宽，厚约 5 厘米）、次梁（高约 10 厘米，间距 50 厘米～70 厘米）和主梁（高 15 厘米～20 厘米）。次梁有时用木材，有时则用竹子。后半部分楼梯左侧（即靠近灶台）的楼板，在主梁、次梁之上密排一层竹劈或细竹竿，上铺厚约 10 厘米的泥土。火塘的构造与这一部分楼板类似，只是支撑火塘的木梁向下延伸至楼板下，与楼板次梁连接。

三层地板（即二层楼板）与二层铺泥的地板部分相似，不同之处在于支撑三层地板的梁更高，楼板更厚，其主梁和次梁的高度分别达到 33 厘米和16 厘米，楼板更是达到 15 厘米厚。三层在晒台部分的泥土层比较厚，同时沿屋檐上端加一圈薄石板，以防止雨水侵蚀土坯墙。

2. 建造过程

哈尼住宅的建造过程不算复杂，大部分工序可以由非专业的村民完成。建造过程中，伴随着多种仪式和规则。从选址建房到搬迁住宅，哈尼人都有相应的文化仪式。

建房时首先讲究选址。在寨内协商好建房地点后，主人家请大祭司（摩匹）定个吉日，然后由家里的男性长者带九粒谷子、三颗海贝、一对鸡骨卦来

❶ 王清华. 梯田文化论——哈尼族生态农业. 云南:云南出版集团公司,云南人民出版社,2010:92-93

❷即逆着树的生长方向。

到建房地点。整平地面后,将代表着人丁六畜五谷的三颗贝壳在地上横排成一行,九粒谷子排成三行三列,鸡骨卦埋于土中,然后用大碗将其全部盖住。接着进行祈祷。之后过七天或九天揭开碗来看,如果谷子已发芽、贝壳不倒、鸡骨卦不变黑,则说明选了块好地,可以建房了。❶

房子的具体朝向也要请地师来选(大致朝向是向开阔处)。地师不一定请本村寨的,但一般都是本民族的而且是主人家熟悉的人。哈尼住宅的设计通常是由房主和木匠共同完成的。挖基础时,要请大祭司(摩匹)或本寨其他懂行的人来选日子和时辰,并由小祭祀(宾摩)做祭祀。在选好的日子里一定要做的事情是立中柱,其他工序可以暂缓。

中柱是整个屋子里最重要的构件。在全福庄大寨中,很多房子已经是新盖的砖房了,然而在室内某个角落仍然立着一根木柱。即使结构功能已不复存在,中柱的信仰意义还一直保留着。

按传统方式建房时,立中柱的做法是:将中柱倒着插入土中❷,同时在柱底下埋银钱,等组装木构架时再将中柱正过来。做地基的时候,需要主人自己来祭祀。祭品包括一碗糯米饭、一碗生姜、一碗鸡蛋和一杯开水,同时要杀鸡、猪,分糯米给帮手、路过的人和小孩。糯米很粘,象征着团结一心。上梁时也要分糯米。房子盖好后,仍由主人自己祭祀,同时邀请亲戚来吃饭。亲戚会带一袋米或一只鸡作为贺礼。搬家的时候也样要分糯米给亲朋,同时要把神龛的篾台从原先的家中移出,放入新家。之后由小祭祀(宾摩)做祭祀,祭祀后才可以吃饭。

建房的程序比较简单。先要打好土坯砖。在天气好的一、二月份,每天十人,需要一个月时间来完成一栋土坯房的土坯量。打土坯砖一般找亲戚一起打,哈尼人经常是一家盖房,全村帮忙,因此不是亲戚的人也会参加。主人家要管工人两顿饭,不用给工钱。

开始建房时,要先砌好后墙,之后竖起整个木构架。制作木构架总共需要六七十个工时,由主人家找两到四个人帮忙,再请一位木匠指挥。20世纪90年代,木匠的工钱是每天五六元,其他人则没有工钱。木构架完成后,再砌其他三面墙。之后是将二层屋顶的细竹枝等压进墙里并铺泥土(黏的黄土)或三合土。开始砌墙后,一般只需一个月就可以盖好一栋住宅。

3. 草顶构造

哈尼住宅的草顶为四坡顶,坡度在45度以上,正脊较短,高度在3米左右。草顶的屋架出檐较短,约0.5米。草顶在晒台的一侧有一个矩形缺口,方便人进出晒台。

全福庄保留草顶的传统住宅已经不多,即便保留着,也多破败不堪。这里关于草顶的建造,是笔者通过观察实物外观和查找资料分析出来的。首先,需要用稍粗的木材制成三角形框架。在此之上,用细竹竿纵横交织成双坡面,用绳子将其固定到下面的主屋架上。之后,在上层铺一层厚厚的茅草或稻草。茅草或稻草是用竹篾捆扎成片,再逐层覆盖的。有的房子在茅草上面会再加一根木棍,用来固定顶部的茅草或稻草。

需要换草的时候,把坏了的草抽出,剩下的按顺序向下移动,然后再在上面铺新的草。上层的茅草最需要考虑防雨,所以要新的草。下层的草在防雨功能上可以弱一些,所以可以用旧的草。十几年前,草顶就因为防火的原因大部分被换成了石棉瓦顶,一些经济条件稍好的家庭还换成了瓦顶。现在,因为要村落的传统风貌,一些村子的房子又换回了草顶。这些草顶都是从越南进口的稻草,因为本地的茅草和稻草都已经远不能满足需求。稻草顶和茅草顶的使用期不一样:茅草为片状,稻草为管状,受潮后稻草更易腐烂,因此茅草一般能用五年左右,稻草则两三年就要全部更换。

四　结　语

哈尼住宅虽然形制简单,但其建筑用材却体现着朴素的生态观念。住宅建造过程中丰富多样的祭祀仪式,反映了哈尼人特有的精神信仰。

参 考 文 献

[1] 黄绍文.试论元阳县梯田文化生态旅游资源类型与开发对策.红河学院学报,2004(1)

[2] 姚敏,崔保山.哈尼梯田湿地生态系统的垂直特征.生态学报,2006(7)

[3] 陈丁昆.漫话哈尼族的梯田文化.中国典籍与文化,1996(1)

[4] 管旸.云南红河西部地区传统住屋和聚落研究初探.北京:北京林业大学,2004

[5] 郑宇.箐口村哈尼族社会生活中的仪式与交换.云南:云南出版集团公司,云南人民出版社,2009

[6] 王清华.梯田文化论——哈尼族生态农业.云南:云南出版集团公司,云南人民出版社,2010

[7] 蒋高宸.建水古城的历史记忆.北京:科学出版社,2001

[8] 孙娜,罗德胤,霍晓卫.云南省元阳县哈尼、彝、傣、壮族传统住宅之比较研究.住区,2011(3):"哈尼族聚落"专辑

[9] 罗德胤,孙娜,霍晓卫.一个哈尼族村寨的建成史——以云南省元阳县全福庄中寨的形成和发展为例.住区,2011(3):"哈尼族聚落"专辑

[10] 罗德胤,孙娜,李婷.哈尼族村寨"多寨神林对单磨秋场"的现象分析——以云南省红河州元阳县全福庄大寨为例.住区,2011(3):"哈尼族聚落"专辑

惠东县皇思扬村圣旨牌楼修复研究[❶]

吴运江

（华南农业大学水利与土木工程学院）

摘要：惠东县皇思扬村圣旨牌坊建于清嘉庆二十年（1815年），毁于文化大革命。本文详述了该牌楼的复原设计思路，根据有限的资料和百余残件观测、分析其形制、构成及朝向，推测出具体细部和尺寸，并且对其形制、装饰风格特点和文化内涵进行了研究阐释。

关键词：皇思扬村，圣旨牌楼，复原，研究

Abstract：The Edict Paifang of Huang Siyang Village in Huidong County was built in Jiaqing the 20th year（1815），and was destroyed during the Cultural Revolution. This paper presents the restoration details of the Edict Paifang, such as analyzing the Paifang's formation, structure as well as orientation, and speculating the details and the measurements according to limited materials and hundreds of residual pieces inspected. It also researches and explains the characteristic of the Paifang's formation, decoration style and cultural connotations.

Key Words：the village of Huang Siyang, the Edict Paifang, restoration, researches

一　历史与现状

惠东县多祝镇皇思扬村位于广东省惠州市惠东县城东面25公里处，始建于明末清初。村中存留大量历史建筑，是保存较为完整、规模较大的古民居建筑群。原存于村口的圣旨牌楼是该村悠久历史和丰厚文化底蕴的见证。

此牌楼原位于皇思扬村村口，据《惠东县历史文化资源》记载，嘉庆二十年（1815年），皇帝为表彰武进士及第诰授武显将军二品大员广西两江总兵萧凤来，及值其父母均八十大寿、五世同堂且教子有方，恩准拨巨银于其故乡惠州府归善县三多祝皇思扬村建造"介寿诒谋"石牌楼，以表彰其功德[❷]（图1）。另据《光绪惠州府志》载，"萧凤来，归善人……乾隆甲辰登武进士……十四年调新太协副将，历署左江右江等镇总兵，二十年升右江总兵……凤来虽武将，而雅爱翰墨，手辑族谱，复购置墓田为祭祀费……"[❸]。可见萧凤来文武全才，才具不凡，而萧氏为当地名门望族，家声显赫，此牌楼为皇帝恩准建造，具有较高的历史文化价值。

牌楼原物已经在"文革""破四旧"时炸毁，遭到彻底破坏，原址上已荡然无存。幸得有萧氏后人萧松富、萧建庭等各处收集疑似残片的石料，约计百余件，为复原提供了原始材料。初时残片狼

---

❶本文为国家自然科学基金"中国古代城市规划、设计的哲理、学说及历史经验研究"资助项目（项目号：50678070）。

❷吴旭辉 主编. 惠东县历史文化资源. 北京：中国文史出版社，2006：64

❸光绪惠州府志. 卷33. 人物·政绩·下

图 1　圣旨及萧元高夫妇像

（资料来源：惠东县文化馆提供）

藉满地，大小不一，不知如何拼凑，幸有"文革"前拍摄的黑白照片一张，使复原设计有了形制资料依据。

二　圣旨牌楼形制探究

由于圣旨牌楼完全被毁，原址已经改为村路，只有根据仅存的一张"文革"前拍摄的黑白旧照片（图 2）和牌楼残件推测牌楼的整体形制和尺寸。

1. 圣旨牌楼总体形制

从照片可大体看出，牌楼平面为"一"字式，形制为三间四柱。各间从上至下依次为楼盖、字匾、大额枋、花板、小额枋，其中明间比次间多出中额枋和一个花板，各间柱子前后侧均有依柱石。

图 2　牌楼黑白照

(资料来源:皇思扬村委会提供)

2．圣旨牌楼构成研究

由于年代久远,照片模糊不清,仅凭照片无法详细了解牌楼的构件构成关系,并且需要在百余件疑似为残件的石构件中辨伪存真。

在了解、分析了牌楼的总体形制之后,几次组织调研人员到现场,与村民对牌楼进行了残件的模拟拼装——首先根据形状、尺寸、花纹、线脚、榫口等特征推测残件的从属部位和交接关系,再依次分楼宇、额枋、花板、柱子、依柱石及底座等,按照从上至下的顺序将各构件在地上依次摆放,并分别进行详细测绘,然后输入电脑,仔细推敲、拼接。

这项基础工作费时近一年,在详细测绘了各个构件之后,根据剩余的残件和榫口位置,细致地推敲了牌楼各部位的构成关系。主要分为顶部、中部和基部三大部分(图 3)。

(1)顶部——楼宇:

明间楼宇系由四组正拱板和两侧的一对侧拱板共同架设在明间大额枋上。正拱板主要起着支撑作用,而侧拱板则起到防止侧移的固定作用(图 4)。

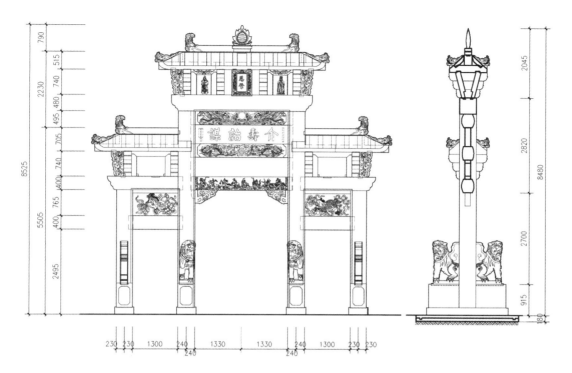

图 3　牌楼东立面图及明间剖面图

（资料来源：作者绘制）

1　正拱板
2　侧拱板
3　高拱石
4　花板
5　龙门枋
6　楼盖底板
7　瓦件
8　脊件

图 4　牌楼明间楼宇图

（资料来源：作者绘制）

同理,次间楼宇也同样由两组起支撑作用的正拱板和一个起固定作用的侧拱板架设在次间大额枋上(图 5)。正拱板之间有高拱石和花板,增加结构稳定性。

　　明间中部楼盖下正反面分别是"圣旨"、"恩荣"石匾,石匾两侧分立文武官雕像花板(图 4,图 5)。

中国建筑史论汇刊 · 第陆辑

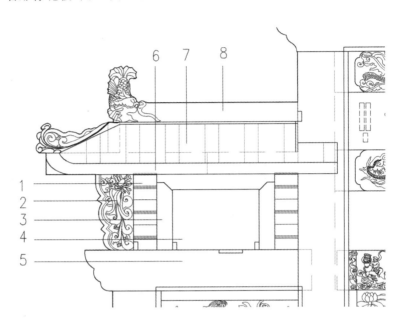

1　正拱板
2　侧拱板
3　高拱石
4　花板
5　龙门枋
6　楼盖底板
7　瓦件
8　脊件

图 5　牌楼次间楼宇图

(资料来源:作者绘制)

　　楼盖则由底板、脊件和瓦件三部分构成,为简化的庑殿顶形制。明间楼盖底板分作六块,脊件分作三段,一组正拱板也分为三块,有效减小了单个构件的重量(图 4),以利于起吊和安装。

　　(2)中部——额枋及花板:

　　明间和次间额枋是横向的承重构件,其中大额枋坐落在柱上,中额枋、小额枋通过两边的石榫卡在石柱的凹榫口中。花板也通过石榫卡在石柱中间,与中额枋、小额枋和石柱形成稳定的整体,有效地承受楼宇重力形成的巨大弯矩(图 3)。

　　明间小额枋两边有石雀替,分担了中部的弯矩(图 3)。

　　(3)基部——柱子、依柱石和底座:

　　明、次间的柱子以及依柱石均落在纵向长达 2 米、高达 0.5 米的巨大基座石上,将重力均匀分布在三合土夯成的基础。明间两个柱子的依柱石分别是正、反面四个石狮子,次间依柱石为正反面四个石鼓。依柱石通过石榫与石柱、基座嵌合,基座再半埋入土中,使牌楼在前、后方向固定,并且限制了倾覆(图 6)。

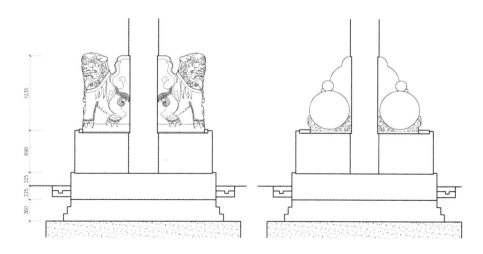

图 6　牌楼明间、次间底部剖面图

(资料来源:作者绘制)

通过分析,认为这样的构成符合力学的逻辑。牌楼的三大部分,顶部主要起着装饰和表现主题的作用;中部是承架顶部,并且保证侧向稳定的承重部分,同时也有装饰表现的作用;底部则起着基础承载和纵向稳定的作用。这样,各自的功能和构成逻辑清晰,从而基本确定了牌楼各部分的构成关系。

三　尺寸和构造、细部分析

1. 总体尺寸和比例推敲

由于牌楼的承重构件被完全破坏,尤其是柱子断为几十截,石牌楼的总体尺寸,尤其是竖向的尺寸需要仔细推敲确定。在仔细观察、测绘残件之后,决定先从破坏较少的横向承重构件入手推测尺寸。

通过测绘相对完整的楼盖(图 7)及楼盖底的榫口位置、尺寸,以及相对完整的中额枋的尺寸,初步得出牌楼明间和次间的净空尺寸分别为 2.65 米和 1.3 米左右,再对应旧照片,认为这一尺寸基本符合比例关系。考虑到旧时营造常采用鲁班尺的吉凶度数选取尺寸,而 1.3 米对应的是吉度"官"的范围内,与此牌楼表达的主题、性质相符,因此判断明间、次间尺寸由吉度"官"取值是恰当的,两者呈现一定的模数关系。

明确牌楼开间尺寸后,采用电脑建模与照片对照的办法结合鲁班尺吉凶度数取值推敲高度尺寸。通过建模发现明间高度净空约 3.7 米,次间高度净空约 2.5 米时,明、次间尺寸差与次间花板高度相符,且比例较为符合

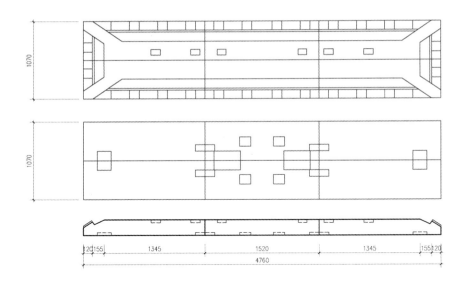

图7 楼盖底板及榫口(从上至下依次为顶面、底面、纵剖面)图

(资料来源：作者绘制)

照片原貌，同时对应鲁班尺吉度为"义"和"财"。

在此基础上，其余各部分的尺寸通过牌楼残件测得的高度相累，得出牌楼总高度。最后推测牌楼总高约为8.6米，总宽7.14米。此时模型与照片较为一致，牌楼比例修伟适度；并且征询老村民意见，认为与原貌基本相符。

2. 榫卯构造与纹饰、细部研究

在明确了石牌楼的形制和尺寸之后，需要进一步研究其具体的细部构造，以及相似构件的位置和排放次序。由于石牌楼的构建全凭石榫卯固，构件的榫卯构造就有重要的研究价值，其中最重要的当属额枋和柱子之间的卯接关系。在测量柱子的榫槽时，发现多个柱子残段的石榫槽尺寸是大小不一的，并且明间几个额枋、花板残件的石榫头尺寸也大小不一。

经过研究分析，认为石榫尺寸的不一致并不是因为施工误差，而是与石牌楼的建造方式有关的精心设计。由于古代工程技术的限制，石牌楼的建造中，如何将重达几十吨的石材起重、搭建是一个相当困难的技术问题。据村中父老相传，当时为了建造这个石牌楼，专门挖了一口泥塘：各个石构件完成之后，将其运至塘边，一边搭建一边从塘中取泥，填筑固定。这可以从牌楼所在位置地势较低，以及旁边有个水塘得到印证。

由此判断，石柱与额枋、花板卯接的榫槽需要按照安装次序做成上大下小的梯形，同理，额枋、花板的榫头尺寸也需要按安装次序上大下小，以求精准密实（图8）。

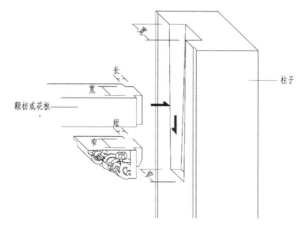

图 8　榫口及安装示意图

（资料来源：作者绘制）

　　分析石榫大小的成因，为额枋和花板残件所属的部位和排放顺序提供了依据。通过测量石榫头的尺寸以及纹饰图案的测绘，最终明确，明间额枋和花板及其纹饰从上至下依次为（图 3）：

　　龙门枋——无纹饰；

　　大额枋——一面为双凤朝阳图，另一面为瑞鹤祥云图；

　　石字匾——双面均为御赐"介寿诒谋"字匾。中有楷体"介寿诒谋"四字，传为嘉庆帝御笔手书，两侧分别有楷体"嘉庆丙子年季夏吉旦恭奉"和"诰封武功将军萧元高 夫人萧曾氏 全立"字样；"寿"、"诒"两字间又有"御赐"字样。

　　中额枋——一面为双龙戏珠图，另一面为双狮戏球图；

　　石字匾——一面为圣旨内容，另一面为求赐牌楼及谢恩的奏章；

　　小额枋——一面为人物记事图卷，疑为描述萧凤来中进士还乡的场景，另一面为八仙过海图。

3．牌楼朝向分析

　　从题材、内容分析，以上字匾、纹饰的朝向与古官道和村口位置有关。因为皇思扬老村口在东北面，古官道从东北而来（图 9），所以通过分析，并且根据村中父老回忆认为，"圣旨"字匾、狮鹤祥纹、圣旨内容字匾和人物记事图案应为朝西，面向村内；"恩荣"字匾、龙凤祥纹、奏章内容字匾和八仙图应为朝东，面向村外。

　　这样，字匾和纹饰搭配，主题突出，风格统一。根据分析绘制复原图，征询老村民意见，认为与原貌基本相符。

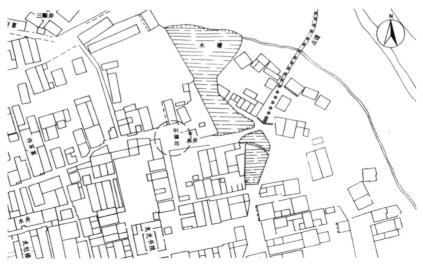

图9　皇思扬村地图(图中红色虚线圈为牌楼和村口所在,东北为古道来向)

(资料来源:惠东县历史文化资源)

四　圣旨牌楼比例、形制和装饰风格总结分析

经过测绘、分析和复原设计,石牌楼的整体形制和装饰风格总结如下:

1. 形制总结

牌楼各间从上至下依次为明楼(次楼)、字匾、大额枋、花板、小额枋。楼宇为简化的庑殿顶形制;字匾两侧分别为文、武官刻像;明间大、小额枋之间有中额枋,并比次间多出一石字匾;明间小额枋下有雀替。各柱前后均有依柱石,明柱前后依柱石均为石狮,次柱前后为抱鼓石。石狮及抱鼓石下均有条形石基座。

其中楼宇由底板和简化的瓦板构成,较为独特;字匾两侧分别有承重作用的石构件,呈拱板和高拱柱合一并简化的形式,较为少见。

2. 比例分析

石牌楼为平面"一"字式的三间四柱三楼形制,非冲天式牌楼。经测绘、推算,并且根据鲁班尺吉数验证,总高应为 8.625 米,总宽为 7.14 米;其中明间轴线间宽 3.14 米,净宽 2.66 米,净高 3.72 米;次间轴线间宽 1.77 米,净宽 1.3 米,净高 2.56 米;柱子为方柱,明间柱子为 48 厘米见方,高 5.79 米,次间边柱为 46 厘米见方,高 3.45 米。

经验算，明间面阔（柱中至柱中）为总面阔的 0.44，次间面阔（明间柱中至边）为总面阔的 0.28。《牌楼算例》中，三间四柱火焰石牌楼的明间及次间面阔，分别为总面阔的 0.36 及 0.32[1]；而徽州明代石坊的这一比例则分别为 0.44 和 0.28[2]。皇思扬村石牌楼与徽州明代石坊的这一比例相合。

次间面阔为明间面阔的 0.64 倍，次间面阔净空为明间面阔净空的 0.5 倍。

明间柱高为明间面阔的 1.84 倍，次间柱高为次间面阔的 1.73 倍；《牌楼算例》中明间露明柱高为明间面阔的 1.2 倍；徽州明代石坊相应比例为 1.65 和 2.15 倍。

柱子的宽度为明间面阔的 0.15 倍，柱高的 0.08 倍；《牌楼算例》中，柱子的宽度为明间面阔的 0.14 倍，柱高（露明柱高）的 0.11 倍；徽州明代石坊相应比例为 0.2 倍和 0.12 倍。

明间的石狮子和次间抱鼓石连底座高均为 1.94 米，为中柱高的 0.34 倍；《牌楼算例》中，抱鼓石高为边柱的 0.33 倍；徽州石坊相应比例为 0.44 倍。

从以上比例分析看，相比刘敦桢《牌楼算例》中的三间四柱火焰牌楼，本牌楼比例更接近于徽州明代石坊，而且更为修长；与悦城龙母祖庙石牌楼的比例较为接近，又稍为粗壮一些[3]。

由于石牌楼建于清嘉庆二十年（1815 年），为清代中期的建筑；龙母祖庙为清光绪三十三年（1907 年）所建，为清朝后期的建筑；刘敦桢《牌坊算例》中的比例，似尤以明十三陵作为参照。这在一定程度上反映了石作牌楼在明、清中期至清后期不同时代，又在南、北不同地域的皇家建筑风格与地方风格的差异。

3. 装饰风格和文化内涵

古建筑的装饰题材与建造目的向来有着密切联系，装饰既在视觉上美化了建筑，又以其隐含的象征内涵表达了建构本身的内在意蕴，所以在古建筑文化中具有特别重要的地位。本牌楼的字匾、花板及额枋为装饰重点，雕有双龙戏珠、双凤朝阳、八仙过海等吉祥图案，还有圣旨、奏章等内容，下文试对各个装饰图案及其象征含义一一作出解释。

双凤朝阳及双龙戏珠——分别在大额枋和中额枋东面（图 10）。龙、凤是中华传统文化的吉祥象征；龙珠和丹阳既是传说中的宝物[4]，也有太阳崇拜的含义；双龙和双凤，又有阴阳两仪的含义[5]。双龙戏珠和双凤朝阳，一则有庇护、保佑和祈福的意思，二则有阴阳协和，共济共生的内涵。有趣的是，双凤朝阳与牌楼表彰的对象——萧凤来的名字有呼应之处[6]；另外，按照榫口的大小，双凤朝阳应为大额枋雕刻，在双龙戏珠（中额枋）之上，无独有偶，河北遵化县清东陵隆恩殿的丹陛石也是凤在上，龙在下的装饰图案。后者据传是出于慈禧的授意[7]，而此牌楼建于慈禧出生之前，因此龙、凤在建筑装饰中出现的部位究竟是孰上孰下，似可存疑。

[1] 刘敦桢. 刘敦桢全集（第一卷）. 北京：中国建筑工业出版社，2007：129-159

[2] 杜顺宝. 徽州明代石坊. 南京工学院学报（建筑学专刊），1983（2）：80-99

[3] 吴庆洲. 建筑哲理、意匠与文化. 北京：中国建筑工业出版社，2005：292-331

[4] 庄子·列御寇："夫千金之珠，必在九重之渊而骊龙颔下"。

[5] 王先胜. 绵阳出土西汉木胎漆盘纹饰识读及其重要意义. 宗教学研究，2003（02）：10-14

[6] 尚书·益稷："箫韶九成，凤凰来仪"。

[7] 刘锡诚，王文宝 编. 中国象征辞典. 天津：天津教育出版社，1991：60

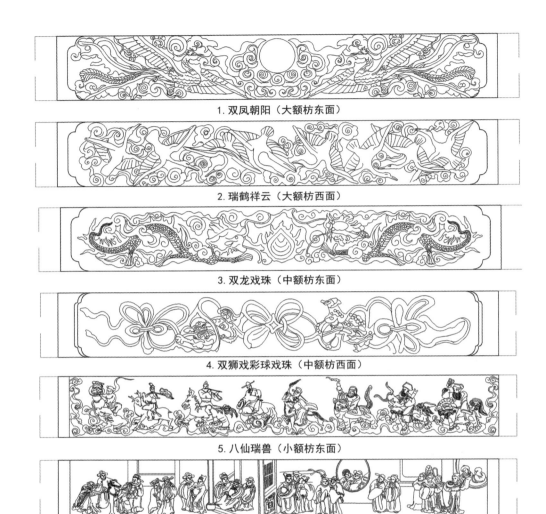

1. 双凤朝阳（大额枋东面）

2. 瑞鹤祥云（大额枋西面）

3. 双龙戏珠（中额枋东面）

4. 双狮戏彩球戏珠（中额枋西面）

5. 八仙瑞兽（小额枋东面）

6. 衣锦还乡（小额枋西面）

图 10　牌楼纹饰图案（从上至下依次为大、中、小额枋的东和西面）

（资料来源：作者绘制）

"介寿诒谋"字匾——在大额枋和中额枋中间，东西两面均有一幅（图3）。按《诗·豳风·七月》："六月食郁及薁，七月亨葵及菽，八月剥枣，十月获稻。为此春酒，以介眉寿。"郑玄笺："介，助也，既以郁下及枣助男功，又获稻而酿酒，以助其养老之具，是谓豳雅。"孔颖达疏引《正义》曰："获稻作酒，云：以介眉寿，主为助养老人，则农夫不得饮之。其郁、薁、葵、枣、瓜、瓠，农夫老人皆得食之。"后以"介寿"为祝寿之词。"诒"是"赠"、"留"的意思，《诗·大雅·文王有声》："诒其孙谋，以燕翼子"。郑玄笺："传其所以顺天下之谋，以安敬事之子孙。"后逐以"诒谋"或"诒燕"谓为子孙妥善谋划，使子孙安乐。唐李德裕《〈黠戛斯朝贡图传〉序》："臣伏思太宗往日之惧，致我唐百代之隆，则圣祖诒谋，可谓深矣"。嘉庆帝赠予"介寿诒谋"四字，既为萧凤来父母祝寿，又嘉奖他们为子孙留下福泽。字匾位于牌楼构图中心，东西两面、龙凤狮鹤等祥纹环绕之中，重点突出，主题明确，构图十分得当。

瑞鹤祥云——在大额枋西面（图10），雕有多只仙鹤和祥云的图案。由于残段不全，根据大小和位置推测有八只仙鹤，并予以复原。鹤寓意长寿，《淮南子·说林训》："鹤寿千岁，以极其游。"❶古人以鹤为长寿的仙禽，且多知往事，有智慧的意思，唐诗《幸白鹿观应制》："鸾歌无岁月，鹤语记春秋。"❷以鹤为祥图，与庆祝萧凤来父母八十大寿的目的相吻合。另外"鹤"与"贺"谐音，疑有"八方来贺"的意思。

双狮戏彩球——在中额枋西面，较为完整（图10）。狮，古作"师"，最早在西汉之前传入中国，后来取代虎、鹿作为辟邪瑞兽。因为狮子为百兽之王，古代衙门、陵墓多用以象征权威。又传说狮子好玩绣球，狮子戏球，有辟邪的含义，也是权势的象征。

圣旨和奏章字匾——位于中额枋下（图11），虽然断为许多块，残缺不全，但是仍可将某些部分拼凑起来，确认为西面是圣旨内容，东面是请立牌楼的奏章内容，字体均为工整的楷书。此匾与明楼下的"圣旨"、"恩荣"呼应，既铭刻了牌楼建造的原因、目的和时间等重要信息，又有夸耀的意味。文字作为装饰性的存在，无疑为牌楼增添了厚重的文化内涵。

❶刘锡诚，王文宝 编. 中国象征辞典. 天津：天津教育出版社，1991：111-112

❷刘锡诚，王文宝 编. 中国象征辞典. 天津：天津教育出版社，1991：111-112

图11　字匾残片拼图（上为奏章，下为圣旨）

（资料来源：作者拍摄、拼制）

"衣锦还乡"人物雕刻——在小额枋西面（图10）。因疑为描述萧凤来中进士还乡的场景，姑且命名为"衣锦还乡图"，是夸奖萧氏忠孝满门、光宗耀祖的好题材。

"八仙瑞兽"雕刻——在小额枋东面（图10）。较为奇特的是，此处八仙图八位仙人除手持各自的法器之外，还跨坐玉蟾、天禄、麒麟、虎、狮、犀牛、大象等异兽，踏着祥云，与常见的民间"八仙过海"图大相异趣，更加强化了祈福和祥瑞的意象。

此外，牌楼两侧次间的两块花板上，正反共四面，雕有"麒麟暗八仙图"（图12），保存较为完好。四个麒麟前、后爪各抓一个八仙法宝，表达了驱邪向吉祝颂福寿的美好意愿。

图12　麒麟暗八仙图

（资料来源：作者绘制）

整个牌楼的雕刻图案细腻精美，形象栩栩如生，装饰题材以象征寓意的手法，恰当地表达了"福禄寿"、"忠孝"和"吉祥如意"的美好主题，具有丰富的文化内涵。

结　语

总体来说，本牌楼的承重构件简洁有力，装饰构件精美工巧，承重和装饰构件的处理分别体现了功能、材料和形式的统一，形制、比例和风格具有一定的地方特色，是广东地区形制较为复杂，雕工较为精美，有一定风格特色的御赐平面"一"字式的三间四柱三楼非冲天式石牌楼。

虽然牌楼完全损毁，又缺乏详细资料，复原设计在充分观测、分析了残件的基础上，经过近两年的缜密研究分析，反复推敲、征询意见，从而推测出具体尺寸和细部，使复原设计具有了一定的可信度。

复原工程从设计到施工都遵循"不改变文物原状的原则"，切实贯彻古建筑维修"四个保存"即保存原形制、原结构、原材料和原工艺手法。施工过程中尽量保留原构件，尽量修补、使用残件，同时新构件保持可识别性和可逆性。复建后的牌坊，旧构件所占整个牌坊的比例大致超过整个牌坊用料的 20%。石牌楼修复建成后，得到了村民的一致好评，认为与原貌相符；而且得到前来视察的广东省古建筑和文物专家的认可，认为此修复设计由于难度大、设计精细、充分尊重原貌、原构件，可以作为文物修复的典范工程（图 13）。2012 年，修复后的惠东县黄思扬村"介寿诒谋"牌坊被公布为广东省文物保护单位。

图 13　牌楼落成相

（资料来源：作者拍摄）

本人有幸承担了皇思扬村圣旨牌楼的修复设计具体工作，在测绘和修复设计过程中，得到了惠东县文化馆吴旭辉馆长、多祝镇政府和皇思扬村萧松富、萧建庭等人的大力帮助；石作施工的精细应归功于有丰富工程经验和精湛石作技术的杨桂南先生；本文的撰写得到吴庆洲教授的悉心指导，在此表示衷心的感谢。

《中国建筑史论汇刊》稿约

一、《中国建筑史论汇刊》是由清华大学建筑学院主办，清华大学建筑学院建筑历史与文物建筑保护研究所承办，清华大学出版社出版的系列文集，以年辑的体例，集中并逐年系列发表国内外在中国建筑历史研究方面的最新学术研究论文。刊物出版受到华润雪花啤酒（中国）有限公司资助。

二、**宗旨**：推展中国建筑历史研究领域的学术成果，提升中国建筑历史研究的水准，促进国内外学术的深度交流，参与中国文化现代形态在全球范围内的重建。

三、**栏目**：根据内容划分为"论文"和"测绘"两栏（必要时可临时增减），篇幅亦遵循国际通例，允许做到"以研究课题为准，以解决一个学术问题为准"，不再强求长短划一。

四、**内容**：以中国的建筑历史及相关领域的研究为主，包括中国建筑史、中国园林史、中国古代城市史、中国古代建造技术、中国古建筑装饰、中国古代建筑文化、乡土建筑研究等方面的重要学术问题。其着眼点是在中国建筑历史领域史料、理论、见解、观点方面的最新研究成果，同时也包括一些重要书评和学术信息。

五、**评审**：采取匿名评审制，以追求公正和严肃性。评审标准是：在翔实的基础上有所创新，显出作者既涵泳其间有年，又追思此类问题已久，以期重拾"为什么研究中国建筑"（梁思成语，《中国营造学社汇刊》第七卷第一期）的意义，并在匿名评审的担保下一视同仁。

六、**编审**：编审工作在主编总体负责的前提下，由"学术委员会"和"编辑部"共同承担。前者由海内外知名学者组成，主要承担评审工作；后者由学界后辈组成，主要负责日常编务。编辑部将在收到稿件后，即向作者回函确认；并将在一月左右再次知会，文章是否已经通过初审、进入匿名评审程序；一俟评审得出结果，自当另函通报。

七、**征稿**：文集主要以向同一领域顶级学者约稿或由著名学者推荐的方式征集来稿，如能推荐优秀的中国建筑历史方向博士论文中的精彩部分，也将会通过专家评议后纳入本文集的编辑范围，论文以中文为主（每篇论文可在 2 万字左右，以能够明晰地解决中国古代建筑史方面的一个学术问题为目标），亦包括英文论文的译文和书评。文章一经发表即付润毫之资。

八、**出版周期**：以每年 1～2 辑的方式出版，每辑 15～20 篇，总字数约为 60 万字左右，16 开，单色印刷。

九、**编者声明**：本文集以中文刊行，但是来稿语种不受限制，外语稿件如通过评审，可由作者自行翻译，亦可委托编辑部组织译出。但作者无论以何种语言赐稿，即被视为自动向编辑部确认未曾一稿两投，否则须为此负责。本文集为纯学术性论文集，以充分尊重每位论者的学术观点为前提，惟求学术探索之原创与文字写作之规范，文中任何内容与观点上的歧异，与文集编者的学术立场无关。

十、**入网声明**：为适应我国信息化建设，扩大本刊及作者知识信息交流渠道，本刊已被《中国学术期刊网络出版总库》及 CNKI 系列数据库收录，其作者文章著作权使用费与本刊稿酬一次性给付。免费提供作者文章引用统计分析资料。如作者不同意文章被收录，请在来稿时向本刊声明，本刊将做适当处理。

来稿请寄：（邮编 100084）北京　清华大学建筑学院《中国建筑史论汇刊》编辑部，Email：xuehuapress@sina.cn。来稿务请不要径寄私人，以免造成不必要的延误。

《中国建筑史论汇刊》编辑部

图书在版编目（CIP）数据

中国建筑史论汇刊·第陆辑 / 王贵祥主编. — 北京: 中国建筑工业出版社, 2012.7
ISBN 978-7-112-14559-1

Ⅰ. ①中… Ⅱ. ①王… Ⅲ. ①建筑史—中国—文集 Ⅳ. ①TU-092

中国版本图书馆CIP数据核字(2012)第183157号

责任编辑：徐晓飞
责任校对：王誉欣　关　健

执行编辑：袁增梅
辅助编辑：张　弦
编　务：毛　娜

中国建筑史论汇刊·第陆辑
王贵祥　主　编
贺从容　副主编
清华大学建筑学院　主办
*
中国建筑工业出版社出版、发行（北京西郊百万庄）
各地新华书店、建筑书店经销
北京雅昌彩色印刷公司印刷
*
开本：787×1092毫米　1/16　印张：34¹⁄₂　字数：835千字
2012年8月第一版　2012年8月第一次印刷
定价：68.00元
ISBN 978-7-112-14559-1
(22629)